U0296624

全国科学技术名词审定委员会

公　布

化　工　名　词

CHINESE TERMS IN CHEMICAL INDUSTRY AND ENGINEERING

（十一）

精细化工

2025

化工名词审定委员会

国家自然科学基金资助项目

科学出版社

北　京

内 容 简 介

本书是全国科学技术名词审定委员会审定公布的《化工名词》（十一）——精细化工分册，内容包括通类、中间体、农药、染料与颜料、涂料、表面活性剂、胶黏剂、其他精细化学品，共3007条。本书对每个词条都给出了定义或注释。本书公布的名词是全国各科研、教学、生产、经营及新闻出版等部门应遵照使用的化工规范名词。

图书在版编目（CIP）数据

化工名词. 十一，精细化工 / 化工名词审定委员会审定. -- 北京：科学出版社，2025. 3. -- （全国科学技术名词审定委员会公布）.
ISBN 978-7-03-081303-9

Ⅰ. TQ-61

中国国家版本馆CIP数据核字第20251LA982号

责任编辑：李明楠 孙 曼 / 责任校对：杜子昂
责任印制：徐晓晨 / 封面设计：马晓敏

科学出版社 出版
北京东黄城根北街16号
邮政编码：100717
http://www.sciencep.com
北京厚诚则铭印刷科技有限公司印刷
科学出版社发行 各地新华书店经销
*
2025年3月第 一 版 开本：787×1092 1/16
2025年3月第一次印刷 印张：22 3/4
字数：536 000

定价：198.00元

（如有印装质量问题，我社负责调换）

全国科学技术名词审定委员会
第八届委员会委员名单

顾　问：路甬祥　许嘉璐　韩启德　白春礼

主　任：侯建国

副主任：龙　腾　田学军　高培勇　邓秀新　韩　宇　裴亚军

常　委（以姓名笔画为序）：

王　辰　田立新　刘兴平　刘细文　孙苏川　张　军　张怀海
张凌浩　陈发虎　胡华强　种　康　徐长兴　高　松　黄文涛
黄灿宏　黄璐琦　梅　宏　雷筱云

委　员(以姓名笔画为序)：

丁水汀　于　君　万　荣　王　锋　王丹卉　王文博　王立军
王同军　王会军　王旭东　王建祥　王树声　王家臣　支志明
尤启冬　方向晨　石　楠　卢大儒　叶嘉安　付彦荣　包为民
朱　兰　刘　青　刘运全　刘连安　刘春平　刘剑君　刘峰松
闫慧龙　安小米　孙宝国　李小娟　李明安　李学军　李晓东
李爱仙　杨汉春　杨建宇　杨瑞馥　杨德森　豆格才让
肖　川　吴文良　吴立新　吴志良　余桂林　沙爱民　张　卫
张延川　张志强　张伯江　陈云龙　陈光金　陈星灿　邵瑞太
欧阳颀　周卫华　周仲岛　周向宇　郑　威　宗成庆　项昌乐
赵永恒　赵宇亮　赵国春　柳卫平　段　勇　信　君　侯增谦
须成忠　施小明　姜安丽　姜志宏　秦　川　敖　然　莫纪宏
原遵东　徐国裕　徐宗本　高树基　黄　如　黄友义　黄清华
梅旭荣　曹　彬　曹顺成　章文俊　蒋剑春　韩　震　傅爱兰
舒印彪　樊　嘉　樊瑜波　燕　琴　魏　勇　魏向清　魏辅文

化工名词审定委员会委员名单

特邀顾问：闵恩泽

顾　　问（以姓名笔画为序）：

毛炳权　包信和　关兴亚　孙优贤　严纯华　李大东　李俊贤
杨启业　汪燮卿　陆婉珍　周光耀　郑绵平　胡永康　段　雪
钱旭红　徐承恩　蒋士成　舒兴田

主　　任：李勇武

副 主 任：戴厚良　李静海　蔺爱国　王基铭　曹湘洪　金　涌　袁晴棠
陈丙珍　谭天伟　高金吉　孙宝国　孙丽丽　谢在库　杨为民

常务副主任：杨元一

委　　员（以姓名笔画为序）：

王子宗　王子康　王普勋　亢万忠　方向晨　邢新会　曲景平
乔金樑　伍振毅　华　炜　刘良炎　孙伯庆　寿比南　苏海佳
李　中　李　彬　李寿生　李希宏　李国清　杨友麒　肖世猛
吴　青　吴长江　吴秀章　何小荣　何盛宝　初　鹏　张　勇
张亚丁　张志檩　张德义　陆小华　范小森　周伟斌　郑长波
郑书忠　赵　寰　赵劲松　胡云光　胡迁林　俞树荣　洪定一
骆广生　顾松园　顾宗勤　钱　宇　徐　惠　徐大刚　高金森
凌逸群　常振勇　梁　斌　程光旭　潘正安　潘家桢　戴国庆
戴宝华

秘 书 长：洪定一

副秘书长：潘正安　胡迁林　王子康　戴国庆

秘　　书：王　燕

精细化工名词审定分委会委员名单

主　任：孙宝国

副主任：伍振毅　洪定一　张友明

委　员（以姓名笔画为序）：

马　骧　冯拥军　朱红军　朱路甲　仲晓萍　刘国杰

杨文忠　佘远斌　张　强　张淑芬　陈占光　范　宏

荣泽明　钱　勇　徐宝财　穆启道

精细化工名词编写组专家名单

组　长：伍振毅

副组长：仲晓萍

成　员（以姓名笔画为序）：

冯文英　司徒粤　刘玉平　刘国晶　刘泽曦　刘艳飞

刘祥银　李　新　何岩彬　张高璞　陆　伟　范和平

范浩军　周　鑫　赵　平　赵　莉　荣家成　娄昀璟

郭东红　黄　洪　揭元萍　詹家荣　雍自勤

白春礼序

科技名词伴随科技发展而生，是概念的名称，承载着知识和信息。如果说语言是记录文明的符号，那么科技名词就是记录科技概念的符号，是科技知识得以传承的载体。我国古代科技成果的传承，即得益于此。《山海经》记录了山、川、陵、台及几十种矿物名；《尔雅》19篇中，有16篇解释名物词，可谓是我国最早的术语词典；《梦溪笔谈》第一次给“石油”命名并一直沿用至今；《农政全书》创造了大量农业、土壤及水利工程名词；《本草纲目》使用了数百种植物和矿物岩石名称。延传至今的古代科技术语，体现着圣哲们对科技概念定名的深入思考，在文化传承、科技交流的历史长河中作出了不可磨灭的贡献。

科技名词规范工作是一项基础性工作。我们知道，一个学科的概念体系是由若干个科技名词搭建起来的，所有学科概念体系整合起来，就构成了人类完整的科学知识架构。如果说概念体系构成了一个学科的“大厦”，那么科技名词就是其中的“砖瓦”。科技名词审定和公布，就是为了生产出标准、优质的“砖瓦”。

科技名词规范工作是一项需要重视的基础性工作。科技名词的审定就是依照一定的程序、原则、方法对科技名词进行规范化、标准化，在厘清概念的基础上恰当定名。其中，对概念的把握和厘清至关重要，因为如果概念不清晰、名称不规范，势必会影响科学研究工作的顺利开展，甚至会影响对事物的认知和决策。举个例子，我们在讨论科技成果转化问题时，经常会有“科技与经济‘两张皮’”“科技对经济发展贡献太少”等说法，尽管在通常的语境中，把科学和技术连在一起表述，但严格说起来，会导致在认知上没有厘清科学与技术之间的差异，而简单把技术研发和生产实际之间脱节的问题理解为科学研究与生产实际之间的脱节。一般认为，科学主要揭示自然的本质和内在规律，回答“是什么”和“为什么”的问题，技术以改造自然为目的，回答“做什么”和“怎么做”的问题。科学主要表现为知识形态，是创造知识的研究，技术则具有物化形态，是综合利用知识于需求的研究。科学、技术是不同类型的创新活动，有着不同的发展规律，体现不同的价值，需要形成对不同性质的研发活动进行分类支持、分类评价的科学管理体系。从这个角度来看，科技名词规范工作是一项必不可少的基础性工作。我非常同意老一辈专家叶笃正的观点，他认为：“科技名词规范化工作的作用比我们想象的还要大，是一项事关我国科技事业发展的基础设施建设工作！”

科技名词规范工作是一项需要长期坚持的基础性工作。我国科技名词规范工作已经有 110 年的历史。1909 年清政府成立科学名词编订馆，1932 年南京国民政府成立国立编译馆，是为了学习、引进、吸收西方科学技术，对译名和学术名词进行规范统一。中华人民共和国成立后，随即成立了“学术名词统一工作委员会”。1985 年，为了更好促进我国科学技术的发展，推动我国从科技弱国向科技大国迈进，国家成立了“全国自然科学名词审定委员会”，主要对自然科学领域的名词进行规范统一。1996 年，国家批准将“全国自然科学名词审定委员会”改为“全国科学技术名词审定委员会”，是为了响应科教兴国战略，促进我国由科技大国向科技强国迈进，而将工作范围由自然科学技术领域扩展到工程技术、人文社会科学等领域。科学技术发展到今天，信息技术和互联网技术在不断突进，前沿科技在不断取得突破，新的科学领域在不断产生，新概念、新名词在不断涌现，科技名词规范工作仍然任重道远。

110 年的科技名词规范工作，在推动我国科技发展的同时，也在促进我国科学文化的传承。科技名词承载着科学和文化，一个学科的名词，能够勾勒出学科的面貌、历史、现状和发展趋势。我们不断地对学科名词进行审定、公布、入库，形成规模并提供使用，从这个角度来看，这项工作又有几分盛世修典的意味，可谓“功在当代，利在千秋”。

在党和国家重视下，我们依靠数千位专家学者，已经审定公布了 65 个学科领域的近 50 万条科技名词，基本建成了科技名词体系，推动了科技名词规范化事业协调可持续发展。同时，在全国科学技术名词审定委员会的组织和推动下，海峡两岸科技名词的交流对照统一工作也取得了显著成果。两岸专家已在 30 多个学科领域开展了名词交流对照活动，出版了 20 多种两岸科学名词对照本和多部工具书，为两岸和平发展作出了贡献。

作为全国科学技术名词审定委员会现任主任委员，我要感谢历届委员会所付出的努力。同时，我也深感责任重大。

十九大的胜利召开具有划时代意义，标志着我们进入了新时代。新时代，创新成为引领发展的第一动力。习近平总书记在十九大报告中，从战略高度强调了创新，指出创新是建设现代化经济体系的战略支撑，创新处于国家发展全局的核心位置。在深入实施创新驱动发展战略中，科技名词规范工作是其基本组成部分，因为科技的交流与传播、知识的协同与管理、信息的传输与共享，都需要一个基于科学的、规范统一的科技名词体系和科技名词服务平台作为支撑。

我们要把握好新时代的战略定位，适应新时代新形势的要求，加强与科技的协同发展。一方面，要继续发扬科学民主、严谨求实的精神，保证审定公布成果的权威性和规范性。科技名词审定是一项既具规范性又有研究性，既具协调性又有长期性的综合性工作。在长期的科技名词审定工作实践中，全国科学技术名词审定委员会积累了丰富的经验，形成了一套完整的组织和审定流程。这一流程，有利于确立公布名词的权威性，有利于保证公布名词的规范性。但是，我们仍然要创新审定机制，高质高效地完成科技名词审定公布任务。另一方面，在做好科技名词审定公布工作的同时，我们要瞄准世界科技前沿，服务于前瞻性基础研究。习总书记在报告中特别提到“中国天眼”、“悟空号”暗物质粒子探测卫星、“墨子号”量子科学实验卫星、天宫二号和“蛟龙号”载人潜水器等重大科技成果，这些都是随着我国科技发展诞生的新概念、新名词，是科技名词规范工作需要关注的热点。围绕新时代中国特色社会主义发展的重大课题，服务于前瞻性基础研究、新的科学领域、新的科学理论体系，应该是新时代科技名词规范工作所关注的重点。

未来，我们要大力提升服务能力，为科技创新提供坚强有力的基础保障。全国科学技术名词审定委员会第七届委员会成立以来，在创新科学传播模式、推动成果转化应用等方面作了很多努力。例如，及时为113号、115号、117号、118号元素确定中文名称，联合中国科学院、国家语言文字工作委员会召开四个新元素中文名称发布会，与媒体合作开展推广普及，引起社会关注。利用大数据统计、机器学习、自然语言处理等技术，开发面向全球华语圈的术语知识服务平台和基于用户实际需求的应用软件，受到使用者的好评。今后，全国科学技术名词审定委员会还要进一步加强战略前瞻，积极应对信息技术与经济社会交汇融合的趋势，探索知识服务、成果转化的新模式、新手段，从支撑创新发展战略的高度，提升服务能力，切实发挥科技名词规范工作的价值和作用。

使命呼唤担当，使命引领未来，新时代赋予我们新使命。全国科学技术名词审定委员会只有准确把握科技名词规范工作的战略定位，创新思路，扎实推进，才能在新时代有所作为。

是为序。

2018年春

[illegible]

[illegible]

[illegible]

使命[illegible]，使命引领未来。新时代[illegible]，全国科学技术名词审定委员会[illegible]战略定位，[illegible]的新作为。

[illegible]

2016年春

路甬祥序

我国是一个人口众多、历史悠久的文明古国，自古以来就十分重视语言文字的统一，主张“书同文、车同轨”，把语言文字的统一作为民族团结、国家统一和强盛的重要基础和象征。我国古代科学技术十分发达，以四大发明为代表的古代文明，曾使我国居于世界之巅，成为世界科技发展史上的光辉篇章。而伴随科学技术产生、传播的科技名词，从古代起就已成为中华文化的重要组成部分，在促进国家科技进步、社会发展和维护国家统一方面发挥着重要作用。

我国的科技名词规范统一活动有着十分悠久的历史。古代科学著作记载的大量科技名词术语，标志着我国古代科技之发达及科技名词之活跃与丰富。然而，建立正式的名词审定组织机构则是在清朝末年。1909 年，我国成立了科学名词编订馆，专门从事科学名词的审定、规范工作。到了新中国成立之后，由于国家的高度重视，这项工作得以更加系统地、大规模地开展。1950 年政务院设立的学术名词统一工作委员会，以及 1985 年国务院批准成立的全国自然科学名词审定委员会（现更名为全国科学技术名词审定委员会，简称全国科技名词委），都是政府授权代表国家审定和公布规范科技名词的权威性机构和专业队伍。他们肩负着国家和民族赋予的光荣使命，秉承着振兴中华的神圣职责，为科技名词规范统一事业默默耕耘，为我国科学技术的发展做出了基础性的贡献。

规范和统一科技名词，不仅在消除社会上的名词混乱现象，保障民族语言的纯洁与健康发展等方面极为重要，而且在保障和促进科技进步，支撑学科发展方面也具有重要意义。一个学科的名词术语的准确定名及推广，对这个学科的建立与发展极为重要。任何一门科学（或学科），都必须有自己的一套系统完善的名词来支撑，否则这门学科就立不起来，就不能成为独立的学科。郭沫若先生曾将科技名词的规范与统一称为“乃是一个独立自主国家在学术工作上所必须具备的条件，也是实现学术中国化的最起码的条件”，精辟地指出了这项基础性、支撑性工作的本质。

在长期的社会实践中，人们认识到科技名词的规范和统一工作对于一个国家的科技发展和文化传承非常重要，是实现科技现代化的一项支撑性的系统工程。没有这样一个系统的规范化的支撑条件，不仅现代科技的协调发展将遇到极大困难，而且在科技日益渗透人们生活各方面、各环节的今天，还将给教育、传播、交流、经贸等多方面带来困难和损害。

全国科技名词委自成立以来，已走过近20年的历程，前两任主任钱三强院士和卢嘉锡院士为我国的科技名词统一事业倾注了大量的心血和精力，在他们的正确领导和广大专家的共同努力下，取得了卓著的成就。2002年，我接任此工作，时逢国家科技、经济飞速发展之际，因而倍感责任的重大；及至今日，全国科技名词委已组建了60个学科名词审定分委员会，公布了50多个学科的63种科技名词，在自然科学、工程技术与社会科学方面均取得了协调发展，科技名词蔚成体系。而且，海峡两岸科技名词对照统一工作也取得了可喜的成绩。对此，我实感欣慰。这些成就无不凝聚着专家学者们的心血与汗水，无不闪烁着专家学者们的集体智慧。历史将会永远铭刻着广大专家学者孜孜以求、精益求精的艰辛劳作和为祖国科技发展做出的奠基性贡献。宋健院士曾在1990年全国科技名词委的大会上说过："历史将表明，这个委员会的工作将对中华民族的进步起到奠基性的推动作用。"这个预见性的评价是毫不为过的。

科技名词的规范和统一工作不仅仅是科技发展的基础，也是现代社会信息交流、教育和科学普及的基础，因此，它是一项具有广泛社会意义的建设工作。当今，我国的科学技术已取得突飞猛进的发展，许多学科领域已接近或达到国际前沿水平。与此同时，自然科学、工程技术与社会科学之间交叉融合的趋势越来越显著，科学技术迅速普及到了社会各个层面，科学技术同社会进步、经济发展已紧密地融为一体，并带动着各项事业的发展。所以，不仅科学技术发展本身产生的许多新概念、新名词需要规范和统一，而且由于科学技术的社会化，社会各领域也需要科技名词有一个更好的规范。另一方面，随着香港、澳门的回归，海峡两岸科技、文化、经贸交流不断扩大，祖国实现完全统一更加迫近，两岸科技名词对照统一任务也十分迫切。因而，我们的名词工作不仅对科技发展具有重要的价值和意义，而且在经济发展、社会进步、政治稳定、民族团结、国家统一和繁荣等方面都具有不可替代的特殊价值和意义。

最近，中央提出树立和落实科学发展观，这对科技名词工作提出了更高的要求。我们要按照科学发展观的要求，求真务实，开拓创新。科学发展观的本质与核心是以人为本，我们要建设一支优秀的名词工作队伍，既要保持和发扬老一辈科技名词工作者的优良传统，坚持真理、实事求是、甘于寂寞、淡泊名利，又要根据新形势的要求，面向未来、协调发展、与时俱进、锐意创新。此外，我们要充分利用网络等现代科技手段，使规范科技名词得到更好的传播和应用，为迅速提高全民文化素质做出更大贡献。科学发展观的基本要求是坚持以人为本，全面、协调、可持续发展，因此，科技名词工作既要紧密围绕当前国民经济建设形势，着重开展好科技领域的学科名词审定工作，同时又要在强调经济社会以及人与自然协调发展的思想指导下，开展好社会科学、文化教育和资源、生态、环境领域的科学名词审定工作，促进各个学科领域的相互融合和共同繁荣。科学发展观非常注重可持续发展的理念，因此，我们在不断丰富和发展已建立的科技名词体系的同时，还要进一步研究具有中国特色的术语学理论，以创建中国的术语学派。研究和建立中国特色的术语学理论，也是一种知识创新，是实现科技名词工作可持续发展的必由之路，我们应当为此付出更大的努力。

当前国际社会已处于以知识经济为走向的全球经济时代，科学技术发展的步伐将会越来越快。我国已加入世贸组织，我国的经济也正在迅速融入世界经济主流，因而国内外科技、文化、经贸的交流将越来越广泛和深入。可以预言，21 世纪中国的经济和中国的语言文字都将对国际社会产生空前的影响。因此，在今后 10 到 20 年之间，科技名词工作就变得更具现实意义，也更加迫切。“路漫漫其修远兮，吾今上下而求索”，我们应当在今后的工作中，进一步解放思想，务实创新、不断前进。不仅要及时地总结这些年来取得的工作经验，更要从本质上认识这项工作的内在规律，不断地开创科技名词统一工作新局面，做出我们这代人应当做出的历史性贡献。

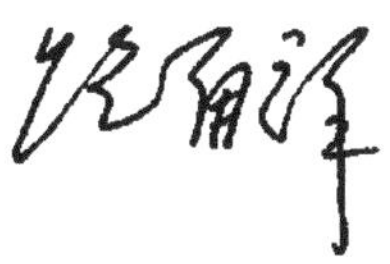

2004 年深秋

卢嘉锡序

科技名词伴随科学技术而生，犹如人之诞生其名也随之产生一样。科技名词反映着科学研究的成果，带有时代的信息，铭刻着文化观念，是人类科学知识在语言中的结晶。作为科技交流和知识传播的载体，科技名词在科技发展和社会进步中起着重要作用。

在长期的社会实践中，人们认识到科技名词的统一和规范化是一个国家和民族发展科学技术的重要的基础性工作，是实现科技现代化的一项支撑性的系统工程。没有这样一个系统的规范化的支撑条件，科学技术的协调发展将遇到极大的困难。试想，假如在天文学领域没有关于各类天体的统一命名，那么，人们在浩瀚的宇宙当中，看到的只能是无序的混乱，很难找到科学的规律。如是，天文学就很难发展。其他学科也是这样。

古往今来，名词工作一直受到人们的重视。严济慈先生60多年前说过，“凡百工作，首重定名；每举其名，即知其事”。这句话反映了我国学术界长期以来对名词统一工作的认识和做法。古代的孔子曾说“名不正则言不顺”，指出了名实相副的必要性。荀子也曾说“名有固善，径易而不拂，谓之善名”，意为名有完善之名，平易好懂而不被人误解之名，可以说是好名。他的“正名篇”即是专门论述名词术语命名问题的。近代的严复则有“一名之立，旬月踟躇”之说。可见在这些有学问的人眼里，“定名”不是一件随便的事情。任何一门科学都包含很多事实、思想和专业名词，科学思想是由科学事实和专业名词构成的。如果表达科学思想的专业名词不正确，那么科学事实也就难以令人相信了。

科技名词的统一和规范化标志着一个国家科技发展的水平。我国历来重视名词的统一与规范工作。从清朝末年的科学名词编订馆，到1932年成立的国立编译馆，以及新中国成立之初的学术名词统一工作委员会，直至1985年成立的全国自然科学名词审定委员会（现已更名为全国科学技术名词审定委员会，简称全国科技名词委），其使命和职责都是相同的，都是审定和公布规范名词的权威性机构。现在，参与全国科技名词委领导工作的单位有中国科学院、科学技术部、教育部、中国科学技术协会、国家自然科学基金委员会、新闻出版署、国家质量技术监督局、国家广播电影电视总局、国家知识产权局和国家语言文字工作委员会，这些部委各自选派了有关领导干部担任全国科技名词委的领导，有力地推动科技名词的统一和推广应用工作。

全国科技名词委成立以后，我国的科技名词统一工作进入了一个新的阶段。在第一任主任委员钱三强同志的组织带领下，经过广大专家的艰苦努力，名词规范和统一工作取得了显著的成绩。1992年三强同志不幸谢世。我接任后，继续推动和开展这项工作。在国家和有关部门的支持及广大专家学者的努力下，全国科技名词委15年来按学科共组建了50多个学科的名词审定分委员会，有1800多位专家、学者参加名词审定工作，还有更多的专家、学者参加书面审查和座谈讨论等，形成的科技名词工作队伍规模之大、水平层次之高前所未有。15年间共审定公布了包括理、工、农、医及交叉学科等各学科领域的名词共计50多种。而且，对名词加注定义的工作经试点后业已逐渐展开。另外，遵照术语学理论，根据汉语汉字特点，结合科技名词审定工作实践，全国科技名词委制定并逐步完善了一套名词审定工作的原则与方法。可以说，在20世纪的最后15年中，我国基本上建立起了比较完整的科技名词体系，为我国科技名词的规范和统一奠定了良好的基础，对我国科研、教学和学术交流起到了很好的作用。

在科技名词审定工作中，全国科技名词委密切结合科技发展和国民经济建设的需要，及时调整工作方针和任务，拓展新的学科领域开展名词审定工作，以更好地为社会服务、为国民经济建设服务。近些年来，又对科技新词的定名和海峡两岸科技名词对照统一工作给予了特别的重视。科技新词的审定和发布试用工作已取得了初步成效，显示了名词统一工作的活力，跟上了科技发展的步伐，起到了引导社会的作用。两岸科技名词对照统一工作是一项有利于祖国统一大业的基础性工作。全国科技名词委作为我国专门从事科技名词统一的机构，始终把此项工作视为自己责无旁贷的历史性任务。通过这些年的积极努力，我们已经取得了可喜的成绩。做好这项工作，必将对弘扬民族文化，促进两岸科教、文化、经贸的交流与发展做出历史性的贡献。

科技名词浩如烟海，门类繁多，规范和统一科技名词是一项相当繁重而复杂的长期工作。在科技名词审定工作中既要注意同国际上的名词命名原则与方法相衔接，又要依据和发挥博大精深的汉语文化，按照科技的概念和内涵，创造和规范出符合科技规律和汉语文字结构特点的科技名词。因而，这又是一项艰苦细致的工作。广大专家学者字斟句酌，精益求精，以高度的社会责任感和敬业精神投身于这项事业。可以说，全国科技名词委公布的名词是广大专家学者心血的结晶。这里，我代表全国科技名词委，向所有参与这项工作的专家学者们致以崇高的敬意和衷心的感谢！

审定和统一科技名词是为了推广应用。要使全国科技名词委众多专家多年的劳动成果——规范名词，成为社会各界及每位公民自觉遵守的规范，需要全社会的理解和支持。国务院和4个有关部委（国家科委、中国科学院、国家教委和新闻出版署）已分别于1987年和1990年行文全国，要求全国各科研、教学、生产、经营以及新闻出版等单位遵照使用全国科技名词委审定公布的名词。希望社会各界自觉认真地执行，共同做好这项对于科技发展、社会进步和国家统一极为重要的基础工作，为振兴中华而努力。

值此全国科技名词委成立15周年、科技名词书改装之际，写了以上这些话。是为序。

路甬祥

2000年夏

钱三强序

科技名词术语是科学概念的语言符号。人类在推动科学技术向前发展的历史长河中，同时产生和发展了各种科技名词术语，作为思想和认识交流的工具，进而推动科学技术的发展。

我国是一个历史悠久的文明古国，在科技史上谱写过光辉篇章。中国科技名词术语，以汉语为主导，经过了几千年的演化和发展，在语言形式和结构上体现了我国语言文字的特点和规律，简明扼要，蓄意深切。我国古代的科学著作，如已被译为英、德、法、俄、日等文字的《本草纲目》《天工开物》等，包含大量科技名词术语。从元、明以后，开始翻译西方科技著作，创译了大批科技名词术语，为传播科学知识，发展我国的科学技术起到了积极作用。

统一科技名词术语是一个国家发展科学技术所必须具备的基础条件之一。世界经济发达国家都十分关心和重视科技名词术语的统一。我国早在 1909 年就成立了科学名词编订馆，后又于 1919 年由中国科学社成立了科学名词审定委员会，1928 年由大学院成立了译名统一委员会。1932 年成立了国立编译馆，在当时教育部主持下先后拟订和审查了各学科的名词草案。

新中国成立后，国家决定在政务院文化教育委员会下，设立学术名词统一工作委员会，郭沫若任主任委员。委员会分设自然科学、社会科学、医药卫生、艺术科学和时事名词五大组，聘任了各专业著名科学家、专家，审定和出版了一批科学名词，为新中国成立后的科学技术的交流和发展起到了重要作用。后来，由于历史的原因，这一重要工作陷于停顿。

当今，世界科学技术迅速发展，新学科、新概念、新理论、新方法不断涌现，相应地出现了大批新的科技名词术语。统一科技名词术语，对科学知识的传播，新学科的开拓，新理论的建立，国内外科技交流，学科和行业之间的沟通，科技成果的推广、应用和生产技术的发展，科技图书文献的编纂、出版和检索，科技情报的传递等方面，都是不可缺少的。特别是计算机技术的推广使用，对统一科技名词术语提出了更紧迫的要求。

为适应这种新形势的需要，经国务院批准，1985 年 4 月正式成立了全国自然科学名词审定委员会。委员会的任务是确定工作方针，拟定科技名词术语审定工作计划、实施方案和步骤，组织审定自然科学各学科名词术语，并予以公布。根据国务院授权，委员会审定公布的名词术语，科研、教学、生产、经营以及新闻出版等各部门，均应遵照使用。

全国自然科学名词审定委员会由中国科学院、国家科学技术委员会、国家教育委员会、中国科学技术协会、国家技术监督局、国家新闻出版署、国家自然科学基金委员会分别委派了正、副主任担任领导工作。在中国科协各专业学会密切配合下，逐步建立各专业审定分委员会，并已建立起一支由各学科著名专家、学者组成的近千人的审定队伍，负责审定本学科的名词术语。我国的名词审定工作进入了一个新的阶段。

这次名词术语审定工作是对科学概念进行汉语订名，同时附以相应的英文名称，既有我国语言特色，又方便国内外科技交流。通过实践，初步摸索了具有我国特色的科技名词术语审定的原则与方法，以及名词术语的学科分类、相关概念等问题，并开始探讨当代术语学的理论和方法，以期逐步建立起符合我国语言规律的自然科学名词术语体系。

统一我国的科技名词术语，是一项繁重的任务，它既是一项专业性很强的学术性工作，又涉及到亿万人使用习惯的问题。审定工作中我们要认真处理好科学性、系统性和通俗性之间的关系；主科与副科间的关系；学科间交叉名词术语的协调一致；专家集中审定与广泛听取意见等问题。

汉语是世界五分之一人口使用的语言，也是联合国的工作语言之一。除我国外，世界上还有一些国家和地区使用汉语，或使用与汉语关系密切的语言。做好我国的科技名词术语统一工作，为今后对外科技交流创造了更好的条件，使我炎黄子孙，在世界科技进步中发挥更大的作用，做出重要的贡献。

统一我国科技名词术语需要较长的时间和过程，随着科学技术的不断发展，科技名词术语的审定工作，需要不断地发展、补充和完善。我们将本着实事求是的原则，严谨的科学态度做好审定工作，成熟一批公布一批，提供各界使用。我们特别希望得到科技界、教育界、经济界、文化界、新闻出版界等各方面同志的关心、支持和帮助，共同为早日实现我国科技名词术语的统一和规范化而努力。

钱三强

1992年2月

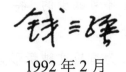

前　言

“化工”一词是化学工程和化学工业的简称，其中化学工程作为国家一级学科，是研究化学工业和其他过程工业生产中所进行的化学过程和物理过程共同规律的一门工程科学，也是化学工业的核心支撑学科；而化学工业涉及石油炼制、基本有机化工、无机化工与肥料、高分子化工、生物化工、精细化工等众多生产专业领域，以及公用工程、环保安全、工程设计与施工等诸多辅助专业领域。

化学工业属于流程性制造行业，以自然界存在的水、空气，以及煤、盐、石油与天然气等矿产资源作为原料，利用化学反应及物理加工过程改变物质的分子结构、成分和形态，经济地、大规模地制造提供人类生活所需要而自然界又不存在的交通运输燃料、合成材料、肥料和各种化学品，包括汽油、柴油与喷气燃料、合成树脂、合成橡胶、合成纤维、无机酸碱盐、药品等重要物资。

我国是化工大国，化学工业在我国工业体系和国民经济发展中占有重要位置。化学工业的高质量发展对于改进生产工艺、扩大产品供给、发展尖端科技、巩固国防安全、提升农业生产、改善人民生活有着重大作用。化工产业对国民经济的贡献也是举足轻重，2020 年全国化学工业产值占国内生产总值约 12%，销售额占全球化学工业市场的 40%。自 2013 年起，我国化学工业规模已超越美国，位居全球第一。近年来，我国精细化工产业规模不断增长，2023 年实现营业收入约 3.9 万亿元，生产产品超 3 万种，农药、染料、涂料、颜料、食品和饲料添加剂等的产量位居世界第一。

自 1995 年全国自然科学名词审定委员会（1997 年更名为全国科学技术名词审定委员会，以下简称全国科技名词委）发布《化学工程名词》以来，距今已过去 20 余年。这期间，化工领域页岩气、致密油等新原料，甲醇制烯烃（MTO）等新工艺，高端石化新产品以及新学科、新概念、新理论、新方法不断涌现，包括石油炼制、石油化工在内的我国化工产业取得了巨大的发展成就。通过科技创新，突破了一大批制约行业发展的关键核心技术；化学工程学科本身发展十分迅速，在过程强化、离子液体、微反应工程、产品工程、介尺寸流动等诸多方面取得了新进展，孕育出一些重要的新型分支学科。与此相关联，也涌现出一大批新的化工科学技术名词。因此，对《化学工程名词》进行扩充、修订及增加名词定义十分必要，这对于生产、科研、教学，以及实施“走出去”战略，加强国内外学术交流和知识传播，促进科学技术和经济建设的发展，具有十分重要的意义。

受全国科技名词委委托，中国化工学会于 2013 年 7 月 17 日启动了《化工名词》的审定工作，按照《化工名词》的学科（专业）框架，组建了化工名词审定委员会（以下简称化工名词委），并相继组建了包括精细化工名词审定分委员会（以下简称分委会）在内的 11 个分委员会。

首版《化工名词》具有三大特色：一是名词均加注有简洁的定义或释义：二是名词收词范围从化学工程学科扩展到化学工业；三是确定化学工业为大化工范畴，包含石油炼制、石油化工和传统化工等 11 个不同的化工专业以及辅助专业领域。

精细化工领域产品种类繁多，覆盖的行业十分广泛，精细化工名词在《化学工程名词》中属于空白，是新增的一类名词，此项工作具有开创性。分委会依托中化化工科学技术研究总院有限公司，邀请来自沈阳化工研究院有限公司、中海油常州涂料化工研究院有限公司、北京工商大学、华南理工大学、中海油天津化工研究设计院有限公司、杭州市化工研究院有限公司、中国石化石油勘探开发研究院、北京毛纺织科学研究所、上海华谊集团技术研究院、山东省化工研究院、湖北华烁科技股份有限公司、四川大学、北京化工大学、大连理工大学、华东理工大学、浙江大学、陕西科技大学、南京理工大学、南京工业大学、河北大学等科研院所、高校及生产企业的专家担任顾问、委员，中国工程院孙宝国院士担任分委会主任。分委会下设秘书处，由中化化工科学技术研究总院有限公司有关人员组成。根据编写要求和进展安排，组建了精细化工名词编写组（以下简称编写组），并由上述科研院所、高校及生产企业的专业人员担任专家。

2015 年 3 月 9 日，中国化工学会和中化化工科学技术研究总院有限公司在北京召开了《化工名词》精细化工专业领域编写工作讨论会，审定工作正式启动。分委会在中国化工学会精细化工专业委员会第八届委员会主任伍振毅、秘书长仲晓萍牵头组织下，邀请有关专家开展了深入细致的工作。经多次研究讨论，确定将已形成产业规模的中间体、农药、染料与颜料、涂料、表面活性剂、胶黏剂等传统精细化工产品列为三级目录，将水处理剂、造纸化学品、油田化学品、染整助剂、催化剂、化学试剂、日用化学品、饲料添加剂、电子化学品与感光材料、皮革化学品等归类为其他精细化学品并列为四级目录。秘书处组织编写人员按照《科学名词审定工作手册》开展了选词工作，经集中讨论、内部查重去重、征求分委会委员意见，确定收录词条 7533 条。经中国化工学会组织查重后，由相关专家对词条进行了首轮调整，调整后为 5836 条。

2016 年 3 月 19 日，召开了定名协调会，与会专家对词条中英文名称逐一审定，认真研讨定名难度较大的名词，经过第二轮调整，定名名词为 4408 条。会后，秘书处组织编写人员进一步修改完善词条，并开始词条的定义工作。

2016 年 12 月 22~23 日，分委会在北京召开终审会。会上对名词定义认真推敲、逐条审定，删除多余和不恰当的词条，并根据定名和释义的要求对名词进行了修改。会后，秘书处组织编写人员按专家意见进一步修改完善词条，形成精细化工名词终审稿，定义名词 3851 条，于 2017 年 3 月上报全国科技名词委。

2021 年 1 月，秘书处收到全国科技名词委安排的彭孝军院士和刘红光教授两位专家的复审意见后，组织分委会委员对复审意见进行讨论，采纳了大部分意见，修改形成报批稿提交至全国科技名词委，报批稿中收录 3094 条中英文名词及其定义。

2023 年 1 月，秘书处收到全国科技名词委及科学出版社的反馈意见，随即组织分委会委员逐条讨论，绝大多数的词条予以采纳，对个别有争议的词又查阅资料，重新修订定义，经秘书处统稿后上报，共计 3080 条名词。

2024 年 8 月，秘书处根据科学出版社反馈意见对名词、定义和其他有关内容进行了修改和补充，最终确定上报名词 3007 条。

精细化工名词的审定工作，严格按照全国科技名词委的规定进行，经历了确立学科框架体系、收词、查重、定名、定义、专家一审、编写组专家函件二审、化工名词委和分委会专家通稿终审（三审）、全国科技名词委专家复审、修改二审、全国科技名词委内查重及联审（三审）、预公布前定稿等流程，按照学科（专业）框架的三级目录体系进行名词定义。

在九年多的审定工作中，中国化工学会、各专业委员会、全国科技名词委、各审定分委员会、全国化工界同仁，以及有关专家、学者，都给予了热情的支持和帮助，谨此表示衷心的感谢。

名词审定是一项浩繁的基础性工作，难免存在疏漏和不足。同时，现在公布的名词与定义或释义只能反映当前的学术水平，随着科学技术的发展，还将适时修订。希望大家对化工名词审定工作继续给予关心和支持，对其中存在的问题不吝提出宝贵意见和建议，以便今后修订时参考，使之更加完善。

化工名词审定委员会

2024 年 12 月

编排说明

一、本书公布的是《化工名词》（十一）——精细化工分册名词，共 3007 条，每条名词均给出了定义或注释。

二、全书分八部分：通类、中间体、农药、染料与颜料、涂料、表面活性剂、胶黏剂、其他精细化学品。

三、正文按汉文名所属学科的相关概念体系排列。汉文名后给出了与该词概念相对应的英文名。

四、每个汉文名都附有相应的定义或注释。定义一般只给出其基本内涵，注释则扼要说明其特点。当一个汉文名有不同的概念时，则用（1）、（2）……表示。

五、一个汉文名对应几个英文同义词时，英文词之间用“，”分开。

六、凡英文词的首字母大、小写均可时，一律小写；英文除必须用复数者，一般用单数形式。

七、“[ ]”中的字为可省略的部分。

八、主要异名和释文中的条目用楷体表示。“全称”“简称”是与正名等效使用的名词；“又称”为非推荐名，只在一定范围内使用；“俗称”为非学术用语；“曾称”为被淘汰的旧名。

九、正文后所附的英汉索引按英文字母顺序排列；汉英索引按汉语拼音顺序排列。所示号码为该词在正文中的序码。索引中带“*”者为规范名的异名或在释文中出现的条目。

编排说明

目　录

01. 通　　类

01.0001 精细化学品 fine chemicals
由基础化工原料经过进一步深加工得到，具有品种多、技术含量高、产品附加值高等特点的化学品。包括精细化工中间体和专用化学品。是国民经济不可或缺的基础材料和关键材料，以及人们生活的必需品和消费品。

01.0002 专用化学品 specialty chemicals
具有专门功能或最终使用性能的化学品。产品特点是技术密集度高、产品附加值高、商品性强、品种牌号多。与精细化学品涵盖的大部分产品是相同的。

01.0003 精细化工中间体 fine chemical intermediate
由基础化工原料经过进一步深加工得到，用于生产专用化学品的原料和中间产物。包括医药中间体、染料中间体、农药中间体、涂料中间体等。

01.0004 精细化工 fine chemical industry
全称“精细化学工业”。生产精细化学品的工业的总称。产品包括精细化工中间体和专用化学品。

01.0005 农药 pesticide
能够防治危害农、林、牧、渔业产品和环境卫生等方面的害虫、螨、病原菌、杂草、鼠等有害生物的药剂，以及用来促进或抑制农作物等的生理功能的植物生长调节剂和干扰昆虫生理作用的昆虫生长调节剂。

01.0006 染料 dye
通过染色的方法使纤维或其他基质具有坚牢色泽的有色化合物。其多为有机化合物。

01.0007 颜料 pigment
本身具有颜色的不溶性物质。由于其不溶于介质溶剂，也不溶于被染物，所以通常以高度分散状态使着色对象着色，对所有着色对象均无亲和力，常与具有黏合性能的高分子材料合用，靠黏合剂、树脂等其他成膜物质与着色对象结合在一起。包括有机颜料和无机颜料两类。

01.0008 涂料 paint，coating
涂于物体表面，在一定的条件下能形成具有保护性、装饰性或特殊功能（如绝缘、防锈、防霉、耐热等）的牢固附着连续薄膜的一类液体或固体材料的总称。由成膜树脂、固化剂、颜填料、助剂和溶剂组成。

01.0009 表面活性剂 surfactant，surface active agent
具有两亲结构的化合物，分子中一般含有两种极性和亲媒性迥然不同的基团。活跃于表面和界面上，具有极高的降低表面、界面张力的能力和效率，因而产生润湿、分散、乳化、增溶、洗涤等作用。

01.0010 食品添加剂 food additive
为改善食品色、香、味等品质，以及为满足防腐和加工工艺的需要而加入食品中的人工合成物质或者天然物质。

01.0011 胶黏剂 adhesive
又称“黏合剂（bonding agent）”“黏结剂（binder）”。靠界面的黏附和内聚等作用（化学力和物理力），把两种或两种以上的制件或材料牢固地黏接在一起的物质。包括环氧树脂类、聚丙烯酸类、聚氨酯类等。

01.0012 水处理剂 water treatment agent

又称“水处理化学品（water treatment chemicals）”。用于工业或民用给水、工艺用水和废（污）水等的水质处理和控制用的精细化学品。用以降低水的浊度、硬度、微生物数量等，以及抑制水系统中的腐蚀、污垢和菌藻等问题。包括混凝剂、阻垢剂、杀菌剂、清洗剂、缓蚀剂等。

01.0013 造纸化学品 paper chemicals

造纸过程中所使用的各种化学药剂和助剂的总称。用于提高纸的品质和生产效率、改善操作条件、降低制造成本，以及开发新的纸种。

01.0014 油田化学品 oil field chemicals

解决油气田钻井、完井、采油、注水、提高采收率及集输等过程中化学问题时所使用的药剂。主要包括通用化学品、钻井用化学品、油气开采化学品、提高采收率化学品、油气输送用化学品和水处理用化学品等。

01.0015 纺织染整助剂 textile dyeing and finishing auxiliary

在纺丝、纺纱、织布、印染至成品的各道加工工序中，为提高纺织品纤维性能而使用的各类助剂的总称。作用是提高纺织品质量、改善加工效果、提高生产效率、简化工艺过程、降低生产成本，并优化印染品的各种性能。

01.0016 催化剂 catalyst

在化学反应中能降低活化能，改变反应物化学反应速率而不改变化学平衡，且本身的质量和化学性质在化学反应前后都没有发生改变的物质。

01.0017 化学试剂 chemical reagent

用于教学、科学研究、分析测试等，具有各种标准纯度的纯化学物质。

01.0018 日用化学品 daily chemicals

作为消费品出售以满足人们衣、食、住、行等生活需要的化学品。

01.0019 电子化学品 electronic chemicals

电子加工技术配套用的专用化学品。包括光刻胶、超净高纯试剂、电子特种气体、电子封装材料、抛磨光专用化学品、印刷线路板专用化学品、显示器件用化学品、工程塑料和特种高分子材料、电子橡胶制品、电子黏接材料和胶黏带、电子特种涂料、导电浆料、新型电源专用化学品等。

01.0020 皮革化学品 leather chemicals

制革和毛皮加工生产过程中所用到的化学材料。

01.0021 感光材料 photosensitive materials

用于照明、电影电视摄制、电子技术加工、印刷制版等领域，在光的作用下，能进行光化学变化而达到使用要求的胶片、胶卷、相纸、光刻胶、感光油墨等材料的总称。分为银盐感光材料和非银盐感光材料两大类。

02. 中 间 体

02.0001 三聚氰胺 melamine

又称“1,3,5-三嗪-2,4,6-三胺（1,3,5-triazine-2,4,6-triamine）”。化学式为$C_3H_6N_6$，白色单斜晶体。少量溶于水、乙二醇、甘油及吡啶。可通过尿素（以氨气为载体，硅胶为催化剂），在高温下先分解生成氰酸再进一步缩合制得。用作有机微量分析测定氮的标准样品，以及皮革加工的鞣剂和填充剂。结构式为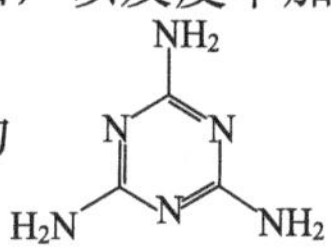。

02.0002 双氰胺 dicyandiamide

全称“双聚氰胺（dipolycyanamide）”，又称“二氰二胺（cyanoguanidine）”。化学式为$C_2H_4N_4$，白色棱形结晶性粉末，是生产三聚氰胺的原料。可由氰氨化钙水解、通入二氧化碳得到氰胺溶液，再在碱性条件下聚合，经过滤、冷却结晶、分离、干燥制得。用作合成医药、农药和染料的中间体，钢铁表面硬化剂、印染固色剂、人造革填料及黏合剂等。结构式为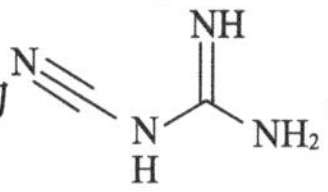。

02.0003 二甲基苯胺 xylidine

又称“*N,N*-二甲基苯胺（*N,N*-dimethylaniline）”。化学式为$C_8H_{11}N$，浅黄色至浅褐色油状液体，有刺激臭味。可由液体苯胺与甲醇在高效苯胺甲基化催化剂作用下气相合成制得。是重要的染料中间体，主要用于制造偶氮染料、三苯甲烷染料，也是制香料、医药、炸药等的中间体。结构式为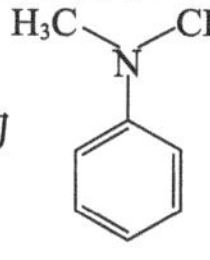。

02.0004 2,4-二硝基-6-溴苯胺 2,4-dinitro-6-bromoaniline

化学式为$C_6H_4BrN_3O_4$，黄色针晶，易溶于热水和热丙酮，溶于热乙酸。可由2,4-二硝基苯胺于有机溶剂中在催化剂作用下与溴化剂反应制得。用作染料中间体，用于分散藏青2GL的生产。结构式为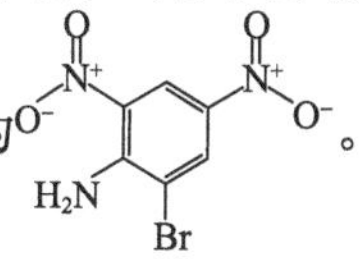。

02.0005 4-溴-2-氟联苯 4-bromo-2-fluorobiphenyl

化学式为$C_{12}H_8BrF$，可通过4-溴-2-氟苯胺经重氮化和偶合反应合成。用作医药中间体，如解热镇痛药氟比洛芬的中间体。结构式为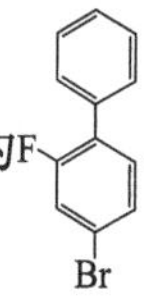。

02.0006 邻二氯苯 *o*-dichlorobenzene

又称“1,2-二氯苯（1,2-dichlorobenzene）”。化学式为$C_6H_4Cl_2$，无色流动液体，具有香味。可由邻氯苯胺经重氮化、置换等反应制得。主要用于有机合成，作为医药、农药合成的中间体，并用作溶剂。结构式为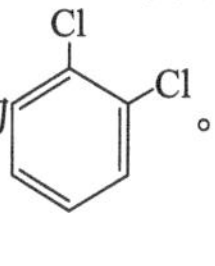。

02.0007 2,4-二硝基甲苯 2,4-dinitrotoluene

化学式为$C_7H_6N_2O_4$，黄色针晶或单斜棱晶，工业品为油状液体。可由对硝基甲苯硝化等方法制得。用于有机合成，用作染料和炸药生产的原料。结构式为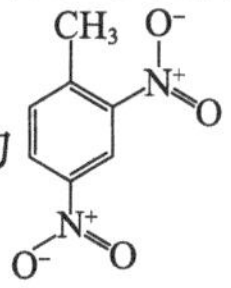。

02.0008 1,2,4-三氯苯 1,2,4-trichlorobenzene

化学式为$C_6H_3Cl_3$，无色菱形结晶。可由热解法干燥的六氯环己烷无毒体在热解釜中加热制得。用作制造农药、变压器油、润滑油等的溶剂，是染料载体，也是合成2,5-二氯苯酚的原料。结构式为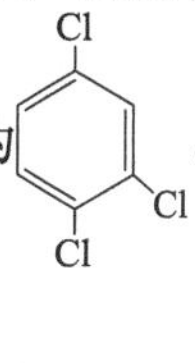。

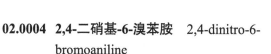

02.0009 2,4-二甲氧基硝基苯 2,4-dimethoxynitrobenzene

又称“2,4-二甲氧基-1-硝基苯（2,4-dimethoxy-1-nitrobenzene）”。化学式为$C_8H_9NO_4$，是重要的有机化工中间体。可由间二氯苯经硝化、甲氧基化、还原和酰化制得。结构式为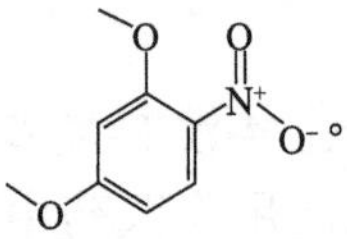。

02.0010 均三氟苯 sym-trifluorobenzene

又称“1,3,5-三氟苯（1,3,5-trifluorobenzene）”。化学式为 $C_6H_3F_3$，无色透明液体。用作医药或液晶材料中间体。结构式为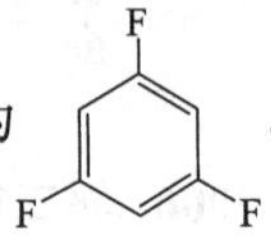。

02.0011 邻溴甲苯 *o*-bromotoluene

又称“2-溴甲苯（2-bromotoluene）”。化学式为 C_7H_7Br，无色液体。可由邻甲苯胺经重氮化、置换制得。用作有机合成原料及中间体，也用于医药工业。结构式为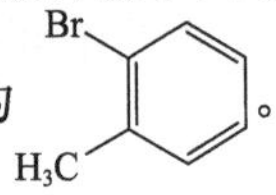。

02.0012 3,5-二羟基甲苯 3,5-dihydroxytoluene

又称“5-甲基间苯二酚（5-methylresorcinol）”。化学式为 $C_7H_8O_2$，可由 3-甲基-4-氯苯酚为原料，通过高温脱氯水解一步反应制得中间体 3,5-二羟基甲苯的酚钾盐，然后酸化处理制得。用于有机合成，用作医药中间体、分析试剂。结构式为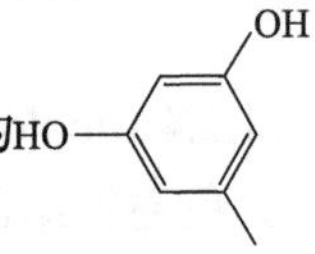。

02.0013 *β*-甲氧基萘 *β*-methoxynaphthalene

又称“2-萘甲醚（2-naphthyl methyl ether）”。化学式为 $C_{11}H_{10}O$，白色鳞片状结晶，有橙花香味。可由 *β*-萘酚和硫酸二甲酯为原料，在氢氧化钠水溶液中进行甲基化反应，然后经中和、洗涤、蒸馏而制得。主要用于调配皂用香精、大众化的花露水和古龙香水等。结构式为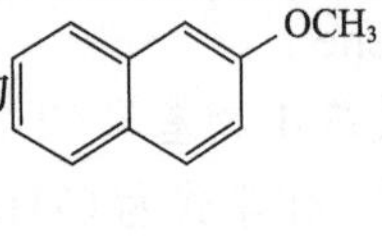。

02.0014 二丁基萘 dibutyl naphthalene

又称“2,6-二叔丁基萘（2, 6-di-*tert*-butylnaphthalene）”。化学式为 $C_{18}H_{24}$，固体结晶。可作医药中间体，制备非麻醉性强效镇咳药咳宁。结构式为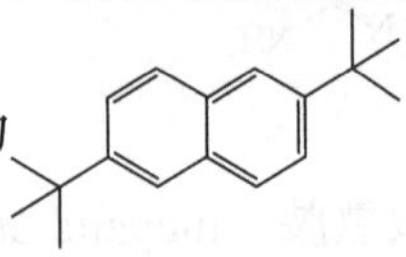。

02.0015 *α*-甲基萘 *α*-methylnaphthalene

又称“1-甲基萘（1-methylnaphthalene）”。化学式为 $C_{11}H_{10}$，无色油状液体。有近似萘的气味。能随水蒸气、苯蒸气等一起挥发。可由煤焦油中的洗油为原料，经脱酚、脱吡啶碱、冷冻等方法制得。用作表面活性剂、减水剂、分散剂、药物等有机合成的原料。结构式为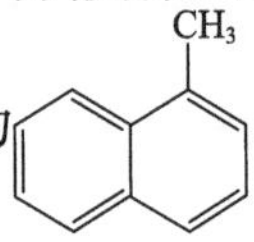。

02.0016 *β*-甲基萘 *β*-methylnaphthalene

又称“2-甲基萘（2-methylnaphthalene）”。化学式为 $C_{11}H_{10}$，白色至浅黄色单斜晶体或熔融状固体。可由煤焦油中的洗油为原料，在常压、减压条件下进行精馏等方法制得。用于有机合成，用作杀虫剂、医药、染料中间体等。结构式为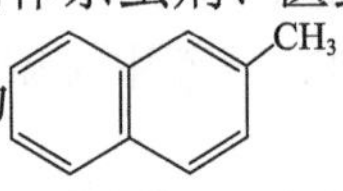。

02.0017 1,5-二氨基萘 1,5-diaminonaphthalene

化学式为 $C_{10}H_{10}N_2$，片状晶体。可由萘为原料，通过硝化制备 1,5-二硝基萘，再还原制得。用于有机合成，合成 1,5-萘二异氰酸酯，在颜料、染料、医药等多个领域应用。结构式为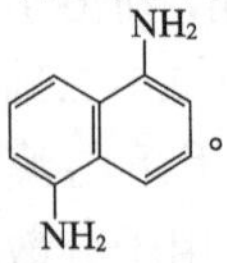。

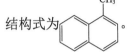

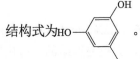

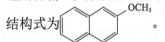

02.0018 氯化苄 benzyl chloride

又称“苄基氯”。化学式为 C_7H_7Cl，卤化苄类刺激性化合物。主要由甲苯氯化制得。在农药、医药、香料、染料助剂、合成树脂等方面都有广泛应用。结构式为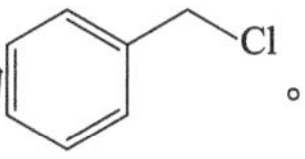。

02.0019 三聚氯氰 cyanuric chloride

又称“2,4,6-三氯-1,3,5-三嗪（2,4,6-trichloro-1,3,5-triazine）”“三氯均三嗪（trichlorometriazine）”。化学式为 $C_3Cl_3N_3$，具有强烈刺激性氯气味的白色结晶。可由氰化钠为原料与氯气反应生成氯氰，再聚合生成三聚氯氰，经急冷、结晶等方法制得。是生产高效、低毒的均三氮苯类除草剂、杀虫剂的重要中间体。结构式为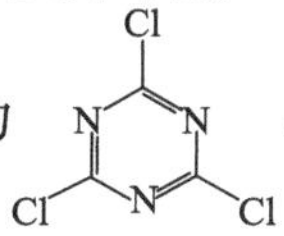。

02.0020 2-氯三苯基甲基氯 2-chlorophenyl-diphenylchloromethane

又称“氯代（邻氯苯基）三苯基甲烷[chlorinated(*o*-chlorophenyl)triphenylmethane]”。化学式为 $C_{19}H_{14}Cl_2$，灰白色至黄色或棕色结晶。可由邻氯苯甲酸与乙醇酯化、与苯基溴化镁缩合（格氏反应）、水解、氯化制得。是克霉唑的中间体。结构式为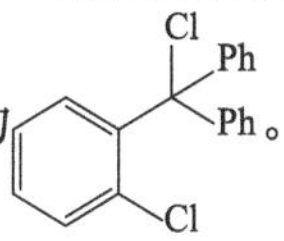。

02.0021 2,4-二氯苯甲酰甲基氯 2,4-dichloro-benzoylmethyl chloride

又称“2,2′,4′-三氯苯乙酮（2,2′,4′-trichloroacetophenone）”。化学式为 $C_8H_5Cl_3O$，棕色晶体，有腐蚀性和催泪作用，是益康唑的中间体。结构式为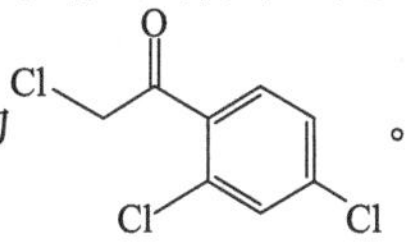。

02.0022 2,4-二氯氯苄 2,4-dichlorobenzyl chloride

又称“2,4-二氯-2-(氯甲基)苯[2,4-dichloro-2-(chloromethyl)benzene]”。化学式为 $C_7H_5Cl_3$，可由 2,4-二氯甲苯为原料，经加热、氯化等方法制得。有腐蚀性、刺激性和催泪作用，是杀菌剂苄氯三唑醇的中间体。结构式为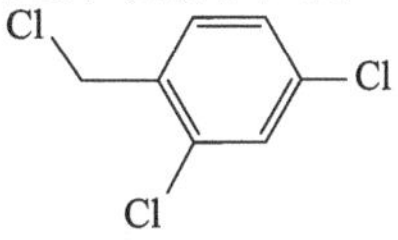。

02.0023 对氯氯苄 *p*-chlorobenzyl chloride

又称“1-氯-4-(氯甲基)苯[1-chloro-4-(chloromethyl) benzene]”。化学式为 $C_7H_6Cl_2$，可由氯苄经低温氯化等方法制得。是乙胺嘧啶、灭菊酯的中间体，染料中间体，以及分光光度法测试胺类的试剂。结构式为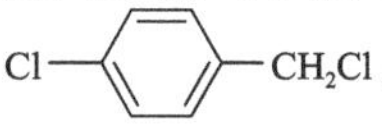。

02.0024 苄氧羰基氯 carbobenzoxy chloride

化学式为 $C_8H_7ClO_2$，无色油状液体，有腐臭气味。在抗生素合成中作氨基保护剂，也用作农药中间体。结构式为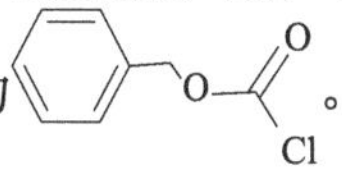。

02.0025 二苯甲基氯 diphenyl-chloromethane

又称“二苯氯甲烷”。化学式为 $C_{13}H_{11}Cl$，可由苯与氯化苄经弗里德–克拉夫茨（Friedel-Crafts）反应、氯化等方法制得，用作医药中间体。结构式为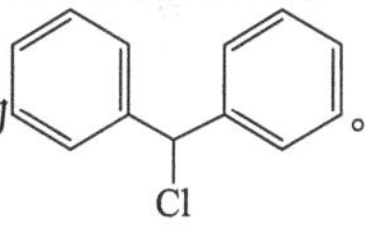。

02.0026 1,2,4-酸氧体 2-diazo-1-naphthol-4-sulfonic acid hydrate

又称“（1,2,4-酸）重氮氧化物[（1,2,4-acid) diazo ozide]”。化学式为 $C_{10}H_6N_2O_4S$，黄色针状结晶，其钠盐熔点为 168℃。用作染料中间体。可由 1-氨基-2-萘酚-4-磺酸（1,2,4-酸）经重氮化制得。用于合成酸性媒介染料、偶氮染料、硝基-1,2,4-酸重氮氧化物等。结构式为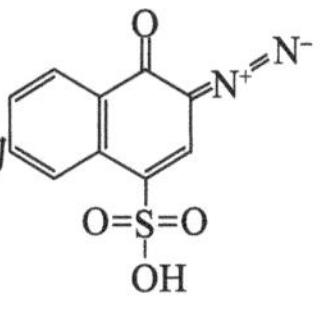。

02.0027 6-硝基-1,2,4-酸氧体 6-nitro-1,2,4-diazo acid

化学式为 $C_{10}H_5N_3O_6S$，用作酸性染料的中间体，用于制取酸性媒介黑染料，如酸性媒介黑 T、酸性媒介黑 A 等。结构式为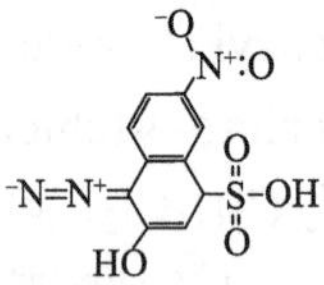。

02.0028 6-氨基青霉烷酸 6-aminopenicillanic acid

又称“6-氨基青霉素酸（6-aminopenicillin acid）”。化学式为 $C_8H_{12}N_2O_3S$，白色或微黄色结晶粉末，微溶于水，不溶于乙酸丁酯、乙醇或丙酮。工业上多采用固定化青霉素酰胺酶法制造。主要用于生化研究，是制备半合成青霉素的原料。结构式为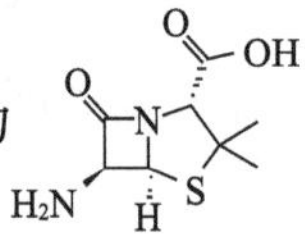。

02.0029 7-氨基去乙酰氧基头孢烷酸 7-amino-desacetoxycephalosporanic acid，7-ADCA

化学式为 $C_8H_{10}N_2O_3S$，类白色结晶粉末。可由工业青霉素 G 钾盐为原料，经氧化、扩环重排、裂解三步反应制得。主要用作重要的头孢类抗生素半合成的中间体，在医药工业上用于合成头孢氨苄、头孢拉定和头孢羟氨苄等市场用量较大的药物。结构式为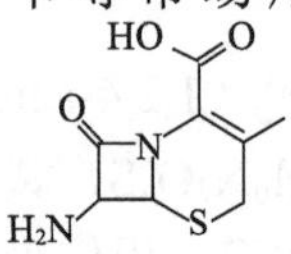。

02.0030 7-氨基头孢烷酸 7-aminocephalosporanic acid，7-ACA

化学式为 $C_{10}H_{12}N_2O_5S$，结晶体。可由头孢菌素 C 用三甲基氯硅烷酯化，再经五氯化磷氯化，丁醇醚化，最后水解制得。其作为医药中间体是生产头孢唑林、头孢哌酮等半合成抗生素类产品的重要中间体。具有抗菌广谱、耐酶、毒性低等特点。结构式为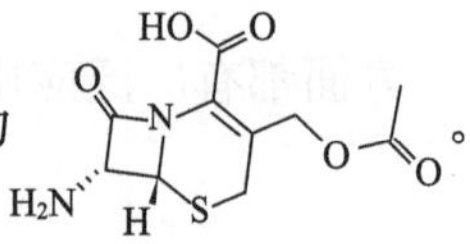。

02.0031 噻二唑 thiadiazole

全称“2-巯基-5-甲基-1,3,4-噻二唑（2-mercapto-5-methyl-1,3,4-thiadiazole）”。化学式为 $C_3H_4N_2S_2$，白色粉末，熔点 184℃。可由水合肼为原料经酰化、成盐、环合、精制制得。是生产头孢唑林的中间体。具有抗菌广谱、吸收好、副作用小的特点。结构式为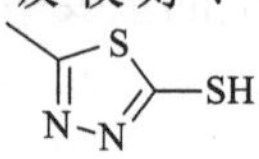。

02.0032 甲硫四氮唑 1-methyl-5-mercaptotetrazol

又称“1-甲基-5-巯基-1*H*-四氮唑（1-methyl-5-sulfhydryl-1*H*-tetrazolium）”。化学式为 $C_2H_4N_4S$，可在丙酮中结晶，熔点 125～128℃，有刺激气味。可由水合肼先制备成含叠氮钠的反应液，与异硫氰酸甲酯环合等制得。用作头孢类抗生素中间体，如头孢羟唑、头孢哌酮、头孢孟多。结构式为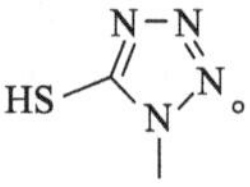。

02.0033 3-氨基-5-甲基异噁唑 3-amino-5-methylisoxazole

又称“5-甲基-3-异噁唑胺（5-methyl-3-isozolamide）”。化学式为 $C_4H_6N_2O$，白色晶体，熔点 51.5℃，溶于醇、醚，随水蒸气挥发。可由 5-甲基异噁唑-3-甲酰胺经氯化、脱羰制得。作为医药中间体用于生产磺胺类药物。结构式为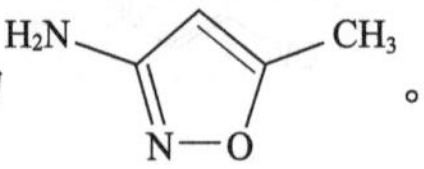。

02.0034 苯肼 phenylhydrazine

又称“肼苯（hydrazine benzene）”。化学式为 $C_6H_8N_2$，无色至黄色油状液体或晶体，在 23℃以下为片状结晶。可由苯胺为原料，经重氮化、还原、酸析、中和制得。是生产染料、医药、农药的中间体，还可作为分析试剂测定硒、钼，测定磷酸时做还原剂。结构式为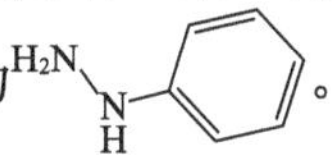。

02.0035 1,1-二苯基肼 1,1-diphenylhydrazine

化学式为 $C_{12}H_{12}N_2$，无色或黄色片状，熔点34.5℃，熔点时分解成苯胺和偶氮苯。微溶于水，溶于乙醇，易溶于苯，不溶于乙酸。用于生产解热镇痛药保太松、联苯胺染料等。结构式为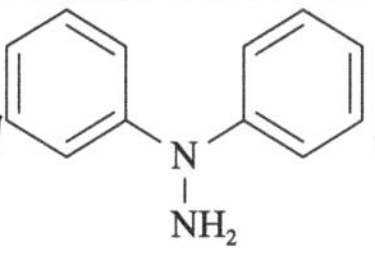。

02.0036 4-甲氧基苯肼盐酸盐 4-methoxyphenylhydrazine hydrochloride

化学式为 $C_7H_{10}N_2O \cdot HCl$，白色至灰白色粉末。可由对甲氧基苯胺经一系列反应制得。是一种重要的有机合成中间体，多用于药物合成。结构式为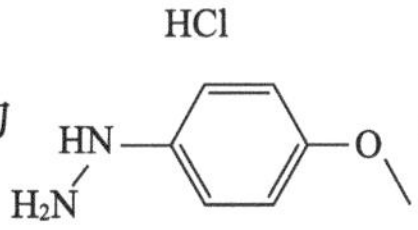。

02.0037 *β*-溴苯乙烷 *β*-bromophenylethane

又称“2-溴乙基苯（2-bromoethylbenzene）”。化学式为 C_8H_9Br，无色液体，能与乙醚、苯混溶，不溶于水。可由苯乙醇与溴化氢反应制得。用作医药与农药中间体。结构式为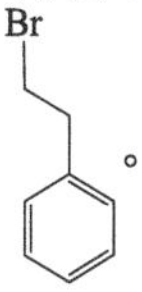。

02.0038 脒基硫脲 amidinothiourea

化学式为 $C_2H_6N_4S$，白色颗粒结晶，熔点171～173℃。可由双氰胺、对苯醌二肟、硫化氢反应制得。本身有抗缺氧活性，用作法莫替丁的中间体。结构式为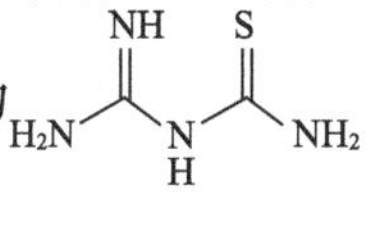。

02.0039 三嗪酸 triazine acid

又称“三嗪环（triazine ring）”“二氢-2-甲基-3-硫基-1,2,4-三嗪-5,6-二酮（dihydro-2-methyl-3-thioxo-1,2,4-triazine-5,6-dione）”。化学式为 $C_4H_5N_3O_2S$，白色粉末，熔点245～250℃。可由2-甲基氨基硫脲、草酸二乙酯反应制得。用于生产头孢类医药中间体，如头孢曲松钠等。结构式为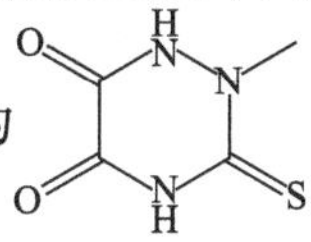。

02.0040 3-乙酰氨基吡咯烷 3-acetamidopyrrolidine

又称“3-乙酰氨基四氢吡咯（3-acetamidotetrahydropyrrole）”。化学式为 $C_6H_{12}N_2O$，需低温保存。可由苄胺经烷基化、加成、环合、脱羧、成肟、催化加氢、乙酰化，再经加氢脱苄制得。是合成新型氟喹诺酮抗菌药物的中间体，也可用作合成克林沙星等的中间体。结构式为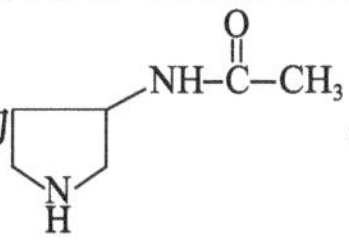。

02.0041 氟溴甲烷 bromofluoromethane

化学式为 CH_2BrF，沸点低，易于挥发，有一定的毒性。可由氟甲烷和溴分子反应制得。是重要的化工生产原料，主要用于化学产品中引入氟甲基，是重要的甲基化试剂，反应活性优于氟氯甲烷等其他氟卤甲基化试剂。结构式为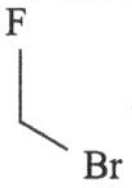。

02.0042 糖精钠 saccharin sodium

又称“邻苯甲酰磺酰亚胺钠（sodium *o*-benzoyl sulfonimide）”“溶性糖精（saccharin sodium salt）”。化学式为 $C_7H_4NNaO_3S$，无色至白色斜方晶系板状结晶或白色结晶风化粉末。无味或有轻微气味，味道极甜。易溶于水，微溶于乙醇。可由甲苯与氯磺酸经氯磺化，与氨作用并氧化，再经氢氧化钠碱化制得。用作食品甘味剂及诊断用药。结构式为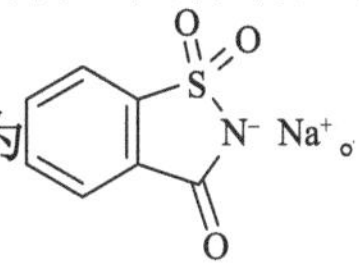。

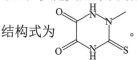

02.0043 5-乙氧基-4-甲基噁唑 5-ethoxy-4-methyloxazole

又称“4-甲基-5-乙氧基噁唑（4-methyl-5-ethoxyoxazole）”。化学式为 $C_6H_9NO_2$，液体。可由 α-丙氨酸经酯化、甲酰化、环合制得。维生素 B_6 的中间体。结构式为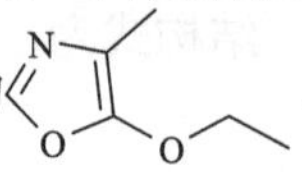。

02.0044 *N*-4-(氨基苯甲酰基)-L-谷氨酸 *N*-(4-aminobenzoyl)-L-glutamic acid

又称“对氨基苯甲酰基麸质酸（*p*-aminobenzoyl glutamic acid）”。化学式为 $C_{12}H_{14}N_2O_5$，无色结晶。熔点 173℃。能溶于水，微溶于醇，不溶于醚。可由对硝基苯甲酰氯与谷氨酸钠缩合，再用铁粉或加氢还原制得。作为医药中间体，用于叶酸的生产。结构式为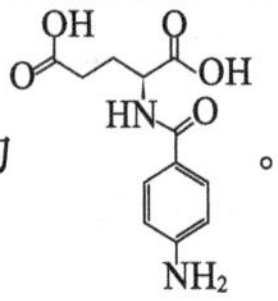。

02.0045 4-氨基-1-二乙氨基戊烷 4-amino-1-diethylaminopentane

又称“*N′*,*N′*-二乙基-1,4-戊二胺（*N′*,*N′*-diethyl-1,4-pentanediamine）”。化学式为 $C_9H_{22}N_2$，强碱性液体，有氨味，能溶于水、乙醇、乙醚。可由 5-二乙氨基-2-戊酮经活性镍催化、加压、减压蒸馏等制得。用作氯喹磷酸盐、米帕林盐酸盐的中间体。结构式为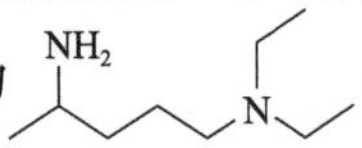。

02.0046 *S*-甲基异硫脲硫酸盐 *S*-methyl isothiourea sulfate

全称“*S*-甲基异硫脲 1/2 硫酸盐（*S*-methyl isothiourea 1/2 sulfate）”“*S*-甲基异硫脲硫酸盐（2∶1）[*S*-methylisothiourea sulfate（2∶1）]”。化学式为 $C_4H_{14}N_4O_4S_3$，针状结晶，熔点 244℃（分解），易溶于水，难溶于有机溶剂，易吸潮。可由硫脲与硫酸二甲酯经反应制得。是胍乙啶硫酸盐、氢化泼尼松磷酸钠的中间体。结构式为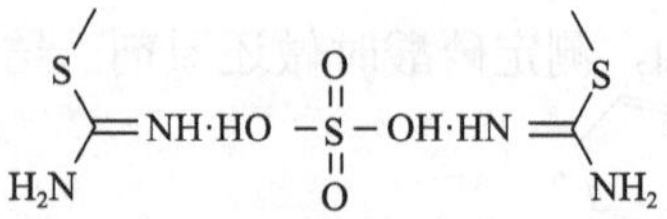。

02.0047 亚氨基芪 iminostilbene

又称“5*H*-二苯并[*b*,*f*]氮杂卓（5*H*-diphenyl[*b*,*f*]azazepine）”。化学式为 $C_{14}H_{11}N$，橙色结晶（甲醇中），熔点 196.5～198℃。由 10,11-二氢-5*H*-二苯并[*b*,*f*]氮杂经消除制得。是痛惊宁（卡马西平）的中间体。结构式为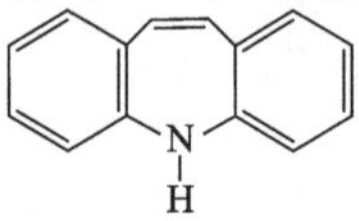。

02.0048 2-氨甲基-1-乙基吡咯烷 2-(aminomethyl)-1-ethylpyrrolidine

又称“*N*-乙基-2-氨甲基吡咯烷（*N*-ethyl-2-aminomethylpyrrolidine）”。化学式为 $C_7H_{16}N_2$，闪点为 57.2℃，常温下密度为 0.919 g/mL。可由(*S*)-(–)-1-乙基-2-吡咯烷甲酰胺经反应制得。用作医药中间体、抗精神病药物的合成。结构式为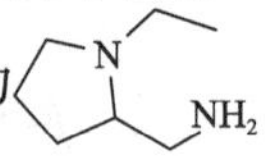。

02.0049 香兰素 vanillin

又称“香草醛”“3-甲氧基-4-羟基苯甲醛（3-methoxy-4-hydroxybenzaldehyde）”。化学式为 $C_8H_8O_3$，熔点 81～83℃，香兰素是人类所合成的第一种香精，通常分为甲基香兰素和乙基香兰素。可以造纸工业的亚硫酸纸浆废液中所含的木质素磺酸盐为原料，经碱性高温高压水解，然后脱水再进行氧化制得。用作香料和食品添加剂。结构式为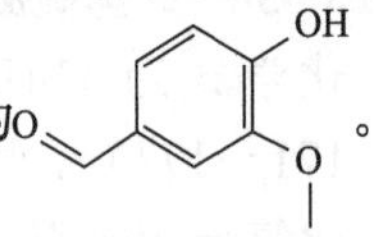。

02.0050 溴代异戊烷 iso-amyl bromide

又称“1-溴-3-甲基丁烷（1-bromo-3-methylbutane）”。化学式为 $C_5H_{11}Br$，无色液体，能与乙醇、乙醚混溶，溶于氯仿，微溶于水，易燃，有刺激性。可由异戊醇与氢溴酸在硫酸存在下反应制得。是异戊巴比妥的中间体，也用作有机合成（如合成染料）的原料。结构式为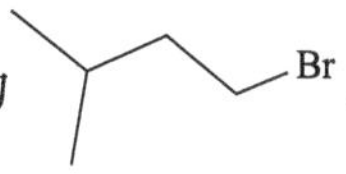

。

02.0051 二苯甲基溴 diphenyl-bromomethane

又称“溴代二苯甲烷(bromodiphenylmethane)”。化学式为 $C_{13}H_{11}Br$，结晶，熔点 45℃，有催泪作用和腐蚀性，可燃，遇水分解产生有毒溴化氢气体。可由二苯甲烷在光照下加热，滴加溴素，在 130℃保温 1h 制得。是脑益嗪的中间体。结构式为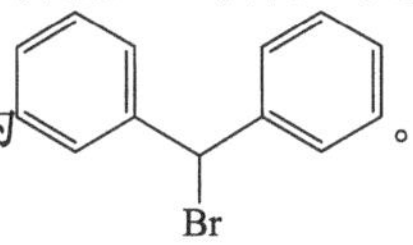

。

02.0052 对氰基氯苄 *p*-chlorobenzyl cyanide

又称“4-氯苄基氰(4-chlorobenzyl cyanide)”。化学式为 C_8H_6ClN，具有刺激性气味，白色针状结晶，熔点 77～79℃。可由 4-氯氯苄经一系列反应制得。是药物乙胺嘧啶的中间体。用于制造对氯苯甲醇、对氯苯甲醛、对氯苯乙腈等。结构式为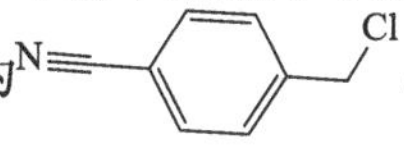

。

02.0053 8-氯茶碱 8-chlorotheophylline

又称“8-氯-1,3-二甲基-3,7-二氢-1*H*-嘌呤-2,6-二酮（8-chloro-1,3-dimethyl-3,7-dihydro-1*H*-purine-2,6-dione)”。化学式为 $C_7H_7ClN_4O_2$，结晶（水中），熔点 310～311℃，有毒性，微溶。可由咖啡因经氯化、水解制得。是晕海宁的中间体。结构式为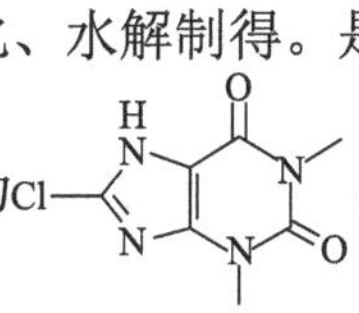

。

02.0054 羟乙基磺酸钠 sodium hydroxyethyl sulfonate

又称“2-羟基乙磺酸单钠盐(2-hydroxy-ethanesulfonic acid monosodium salt)”。化学式为 $C_2H_5NaO_4S$，熔点 191～194℃，可溶于水。可由环氧乙烷与亚硫酸氢钠反应制得。用作表面活性剂中间体、日化及医药中间体等。结构式为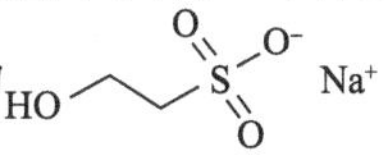

。

02.0055 氯甲烷 chloromethane

全称“一氯甲烷（methane chloride)”。化学式为 CH_3Cl，无色气体，有麻醉作用。易燃。微溶于水，溶于乙醇。可由甲烷直接氯化而成，然后从生成的各种氯化物中分离制得。主要用作合成有机硅化合物甲基氯硅烷的原料，也用作溶剂、冷冻剂、香料。结构式为 Cl—CH_3。

02.0056 2-氨基-1-丁醇 2-amino-1-butanol

又称“2-氨基正丁醇（2-amino-*n*-butanol)”。化学式为 $C_4H_{11}NO$，无色透明液体。是乙胺丁醇的中间体（用 *S* 型），也可以作为生产表面活性剂、硫化促进剂的原料，还可以作为化妆品、矿物油、石蜡油、皮革光亮剂等的乳化剂。结构式为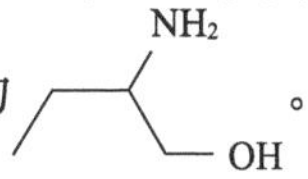

。

02.0057 茄尼醇 solanesol

全称“茄尼醇-90（solanesol-90)”。化学式为 $C_{45}H_{74}O$，淡黄色粉末，不溶于水，微溶于甲醇、乙醇，溶于丙酮、氯仿、己烷。是合成辅酶 Q10、维生素 K_2 的中间体。结构式为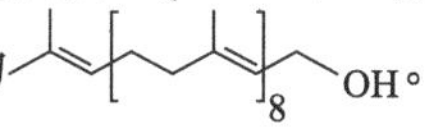

。

02.0058 糠醇 furfuryl alcohol

又称“2-呋喃甲醇（2-furan methanol)”。化学式为 $C_5H_6O_2$，无色易流动液体。是树脂、清漆、颜料的良好溶剂和火箭燃料，还可用于合成纤维、橡胶、农药及铸造行业。结构式为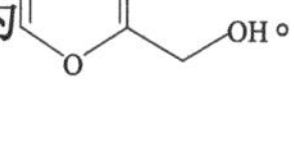

。

02.0059 二甘醇胺 2-(2-aminoethoxy) ethanol

化学式为 $C_4H_{11}NO_2$，一种重要的溶剂和有机原料，能与水互溶，主要用作酸性气体的吸收剂、表面活性剂和润湿剂，也用作制备聚酰胺的原料。结构式为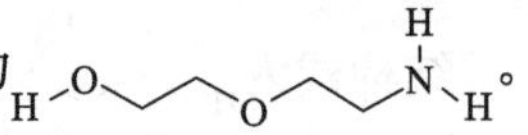。

02.0060 α-单氯丙二醇 α-monochloropropanediol

又称“3-氯-1,2-丙二醇（3-chloro-1,2-propylene glycol）”。化学式为 $C_3H_7ClO_2$，无色液体，略带甜味，放置转变成黄绿色。用作愈创木酚甘油醚、丙羟茶碱的中间体，染料中间体。作为啮齿类动物的化学绝育剂。结构式为

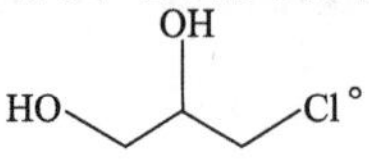。

02.0061 四氢呋喃甲醇 tetrahydrofuran methanol

又称“四氢糠醇（tetrahydrofurfuryl alcohol）”。化学式为 $C_5H_{10}O_2$，无色液体，略有愉快香味，具有吸湿性。与水、乙醇互溶。是呋喃硫胺、赖氨酸的中间体。结构式为

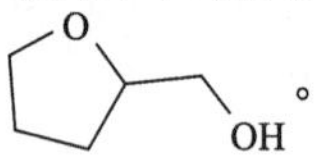。

02.0062 丙烯醇 allyl alcohol

又称“烯丙醇（propenyl alcohol）”。化学式为 C_3H_6O，具有刺激性芥子气味的无色液体。用于合成环氧氯丙烷，也用于树脂、塑料合成等。结构式为 $CH_2=CHCH_2OH$。

02.0063 3,5-二羟基苯甲醇 3,5-dihydroxybenzenmethanol

又称“3,5-二羟基苄醇（3,5-dihydroxybenzyl alcohol）”。化学式为 $C_7H_8O_3$，结晶（水中），熔点 189～190℃。是亮菌甲素的中间体。结构式为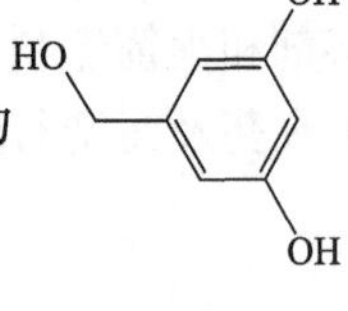。

02.0064 三亚甲基氯醇 1-chloro-3-hydroxypropane

又称“3-氯丙醇（3-chloropropanol）”。化学式为 C_3H_7ClO，液体。可溶于水、乙醇、乙醚。用于有机合成，作为溶剂。是药物合成的重要中间体，可用于多种药物的合成。结构式为。

02.0065 三氟乙醇 trifluoroethanol

全称“2,2,2-三氟乙醇（2,2,2-trifluoroethanol）”。化学式为 $C_2H_3F_3O$，沸点 73.6℃，熔点 –43.5℃，用作化学试剂、溶剂，可作三氟乙基和三氟乙氧基的导入剂，也用作医药、农药中间体。结构式为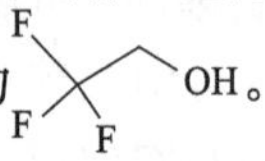。

02.0066 苯乙醇 phenethyl alcohol

又称“苄基甲醇（benzylmethanol）”“β-苯乙醇（β-phenethyl alcohol）”“β-苯基乙醇（β-phenylethanol）”“2-苯基乙醇（2-phenylethanol）”。化学式为 $C_8H_{10}O$，无色油状液体，具有玫瑰香味。是甲氯乙心安的中间体。也可作为药物制剂助剂、香料调和剂。结构式为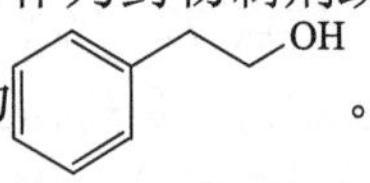。

02.0067 雄烯二醇 androstenediol

全称“雄甾烯二醇”。化学式为 $C_{19}H_{30}O_2$，熔点 178～182℃。常温常压下稳定，与氧化剂反应。用作甾体激素和避孕药的中间体。

结构式为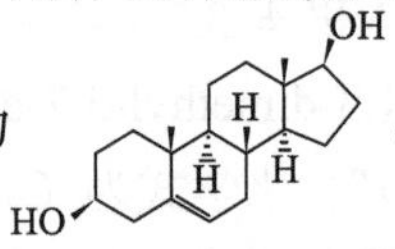。

02.0068 对硝基苯酚 *p*-nitrophenol

又称“4-硝基苯酚（4-nitrophenol）”。化学式为 $C_6H_5NO_3$，无色或淡黄色结晶，熔点 113～114℃，能溶于热水、乙醇、乙醚。用作非那西丁、扑热息痛的中间体，也用于制作对氨基苯酚。结构式为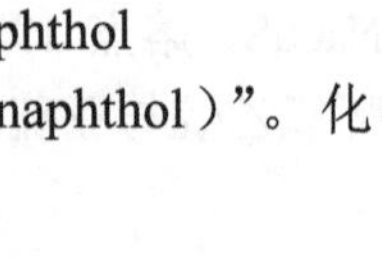。

02.0069 β-萘酚 β-naphthol

又称“2-萘酚（2-naphthol）”。化学式为

$C_{10}H_8O$，白色片状结晶，略带苯酚的臭味，是合成萘普生、染料，以及橡胶防老剂的中间体。结构式为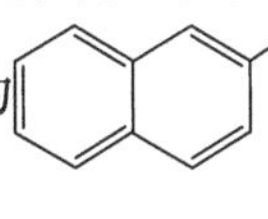

。

02.0070 *α*-萘酚 *α*-naphthol

又称“1-萘酚（1-naphthol）”。化学式为 $C_{10}H_8O$，棱状结晶。是托萘酯、溴萘酚、普萘洛尔、18-甲基炔诺酮、三烯高诺酮、乙氧萘青霉素等药物的中间体，也是染料、香料，以及橡胶防老剂的中间体。结构式为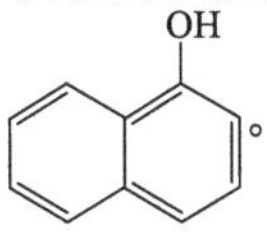

。

02.0071 邻氨基对氯苯酚 *o*-amino-*p*-chlorophenol

又称“2-氨基-4-氯苯酚（2-amino-4-chlorophenol）”。化学式为 C_6H_6ClNO，白色结晶，熔点 139～143℃，有刺激性。是氯唑沙宗的中间体。结构式为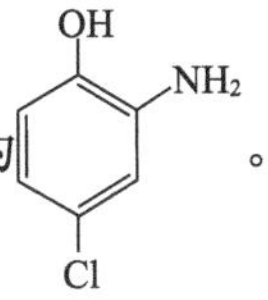

。

02.0072 壬基酚 nonyl phenol

化学式为 $C_{15}H_{24}O$，无色至浅黄色黏稠液体，略有苯酚的臭味。用于生产壬基酚聚氧乙烯醚非离子表面活性剂。结构式为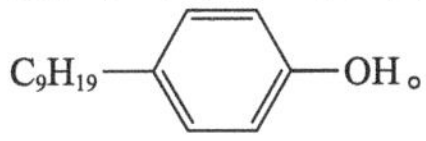

。

02.0073 辛基酚 octyl phenol

化学式为 $C_{14}H_{22}O$，熔点 79～82℃，高毒性，有腐蚀性，可燃，遇热分解成有毒的苯酚蒸气。结构式为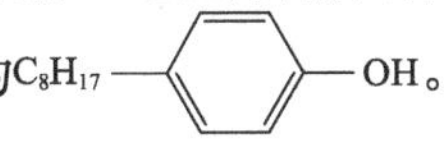

。

02.0074 邻苯二胺 *o*-phenylenediamine

又称“1,2-亚苯基二胺（1,2-phenylene diamine）”“1,2-苯二胺（1,2-diaminobenzene）”。化学式为 $C_6H_8N_2$，从水中析出为白色至淡黄色叶片状结晶，从氯仿中析出为棱柱状结晶。可以邻硝基苯胺为原料，用硫化钠还原法或催化加氢还原法制得邻苯二胺。主要用于制造染料的中间体，还可测定亚硝酸盐，以及制备硫化剂和腐蚀抑制剂。结构式为

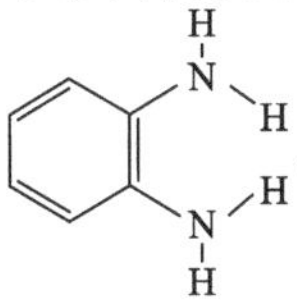

。

02.0075 对硝基苯胺 *p*-nitroaniline

又称“4-硝基苯胺（4-nitroaniline）”。化学式为 $C_6H_6N_2O_2$，黄色针状结晶。微溶于冷水，溶于沸水、乙醇、乙醚、苯和酸溶液。可由乙酰苯胺经硝化、水解制备。主要用作染料和抗氧剂的中间体、腐蚀抑制剂、分析试剂。结构式为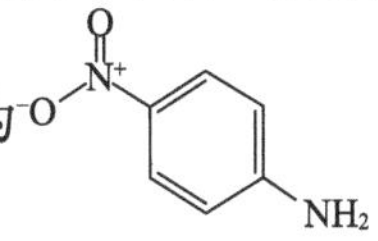

。

02.0076 *α*-萘胺 *α*-naphthylamine

又称“1-萘胺（1-naphthylamine）”。化学式为 $C_{10}H_9N$，白色针状结晶，有难闻气味。微溶于水，易溶于乙醇、乙醚。可由 1-硝基萘经铁粉还原法或硫化钠还原法、液相加氢还原法制备得到。主要用作染料中间体，也可用于医药工业，也是橡胶防老剂、农药的原料。结构式为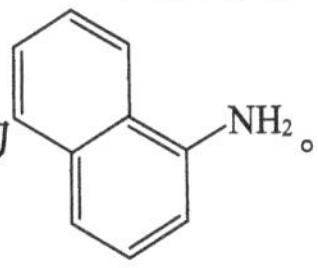

。

02.0077 间苯二胺 *m*-phenylenediamine

又称“1,3-苯二胺（1,3-phenylenediamine）”。化学式为 $C_6H_8N_2$，无色针状晶体，熔点 64～66℃。溶于水、乙醚和乙醇，具有高毒性。可由苯经混酸硝化成间二硝基苯、邻二硝基苯、对二硝基苯的混合物，再经亚硫酸钠和液碱精制得间二硝基苯，然后用铁粉还原或加氢还原制得。主要用作染料中间体及环氧树脂固化剂。结构式为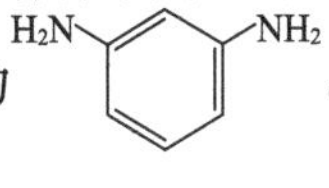

。

02.0078 *N*-乙酰乙酰苯胺 *N*-acetoacetanilide

简称“乙酰乙酰苯胺（acetoacetanilide）”。化学式为 $C_{10}H_{11}NO_2$，白色或微黄色粉末。可由双乙烯酮与苯胺作用而得。主要用作染料中间体，制造吡唑啉酮、嫩黄 5G、酸性络合黄 GR、中性深黄 GL、汉沙黄 G、颜料黄 G 等染料。结构式为

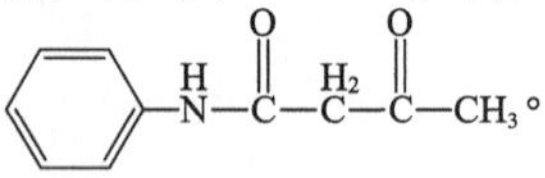
。

02.0079 间氯苯胺 *m*-chloroaniline

又称“3-氯苯胺（3-chloroaniline）”。化学式为 C_6H_6ClN，纯品为无色液体，储藏时颜色变深。可由间硝基氯苯经硫化钠还原或锌粉还原而得。用作染料、农药、医药的中间体，其盐酸盐为冰染染料色基，用于棉、麻、黏胶织物染色和印花的显色剂，医药上可制氯丙嗪、磷酸氯喹等。结构式为

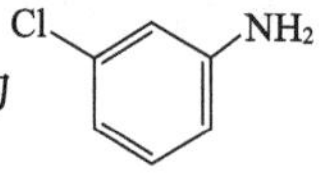
。

02.0080 对甲基苯胺 *p*-toluidine

又称“4-甲基苯胺（4-toluidine）”。化学式为 C_7H_9N，白色有光泽的片状结晶，高毒性。可由对硝基甲苯经硫化钠还原制得。用作分析试剂，也用于染料的合成，为医药乙胺嘧啶、农药杀草隆等产品的中间体。结构式为

。

02.0081 二苯胺 diphenylamine

又称“苯基苯胺（aminobiphenyl）”“氨基二苯（aminodiphenyl）”“*N,N*-二苯胺（*N,N*-diphenylamine）”。化学式为 $C_{12}H_{11}N$，无色至浅灰色结晶，有香味。可由苯胺与苯胺盐酸盐缩合而得，也可以苯胺为原料，三氯化铝为催化剂，经缩合反应而得。用作分析试剂、氧化还原指示剂和液体干燥剂，也用于有机染料的合成。结构式为

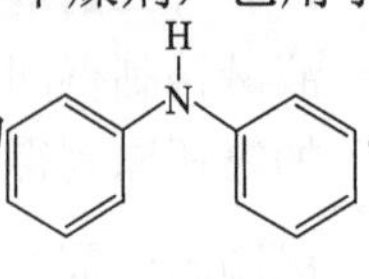
。

02.0082 乙酰苯胺 *N*-phenylacetamide，acetanilide

全称“*N*-乙酰苯胺（*N*-acetanilide）”。化学式为 C_8H_9NO，白色有光泽片状结晶或白色结晶粉末。可由苯胺经乙酸乙酰化而得。是磺胺类药物、橡胶硫化促进剂、染料和合成樟脑等的原料和中间体，以及化妆品工业双氧水稳定剂。结构式为

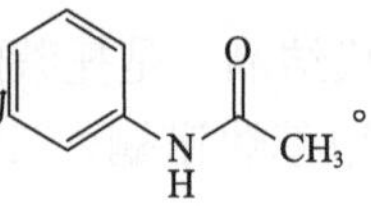
。

02.0083 3-氯-4-氟苯胺 3-chloro-4-fluorobenzenamine

简称“氟氯苯胺（chlorofluoraniline）”。化学式为 C_6H_5ClFN，白色结晶粉末。可以邻二氯苯为原料，经硝酸硝化、氢气还原制得。是合成药物诺氟沙星（氟哌酸）的重要中间体。结构式为

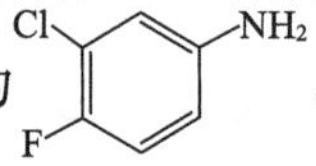
。

02.0084 2,3,4-三氟苯胺 2,3,4-trifluoroaniline

化学式为 $C_6H_4F_3N$，浅黄色液体。可由 1,2,3-三氟-4-硝基苯经还原制得。是喹诺酮类抗菌药洛美沙星、诺氟沙星的中间体，也用于合成抗菌药氟嗪酸。结构式为

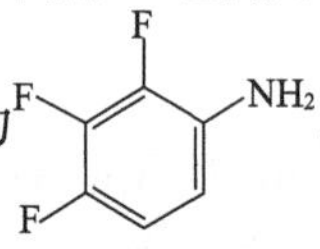
。

02.0085 对乙氧基苯胺 *p*-ethoxyaniline

又称“对氨基苯乙醚（*p*-phenetidine）”“4-氨基苯乙醚（4-aminophenyl ether）”。化学式为 $C_8H_{11}NO$，无色油状可燃液体。暴露于空气和日光中逐渐变成红色至棕色。可由对氨基苯酚与氯乙烷反应制得或由对硝基苯乙醚还原制得。用作医药、染料、食品防腐剂、饲料添加剂、橡胶防老剂的中间体。结构式为

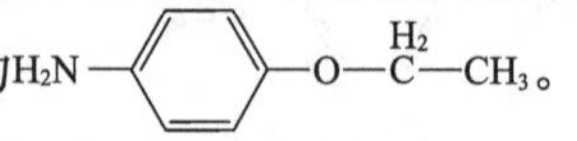
。

02.0086 2,6-二氯苯胺 2,6-dichloroaniline

化学式为 $C_6H_5Cl_2N$，从乙醇水溶液中得针状结晶。可由对氨基苯磺酰胺经浓盐酸氯化、

硫酸水解而得或以对氨基苯甲酸酯为原料，经氯化、水解脱羧制得。医药工业用于合成喹诺酮类抗菌药洛美沙星、利尿酸和可乐定；农药工业用于合成除草剂和杀菌剂。结构式为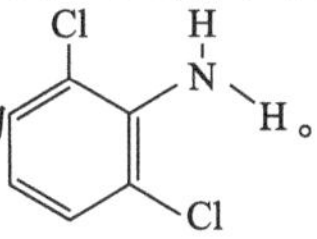。

02.0087 2,3-二甲基苯胺 2,3-dimethylaniline

又称“1-氨基-2,3-二甲基苯（1-amino-2,3-dimethylbenzene）”。化学式为 $C_8H_{11}N$，无色液体。溶于醇和醚，微溶于水。可由邻二甲苯经硝化、还原制得。是生产甲灭酸的主要原料。结构式为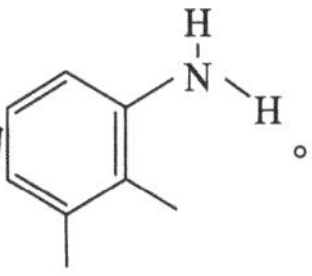。

02.0088 2-氯-4-硝基苯胺 2-chloro-4-nitroaniline

化学式为 $C_6H_5ClN_2O_2$，黄色针晶，溶于乙醇、乙醚及苯，微溶于水和强酸，不溶于粗汽油。可由对硝基苯胺氯化法制得或由邻氯对硝基苯酚经氨化制得。用作有机颜料及分散染料的中间体。结构式为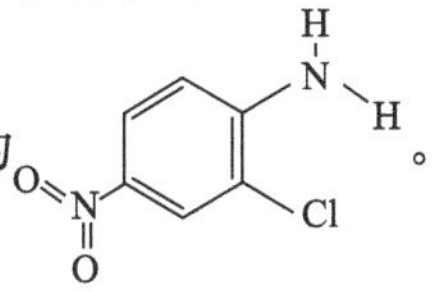。

02.0089 对羟基苯乙酰胺 *p*-hydroxybenzeneacetamide

又称“4-羟基苯乙酰胺（4-hydroxybenzeneacetamide）”。化学式为 $C_8H_9NO_2$，白色或微黄色结晶粉末。可以对羟基苯乙酸为原料，通过酰胺化法制得。用于合成 β-阻滞剂氨酰心安。结构式为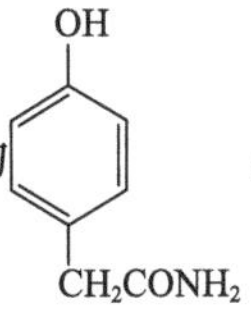。

02.0090 二甲胺 dimethylamine

又称“*N*-甲基甲胺（*N*-methylmethylamine）”。化学式为 C_2H_7N，无色易燃气体或液体，有氨臭或恶臭味。可以甲醇为原料，与氨作用制得。用作生产医药、染料、农药、皮革去毛剂、橡胶硫化促进剂、火箭推进剂等的原料。结构式为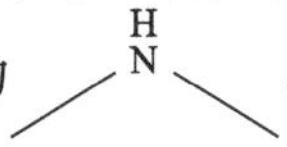。

02.0091 对甲苯磺酰胺 *p*-toluenesulfonamide

又称“4-甲苯磺酰胺（4-toluenesulfonamide）”。化学式为 $C_7H_9NO_2S$，白色片状结晶。可以对甲苯磺酰氯为原料，与氨水反应制得。用于制造染料、增塑剂、合成树脂、涂料、消毒剂及木材加工光亮剂等。结构式为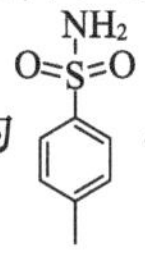。

02.0092 二正丙胺 dipropylamine

简称“二丙胺”。化学式为 $C_6H_{15}N$，无色透明液体，有氨臭。可以丙醇为原料，经催化、脱氢、氨化、脱水和加氢制得。是除草剂氟乐灵和氨磺乐灵、禾草丹、茵草敌的中间体。结构式为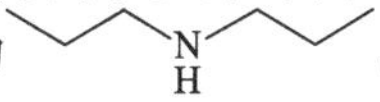。

02.0093 对氯苯胺 *p*-chloroaniline

又称“4-氯苯胺（4-chloroaniline）”。化学式为 C_6H_6ClN，白色或浅黄色晶体。可以对硝基氯苯为原料，经铁粉还原、加氢还原或锌粉还原等几种方法制得。是偶氮染料及色酚 AS-LB 的中间体，药物利眠宁、非那西丁及农药的原料，还用于制彩色胶片成色剂。结构式为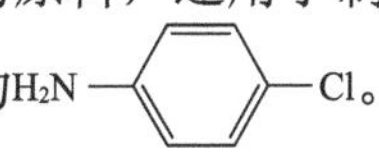。

02.0094 3-氯-1-(*N*,*N*-二甲基)丙胺 3-chloro-1-(*N*,*N*-dimethyl) propylamine

又称“*N*,*N*-二甲基-3-氯丙胺（*N*,*N*-dimethyl-3-chlorpropylamine）”。化学式为 $C_5H_{12}ClN$，液体，有刺激性。可以 1,3-氯溴丙烷为原料经二甲胺胺化制得；或可用丙烯醇先与二甲胺加成，生成 3-二甲氨基丙醇，然后以氯化亚硫酰氯化制得。是药物氯丙嗪、炎痛静、泰尔登、丙咪嗪、多虑平、阿米替丁的中间体。结构式为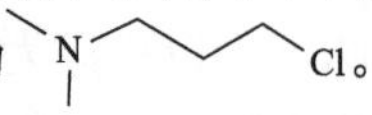。

02.0095　4-氯-2-硝基苯胺　4-chloro-2-nitroaniline

又称“邻硝基对氯苯胺（*o*-nitro-*p*-chloroaniline）”。化学式为 $C_6H_5ClN_2O_2$，橘红色结晶粉末。可以 2,5-二氯硝基苯与液氨为原料，先经加压氨解、结晶，然后过滤、干燥制得。用于生产颜料耐晒黄 10G、分散黄 211、紫外光吸收剂 UV-326 等。结构式为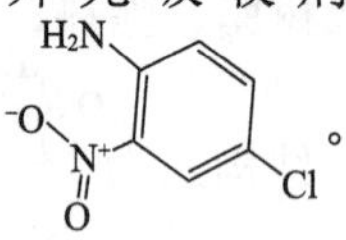。

02.0096　乙二胺　ethylene diamine

全称“[无水]乙撑二胺（[anhydrous] ethylene diamine）”。化学式为 $C_2H_8N_2$，无色透明的黏稠液体，有氨臭。可以 1,2-二氯乙烷或 1,2-二溴乙烷为原料，与氨反应制得。用作分析试剂、环氧树脂固化剂，也用于有机合成及制药工业。结构式为。

02.0097　十八烷基二甲基叔胺　octadecyl dimethyl tertiary amine

又称“*N,N*-二甲基十八烷基胺（*N,N*-dimethyl-octadecylamine）”。化学式为 $C_{20}H_{43}N$，浅棕色黏稠液体，20℃时为浅草黄软质固体。可由十八胺、甲醛、甲酸经缩合制得。是季铵盐型阳离子表面活性剂的重要有机合成中间体，还用于生产驱虫剂。结构式为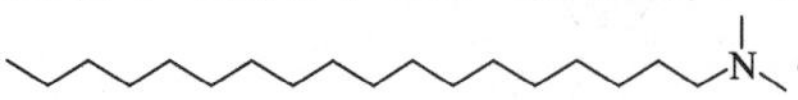。

02.0098　十二烷基二甲基叔胺　dodecyl dimethyl tertiary amine

又称“*N,N*-二甲基十二烷基胺（*N,N*-dimethyl-dodecylamine）”。化学式为 $C_{14}H_{31}N$，无色液体。可以十二醇与二甲胺为原料，通过催化胺化制得粗叔胺，再经减压蒸馏得到高纯度的十二烷基二甲基叔胺成品。是合成维生素 E 的重要中间体，用于制备纤维洗涤剂、织物柔软剂、沥青乳化剂、染料油添加剂、金属防锈剂、抗静电剂等。结构式为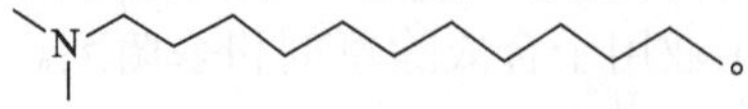。

02.0099　十六烷基二甲基叔胺　hexadecyl dimethyl tertiary amine

又称“*N,N*-二甲基十六烷基胺（*N,N*-dimethyl-hexadecylamine）”。化学式为 $C_{18}H_{39}N$，可由溴代十六烷和二甲胺反应制得，也可通过十六胺和甲醇反应制备。用于制备季铵盐、甜菜碱、氧化叔胺等。结构式为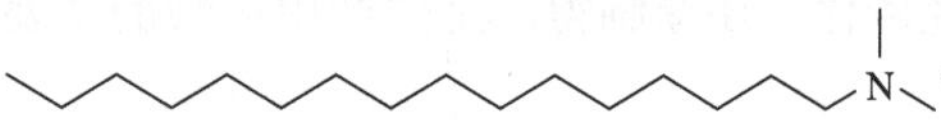。

02.0100　羟乙基乙二胺　hydroxyethyl ethylenediamine

又称“*N*-(2-氨基乙基)乙醇胺[*N*-(2-aminoethyl) ethanolamine]”。化学式为 $C_4H_{12}N_2O$，无色、浅黄色透明黏稠液体。可由乙二胺与环氧乙烷反应制得。用于洗发香波、润滑剂、油田缓蚀剂、树脂合成、纺织助剂、咪唑啉两性表面活性剂等。结构式为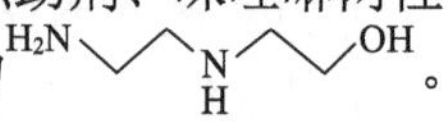。

02.0101　硬脂酰胺　octadecanamide

全称“硬脂酸酰胺”。化学式为 $C_{18}H_{37}NO$，白色固体。用作聚氯乙烯、聚烯烃、聚苯乙烯等塑料的爽滑剂和脱模剂。由硬脂酸与氨反应生成铵盐，然后脱水得到。或在高压下使硬脂酸酯与液氨反应而得。结构式为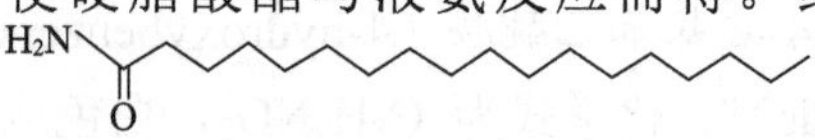。

02.0102　多乙烯多胺　polyethylenepolyamine

又称“多乙撑多胺”。化学式为$[CH_2CH_2NH_2]_n$，用于制备阴离子交换树脂、离子交换膜、原油破乳剂、润滑油添加剂等。也用作环氧树脂固化剂和无氰电镀添加剂。是乙二胺、二乙烯三胺、三乙烯四胺和四乙烯五胺的联产物，可通过氯代烷法或溴代烷法制备获得。

结构式为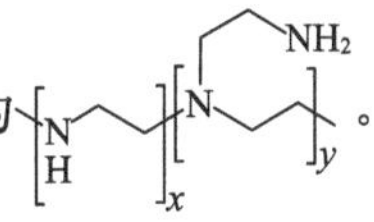。

02.0103 对苯二胺 *p*-phenylenediamine

又称“1,4-苯二胺（1,4-phenylenediamine）”。化学式为 $C_6H_8N_2$，白色至淡紫红色晶体，暴露在空气中变紫红色或深褐色。重要的染料中间体，用于制造偶氮染料和硫化染料，也可用于生产毛皮黑 D 及橡胶防老剂 DNP（*N*,*N*-二-*β*-萘基对苯二胺）等。由对硝基苯胺在酸性介质中用铁粉还原得到。结构式为。

02.0104 *β*-萘胺 *β*-naphthylamine

又称“2-萘胺（2-naphthylamine）”。化学式为 $C_{10}H_9N$，白色至淡红色叶片状晶体，可随水蒸气挥发，对人体有致癌作用。用于制造偶氮染料、酞菁染料、活性染料，也用作有机分析试剂和荧光指示剂。还可作为有机合成的原料。可由 2-萘甲酸和盐酸羟胺在多聚磷酸催化下制备。结构式为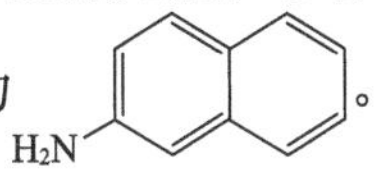。

02.0105 双丙酮丙烯酰胺 diacetone acrylamide

又称“乙酰丙酮丙烯酰胺（acetylacetone acrylamide）”。化学式为 $C_9H_{15}NO_2$，白色或稍带黄色的片状结晶。熔融时无色。是重要的乙烯基单体，聚合生成的均聚物广泛用于涂料、耐湿性好的烫发用树脂及喷雾定型剂、感光树脂及其添加剂等。可由丙酮和丙烯腈在浓硫酸的催化下制备。结构式为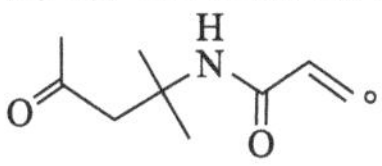。

02.0106 3,5-二氟苯胺 3,5-difluoroaniline

化学式为 $C_6H_5F_2N$，无色至淡黄色结晶。可由 2,4-二氟苯胺经溴化、重氮化、还原制备。用作化工、医药、农药的中间体。结构式为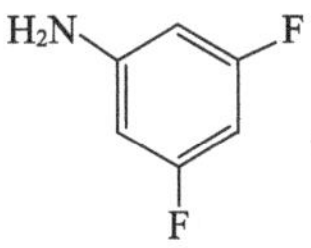。

02.0107 氟唑啶草 fluazolidine grass

又称“2,6-二氟苯甲酰胺（2,6-difluorobenzamide）”。化学式为 $C_7H_5F_2NO$，白色粉末状结晶，熔点 143～145℃，不溶于水。可由 2,6-二氟苯腈在 90%硫酸中水解制得。用作合成氟代苯甲酰基脲类农药的中间体，可制备氟铃脲、定虫隆、除虫脲等多种杀虫、杀螨剂，也用于医药。结构式为。

02.0108 邻氟苯胺 *o*-fluoroaniline

又称“2-氟苯胺（2-fluoroaniline）”。化学式为 C_6H_6FN，浅黄色透明液体，有毒。对皮肤、眼睛、黏膜和上呼吸道有刺激作用。可由邻氟硝基苯在拉尼镍的作用下催化加氢制得。用作分析试剂、重要的农药中间体，可生产除草剂氟唑啶草，也用作医药、染料中间体。结构式为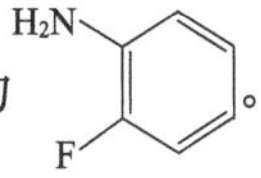。

02.0109 对氟苯胺 *p*-fluoroaniline

又称“4-氟苯胺（4-fluoroaniline）”。化学式为 C_6H_6FN，无色至淡黄色透明液体，在空气中易氧化变红。可由对氟硝基苯在拉尼镍的作用下催化加氢制得。用于合成新型含氟医药、农药和染料等。结构式为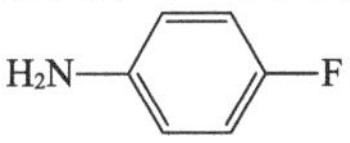。

02.0110 叔丁胺 *tert*-butylamine

又称“2-氨基-2-甲基丙烷（2-amino-2-methylpropane）”。化学式为 $C_4H_{11}N$，无色易燃液体，有氨臭。可由叔丁醇经缩合、水解制得。是制备丁醚脲和染料着色剂的中间体，还可用作药物的中间体以及橡胶促进剂。结构式为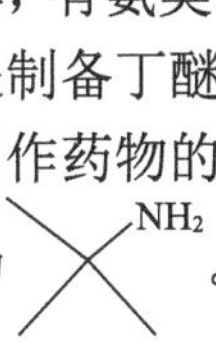。

02.0111 对氨基二苯胺 *p*-aminodiphenylamine

又称“*N*-苯基对苯二胺（*N*-phenyl-*p*-phenylenediamine）”。化学式为 $C_{12}H_{12}N_2$，灰色针晶。可由对硝基氯苯与苯胺在铜催化下制得。是染料中间体，制造蓝色盐 RT、酸性大红 GR、分散黄 GFL 等。另外，主要用于制造防老剂 4010NA、4020 和 668 等。结构式为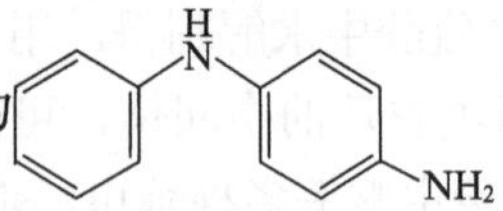

。

02.0112 *N*-乙基乙二胺 *N*-ethylethylenediamine

又称“2-乙氨基乙胺（2-ethylaminoethylamine）”。化学式为 $C_4H_{12}N_2$，高折射率油状液体。易溶于水，易燃。可由丙烯酰胺和二乙胺加成再经霍夫曼（Hofmann）反应降解制得。是合成氧哌嗪青霉素的中间体。结构式为

。

02.0113 二乙氨基乙醇 2-diethylaminoethanol

全称“*N*,*N*-二乙基乙醇胺（*N*,*N*-diethylethanolamine）”。化学式为 $C_6H_{15}NO$，无色液体，微有氨臭。可由环氧乙烷与二乙胺反应制得。作为医药中间体，用于制取普鲁卡因盐酸盐、咳必清、咳美芬、胃复康、延通心等。也可作软化剂、乳化剂、固化剂等。结构式为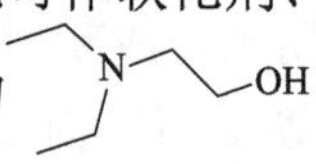

。

02.0114 间三氟甲基苯胺 *m*-aminobenzotrifluoride

又称“3-(三氟甲基)苯胺[3-(trifluoromethyl)aniline]”。化学式为 $C_7H_6F_3N$，无色透明液体。可由间硝基三氟甲苯经铁粉还原制得。是染料、医药和农药的重要中间体。用于制造抗精神病特效药氟奋乃静、三氟拉嗪、三氟哌多等。结构式为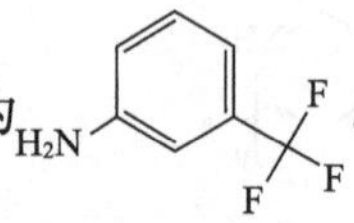

。

02.0115 对甲氧基苯胺 *p*-anisidine

又称“4-甲氧基苯胺（4-methoxyaniline）”。化学式为 C_7H_9NO，熔融状的晶体。可由对硝基苯甲醚经硫化钠还原制得。是染料和医药中间体，也用作测定高铁的络合指示剂。结构式为

。

02.0116 *N*-甲基-*N*-羟乙基苄胺 *N*-benzyl-*N*-methyl-2-aminoethanol

又称“2-(*N*-苄基-*N*-甲基氨基)乙醇[2-(*N*-benzyl-*N*-methylamino)ethanol]”。化学式为 $C_{10}H_{15}NO$。可由 2-(*N*-苄基)氨基乙醇与多聚甲醛在甲酸中反应制得。用作钙拮抗剂尼卡地平的中间体。结构式为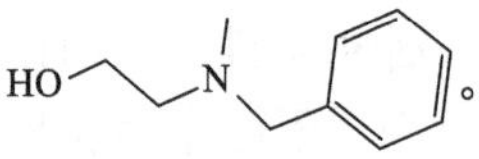

。

02.0117 环丙胺 cyclopropylamine

化学式为 C_3H_7N，无色液体。可由 1,3-丙二醇经溴化、氰化、环合、酰胺化、霍夫曼重排制得。作为医药中间体，主要用于生产环丙沙星，也用于农药和植物保护剂的合成。结构式为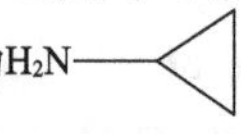

。

02.0118 3-硝基-4-氟苯胺 3-nitro-4-fluoroaniline

又称“4-氟-3-硝基苯胺（4-fluoro-3-nitroaniline）”。化学式为 $C_6H_5FN_2O_2$，淡橘黄色结晶。可以对氯硝基苯为原料通过氟化、还原、酸溶、硝化、提纯制得。是特种染料和功能性染料如毛发染料和液晶染料等的合成原料，还可用于药物合成。结构式为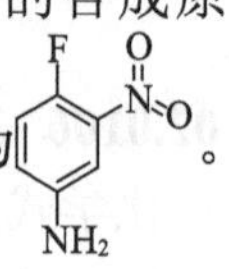

。

02.0119 4-溴-2-氟苯胺 4-bromo-2-fluoroaniline

又称"4-溴邻氟苯胺（4-bromo-*o*-fluoroaniline）"。化学式为 C_6H_5BrFN，白色结晶。可由2-氟苯胺酰化、溴化、水解制得。用作医药中间体。结构式为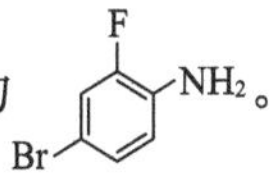。

02.0120 环己胺 cyclohexylamine

又称"氨基环己烷（aminocyclohexane）"。化学式为 $C_6H_{13}N$，无色透明液体。有强烈的鱼腥味和氨味，易燃，有毒，刺激皮肤和黏膜。可由苯胺催化加氢制得。用于有机合成，也用作防腐剂和酸性气体吸收剂。结构式为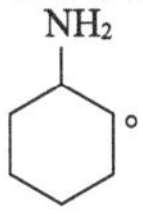。

02.0121 2,3-二溴丙腈 2,3-dibromopropionitrile

化学式为 $C_3H_3Br_2N$，可由丙烯腈与溴素加成制得。用于有机合成，生产丙炔腈等。结构式为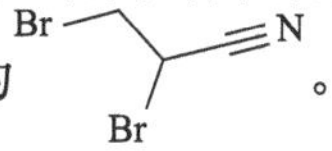。

02.0122 3-氯丙腈 3-chloropropionitrile

又称"*β*-氯丙腈（*β*-chloropropionitrile）"。化学式为 C_3H_4ClN，无色液体，有辛辣气味，剧毒。可由丙烯腈与氯化氢反应制得。用于药物及高分子合成。结构式为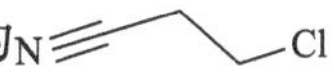

02.0123 对甲基苯腈 *p*-methylbenzonitrile

又称"4-甲苯腈（4-methylbenzonitrile）"。化学式为 C_8H_7N，无色透明液体或结晶体，有毒，易燃。可由对二甲苯和硝酸进行氧化制得对甲苯甲酸，再和尿素加热制得。用作医药、染料中间体。结构式为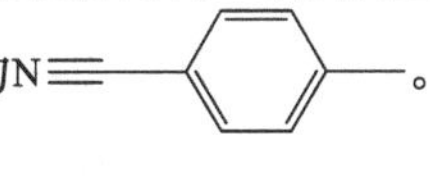。

02.0124 苯乙腈 phenylacetonitrile

又称"氰化苄（benzyl cyanide）"。化学式为 C_8H_7N，无色油状液体，具有芳香气味，高毒。可由氯化苄和氰化钠反应制得。主要用作医药、农药、染料和香料的中间体，也用作气相色谱固定液。结构式为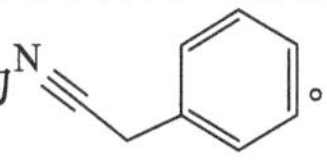。

02.0125 邻氯苯腈 *o*-chlorobenzonitrile

又称"2-氯苯腈（2-chlorobenzonitrile）"。化学式为 C_7H_4ClN，针状结晶。可由邻氯苯甲酸与尿素反应制得。是有机合成中间体。主要用于合成染料中间体2-氰基-4-硝基苯胺，医药工业用于合成抗疟疾新药硝喹等。结构式为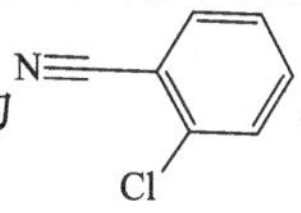。

02.0126 2,6-二氟苯腈 2,6-difluorobenzonitrile

全称"2,6-二氟苯甲腈"。化学式为 $C_7H_3F_2N$，无色固体或油状液体。可由2,6-二氯苯腈与无水氟化钾在非质子性极性溶剂中进行高温氟化反应制得。是新型农药中间体，主要用于生产高效、低毒、广谱的含苯甲酰胺的农药，在工程塑料、染料等方面也有应用。

结构式为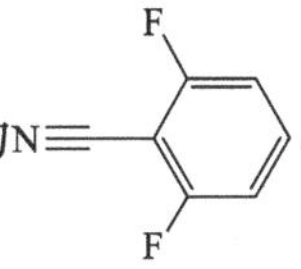。

02.0127 2-氰基-4′-甲基联苯 2-cyano-4'-methylbiphenyl

又称"沙坦联苯（sartanbiphenyl）"。化学式为 $C_{14}H_{11}N$，白色固体。可由对氯甲苯和镁粉在碘引发下反应得到的格氏试剂和邻氯苯腈在三甲基碘硅烷催化下缩合制得。作为医药中间体，用于合成新型沙坦类抗高血压药，如氯沙坦、缬沙坦、依普沙坦、伊贝沙坦等。结构式为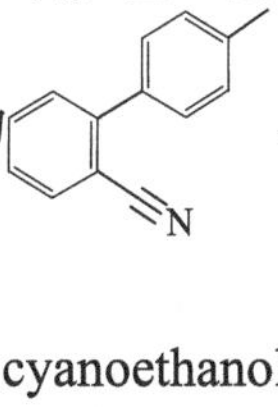。

02.0128 氰乙醇 cyanoethanol

又称"3-羟基丙腈（3-hydroxypropionitrile）"。

化学式为 C_3H_5NO，浅黄色液体，有毒。可由氯乙醇和氰化钠制得。用于医药、农药、环氧树脂固化剂的合成，还是造纸、纺织、皮革工业的辅助原料。结构式为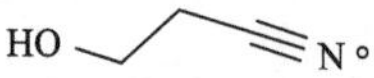。

02.0129 吡啶 pyridine

又称“氮杂苯（nitrogen heterobenzene）”。化学式为 C_5H_5N，与苯类似，具有相同的电子结构。可从天然煤焦油中获得，也可由乙醛和氨制得。用作有机溶剂、分析试剂，用于制造维生素、磺胺类药、杀虫剂及塑料等。结构式为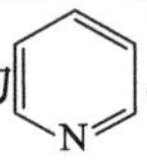。

02.0130 甲基吡啶 picoline

又称“皮考林（Picoline）”。化学式为 C_6H_7N，具有强烈气味的无色油状液体。可从煤焦化副产物中回收。用作溶剂和色层分析试剂，是植物生长调节剂吡啶醇的中间体。结构式为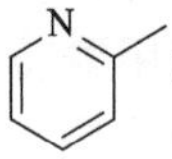或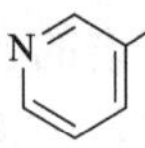或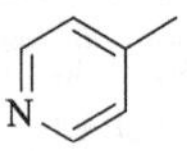。

02.0131 2-甲基吡啶 2-methylpyridine

化学式为 C_6H_7N，无色液体。可由丙烯腈和过量丙酮制得。用作医药和杀虫剂的中间体、橡胶催化剂、分析试剂等。结构式为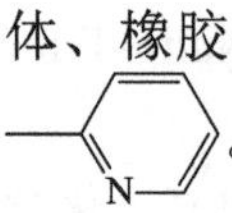。

02.0132 3-甲基吡啶 3-methylpyridine

化学式为 C_6H_7N。可由丙烯醛和氨反应制得。用于有机合成，用作色谱分析标准物质和溶剂。结构式为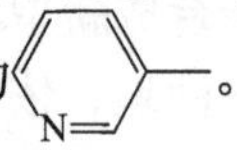。

02.0133 2-甲基-5-乙基吡啶 2-methyl-5-ethylpyridine

又称“5-乙基-2-甲基吡啶（5-ethyl-2-methylpyridine）”。化学式为 $C_8H_{11}N$，无色至黄色液体，遇明火可燃；受热分解产生有毒一氧化氮气体。可以三聚乙醛和氨气为原料、γ-Al_2O_3 为催化剂，通过气-固相催化合成制得。用于医药工业，制备烟酸、烟酰胺、异烟肼、尼可刹米等。结构式为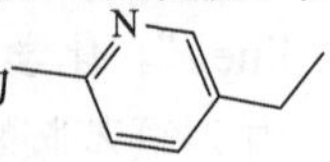。

02.0134 邻氯吡啶 *o*-chloropyridine

又称“2-氯吡啶（2-chloropyridine）”。化学式为 C_5H_4ClN，液体。可由吡啶衍生物氯化或吡啶直接氯化制得。用于有机合成，用作医药、杀虫剂的中间体，是防霉剂吡硫霉净的中间体。结构式为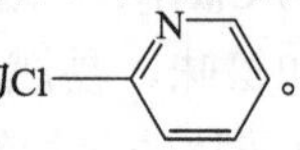。

02.0135 2,6-二氯-3-氟-5-吡啶甲酸 2,6-dichloro-3-fluoro-5-picolinic acid

又称“2,6-二氯-5-氟-3-吡啶甲酸（2,6-dichloro-5-fluoro-3-picolinic acid）”。化学式为 $C_6H_2Cl_2FNO_2$。可以氟乙酸乙酯、甲酸乙酯和氰基乙酰胺为原料，在甲醇钠的催化下经环化，再经氯化、水解制得。是合成第三代喹诺酮类药物的重要中间体，也用于依诺沙星等药物的合成。结构式为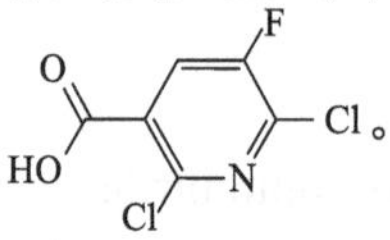。

02.0136 2-氨基-5-甲氧基吡啶 2-amino-5-methoxypyridine

又称“5-甲氧基-2-氨基吡啶（5-methoxy-2-aminopyridine）”。化学式为 $C_6H_8N_2O$。可由2-硝基-5-甲氧基吡啶还原而得。用作医药中间体，用于生产磷酸咯萘啶。结构式为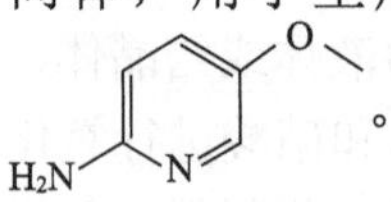。

02.0137 2-氯-3-氨基-4-甲基吡啶 2-chloro-3-amino-4-methyl pyridine

化学式为 $C_6H_7ClN_2$。可以 4,4-二甲氧基-2-丁酮和丙二腈为原料经克诺文格尔（Knoevenagel）缩合、硫酸环合、三氯氧磷和五氯化磷氯化、氰基水解，最后经霍夫曼（Hofmann）降解制得。是合成抗艾滋病（获得性免疫缺陷综合征）和预防 HIV（人类免疫缺陷病毒）感染药物奈韦拉平的关键药物中间体。结构式为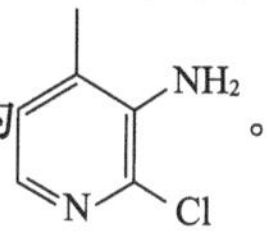。

02.0138 2,6-二氯-3-氟吡啶 2,6-dichloro-3-fluoropyridine

化学式为 $C_5H_2Cl_2FN$。可以 2,6-二氯吡啶为起始原料，经过硝化、催化氢化、重氮化、氟化制得。是合成治疗心脏病药物的中间体，具有重要用途。结构式为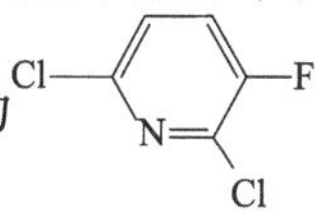。

02.0139 邻氨基吡啶 *o*-aminopyridine

又称“2-吡啶胺（2-pyridinamine）”。化学式为 $C_5H_6N_2$，无色叶片状或大粒晶体，味苦，有麻醉作用，可升华。可由氨基钠与吡啶反应制得。用于有机合成，可作药物和染料中间体、化学试剂。结构式为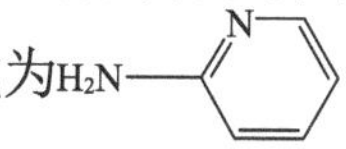。

02.0140 对羟基吡啶 *p*-hydroxypyridine

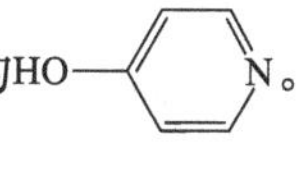

又称“4-吡啶酚（4-pyridyl phenol）”。化学式为 C_5H_5NO，白色或浅红色晶体粉末。可由 4-(吡啶基)吡啶盐酸盐与氢氧化钠等反应制得。用于合成利尿药物托拉塞米或其他药物中间体。结构式为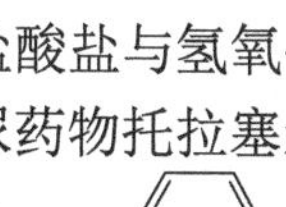。

02.0141 对氨基吡啶 *p*-aminopyridine

又称“4-氨基氮杂苯（4-amino-azobenzene）”。化学式为 $C_5H_6N_2$，无色针状晶体。可以 Pd/Al_2O_3 作催化剂由吡啶催化加氢制得。是合成抗生素类药物的中间体。结构式为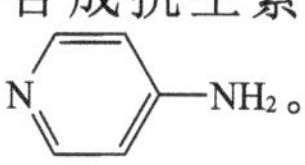。

02.0142 2-氨基-3-羟基吡啶 2-amino-3-hydroxypyridine

又称“3-羟基-2-氨基吡啶（3-hydroxy-2-aminopyridine）”。化学式为 $C_5H_6N_2O$，白色或灰白色粉末。可由 2-呋喃甲酸或其衍生物与六甲基磷酰三胺在高温和氨气气氛下反应制得。用于有机合成，是抗艾滋病类药的中间体。结构式为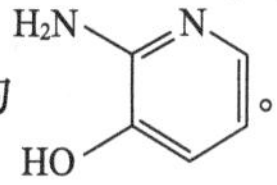。

02.0143 2-氰基-3-甲基吡啶 2-cyano-3-methylpyridine

又称“3-甲基氰基吡啶（3-methylcyanopyridine）”。化学式为 $C_7H_6N_2$，白色晶体，光照下易变色。作为医药中间体，用于抗过敏药物氯雷他定的合成等。可由乙醛、甲醛、氨经催化反应得 3-甲基吡啶，再经催化剂作用与氨气、氧气反应制得。结构式为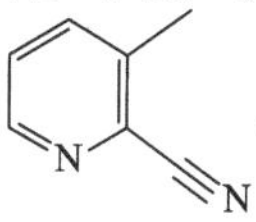。

02.0144 间氟吡啶 *m*-fluoropyridine

又称“3-氟吡啶（3-fluoropyridine）”。化学式为 C_5H_4FN，无色透明液体。用作医药、农药中间体。可由吡啶在 200～300℃高温下与 F_2 反应生成。结构式为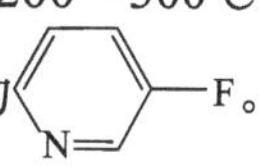。

02.0145 邻氨基噻唑 *o*-aminothiazole

又称“2-氨基噻唑（2-aminothiazole）”。化学式为 $C_3H_4N_2S$，白色或浅黄色结晶。用作医药中间体，用于有机合成。由硫脲与氯乙醛（或乙醇和氯气，或 *α,β*-二氯乙基乙醚）经环合而得。结构式为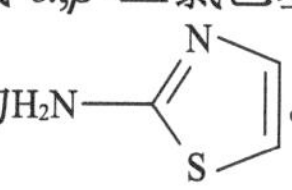。

02.0146 2-氰基亚氨基-1,3-噻唑烷 2-cyanimino-1,3-thiazolidine

化学式为 $C_4H_5N_3S$，密度 $1.43g/cm^3$，常压下沸点 227.6℃，闪点 91.5℃，用作医药和有

机合成中间体。可由半胱胺盐酸盐和*N*-氰亚氨基-*S*,*S*-二硫代碳酸二甲酯反应合成。结构式为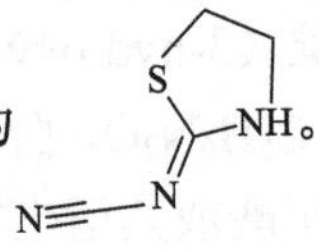。

02.0147 3-正丙基-5-羧基-1-甲基吡唑 3-*n*-propyl-5-carboxy-1-methylpyrazole

又称“1-甲基-3-正丙基-5-吡唑羧酸（1-methyl-3-*n*-propyl-5-pyrazole carboxylic acid）”。化学式为$C_8H_{12}N_2O_2$，是一种合成治疗心血管疾病药物的中间体。由2-戊酮和草酸二乙酯经缩合、成环、甲基化、水解等四步反应制得。结构式为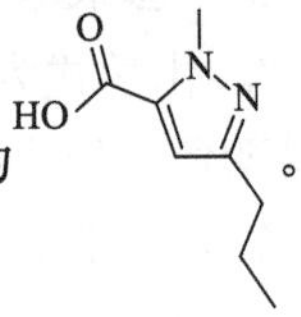。

02.0148 氧茚 coumarone

又称“2,3-苯并呋喃（2,3-benzofuran）”。化学式为C_8H_6O，无色液体。是有机合成中间体，用于与乙胺碘呋酮反应制茚-古马隆树脂。由水杨醛与一氯乙酸反应制得邻甲酰苯氧乙酸，再经闭环而得。结构式为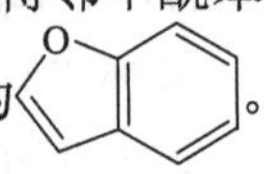。

02.0149 4,7-二氯喹啉 4,7-dichloroquinoline

化学式为$C_9H_5Cl_2N$，针状结晶。用作药物氯喹、磷酸氯喹的中间体。可由4-羟基-7-氯喹啉-3-羧酸乙酯用10%氢氧化钠溶液水解调酸后制得4-羟基-7-氯喹啉-3-羧酸，然后再脱羧生成4-羟基-7-氯喹啉，最后经三氯氧磷氯化制得4,7-二氯喹啉粗品。结构式为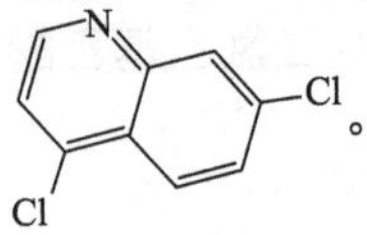。

02.0150 邻氨基嘧啶 *o*-aminopyrimidine

又称“2-氨基嘧啶（2-aminopyrimidine）”。化学式为$C_4H_5N_3$，无色针状晶体，易升华。用于有机合成，用作医药中间体、生化试剂。以丙二酸二乙酯和盐酸胍为原料，生成4,6-二羟基-2-氨基嘧啶，再经过卤代和脱卤等制得。结构式为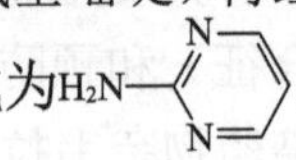。

02.0151 4-氨基-2,6-二甲氧基嘧啶 4-amino-2,6-dimethoxypyrimidine

化学式为$C_6H_9N_3O_2$，用作医药中间体，是生产磺酰脲类除草剂的通用中间体。可由4-氨基尿嘧啶经氯化、甲氧化制得。结构式为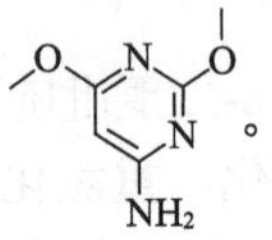。

02.0152 6-羟基-2,4,5-三氨基嘧啶 6-hydroxy-2,4,5-triaminopyrimidine

化学式为$C_4H_7N_5O$，是制备叶酸及鸟嘌呤的重要中间体。以经过亚硝化步骤得到的2,4-二氨基-5-亚硝基-6-羟基嘧啶为原料进行催化加氢，再经硫酸酸化、氢氧化钠处理制得。结构式为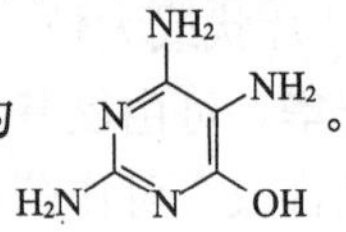。

02.0153 2-甲氧基-4-氯-5-氟嘧啶 2-methoxy-4-chloro-5-fluorinepyrimidine

化学式为$C_5H_4ClFN_2O$，是生产5-氟胞嘧啶和抗肿瘤药物的医药中间体。以2-甲氧基-4-羟基-5-氟嘧啶为原料经过氯化得到。结构式为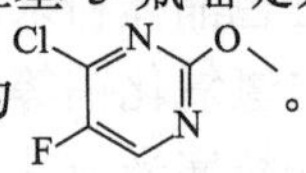。

02.0154 邻氯嘧啶 *o*-chloropyrimidine

又称“2-氯嘧啶（2-chloropyrimidine）”。化学式为$C_4H_3ClN_2$，黄色结晶，熔点60～64℃，沸点75～76℃[10mmHg（1mmHg=1.33322×10^2Pa）]。用作药物丁螺环酮的中间体。以丙二酸二乙酯与尿素反应得到巴比妥酸，接着与三氯氧磷反应得到2,4,6-三氯嘧啶，最后与锌粉在甲醇和水的溶剂中、碱性条件下通过氧化还原反应得到。结构式为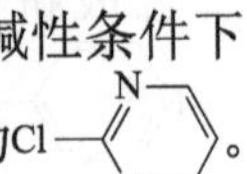。

02.0155 1-甲基-4-硝基-5-氯咪唑 1-methyl-4-nitro-5-chloroimidazole

化学式为 $C_4H_4ClN_3O_2$，白色结晶性粉末，熔点 148～150℃，是医药中间体，与 6-巯基嘌呤缩合可得到抗肿瘤药硫唑嘌呤。由 1-甲基-5-氯咪唑经硝化得到。结构式为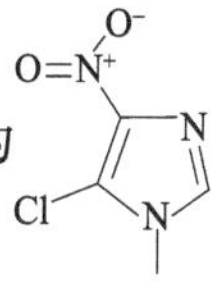。

02.0156 5-甲基-2-巯基-1,3,4-噻二唑 5-methyl-2-sulfhydryl-1,3,4-thiadiazole

又称"2-巯基-5-甲基-1,3,4-噻二唑（2-sulfhydryl-5-methyl-1,3,4-thiadiazole）"。化学式为 $C_3H_4N_2S_2$，白色结晶性粉末，熔点 184℃。用作医药中间体，是抗生素类药物头孢菌素Ⅴ的中间体。由乙酸乙酯经肼化、加成、环合而得。结构式为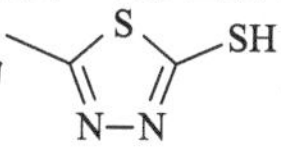。

02.0157 1-甲基-4-氯哌啶 1-methyl-4-chloropiperidine

又称"*N*-甲基-4-氯哌啶（*N*-methyl-4-chloropiperidine）"。化学式为 $C_6H_{12}ClN$，熔点 158～162℃，是重要的医药中间体，用于抗组胺类药如酮替芬、苯噻啶、氯雷他定等的合成。可由 1-甲基-4-哌啶酮经催化氢化生成 1-甲基-4-羟基哌啶，然后以氯化亚硫酰氯化制得。结构式为。

02.0158 1-苯基-5-巯基四氮唑 1-phenyl-5-mercaptotetrazole

又称"1-苯基-5-巯基-1*H*-四氮唑（1-phenyl-1*H*-tetrazole-5-thiol）"，化学式为 $C_7H_6N_4S$。白色结晶固体，微溶于水，可溶于醇类等有机溶剂。可由异硫氰酸苯酯与叠氮化钠通过环加成反应制备得到。多用于四氮唑类有机功能分子的合成，也可用作照相防灰剂、感光材料的稳定剂、医药中间体。结构式为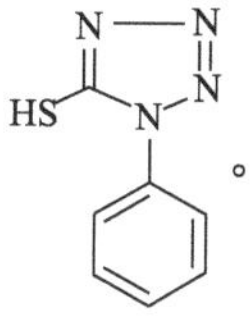。

02.0159 依达拉奉 edaravone

又称"1-苯基-3-甲基-5-吡唑啉酮（1-phenyl-3-methyl-5-pyrazolinone）"。化学式为 $C_{10}H_{10}N_2O$，白色结晶或粉末。是用于制备吡唑啉酮染料和药物等的中间体。由苯肼与乙酰乙酸乙酯反应而得。结构式为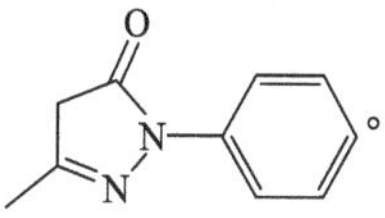。

02.0160 6-甲基尿嘧啶 6-methyluracil

化学式为 $C_5H_6N_2O_2$，无色结晶。是药物潘生丁的中间体，也用于有机合成及生化研究。由尿素与乙酰乙酸乙酯缩合，再经环合而得。结构式为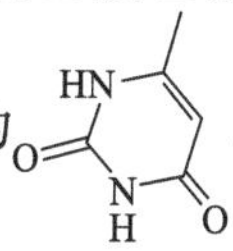。

02.0161 甲基硫脲嘧啶 methylthiouracil

又称"6-甲基-2-硫代尿嘧啶（6-methyl-2-thiouracil）"。化学式为 $C_5H_6N_2OS$，白色结晶，味苦，易升华。是药物潘生丁的中间体。由乙酰乙酸乙酯与硫脲反应而得。结构式为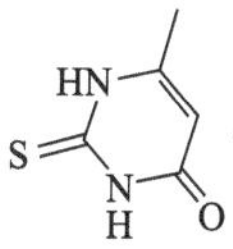。

02.0162 2-甲基咪唑 2-methylimidazole

又称"2-甲基-1,3-氮杂茂（2-methyl-1,3-azobenzene）"。化学式为 $C_4H_6N_2$，常温下为白色针状结晶或结晶性粉末。用作药物甲硝唑的中间体，也用作环氧树脂及其他树脂的固化剂。以乙二醛、乙醛及氨为原料，反应后生成 2-甲基咪唑粗品，再升华精制可制得成品。结构式为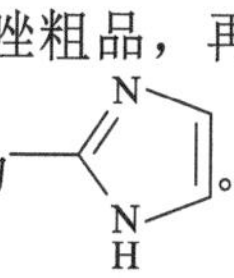。

02.0163 2-甲基-5-硝基咪唑 2-methyl-5-nitroimidazole

化学式为 $C_4H_5N_3O_2$,结晶体。用于有机合成，用作合成甲硝唑、迪美唑等药物的中间体。以乙二醛、乙醛、氨为原料合成 2-甲基咪唑，除去大部分水后，在同一个反应器中直接进行硝化反应得到。结构式为 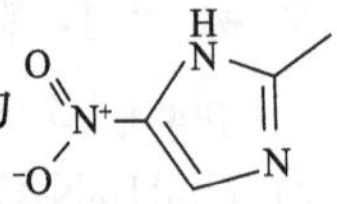。

02.0164 5-甲基咪唑-4-甲酸乙酯 ethyl 5-methylimidazole-4-carboxylate

又称"5-甲基-4-咪唑甲酸乙酯（ethyl 5-methyl-4-imidazolecarboxylate）"。化学式为 $C_7H_{10}N_2O_2$，结晶体。熔点 204～205℃。用作药物西咪替丁的中间体，以乙酰乙酸乙酯与亚硝酸钠、甲醛、羟胺等反应合成。结构式为 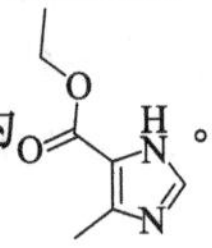。

02.0165 4-甲基咪唑 4-methylimidazole

又称"4-甲基-1*H*-咪唑（4-methyl-1*H*-imidazole）"。化学式为 $C_4H_6N_2$。用作环氧树脂的固化剂，是药物西咪替丁的主要原料，还可用于合成抗菌剂等。以丙酮醛、甲醛及氨水为原料合成。结构式为 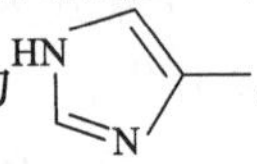。

02.0166 咪唑并(1,2-*b*)哒嗪 imidazo(1,2-*b*) pyridazine

又称"咪唑（1,2-并）哒嗪[imidazole（1,2-and）pyridazine]"。化学式为 $C_6H_5N_3$，是重要的医药中间体，是第四代头孢类抗生素头孢唑兰的 3 位侧链。以马来酸酐为起始原料，通过肼解、卤代、氨解、成环、脱卤合成。结构式为 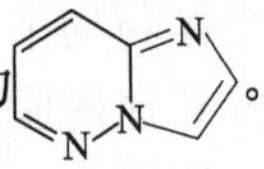。

02.0167 哌嗪 piperazine

又称"对二氮己环（pyrazine hexahydride）"。化学式为 $C_4H_{10}N_2$，白色结晶。可在高温高压下由乙醇胺催化氢氨解、脱水制得。用作医药中间体，主要用于合成磷酸哌嗪、氟奋乃静和利福平等。结构式为 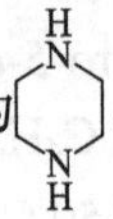。

02.0168 *N*-甲基哌嗪 *N*-methylpiperazine

又称"1-甲基哌嗪（1-methylpiperazine）"。化学式为 $C_5H_{12}N_2$，无色液体。可由哌嗪与甲醛催化氢化制得。用于制取抗菌类药物利福平、抗精神病药三氟拉嗪及驱虫药等。结构式为 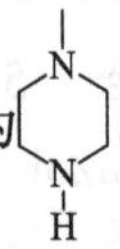。

02.0169 2,6-二甲苯基哌嗪 2,6-dimethylphenylpiperazine

又称"1-(2,6-二甲基苯基)哌嗪[1-(2,6-dimethylphenyl) piperazine]"。化学式为 $C_{12}H_{18}N_2$，白色晶体，有吸湿性。可在有氧条件下，通过钯催化哌嗪与 2-氯-1,3-二甲基苯偶联反应制得。是重要的医药中间体，可用于合成抗生素、安定镇痛药和驱虫药。结构式为 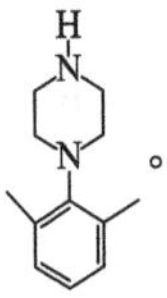。

02.0170 2-甲基哌嗪 2-methylpiperazine

化学式为 $C_5H_{12}N_2$，无色晶体，有吸湿性，具有典型氨的气味。可以工业级乙二胺和环氧丙烷为原料经开环加成、催化环合两步反应制得。用作医药中间体，是合成洛美沙星的原料。结构式为 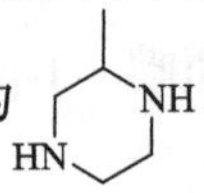。

02.0171 1-乙酰基-4-(4-羟基苯基)哌嗪 1-acetyl-4-(4-hydroxyphenyl) piperazine

又称"4-(4-乙酰基-1-哌嗪基)苯酚[4-(4-acetyl-1-piperazinyl)phenol]""酮康唑侧链（ketoconazole side chain）"。化学式为 $C_{12}H_{16}N_2O_2$，结晶化合物。可由 1-对羟基苯基哌嗪与乙酸酐在吡啶中 20℃反应 1h 制得。用于药物酮康唑、伊曲康唑的合成。结构式为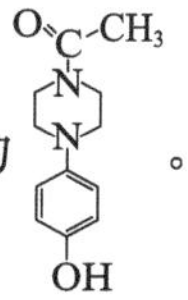。

02.0172 苯丙烯基哌嗪 *trans*-1-cinnamylpiperazine

又称“肉桂基哌嗪（cinnamyl piperazine）”。化学式为 $C_{13}H_{18}N_2$，可用肉桂基氯与六水哌嗪作用而制得。用作生产盐酸氟桂利嗪等药物的中间体。结构式为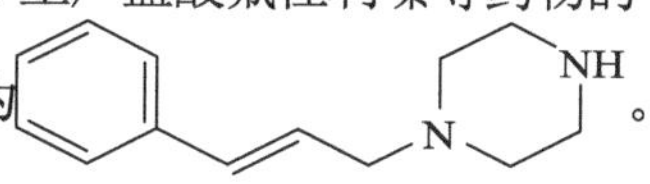。

02.0173 六水哌嗪 piperazine hexahydrate

又称“[六水]二乙烯二胺（[hexahydrate] diethylenediamine）”“[六水]对二氮己环（[hexahydrate]piperazine）”“[六水]二次乙亚胺（[hexahydrate] second ethylimine）”。化学式为 $C_4H_{22}N_2O_6$，可在对称苯基–二甲氨基苯基膦丙烷二氯化钌配合物催化剂（$C_{33}H_{32}Cl_2N_2P_2Ru$）催化下，由 1-乙酰哌嗪和叔丁醇钾在四氢呋喃中 100℃、37503.8Torr（1Torr=1.33322×10^2Pa）反应 20h 氢解制得。用于医药及有机化合物的合成，如合成硝呋哌酮、利福平及乙酰哌嗪等药物。结构式为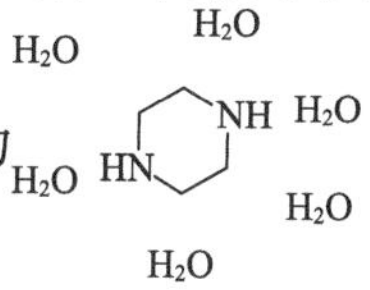。

02.0174 *N*-乙基哌嗪 *N*-ethylpiperazine

又称“1-乙基哌嗪（1-ethylpiperazine）”。化学式为 $C_6H_{14}N_2$，无色透明液体，有强烈氨味。可将 *N*-*β*-羟乙基乙二胺和乙醇混合液放入固定床反应器中经催化反应制得。主要作为兽药中间体，生产乙基环丙沙星；也可用作染料、植物保护剂的合成原料等。结构式为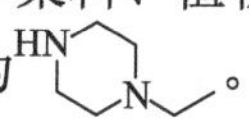。

02.0175 2-氯-4-氨基-6,7-二甲氧基喹唑啉 2-chloro-4-amino-6,7-dimethoxyquinazoline

又称“4-氨基-2-氯-6,7-二甲氧基喹唑啉（4-amino-2-chloro-6,7-dimethoxyquinazoline）”。化学式为 $C_{10}H_{10}ClN_3O_2$，浅黄色或近白色结晶。可由香草醛经甲基化、硝化、氧化、酯化、还原、环合、氯化及氨化制得。作为医药中间体，用于合成哌唑嗪、多沙唑嗪、特拉唑嗪等药物。结构式为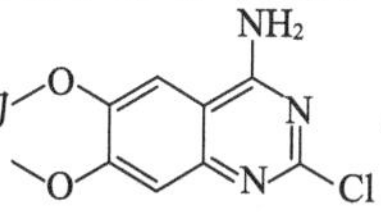。

02.0176 5-甲氧基吲哚 5-methoxyindole

化学式为 C_9H_9NO，类白色（无色或浅米黄色）晶体。在乙酸钯催化下，由 5-甲氧基吲哚-3-甲醛与碳酸钾在乙酸乙酯中 150℃反应 0.8h 制得。用作医药中间体。结构式为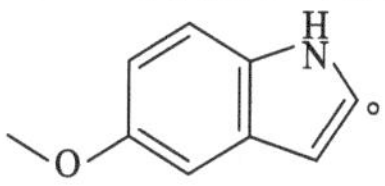。

02.0177 3-巯基吲哚 3-mercaptoindole

化学式为 C_8H_7NS，具有强烈的鱼石脂毒性。制备方法有：①葡萄糖对二吲哚二硫化物的还原；②吲哚和硫脲的氧化偶合。广泛应用于燃料、化学制药等领域。结构式为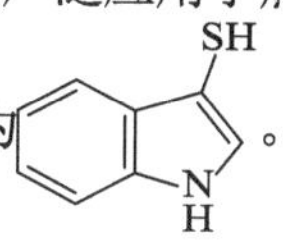。

02.0178 喹喔啉 quinoxaline

又称“苯并吡嗪（phenonaphthazine）”“喹诺西林（quinoxicillin）”“对二氮杂萘（1,4-diazonaphthalene）”。化学式为 $C_8H_6N_2$，白色结晶。可由邻苯二胺与乙二醛经环合而得。用作抗结核药物吡嗪酰胺的中间体。结构式为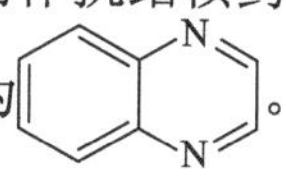。

02.0179 吡嗪-2-羧酸 pyrazine-2-carboxylic acid

又称“2-吡嗪羧酸（2-pyrazine carboxylic acid）”“吡嗪单羧酸（pyrazine monocarboxylic acid）”“吡嗪羧酸（pyrazine carboxylic acid）”。化学式为 $C_5H_4N_2O_2$，白色针状结晶，可升华。可由 2,3-吡嗪二羧酸热解制得，

也可由烷基吡嗪经氧化制取，还可由吡嗪甲酰胺经高锰酸钾、硫磺酸氧化制得。用作生产吡噻硫酮的中间体。结构式为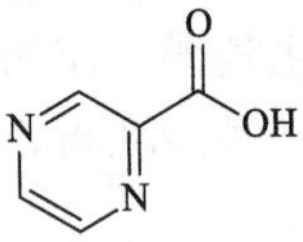。

02.0180 三氯苯达唑 triclabendazole

又称“三氯苯咪唑”“5-氯-6-(2,3-二氯苯氧基)-2-甲硫基-1*H*-苯并咪唑[5-chloro-6-(2,3-dichlorophenoxy)-2-methylthio-1*H*-benzimidazole]”。化学式为 $C_{14}H_9Cl_3N_2OS$，白色至类白色结晶性粉末，无臭。可以 1,2,3-三氯苯为起始原料经三步生成，或以 2,3-二氯苯酚为起始原料经四步反应制得。作为新型咪唑类驱虫药，对各种日龄的肝片形吸虫均有明显驱杀效果。结构式为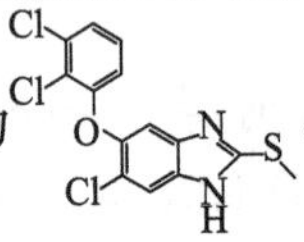。

02.0181 吩噻嗪 phenothiazine

又称“2,2′-亚硫基二苯胺（2,2′-thionite diphenylamine）”“二苯并噻嗪（dibenzothiazine）”。化学式为 $C_{12}H_9NS$，灰绿色结晶性粉末。可以二苯胺为原料，在碘的催化下经硫化而得，或以二苯胺为原料，在 110～145℃、惰性气体条件下与硫反应得到。是较广泛使用的驱虫药，对捻转胃虫、结节虫等均有良好效果。结构式为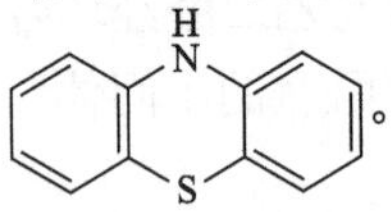。

02.0182 2-氰基吡嗪 2-cyanopyrazine

又称“2-吡嗪甲腈（2-pyrazinomethonitrile）”“吡嗪腈（pyrazine nitrile）”“吡嗪-2-腈（pyrazine-2-nitrile）”。化学式为 $C_5H_3N_3$，微黄色透明液体或结晶。可由 2-甲基吡嗪氨氧化制得。用于结核类药物吡嗪酰胺的生产。结构式为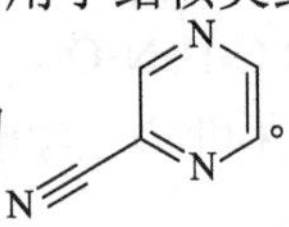。

02.0183 2-氯吩噻嗪 2-chlorophenothiazine

又称“2-氯-10*H*-吩噻嗪（2-chloro-10*H*-phenothiazine）”“2-氯苯噻嗪（2-chlorophenxylazine）”。化学式为 $C_{12}H_8ClNS$，熔点 195～200℃。可由间氯二苯胺和硫磺经环合而得。作为医药中间体，用于制备氯丙嗪、奋乃静。结构式为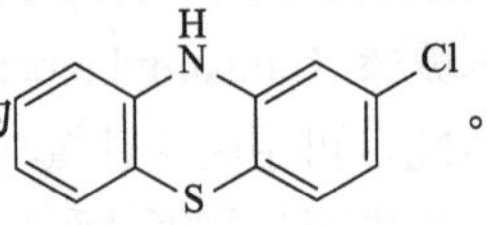。

02.0184 异烟酸乙酯 ethyl isonicotinate

又称“吡啶-4-甲酸乙酯（ethyl pyridine-4-formate）”“4-吡啶甲酸乙酯（ethyl 4-picolinate）”。化学式为 $C_8H_9NO_2$，制备方法有：①以异烟酸和乙醇为原料，以活性炭固载的对甲苯磺酸为催化剂，在微波辐射下合成；②以异烟酸与乙醇为原料，以苄基三乙基氯化铵为相转移催化剂合成。

用作医药中间体。结构式为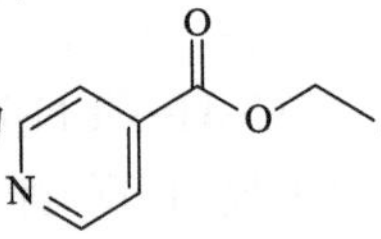。

02.0185 二丁基丙二酸二乙酯 diethyl dibutylmalonate

化学式为 $C_{15}H_{28}O_4$，可由丙二酸二乙酯与溴丁烷反应制得，用作医药原料和农药中间体。结构式为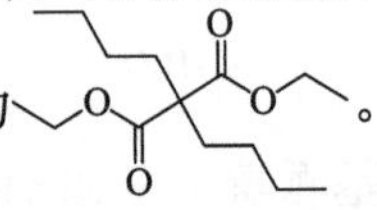。

02.0186 氯甲酸苄酯 benzyl chloroformate

又称“苯甲氧基碳酰氯（phenyl methyl chloroformate）”。化学式为 $C_8H_7ClO_2$，无色油状液体，有腐臭气味。可由光气和苄醇反应而得，或由苄醇和氯甲酸三氯甲酯反应制得。在抗生素合成中用作氨基保护剂，也用作农药中间体。结构式为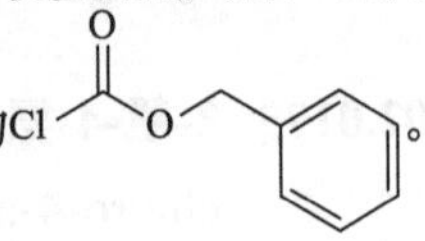。

02.0187 2-氧代-4-苯基丁酸乙酯 ethyl 2-oxo-4-phenylbutyrate，ethyl 2-oxo-4-phenylbutanoate

又称“*α*-氧代苯丁酸乙酯（ethyl *α*-oxo-phenylbutyrate）”。化学式为 $C_{12}H_{14}O_3$，可由苯甲醛与乙酸酐在无水乙酸钾催化下缩合制得肉桂酸，加氢得到苯丙酸，乙酯化后获得苯丙酸乙酯，再以苯丙酸乙酯与草酸二乙酯经缩合反应生成中间体 3-苄基-2-氧代丁二酸二乙酯，然后经 15%（质量分数）的稀硫酸水解并酯化制得。用于有机合成及用作药物中间体。结构式为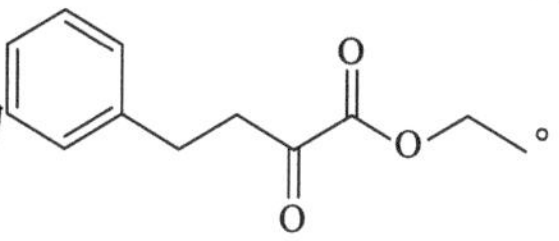。

02.0188 乙酰乙酸甲酯 methyl acetoacetate

又称“3-丁酮酸甲酯（3-oxbutanoic acid methyl ester）”“乙酰醋酸甲酯（acetoacetic acid methyl ester）”。化学式为 $C_5H_8O_3$，无色透明带芳香味油状液体，易燃。可由双乙烯酮与甲醇反应制得。用作纤维素醚的溶剂和纤维素树脂混合溶剂的成分，也用于农药、医药、染料、高分子稳定剂等有机合成中。结构式为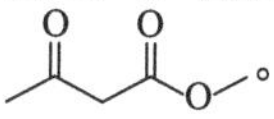。

02.0189 3-氨基巴豆酸异丙酯 isopropyl 3-aminocrotonate

又称“3-氨基-2-丁烯酸异丙酯（3-amino-2-butyric acid isopropyl ester）”。化学式为 $C_7H_{13}NO_2$，液体。可由乙酰乙酸异丙酯与液氨反应制得。用作尼莫地平的中间体。结构式为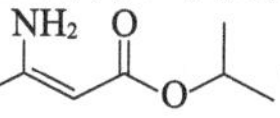。

02.0190 2-氯乙酰乙酸乙酯 ethyl 2-chloroacetoacetate

又称“2-氯-3-氧丁酸乙酯（ethyl 2-chloro-3-oxobutyrate）”。化学式为 $C_6H_9ClO_3$，油状液体，溶于乙醇等溶剂。可由乙酰乙酸乙酯氯化制得。用于合成有机磷杀虫剂蝇毒磷的中间体 3-氯-4-甲基香豆素。结构式为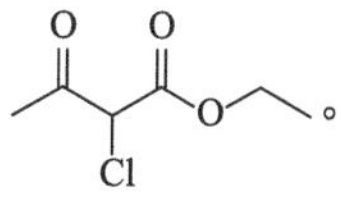。

02.0191 *N*-氰亚胺基-*S*,*S*-二硫代碳酸二甲酯 *N*-cyanoimido-*S*,*S*-dimethyl-dithiocarbonate

又称“二甲基氰基亚氨基二硫代碳酸酯（dimethylcyanoiminedithiocarbate）”“氰氨基二硫化碳酸二甲酯（cyanamide disulphide dimethyl carbonate）”。化学式为 $C_4H_6N_2S_2$，黄色或黄绿色晶体。有恶臭气味，有毒。熔点 49～54℃。可由石灰氮与二硫化碳反应得到二硫代钙盐，经分离后与硫酸二甲酯进行甲酯化反应，再精制而得。用作制造消化道疾病治疗药物西咪替丁的主要中间体。结构式为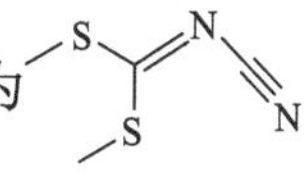。

02.0192 4-乙酰氨基-2-甲氧基苯甲酸甲酯 methyl 4-acetamido-2-methoxybenzoate

又称“对乙酰氨基邻甲氧基苯甲酸甲酯（methyl 2-methoxy-4-acetamidobenzoate）”“胃复安甲基物（metoclopramide methyl）”。化学式为 $C_{11}H_{13}NO_4$，结晶体，熔点 127℃。可由对氨基水杨酸与甲醇在硫酸催化下酯化，生成对氨基水杨酸甲酯，然后用乙酸酐乙酰化，进而用硫酸二甲酯醚化制得。用作胃复安的中间体。结构式为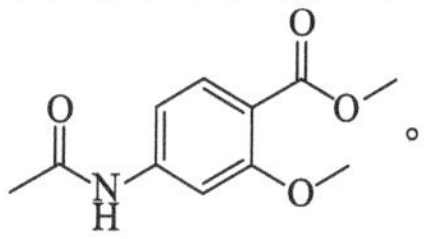。

02.0193 苯甲酰异硫代氰酸酯 benzoyl isothiocyanate

简称“苯酰异硫氰酸酯”，又称“异硫代氰酸苄酯”。化学式为 C_8H_5NOS，可由苯甲酰胺和 1,2-二氯乙烷、草酰氯反应得苯甲酰异氰酸酯的 1,2-二氯乙烷溶液，除去溶剂后制得。用作精细化学品、医药中间体。

结构式为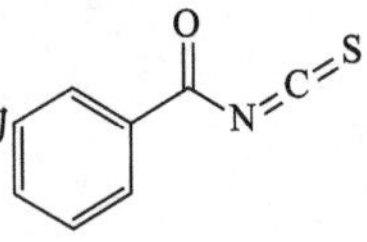。

02.0194 苯乙酸乙酯 ethyl phenylacetate

又称“苯醋酸乙酯”“甲苯甲酸乙酯”。化学式为 $C_{10}H_{12}O_2$，无色或近似无色透明液体，有浓烈而甜的蜂蜜香气。可由苯乙酸或氰化苄和乙醇在硫酸（或盐酸）催化下回流加热酯化制得。用作溶剂及香料辅助剂，也用于有机合成。结构式为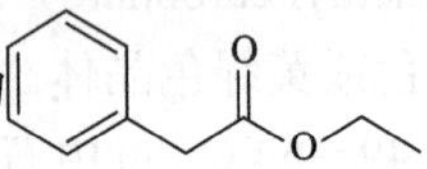。

02.0195 苯丙二酸二乙酯 diethyl phenylmalonate，diethyl 2-phenylmalonate

又称“二乙基苯甲乙酸酯（diethylphenomethylacetate）”“二乙基苯基丙二酸酯（diethylphenylmalonate）”。化学式为 $C_{13}H_{16}O_4$，熔点 16～17℃，溶于乙醇。可由苯乙酸乙酯经缩合、酸化、消除制得。作为医药中间体，用于生产苯巴比妥等。结构式为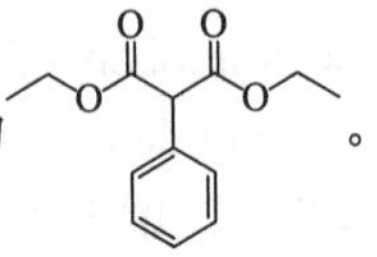。

02.0196 2-乙基-2-苯丙二酸二乙酯 diethyl 2-ethyl-2-phenylmalonate

又称“苯基乙基丙二酸二乙酯（diethyl phenyl ethyl malonate）”。化学式为 $C_{15}H_{20}O_4$，无色或微黄色透明油状液体。有异臭。可由苯基丙二酸二乙酯经乙基化制得，或由苯乙酸乙酯与碳酸二乙酯、溴乙烷缩合制得。用作苯巴比妥、扑痫酮等药物的中间体。结构式为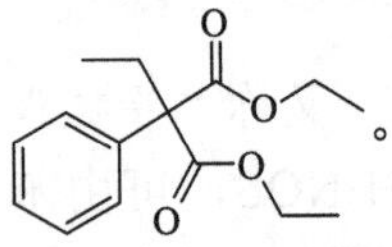。

02.0197 二乙基丙二酸二乙酯 diethyl diethylmalonate

简称“二乙基丙二酸乙酯（ethyl diethylmalonate）”。化学式为 $C_{11}H_{20}O_4$，无色液体。沸点 228～230℃，能与醇、醚混溶，不溶于水。可由丙二酸二乙酯乙基化制得。用作医药的原料和农药中间体。结构式为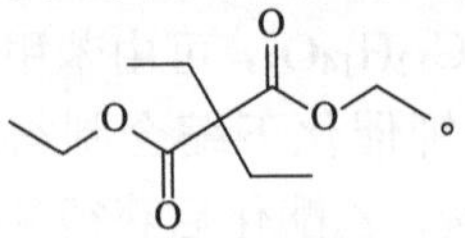

02.0198 乙基丙二酸二乙酯 diethyl ethylmalonate

化学式为 $C_9H_{16}O_4$，无色液体。易溶于醇、醚、酮和氯仿，微溶于水。可由丙二酸二乙酯经乙基化制得。用作药物巴比妥的中间体。结构式为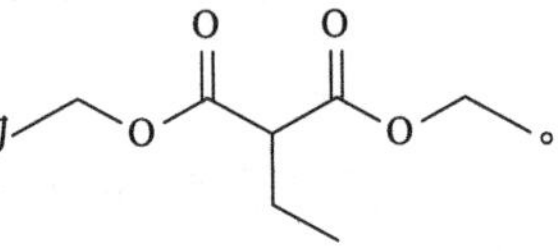。

02.0199 苯佐卡因 benzocaine

又称“4-氨基苯甲酸乙酯（ethyl 4-aminobenzoic acid）”“对氨基苯甲酸乙酯（ethyl *p*-aminobenzoate）”。化学式为 $C_9H_{11}NO_2$，无色斜方结晶，无臭，味苦。可由对硝基苯甲酸乙酯还原制得。为局部麻醉药，用于创面、溃疡面及痔疮的止痛，也是镇咳药退嗽的中间体。结构式为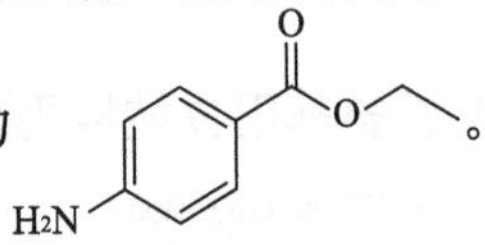。

02.0200 油酸正丁酯 *n*-butyl oleate

又称“（*Z*）-9-十八烯酸丁酯[(*Z*)-9-octadecenoate butyl ester]”“9-十八烯酸丁酯（butyl 9-octadecenoate）”“十八烯酸丁酯（butyl octadecenoate）”。化学式为 $C_{22}H_{42}O_2$，浅琥珀色透明油状液体，在<12℃时呈不透明状态，微有气味。可由油酸与丁醇酯化制得。用作增塑剂、润滑剂，也可用作染料表面湿润剂。结构式为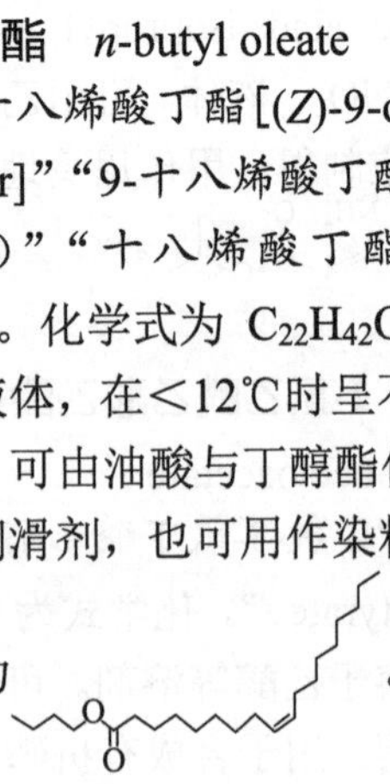。

02.0201 三光气　triphosgene

又称“二（三氯甲基）碳酸酯[bis（trichloromethyl）carbonate]”。化学式为$C_3Cl_6O_3$，有类似光气的气味。可以碳酸二甲酯（DMC）和氯气为原料，通过光或热或引发剂引发的氯化反应制得。作为剧毒光气和双光气在合成中的替代产物，毒性低，使用安全方便，反应条件温和，选择性好，收率高。用于合成氯甲酸酯、异氰酸酯、聚碳酸酯和酰氯等。结构式为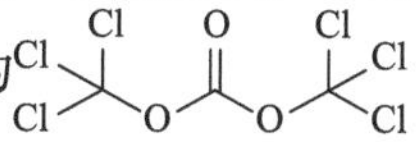。

02.0202 4-氯-3-羟基丁酸乙酯　ethyl(*R*)-(+)-4-chloro-3-hydroxybutyrate，ethyl(*R*)-4-chloro-3-hydroxybutanoate

化学式为$C_6H_{11}ClO_3$，熔点93～95℃。可以在乙醇与4-氯乙酰乙酸乙酯混合溶液中加入硼氢化钾固体，连续搅拌3～4h制得。用作阿托伐他汀钙中间体。结构式为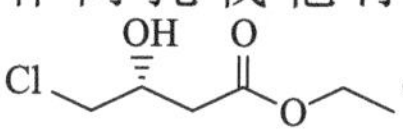。

02.0203 乙酸苯酯　phenylacetate

又称“醋酸苯酯”“乙酰苯酚（hydroxy-acetophenone）”“苯基乙酸酯（phenyl acetate ester）”。化学式为$C_8H_8O_2$，无色液体，有强折光性，有苯酚气味。可由苯酚钠与乙酐反应制得。用作溶剂和有机合成的中间体，乙酸苯酯经转位反应得到羟苯乙酮，用于治疗急慢性黄疸型肝炎、胆囊炎。结构式为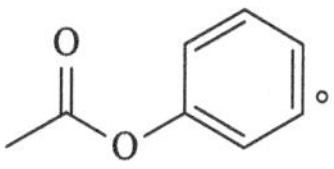。

02.0204 L-脯氨酸苄酯　L-proline benzyl ester

全称“L-脯氨酸苄酯盐酸盐（L-proline benzyl ester hydrochloride）”，又称“脯氨酸苯酯盐酸盐（proline phenyl ester hydrochloride）”“脯氨酸苄酯盐酸盐（prolyl benzyl ester hydrochloride）”。化学式为$C_{12}H_{16}ClNO_2$，可以金属氯化物为催化剂，脯氨酸盐酸盐与苯乙醇发生酯化反应制得。广泛应用于多肽化学中，并在不对称第尔斯－阿尔德（Diels-Alder）反应中用作手性助剂。结构式为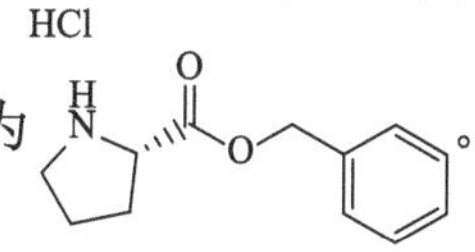。

02.0205 2-氨基-5-萘酚-7-磺酸　2-amino-5-naphthol-7-sulfonic acid

又称“6-氨基-1-萘酚-3-磺酸（6-amino-1-naphthol-3-sulfonic acid）”“7-氨基-4-羟基-2-萘磺酸（7-amino-4-hydroxy-2-naphthalenesulfonic acid）”，俗称“J酸（J acid）”。化学式为$C_{10}H_9NO_4S$，浅灰色粉末或颗粒，纯品为白色针状结晶。可以2-萘胺-1-磺酸（吐氏酸）为原料，经磺化、水解得2-萘胺-5,7-二磺单钠盐（氨基J酸），再经中和、碱熔、酸化制得。用作染料中间体，用于制造活性染料、直接染料等染料。结构式为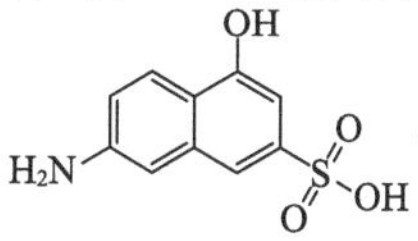。

02.0206 对甲苯磺酸钠　*p*-toluene sulfonic acid sodium

又称“4-甲苯磺酸钠（sodium 4-toluene sulfonate）”。化学式为$C_7H_7NaO_3S$，白色粉状结晶，易溶于水。可由甲苯为原料，经磺化得到对甲基苯磺酸，然后用氢氧化钠溶液中和而制得粗品，再脱色、浓缩、结晶、离心制得。用于化学工业和合成洗涤剂的浆料调理剂。结构式为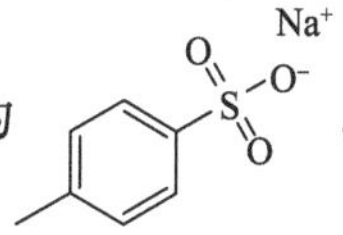。

02.0207 溴氨酸　bromamine acid

又称“4-溴-1-氨基蒽醌-2-磺酸（4-bromo-1-aminoanthraquinone-2-sulfonic acid）”“1-氨基-4-溴蒽醌-2-磺酸（1-amino-4-bromoanthraquinone-2-sulfonic acid）”。化学式为$C_{14}H_8BrNO_5S$，纯品为红色针状晶体。可由1-氨基蒽醌-2-磺酸溴化制得。用作蒽醌型活

性染料和酸性蒽醌染料的中间体。结构式为
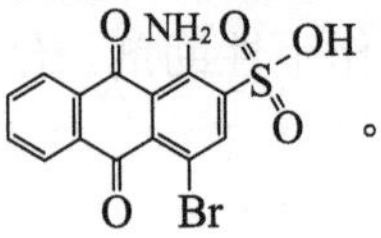
。

02.0208 1-氨基萘-4-磺酸 1-amino-4-naphthalenesulfonic acid

又称“1-萘胺-4-磺酸（1-naphthylamine-4-sulfonic acid）”。化学式为 $C_{10}H_9NO_3S$，针状结晶，微溶于水，具有蓝色荧光，钠盐易溶于水。可由1-萘胺的液相磺化制备而得。用作偶氮染料中间体，也用于食用色素。结构式为
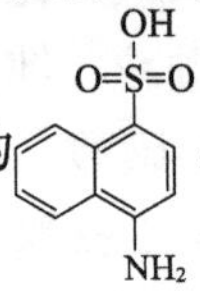
。

02.0209 对氨基苯磺酸钠 sodium *p*-aminobenzenesulfonate

又称“4-氨基苯磺酸钠（sodium 4-aminobenzenesulfonate）”“磺胺酸钠（sulfanilic acid sodium salt）”。化学式为 $C_6H_6NNaO_3S$，纯品为有光泽的白色结晶，工业品是粉红色或浅玫瑰色晶体。可由苯胺磺化制得对氨基苯磺酸，再与碳酸钠或氢氧化钠作用，并经脱色、浓缩、结晶、干燥等后处理制得。用于亚硝酸的检定、有机合成、染料及制药工业。结构式为
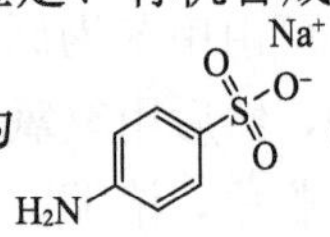
。

02.0210 周位酸 Schollkopf acid

又称“1-萘胺-8-磺酸（1-naphthylamine-8-sulfonic acid）”“1,8-克利夫酸（1,8-Cleffic acid）”“1,8-萘胺磺酸（1,8-naphthylamine sulfonic acid）”。化学式为 $C_{10}H_9NO_3S$，白色针状结晶。溶于4800份冷水、240份热水，易溶于冰醋酸。可在高温条件下，由萘经磺化、硝化和还原制得。用于制造还原染料和活性染料。结构式为
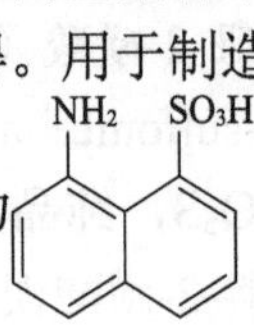
。

02.0211 2,4-二硝基氯苯 2,4-dinitrochlorobenzene

又称“4-氯-1,3-二硝基苯（4-chloro-1,3-dinitrobenzene）”“1-氯-2,4-二硝基苯（1-chloro-2,4-dinitrobenzene）”。化学式为 $C_6H_3ClN_2O_4$，黄色斜方晶体。可由氯苯用混酸两次硝化制得。主要作为染料、农药、医药中间体。结构式为
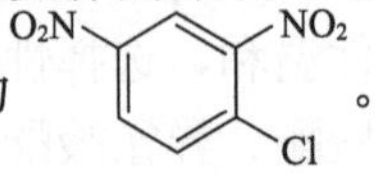
。

02.0212 2,4-二氯氟苯 2,4-dichloro-1-fluorobenzene

又称“1,3-二氯-4-氟苯（1,3-dichloro-4-fluorobenzene）”“1-氟-2,4-二氯苯（1-fluoro-2,4-dichlorobenzene）”。化学式为 $C_6H_3Cl_2F$，无色透明液体，不溶于水，能与苯、甲苯等多种有机溶剂混溶。可由2,4-二氯苯胺经希曼反应制得，或由2,4-二硝基氟苯氯化制得。用作新药环丙沙星的起始原料。结构式为
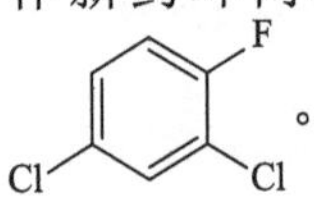
。

02.0213 2,3,4-三氟硝基苯 2,3,4-trifluoronitrobenzene

又称“1,2,3-三氟-4-硝基苯（1,2,3-trifluoro-4-nitrobenzene）”。化学式为 $C_6H_2F_3NO_2$，浅黄色液体。可以2,6-二氯氟苯为原料，经混酸硝化、氟化制得。用作药品氧氟沙星、洛美沙星、氟诺沙星等的中间体。结构式为
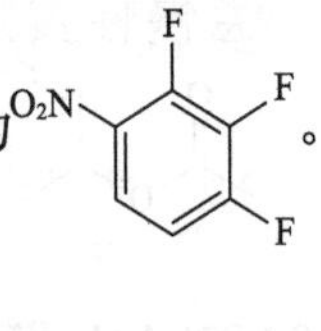
。

02.0214 3-氯-2,4-二氟硝基苯 3-chloro-2,4-difluoronitrobenzene

又称“2,4-二氟-3-氯硝基苯（2,4-difluoro-3-chloronitrobenzene）”。化学式为 $C_6H_2ClF_2NO_2$。可由2,3,4-三氯硝基苯氟化制得，是一种重要的有机化工中间体。结构式

为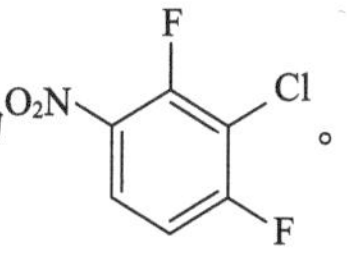。

02.0215 异丁苯 isobutylbenzene

又称“2-甲基丙基苯（2-methylpropyl benzene）”“2-甲基-1-苯基丙烷（2-methyl-1-phenylpropane）”。化学式为 $C_{10}H_{14}$，无色液体。可以甲苯、丙烯为原料，在碱金属催化剂存在下进行侧链烷基化制得。用于生产镇痛、解热消炎新药布洛芬。结构式为 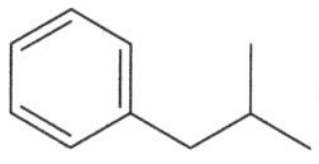。

02.0216 对十八烷基甲苯 *p*-octadecyl toluene

简称“十八烷基甲苯（octadecyl toluene）”。化学式为 $C_{25}H_{44}$，可由甲苯烷基化反应制得。用于合成表面活性剂等精细化工用品。结构式为 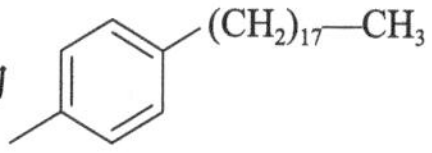。

02.0217 *α*-甲基苯乙烯 *α*-methylstyrene

又称“2-苯基-1-丙烯（2-phenyl-1-propene）”“2-苯丙烯（2-phenylpropylene）”“异丙烯基苯（isopropenylbenzene）”。化学式为 C_9H_{10}，无色液体，受热或在催化剂作用下易聚合。可由甲烷直接氯化、分离制得，或在异丙苯法生产苯酚和丙酮时，副产*α*-甲基苯乙烯。用于生产涂料、增塑剂，也用作溶剂。结构式为 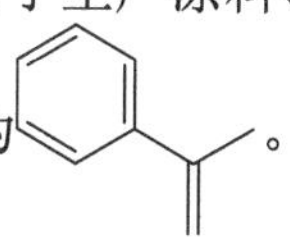。

02.0218 氢化蓖麻油 hydrogenated castor oil

化学式为 $C_{57}H_{110}O_9$，白色至淡黄色的粉末、块状物或片状物；熔点 85～88℃。可由蓖麻子提取蓖麻油后氢化制得。用作药用辅料，在制剂中起增稠、增硬和缓释等作用。结构式为 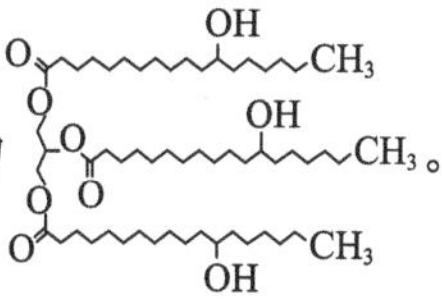。

02.0219 4,4′-二氨基苯酰替苯胺 4,4′-diaminobenzoylanilide

又称“4,4′-二氨基苯甲酰苯胺（4,4-diaminobenzoylaniline）”。化学式为 $C_{13}H_{13}N_3O$，熔点 205～207℃。可由对硝基苯甲酸酰氯化后与对硝基苯胺缩合，再还原制得。用于生产直接染料、混纺染料及塑料制品的稳定剂。结构式为 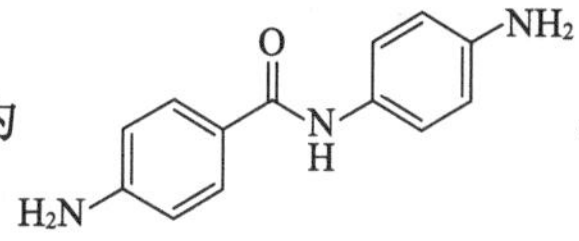。

02.0220 4,4′-二氨基苯磺酰替苯胺 4,4′-diamino benzene sulfonyl anilide

又称“4,4′-二氨基苯磺酰苯胺（4,4′-diaminobenzsulfonylaniline）”“二氨基苯磺酰替苯胺（diaminobenzesulfonyltianiline）”。化学式为 $C_{12}H_{13}N_3O_2S$，是联苯胺衍生物的替代产品。可由对苯二胺与乙酰氨基苯磺酰氯发生催化反应，经氢氧化钠水解制得。用于生产黑色、棕色及皮革染料等。结构式为 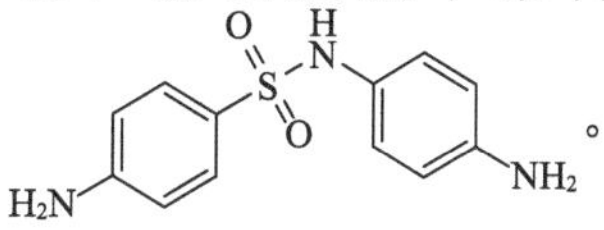。

02.0221 辅酶 Q_{10} coenzyme Q_{10}

又称“2,3-二甲氧基-5-甲基-1,4-苯醌（2,3-dimethoxy-5-methyl-1,4-benzoquinone）”“2,3-二甲氧基-5-甲基-1,4-对苯二醌（2,3-dimethoxy-5-methyl-1,4-*p*-phenyldiquinone）”。化学式为 $C_9H_{10}O_4$，熔点 58～60℃，红色针状结晶固体。可以对甲基苯酚、3,4,5-三羟基苯甲酸和 3,4,5-三甲氧基甲苯为起始原料合成制得。用作医药中间体。结构式为 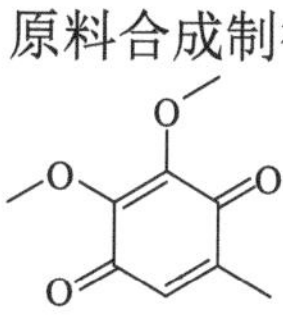。

02.0222 4-溴-1,8-萘酐 4-bromo-1,8-naphthalic anhydride

又称“4-溴萘-1,8-二甲酸酐（4-bromonaphthalene-1,8-dicarboxylic anhydride）”。化学式

为 $C_{12}H_5BrO_3$，熔点 217～219℃，外观为类白色粉末。可以 1,8-萘酐为原料，用溴化钾-次氯酸对其进行溴化制得。用作医药中间体。结构式为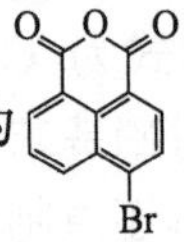。

02.0223 柠檬酸钠二水合物 sodium citrate dihydrate

又称“二水合柠檬酸三钠盐（trisodium citrate dihydrate）”。化学式为 $Na_3C_6H_5O_7 \cdot 2H_2O$，无色晶体或白色结晶粉末。可由柠檬酸经氢氧化钠或碳酸氢钠中和制得。用作酸度调节剂、风味剂、稳定剂；用作抗血凝剂、化痰药和利尿药。结构式为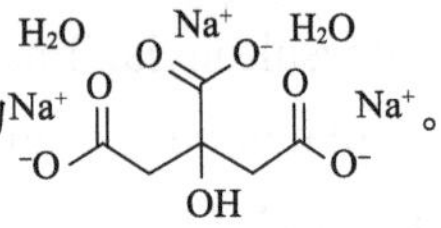。

02.0224 4,4′-二氨基二苯乙烯-2,2′-二磺酸 4,4′-diamino-2,2′-stilbenedisulfonic acid

又称“二氨基芪二磺酸（diamino stilbenedisulfonic acid）”，简称“DSD 酸（DSD acid）”。化学式为 $C_{14}H_{14}N_2O_6S_2$，黄色针状吸湿性晶体。微溶于水，溶于乙醇和乙醚，易溶于碱溶液。以对硝基甲苯为原料，用发烟硫酸磺化，析出分离后经空气氧化、铁粉还原、酸析制得。用于生产荧光增白剂、直接冻黄 G 和直接黄 R，并用作杀虫剂。结构式为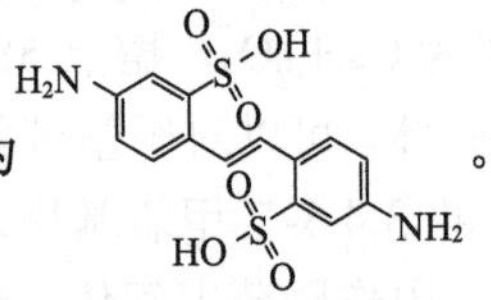。

02.0225 2-氨基-4-甲基-5-氯苯磺酸 2-amino-5-chloro-4-methylbenzenesulfonic acid

又称“3-氨基-4-磺酸-6-氯甲苯（3-amino-4-sulfonic acid-6-chlorotoluene）”。化学式为 $C_7H_8ClNO_3S$，白色结晶。可由 3-氯-4-甲苯磺酸硝化，硝化产物加入水中，加乙酸和铁粉，在沸腾条件下还原制得。作为染料中间体，用于生产大红色淀 C、立索尔大红 2G 等。结构式为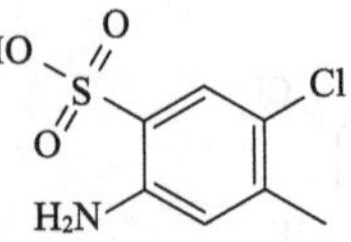。

02.0226 溴丁烷 *n*-butyl bromide

全称“溴代正丁烷（bromo-*n*-butane）”又称“丁基溴（butyl bromide）”。化学式为 C_4H_9Br，无色透明有芳香味液体，不溶于水，溶于醇、醚和氯仿等有机溶剂。可由正丁醇在红磷存在下与溴作用制得。用于合成麻醉药盐酸丁卡因，也用于生产染料和香料。结构式为。

02.0227 *N*-乙基咔唑 *N*-ethylcarbazole

又称“9-乙基-9*H*-咔唑（9-ethyl-9*H*-carbazole）”。化学式为 $C_{14}H_{13}N$，无色片状晶体。可以咔唑、氯乙烷为原料，先用氢氧化钠使咔唑生成钾盐，再通氯乙烷反应，经精制而得。用作染料中间体、农业化学品，在染料工业中用来生产永固紫 RL、青光海昌蓝等。结构式为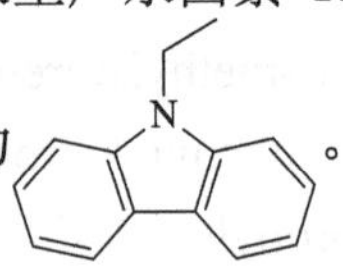。

02.0228 3,4-二羟基-3-环丁烯-1,2-二酮 3,4-dihydroxy-3-cyclobutene-1,2-dione

又称“方克酸（square acid）”。化学式为 $C_4H_2O_4$，可以 1,1,2,2-四氟-3,3,4,4-四氯环丁烷或全氯-1,3-丁二烯为原料制取。用作酰化试剂，与富电活化芳环进行酰化反应；与活泼双键、活泼甲基反应，生成具有特殊性能的新化合物。结构式为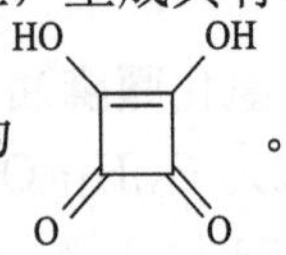。

02.0229 2,6-二氯喹喔啉 2,6-dichloroquinoxaline

化学式为 $C_8H_4C_{12}N_2$，白色固体，熔点 154～155℃，不溶于水，溶于苯、甲苯等溶剂。可以 2-羟基-6-氯喹喔啉和氯化亚砜为原料经过脱溶剂、结晶、过滤、干燥制得。用作除草剂喹禾灵的中间体。结构式为 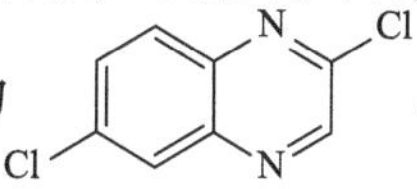 。

02.0230 6-氟喹哪啶 6-fluoroquinaldine

又称"6-氟-2-甲基喹啉（6-fluoro-2-methylquinoline）"。化学式为 $C_{10}H_8FN$，密度 1.174g/cm^3，熔点 50～54℃。可以羟基酮、3-吡啶甲醛和氨基苯甲醛为反应物，经醇醛缩合制得。用作医药中间体。结构式为 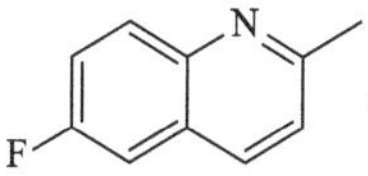 。

02.0231 溴丙基氯 bromopropyl chloride

又称"1-溴-3-氯丙烷（1-bromo-3-chloropropane）""亚丙基溴氯（propidium iodide bromide chloride）"。化学式为 C_3H_6BrCl，无色液体。可由 *α*-氯丙烯与溴化氢加成制得。用作生产喹哌磷酸盐、异搏定、已酮可可碱、炎痛静、奋乃静、氟奋乃静盐酸盐、三氟拉嗪、地芬尼多的中间体。结构式为 。

02.0232 *N*-丙烯酰吗啉 *N*-acroxylmorpholin

又称"4-(1-氧代-2-丙烯基)吗啡啉 [4-(1-oxo-2-allyl)morpholine]"。化学式为 $C_7H_{11}NO_2$，熔点−35℃，折射率 1.512。可以烷基取代丙烯吗啉的热裂解得到，或由 4-(3-甲氧基丙酰)吗啉在 200℃高温消除反应制得。用作紫外光固化油墨、涂料及胶黏剂。结构式为 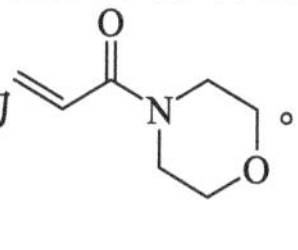 。

02.0233 三羟甲基丙烷 trimethylolpropane

化学式为 $C_6H_{14}O_3$，白色片状结晶，易溶于水、低碳醇、甘油。可由正丁醛与甲醛在碱性条件下缩合，反应液经过脱色、提纯、蒸发、冷却制得。用作合成树脂的原料，也用于合成航空润滑油、增塑剂等。结构式为 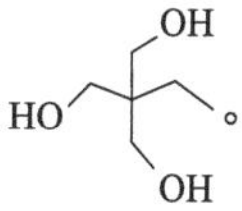 。

02.0234 三苯基氯甲烷 triphenylchloromethane

又称"氯代三苯甲烷（chloro-triphenylmethane）"。化学式为 $C_{19}H_{15}Cl$，熔点 109～112℃，可将无水三氯化铝加到不含水和噻吩的苯中，混匀后加入干燥的四氯化碳制得。用于树脂聚合物的引发剂，有机反应的催化剂，也用于医药、农药的生产。结构式为 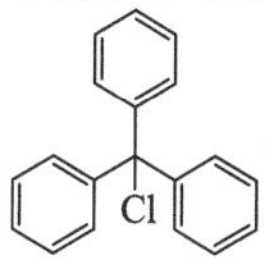 。

02.0235 2-丙酮缩氨基脲 2-propanone semicarbazone

又称"2-(1-甲基亚乙基)肼基甲酰胺 [2-(1-methylethyl) hydrazyl formamide]"。化学式为 $C_4H_9N_3O$，无色针状结晶，188℃分解，易溶于乙醇，溶于乙醚、热水，微溶于冷水。可以水合肼及尿素为原料，缩合得氨基脲，再与丙酮缩合，精制而得。用作硝基呋喃妥因、呋喃妥因的中间体。结构式为 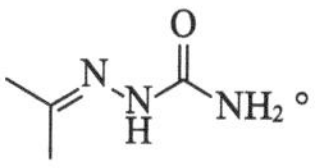 。

02.0236 7-氨基-3-乙烯基头孢烷酸 7-amino-3-vinylcephalosporanic acid，7-AVCA

化学式为 $C_9H_{10}N_2O_3S$，可由头孢烯酸和乙酸在苯酚中 35℃反应 6h 制得。作为口服半合成头孢类抗生素，如头孢克肟、头孢地尼等的中间体。结构式为 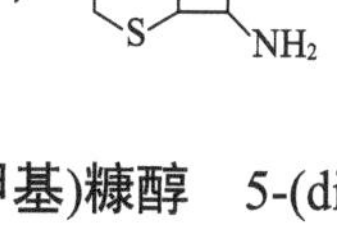 。

02.0237 5-(二甲氨基甲基)糠醇 5-(dimethylaminomethyl)furfuryl alcohol

化学式为 $C_8H_{13}NO_2$，可由二乙胺、糠醛、甲醛反应制得。用作治疗消化道溃疡特效药雷尼替丁的重要中间体。结构式为

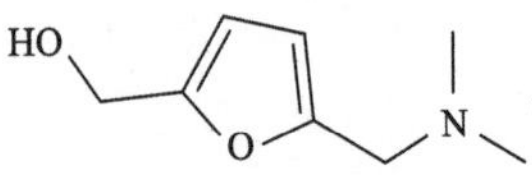。

02.0238 3,5-二氟苯酚 3,5-difluorophenol

化学式为 $C_6H_4F_2O$，无色至淡黄色结晶体。熔点 54～57℃，闪点 70℃。可由 3,5-二氟苯胺为原料制得，或由 3,5-二氟溴苯在环丁砜、氢氧化钾和水中反应制得。用作医药农药中间体。结构式为 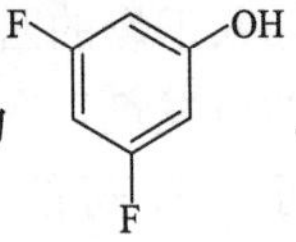。

02.0239 对甲酚 *p*-cresol

又称“4-甲酚（4-cresol）”。化学式为 C_7H_8O，无色结晶，558℃自燃，微溶于水，溶于乙醇、乙醚、氯仿和碱液。可由甲苯磺化碱熔制得。常用于有机合成。结构式为 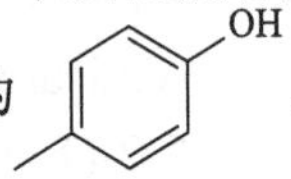。

02.0240 3-甲基苯酚 3-methylphenol

又称“间甲酚（*m*-cresol）”。化学式为 C_7H_8O，无色到微黄色液体，具有苯酚气味，微溶于水，溶于乙醇、乙醚、氯仿和碱液。可以甲苯为原料，在催化剂存在下用丙烯进行烷化反应，再经氧化、酸解制得，或由 3-甲基苯硼酸为原料制得。用作杀虫剂原料，医药上用于制作灭癣粉三溴甲酚。结构式为 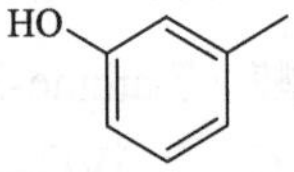。

02.0241 2-甲基苯酚 2-methylphenol

又称“邻甲酚（*o*-cresol）”。化学式为 C_7H_8O，白色结晶，有如苯酚的气味，微溶于水，能溶于乙醇、乙醚和三氯甲烷。可以苯酚为原料，用甲醇作烷化剂，在催化剂存在下制得，或由 2-甲基苯硼酸为原料制得。主要用于合成除草剂，以及作为医药、香料中间体。结构式为 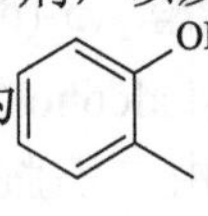。

02.0242 2,3,6-三甲基苯酚 2,3,6-trimethylphenol

又称“3-羟基假枯烯（3-hydroxypseudocumene）”。化学式为 $C_9H_{12}O$，可由二乙基酮和 1-氨基乙烯基甲基酮反应制得。用于合成维生素 E 中间体 2,3,5-三甲基苯醌。结构式为 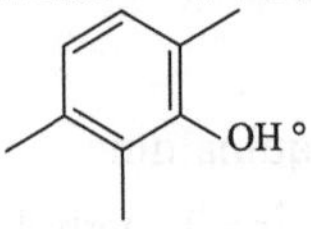。

02.0243 2,3,5-三甲基苯酚 2,3,5-trimethylphenol

又称“6-羟基假茴香油素（6-hydroxypseudoanisole）”。化学式为 $C_9H_{12}O$，无色（乙醇）或黄色（空气）针状结晶，熔点 92～94℃，易升华。可由间甲酚甲基化制得。用于合成芳香维 A 酸。结构式为 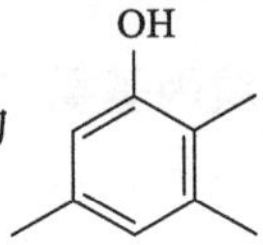。

02.0244 2,4,6-三甲基苯酚 2,4,6-trimethylphenol

又称“2,4,6-混杀威（mesitol）”。化学式为 $C_9H_{12}O$，结晶，熔点 71～74℃，有腐蚀性。可由苯酚甲基化制得。用作维生素 E 的中间体。结构式为 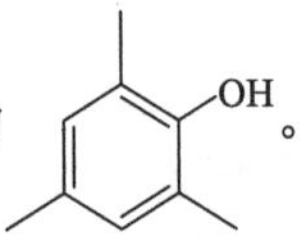。

02.0245 4-氟苯酚 4-fluorophenol

又称“对氟苯酚（*p*-fluorophenol）”。化学式为 C_6H_5FO，结晶，熔点 46～48℃，易燃，强毒性。可以对氟苯胺为原料制得。用作索比尼尔的中间体。结构式为 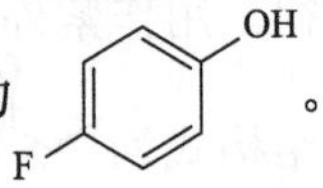。

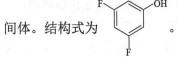

02.0246 2-氟苯酚 2-fluorophenol

又称“邻氟苯酚”。化学式为 C_6H_5FO，无色透明液体，熔点 16.1℃。可由邻氟苯胺（OFA）在混酸介质中经重氮化、水解反应制得。作为重要的医药和农产化学品的中间体，用于合成杀菌剂、除草剂，也可合成染料液晶，塑料及橡胶的添加剂。结构式为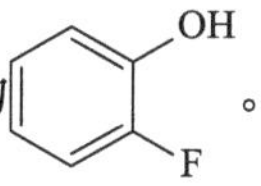。

02.0247 2,4,6-三溴苯酚 2,4,6-tribromophenol

简称“2,4,6-三溴酚”。化学式为 $C_6H_3Br_3O$，针状（乙醇）或棱状（苯）结晶，熔点 87～89℃，溶于碱液、乙醇、石油醚，微溶于水，有刺激性。可由苯酚溴化而得。用作己酸三溴苯酯、三溴酚铋的中间体。结构式为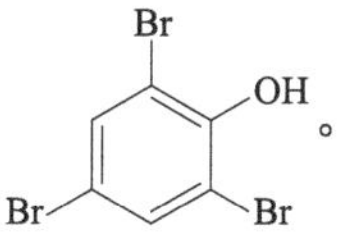。

02.0248 4-三氟甲基苯酚 4-(trifluoromethyl) phenol

又称“对三氟甲基苯酚[*p*-(trifluoromethyl) phenol]”。化学式为 $C_7H_5F_3O$，类白色晶体，熔点 45～47℃。可由氯硅烷和溴三氟甲烷在–59℃反应生成三氟甲基硅烷，再与苯醌发生催化反应得到 4-三乙基硅氧基-4-三氟甲基-2,5-环己二烯-1-酮，再经锌粉还原制得。用作医药中间体和农药中间体。结构式为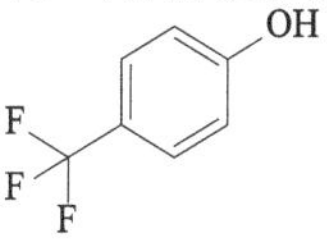。

02.0249 蒽醌 anthraquinone

又称“9,10-蒽酮（9,10-anthrone）”。化学式为 $C_{14}H_8O_2$，稍带淡黄色的单斜针状结晶，熔点 286℃，不溶于水，溶于热的苯、甲苯、硝基苯，微溶于乙醇，难溶于乙醚。可由硝酸氧化蒽制得。用作重要的有机染料中间体。结构式为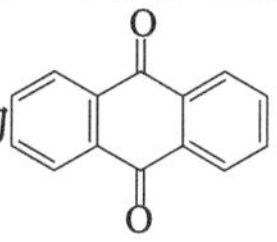。

02.0250 1-氨基蒽醌 1-aminoanthraquinone

全称“1-氨基蒽并醌”。化学式为 $C_{14}H_9NO_2$，橘红色或棕红色闪光针状结晶，熔点 251～255℃，加热升华。可由蒽醌硝化还原制得。用作染料中间体。结构式为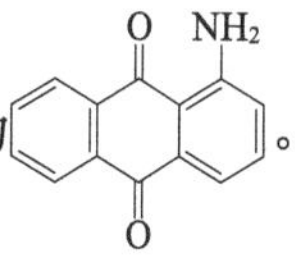。

02.0251 1,4-二羟基蒽醌 1,4-dihydroxyanthraquinone

又称“溶剂橙 86（solvent orange 86）”“1,4-蒽醌二酚（1,4-anthraquinone diphenol）”。化学式为 $C_{14}H_8O_4$，从乙酸中析出者为橙色结晶，适量溶于乙醇呈红色，溶于乙醚呈棕色及黄色荧光，溶于苛性碱液和氨水呈紫色。可由苯酐和对苯二酚在硼酸存在下，于浓硫酸中缩合，再经稀释、水洗、中和、氧化、压滤制得。用于制造还原染料、分散染料及活性染料的中间体。结构式为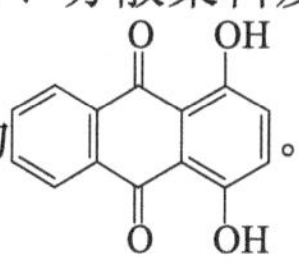。

02.0252 2,3,5-三甲基氢醌 2,3,5-trimethylhydroquinone

又称“2,3,5-三甲基-1,4-苯二酚（2,3,5-trimethyl-1,4-benzophenol）”。化学式为 $C_9H_{12}O_2$，针状结晶，熔点 172～174℃，有刺激性。可由 1,2,4-三甲苯经磺化、硝化、还原、氧化制得。用作维生素 E 乙酸盐的中间体。结构式为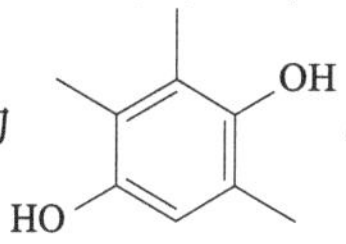。

02.0253 1,4-苯醌 1,4-benzoquinone

又称“对苯醌（*p*-benzoquinone）”。化学式为 $C_6H_4O_2$，黄色结晶，有氯气样穿透性刺激性气味。可将苯胺溶于稀硫酸中，经二氧化锰氧化，用蒸汽蒸馏法分离提纯，结晶、脱水、干燥制得。用作秦皮乙素、白内停的中间体，染料中间体，鞣革、动物纤维强化剂，以及氢醌生产原料。结构式为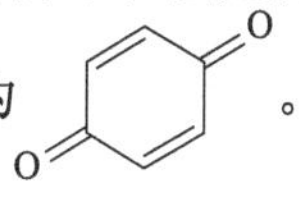。

02.0254 2-氨基-4-乙酰氨基苯甲醚 2-amino-4-acetamino anisole

又称“邻氨基对乙酰氨基苯甲醚（*o*-amino

paracetaminobenzene ether）”。化学式为 $C_9H_{12}N_2$，白色结晶。熔点 116～118℃。可由对甲氧基乙酰苯胺硝化、还原制得。用作分散染料中间体。结构式为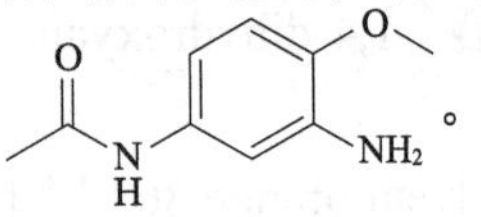。

02.0255 2-甲氧基苯胺 2-methoxyaniline

又称“邻氨基苯甲醚（*o*-aminoanisole）”“邻茴香胺（*o*-anisidine）”“邻甲氧基苯胺（*o*-methoxyaniline）”。化学式为 C_7H_9NO，浅红色或浅黄色油状液体，暴露在空气中变成浅棕色。可由邻硝基苯甲醚还原而得，或由邻硝基氯苯甲氧基化得到。用于制取偶氮染料及色酚 AS-OL 等染料以及愈创木酚、安痢平等医药用品。结构式为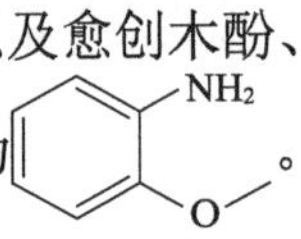。

02.0256 苯甲醚 anisole

又称“甲氧基苯（metoxybenzene）”。化学式为 C_7H_8O，无色透明液体，有芳香气味。溶于乙醇、乙醚等多数有机溶剂，不溶于水。易燃，有刺激性。可由硫酸二甲酯在碱性溶液中与苯酚反应制得。用于有机合成，也用作溶剂和香料。结构式为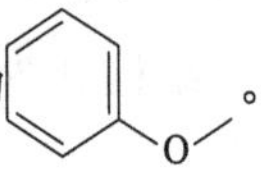。

02.0257 烷基酚甲醛树脂聚氧乙烯醚 alkylphenol formaldehyde resin polyoxyethylene ether

化学式为 $C_{69}H_{124}O_{22}$，浅黄色或橙黄色油状液体，乳化性能优良。可通过辛基酚与甲醛在碱性条件下缩合，而后加入环氧乙烷进行醚化反应制得。常用于配制多种有机磷农药乳液。结构式为

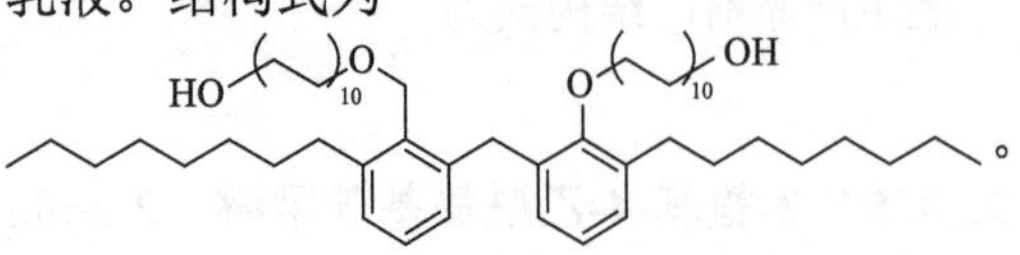。

02.0258 邻乙氧基苯胺 *o*-ethoxybenzenamine

又称“邻氨基苯乙醚（*o*-phenetidine）”。化学式为 $C_8H_{11}NO$，无色油状液体，遇空气及光变成棕色。不溶于水，溶于醇、醚和稀酸。可由邻硝基苯酚经乙氧基化和还原反应制得。主要用作染料中间体。结构式为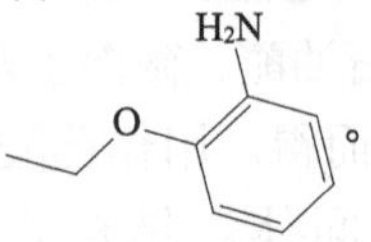。

02.0259 间甲氧基苯胺 *m*-anisidine

又称“3-甲氧基苯胺（3-methoxyaniline）”。化学式为 C_7H_9NO，浅黄色油状液体，露置渐变成棕色，可与乙醇、乙醚互溶，微溶于水。可由间硝基苯酚在羟基上甲氧基化后经还原反应制得。用作甲氧芳芥的中间体、染料中间体。结构式为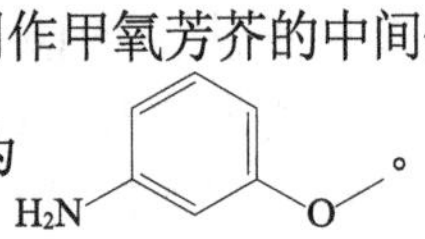。

02.0260 间溴苯甲醚 *m*-bromoanisole

又称“3-溴苯甲醚（3-bromoanisole）”。化学式为 C_7H_7OBr，浅黄色油状液体，不溶于水，溶于乙醇、乙醚和苯。可由间溴苯酚和硫酸二甲酯反应制得。用作香料和染料的原料，有机合成医药中间体。结构式为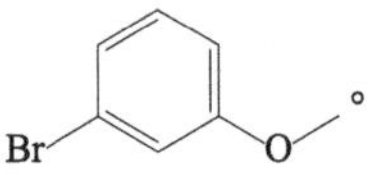。

02.0261 3,4,5-三甲氧基苯甲醛 3,4,5-trimethoxybenzaldehyde

化学式为 $C_{10}H_{12}O_4$，白色或微黄色针状结晶（水中），熔点 78℃。可由没食子酸经硫酸二甲酯甲基化、酯化，再用水合肼进行肼化反应，然后经赤血盐氧化制得；或以对羟基苯甲醛为原料，经溴化、甲氧基化、甲基化制得。用作甲氧苄啶的中间体。结构式为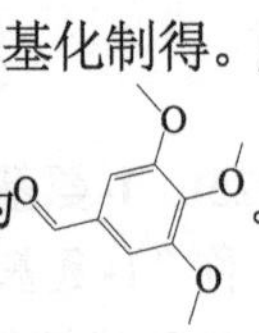。

02.0262 5-硝基糠醛 5-nitrofurfural

又称“5-硝基-2-呋喃醛（5-nitro-2-furan

aldehyde)”。化学式为 $C_5H_3NO_4$，易燃液体，低温为结晶。熔点 37～39℃，溶于水。可由 2-硝基-5-羟甲基呋喃经过氧化制得。用作呋喃西林的中间体。结构式为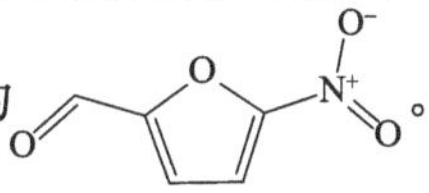。

02.0263 草醛 glyoxal

又称“乙二醛（oxalaldehyde）”。化学式为 $C_2H_2O_2$，黄色棱状或不规则片状晶体，冷却变成白色。可由乙二醇气相催化氧化法或乙醛硝酸氧化法制得。用作磺胺甲氧吡嗪、小檗碱盐酸盐的中间体，用于喹喔啉和醌类化合物的合成，也可作为外用消毒剂。结构式为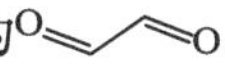。

02.0264 苯甲醛 benzaldehyde

又称“安息香醛”。化学式为 C_7H_6O，无色透明液体，有苦杏仁味。可由苯甲醇经氧化制得。用于安息香、氨苄青霉素、尼卡地平、胃复康、中枢神经兴奋药匹莫林等的生产，也用作农药、染料、香料中间体。结构式为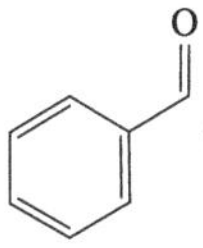。

02.0265 2-噻吩醛 2-thiophenecarboxaldehyde

又称“噻吩-2-甲醛（thiophene-2-formaldehyde）”。化学式为 C_5H_4OS，液体，易溶于乙醇、乙醚、苯，微溶于水，在空气中迅速氧化。可由 2-噻吩甲醇经氧化制得。用作噻嘧啶的中间体。结构式为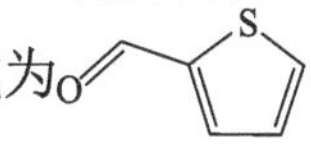。

02.0266 间硝基苯甲醛 *m*-nitrobenzaldehyde

又称“3-硝基苯甲醛（3-nitrobenzaldehyde）”。化学式为 $C_7H_5NO_3$，金黄色片状或针状结晶（水中）。可以苯甲醛为原料，用硝酸钾、硝酸钠或硝酸在硫酸存在下进行硝化制得。用作碘番酸、碘普酸钙、间羟胺重酒石酸盐、尼群地平、尼卡地平、硝苯苄啶的中间体，也可作为燃料、表面活性剂。结构式为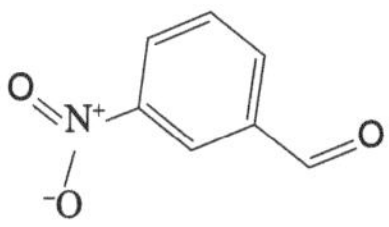。

02.0267 邻硝基苯甲醛 *o*-nitrobenzaldehyde

又称“2-硝基苯甲醛（2-nitrobenzaldehyde）”。化学式为 $C_7H_5NO_3$，亮黄色针状结晶（水中）。可由邻硝基苯甲醇经氧化制得。用作硝苯地平的中间体，也是甲基酮的分析试剂。结构式为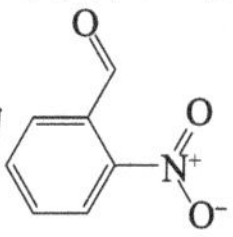。

02.0268 2-甲基戊醛 2-methylvaleraldehyde

化学式为 $C_6H_{12}O$，无色至淡黄色液体，呈炒花生香气，易燃。可由 2-甲基戊醇催化氧化制得。用作生产安眠、镇定药物甲丙氨酯的中间体。结构式为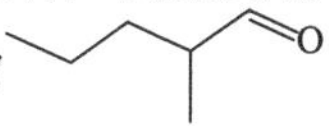。

02.0269 4-呋喃甲醛 4-furfural

又称“2-糠醛（2-furfural）”。化学式为 $C_5H_4O_2$，无色透明的油状液体，有特殊香味。可由戊聚糖在酸的作用下水解生成戊糖，再由戊糖脱水环化而成。主要用作工业溶剂，也用于合成树脂、清漆、农药、医药、橡胶和涂料等。结构式为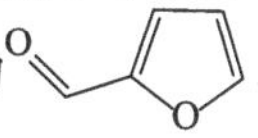。

02.0270 原儿茶醛 protocatechualdehyde

又称“3,4-二羟基苯甲醛（3,4-dihydroxybenzaldehyde）”。化学式为 $C_7H_6O_3$，浅黄色片状结晶（水或甲苯中）。可由 3-甲氧基-4-羟基苯甲醛（香兰素）经催化脱甲基，再酸化水解制得。用作咖啡酸的中间体，用于有机合成，以及用作钼的光度法测定试剂。结构式为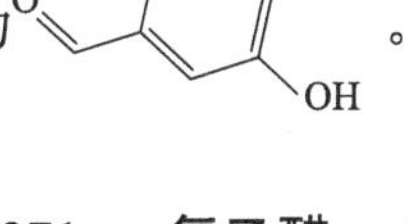。

02.0271 一氯乙醛 chloroacetaldehyde

简称“氯乙醛（chloroethanal）”。化学式为 C_2H_3ClO，液体，有刺鼻的辛辣味。可由氯乙烯在水中与氯气反应后精制制得。用作磺胺噻唑的中间体和生产 2-氨基噻唑的原料；也用于植物茎皮剥除。结构式为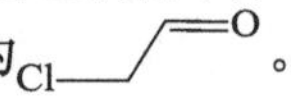。

02.0272 邻氯苯甲醛 *o*-chlorobenzaldehyde

又称“2-氯苯甲醛（2-chlorobenzaldehyde）”。化学式为 C_7H_5ClO，无色或浅黄色油状液体，低温时呈针状结晶，具有强烈的芳香味。可由邻氯甲苯经过氯化后水解制得。用作氯苯唑青霉素钠的中间体，用于有机合成及作为染料的中间体。结构式为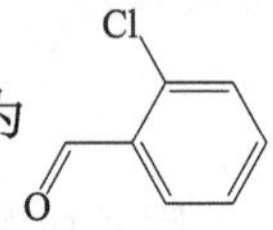。

02.0273 苯乙酮 acetophenone

又称“乙酰苯（acetyl benzene）”“甲基苯基酮（methyl phenyl ketone）”。化学式为 C_8H_8O，低熔点结晶（片状）或无色透明液体。可由苯和乙酸酐或乙酰氯在氯化铝催化下反应制得，或者可由乙苯经氧化反应制得。用作染料、香料及医药工业的重要中间体。结构式为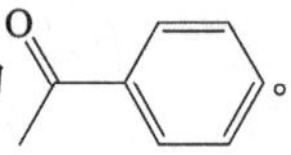。

02.0274 间溴苯乙酮 *m*-bromoacetophenone

又称“3′-溴代苯乙酮（3′-bromoacetophenone）”。化学式为 C_8H_7BrO，液体，有刺激性。可由苯乙酮经溴化制得。用作苯氧布洛芬钙的中间体。结构式为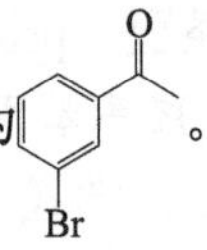。

02.0275 1,1,3-三氯-2-丙酮 1,1,3-trichloro-2-acetone

化学式为 $C_3H_3Cl_3O$，具有强毒性、腐蚀性。可由丙酮经过氯化制得。用作叶酸的中间体。结构式为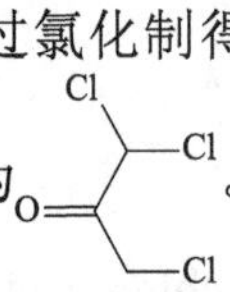。

02.0276 1,3-二氯丙酮 1,3-dichloroacetone

化学式为 $C_3H_4Cl_2O$，片状或针状低熔点结晶，熔点 39～41℃。可由 1,3-二氯丙醇与重铬酸钠反应制得。用作法莫替丁的中间体。结构式为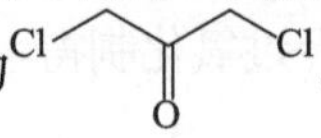。

02.0277 α-吡咯烷酮 *α*-pyrrolidinone

又称“2-吡咯烷酮（2-pyrrolidone）”。化学式为 C_4H_7NO，无色结晶。可由 *γ*-丁内酯氨化制得，也可以顺酐为原料，经一步加氢、氨化制得。用作 *γ*-氨酪酸的中间体，有机合成原料，也可用作高沸点溶剂、聚结剂、增塑剂。结构式为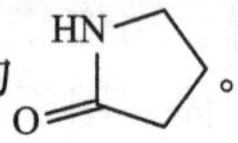。

02.0278 乙基苯基[甲]酮 propiophenone

又称“苯丙酮（phenylacetone）”“丙酰基苯（propionylbenzene）”。化学式为 $C_9H_{10}O$，叶片状结晶或无色至浅褐色液体。可由苯与丙酰氯经缩合、水解制得。用作易咳嗪、利胆醇的中间体，也用于香料工业。结构式为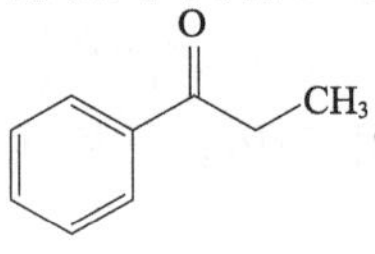。

02.0279 6-甲基-5 庚烯-2-酮 6-methyl-5-hepten-2-one

简称“甲基庚烯酮（methyl heptenone）”。化学式为 $C_8H_{14}O$，液体。可以乙炔、丙酮为原料先制得甲基丁炔醇，再还原成烯醇后与乙酰乙酸乙酯或二乙烯酮反应制得。用作握克丁的中间体，也是萜烯醇类化合物合成的中间体，还可作杀虫剂。结构式为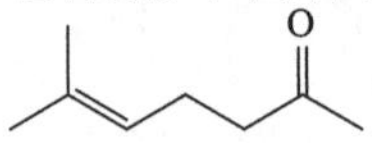。

02.0280 苯甲酸 benzoic acid

又称“安息香酸”。化学式为 $C_7H_6O_2$，无色、无味片状晶体。可通过甲苯的液相空气氧化制取。用于医药、染料载体、增塑剂、香料和食品防腐剂等的生产，也用于醇酸树脂涂料的性能改进。结构式为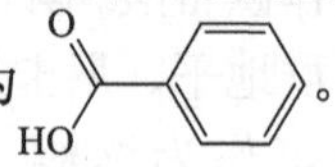。

02.0281 1-氨基-8-萘酚-3,6-二磺酸 1-amino-8-naphthol-3,6-disulfonic acid

俗称“H 酸（H acid）”。化学式为 $C_{10}H_9NO_7S_2$，干品为白色至灰色结晶性粉末。微溶于冷水，易溶于热水，溶于纯碱和烧碱等碱性溶液。可由 1-萘胺-4,6,8-三磺酸经中和、碱熔、酸化制得。主要用于染料制造。结构式为

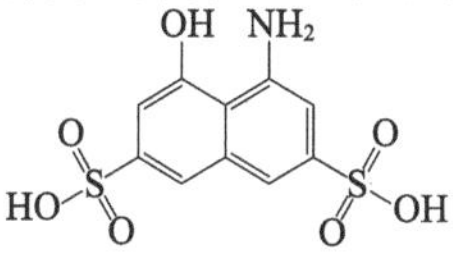

。

02.0282 2-羟基-3-萘甲酸 2-hydroxy-3-naphthoic acid

简称“2, 3-酸（2,3-acid）”。化学式为 $C_{11}H_8O_3$，浅黄色针状或片状结晶，熔点 222～223℃。可由 2-萘酚与烧碱反应生成 2-萘酚钠盐，然后与二氧化碳进行羧基化反应，生成 2,3-酸双钠盐，再用硫酸中和、酸化制得。用作有机染料的中间体。结构式为

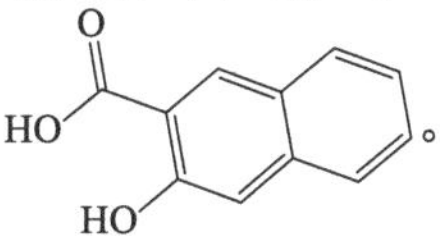

。

02.0283 苯乙酸 phenylacetic acid

又称“苯醋酸”。化学式为 $C_8H_8O_2$，无色片状结晶。可由苯乙腈酸式水解制得。用作普尼拉明乳酸盐、地巴唑盐酸盐的中间体，也是合成香料、杀虫剂、植物生长调节剂的原料及青霉素 G 的前体。结构式为

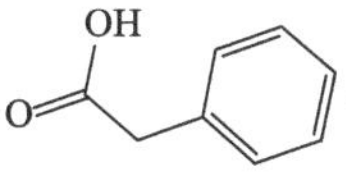

。

02.0284 D-苯甘氨酸 D-phenylglycine

又称“2-氨基-2-苯基乙酸（2-amino-2-phenylacetic acid）”。化学式为 $C_8H_9NO_2$，片状（水）或针状（乙醇水溶液）结晶。可由苯甲醛经环合、水解、中和、拆分成盐和复盐中和过程制得。用作氨苄青霉素、头孢氨苄、头孢唑啉等的中间体。结构式为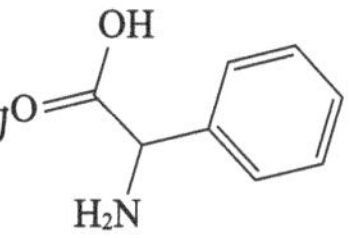。

02.0285 α-乙基己酸 α-ethylhexanoic acid

又称“2-乙基己酸（2-ethylhexanoic acid）”。化学式为 $C_8H_{16}O_2$，可由 2-乙基己醇或 2-乙基己烯醛氧化制得。用作羧苄青霉素钠的中间体，也用于洗涤剂生产。结构式为

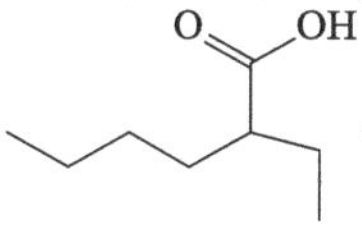

。

02.0286 2-氨基-2-(4-羟基苯)乙酸 D(–)-4-hydroxyphenylglycine

化学式为 $C_8H_9NO_3$，结晶，熔点 240℃（分解）。可由大茴香醛经环合、水解制成 DL-对羟基苯甘氨酸，再用甲醇酯化，酒石酸拆分制得。用作羟氨苄青霉素、头孢哌酮等 β-内酰胺类抗生素的中间体。结构式为

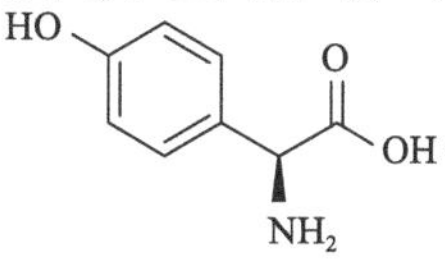

。

02.0287 四氮唑乙酸 tetrazolium acetic acid

又称“1*H*-四唑-1-乙酸（1*H*-tetrazolium-1-acetic acid）”。化学式为 $C_3H_4N_4O_2$，白色结晶（乙酸乙酯），熔点 127～129℃。可由甘氨酸、叠氮化钾和原甲酸三乙酯在冰醋酸中反应制得。用作头孢唑啉、去甲唑啉头孢菌素、头孢替唑等的中间体。结构式为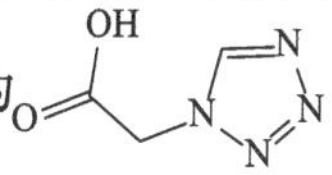。

02.0288 氨噻肟酸 2-(2-aminothiazole-4-yl)-2-methoxyiminoacetic acid

化学式为 $C_6H_7N_3O_3S$，白色或微黄色结晶性粉末或针状结晶，熔点 134～150℃。可由氨噻肟酸乙酯水解制得。用作氨噻肟头孢菌素的中间体。结构式为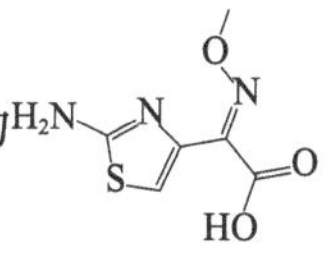。

02.0289 去甲氨噻肟酸 2-(2-aminothiazole-4-yl)-2-hydroxyiminoacetic acid

化学式为 $C_5H_5N_3O_3S$，黄色晶体，熔点≥

190℃。头孢类药物中间体。可由去甲氨噻肟酸乙酯水解制得。结构式为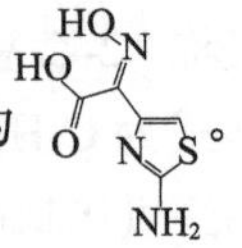。

02.0290 2-噻吩乙酸 2-thiopheneacetic acid

化学式为 $C_6H_6O_2S$，白色至浅灰色结晶。头孢噻吩、头孢噻啶的中间体。可由 2-噻吩乙酰胺水解制得。结构式为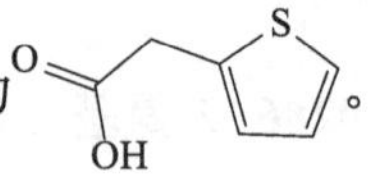。

02.0291 2,4-二氯-5-氟苯甲酸 2,4-dichloro-5-fluorobenzoic acid

化学式为 $C_7H_3Cl_2FO_2$，结晶，熔点 144～146℃，有刺激性。可由 3-氯-4-氟苯胺经重氮化、氯化、乙酰化、氧化制得。用于环丙沙星合成。结构式为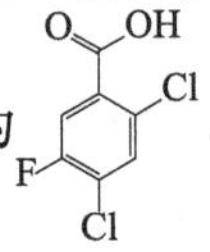。

02.0292 2,3,4,5-四氟苯甲酸 2,3,4,5-tetrafluorobenzoic acid

化学式为 $C_7H_2F_4O_2$，无色片状结晶。可由四氯苯酐经酰亚胺化、氟化、水解、脱羧四步反应制得。用作第三代喹诺酮类抗生素的中间体。结构式为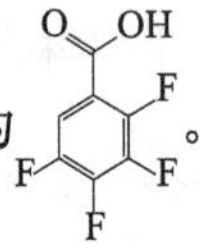。

02.0293 2,4,5-三氟-3-甲氧基苯甲酸 3-methoxy-2,4,5-trifluorobenzoic acid

化学式为 $C_8H_5F_3O_3$，熔点 105～112℃。可由 *N*-苯基四氯邻苯二甲酰亚胺经氟代、水解、脱羧、酯化、甲基化反应制得；或以四氟邻苯二甲酸为原料，经水解、脱羧、甲基化反应制得。用作医药中间体，主要用于喹诺酮类广谱抗生素的合成。结构式为

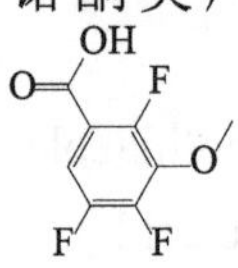。

02.0294 水杨酸 salicylic acid

又称“2-羟基苯甲酸（2-hydroxybenzoic acid）”。化学式为 $C_7H_6O_3$，白色针状结晶或毛状结晶性粉末。可由苯酚钠盐与二氧化碳羧基化后再经酸化而制得。用作香料合成中间体。结构式为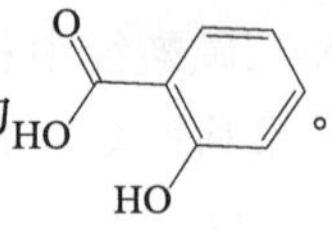。

02.0295 邻氯苯甲酸 *o*-chlorobenzoic acid

又称“2-氯苯甲酸（2-chlorobenzoic acid）”。化学式为 $C_8H_7ClO_2$，结晶，熔点 95～97℃。双氯芬酸的中间体。可以邻氯甲苯为起始原料，经氯化、氰化和水解反应制得；或由邻氯氯苄经常压羰基化反应制得。结构式为

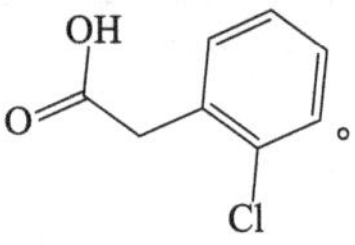。

02.0296 DL-丙氨酸 DL-alanine

又称“DL-2-氨基丙酸（DL-2-amino propanoic acid）”。化学式为 $C_3H_7NO_2$，无色至白色无臭针状结晶或结晶性粉末，有甜味。可以乙醛、氯化铵、氰化钠为原料进行氰化反应，经盐酸水解后制得。用作食品调味剂、营养增补剂、维生素 B_6 中间体、饲料添加剂等。结构式为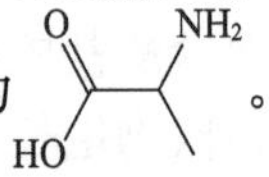。

02.0297 5-氯邻茴香酸 5-chloro-*o*-anisic acid

又称“5-氯-2-甲氧基苯甲酸（5-chloro-2-methoxybenzoic acid）”。化学式为 $C_8H_7ClO_3$，灰白色粉末，熔点 98～100℃，结晶（乙醇水溶液），对眼睛、呼吸道和皮肤有刺激作用。可通过邻甲氧基苯甲酸经硫酰氯氯化后结晶制得。用作优降糖的中间体。结构式为

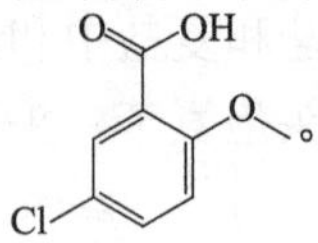。

02.0298 3-乙酰硫基-2-甲基丙酸 3-acetylthio-2-methylpropanoic acid

又称“3-巯基-2-甲基丙酸乙酸（3-mercapto-2-methylpropionate acetic acid）”。化学式为$C_6H_{10}O_3S$，熔点 5℃，刺激眼睛。可以硫代乙酸、甲基丙烯酸为原料，经过加成反应、甲基环己烷重结晶制得。用作卡托普利（巯甲丙脯酸）的中间体。结构式为

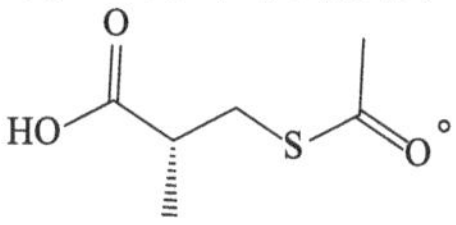
。

02.0299 *N*-苄氧羰基-L-脯氨酸 *N*-carbobenzyloxy-L-proline

化学式为 $C_{13}H_{15}NO_4$，白色粉末状晶体，熔点 75～77℃。可以 L-脯氨酸、碱、氯甲酸苄酯为原料，加热至回流后分水、降温制得。用于生化试剂、缩宫素、增压素及其他多肽的合成。结构式为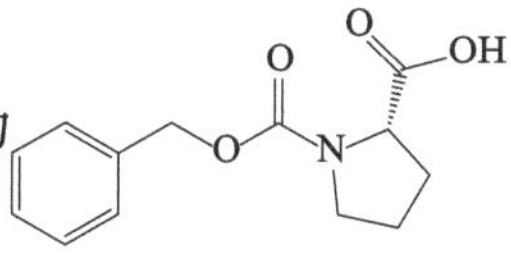。

02.0300 氨基乳清酸 amino orotic acid

全称“5-氨基乳清酸（5-amino orotic acid）”。化学式为$C_5H_5N_3O_4$，结晶，熔点>300℃，有刺激性。可以硫脲为原料，经环合、硝化、氧化得硝基乳清酸钠，再经还原制得。用作哌醇啶的中间体，是金属（Cu/Co/Os）的光度测定试剂。结构式为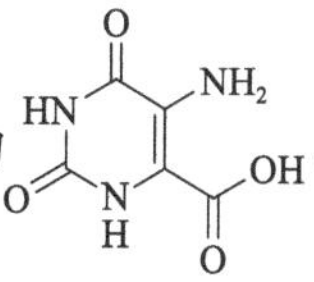。

02.0301 D-对羟基苯甘氨酸 4-hydroxy-D-phenylglycine

化学式为 $C_8H_9NO_3$，白色结晶粉末，熔点 240℃（分解）。可由甲氧基（或羟基）苯甲醛与氰化盐生成氨基苯乙腈，进一步分解制得外消旋体对羟基苯甘氨酸，或以乙醛酸和苯酚为原料，经氨化、水解反应制得外消旋体，再通过生物或化学拆分法制得。用作羟氨苄青霉素、头孢哌酮等β-内酰胺类抗生素的中间体。结构式为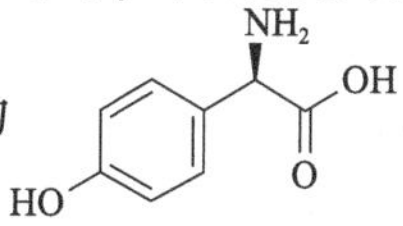。

02.0302 4-氨基水杨酸 4-aminosalicylic acid

又称“4-氨基-2-羟基苯甲酸（4-amino-2-hydroxybenzoic acid）”。化学式为 $C_7H_7NO_3$，白色结晶，熔点 150～151℃（分解并起泡）。无臭或微有丙酮气味。溶于稀硝酸、稀氢氧化钠、丙酮、碳酸氢钠和磷酸等。可由间氨基苯酚经羰基化制得。用于合成抗结核药对氨基水杨酸钠。结构式为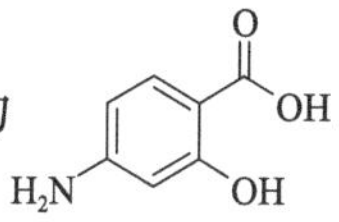。

02.0303 对氯苯甲酸 *p*-chlorobenzoic acid

又称“4-氯苯甲酸（4-chlorobenzoic acid）”。化学式为 $C_7H_5ClO_2$，三斜晶体。溶于甲醇、无水乙醇及乙醚，熔点 238～241℃。可由对氯甲苯经氧化制得。用作消炎痛、非诺贝特的中间体，其钠盐为防腐剂，该化合物还是元素微量分析中的参比剂。结构式为

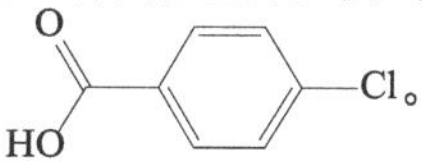
。

02.0304 1-苯基环戊基甲酸 1-phenylcyclopentane carboxylic acid

又称“1-苯基环戊烷羧酸”。化学式为 $C_{12}H_{14}O_2$，熔点 159～161℃。可由 1-苯基-1-氰基环戊烷在氢氧化钠溶液中加热，随后经脱色、过滤、酸化、热水洗至中性、干燥制得。用作止咳药咳美芬、咳必清的中间体。结构式为

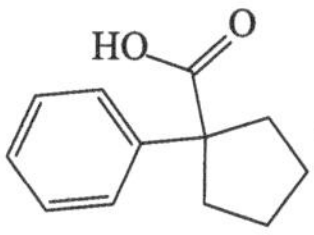
。

02.0305 二甲氨基氯乙烷盐酸盐 dimethylaminochloroethane hydrochloride

全称“2-二甲氨基氯乙烷盐酸盐（2-dimethylaminochloroethane hydrochloride)”。化学式为 $C_4H_{11}Cl_2N$，熔点 201～204℃，溶解度 2000 g/L（20℃）。可由二甲胺经与氯乙酐缩合、氯化亚砜氯化制得。作为医药中间体，用于生产抗组胺药盐酸派力本沙明，也用于生产硅油、硅橡胶等。结构式为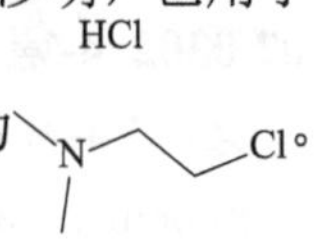。

02.0306 联苯胺双磺酸　benzidine disulfonic acid

又称“联苯胺-2,2′-双磺酸（benzidine-2,2′-disulfonic acid）”。化学式为 $C_{12}H_{12}N_2O_6S_2$，土黄色粉末或紫色粉末，熔点 175℃，水溶性 <0.1 g/100 mL（20℃），有毒，可燃。可以硝基苯为原料，经磺化、甲醛碱性水溶液中还原、葡萄糖碱性水溶液中二次还原，最后在浓盐酸条件下重排制得。作为染料中间体，用于有机合成，合成抗病毒、抗免疫缺乏药物，还可以用于制备甲醇燃料电池、电子照片显色剂等。结构式为

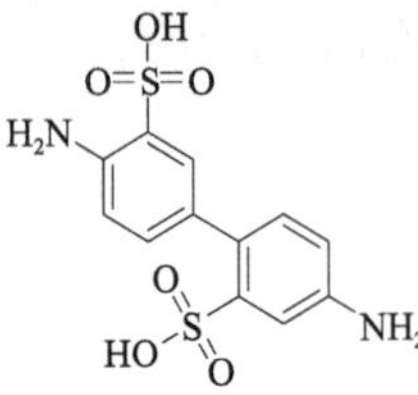。

02.0307 4,4′-二氨基二苯胺-2-磺酸　4,4′-diamino-2-sulfodiphenylamine

又称“5-氨基-2-[(4-氨基苯基)氨基]苯磺酸 [5-amino-2-(4-aminophenyl)amino-benzene sulfonate]”。化学式为 $C_{12}H_{13}N_3O_3S$，熔点 244℃。可由对苯二胺与 2-氯-5-硝基苯磺酸缩合，再经还原制得。用作染料、医药中间体。结构式为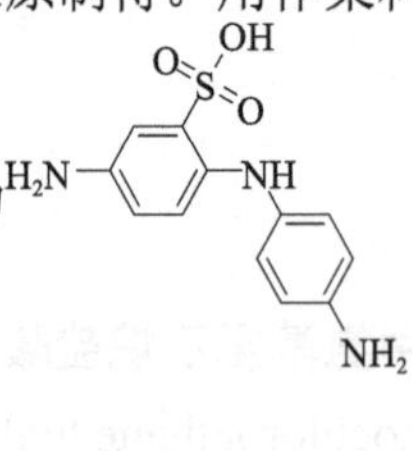。

02.0308 亚氨基二乙酸　iminodiacetic acid

简称“氨二乙酸”。化学式为 $C_4H_7NO_4$，白色结晶性粉末。熔点 243℃（分解）。可由氯乙酸为原料，制成氯乙酸钠，再与水合肼反应生成氰基二乙酸，然后在亚硝酸钠作用下制得。用于草甘膦的合成，还可用作表面活性剂、络合剂的中间体。结构式为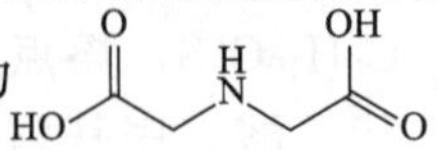。

02.0309 对氨基苯乙酸　*p*-aminophenylacetic acid

又称“4-氨基苯乙酸（4-aminophenylacetic acid)”。化学式为 $C_8H_9NO_2$，片状（水）或针状（乙醇水溶液）结晶，熔点 290℃，约 255℃升华而不熔化，微溶于醇及有机溶剂，不溶于水，溶于碱溶液。可由对硝基苯乙酸还原制得。用作氨苄青霉素、头孢氨苄、头孢唑啉等的中间体，也可用于制造左旋苯甘氨酸。结构式为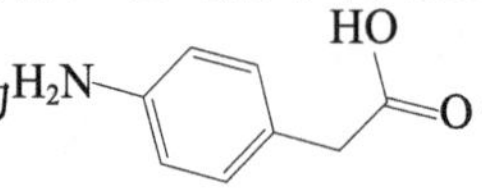。

02.0310 7-氨基-1,3-萘二磺酸　7-amino-1,3-naphthalenedisulfonic acid

化学式为 $C_{10}H_9NO_6S_2$，熔点 300℃，可溶于水。可由 1-萘胺-4,6,8-三磺酸经碱熔、酸化制得。用于染料工业，能生产多种酸性染料，可制作食用色素。结构式为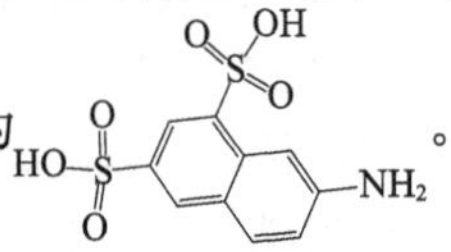。

02.0311 吐氏酸　Tobias acid

又称“2-萘胺-1-磺酸（2-aminonaphthalene-1-sulfonic acid)”。化学式为 $C_{10}H_9NO_3S$，白色针状结晶。微溶于冷水，溶于热水，极微溶于乙醇和乙醚。可由 2-萘酚在邻硝基乙苯溶剂中，用氯磺酸磺化，中和后再胺解、酸化后制得。用作偶氮染料及偶氮颜料中间体，用于制造 J 酸及 γ 酸、色酚 AS-SW、活性红 K-1613 等染料。结构式为

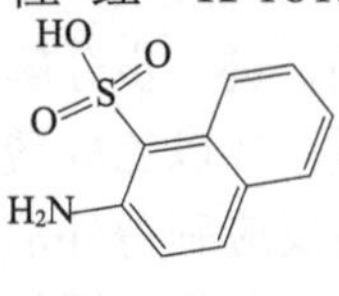。

02.0312 α-氯丙酸 *α*-chloropropionic acid

又称“2-氯丙酸（2-chloropropionic acid）”。化学式为 $C_3H_5ClO_2$，无色液体，熔点−12～14℃，溶于水、醚、甲醇、苯、丙酮和四氯化碳，有腐蚀性、高毒性，可燃。可由丙酸氯化制得。用作农药，如酰胺类杀菌剂的中间体。结构式为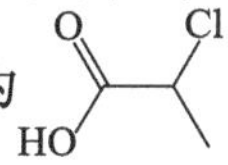。

02.0313 2-氯-4,5-二氟苯甲酸 2-chloro-4,5-difluorobenzoic acid

化学式为 $C_7H_3ClF_2O_2$，熔点 103～106℃，可溶于水。可以邻二氟苯为原料经氯化、酰化、氧化等步骤制得。用作医药中间体。结构式为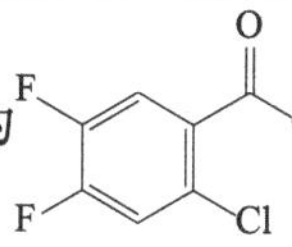。

02.0314 邻硝基苯甲酸 *o*-nitrobenzoic acid

又称“2-硝基苯甲酸（2-nitrobenzoic acid）”。化学式为 $C_7H_5NO_4$，黄白色结晶，熔点 147～148℃。可由邻硝基甲苯经氧化制得。为羧酸类衍生物，用于医药合成、有机合成，用作染料中间体等。结构式为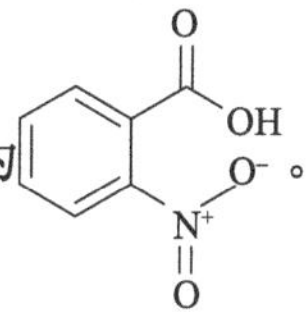。

02.0315 间硝基苯甲酸 *m*-nitrobenzoic acid

又称“3-硝基苯甲酸（3-nitrobenzoic acid）”。化学式为 $C_7H_5NO_4$，白色或浅黄色单斜棱状结晶（水中）或粉末，熔点 139～141℃，有杏仁味。可以苯甲酸为原料，在硫酸存在下用硝酸钠硝化制得。用作醋碘苯酸、胆影酸的中间体，也是感光材料的中间体。用于铈、汞、钍、锌的沉淀分离。结构式为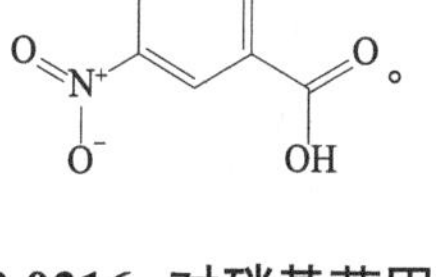。

02.0316 对硝基苯甲酸 *p*-nitrobenzoic acid

又称“4-硝基苯甲酸（4-nitrobenzoic acid）”。化学式为 $C_7H_5NO_4$，黄白色晶体。可由对硝基甲苯氧化制得。用作医药、染料、兽药、感光材料等有机合成的中间体，用于生产盐酸普鲁卡因、普鲁卡因胺盐酸盐。结构式为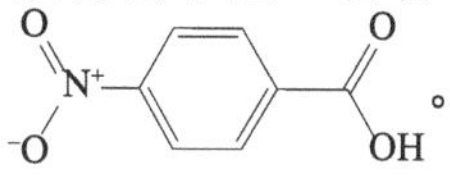。

02.0317 5-氨基间苯二甲酸 5-amino-isophthalic acid

又称“5-氨基异酞酸”。化学式为 $C_8H_7NO_4$，熔点＞300℃，不溶于水。可通过 5-硝基间苯二甲酸还原制得。用作有机合成中间体。结构式为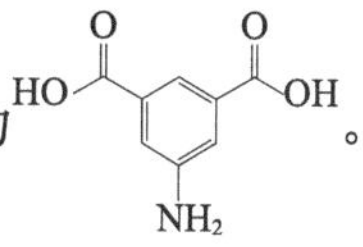。

02.0318 3,5-二碘水杨酸 3,5-diiodosalicylic acid

化学式为 $C_7H_4I_2O_3$，无色或浅黄色针状晶体。可通过在冰醋酸中加入水杨酸和氯化碘制得。用作食物的碘源，也可用作医药中间体。结构式为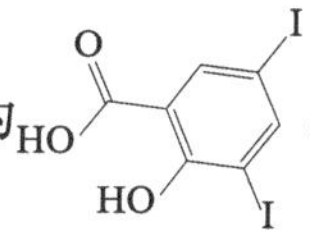。

02.0319 噻吩-2,5-二羧酸 thiophene-2,5-dicarboxylic acid

化学式为 $C_6H_4O_4S$，白色或灰白色结晶粉末。可以己二酸与氯化亚砜为原料经直接氯化、关环反应制得。用作荧光增白剂的原料，还可用作高效农用杀菌剂及抗癌药物的中间体。结构式为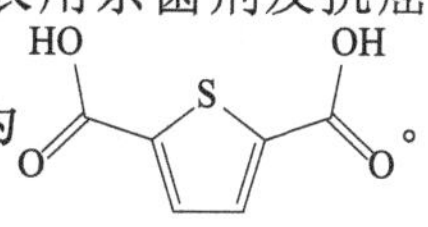。

02.0320 2-糠酸 2-furancarboxylic acid

又称“2-呋喃甲酸（2-furanoic acid）”。化学式为 $C_5H_4O_3$，无色结晶粉末，有轻微气味。可由糠醛经氧化制得。用于合成四氢呋喃、糠酸盐，还可用于合成呋脲青霉素和头孢噻呋。结构式为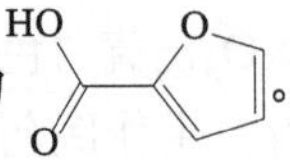。

02.0321 1,2,3,4-四氢异喹啉-3-羧酸 1,2,3,4-tetrahydroisoquinoline-3-carboxylic acid

化学式为 $C_{10}H_{11}NO_2$，熔点＞300℃。可由苯乙胺经酰化、环合、还原制得。用作喹那普利中间体。结构式为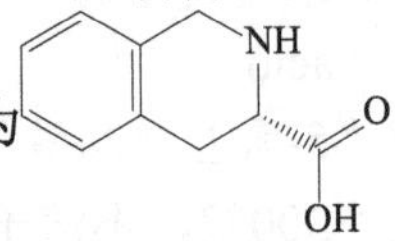。

02.0322 2-羟基丁二酸 2-hydroxysuccinic acid

俗称“苹果酸（malic acid）”。化学式为 $C_4H_6O_5$，结晶（乙醚）。可由葡萄糖微生物发酵制得。用作秦皮乙素的中间体，也用作有机合成中间体、食品工业调味剂、螯合剂、缓冲剂。结构式为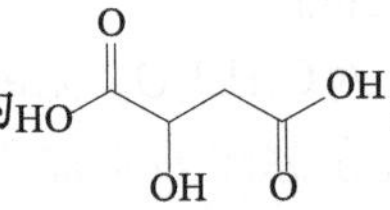。

02.0323 特戊酰氯 pivaloyl chloride

又称“新戊酰氯（neopentyl chloride）”。化学式为 C_5H_9ClO，无色透明油状液体。可由异丁醇与甲酸反应生成三甲基乙酸，再与三氯化磷反应制得。用作半合成青霉素和头孢菌素的中间体，农药中间体，以及照相材料有机黄成色剂的中间体。结构式为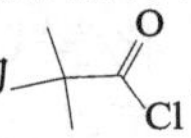。

02.0324 对乙酰氨基苯磺酰氯 *N*-acetylsulfanilyl chloride

又称“4-乙酰氨基苯磺酰氯（4-acetylaminobenzene sulfonyl chloride）”。化学式为 $C_8H_8ClNO_3S$，浅褐色至褐色粉末或细晶（苯中）。可由乙酰苯胺和氯磺酸氯磺化制得。用作磺胺、磺胺噻唑等磺胺类药物的中间体，也是肟类的贝克曼重排反应的催化剂。结构式为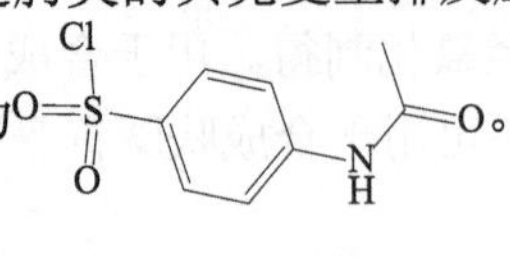。

02.0325 苯甲酰氯 benzoyl chloride

又称“氯苯甲酰（chlorobenzoyl）”。化学式为 C_7H_5ClO，无色液体，具有特殊刺激性臭味。可由苯甲酸和光气反应制得。用作染料中间体，还可用于二苯甲酮类紫外光吸收剂、橡胶助剂、医药等的生产。结构式为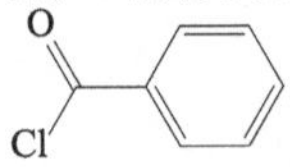。

02.0326 对氯苯甲酰氯 *p*-chlorobenzoyl chloride

又称“4-氯苯甲酰氯（4-chlorobenzoyl chloride）”。化学式为 $C_7H_4Cl_2O$，无色透明液体，溶于乙醇、乙醚、丙酮，不溶于水。可由对氯苯甲酸与氯化亚砜回流制得。用作消炎痛的中间体，也是染料中间体。结构式为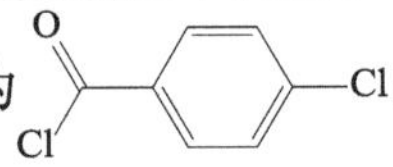。

02.0327 环己基甲酰氯 cyclohexanecarbonyl chloride

化学式为 $C_7H_{11}ClO$，液体，易燃。可由环己甲酸和氯化亚砜反应制得。用作有机合成原料，医药和农药中间体。结构式为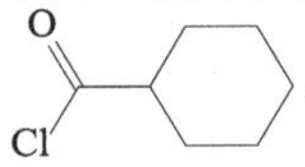。

02.0328 4-甲氧基苯甲酰氯 4-methoxybenzoyl chloride

又称“对甲氧基苯甲酰氯（*p*-methoxybenzoyl chloride）”。化学式为 $C_8H_7ClO_2$，低熔点结晶或液体。遇水或醇分解，溶于丙酮、苯。可由对甲氧基苯甲酸和氯化亚砜反应制得。用作乙胺碘呋酮的中间体。结构式为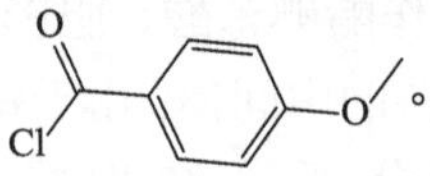。

02.0329 5-氯-2-甲氧基苯甲酰氯 5-chloro-2-methoxybenzoyl chloride

化学式为 $C_8H_6Cl_2O_2$，可由水杨酸经过氯气氯化、硫酸二甲酯甲基化，再与氯化亚砜反应制得。用作优降糖的中间体。结构式为

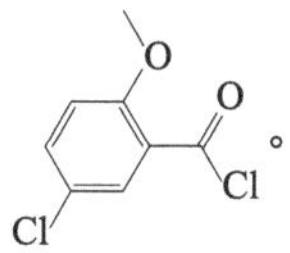。

02.0330 油酰氯 oleoyl chloride

化学式为 $C_{18}H_{33}ClO$，液体。可由油酸与三氯化磷反应制得。用作有机合成中间体。结构式为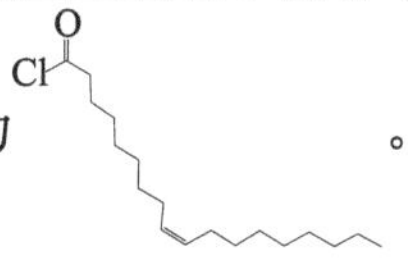。

02.0331 乙酰氯 acetyl chloride

又称“氯乙酰（chloracetyl）”。化学式为 C_2H_3ClO，具有刺激性气味的无色透明发烟液体。与乙醚、乙酸和苯混溶。可由冰醋酸和三氯化磷反应制得。用作重要的乙酰化试剂，也可用于农药和医药的制造。结构式为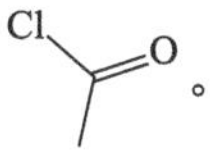。

02.0332 对苯二甲酰氯 paraphthaloyl chloride

又称“1,4-苯二甲酰氯（1,4-benzoyl chloride）”。化学式为 $C_8H_4Cl_2O_2$，单斜晶体或白色片状晶体。可由对苯二甲酸和氯化亚砜反应制得。用作农药、医药、染料、颜料、紫外光吸收剂、交联剂的中间体。结构式为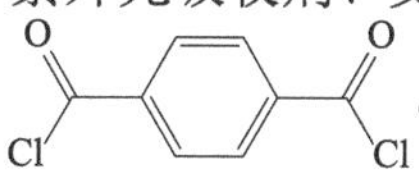。

02.0333 间苯二甲酰氯 isophthaloyl dichloride

又称“1,3-苯二甲酰氯（1,3-benzoyl chloride）”。化学式为 $C_8H_4Cl_2O_2$，无色或微黄色晶体，熔点41℃，遇水分解，溶于乙醚等有机溶剂。可由间苯二甲酸和氯化亚砜反应制得。用作农药、医药中间体。结构式为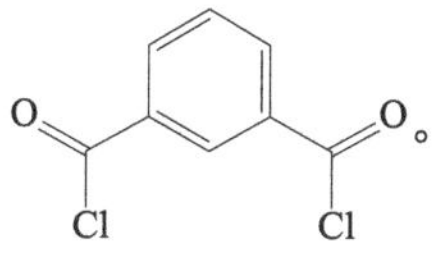。

02.0334 4-氯代丁酰氯 4-chlorobutyryl chloride

化学式为 $C_4H_6Cl_2O$，液体，有腐蚀性和催泪作用。可由丁内酯、无水氯化锌和氯化亚砜反应制得。用作氟哌啶醇的中间体。结构式为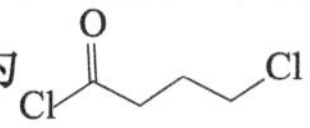。

02.0335 氯乙酰氯 chloroacetyl chloride

化学式为 $C_2H_2Cl_2O$，液体，有很强的辛辣味。可由氯乙酸和氯化亚砜反应制得。用作多种药物如利眠宁、安定、利多卡因等的中间体，以及有机合成试剂。结构式为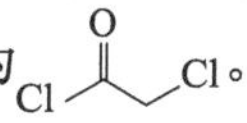。

02.0336 2,3-二氯苯甲酰氯 2,3-dichlorobenzoyl chloride

化学式为 $C_7H_3Cl_3O$，黄色液体。可由2,3-二氯苯甲酸与氯化亚砜反应制得。用作医药中间体、染料中间体。结构式为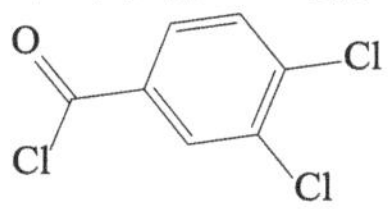。

02.0337 2,4,6-三甲基苯甲酰氯 2,4,6-trimethylbenzoyl chloride

化学式为 $C_{10}H_{11}ClO$，无色液体。可由2,4,6-三甲基苯甲酸与氯化亚砜反应制得。用作塑胶和油墨添加剂。结构式为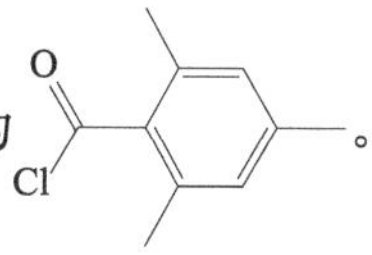。

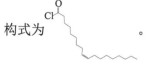

02.0338 琥珀酸酐 succinic anhydride

又称“丁二酸酐（butanedioic anhydride）”“2,5-二氧四氢呋喃（2,5-dioxytetrahydrofuran）”。化学式为 $C_4H_4O_3$，白色正交锥形和双锥形结晶。可由丁二酸脱水制得。用作涂料、医药、合成树脂和染料的原料。例如，医药上用其生产维生素A和磺胺药等。结构式为。

03. 农　　药

03.01 通　　用

03.0001 天然农药 natural pesticide

利用植物、动物和微生物自身的某些特性来实现驱虫和驱害目的而制成的农药产品。生产中既可以利用生物本身（部分或整体），也可以使用生物具有灭杀或抑制活性的代谢产物。例如，大蒜含有大蒜素及其他多种烯丙基化合物等，味辛辣、特臭，对多种作物害虫具有灭杀和抑制作用，是一种极为有效的天然农药。

03.0002 化学农药 chemical pesticide

人为参与制造的具有明确化学结构的农药。包括无机农药及有机农药。以人工合成的有机农药为主，主要有有机磷、氨基甲酸酯、有机氮、脲类、酰胺及有机杂环类，其功能主要有杀虫、杀菌、除草、杀鼠、植物生长调节等。

03.0003 无机农药 inorganic pesticide

由天然矿物或无机原料加工制成的农药。有砷酸钙、砷酸铅、磷化铝、石灰硫磺合剂、硫酸铜、波尔多液等，其有效成分都是无机物质。这类农药的作用比较单一，品种少，药效低，且易发生药害。目前绝大多数品种已被有机农药代替，但波尔多液、石灰硫磺合剂等仍在广泛应用。

03.0004 有机农药 organic pesticide

农药中属于有机化合物的品种总称。以有机氯、有机磷、有机氟、有机硫、有机铜等化合物为有效成分的一类农药。

03.0005 生物农药 biological pesticide

利用生物活体（真菌、细菌、昆虫病毒、转基因生物、天敌等）或其代谢产物（信息素、生长素、萘乙酸、2,4-二氯苯氧乙酸等），针对农业有害生物进行杀灭或抑制的制剂。

03.0006 微生物农药 microbial pesticide

（1）广义指利用微生物或其代谢产物来防治危害农作物的病、虫、草、鼠害以及促进作物生长的活体微生物和农用抗生素。（2）狭义专指活体微生物农药。包括细菌、真菌、病毒等微生物。根据用途和防治对象的不同，可分为微生物杀虫剂、微生物杀菌剂、微生物除草剂、微生物杀鼠剂和微生物生长调节剂等。

03.0007 植物性农药 botanical pesticide

利用植物所含的稳定的有效成分，按一定的方法对受体植物进行使用后，使其免遭或减轻病、虫、杂草等危害的植物源制剂。植物性农药通常不是单一的一种化合物，而是属于生物农药范畴内的一个分支。植物有机体的全部或一部分有机物质，成分复杂多变，但一般都包含在生物碱、糖苷、有毒蛋白质、挥发性精油、单宁、树脂、有机酸、酯、酮、萜等各类物质中。从广义上讲，富含这些高生理活性物质的植物均有可能被加工成农药制剂，其数量和物质类别丰富，是目前国内外备受人们重视的第三代农药的药源之一。

03.0008 仿生农药 biomimetic pesticide

由人工仿制自然界化合物而制成的农药。当发现自然界中某种动植物体内含有的物质对病、虫、杂草具有毒杀作用时，研究这些物质的生物活性、有效成分、化学结构，再用人工合成方法仿制这些化合物或它的类似物，用作杀虫剂或杀菌剂。例如，杀虫剂巴丹就是根据水生环节动物异足索沙蚕体内毒素分子结构衍生研制的有毒化合物。

03.0009 绿色农药 green pesticide
对人类健康安全无害、对环境友好、超低用量、高选择性，以及通过绿色工艺流程生产出来的农药。

03.0010 水溶性农药 water soluble pesticide
易溶于水的农药。一般不需要经过加工制成乳油、可湿性粉剂或粉剂等，便能直接兑水稀释使用。内吸性农药大多数是水溶性的，例如，乙拌磷是在植物体内被氧化成水溶性强的物质而在植物体内移动。敌百虫、乙烯利、杀虫脒、杀虫双、二甲四氯钠盐等均属于水溶性农药。

03.0011 广谱性农药 broad spectrum pesticide
作用靶标较多、使用范围较广的一类农药。

03.0012 高毒农药 high toxicity pesticide
毒性较高的农药。通常指大鼠口服半数致死量（LD_{50}）为 50～100 mg/kg 体重的农药。如呋喃丹、氟乙酰胺、氰化物、磷化锌、磷化铝和砒霜等。

03.0013 中毒农药 middle toxicity pesticide
中等毒性的农药。通常指大鼠口服半数致死量（LD_{50}）为 100～500 mg/kg 体重的农药。如乐果、稻风散、杀螟松、二溴磷、亚胺硫磷、氰戊菊酯、氯氰菊酯和稻瘟净等。

03.0014 低毒农药 low toxicity pesticide
低等毒性的农药。通常指大鼠口服半数致死量（LD_{50}）为 500～5000 mg/kg 体重的农药。如敌百虫、杀虫双、马拉硫磷、辛硫磷、乙酰甲胺磷、丁草胺、草甘膦、氟乐灵、苯达松和阿特拉津等。

03.0015 持久性农药 persistent pesticide
在自然界降解速率非常缓慢，能够在环境中长久留存的一类农药。

03.0016 无公害农药 pollution-free pesticide
用药量少，防治效果好，对人畜及各种有益生物毒性小或无毒，要求在外界环境中易于分解，对环境及农产品不造成污染的高效、低毒、低残留农药。包括生物源、矿物源（无机）、有机农药等。

03.02 专用产品

03.0017 杀螨剂 acaricide
专门用来防治蛛形纲中有害螨类的一类农药。杀螨剂大多具有触杀或内吸作用，对螨的不同发育阶段常表现一定的选择性。杀螨剂种类较多，主要有有机氯类、有机硫类、硝基苯类、有机锡类、脒类、杂环类。杀螨剂多属低毒物，对人畜比较安全。

03.0018 杀虫剂 insecticide
能够毒杀危害粮食作物、果树、林木、蔬菜、仓储和环境卫生的昆虫以及家畜、家禽体内外寄生虫的一类药剂的总称。分为生物源和化学合成两大类。

03.0019 广谱性杀虫剂 broad spectrum insecticide
不针对某一种害虫，而是对很多种害虫都有防治效果的一类杀虫剂。

03.0020 氨基甲酸酯类杀虫剂 carbamate insecticide
分子中含有氨基甲酸酯分子骨架的杀虫剂。

是在研究天然毒扁豆碱生物活性和化学结构的基础上发展起来的，从来源上划分属于植物源杀虫剂。具有触杀、胃毒和内吸杀虫作用。

03.0021 熏蒸性杀虫剂 fumigating insecticide
利用杀虫剂气化所产生的有毒气体通过昆虫的呼吸系统进入体内，使昆虫中毒致死的杀虫剂。

03.0022 无机杀虫剂 inorganic insecticide
有效成分为无机化合物的杀虫剂。是较早应用的一类杀虫剂。

03.0023 昆虫生长调节剂 insect growth regulator
通过抑制昆虫生理发育，如抑制蜕皮、抑制新表皮形成、抑制取食等最后导致昆虫死亡的一类药剂。由于昆虫生长调节剂的作用机理不同于以往作用于神经系统的传统杀虫剂，因此其毒性低、污染少、对天敌和有益生物影响小。

03.0024 几丁质合成抑制剂 chitin synthesis inhibitor
抑制昆虫几丁质合成酶的活性，阻碍几丁质合成，即阻碍新表皮的形成，使昆虫的蜕皮、化蛹受阻，活动减缓，取食减少，甚至死亡的物质。

03.0025 昆虫内激素 insect endohormone
昆虫的内分泌腺分泌的激素。

03.0026 昆虫信息素 insect pheromone
又称“昆虫外激素”。昆虫自身释放出的用于种内或种间个体传递信息的微量行为调控物质。

03.0027 选择性杀虫剂 selective insecticide
使某种害虫死亡，但对其他有益生物如天敌、高等动物相对无害，或对一些害虫有毒而对另一些害虫无毒的一类杀虫剂。

03.0028 新烟碱类杀虫剂 neonicotinoid insecticide
和尼古丁相关的具有神经活性的一类杀虫剂的总称。作为后突触烟碱乙酰胆碱受体的激动剂作用于昆虫中枢神经系统。新烟碱类杀虫剂源于植物源农药烟碱。

03.0029 沙蚕毒素类杀虫剂 nereistoxin analogue insecticide
按照沙蚕毒素的化学结构，仿生合成了一系列能用作农用杀虫剂的类似物，如杀螟丹、杀虫双、杀虫单、杀虫环、杀虫磺等，统称为沙蚕毒素类杀虫剂。是人类开发成功的第一类动物源杀虫剂。可用于防治水稻、蔬菜、甘蔗、果树、茶树等多种作物上的食叶害虫、钻蛀性害虫，有些品种对蚜虫、叶蝉、飞虱、蓟马、螨类等也有良好的防治效果。

03.0030 有机氮杀虫剂 organic nitrogenous insecticide
被用于防治植物虫害的含氮有机化合物。

03.0031 有机氯杀虫剂 organochlorine insecticide
以碳氢化合物为基本架构，并由氯原子连接在碳原子上，具有杀虫效果的有机化合物。

03.0032 有机磷杀虫剂 organophosphorus insecticide
含磷的有机合成杀虫剂。是最常用的农用杀虫剂，多数属高毒或中等毒性，少数为低毒类。

03.0033 拟除虫菊酯类杀虫剂 pyrethroid insecticide
模拟除虫菊中所含的天然除虫菊酯而合成的一类杀虫剂。由于它们的化学分子结构与天然除虫菊素相似，所以统称为拟除虫菊酯类杀虫剂。此类杀虫剂具有高效、杀虫谱广、对人畜和环境较安全的特点。作用方式主要是触杀和胃毒作用，无内吸作用，有的品种具有一定渗透作用。这类杀虫剂容易使害虫产生抗药性。

03.0034 内吸性杀虫剂 systemic insecticide
无论将药剂施加到作物的哪一部位（如根、茎、叶、种子），都能被作物吸收到体内，并随着植株体液的传导而输导到全株各个部位，且药量足以使危害此部位的害虫中毒死亡，而又不妨碍作物生长发育、具有内吸传导性能的药剂。

03.0035 植物性杀虫剂 botanical insecticide
利用植物产生的具有农用生物活性的次生代谢产物开发的杀虫剂。通常植物中杀虫活性物质的含量很少，因此种植杀虫植物并将其作为商品杀虫剂的来源并不经济。研究植物中的杀虫活性物质的化学结构，再进行人工模拟合成，是发展杀虫剂的重要途径。

03.0036 微生物杀虫剂 microbial insecticide
利用微生物活体制成的杀虫剂。用于防治害虫的微生物杀虫剂一般具有安全、选择性较强的特点。有的品种虽然原药毒性高，但由于每亩（1 亩≈666.7m^2）有效成分用量很低，加工成制剂使用也是安全的。微生物杀虫剂的不足之处是应用效果受环境影响大，药效发挥慢，防治暴发性害虫的效果差。

03.0037 昆虫引诱剂 insect attractant
由植物产生或人工合成的对特定昆虫有行为引诱作用的活性物质。

03.0038 矿物油杀虫剂 mineral oil insecticide
根据矿物油成分的不同沸点和黏度蒸馏出的一系列天然物质中，沸点和黏度处于中间范围的物质。如煤油、汽油和润滑油均可用于杀虫。

03.0039 胃毒剂 stomach insecticide
作用于害虫的胃等消化系统产生毒杀致死效果的药剂，主要用于防治具有咀嚼式口器的昆虫。目前所用的杀鼠剂几乎都是胃毒剂。

03.0040 触杀性杀虫剂 contact insecticide
通过昆虫表皮进入体内发挥作用，使虫体中毒死亡的药剂。此类农药用于防治具有各种类型口器的害虫。

03.0041 抗生素类杀虫剂 antibiotic insecticide
一类利用微生物代谢产物来防治害虫的生物农药。

03.0042 杀软体动物剂 molluscicide
用于防治危害农、林、牧、渔等领域的有害软体动物的农药。

03.0043 杀线虫剂 nematicide
用于防治有害线虫的一类农药。

03.0044 抗生素类杀线虫剂 antibiotic nematicide
利用微生物代谢产物来防治线虫的生物农药。

03.0045 植物源杀线虫剂 botanical nematicide
从植物中筛选、分离的用于防治线虫的活性成分。

03.0046 熏蒸性杀线虫剂 fumigant nematicide
利用挥发时所产生的蒸气毒杀线虫的农药。

03.0047 神经毒素 neurotoxin
破坏神经系统正常传导功能的有毒性化学物质。

03.0048 植物生长调节剂 plant growth regulator
用于调节植物生长发育的一类农药。包括人工合成的具有与天然植物激素相似作用的化合物和从植物中提取的天然植物激素。

03.0049 疏花疏果剂 flower and fruit thinning agent
可使一部分花蕾或幼果脱落的植物生长调

节剂。

03.0050 脱叶剂 defoliant

使植物叶片脱落的有机合成农药。多用于机采棉花采收前。

03.0051 生长阻滞剂 growth retardant

能阻碍植物生长的天然或合成的化学物质。

03.0052 杀鼠剂 rodenticide

（1）狭义的仅指具有毒杀作用的化学药剂。（2）广义的还包括能熏杀鼠类的熏蒸剂、防止鼠类损坏物品的驱鼠剂、使鼠类失去繁殖能力的不育剂、能提高其他化学药剂灭鼠效率的增效剂等。

03.0053 急性杀鼠剂 acute rodenticide

一次或在较短时间内多次摄食毒饵，在食后1h 内致死的杀鼠剂。常见的有氟乙酰胺、氟乙酸钠、四亚甲基二砜四胺（毒鼠强）等。对鼠急性毒力强、作用迅速，鼠摄入后致死速度较快的一类杀鼠剂。

03.0054 无机杀鼠剂 inorganic rodenticide

有效成分为无机化合物的杀鼠剂。

03.0055 有机杀鼠剂 organic rodenticide

有效成分为有机化合物的杀鼠剂。

03.0056 有机氟杀鼠剂 organofluorine rodenticide

含氟的有机杀鼠剂。常见有氟乙酰胺、氟乙酸钠、甘氟（鼠甘伏）等，前两者已经禁用。

03.0057 有机磷杀鼠剂 organophosphorus rodenticide

含磷的有机杀鼠剂。主要有毒鼠磷、溴代毒鼠磷、除鼠磷等。

03.0058 抗凝血性杀鼠剂 anticoagulant rodenticide

能使鼠类的肝脏不产生凝血酶，破坏血液的凝固功能，导致血流不止，使鼠类流血过多而死亡的杀鼠剂。按化学结构可分为两大类：一是茚满二酮类，如敌鼠、氯敌鼠、杀鼠酮等；二是香豆素类，如杀鼠灵、杀鼠醚、溴鼠灵、溴敌隆、氟鼠灵等。一般而言，4-羟基香豆素类的毒性比茚满二酮类低。

03.0059 植物源杀鼠剂 botanical rodenticide

利用植物产生的对鼠类有毒杀作用的次生代谢物对害鼠进行杀灭、防控的杀鼠剂。

03.0060 拒食剂 antifeedant

抑制农业害虫味觉感受器的功能，使其不能正常识别食物的一类农药。部分也可用于卫生防疫以及畜牧业和工业原料、产品等的害虫防治。

03.0061 化学不育剂 chemosterilant

能使雌虫或雄虫不育的化学药剂。

03.0062 杀菌剂 fungicide

用于防治由各种病原微生物引起的植物病害的一类农药。一般指杀真菌剂，但国际上，通常是作为防治各类病原微生物的药剂的总称。随着杀菌剂的发展，又区分出杀细菌剂、杀病毒剂、杀藻剂等亚类。

03.0063 抗生素杀菌剂 antibiotic fungicide

利用能抑制植物病原菌生长和繁殖的微生物代谢物质开发的杀菌剂。

03.0064 甲氧基丙烯酸酯类杀菌剂 strobilurin fungicide

以天然甲氧基丙烯酸酯抗生素为先导化合物开发的杀菌剂。

03.0065 植物源杀菌剂 botanical fungicide

用具有杀菌或抑菌活性的植物的某些部位或提取其有效成分，以及分离纯化的单体物质加工而成的用于防治植物病害的药剂。

03.0066 熏蒸性杀菌剂 fumigant fungicide
挥发性极强的一类杀菌剂。

03.0067 有机磷杀菌剂 organophosphorus fungicide
具有杀菌或抑菌活性的含磷有机合成杀菌剂。其基本化学结构是磷酸酯、硫代磷酸酯、磷酰胺类等。

03.0068 有机硫杀菌剂 organic sulfur fungicide
具有杀菌或抑菌活性的含硫有机合成杀菌剂。常用品种包括二硫代氨基甲酸盐类、三氯甲硫基类和氨基磺酸类。

03.0069 有机氯杀菌剂 organochlorine fungicide
具有杀菌或抑菌活性的含氯有机合成杀菌剂。其结构主要为氯代苯及其衍生物和氯代酯环类化合物。

03.0070 有机锡杀菌剂 organotin fungicide
化学结构中含锡的有机合成杀菌剂。主要品种有薯瘟锡、毒菌锡、三苯基氯化锡等。

03.0071 保护性杀菌剂 protective fungicide
在病原菌侵染前先在寄主表面施用，以保护或防御农作物不受病原菌侵染的杀菌剂。

03.0072 治疗性杀菌剂 curative fungicide
病原菌侵入作物或作物发病后，施用的杀菌剂能渗入作物体内或被作物吸收并在体内传导，对病原菌直接产生作用或影响作物代谢，杀灭病原菌或抑制病原菌的致病过程，从而减轻或清除病害。

03.0073 三唑类杀菌剂 triazole fungicide
化学结构的共同特点是主链上含有羟基（或酮基）、取代苯基和 1,2,4-三唑基团的化合物。这类药剂除对鞭毛菌亚门中卵菌无活性外，对子囊菌亚门、担子菌亚门和半知菌亚门的病原菌均有活性，其作用机理为影响甾醇类生物合成，使菌体细胞膜功能受到破坏。

03.0074 有机杂环杀菌剂 organic heterocyclic fungicide
化学结构中含有二硫戊环、噁唑、噻唑、嘧啶、三嗪、苯并咪唑、三唑等杂环的有机杀菌剂。

03.0075 土壤消毒剂 soil disinfectant
具有内吸和传导性，通过对病原菌的侵蚀作用达到杀菌防病目的的一种低毒广谱性杀菌农药。

03.0076 内吸性杀菌剂 systemic fungicide
能通过植物叶、茎、根部吸收进入植物体，在植物体内输导至作用部位的杀菌剂。

03.0077 广谱性杀菌剂 broad spectrum fungicide
源于植物、动物及微生物的一些主要代谢产物或者次级代谢产物的一类具有广谱抗菌活性的物质。

03.0078 铲除性杀菌剂 eradicant fungicide
对病原菌有直接强烈杀伤作用的药剂。植物生长期常不能忍受这类药剂，故一般只能用于播前土壤处理、植物休眠期或种苗处理。

03.0079 除草剂 herbicide
又称“除莠剂”。通过直接作用于杂草叶面或通过杂草根部吸收等方式，使杂草彻底或选择性地发生枯死的化学品。

03.0080 无机除草剂 inorganic herbicide
绝大部分为灭生性除草剂，主要品种有氯酸钠、恶砷酸黄、石灰氮、硫酸铜等，主要作用特点是通过植物和这类除草剂接触吸收后，植物失水，叶绿素减少，正常的生理代谢失调，功能不正常，最后导致死亡。是最早开始发现与使用的除草剂。因其选择性差、杀草谱窄、用量大、成本高，现已淘汰。

03.0081 芽前除草剂 pre-emergence herbicide
又称“土壤处理剂（pesticide for soil treatment）”。在作物播种后出苗前用药，也可在作物生长期用药。利用药剂仅固着在表土层（1～2cm），不向深层淋溶的特性，杀死或抑制表土层中能够萌发的杂草种子，作物种子因有覆土层保护，可正常发芽生长。

03.0082 茎叶处理剂 stem and leaf treatment agent
主要防除多年生杂草，是进行叶面处理的内吸性水溶性除草剂。以百草枯、草甘膦为主。通过叶片吸收，随同化作用流向杂草全身，积累于根部，产生药害，能将杂草的地上和地下部分全部杀死。

03.0083 光合抑制剂 photosynthesis inhibitor
抑制光合作用的除草剂。主要包括抑制光合系统Ⅱ（PSⅡ）、抑制光合系统Ⅰ（PSⅠ）、抑制三磷酸腺苷（ATP）的合成、影响原卟啉原氧化酶。

03.0084 广谱性除草剂 broad spectrum herbicide
杀草谱广，可杀禾本科草和阔叶草的除草剂。如草甘膦、百草枯、麦草畏等。

03.0085 有机磷类除草剂 organophosphorus herbicide
由亚磷酸酯、硫代磷酸酯或含磷杂环有机化合物构成的对草类生长有抑制作用的除草剂。

03.0086 选择性除草剂 selective herbicide
在一定环境条件与用量范围内，能够有效地防治杂草而不伤害作物以及只杀某一种或某一类杂草的除草剂。如敌稗、西玛津等。

03.0087 触杀性除草剂 contact herbicide
喷到植物的某一叶片时，不会被传导到其他叶片，更不会传导到植物的根、花和果部的除草剂。同样，喷到土壤表层时，也不会通过根系吸收被传导到叶、茎、花和果部。如敌稗、五氯酚钠等。

03.0088 内吸性除草剂 systemic herbicide
喷施后能够被杂草的根、茎、叶或芽鞘等部位吸收进入体内，并在杂草体内输导运送到全株，破坏杂草的内部结构和生理平衡，从而使杂草枯死的除草剂。如 2,4-二氯苯氧乙酸、草甘膦、西玛津等。

03.0089 灭生性除草剂 sterilant herbicide
又称“非选择性除草剂（non-selective herbicide）”。对植物缺乏选择性或选择性小的除草剂。其对杂草和作物均有伤害作用，如百草枯、草甘膦等。主要用于非耕地、铁路、公路、仓库、森林防火道等地除草。若使用技术得当，也可用于农田除草。选择性除草剂有时也可作为灭生性除草剂应用。

03.03 生产工艺

03.0090 [化学]合成农药 synthetic pesticide
由人工研制合成，并由化学工业生产的一类农药。其中有些以天然产品中的活性物质作为母体进行模拟合成，或作为模板进行结构改造、研究合成效果更好的类似化合物。

03.0091 随机合成与筛选 random synthesis and screening
又称“经验合成（empirical synthesis）”。发现先导化合物采用的最基本的经典途径。具有非定向性和广泛性的特征。

03.0092 类同合成 analogue synthesis
又称“类推合成”“衍生合成（derivative synthesis）”。从已开发的新农药或确定活性的先导化合物的分子结构出发，谋求开发同一系列衍生物新品种，或者以该衍生物为先导化合物，进行结构改变，期望获得新的二次先导化合物，从而开发出化学结构不同于原化合物的新品种。

03.0093 生物电子等排理论 bioisosterism
利用药物基本结构中的可变部分，以具有相似的物理和化学性质，又能产生相似生物活性的基团或分子片段相互替换，对药物进行结构改造，以提高疗效、降低毒副作用的理论。

03.0094 虚拟筛选 virtual screening
利用计算机上的分子对接软件模拟目标靶点与候选药物之间的相互作用，计算两者之间的亲和力大小，从而预测可能的潜在药物的方法。

03.0095 生物合理设计 biorational design
以靶标生物体生命过程中某个特定的关键生理生化作用机理作为研究模型，设计和合成能影响该机理的化合物，从中筛选先导化合物，然后优化结构来开发新药的一条研究开发途径。

03.04 原料加工与过程装备

03.0096 农药剂型加工 pesticide formulation processing
研究农药剂型或制剂的配制理论、助剂配方、加工工艺、质量控制、生物效果、包装、设备及成本等内容的一门综合性应用技术科学。

03.0097 增效剂 synergist
本身不具备某种特定活性或活性较低，但在与具备此种活性的物质混用时，能大幅度提高活性物质性能的一类物质。

03.0098 原药 technical material
在制造过程中得到的有效成分及杂质组成的最终产品，不能含有可见的外来物质和任何添加物，必要时可加入少量的稳定剂。

03.0099 粉剂 dustable powder
由原药和填料（或载体）及少量其他助剂（如分散剂、抗分解剂等）经混合粉碎至一定细度而成。粉剂中有效成分含量通常在10%以下，一般不需稀释直接喷粉施药，也可供拌种、配制毒饵或毒土等使用。

03.0100 水分散粒剂 water dispersible granule
将可湿性粉剂或悬浮剂再造粒，制成水分散性粒剂，在水中崩解，有效成分分散成悬浮液的粒状制剂。

03.0101 乳粒剂 emulsifiable granule
全称“乳化粒剂(emulsifying granule)”。将有效成分溶解和稀释到有机溶剂中，用水破解或者分散成常规的水包油状态而使用的颗粒状制剂。外观呈干燥、均匀、能自由流动的颗粒状，无可见的外来物和硬团块。

03.0102 水分散片 water dispersible tablet
全称“水分散片剂”。遇水可迅速崩解形成均匀混悬液的片剂。

03.0103 可溶粉剂 water soluble powder
由可溶于水的原药、填料、湿展剂及其他助剂组成的粉状制剂。可直接加水稀释后喷雾施药，有效成分含量通常在50%以上，有的高达90%。

03.0104　可溶粒剂　water soluble granule

有效成分在水中形成真溶液的粒状制剂。可含不溶于水的惰性成分。

03.0105　可溶片剂　water soluble tablet

有效成分在水中形成真溶液的片状制剂。可含不溶于水的惰性成分。

03.0106　颗粒剂　granule

由原药、载体及其他助剂经混合、造粒而成的松散颗粒状剂型。一般供直接施药，其有效成分含量通常在 1%～20%。

03.0107　片剂　tablet

药物与辅料均匀混合后压制而成的片状或异形片状的固体制剂。

03.0108　可湿粉剂　wettable powder

易被水湿润且能在水中悬浮分散的粉状物，通常由原药、填料或载体、润湿剂、分散剂及其他助剂经混合粉碎至一定细度而成。一般以水稀释至一定浓度后喷雾施药，其有效成分含量通常在 10%～50%，也有高达 80% 以上的品种。

03.0109　液体制剂　liquid formulation

药物以一定形式分散于液体介质中所制成的供口服或外用的液体分散体系。具有分散度大，吸收快；给药途径多，可以内服、外用；易于分剂量，服用方便；减少某些药物的刺激性等优点。是一种应用广泛的制剂类型。

03.0110　微乳剂　microemulsion

有效成分在水中呈透明或半透明的微乳状液体制剂。直接使用或用水稀释后使用。

03.0111　微囊悬浮剂　microcapsule suspension

利用天然或者合成的高分子材料形成核-壳结构的微小容器，将农药包覆其中，并悬浮在水中的农药剂型。包括囊壁和囊心两部分，囊心是农药有效成分及溶剂，囊壁是成膜的高分子材料。

03.0112　油悬浮剂　oil miscible flowable concentrate

以油为介质，实现高分散、稳定的悬浮体系的制剂。

03.0113　可分散油悬浮剂　dispersible oil suspension agent

有效成分以固体微粒分散在非水介质中形成的稳定的悬浮液体制剂。一般用水稀释使用。

03.0114　悬乳剂　suspoemulsion

不溶于水的有效成分分散于水产生的混合物，其中一种（或多种）有效成分处于悬浮状态，另一种（或多种）有效成分处于乳液状态。适于用水稀释后喷施。

03.0115　水剂　aqueous solution

农药原药的水溶液。是能使药剂以离子或分子状态均匀分散在水中的制剂。

03.0116　油剂　oil miscible liquid

农药原药的油溶剂。是用有机溶剂稀释（或不稀释）后使用的均相液体制剂。

03.0117　可溶胶剂　water soluble gel

用水稀释后有效成分形成真溶液的胶状制剂。

03.0118　展膜油剂　spreading oil

用于水面形成油膜的制剂。

03.0119　乳油　emulsifiable concentrate

原药、乳化剂及其他助剂溶于有机溶剂中形成的均相透明溶液。

03.0120　乳胶　emulsifiable gel

用水稀释后形成乳状液的胶状制剂。

03.0121 膏剂 paste
可含或不含成膜组分的水基膏状制剂。

03.0122 种子处理剂 seed treatment agent
用于作物或其他植物种子处理的、具有成膜特性的农药制剂。通常是由农药原药（杀虫剂、杀菌剂、杀线虫剂等）、成膜剂、润湿剂、分散剂、颜料和其他助剂加工制成的，可直接或经稀释后包覆于种子表面，形成具有一定强度和通透性（透气、透水）保护膜的制剂。

03.0123 种子处理干粉剂 powder for dry seed treatment
可直接用于种子处理的干粉状制剂。

03.0124 种子处理可分散粉剂 seed treatment dispersible powder
用水分散成高浓度浆状物的种子处理粉状制剂。

03.0125 种子处理液剂 solution for seed treatment
直接或稀释后形成有效成分真溶液，用于种子处理的透明或半透明液体制剂，其中可能含有不溶于水的助剂。

03.0126 种子处理乳剂 emulsion for seed treatment
直接或稀释后用于种子处理的稳定乳状液制剂。

03.0127 种子处理悬浮剂 flowable concentrate for seed treatment
直接或稀释后用于种子处理的稳定悬浮液制剂。

03.0128 气雾剂 aerosol
将药液密封盛装在有阀门的容器内，在抛射剂作用下喷出微小液珠或雾滴，可直接使用的罐装制剂。

03.0129 饵剂 bait
为引诱靶标害虫取食可直接使用的制剂。一般具有配套诱盒/站或方便贴。

03.0130 缓释块 sustained-release block
控制有效成分缓慢释放出来的块状制剂。

03.0131 驱蚊片 repellent mosquito mat
将有效成分注入由纸浆或其他合适惰性材料制成的载片中，在配套风扇的吹风下，使有效成分缓慢挥发的片状制剂。

03.0132 驱蚊粒 repellent mosquito granule
将有效成分注入惰性材料的粒珠中，并置于圆盒中固定，在配套风扇的吹风下，使有效成分缓慢挥发的粒状制剂。

03.0133 喷射剂 spray fluid
借助于手动泵的压力通过容器喷嘴喷出药液，可直接使用的液体制剂。

03.0134 防虫液 mothproof liquid
为驱避害虫，可直接使用的缓慢释放有效成分的液体制剂。

03.0135 防虫粒 mothproof granule
为驱避害虫，可直接使用的缓慢释放有效成分的粒状制剂。

03.0136 长效驱蚊帐 long-lasting insecticidal net
缓慢释放有效成分，以物理和化学方式驱杀有害昆虫的蚊帐。

03.0137 驱蚊乳 repellent mosquito milk
直接用于涂抹皮肤，具有一定黏度和驱避作用的乳状液体制剂。

03.0138 驱蚊液 repellent mosquito liquid
直接用于涂抹皮肤，具有一定黏度和驱避

作用的清漱液体制剂（一般不含或含少量乙醇）。

03.0139 涂抹剂 paint

直接用于涂抹物体表面，具有驱杀作用的制剂。

03.0140 电热蚊片 vaporizing mat

将有效成分注入由纸浆或其他合适的惰性材料制成的载片中，经配套加热器加热，使拟除虫菊酯等有效成分缓慢挥发的片状制剂。

03.0141 电热蚊液 liquid vaporizer

装在瓶中的拟除虫菊酯等药液与合适加热器配套使用，通过加热芯棒缓慢挥发的均相液状制剂。

03.0142 烟剂 smoke generator

由药剂、燃剂、氧化剂及助剂混合而成。通过点燃（或经化学反应产生的热能）发烟而释放敌百虫、敌敌畏、百菌清等活性组分的固体制剂。

03.0143 蚊香 mosquito coil

点燃（闷烧）不产生明火，可通过烟将有机磷类（如敌百虫、毒死蜱、害虫敌）、氨基甲酸酯类（如残杀威、混灭威）、菊酯类（如氯氟醚菊酯、氯氰菊酯、丙炔菊酯、丙烯菊酯）等有效成分释放到空间，驱杀蚊虫的螺旋形盘状制剂。

03.0144 蟑香 cockroach coil

点燃（闷烧）不产生明火，可通过烟将拟除虫菊酯等有效成分释放出来，驱杀蜚蠊的螺旋形盘状制剂。

03.0145 昆虫驱避剂 insect repellent

由植物产生或人工合成的具有驱避昆虫作用的活性化学物质。本身无杀虫活性，依挥发出的气味驱避昆虫。

03.0146 鸟类驱避剂 bird repellent

利用各种鸟类嫌弃的气味，驱赶野生鸟类的个体式集群，具有很强的驱赶作用的长效多功能味觉式驱避剂。

03.0147 除草剂安全剂 herbicide safener

用来保护作物免受除草剂的药害，从而增加作物的安全性和改进杂草防除效果的化合物。在除草剂中加入安全剂，是人为赋予除草剂以选择性的一种手段，可以提高作物的耐药性。其用途也包括作为选择性除草剂增效剂，以扩大除草剂的杀草谱而不增加对作物的药害。

03.0148 气流粉碎 air current shiver

利用物料的自磨作用，用压缩空气产生的高速气流或热蒸汽对物料进行冲击，使物料相互间发生强烈的碰撞和摩擦作用，以达到细碎目的的方法。

03.0149 机械粉碎 mechanical shiver

应用机械力对固体物料进行粉碎作业，使之变为小块、细粉或粉末的方法。利用粉碎机械进行粉碎作业的特点是能量消耗大，耐磨材料和研磨介质的用量多，粉尘严重、噪声大。

03.0150 抗冻剂 antifreezer

又称“阻冻剂（antifreezing agent）”。加入其他液体（一般为水）中以降低其凝固点、提高抗冻能力的物质。也具有溶解冰晶和阻止冰晶长大的作用。主要用于内燃机冷冻系统，还用于空调系统、太阳能系统、融雪系统和冷冻干燥等方面。

03.0151 填充剂 filler

在加工粉剂时，为稀释原药、使之成为可分散的粉末而需要加入的粉体。

03.0152 挤压造粒 extrusion granulation

湿法造粒的一种。被加工的粒剂经挤压通过

一定直径的筛孔，呈圆柱形。

03.0153 悬浮率 suspension rate
对于用水稀释成悬浮液的产品，在规定条件下，处于悬浮状态的有效成分质量占原样品中有效成分质量的百分数。

03.0154 热储稳定性 heat storage stability
农药制剂在规定加热温度和时间下储存后，产品的化学性能及物理性能的稳定程度。

03.0155 冷储稳定性 cold storage stability
农药液体制剂在低温储存一定时间后，化学性能及物理性能的稳定程度。

03.0156 倾倒性 pourability
液体制剂从容器中倾倒出的难易程度。

03.0157 吸附造粒法 absorption granulation method
将液态农药原药以喷雾形式喷洒在具有吸附能力的某种粒状载体上，使之吸附，由此制造颗粒剂或微粒剂的方法。

03.0158 包衣造粒法 coating granulation method
在无吸油性能的颗粒载体表面附着薄薄的液态原药或溶于溶剂的原药，由此加工颗粒剂或微粒剂的方法。当原药为固体时，则可用黏结剂将经粉碎的药粉一起加工。

03.05 化学分析

03.0159 农药残留分析 pesticide residual analysis
分析残留在作物和环境中的农药及代谢分解物，确定其化学结构和进行定量分析的过程。

03.0160 多组分残留分析 multi-residue analysis
试样中存在两种以上组分的残留农药或污染物时，对存在组分进行的系统分析。

03.0161 消解动态 degradation dynamics
受风、雨、光、热等环境因素的影响，农药残留随时间减少的过程。

03.0162 最大残留限量 maximum residue limit, MRL
在食品或农产品内部或表面法定允许的农药最大浓度。以每千克食品或农产品中农药残留的毫克数（mg/kg）表示。

03.06 生物测定

03.0163 农药生物测定 bioassay of pesticide
测定农药对生物群体、组织、细胞、酶和蛋白质等产生效应的过程。

03.0164 杀菌活性 fungicidal activity
杀菌剂作用于病原菌后，病原菌停止生命活动，即使脱离杀菌剂也不能恢复生长的现象。

03.0165 交互抗药性 cross-resistance
生物对某药剂具有抗性，同时对其他药剂也有抗性的现象。

03.0166 负交互抗药性 negative cross-resistance
生物对某药剂的抗药性增强，而对其他药剂的敏感性提高的现象。

03.0167 室内毒力测定 indoor toxicity measurement
在实验室用标准的试验生物测定方法测定

药剂对有害生物的毒力大小。

03.0168 株间施药 crop space application
在作物的株与株之间施用药剂，即为株间施药。

03.0169 田间药效试验 field efficacy trial
在田间自然环境下测定农药对靶标和非靶标生物产生效应的试验。

03.0170 喷粉法 dusting method
利用鼓风机械所产生的气流将粉剂农药吹散后沉积到作物上的施药方法。

03.0171 喷雾法 spraying method
利用喷雾设备对靶标生物进行定量喷雾处理的生物测定方法。

03.0172 浸渍法 dipping method
移栽或扦插前将苗木根部、秧苗在一定浓度的药液中浸蘸处理的施药方法。

03.0173 饲料混药法 diet incorporation method
用混有药剂的饲料饲养靶标昆虫的生物测定方法。

03.0174 微量点滴法 topical application
测定杀虫剂触杀作用的方法。将药剂适量地滴加在昆虫体壁的某一部位，然后正常饲养，观察药效。

03.0175 内吸作用 systemic action
农药从植物体某部位吸收后，经传导到达植物体内特定部位产生毒杀的作用方式。

03.0176 触杀作用 contact action
农药经昆虫体壁、附肢进入昆虫体内引起昆虫中毒，或经植物表皮仅使接触植物部位及周围细胞受害死亡的作用方式。

03.0177 熏蒸作用 fumigation action
农药以气态经昆虫呼吸系统进入体内使昆虫中毒的作用方式。

03.0178 忌避作用 repellent action
农药作用于昆虫化学感应器官，对昆虫产生忌避或驱散效应的作用方式。

03.0179 选择毒性 selective toxicity
药物对不同生物产生的不同强弱的毒性。通常对哺乳动物低毒，对害虫的毒性高。

03.0180 校正死亡率 corrected mortality rate
未消除自然因素干扰，通过在毒力测定或药效试验中设立空白对照加以校正，计算得出的死亡百分数。

03.0181 致死中时 median lethal time，LT_{50}
在一定剂量下，能使某生物群体半数死亡所需的时间。

03.0182 半数击倒时间 median knock-down time，KT_{50}
在一定剂量下，能使某生物群体半数中毒击倒所需的时间。

03.0183 拒食活性 antifeedant activity
农药抑制昆虫嗅觉感受器，影响昆虫对食物的识别，使其厌恶食物，导致饥饿死亡的作用方式。

03.0184 杀虫谱 insecticidal spectrum
杀虫剂能有效发挥作用的害虫物种范围。

03.0185 虫口减退率 decrease rate of insect
施药前后虫数的差值与施药前虫数的比值乘以100%。是评价防治效果的参数。

03.0186 靶标 target

农药使用的最终目标物，即有害生物个体或种群。

03.0187 离体活性测定 *in vitro* activity assay

利用农药直接与离开寄主植物的病原体、昆虫组织、细胞、酶、蛋白质或杂草部分器官接触产生的效应，来鉴别农药毒力大小的测定方法。

03.0188 孢子萌发法 sporangia germination method

用真菌孢子发芽情况来检定药剂作用的试验方法。

03.0189 菌丝生长速率法 mycelium growth rate method

又称"含毒介质法（toxic medium method）"。将供试药剂与培养基混合，以培养基上菌落的生长速率来衡量化合物毒力大小的测定方法。一般用于不产孢子或产孢子量少而菌丝较密的真菌。

03.0190 病情指数 status of disease index

衡量植株发病率与严重度的综合指标，是评价防治效果的重要参数。若以（植株）叶片为单位，用严重程度分级代表值表示时，病情指数计算公式为：病情指数=[Σ（发病级别×各级病叶数）/（调查总叶数×最高发病级别值）]×100%。

03.0191 杀菌谱 fungicidal spectrum

杀菌剂能有效发挥作用的菌种范围。

03.0192 抑制中浓度 median inhibitory concentration

对供试生物发生 50%效果的药剂剂量或浓度。主要针对杀菌剂和除草剂而言，也可用于某些特异性杀虫剂的毒力测定。

03.0193 鲜重防效 ratio of fresh body weeding

用空白对照区存活鲜重和处理区残存鲜重之差与空白对照区存活鲜重的比值乘以100%。是评价防治效果的参数。

03.0194 株数防效 control effect of weed plant

用空白对照区存活株数和处理区残存株数之差与空白对照区存活株数的比值乘以100。是评价防治效果的参数。

03.0195 浮萍法 common duckweed method

取浮萍在培养液中预培养，再放入盛水的培养皿中，以配好的系列浓度药液分别喷在浮萍体上或加入培养皿中，根据浮萍受害程度或叶绿素含量变化，确定除草剂活性高低的生物测定方法。

03.0196 小球藻法 chlorella method

利用小球藻体内叶绿素含量与某除草剂浓度呈负相关关系的原理，测定除草剂活性的生物测定法。

03.0197 选择指数 selectivity index，SI

判断药物效果的安全范围的指数，即 TC_{50}/IC_{50}（TC_{50} 和 IC_{50} 分别表示药物半数毒性浓度和药物半数抑制浓度）。选择指数大于 1 表示药物有效，数值越大，安全范围越大。

03.0198 杀草谱 herbicidal spectrum

除草剂能够防除的草种的范围。

03.0199 燕麦试验 avena test

用燕麦的子叶鞘来试验植物激素，特别是生长素类的调节生长活性。子叶鞘的弯曲度 10°（倾斜角）作为 1 个活性单位。

03.07 毒性与毒理

03.0200 残留毒性 residual toxicity
某种药物残留于食品中，由于摄取了其中的残留物或代谢物、分解物而引起中毒的特性。

03.0201 吸入毒性 inhalation toxicity
经由呼吸器官吸入药剂后，导致生物体的机能或组织等产生障碍的损害效应。

03.0202 经口毒性 oral toxicity
药物经口摄入消化器官内，对生物体机能、组织等产生障碍的损害效应。

03.0203 经皮毒性 dermal toxicity
药物经皮肤接触、吸入后，对生物体的机能、组织等产生障碍的损害效应。

03.0204 生殖毒性 reproductive toxicity
农药对亲代繁殖功能或能力的影响和（或）对子代生长发育的损害效应。

03.0205 神经毒性 neurotoxicity，nerve toxicity
农药对神经系统结构或功能的损害效应。

03.0206 三致性 tri-pathogenicity
致癌性、致畸性、致突变性的总称。

03.0207 致癌性 carcinogenicity
农药引起肿瘤发生率和（或）类型增加、潜伏期缩短的特性。

03.0208 致畸性 teratogenicity
胚胎发育期接触农药对胚胎或胎儿所致的永久性结构和功能异常的特性。

03.0209 致突变性 mutagenicity
农药引起细胞核遗传物质发生改变，并通过细胞分裂传递给下一代细胞的特性。

03.0210 急性毒性试验 acute toxicity test
一次或24h内多次染毒的试验。是毒性研究的第一步。

03.0211 致癌试验 carcinogenicity test
检验外来化合物及其代谢物是否具有致癌或诱发肿瘤的作用。致癌试验检验的对象包括恶性肿瘤（癌）和良性肿瘤。

03.0212 致畸试验 teratogenicity test
调查药物致畸性的试验。即对供试动物投予药物，调查其胚胎或胎儿有无畸形及调查其发育情况。

03.0213 埃姆斯试验 Ames test
又称“污染物致突变性检测（detection of mutagenicity of pollutant）”。由美国加利福尼亚大学生物化学家埃姆斯等经多年研究创建的一种用于检测环境中致突变物的测试方法。是利用经人工诱变的微生物作为指示微生物的一种检测方法。这种方法实际上是检测化学物质的致突变作用。

03.0214 皮肤刺激性 skin irritation
皮肤涂敷农药后产生的局部可逆性反应。

03.0215 生产性中毒 productive intoxication
又称“职业性中毒(occupational poisoning)”。农药合成、生产、运输、销售、保管及使用过程中发生的中毒。

03.0216 半数致死量 median lethal dose，LD_{50}
在标准实验条件下，经统计处理求得引起50%试验动物死亡的概率剂量。单位一般为mg/kg体重。

03.0217 半数致死浓度 median lethal concentration，LC_{50}
在急性毒性试验中，引起50%的供试生物死亡时的供试物浓度。

03.0218 最大安全剂量 maximal safety dose
对正常生理状态无明显损伤的最大药物量。

03.0219 每日允许摄入量 acceptable daily intake，ADI
人类终生每日摄入某物质，而不产生可检测到的健康损害的估计量。以每千克体重可摄入的毫克数（mg/kg 体重）表示。

03.0220 急性参考剂量 acute reference dose，ARfD
食品或水中某农药在较短时间内被吸收后不致引起任何可观察到的健康损害的剂量。

03.0221 安全性评价 safety evaluation
综合运用安全系统工程学的理论方法，对系统存在的危险性进行定性分析和定量分析，确认系统发生危险的可能性及严重程度，提出必要的控制措施，以寻求最低的事故率、最小的事故损失和最优的安全效益。

03.0222 最大无作用剂量 maximum non-effect level，MNL
经长期动物试验，获取的从毒物学上认为无影响的药物每日最大投入量。以相当于动物每千克体重的药物毫克数 （mg/kg）表示。

03.0223 风险评估 risk assessment
对人类接触某农药后产生的潜在有害健康效应的特征性评定过程。包括危害识别、剂量-反应评估、暴露评估、危险性特征评定。

03.0224 生态风险评价 ecological risk assessment
以化学、生态学、毒理学为理论基础，应用物理学、数学和计算机等科学技术预测污染物对生态系统的有害影响。

03.0225 生态受体 ecological receptor
暴露于胁迫之下的生态实体。其可以是生物体的组织、器官，也可以是种群、群落、生态系统等不同生命组建层次。

03.08 生 态 环 境

03.0226 化学防治 chemical control
用化学物质防治有害生物的方法。

03.0227 农药降解 pesticide degradation
农药在环境中受生物和化学作用分解成小分子化合物的过程。可分为生物降解与非生物降解两类。降解方式主要有氧化作用、还原作用、水解作用和裂解作用等。

03.0228 农药归宿 pesticide fate
农药在环境中受物理、化学及生物等因素影响，发生分解、消失，直至进入自然循环系统的过程。

03.0229 非生物降解 nonbiological degradation
农药在光解、水解等非生物作用下分解成小分子化合物的过程。

03.0230 生物降解 biological degradation
农药在细菌、霉菌等生物有机体作用下分解成小分子化合物的过程。

03.0231 降解产物 degradation product
有机化合物在辐照或化学试剂作用下引起分解或产生化学反应，形成较小分子的过程称为降解，降解生成的物质称为降解产物。

03.0232 生物防治 biological control

利用有益生物或其他生物来抑制或消灭有害生物的一种防治方法。

03.0233 农药代谢 pesticide metabolism

农药在动物、植物、微生物体内外由酶催化进行的化学反应。大多数为解毒反应，也有部分农药的氧化产物毒性增大。

03.0234 药害 phytotoxicity

农药对作物产生的损害。

03.0235 慢性药害 chronic phytotoxicity

作物接触农药后，药害症状出现较慢，一般需要较长时间或多次施药才能出现的伤害症状。

03.0236 残留药害 residual phytotoxicity

在土壤中残留的农药对下茬敏感作物产生的药害。

03.0237 急性药害 acute phytotoxicity

作物接触农药后，短期内，甚至数小时后即显现的伤害症状。

03.0238 综合防治 integrated control

将农药、天敌、抗病虫品种、作物栽培以及其他各种有效的防治手段进行有机协调来控制病、虫、草害的措施。

03.0239 抗药性 pesticide resistance

由于农药使用，在有害生物种群中发展并可以遗传给后代的对杀死正常种群农药剂量的忍受能力。

03.0240 多重抗性 multiple resistance

又称“复合抗性”。有害生物由于不同的抗药性机制，对具有不同作用机制的两种以上药剂同时产生抗性的现象。

03.0241 单一抗性 single resistance

有害生物只表现对起选择作用的农药有抗性的现象。

03.0242 抗性系数 resistance factor

由于使用某药剂，生物种群对其产生了抗性，此时用以表示此抗性品系对原种群（敏感品系）所显示的抗性程度的参数。通常以两种群的 LD_{50} 之比来表示。

03.0243 拮抗作用 antagonistic action

农药混用时对有害生物的毒力小于各单剂单独作用的毒力之和的现象。

03.0244 异株克生作用 allelopathy action

又称“化感作用（allelopathic effect）”。植物产生的次生代谢产物（化感化合物）在植物生长过程中，通过信息抑制其他植物的生长、发育并加以排除的现象。

03.0245 农药污染 pesticide contamination

农药或其有害代谢物、降解物对环境和生物产生的污染。

03.0246 农药残留 pesticide residual

由于使用农药而在食品、农产品和动物饲料中出现的任何特定物质。包括被认为具有毒理学意义的农药衍生物。如农药转化物、代谢物、反应产物及杂质等。

03.0247 残留量 residual dose

农药喷洒到植物或土壤上，经过一定时间后，尚残存在植物体内或体外以及土壤中的药量。

03.0248 残效 residual effect，residual activity

一种化学药剂施于农作物或土壤中后，在一段时期内仍对有害生物有一定毒杀作用的现象。

03.0249 最终残留 terminal residue

化学物质在生物体内或环境中部分发生代

谢、分解，由此降解而成的代谢产物。

03.0250 外部残留 external residue
作物表面的农药残留。

03.0251 结合残留 bound residue
农药或其代谢物与土壤成分、植物体成分等结合而存在，可用溶剂反复提取而未能提取出的残留物。

03.0252 生物浓缩系数 biological concentration factor
稳定平衡状态下，农药在生物体内浓度与试验水体中浓度之比。一般农药采用静态法或半静态法测定，对易降解与强挥发的农药采用动态法测定。

03.0253 农药残留标准 pesticide residue standard
在食品中允许残留农药的标准值。以每千克样品中农药及其相关物质的毫克数（mg/kg）来表示。

03.0254 农药残留半衰期 half-life for pesticide residue
农药降解量达一半时所需的时间。用 DT_{50} 表示。

03.0255 安全间隔期 pre-harvest interval
自喷药后至残留量降低到最大允许残留量所需要的时间即为安全间隔期。在生产中，最后一次喷药与收获之间的时间必须大于安全间隔期，不允许在安全间隔期内收获作物。

04. 染料与颜料

04.0001 酸性染料 acid dye
结构上带有酸性基团的水溶性染料。因在酸性条件下染色，故称为酸性染料。

04.0002 中性染料 neutral dye
由金属离子（通常为铬、钴、铜等离子）与染料分子组成的配合物。能在中性或微酸性水溶液中对纤维或其他基质进行染色。

04.0003 冰染染料 azoic dye
又称“不溶性偶氮染料（insoluble azo dye）”。由色酚（偶合组分）和色基（重氮组分）的重氮盐在纤维上偶合形成的水不溶性偶氮化合物。由于色基的重氮化反应通常在冰水中进行，故名。

04.0004 碱性染料 basic dye
又称“阳离子染料（cationic dye）”。（1）早期是指染料分子中具有碱性基团，在酸性条件下常以盐形式存在，可溶于水，能与蚕丝等蛋白质纤维分子以离子键形式相结合，故称为碱性染料。（2）现在的碱性染料是指这类染料分子溶于水且呈阳离子状态。主要用于聚丙烯腈纤维的染色。

04.0005 直接染料 direct dye
分子结构排列呈线型共平面，具有较长的共轭体系，对纤维素纤维有较高的亲和力或直接性的染料。

04.0006 分散染料 disperse dye
必须经过特定的商品化加工处理，在分散剂的存在下以微小颗粒的高度分散状态对涤纶等合成纤维进行染色的微水溶性染料。

04.0007 食品染料 food dye
又称“食用染料”“食用色素（food colouring）”。低毒或无毒的水溶性有色化合物。主要用于食品和饮料的着色，也用于药品和化妆品等的着色。

04.0008 酸性媒介染料 acid mordant dye
简称“媒介染料（mordant dye）”。能在纤维或其他基质上与铬、铜等金属离子形成稳定的金属配合物，使得纤维或基质具有更加坚牢的颜色的一类酸性染料。

04.0009 活性染料 reactive dye
又称“反应性染料”。分子中含有反应性基团的染料。在染色的条件下反应性基团能与纤维以共价键结合，生成染料-纤维化合物。

04.0010 溶剂染料 solvent dye
可溶于油脂、蜡、乙醇或其他溶剂的染料。

04.0011 硫化染料 sulfur dye
由某些芳胺类或酚类化合物与硫磺或多硫化钠混合加热制成的一类水不溶性染料。因分子中含有硫键(单硫键、二硫键或多硫键)，故称硫化染料。染色时，它们在硫化碱溶液中被还原为可溶性隐色体钠盐，染入纤维后，经过氧化又以不溶状态固着在纤维上。

04.0012 还原染料 vat dye
又称“瓮染料”。本身不溶于水，必须在碱性溶液中以强还原剂（如连二亚硫酸钠，俗称保险粉）还原后成为能溶于水的隐色体钠盐才能对纤维染色的染料。

04.0013 光敏染料 photosensitive dye
对可见光有强吸收从而将体系的光谱响应延伸到可见区，可用于太阳能电池做光敏剂或增敏剂的染料。

04.0014 热敏染料 heat-sensitive dye
受热后能与显色剂发生化学反应从而呈现颜色的染料。

04.0015 近红外染料 near-infrared dye
全称“近红外吸收染料（near-infrared absorption dye）”。在近红外区（750～2500 nm）有吸收的一类功能性染料。广泛应用于夜视、隐形材料、激光打印、太阳能电池等领域。

04.0016 荧光染料 fluorescent dye
在吸收紫外光或可见光后，能反射出波长较长的可见光而呈现亮丽色彩的染料。除纺织印染和日化行业外，荧光染料也广泛应用于荧光免疫、荧光探针、细胞染色等。

04.0017 皮革染料 leather dye
对皮革具有亲和力，以皮革着色为主要应用对象的染料。

04.0018 激光染料 laser dye
在染料激光器中，可将入射的单波长激光调谐成连续可调波长激光的一种染料。染料激光器应用不同的激光染料可产生不同波长的激光，用于光谱学和大气污染监测、同位素分离、特定光化学反应、彩色全息照相以及疾病诊断治疗等方面。

04.0019 压敏染料 pressure sensitive dye
受到压力能显色的染料，用于感压复写纸。例如，在微小的胶囊中含有无色染料氨基孔雀绿内酯溶液，涂布于纸张背面。当纸面因书写或打字，背部受压部位的胶囊破裂，其中染料溶液渗流到下层涂有酸性陶土的底纸上而迅速显色。

04.0020 标记染料 scrape-loading dye
在被标识物上可留下明显识别痕迹的染料。包括记号笔用染料、生物识别染料、油品标记染料等。

04.0021 色酚 azoic coupling component
又称“纳夫妥（naphthol）”“打底剂（base

setting agent)”。冰染染料的偶合组分。

04.0022 色基 color base
又称“显色剂（color developing agent）”。冰染染料的重氮组分，多数为不含可溶性基团的芳胺化合物或氨基偶氮化合物。

04.0023 快磺素 fast sulfonate
以亚硫酸盐做稳定剂的色基重氮化合物。

04.0024 快胺素 fast amine
色酚钠盐与色基的重氮氨基（或重氮亚氨基）化合物相混而成的一种冰染染料。

04.0025 快色素 rapid colour salt
色基的稳定重氮盐与色酚钠盐的混合物。

04.0026 隐色体 leuco compound
某些染料，尤其是还原染料，在合成或染色过程中形成的稳定无色（浅色）化合物。

04.0027 可溶性硫化染料 solubilized sulfur dye
经焦亚硫酸钠或亚硫酸氢钠处理而具有水溶性的硫化染料。

04.0028 硫化缩聚染料 sulfur condensed dye
借助硫化钠或硫脲的作用使染料分子发生缩聚反应，形成二硫键，促使两个以上的分子缩聚成大分子而固着于纤维素纤维上的硫化染料。

04.0029 可溶性还原染料 solubilized vat dye
还原染料隐色体的硫酸酯盐。

04.0030 显色染料 ingrain dye
以中间体形式上染纤维，然后经某种处理而形成染料的有机物质。

04.0031 色盐 color salt
色基重氮盐的稳定形式。

04.0032 氧化染料 oxidation dye
由芳胺衍生物组成的染料。被基质吸收后，经氧化处理能在基质上形成不溶于水的染料，主要用于毛皮及皮革的染色。

04.0033 荧光增白剂 fluorescent brightener，FB，fluorescent whitening agent，FWA
能吸收紫外光并发射出蓝紫色可见荧光的有机化合物。可使白色的基质呈现出更白、更艳丽的效果，也可使浅色的基质呈现出增艳的效应。

04.0034 有机颜料 organic pigment
不溶性的、有色的有机化合物。以高度分散的微粒状态使基质具有坚牢色泽。

04.0035 偶氮染料 azo dye
分子的共轭体系中含有氮-氮共轭双键（偶氮基）的染料。

04.0036 苯胺染料 aniline dye
分子中含苯胺结构的染料。

04.0037 蒽醌染料 anthraquinone dye
分子中含蒽醌结构的染料，有时特指以蒽醌为发色母体的染料。

04.0038 吖啶[结构]染料 acridine dye
分子中含有吖啶（10-氮杂蒽）结构的染料。

04.0039 甲川类染料 methine dye
分子中含甲川结构的染料。

04.0040 甲臜类染料 formazan dye
分子中含甲臜结构的染料。

04.0041 二芳甲烷[结构]染料 diarylmethane dye
分子中含有二芳甲烷结构的染料。

04.0042 三芳甲烷[结构]染料 triarylmethane dye

分子中含有三芳甲烷结构的染料。

04.0043 靛类染料 indigoid dye

分子中含有靛蓝结构或硫靛结构的染料。

04.0044 酞菁染料 phthalocyanine dye

以酞菁或金属酞菁为母体的染料。

04.0045 苝类染料 perylene dye

以苝四甲酸二酰亚胺为母体的染料。

04.0046 芘蒽酮类染料 pyranthrone dye

分子中含有芘蒽酮结构的染料。

04.0047 苯并咪唑酮类染料 benzimidazolone dye

分子中含有苯并咪唑酮结构的染料。

04.0048 苯并噻唑类染料 benzothiazole dye

分子中含有苯并噻唑结构的染料。

04.0049 吡咯并吡咯二酮类颜料 pyrrolidine pyrrolidione pigment

以吡咯并吡咯二酮为母体的颜料。

04.0050 硝基及亚硝基[结构]染料 nitro and nitroso dye

分子中含有硝基或亚硝基结构的染料。

04.0051 杂环染料 heterocyclic dye

以杂环为发色母体的染料。

04.0052 喹啉染料 quinoline dye

分子中含有喹啉结构的染料。

04.0053 噻唑染料 thiazole dye

分子中含有噻唑结构的染料。

04.0054 吖嗪染料 azine dye

以吖嗪（氮杂苯）为母体的染料。

04.0055 噁嗪染料 oxazine dye

（1）分子中含有噁嗪结构的染料。（2）以三芳二噁嗪为母体的染料。

04.0056 噻嗪染料 thiazine dye

分子中含有噻嗪结构的染料。

04.0057 呫吨染料 xanthene dye

以呫吨（氧杂蒽）为母体的染料。

04.0058 咔唑[结构]染料 carbazole dye

分子中含有咔唑结构的染料。

04.0059 联苯胺染料 benzidine dye

以联苯胺为母体的染料。

04.0060 染料索引 Color Index，CI

英国染色家协会（SDC）与美国纺织化学家和染色家协会（AATCC）合编的商品染料索引。是染料制造者及印染工作者最常用的工具书，该书已出版网络版，并定期更新。

04.0061 禁用染料 banned dye，prohibited dye

与人体皮肤接触过程中可以通过一个或多个偶氮基的还原分解出有害芳香胺的染料。有致敏性、致癌性、急性毒性的染料，以及重金属超标、含环境激素、含变异性物质、含持久性有机污染物的染料，都属于禁用染料。

04.0062 双活性基染料 bifunctional reactive dye

分子中含有两个反应性基团的活性染料。

04.0063 酞菁素 phthalogen

能在纤维上生成酞菁构造的染料中间体。

04.0064 成色剂 color former

彩色感光材料中形成色彩的有机化合物。

04.0065 增感染料 sensitizing dye

加入感光乳剂中，能赋予乳剂对染料所吸收

的光谱部分以感光性的一类染料。可扩大乳剂的感色范围，提高感光度。

04.0066 染料中间体 dye intermediate
直接用于染料合成，由基本有机原料（苯、萘、蒽及其衍生物）经过多步单元反应所生成的有机化合物。

04.0067 天然染料 natural dye
从植物、动物或矿物中经非化学方法提取的可用于着色的物质。

04.0068 合成染料 synthetic dye
由染料中间体经化学合成得到的能用于染色的有机化合物。

04.0069 混纺染料 composite dye，union dye
可对混纺织物进行同浴染色的染料。

04.0070 浆状染料 paste form of dye
又称“膏状染料”。不经干燥直接使用的一种商品染料剂型。其外观为含水的浆状或膏状。

04.0071 液状染料 liquid form of dye
直接使用的商品染料剂型。其可以是较高浓度的染料水溶液，也可以是稳定存在于水中的染料分散液。

04.0072 粒状染料 granulated form of dye，granular dye
经造粒加工后呈颗粒状的商品染料剂型。

04.0073 粉状染料 powder form of dye，powder dye
经商品化加工后呈粉状的商品染料剂型。

04.0074 超细粉染料 super-powder dye
又称“悬浮体轧染细粉（suspension pad dyeing fine powder）”。特指可直接用于悬浮体轧染的还原染料品种。

04.0075 染色细粉 powder fine for dyeing，PFFD
达到一定细度要求的细粉状还原染料。可用于卷染和浸染，但不可直接用于悬浮体轧染工艺。

04.0076 微胶囊染料 microcapsule dye
一种微胶囊形式的商品染料剂型。其中，高分子化合物为囊材，染料为芯材，在染色条件下，染料经囊材扩散进入染浴，从而上染到纤维上。

04.0077 脱胶 degumming
用化学方法去除蚕丝或麻纤维中丝胶或果胶的工艺。

04.0078 轧染 pad dyeing
织物经短时间浸轧染液后，受轧辊压力使染液透入织物并去除余液，然后经过适当的处理使织物染色的过程。

04.0079 浸染 dip dyeing
将被染物浸渍于染浴中，通过染浴循环或被染物运动使染料逐渐上染到被染物的过程。

04.0080 染色 dyeing
采用染料或涂料使纤维呈现出坚牢色泽的过程。

04.0081 数码印花 digital printing
又称“喷墨印花（ink jet printing）”。将色素制成墨水，运用数字化技术和喷墨打印原理，通过喷嘴将墨水喷射到织物上并形成图案的过程。

04.0082 染色的加和增效 dyeing synergism
将两种及两种以上的染料按特定比例混合后对织物染色，得到的染色效果超过等量的单一组分染料单独染色性能的过程。

04.0083 印花 printing

在模具上雕刻花纹或图案，将染料浆或涂料浆嵌入其中，再转移到织物上形成花纹或图案的过程。

04.0084 拔染印花 discharge printing

在已染色的织物上使用拔染剂局部消去原有色彩，形成色地上的白色花纹（称为拔白印花）或因花色染料上染形成的彩色花纹（称为色拔印花）。

04.0085 扎染 tie dyeing

将织物扎结成绺再进行浸染，使织物被染上花纹的染色工艺。通常也作为手工印染工艺之一。

04.0086 涂料染色 paint dyeing, pigment dyeing

将颜料在水中的分散体与黏合剂等助剂组调制成涂料，用其对织物进行着色的过程。

04.0087 色牢度 color fastness

染色纺织品在使用和加工过程中，经受外部因素（挤压、摩擦、水洗、雨淋、暴晒、光照、海水浸渍、唾液浸渍、水渍、汗渍等）作用下的褪色程度。是织物的一项重要指标。

04.0088 耐摩擦色牢度 color fastness to crocking，rubbing fastness

简称“摩擦牢度（crockfastness）”。纺织品的颜色对摩擦作用的耐受能力。根据测试时加水与否，又可分为干摩擦色牢度和湿摩擦色牢度（分别简称干摩擦、湿摩擦）。

04.0089 耐日晒色牢度 color fastness to light，light fastness

染色物在日光照射下保持原来色泽的能力。

04.0090 耐汗渍色牢度 color fastness to perspiration

简称“耐汗牢度（perspiration fastness）”。纺织品的颜色对人体汗渍作用的耐受能力。

04.0091 耐水渍色牢度 color fastness to water

浸入水中时纺织品颜色对水的耐受能力。

04.0092 耐氯漂[白]色牢度 color fastness to chlorine bleaching

纺织品的颜色对于漂白中所用常规浓度次氯酸盐漂白浴处理的耐受能力。有时泛指对活性氯的耐受能力。

05. 涂　　料

05.01 通用涂料

05.0001 油漆 paint

因最初人们以植物油为主要原料生产涂料而得名。现代涂料工业中油漆大多指以有机溶剂为分散介质制成的涂料。

05.0002 密封胶 sealant

用于填充结构件接缝，具有密封、防水、防振、隔声或隔热等作用的一类胶黏剂。其特点是固化收缩率低而延伸率高。

05.0003 热塑性涂料 thermoplastic coating

以热塑性树脂为主要成膜物质的一类涂料。形成的涂膜受热变软，且可溶、可熔，如硝基漆、纤维素漆、过氯乙烯漆等。

05.0004 热固性涂料 thermosetting coating

以热固性树脂为主要成膜物质的一类涂料。是涂料的主要品种，通过成膜物质的交联反应形成不溶、不熔的体型高分子网状结构涂膜，如醇酸涂料、环氧涂料等。

05.0005 油性漆 oil paint

又称“油脂漆（oil-based paint）”。以干性油（如桐油、亚麻油）为主要成膜物质的一类涂料。其特点是易于生产，价格低廉，但涂膜干燥慢，物化性能较差，大多已被性能优良的合成树脂涂料取代。

05.0006 天然树脂涂料 natural resin coating

又称“天然树脂漆（natural resin paint）”。以天然树脂及其衍生物为主要成膜物质的一类涂料。是涂料工业初期的主要产品（如沥青漆、改性大漆等），比油性漆干得快，但有些品种已被合成树脂涂料代替。

05.0007 酚醛树脂涂料 phenolic resin coating

又称“酚醛树脂漆（phenolic resin paint）”。以酚醛树脂或改性酚醛树脂为主要成膜物质的一类涂料。具有硬度高、光泽好、快干、耐水、耐酸碱及绝缘等涂膜性能，但易泛黄，分为醇溶性、松香改性和油溶性三类。

05.0008 沥青涂料 asphalt coating

又称“沥青漆（asphalt paint）”。以沥青或改性沥青（如改性油改性、树脂改性）为主要成膜物质的一类涂料。干燥时间短，防腐性和耐候性好，耐热性差，多用于钢结构和管道防腐工程。

05.0009 醇酸树脂涂料 alkyd resin coating

又称“醇酸树脂漆（alkyd resin paint）”。以多元醇、多元酸和干性植物油制成的醇酸树脂为主要成膜物质的一类涂料。因醇酸树脂与其他树脂混溶性好，故可拼配成各具特色的涂料产品，用途广泛。

05.0010 氨基树脂涂料 amino resin coating

又称“氨基树脂漆（amino resin paint）”。以氨基树脂为主要成膜物质的一类涂料。三聚氰胺甲醛树脂、脲醛树脂、烃基三聚氰胺甲醛树脂等是常用的氨基树脂，涂膜较脆，故大多与其他树脂拼用。

05.0011 硝基涂料 nitrocoating

又称“硝化纤维素漆（nitrocellulose paint）”。以硝化纤维素为主要成膜物质，并配合醇酸树脂、改性松香树脂、丙烯酸树脂、氨基树脂等软硬树脂共同组成的一类涂料，主要用于木器和家具涂装。

05.0012 纤维素涂料 cellulose coating

又称“纤维素漆（cellulose paint）”。以纤维素酯或纤维素醚（如硝化纤维素、醋酸纤维素和乙基纤维素等）为主要成膜物质的一类涂料。干燥快，硬度高，固体分低，适用于金属、木器和皮革涂装。

05.0013 过氯乙烯涂料 perchloropolyvinyl coating

又称“过氯乙烯漆（perchloropolyvinyl paint）”。以过氯乙烯树脂为主要成膜物质的一类涂料。干燥快，易打磨，主要用于化工设备、管道、机床等的表面防腐和装饰性涂装。

05.0014 乙烯基涂料 vinyl coating

又称“乙烯基漆（vinyl paint）”。以乙烯基树脂（如氯醋共聚树脂、聚乙烯醇缩丁醛、氯磺化聚乙烯等）为主要成膜物质的一类涂料。防护性优，装饰性差，主要用于工业防腐和电绝缘领域。

05.0015 丙烯酸树脂涂料 acrylic resin coating

又称“丙烯酸树脂漆（acrylic resin paint）”。以丙烯酸树脂为主要成膜物质的一类涂料。分为热塑性和热固性两类。带官能团的丙烯酸树脂可用环氧树脂、氨基树脂等交联固化，形成的涂膜色浅、透明度高、耐候性好。

05.0016 聚酯树脂涂料 polyester resin coating

又称“聚酯树脂漆（polyester resin paint）”。以聚酯树脂为主要成膜物质的一类涂料。分为不饱和聚酯和饱和聚酯两类，形成的涂膜光泽度高，丰满度和耐候性好，是高级家具涂料和工业涂料的重要品种。

05.0017 环氧树脂涂料 epoxy resin coating

又称“环氧树脂漆（epoxy resin paint）”。以环氧树脂为主要成膜物质的一类涂料。涂膜附着力强，是防腐涂料和绝缘涂料的主要品种，但户外曝晒会导致涂膜失光粉化。

05.0018 聚氨酯涂料 polyurethane coating

又称“聚氨酯漆（polyurethane paint）”。涂膜中含有相当数量氨酯键（—NH—COO—）的一类涂料。耐磨性、附着性和低温固化性能突出，广泛应用于木器、汽车、飞机、塑料等各领域。

05.0019 有机硅树脂涂料 silicone resin coating

又称“有机硅树脂漆（silicone resin paint）”。以有机硅树脂或改性有机硅树脂为主要成膜物质的一类涂料。耐热性、绝缘性、耐寒性、耐候性、防腐性突出，是性能优异的保护涂料或功能涂料。

05.0020 元素有机树脂涂料 element organic resin coating

又称“元素有机树脂漆（element organic resin paint）”。以元素有机聚合物（有机硅、有机氟、有机钛、有机铝、有机锆）为主要成膜物质的一类涂料。耐热性、绝缘性、耐候性和耐化学品性突出，适用于国防工业和电器工业等。

05.0021 橡胶涂料 rubber coating

又称“橡胶漆（rubber paint）”。以天然橡胶及其衍生物或合成橡胶为主要成膜物质的一类涂料。附着力、弹性、耐候性、耐磨性、防腐性等优良，多用于管道、隧道的防腐保温、民用建筑防水等。

05.0022 氟碳树脂涂料 fluorocarbon resin coating

简称“氟碳涂料（fluorocarbon coating）”。又称“氟碳漆（fluorocarbon paint）”。以氟树脂为主要成膜物质的一类涂料。是防腐性、耐候性、自清洁性极佳的高性能涂料。根据树脂结构不同分为聚四氟乙烯（PTFE）树脂、聚偏二氟乙烯（PVDF）树脂等。

05.0023 虫胶漆 shellac varnish

又称“洋干漆”。将虫胶片溶解于乙醇中制成的一类涂料。干燥迅速，涂膜坚硬、光亮、附着力好，多用于木器涂装的打底，也可调制成腻子或用作绝缘涂料。

05.0024 聚脲弹性体涂料 polyurea elastomer coating

简称“聚脲涂料（polyurea coating）”。以异氰酸酯类化合物为甲组分，胺类化合物为乙组分，采用喷涂工艺使两组分混合后快速反应生成弹性体涂膜的一类涂料。

05.0025 有机富锌涂料 organic zinc-rich coating

以有机树脂为成膜物质，且锌粉含量高的防腐涂料。常用树脂为环氧树脂、氯化橡胶、乙烯基树脂和聚氨酯，借助屏蔽、电化学防护、自修复和钝化作用赋予涂膜优异的防腐性能。

05.0026 水性涂料 waterborne coating

又称“水性漆（waterborne paint）”。以水为溶剂或分散介质的一类涂料。分为水溶型、水分散型、水稀释型三类，涂料中的挥发性有机化合物含量大大降低，是替代溶剂型涂料的重要环保型涂料品种。

05.0027 高固体分涂料 high solid content coating

溶剂含量比传统溶剂型涂料低很多的涂料，一般指固体分为 60%～80%的溶剂型涂料，主要用作工业涂料，也是有效减少挥发性有机化合物含量的重要环保型涂料品种。

05.0028 粉末涂料 powder coating

又称"粉体涂料"。以空气为分散介质的固态粉末状无溶剂型涂料。分为热固型和热塑型两类，是重要的环保型工业涂料，热塑型粉末涂料可回收再利用，但固化温度比溶剂型涂料高很多。

05.0029 非水分散型涂料 non-aqueous dispersion coating

将高分子量的涂料成膜物质以胶体粒子形式分散在非极性有机溶剂（低污染溶剂）中制成的一种溶剂涂料。固体含量高而黏度低。

05.0030 水浆型粉末涂料 slurried powder coating

将粒径极低（3μm 左右）的粉末涂料借助分散剂和增稠剂等的作用分散于水中，并采用常规液体涂料的涂装方法进行施工的一类涂料。可改善粉末涂膜外观和性能。

05.0031 无溶剂型涂料 solvent-free coating

不含挥发性有机溶剂的一类涂料。以低分子量树脂与活性稀释剂配伍降低涂料黏度，成膜时活性稀释剂也参与固化反应，属环保型涂料。

05.0032 厚浆型涂料 high build coating

采用低分子量树脂配以用量较大的颜填料制成的固体分高、黏度高、无须稀释、一次涂装涂膜厚度大（超过 50μm）的涂料。多用于防腐工程的中间涂层。

05.0033 室温固化涂料 ambient temperature curable coating

又称"室温固化漆（ambient temperature curable paint）"。可在室温条件下固化形成涂膜的一类涂料。如自干漆、湿固化涂料、内外墙涂料等。

05.0034 辐射固化涂料 radiation curable coating

利用高辐射（电磁波）能量引发涂料中光敏剂、乙烯基成膜物质和活性稀释剂进行自由基聚合或离子聚合反应，从而固化成膜的涂料。主要有紫外光固化和电子束固化两种类型。

05.0035 低温固化涂料 low temperature curable coating

在储存稳定性、适用期和涂膜性能满足要求的前提下，通过提高体系反应活性而使烘烤型涂料固化温度降低的一类涂料。可使涂料固化所消耗的能量大大降低。

05.0036 湿固化涂料 moisture curable coating

又称"潮气固化涂料"。利用空气中的水和含异氰酸酯基团（—NCO）的预聚物反应而固化成膜的一类涂料。其特点是使用方便、可室温固化、涂膜耐磨性优于双组分聚氨酯涂料。

05.0037 气干涂料 air dry coating

又称"气干漆（air dry paint）""自干漆"。在室温条件下，暴露于大气环境中便能干燥和固化成膜的一类涂料。特别适用于不能烘烤的被涂物涂装，如建筑物、大型车辆、工程设施、塑料、皮革、纸张等。

05.0038 烤漆 baking paint

又称"烘干型涂料（stoving coating）"。需要在烘烤炉中加热至一定温度才能固化形成涂膜的一类涂料。涂膜性能通常好于自干型涂料，广泛用于工业涂料和金属底材的涂装。

05.0039 溶剂型涂料 solvent based coating, solvent borne coating

以有机溶剂为分散介质的一类涂料。此类涂

料在生产和施工过程中因溶剂挥发造成环境污染并危害人体健康，成为被限制发展的一类涂料。

05.0040 气溶胶涂料 aerosol coating
又称“罐喷涂料（canspray coating）”“气溶胶漆（aerosol paint）”。以喷射剂（如三氯氟甲烷或二氯二氟甲烷）为分散介质的一类胶态分散体涂料。此类涂料为带压装入特制的容器罐中，属自助式家庭用涂料（如汽车修补涂料等），由于喷射剂对臭氧层有影响，因此使用受限。

05.0041 单组分涂料 one-component coating
成膜物质、颜填料、溶剂和助剂等配方成分均包装在一个容器中的涂料。与同类双组分涂料相比，具有储存、使用方便的特点，但涂膜性能稍差。

05.0042 粉末电泳涂料 powder electrophoretic coating
又称“电泳粉末涂料（electrophoretic powder coating）”。将粉末涂料粒子均匀地分散在具有电泳性质的阳离子（或阴离子）树脂溶液中得到的一类涂料。粉末涂料粒子被离子树脂包覆而具有泳透力，可通过电泳涂装方法施工形成涂膜。

05.0043 电泳涂料 electrophoretic coating
又称“电泳漆（electrophoretic paint）”“电沉积涂料（electrodeposition coating）”。以水溶性或水分散性离子树脂为成膜物质，并采用电泳涂装方法在具有导电性的被涂物表面形成涂膜的一类涂料。有阳极电泳涂料和阴极电泳涂料两种类型。

05.0044 卷材涂料 coil coating
涂装成卷的金属薄板（钢板或铝板）所专用的涂料。分为底漆、面漆和背面漆三类，柔韧性和耐候性好是其主要特点，以聚酯树脂与氨基树脂或聚氨酯复合体系居多。

05.0045 底漆 primer
直接涂覆到被涂物表面作为涂层体系第一层并为面漆提供坚实基础的涂料。是涂层体系附着力、防腐性能和耐碱性的保证。

05.0046 带锈底漆 rust converted primer
又称“锈面底漆”“不去锈底漆”。直接涂于有残锈的金属表面，使残锈稳定、钝化或转化，活泼的铁锈变成无害物质，以达到既除锈又保护双重目的的一类涂料。

05.0047 中涂[底]漆 primer surfacer
在涂层体系中用于底漆层和面漆层之间的一层涂料。用于提高层间附着力、涂层平整度和丰满度。

05.0048 面漆 top coating
又称“末道漆（final lacquer）”。涂层体系中最后涂装的一层涂料。应当具有良好的装饰性和耐候性。

05.0049 罩光漆 overcoat varnish
全称“罩光清漆（finishing varnish）”。涂覆于本色面漆之上的最后一道清漆。其特点是光泽度高、清晰度优、丰满度好，同时具有一定的硬度、耐磨性、耐候性等。

05.0050 透明涂料 clear coating
又称“透明漆（clear paint）”。不含颜填料的一类涂料。其因形成的涂膜透明而得名，如果加入透明染料将制成彩色透明涂料。

05.0051 自分层涂料 self-stratifying coating
至少含有两种成膜树脂的涂料。成膜树脂间的某种性质差异足够大，但它们能稳定存在于同一体系中，固化时成膜树脂自动发生分离和迁移，形成底、面不同涂层。

05.0052 腻子 putty

采用少量树脂或水泥和助剂以及大量填料和适量着色颜料制成的用于填补被涂物表面凹坑或划痕缺陷，或起找平等作用的材料。可直接涂覆或批刮在被涂物表面或底漆层表面。

05.0053 纳米涂料 nano-coating

在涂料中直接加入纳米材料，或将纳米材料接枝到树脂基料分子上，从而使其具有纳米材料性能（如表面效应、小尺寸效应、光学效应、量子尺寸效应等）的涂料。

05.0054 汽车原厂涂料 original automobile coating

又称“在线涂料（on-line coating）”。汽车生产时涂装用涂料，其特点是采用工业涂装流水线施工。涂层固化多采用烘干固化或辐射固化，生产效率高，涂层性能优异。

05.0055 修补涂料 repair coating

又称“修补漆（repair paint）”“维修用漆（maintenance paint）”。对破损或老化的涂层加以修补所用的涂料。分为以涂膜破裂部位为修补对象的局部修补漆和将老化涂膜打磨掉后整体全部重涂用的修补漆两种。

05.0056 环保涂料 eco-friendly coating

又称“环保漆（eco-friendly paint）”。在性能指标、安全指标符合各自产品标准的前提下，符合国家环境标志产品提出的技术要求的油漆产品。

05.0057 热熔型涂料 hot melt coating

以热塑性树脂为主要成膜物质，常温下为粉状，不含挥发性溶剂的一类涂料。通过加热熔融呈流动态进行涂装施工，并依靠物理冷却固化成膜。

05.0058 超细粉末涂料 superfine powder coating

平均粒径较常规粉末涂料小（D_{50}=15～20μm）的一类细粒粉末涂料。形成的涂膜厚度更均匀，表面平整度更高，涂膜性能得到提高。

05.0059 银粉漆 silver paint

适用于采暖设备、油罐、金属管道等的防腐和隔热，以及用作汽车表面的高装饰性金属闪光涂层等，采用金属铝粉颜料制成的一类涂料。

05.0060 功能性涂料 functional coating

又称“特种涂料（special coating）”。除了具有防护作用以外，还兼具某些特殊功能，以满足被涂覆产品设计需要的特种涂料。如导电涂料、耐高温涂料、绝缘涂料、核电涂料等。是各种特殊用途涂料的总称。

05.0061 防结露涂料 anti-dewing coating

又称“抗凝露涂料”。在赋予被涂物装饰效果的同时，还可吸附结露水、防止被涂物结露的功能性涂料。适用于建筑物内墙、天花板、各种设备、透明玻璃和塑料等的涂装。

05.0062 防滑涂料 anti-skid coating

由防滑粒料、成膜树脂等制成的，适用于地面或甲板等涂装的，可增大被涂物摩擦系数，防止滑倒或滑动的一类特殊功能性涂料。

05.0063 呼吸涂料 breathing-type coating

可形成具有呼吸力的特殊微孔结构涂层的一类涂料。能够根据大气湿度变化自由向外蒸发和吸收水分，若含有除醛因子，则可捕捉空气中的甲醛等有害物质，并加以分解。

05.0064 抗石击涂料 stone chip resistant coating

以聚氯乙烯或聚氨酯为基料，具有抗砂石撞击和密封保护作用的一种厚浆型涂料。主要用于汽车车身底部、挡泥板等部位，以及车身金属件的焊缝等连接处。

05.0065 防腐[蚀]涂料 anticorrosive coating
又称“防腐漆（anticorrosive paint）”。保护钢铁等金属材料免受化学介质或化学烟雾腐蚀的一类涂料。分为常规防腐涂料和重防腐涂料，后者能在相对苛刻的腐蚀环境中应用，并达到比常规防腐涂料更长的保护期。

05.0066 弹性涂料 elastomeric coating
又称“弹性漆（elastomeric paint）”。以合成弹性树脂为基料，形成的涂层可以覆盖因基材伸缩（运动）产生细小裂纹的弹性功能性涂料。此种涂料不仅具有普通涂料的保护和装饰作用，还具有遮盖裂缝、防水等功能。

05.0067 防涂鸦涂料 graffiti resistant coating
一种低表面张力的耐沾污性涂层材料。分为牺牲性防涂鸦涂料（通常为石蜡）、半永久性防涂鸦涂料(丙烯酸树脂、环氧树脂或聚氨酯等)和永久性防涂鸦涂料(氟树脂和硅树脂)三类。

05.0068 耐候涂料 weathering resistant coating
应用于户外能够抵抗外界气候条件（如光照、温度变化、风吹雨淋等）侵蚀的一类涂料。根据户外耐久性的不同分为多个耐候等级，如普通耐候级、高耐候级、超耐候级等。

05.0069 杀菌防霉涂料 bactericidal and anti-mould coating
又称“抗菌防霉涂料”。具有杀菌防霉特殊功能的装饰性和保护性涂料。对细菌和霉菌有着广谱高效和较长时间的杀灭和抑制能力，与普通涂料的根本区别在于加入了一定量的杀菌防霉剂。

05.0070 防污涂料 anti-fouling coating
又称“防污漆（anti-fouling paint）”。在船舶、海洋构筑物和管道等的防污工程中用于防止海生物附着导致被涂物污损和船舶航行受阻的一类涂料。分为接触型、增剂型、扩散型、自抛光型等。

05.0071 防锈涂料 anti-rust coating
又称“防锈漆（anti-rust paint）”，分为物理防锈涂料和化学防锈涂料两类。前者依靠颜料和涂料的适当配合，形成致密的漆膜以阻止腐蚀性物质侵入；后者则借助了防锈颜料的化学抑锈作用。

05.0072 耐高温涂料 high temperature resistant coating
又称“耐热涂料（heat resisting coating）”。能较长时间承受高温，并保持一定的涂层物理化学性能，使被涂物在高温环境中能正常发挥作用的特种功能性涂料。分为无机耐高温涂料和有机耐高温涂料两大类。

05.0073 示温涂料 temperature indicating coating
又称“热敏涂料(thermal-sensitive coating)”。涂层可随温度变化而发生颜色或其他现象变化，以此指示物体表面温度及温度分布的一类涂料。有单变色示温涂料和多变色示温涂料，以及可逆示温涂料和不可逆示温涂料之分。

05.0074 隔热涂料 heat insulating coating
又称“隔热漆（heat insulating paint）”。可在被涂物表面形成隔热涂层，实现节能环保目标的功能型涂料。根据工作原理不同分为隔绝传导型隔热涂料、反射型隔热涂料和辐射型隔热涂料。

05.0075 防水涂料 waterproof coating
又称“防水漆（waterproof paint）”。可在被涂物表面形成具有弹性、抗裂性、抗渗性及耐候性的防水、防渗防护涂层的一类涂料。多用于建筑物、地下工程、渠道等的防水防渗涂装。

05.0076 电绝缘涂料 electrical insulation coating
又称“电绝缘漆(electrical insulation paint)”。

可在被涂物表面形成体积电阻率很高（电导率低）的绝缘涂层的一类涂料。按照用途不同分为漆包线绝缘漆、浸渍绝缘漆、覆盖绝缘漆、硅钢片绝缘漆、黏合绝缘漆、电子元件绝缘漆。

05.0077 抗静电涂料 antistatic coating
又称“防静电涂料”。表面电阻值在 10^{11}~$10^{12}\Omega$ 以下即可消除积累在涂膜表面静电荷的功能性涂料。

05.0078 导电涂料 conductive coating
又称“导电漆（conductive paint）”。形成的涂层具有导电和电磁屏蔽功能的一类涂料。涂层表面电阻率一般在 $10^4\Omega\cdot m$ 以下，分为本征型和掺杂型两种。

05.0079 防火涂料 fire retardant coating, flame retardant coating
能降低被涂材料表面的可燃性，阻滞火灾迅速蔓延，提高被涂材料耐火极限的一种特种涂料。因作用原理不同，有膨胀型和非膨胀型之分。

05.0080 自清洁涂料 self-cleaning coating
具有防污和自清洁功能，形成的涂层具有超亲水性、超疏水性或特殊荷叶结构的一类涂料。

05.0081 脱模涂料 demolding coating
专用于模具内表面涂装，使模制件容易脱模的一种不粘涂料。

05.0082 隐身涂料 camouflage coating
专用于武器系统装备涂装，以降低被涂物可识别特征的一类涂料。分为雷达隐身涂料、红外隐身涂料、可见光隐身涂料、激光隐身涂料、声呐隐身涂料和多功能隐身涂料等。

05.0083 变色龙涂料 chameleon coating
涂膜颜色随外界环境条件的变化而改变的一类涂料。采用珠光颜料配制的随角异色涂料装饰效果很好，采用电致变色液晶树脂配制的涂料可使武器装备有很好的视觉伪装效果。

05.0084 液晶涂料 liquid crystal coating
采用特殊的液晶聚合物（如热致变色液晶、电致变色液晶、随角异色液晶等）制成的涂料。能赋予涂膜特殊功能或使涂料改性。

05.0085 杀虫涂料 insecticidal coating
借助涂膜中杀虫剂的药效实现接触灭虫目的的一类功能性涂料。涂料及其涂层的理化性能、杀虫效果以及安全性均非常重要。

05.0086 防辐射涂料 radiation resistant coating
能够吸收或屏蔽投射在涂层表面的辐射能量，使被涂物免遭辐射破坏的一类涂料。应用较广的是防电磁辐射涂料、防氡放射性辐射涂料、防核辐射涂料等。

05.0087 磁性涂料 magnetic coating
以磁性粉末为颜填料制成的，形成的涂膜具有磁性的一类功能性涂料。主要应用于信息技术领域。

05.0088 阻尼涂料 damping coating
涂层黏弹性好的减振降噪功能性涂料。根据工作原理不同分为自由阻尼结构和约束阻尼结构两类。

05.0089 耐磨涂料 wear resistant coating
涂层耐磨性优异的一类特殊功能性涂料。如可防止玻璃和镜片产生划痕，提高机械关键零部件的硬度和耐磨性，延长使用寿命。

05.0090 润滑涂料 lubricating coating
涂于滑动的被涂物表面，以降低表面摩擦系数，提高润滑性和耐磨性的专用涂料。可替代润滑脂在高温、强辐射、强腐蚀等环境中使摩擦界面很好地润滑，并给予减磨防腐蚀保护。

05.0091 耐核辐射涂料 nuclear radiation resistant coating
具有吸收核辐射能量和抗核辐射性能的有机涂料或无机涂料。是一种专用的防辐射涂料。主要用于核反应堆、核电站、同位素实验室等建筑和装置的内外表面保护。

05.0092 隔声涂料 sound insulation coating
涂层对入射声能的透过率很低，而声能反射率高，因而有很好的噪声隔绝功能的一种功能性降噪涂料。广泛应用于建筑、军事等领域。

05.0093 发光涂料 luminous coating
又称“夜光涂料”。采用发光颜料（如荧光颜料、磷光颜料等）配制的功能性标志涂料。涂膜可在黑暗中发光，根据作用原理不同，分为蓄光型发光涂料和自发型发光涂料。

05.0094 耐烧蚀涂料 ablation resistant coating
在火焰烧蚀下能够较长时间保持涂层机械性能的一类特种涂料。主要用于航空航天领域，在高温和高速气流的冲刷下“牺牲”自己，但起到良好的隔热作用，保证航天器的正常工作。

05.0095 吸音涂料 sound-absorbing coating
涂层为特殊的微孔结构，对入射声能的衰减吸收强，反射声能小，使声源所在空间的混响声减弱，混响时间缩短，噪声降低的一种功能性降噪涂料。主要用于影剧院、会议室等。

05.0096 反光涂料 reflective coating
采用反光材料（如玻璃微珠）为填料配制的功能性标志涂料。利用填料的反光特性使涂膜在夜间具有很好的可视性。

05.0097 不粘涂料 non-stick coating
涂层表面不易被其他黏性物质所黏附或黏着后易被除去的特种涂料。因涂层表面能极低、摩擦系数小、易滑动等防粘特点，广泛应用于家电、汽车、机械和化工行业。

05.0098 保温涂料 thermal insulation coating
通过降低涂层导热系数和提高热阻来实现隔热保温目的的一类功能性涂料。主要用于石油、化工等领域。

05.0099 自修复涂料 self-healing coating
涂层遭到破坏后（在一定条件下）具有自修复功能的智能涂料，根据修复机理不同分为液体释放型、化学反应型、体积膨胀型、可逆共价键型、可逆非共价键型和可逆聚合物网络型等。

05.0100 荧光涂料 fluorescent coating
采用荧光颜料制成的在受到入射光（通常为紫外光或X射线）照射时涂膜能够发光，在停止光照后涂膜不再发光的一种涂料。

05.0101 防锈油 anti-rust oil
由油溶性缓蚀剂、基础油（矿物油或石蜡等）和辅助添加剂等组成的具有防锈功能的油。用于各种机械零部件的室内储存和运输防护。

05.0102 厚膜涂料 high-built coating
常规液体涂料一次涂装的涂膜厚度在15～20μm，一次涂装的涂膜厚度远大于该厚度的涂料。主要用于防腐领域。

05.0103 自抛光涂料 self-polishing coating
涂膜经海水冲刷后能自我抛光，抛光后的涂膜防污性能和光滑度与新涂膜一样，以提高防污能力，降低行驶阻力，起到增速与节能的双重效果的涂料。属于船舶防污涂料。

05.0104 装饰型涂料 decorative coating
涂料的功能主要分为装饰性和防护性。以装

饰性为主的涂料称为装饰型涂料，如各类美术涂料、不同光泽的涂料、金属闪光效果涂料、珠光涂料等。

05.0105 皱纹涂料 wrinkle coating
又称“皱纹漆（wrinkle paint）”。涂膜外观具有类似皱纹状花纹的一类高装饰性美术涂料。广泛用于家具、五金、电器等行业，可兼顾户内外应用场合。

05.0106 橘纹涂料 orange coating
又称“橘纹漆（orange paint）”。涂膜外观具有橘皮样花纹，能掩饰被涂物表面粗糙不平的瑕疵的一类高装饰性美术涂料。适用于各类机械、设备、机床等的涂装。

05.0107 锤纹涂料 hammer coating
采用金属颜料制成的，涂膜外观犹如锤击金属表面形成的花纹的一类高装饰性美术涂料。适用于机床、电器、仪器仪表、电机、保险柜、防盗门窗等表面的装饰。

05.0108 点花涂料 dotted flower coating
涂膜表面均匀分布着颜色与涂膜基色不同的斑点的一类高装饰性美术涂料。适用于防盗门窗、钢木家具、机电外壳、缝纫机等的装饰。

05.0109 砂纹涂料 sand grain coating
涂膜外观效果类似砂样表面的一类装饰性美术涂料。可以遮盖工件表面粗糙的缺陷，广泛用于仪器仪表、配电柜、防盗门、家电、家具、灯饰等领域的涂装。

05.0110 真石漆 stone-like coating
又称“砂壁状涂料（sand-like coating）”。采用各种颜色的天然彩砂或人工彩砂配制而成，涂膜装饰效果酷似大理石、花岗岩的一类涂料。主要用于建筑物内外墙涂装。

05.0111 多彩涂料 multicolor coating
又称“多彩漆（multicolor paint）”。含有与漆料不相容且颜色、大小和形状各异的颗粒状物质的分散体涂料。是一种建筑涂料。通常包含两种或两种以上颜色的颗粒，一次涂装即能得到深浅层次不同的多彩花纹涂膜。

05.0112 仿木纹涂料 wood-like coating
又称“仿木纹漆（wood-like paint）”。涂膜装饰效果酷似木纹的一类涂料。最常见的方法是将木纹纸的图案转印到基色漆涂膜表面，创造出贴纸木纹家具所不能达到的艺术效果和美感。

05.0113 转印涂料 transfer printing coating
采用转印技术可将各种装饰性图案转印到涂膜表面的一类涂料。适用于陶瓷、玻璃、铝材、石材、瓷砖、金属等的表面涂装。

05.0114 金属闪光效果涂料 metallic flashing coating
采用片状金属颜料制成的一类装饰性涂料。当光线穿过涂膜最终达到金属粉表面时，其反射光强度由强变弱，颜色逐渐变深，随着角度的改变可观察到不同程度的金属色感及闪烁感。

05.0115 珠光涂料 pearlescent coating
涂膜具有珍珠般光泽和随角异色效果，采用珠光颜料制成的一类装饰性涂料。主要用于装饰效果要求较高的场合，如汽车漆、手机漆等。

05.0116 随角异色涂料 angular heterochromatic coating
涂膜颜色随观察角度由垂直到近掠射角变化而改变的一类装饰性涂料。如金属闪光效果涂料、珠光涂料等。

05.0117 高光涂料 high gloss coating
涂膜表面非常光滑，光泽度为 90～100GU 的一类装饰性涂料。

05.0118 有光涂料 gloss coating

涂膜表面比较光滑，光泽度为 60～89GU 的一类装饰性涂料。

05.0119 半光涂料 semi-gloss coating

涂膜表面平整度较低，光泽度为 30～59GU 的一类装饰性涂料。

05.0120 丝光涂料 silk coating

涂膜外观类似丝缎，光泽度为 11～29GU 的一类装饰型涂料。

05.0121 平光涂料 matt coating

涂膜表面的微观粗糙度较大，光泽度为 6～10GU 的一类装饰性涂料。

05.0122 无光涂料 flat coating

涂膜表面的微观粗糙度很大，光泽度在 5GU 以下的一类装饰性涂料。

05.0123 邦定粉末涂料 bonding powder coating

采用干混热黏接技术将金属粉颜料或珠光颜料黏接到粉末涂料颗粒表面制成的一类装饰性粉末涂料。涂膜的金属闪光效果稳定，过喷粉末可回收再用。

05.0124 仿电镀涂料 imitation electroplating coating

以金属铝粉为颜料制成的，涂膜外观酷似电镀铬表面的一种极高光泽的装饰性涂料。是替代电镀产品的环保型涂料。

05.0125 绒面涂料 suede coating

涂膜呈均匀凹凸状仿鹿皮绒毛外观的一类建筑涂料。采用特殊的着色颜料制成，适用于内外墙面的装饰性涂装。

05.0126 艺术涂料 art coating

通过颜色、质感和光泽三要素组合，使涂膜具有艺术性装饰效果的一类墙面装饰性涂料。主要有泥巴涂料、墙艺漆、板岩漆、真石漆、壁纸漆、浮雕漆等类型。

05.0127 仿瓷涂料 tile-like coating

涂膜具有酷似瓷釉饰面装饰效果的一类建筑涂料。水泥、金属、塑料、木料等底材均可涂装，如建筑内墙、厨房、卫生间等。

05.0128 仿古涂料 antique coating

全称“仿古艺术涂料（antique art coating）”。涂膜外观具有仿古或怀旧效果的一种艺术涂料。

05.0129 防护性涂料 protective coating

简称“防护涂料”。涂料的主要功能是防护性和装饰性，强调防护性的涂料称为防护性涂料。

05.0130 工业涂料 industrial coating

又称“工业漆（industrial paint）”。应用于工业企业生产的设备、船舶、集装箱、桥梁、煤气柜、港口机械、铁路罐车、电力机械、储罐、管道内壁、各种钢结构、混凝土等防护与装饰涂装的涂料。

05.0131 防锈底漆 anticorrosive primer

金属表面涂覆的第一道涂层，能隔绝金属与空气接触，阻止金属生锈，有效提高涂层附着力的一种工业涂料。

05.0132 船舶涂料 marine coating

又称“海洋涂料”“船舶漆（marine paint）”。用于船舶及海洋工程结构物涂装，能够满足防止海水、海洋大气腐蚀和海洋生物附着及其他特殊要求的一类涂料。包括船舶底漆、船底防锈漆、船底防污漆、船舶水线漆、船壳及上层建筑用漆、各类船舶舱室用漆（压载水舱漆、油舱漆、饮水舱漆、干货舱漆）等。

05.0133 家电涂料 household appliance coating
全称“家用电器涂料”。大小家用电器的整机和零部件涂装专用的涂料。主要是金属（冷轧钢板或铝合金材料）箱体外壳和零部件，以及塑料零部件两大类。

05.0134 航空涂料 aviation coating
又称“航空漆（aviation paint）”。专用于飞机涂装的一类涂料。按使用部位不同可分为飞机蒙皮涂料、飞机舱室涂料、飞机发动机涂料、飞机零部件涂料、特殊专用涂料（包括隔热涂料、防火涂料和示温涂料）等。

05.0135 车用涂料 vehicle coating
又称“汽车涂料”。包括轿车在内的各类车辆车身及零部件涂装的专用涂料。分为新车用涂料和修补涂料。新车用涂料又分为底漆、中涂漆、面漆、阻尼件涂料和塑料件涂料等。

05.0136 铁路车辆用涂料 railway vehicle coating
铁路车辆涂装专用的涂料。包括机车用涂料、客车用涂料和货车用涂料，所涉及的涂料品种包括防腐涂料和功能涂料（阻尼涂料、防污涂料、防滑涂料、弹性涂料）。

05.0137 轮毂涂料 wheel hub coating
汽车和摩托车等用轮毂涂装的专用涂料。包括钢轮毂用涂料和铝合金轮毂用涂料，所涉及的涂层体系包括底漆层、色漆层和透明罩光漆层。

05.0138 管道涂料 pipe coating
输油输气管道、饮用水管道、消防管道、船舶管道、矿井管道等专用的防腐蚀涂料。管道内壁涂料和管道外壁涂料的施工方法及涂层性能有所不同。

05.0139 核电涂料 nuclear power coating
核电站中核岛、常规岛和辅助配套设施专用的防护涂料。按照使用部位的不同，分为核级专用涂料（用于存在核辐射的场所和结构）和非核级涂料（应用于普通场所，如常规岛的钢结构和混凝土）。

05.0140 车间预涂底漆 workshop precoating primer
简称“车间底漆（workshop primer）”。为防止钢材在加工或建造期间生锈而造成腐蚀损害，钢板或型钢经抛丸预处理除锈后，在流水线上喷涂的一层防锈漆。在船舶和大型钢铁结构等建造中应用非常广泛。

05.0141 集装箱涂料 container coating
又称“集装箱漆”。用于集装箱内外壁的专用防护涂料。包括车间预涂底漆、箱内漆、箱外中间层漆、面漆和箱底防腐漆。

05.0142 马路标线涂料 road marking coating
又称“马路划线漆（road marking paint）”。在马路表面用于道路标线的专用涂料。具有耐磨、防滑、耐候及耐久等高性能，有热熔型、水性和常温溶剂型三类。

05.0143 玻璃鳞片涂料 glass flake coating
以横纵比高达30～120的玻璃鳞片为填料制成的防腐蚀涂料。固化涂层中玻璃鳞片的平行重叠排列使腐蚀介质的渗透距离大大延长，可有效提高涂层的防腐蚀能力。

05.0144 桥梁涂料 bridge coating
又称“桥梁漆（bridge paint）”。铁路钢桥专用的防腐蚀涂料。需要底漆和面漆配合使用，以充分发挥底漆的防锈作用和面漆的耐候功能，也有底漆、中涂漆、面漆三种涂层配伍的情况。

05.0145 矿井设备涂料 mine equipment coating
矿井钢结构专用的防护涂料。不仅需要有良好的防腐性能，还需要有很好的抗静电和防火性能。

05.0146 光纤涂料 optical fiber coating

光纤专用的保护性涂料。对光纤的力学强度及信号传输性能具有非常重要的影响，因此满足光纤成缆工艺要求并尽可能减少光纤的传输损耗，是选择和设计光纤涂料的重要因素。

05.0147 建筑涂料 architectural coating

建筑物内墙、外墙、天花板、地面、门窗、屋面及相关木质构件和金属构件装饰和保护涂装用的一类涂料的统称。也可赋予被涂物某些特殊功能，如保温隔热、杀菌防霉、防静电等。

05.0148 幕墙涂料 curtainwall coating

全称“玻璃幕墙涂料（glass curtainwall coating）”。玻璃幕墙专用的高耐候性防护涂料，以氟碳涂料为主。

05.0149 地坪涂料 floor coating

又称“地坪漆（floor paint）”。现代工业地面、商业地面、车库地面等广泛使用的具有优异防尘、耐磨、清洁、防潮性能的涂料。常见的涂料品种是环氧地坪涂料和聚氨酯地坪涂料。

05.0150 木器涂料 wood coating

又称“木器漆（wood paint）”。包括实木及人造板在内的木制品专用保护和装饰性涂料。如家具、门窗、护墙板、地板、日常生活用品、木制乐器、体育用品、文具、儿童玩具等所专用的涂料。

05.02 涂料树脂

05.0151 氨酯油 ammonia ester oil

将干性油与多元醇进行酯交换再与二异氰酸酯反应制成的一类高分子化合物的总称。

05.0152 封闭型聚氨酯 enclosed polyurethane

由封闭型多异氰酸酯与含羟基树脂反应形成的树脂。

05.0153 湿固化聚氨酯 wet curing polyurethane

含有—NCO 端基的预聚物。这种预聚物可通过与空气中潮气反应生成脲键而固化成膜。

05.0154 端羧基型聚酯树脂 carboxyl terminated polyester resin

端基或侧基为羧基并具有明显酸值的聚酯树脂。是粉末涂料用的主要树脂类型，与环氧基反应而固化成膜。

05.0155 端羟基型聚酯树脂 hydroxyl terminated polyester resin

端基或侧基为羟基并具有明显羟值的聚酯树脂。是聚氨酯涂料用的主要树脂类型，与—NCO 反应而固化成膜。

05.0156 端羧基型丙烯酸树脂 carboxyl terminated acrylic resin

加入（甲基）丙烯酸、顺丁烯二酸酐等单体，使之与（甲基）丙烯酸酯类单体一起共聚而制成的带羧基官能团的丙烯酸树脂。

05.0157 端羟基型丙烯酸树脂 hydroxyl terminated acrylic resin

由苯乙烯、甲基丙烯酸甲酯等硬单体和丙烯酸乙酯、丙烯酸丁酯等软单体，以及丙烯酸羟乙酯等含羟基的功能性单体为原料，经自由基聚合制备的一种新型丙烯酸树脂。

05.0158 环氧型丙烯酸树脂 epoxy acrylic resin

先在环氧树脂分子链的两端引入丙烯酸不饱和双键,再以甲基丙烯酸甲酯、丙烯酸丁酯、苯乙烯等为混合单体，用过氧化苯酰胺为引发剂进行共聚而制得的一种改性树脂。

05.0159 一步法环氧树脂 one-step epoxy resin

将双酚 A 和环氧氯丙烷在氢氧化钠作用下进行缩聚，即开环反应和闭环反应在同一反应条件下进行而制得的树脂。

05.0160 两步法环氧树脂 two-step epoxy resin

双酚 A 和环氧氯丙烷在催化剂作用下，第一步通过加成反应生成二酚基丙烷氯醇醚中间体，第二步在氢氧化钠的存在下进行闭环反应，生成环氧树脂。

05.0161 溶剂法环氧树脂 solvent processed epoxy resin

将双酚 A、环氧氯丙烷和有机溶剂投入反应釜中，搅拌溶解后，升温并加氢氧化钠溶液进行反应制得的树脂。

05.0162 水洗法环氧树脂 water-washing processed epoxy resin

将双酚 A 溶于氢氧化钠水溶液中，在一定温度下一次性加入环氧氯丙烷进行反应制得的树脂。

05.0163 酚醛改性双酚 A 型环氧树脂 novolac modified bisphenol A epoxy resin

将双酚 A 环氧树脂采用酚醛树脂改性，使其既具有双酚 A 环氧树脂的耐碱性和黏结性，又具有酚醛树脂的耐酸性，耐温性也大幅提升。是防腐蚀涂料的重要树脂基料。

05.0164 邻甲酚甲醛环氧树脂 *o*-cresol formaldehyde epoxy resin

由邻甲酚和甲醛制成邻甲酚线型酚醛树脂后，再与环氧氯丙烷反应制得的树脂。

05.0165 线型苯酚甲醛环氧树脂 linear phenol formaldehyde epoxy resin

由苯酚与甲醛制得的聚合度为 3～5 的线型酚醛树脂，再与环氧氯丙烷反应制得的树脂。

05.0166 柔韧性环氧树脂 toughened epoxy resin

降低交联密度，在固化产物的分子结构中引入柔性链段，或简单地添加惰性小分子物质使固化物刚性下降，通过降低固化物玻璃化温度、增加延伸率来实现柔性化的树脂。

05.0167 脂环族缩水甘油醚环氧树脂 alicyclic glycidyl ether epoxy resin

以脂肪族多元醇为原料，在路易斯酸催化剂的作用下与环氧氯丙烷反应制得的树脂。

05.0168 氢化双酚 A 二缩水甘油醚 hydrogenated bisphenol A diglycidyl ether

又称“氢化双酚 A 环氧树脂（hydrogenated bisphenol A epoxy resin）”。由氢化双酚 A 与环氧氯丙烷缩聚制得的树脂。加工方法与双酚 A 环氧树脂相同，是户外用环氧树脂涂料的主要基料，耐黄变性和耐候性优异。

05.0169 环氧酯 epoxy ester

由植物油酸与环氧树脂经酯化反应而得到的一类环氧树脂。

05.0170 干性醇酸树脂 drying alkyd resin

采用干性油改性制成的一类醇酸树脂。在空气中能自然干燥，可用于制备自干型或烘干型醇酸涂料。

05.0171 半干性醇酸树脂 semi-drying alkyd resin

采用半干性油改性制成的一类醇酸树脂。干燥性能介于干性醇酸和非干性醇酸之间，是制备醇酸涂料的重要树脂基料。

05.0172 非干性醇酸树脂 nondrying alkyd resin

采用非干性油改性制成的一类醇酸树脂。本身无法在空气中成膜，一般与其他树脂混用配制成涂料。

05.0173 长油度醇酸树脂 long oil alkyd resin

植物油含量 60%～70%、苯二甲酸酐含量 20%～30%的一类醇酸树脂。

05.0174 中油度醇酸树脂 medium oil alkyd resin

植物油含量 46%～55%、苯二甲酸酐含量 30%～35%的一类醇酸树脂。是醇酸树脂中最常用的一类。

05.0175 短油度醇酸树脂 short oil alkyd resin

植物油含量 30%～40%、苯二甲酸酐含量大于 35%的一类醇酸树脂。

05.0176 苯代三聚氰胺甲醛树脂 benzol melamine formaldehyde resin

由苯代三聚氰胺与甲醛缩聚制成的氨基树脂。

05.0177 聚偏二氟乙烯树脂 polyvinylidene difluoride resin，PVDF resin

又称"PVDF 型氟碳树脂(PVDF fluorocarbon resin)"。由 1,1-二氟乙烯聚合而成，具有良好的耐化学药品、耐高温、耐氧化、耐候、耐紫外光、耐辐照等特性，以及良好的压电性、热电性等特殊电性能，是户外耐候性建筑涂料的重要热塑性树脂基料。

05.0178 氟烯烃-乙烯基醚共聚物 fluoroolefin-vinyl ether copolymer，FEVE copolymer

又称"FEVE 型氟碳树脂(FEVE fluorocarbon resin)"。由氟烯烃和烷基乙烯基醚或烷基乙烯基酯共聚而成的热固型涂料树脂，氟烯烃单元提供了耐候性和耐腐蚀性，乙烯基单元提供了可溶性、透明度、光泽、硬度和柔韧性。

05.0179 缓干剂 retarder

又称"慢干剂"。使涂料溶剂挥发减慢，抑制施工中起泡的助剂。

05.0180 锤纹剂 hammer agent

能使锤纹漆的涂膜呈现锤纹样花纹的助剂。这是一种高分子量硅油。

05.0181 橘纹剂 orange peel agent

一般为高分子量聚有机硅氧溶液，由于与其他涂料具有不相容性，从而使漆膜固化后产生橘纹效果。

05.0182 流平剂 leveling agent

能有效降低涂饰液表面张力，提高其流平性和均匀性的一类物质。是常用的涂料助剂，能促使涂料在干燥成膜过程中形成平整、光滑、均匀的涂膜。

05.0183 裂纹剂 crack agent

使漆膜在干燥过程中自然地显露出美丽的龟裂花纹的助剂。

05.0184 防沉剂 anti-settling agent

能改进颜料在涂料中的悬浮性能，防止或延缓涂料在储存期间颜料发生沉降的助剂。

05.0185 防流挂剂 anti-sagging agent

可以提高油漆的黏度，在油漆固化或施工过程中可以阻止流挂的一类化合物。

05.0186 附着力促进剂 adhesion promoter

大幅度提高膜层与底材之间附着力的助剂。

05.0187 消光固化剂 matting curing agent

通过化学反应进行固化的同时实现消光的一种助剂。

05.0188 消光剂 matting agent

使漆膜表面产生预期粗糙度、明显降低其表面光泽的一类涂料助剂。

05.0189 荷电剂 charging agent

可改进粉末的带电性能，提高上粉率或改进涂膜表面性能的助剂。

05.0190 纹理剂 texture agent

使漆膜起特殊纹理效果的助剂。

05.0191 摩擦带电剂 triboelectrification agent

在摩擦静电粉末喷涂时，为改进粉末涂料的摩擦静电性能，增加粉末涂料的带电量，提高粉末涂料的上粉率而添加的助剂。

05.0192 流动促进剂 flow promoter
改善树脂在低添加量水平下的流动性的助剂。

05.0193 脱气剂 degassing agent
涂料在熔融、胶凝成膜过程中，使涂装底材内的气体很容易地逸出，固化后涂层平整光洁的涂料助剂。

05.0194 浮花剂 floating agent
加在涂料中，可使涂膜出现花纹、浮花、皱纹等纹理的涂料助剂。

05.0195 砂纹剂 sand texture agent
又称“*砂纹蜡*（sand texture wax）”。形成的涂膜表面具有立体砂纹效果，并有降低涂膜光泽的消光作用，以聚烯烃类蜡为主的涂料助剂。

05.0196 皱纹剂 wrinkle agent
通过改变涂膜表面张力，使涂膜紧缩而产生皱纹或橘纹的立体表面效果的涂料助剂。

05.0197 边缘覆盖剂 edge covering agent
可以提高涂膜对被涂工件边角的包覆效果，使涂膜的防护功能得到改进的涂料助剂。

05.0198 防结块剂 anti-blocking agent
又称“*流动助剂*（flow promotor）”。避免粉末涂料在储存过程中结块，使之保持良好流动性，有利于涂装施工的一种添加剂。

05.0199 防粘连剂 anti-adhesive agent
防止漆膜在适度的压力下或一定的压力、温度、湿度条件下以及在生产、储存、使用过程中产生不必要的粘连或黏结在一起所使用的添加剂。

05.0200 稀释剂 diluent
又称“*稀料*”。为了降低涂料黏度，改善其涂装性能而加入的液体物质。

05.03 涂料调色与制备

05.0201 人工调色 manual color matching
人工依靠自身的经验，利用各种颜料或色浆配制所需的颜色，使最终涂膜具备令客户满意的颜色和外观效果的过程。

05.0202 电脑配色 computer color matching
以颜色测定技术为基础，调用储存的颜色和颜料数据库的数据，用各种颜料或色浆配制所需的颜色，使最终涂膜具备令客户满意的颜色和外观效果的过程。

05.0203 混炼挤出 mixing and extrusion
利用机械压力和剪切力将熔融态的热塑性材料及其配合物充分挤压捏合，使各成分充分分散混合形成均匀熔体的过程。

05.0204 冷却压片 cooling and flaking
将熔融态的热塑性材料及其配合物输入由冷媒冷却的压辊之间，物料在被压成薄片的同时迅速降温的过程。

05.0205 旋风分离 cyclone separating
含不同粒径固体颗粒的空气高速进入旋风分离器后，受旋风作用，超过一定粒径的粒子因离心力作用而沉降分离出来的过程。

05.0206 颜料润湿 pigment wetting
颜料粒子于液相介质的分散过程中，其表面上的气体被液体取代的过程，也即颜料粒子与介质接触形成固液界面的过程。

05.0207 颜料分散 pigment dispersing
经润湿的颜料粒子在成膜物的连续相介质中分布开来的过程。

05.0208 颜料沉降 pigment sedimentation
分散于连续相介质中的颜料粒子因与介质的密度差异，在重力或离心力的作用下发生相分离的过程。

05.0209 颜料絮凝 pigment flocculation
分散态的颜料粒子相互集聚，形成絮团的过程。

05.0210 刮板细度 scraper fineness
用刮板细度计测得的涂料细度。

05.0211 色卡 color chip
用于色彩选择、比对、沟通，是色彩在一定范围内实现统一标准的工具。是颜色在某种材质（如纸、布、木或塑料等）上的体现。

05.0212 临界颜料体积浓度 critical pigment volume concentration，CPVC
足以润湿颜料粒子的最少成膜基料用量下，颜料占成膜物总量的体积分数。

05.0213 固体分 solid content
配方物中最终形成涂膜的物质的质量占配方物总质量的百分数。

05.0214 活性稀释剂 reactive diluent
可溶解或分散各配方成分，同时其中的活性物质可参与固化反应，达到降低体系黏度，改善涂膜性能的目的的一种稀释剂。

05.0215 邦定工艺 bonding process
通过将颜料（尤其是金属闪光颜料）与受热的粉末涂料树脂颗粒粘连而实现均匀分散的干混工艺。

05.0216 漆浆增稠 paint slurry thickening
色漆在配料后或砂磨分散过程中因颜料含水量过高或水溶盐含量过高或含有碱性杂质而出现的增稠现象。

05.0217 结皮 skinning
油漆在储存中因溶剂挥发或催干剂用量过多而在表面结出一层硬结的漆膜的现象。

05.0218 物理消光 physical extinction
通过物理方法降低涂膜表面的平整度，从而降低涂膜表面光泽的技术。

05.0219 化学消光 chemical extinction
通过化学方法降低涂膜表面的平整度，从而降低涂膜表面光泽的技术。

05.0220 干混消光 dry-mix extinction
粉末涂料生产中，利用直接混合的方法添加粉末涂料成品消光成分，以降低涂膜表面光泽的方法。

05.0221 一次挤出消光 one-shot extinction
粉末涂料生产中，将不同反应速率的成分通过一次性挤出的常规工艺制成粉末涂料，以降低涂膜表面光泽的方法。

05.0222 倾斜板流动性 inclined plate flow
按照国标 GB/T 21782.11—2010 规定的方法测定的热固性粉末涂料在一定温度下以固定角度沿倾斜板往下熔融流动的距离。

05.0223 流平性 leveling
涂料在表面涂装后，在不使用流平剂的情况下，通过自身流动和表面张力调整，在一定时间内形成平整均匀且无明显缺陷表面的能力。

05.0224 色浆 colorant paste，pigment paste
由颜料分散在涂料基料内而成的浆料。

05.0225 基础漆 basic paint
涂料中的白漆或清漆，本身遮盖能力较差，主要用于配制各种颜色的涂料。

05.0226 树脂含量 resin content
涂料配方中树脂及其固化剂的含量。

05.0227 超细粉 ultrafine powder
粉末涂料中粒径小于 10μm 的粉末颗粒。常规静电涂装施工中，其带电性较差，有损涂料的涂装效率。

05.0228 熔融流动 melt flow
粉末涂料受热熔融后，表现出的流动性能。其影响涂料的流平性和附着性。

05.0229 回收粉 reclaim powder
粉末涂料生产和涂装系统中，经回收系统收集的粉末。部分可经处理后与成品粉末混合使用，其余部分则作为固体废料处理。

05.0230 挥发性有机化合物回收系统 volatile organic compound reclaiming system
采用碳吸附、冷凝、膜分离和变压吸附等技术回收涂料中挥发性有机化合物的装置。

05.0231 涂层内应力 internal stress of coating
在没有外力存在下，涂层内部由于存在缺陷、温度变化、溶剂作用等因素所产生的应力。通常对涂层的机械性能有不良影响。

05.0232 颜料原级粒子 pigment primary particle
最先形成的具有颜料性能的晶体粒子。是构成颜料的最小单元，其粒径多为亚微米级甚至纳米级。

05.0233 团聚体 agglomerate
原级粒子或聚集体以边或角相互连接而形成的集合体。其比表面积与组成它的粒子或聚集体的比表面积之和无显著差别。

05.0234 固化程度 curing degree
热固性树脂体系中，计算量树脂与固化剂发生反应的完成程度。

05.0235 固化速率 curing rate
热固性树脂体系中，树脂与固化剂发生反应的快慢程度。

05.0236 固化体系 curing system
由热固性树脂和可与之发生交联化学反应的固化剂及固化促进剂组成的体系。

05.0237 梯度炉 gradient furnace
加热区域设置多段温度呈梯度分布的加热炉。可测试物体在不同温度下的表现，涂料行业中常用于测试固化体系在一定时间内不同温度下的固化行为。

05.0238 熔融流动速率 melt flow rate，MFR
又称“熔体流动指数（melt flow index，MFI）”。高分子材料在特定温度下受热熔融后，受规定负荷作用在 10min 内流过指定口径测量管的质量。

05.04 涂装处理工艺

05.0239 涂装前处理 coating pretreatment
为提高涂料的附着性和耐腐蚀性而设的、涂装前清除被涂物表面上各种油污、锈迹和尘埃等的工序。对金属材料而言还包括涂覆转化膜。

05.0240 喷淋前处理 spray pretreatment
涂装前处理工艺中，将各种药液和水以一定的压力喷淋在工件表面，达到前处理目的的工序。

05.0241 浸泡前处理 dip pretreatment

涂装前处理工艺中，将工件按序浸入分别储有各种药液和水的若干槽池中，达到前处理目的的工序。

05.0242 脱脂 de-grease

清除掉工件表面的油脂、油污的工艺。包括喷砂之类的机械法和酸、碱清洗之类的化学法。

05.0243 化学脱脂 chemical degreasing

利用化学方法进行的脱脂。包括溶剂清洗、酸性清洗剂清洗、强碱液清洗、低碱性清洗剂清洗、溶剂乳化清洗等。

05.0244 除锈 derusting

去除工件表面锈迹的工序。是涂装前处理的一部分，包括物理法、化学法和电化学法等。

05.0245 喷砂处理 sand blasting

利用喷射出的高速砂流清除工件表面的污物和锈迹，为涂料涂装提供良好的表面的一种工件表面物理处理工艺。

05.0246 抛丸处理 shot blasting

利用离心力将不同直径的金属丸子抛向工件的表面，以清除工件表面的污物和锈迹的一种工件表面物理处理工艺。

05.0247 打磨 sanding

利用磨料对表面的摩擦作用清除工件表面的各种污物，使工件表面达到所需的粗糙度的一种工件表面物理处理工艺。

05.0248 抛光 polishing

利用物理、化学或电化学的作用，使工件表面粗糙度降低，以获得光亮、平整的表面的一种工件表面物理处理工艺。

05.0249 磷化 phosphating

通过化学与电化学反应形成磷酸盐化学转化膜的过程。目的是给被涂金属提供保护，提高涂膜的附着力与耐腐蚀性。

05.0250 钝化 passivation

金属与氧化性介质作用，在金属表面生成一种薄而致密的钝化膜，使金属表面转化为不易被氧化的状态，延缓金属腐蚀速率的过程。

05.0251 铬化 chromating

使铬酸盐溶液与金属作用，在其表面生成三价或六价铬化膜的过程。多用于铝、镁及其合金的涂装前处理。

05.0252 硅烷化处理 silanizing treatment

以有机硅烷水溶液为主要成分对金属或非金属材料进行的表面处理。

05.0253 锆盐处理 zirconium treatment

工件表面在氟锆酸盐溶液中发生电化学反应，形成一层以氧化锆为主体的纳米级的无机薄膜的工艺。是磷化和铬化处理的无害替代工艺之一。

05.0254 表面调理 surface conditioning

用表调剂对工件表面进行的活化处理。吸附于工件表面胶体钛增加了表面活化点，可以控制磷化膜的晶粒大小和性能，是磷化处理前的准备工序。

05.0255 酸洗 acid cleaning

用酸液去除金属工件表面的氧化膜等污物的过程。是涂装前处理的工序之一。

05.0256 碱洗 alkali cleaning

用碱液去除金属工件表面的油脂等污物的过程。是涂装前处理的工序之一。

05.0257 水洗 water rinse

洗去工件表面残留的各种水溶性杂质的过程。是涂装前处理的工序之一。

05.0258 阳极氧化膜 anodic oxide film
铝材在电解液中受外加电流的作用而形成的氧化膜。

05.0259 无电镀 electroless plating
又称“化学镀（chemical plating）”。水溶液中金属离子在受控环境下，经化学还原作用而在底材表面沉积的工艺。

05.0260 喷涂 spray coating
利用喷枪或旋碟，借助压力或离心力将涂料涂覆于底材表面的涂装方法。

05.0261 高速火焰喷涂 high velocity flame spraying
利用火焰所产生的热能，通过特制的喷枪，将熔融或半熔融态的金属及合金粉末高速喷涂到底材表面的涂装方法。

05.0262 等离子喷涂 plasma spraying
由直流电驱动的等离子电弧作热源，将陶瓷、合金、金属等材料加热到熔融或半熔融态，并以高速喷向工件表面而形成涂层的方法。

05.0263 热喷涂 thermal spraying
将金属或非金属材料加热至熔融或半熔融态，再喷涂到工件表面而形成涂层的方法。

05.0264 静电喷涂 electrostatic spraying
利用高压静电电场使带电荷的涂料微粒在电场中定向运动，吸附在工件表面的一种喷涂方法。

05.0265 静电旋杯喷涂 electrostatic rotational bell spraying
利用旋杯高速旋转产生的离心力使涂料雾化成微粒，高压静电电场使带电荷的微粒在电场中定向运动，吸附在工件表面的涂装方法。

05.0266 空气喷涂 air spraying
利用压缩空气在喷枪喷嘴孔形成负压，使涂料从吸管吸入，经喷嘴喷出的雾化涂料喷射到工件表面上形成均匀漆膜的喷涂方法。

05.0267 无气喷涂 airless spraying
用增压泵对液体涂料加压，高压涂料于无气喷枪的喷嘴处瞬时释压而雾化，并均匀地喷涂于工件表面的喷涂方法。

05.0268 气助无气喷涂 air assisted airless spraying
在无气喷枪的喷嘴处增加一路低压空气流，可优化液体涂料的雾化效果，提高喷涂效率的喷涂方法。

05.0269 喷涂机器人 spray robot
工件或喷枪可进行多轴向移动和旋转，可喷涂外形复杂的工件的可编程喷涂装置。

05.0270 高流量低气压喷涂 high volume low pressure spraying，HVLP
使用高流量低压力的空气，可减少涂料在工件表面的反弹，提高喷涂效率的一种空气喷涂方法。

05.0271 滚涂 roll painting
以转辊作涂料的载体，涂料先在转辊表面附着，再借助转动过程将涂料涂敷在被涂物表面的一种液体涂料涂装工艺。

05.0272 刮涂 scrape coating
包括两种方法。方法一是将涂料置于刮刀上再刮涂于工件表面制成涂膜；方法二是将过量涂料倾倒于工件表面，用刮刀刮去多余的涂料，得到所需厚度的涂膜。

05.0273 热熔涂布 hot melt coating
将热塑性树脂涂料加热熔融后涂布于物质表面的涂装方法。

05.0274 淋涂 curtain coating
将涂料由高位槽通过喷嘴或窄缝从上方以帘幕状淋下而涂覆于被涂物表面，形成均匀涂膜的涂装方法。

05.0275 浸涂 dip coating
将工件浸没在漆液中，待各部位都沾上涂料后将被涂物提起，经干燥后在工件表面形成涂膜的涂装方法。

05.0276 刷涂 brush coating
人工用毛刷蘸取涂料涂刷于工件表面的涂装方法。

05.0277 电泳涂装 electro-coating
利用外加电场使悬浮于电泳液中的涂料微粒定向迁移并沉积于工件表面的涂装方法。

05.0278 湿碰湿涂装工艺 wet on wet coating process
头道涂装后经短暂闪干即涂装二道涂层，两层涂膜同时进行烘烤的工艺。

05.0279 流化床涂装 fluidized bed coating
将空气或某种惰性气体吹入容器底部，使粉末涂料翻动达到流化状态，将加热的工件浸没其中，粉末涂料颗粒因热熔而黏附于工件表面，达到涂装目的的涂装方法。

05.0280 喷房 spray booth
用于喷涂的舱室，通常配备通风及废涂料收集装置。

05.0281 摩擦静电喷涂 triboelectrostatic spraying
粉末涂料颗粒与特殊材料制成的喷枪内壁发生摩擦作用而带上电荷，再附着于接地的工件表面的一种静电喷涂技术。

05.0282 电晕静电喷涂 corona electrostatic spraying
空气驱动的涂料颗粒在喷枪尖端的高压电晕作用下带上静电荷，经电场作用飞向接地的工件表面，并附着其上的喷涂方法。

05.0283 上漆率 paint yield
涂料涂装以后，附着在工件表面的涂料与所用涂料的质量比。

05.0284 泳透力 throwing ability
在电泳涂装时，涂料对工件的内表面、凹穴处及背面的涂覆能力。

05.0285 喷雾图形 spray pattern
喷枪喷出的涂料颗粒的雾化形状。

05.0286 输粉泵 powder pump
粉末涂料喷涂装置中，将粉末颗粒由供粉桶吸出并输送至喷枪的泵。包括文丘里泵和柱塞泵等。

05.0287 反电离 back-ionization
带电荷的粉末颗粒在工件表面的过度堆积，阻碍了后继粉末颗粒的沉积，从而造成涂膜缺陷的现象。

05.0288 缩孔 crater
由表面张力低于涂料的杂质所致的涂膜表面出现的圆形小坑。是一种涂膜外观缺陷。

05.0289 针眼 pin hole
涂膜固化过程中，小分子物质由涂膜中逸出，在涂膜表面形成的针状小孔。是一种涂膜外观缺陷。

05.0290 镜框效应 frame effect
涂膜在固化过程中，工件边缘的张力偏大，造成局部膜厚增大，形成类似于镜框外观的现象。是一种涂膜外观缺陷。

05.0291 过喷 over spray
喷涂过程中，为完整覆盖工件，部分涂料从

周边喷出的现象。

05.0292 起泡 bubbling
涂膜因内含水分之类的杂质，受热膨胀而导致涂膜局部鼓起的现象。是一种涂膜外观缺陷。

05.0293 层间剥落 intercoat adhesion failure
多道涂层情况下，涂层之间附着力丧失而形成的涂层剥离现象。

05.0294 工件输送系统 parts conveyor
涂装系统中设置的运送工件的系统。

05.0295 脱漆 film removal
用物理或化学的方法脱去工件表面涂膜的工艺。

05.0296 指触干 tacky dry
湿涂膜已达到表面干燥的阶段，涂膜从可流动的液态转变为相对不易流动且表面开始成膜的状态。

05.0297 炉温跟踪仪 oven temperature tracker
和试样一起通过加热装置，可全程跟踪监测试样受热和烘道温度的一种炉温测定装置。

05.0298 废液焚烧炉 waste burner
高温焚烧处理工业生产中产生的高浓度有机废液和含盐废液的装置。

05.0299 喷漆废气水帘处理 water curtain treatment for spray paint exhaust
喷枪对面设置的用于收集喷涂过程中过喷的涂料气雾的水帘。

05.0300 喷漆废气冷凝处理 condensation treatment for spray paint exhaust
喷枪对面设置的可将过喷涂料气雾冷却成液态后加以收集的冷凝装置。

05.0301 固化炉 curing oven
将涂料在指定温度下加热并固化用的烘烤炉。

05.0302 烘干炉 drying oven
加热脱除工件水分的烘烤炉。

05.0303 锌系磷化 zinc phosphating
磷化膜主体为磷酸锌晶体的磷化工艺。磷化晶粒呈树枝状、针状，孔隙较多。

05.0304 铁系磷化 iron phosphating
磷化膜主体为磷酸铁晶体的磷化工艺。磷化晶粒呈颗粒状，磷化膜较厚，孔隙较多。

05.0305 锰系磷化 manganese phosphating
磷化膜主体为磷酸锰铁晶体的磷化工艺。磷化晶粒呈密集颗粒状，磷化膜厚度大，孔隙少。

05.0306 窜液 fluid channeling
不同槽中的液体发生相互污染的现象。

05.0307 脱脂液游离碱度 free alkalinity of degreasing solution
脱脂液中游离氢氧根离子的含量。

05.0308 脱脂液总碱度 total alkalinity of degreasing solution
脱脂液中所含能与酸发生中和作用的全部物质的总量。

05.0309 磷化液总酸度 total acidity of phosphating solution
磷化液的整体酸含量。

05.0310 磷化液游离酸度 free acidity of phosphating solution
磷化液中游离氢离子的含量。

05.0311 磷化渣 phosphate slag
伴随磷化过程产生的絮状沉淀。

05.0312 磷化膜 phosphating film
通过磷化工艺在金属工件表面形成的膜状磷酸盐晶体。

05.0313 返锈 rerusting
钢铁工件经磷化处理后再次出现锈蚀的现象。多见于铁系磷化。

05.0314 挂灰 hanging ash
磷化膜干燥后在膜表面出现灰色粉末的现象。多由磷化工艺参数控制不良所致。

05.0315 粉末柱塞泵 powder piston pump
粉末喷涂系统中，利用柱塞泵将粉末由供粉桶送至喷枪的装置。可替代常规的文丘里泵。

05.0316 供粉桶 powder feeding drum
粉末喷涂系统中储存粉末的桶。常配备流化床，流化的粉末可直接输送至喷枪。

05.0317 一次上粉率 one time transfer efficiency
静电粉末喷涂中，一次喷涂附着到工件的粉末量占喷出量的比例。主要体现粉末的带电性能。

05.0318 换色 color change
喷涂过程中从喷涂一种颜色的涂料变换为喷涂另一种颜色涂料的更替过程。

05.0319 一次气 primary air
用于粉末输送的气体。

05.0320 二次气 secondary air
用于粉末雾化的气体。

05.0321 三次气 triple air
用于喷枪尖端清扫的气体。

05.0322 吐粉 spitting
粉末流化不良或粉末输送管路不畅造成的粉末喷涂间断的现象。

05.0323 竖布枪 vertically spreaded gun
自动喷涂系统中，纵向排布的喷枪。

05.0324 平布枪 horizontally spreaded gun
自动喷涂系统中，横向排布的喷枪。

05.0325 脱脂剂 degreasing agent
涂装前处理中所用的清除工件表面油脂的药剂。

05.0326 磷化液 phosphating solution
磷化工艺所用的包含磷酸、硝酸、锌离子、铁离子等的溶液。

05.0327 铬化液 chromizing solution
由强氧化剂、成膜剂、缓蚀剂、活化剂、pH缓冲剂等复配而成，铝、镁等材质工件铬化处理用的含铬酸盐的液体。

05.0328 表调剂 surface conditioning agent
用硫酸钛、二氧化钛或金属钛等制备成的液体制剂。主要发挥表调活化作用的是胶体磷酸钛。

05.0329 钝化剂 passivation agent
由强氧化剂、成膜剂、缓蚀剂、活化剂、pH缓冲剂等复配而成，金属材料工件作钝化处理用的药剂。分含铬型和无铬型等。

05.0330 真空吸涂 vacuum suction coating
一种小口径管道内壁粉末涂装技术，利用真空抽吸作用使流化的热塑性粉末进入预热的金属管道，粉末受热熔融吸附于管道内壁成膜。

05.0331 静电云雾室涂装 electrostatic cloud chamber coating
经空气雾化的粉末云，用电晕电极使其带上

电荷，再静电吸附于接地的工件表面的一种静电涂装方法。

05.0332 粉末电磁刷涂装 powder electro-magnetic brush coating

粉末粒子与聚四氟乙烯载体粒子剧烈混合使之摩擦带电，被转移到旋转磁鼓上形成磁刷，通过在磁鼓外壳和光感器之间施加静电场，使粉末黏附于接地的卷材上的一种卷材涂装方法。

05.0333 静电流化床涂装 electrostatic fluidized bed coating

将静电高压发生器的负极与流化床相连，使流化的粉末带上负电荷，在电场作用下沉积到接地的工件表面成膜的涂装技术。

05.0334 管道补口涂装 pipeline joint coating

为保证涂层的防护功能，对焊接后管道端口防腐蚀涂层进行的修补。

05.0335 修补涂装 touch up

为恢复涂层的装饰和保护功能，对受损涂膜进行的修补。

05.0336 脱漆剂 paint remover

由高溶解力的化学溶剂配制而成的试剂。用于脱除固化/硬化的涂膜。

05.0337 积放式输送链 accumulation conveyor chain

涂装线上所用的一种工件输送系统。功能完备，应用灵活，不仅能输送工件而且可以对不同的工件进行分类和储存。

05.0338 粉房溢粉 powder spray booth overflow

喷涂过程中粉末从喷房的出入口溢出的现象。可通过调整喷房气帘的气量和方向加以控制。

05.0339 预涂 pre-coating

对基底材料先作涂装处理，再加工成型的工艺。有别于先机械加工成型再涂装的传统工艺。

05.0340 预固化 pre-curing

为便于其他作业穿插其中，涂膜在正式固化工艺之前的固化过程。

05.05 涂　　装

05.0341 渗色 bleeding

有色物质从一种材料向与之接触的另一种材料的迁移过程。这可能产生不希望有的着色或变色。

05.0342 起霜 blooming

物质迁移至涂层表面形成沉积物的现象。起霜的物质可能是涂层或被涂底材中的某种成分。

05.0343 发白 blushing

又称“白化”。挥发性漆干燥过程中，漆膜有时呈现乳白色乳光的现象。这是由空气中水分沉积和（或）挥发性漆中的一种或多种固态成分析出所致。

05.0344 泛金光 bronzing

漆膜表面颜色发生变化，呈现陈旧的古铜色外观的现象。

05.0345 拖刷 brush-drag

用刷子刷涂涂料时遇到阻力的现象。这是由涂料的高剪切黏度所致。

05.0346 相容性 compatibility

两种或多种物料混合在一起，不会引起不良后果的能力。

05.0347 对比率 contrast ratio
在规定的条件下将涂料以相同厚度施涂于黑色表面和白色表面上得到的反射率的比值。

05.0348 发汗 sweating
涂料中的液体组分迁移至漆膜表面的现象。

05.0349 薄边 feather edging
重涂前对涂层边缘区域的厚度进行的薄化处理，以避免膜搭接处呈现脊状形态。

05.0350 鱼眼 fish eye
单涂层上出现的缩孔，每个缩孔的中心都有一个杂质小颗粒。

05.0351 片落 flaking
涂层因失去附着力而呈小片状脱落的现象。

05.0352 闪蒸时间 flash-off time
（1）湿碰湿施涂时，相继施涂单涂层之间所需的时间间隔。（2）在烘烤或辐射固化前使大部分挥发性物质蒸发所需要的时间。

05.0353 闪锈 flash rust
新施工的水性涂料在干燥过程中出现锈斑的现象。

05.0354 发花 floating
着色涂料中的一种或多种颜料离析出来，导致单涂层表面呈现颜色不均的条纹或斑块的现象。

05.0355 雾影 haze
高光或透明涂层呈现出乳白色乳光的现象。

05.0356 遮盖力 hiding power
涂层遮盖底材颜色或色差的能力。

05.0357 咬底 lifting
由于施涂下一道单涂层或者受溶剂的影响，干漆膜软化、溶胀或从底材上脱离的现象。

05.0358 擦伤 mar
存在于涂层表面，并在涂层上向周围延伸一定面积，因与邻近区域的光反射性质不同而肉眼可辨的瑕疵。

05.0359 条件等色 metamerism
两个样品在一种特定光源下等色，但分别具有不同的反射光谱曲线和透射光谱曲线的现象。

05.0360 不挥发物 non-volatile matter
在规定条件下，经蒸发后所得到的残余物（按质量计）。

05.0361 不挥发物体积分数 non-volatile matter by volume
在规定条件下，经蒸发后所得到的残余物的体积百分数。

05.0362 吸油量 oil absorption value
在规定条件下，颜料或体质颜料样品吸收的精制亚麻子油量。可以用体积/质量比或者质量/质量比表示。

05.0363 橘皮 orange peel
漆膜或单涂层呈现似橘子表面纹理的外观。

05.0364 喷逸 over spray
喷涂时未喷落在待涂装表面的那部分涂料。

05.0365 颜料体积浓度 pigment volume concentration，PVC
产品中颜料、体质颜料和（或）其他不成膜固体颗粒的总体积与不挥发物的总体积之比。以百分数表示。

05.0366 再涂性 recoatability
涂层对同种涂料的下一道单涂层的接受能力。

05.0367 锈蚀等级 rust grade

钢材清理前，其表面氧化皮和（或）铁锈程度的分级。

05.0368 涂布率 spreading rate

由给定数量的涂料制备要求厚度的干漆膜所能覆盖的表面面积。单位为 m^2/L 或 m^2/kg。

05.0369 表干 tack-free

用手指触摸表面不再留下明显印迹的一种涂层状态。

05.0370 挥发性有机化合物 volatile organic compound，VOC

在所处大气环境的正常温度和压力下，可以自然蒸发的任何有机液体和（或）固体。美国政府法规中规定，术语 VOC 仅限于指那些在大气中具有光化学活性的化合物（见 ASTM D3960），而任何其他的化合物被定义为豁免化合物。

05.0371 着色力 tinting strength

在规定试验条件下，有色颜料为白色颜料着色的能力。

05.0372 太阳能反射比 solar reflectance

反射的与入射的太阳辐射通量之比值。

05.0373 耐湿热性 resistance to heat and humidity

漆膜对高温高湿环境作用的抵抗能力。

05.0374 阴极剥离 cathodic disbonding

由阴极保护引起的涂层与金属表面之间的附着失败的现象。常起始于涂层体系中的某个缺陷，如涂层的意外损伤、施工缺陷或涂层的渗透性过度等。

05.0375 湿膜厚度 wet-film thickness

涂料涂覆后立即测量得到的刚涂好的湿涂层的厚度。

05.0376 干膜厚度 dry-film thickness

涂料硬化后存留在表面上的涂层的厚度。

05.0377 丝状腐蚀 filiform corrosion

发生在色漆、清漆或相关产品的涂层下，通常从涂层的暴露边缘或局部破坏开始的呈线状的一种腐蚀。通常这种线状在发展的长度和方向上是无规律的，但可以看作近似平行和近似等长。

05.0378 黑板温度计 black panel thermometer

由一块金属底板和一个热敏元件组成，热敏元件紧贴在金属底板的中央，整个装置的受光面涂有黑色涂层，可以均匀地吸收全日光光谱辐射的一种温度测量装置。

05.0379 耐黄变性 yellowing resistance

涂层，尤其是白色涂层或清漆层在老化过程中抵抗漆膜颜色变黄的能力。

05.0380 绝对白色 absolute white

物体明度为 10 的理想白色。

05.0381 绝对黑色 absolute black

物体明度为 0 的理想黑色。

05.0382 国际照明委员会 1931 标准色度系统 Commission Internationale de l'Eclairage 1931 standard colorimetric system，CIE 1931 standard colorimetric system

又称“2°视场 *XYZ* 色度系统（2° view field *XYZ* chroma system）”。由国际照明委员会（CIE）1931 年规定的，在红绿蓝（red，green，blue，RGB）颜色模型系统基础上，用数学方法，选用三个理想的原色来代替实际的三原色，将 CIE-RGB 系统中的光谱三刺激值 $\bar{r}(\lambda)$、$\bar{g}(\lambda)$、$\bar{b}(\lambda)$和色度坐标 r、g、b 均变为正值来表示的色度系统。

05.0383 国际照明委员会 1964 补充标准色度系统 Commission Internationale de l'Eclairage 1964 supplementary standard colorimetric system，CIE 1964 supplementary standard colorimetric system

又称"*10°视场 XYZ 色度系统*（10° view field *XYZ* chroma system）"。实践证明，国际照明委员会 1931 标准色度系统代表了人眼 2°视场的色觉平均特性，日常观察物体时经常超过 2°范围，国际照明委员会在 1964 年补充规定了用光谱三刺激值 $\bar{x}_{10}(\lambda)$、$\bar{y}_{10}(\lambda)$、$\bar{z}_{10}(\lambda)$ 表示的色度系统。

05.0384 颜基比 pigment/binder ratio

色漆中颜料（包括体质颜料）与漆基的体积（或质量）之比值。

05.0385 适用期 pot life

又称"*活化期*"。多组分分装的涂料相互混合后可使用的最长时间。

05.0386 最低成膜温度 minimum filming temperature，MFT

聚合物乳液能形成连续的透明膜的最低温度。

05.0387 原色 primary colour

不能用其他有色材料拼混而得到的颜色。如红色、蓝色和黄色。

05.0388 底色 undertone

应用于白色底材上的一薄层颜料和漆料混合物的颜色。

05.0389 主色 mass-tone，mass-colour

又称"*本色*"。颜料和漆料混合物在完全覆盖底材时，用反射光观察所呈现的颜色。

05.0390 消色力 lightening power

在规定试验条件下，白色颜料使有色颜料的颜色变浅的能力。

05.0391 铜光 bronzing

某些高浓度颜料在本色情况下显示的特种金属光泽。如某些铁蓝和酞菁蓝等。

05.0392 水面覆盖力 water-covering capacity

又称"*叶展性*（leaf ductility）"。单位质量的片状金属颜料漂浮在水面所覆盖的面积。

05.0393 流出时间 flow time

在装满待测液体的流出杯中，试液自流出孔开始流出至近孔处流束首次中断所经过的时间。一般以秒（s）计。

05.0394 流变性 rheologic property

涂料流动和形变的性质。

05.0395 耐冻融性 freeze-thaw resistance

水性漆（乳胶漆、电泳漆等）经受冷冻和随后融化（循环试验）后，保持其原性能的能力。

05.0396 容器中状态 condition in container

新打开容器盖的原装涂料所呈现的状况。例如，是否出现结皮、增稠、胶凝、分层、沉淀、结块等现象以及能否重新混合成均匀状态的情况。

05.0397 表面干燥时间 surface drying time

在规定的干燥条件下，一定厚度的湿漆膜，表面从液态变为固态但其下仍为液态所需要的时间。

05.0398 实际干燥时间 hard drying time

在规定的干燥条件下，一定厚度的液态漆膜从施涂好到形成固态漆膜所需要的时间。

05.0399 施工性 application property

涂料施工的难易程度。涂料施工性良好，一般是指涂料易施涂（刷、喷、浸等），流平性良好，不出现流挂、起皱、缩边、渗色、咬底；干性适中，易打磨，重涂性好，以及对施工环境要求低等。

05.0400 刷涂性 brushability
涂料刷涂的难易程度。

05.0401 抗冲击性 impact resistance
漆膜在重锤冲击下发生快速变形而不出现开裂或从金属底材上脱落的能力。

05.0402 磨光性 polishability
漆膜经磨光剂（砂蜡、上光蜡）打磨后呈现光泽的能力。

05.0403 耐盐雾性 salt fog resistance
漆膜对盐雾侵蚀的抵抗能力。

05.0404 抗粉化性 chalking resistance
漆膜抵抗由紫外光、水汽、氧气等作用而引起粉化的能力。

05.0405 保光性 gloss retention
漆膜保持其原来光泽的能力。

05.0406 耐干湿交替性 humid-dry cycling resistance
漆膜经受干湿交替作用，保持其原有性能的能力。

05.0407 [毒防污剂]渗出率 leaching rate
涂有含铜系或其他毒料的防污漆的试板浸入海水中，在一定时间内自单位面积涂层放出毒料的质量。单位一般为μg/（cm^2 • 24h）。

05.0408 耐洗刷性 scrub resistance
又称“耐擦洗性”。在规定条件下，漆膜用洗涤介质反复擦（刷）洗而保持其不损坏的能力。

05.0409 电沉积量 electrodeposition weight
在规定条件下，电泳漆被涂覆在试板上单位面积所沉积的干漆膜质量。单位一般为g/m^2。

05.0410 发浑 clouding
清漆、清油或稀释剂由于不溶物洗出而呈现出的云雾状不透明现象。

05.0411 原漆变色 discoloration of paint or varnish
涂料在储存过程中，由于某些成分的化学变化或物理变化或者与容器发生化学反应而偏离其初始颜色的现象。

05.0412 返粗 pig skin
色漆在储存过程中，由于颜料的絮凝而使研磨细度变差的现象。

05.0413 流挂 sag
涂膜上有漆液向下流淌的现象。

05.0414 刷痕 brush mark
刷涂后在干漆膜上留下的一条条脊状条纹。是由涂料干燥过快、黏度过大、漆刷太粗硬、刷涂方法不当等因素使漆膜不能流平而引起的。

05.0415 厚边 fat edge
又称“肥边”。涂料在涂漆面边缘堆积呈现脊状隆起，使干漆膜边缘过厚的现象。这是由不正确的施涂而造成的。

05.0416 蠕流 creeping
湿漆膜自然流展而超出原涂漆区的现象。

05.0417 漏涂区 miss coating
又称“漏涂点”。在某些应涂漆部位完全没有形成漆膜的一种病态。通常是由涂漆操作未按规定进行而造成的。

05.0418 接痕 lapping defect

在同一天的涂漆过程中，由于涂漆先后顺序不同而在底材上各涂漆区的边缘连接处呈现凸起的现象。

05.0419 堆漆 piling

干燥很快的漆在刷涂操作过程中变得非常黏稠，致使漆膜厚度不均的现象。

05.0420 不盖底 non-hiding

又称“露底”。已将色漆涂于底面（无论已涂漆与否）上，但干燥后仍透露出底面颜色的现象。

05.0421 残余黏性 residual tack

又称“残留黏性”。干燥（固化）后的漆膜表面仍滞留黏性的一种病态。

05.0422 失光 loss of gloss

漆膜的光泽因受气候环境的影响而降低的现象。

05.0423 回黏 after tack

全称“回黏性（after tack property）”。又称“返黏性”。干燥不发黏的漆膜表面随后又发黏的现象。

05.0424 部分酸值 partial acid value

中和树脂中所有的羧基、游离酸及部分游离酸酐的酸值。

05.0425 总酸值 total acid value

中和树脂中所有的羧基、游离酸及所有游离酸酐的酸值。

05.0426 国际照明委员会 1976 $L^*a^*b^*$色空间 Commission Internationale de l'Eclairage 1976 $L^*a^*b^*$ colour space，CIE 1976 $L^*a^*b^*$ colour space

1976 年由国际照明委员会推荐的均匀色空间。该空间是三维直角坐标系统，以明度（L^*）和色度坐标（a^*, b^*）来表示颜色在色空间中的位置。

05.0427 颜色标号 colour notation

（1）通过目视比较试样与《中国颜色体系标准样册》或《孟赛尔颜色图册》中色块而确定试样颜色的色调、明度和彩度。（2）根据试样在光源、2°视场并排除镜面光泽条件下测得的 CIE 系统刺激值（Y）和色度坐标（x,y），使用图表计算得到的颜色的色调、明度和彩度（HV/C）。

05.0428 鲜映性 distinctness of image

漆膜的平滑性和光泽的依存性质。用数字化等级表示。

05.0429 流度 fluidity

粉末在特定的压力、温度和一定速度的载气作用下，以稳定连续的速度自由流动的能力。

05.0430 胶凝时间 gel time

在特定温度下，粉末涂料从干燥的固态转变为凝胶态所需要的时间。

05.0431 玻璃板流程 glass plate flow distance

在特定温度下，粉末以熔化状态在光滑倾斜的玻璃板上能流动的距离。

05.0432 撞击熔化 impact fusion

在喷涂过程中，分散良好的粉末在施涂设备中与其他颗粒高速碰撞接触而导致的熔融倾向。

05.0433 沉积效率 deposition efficiency

沉积的粉末质量相对于喷出的粉末质量的比例。以质量分数（%）表示。

05.0434 荷质比 charge-to-mass ratio

在粉末涂料上的电荷与其质量的比例。为了达到粉末涂料涂装时的要求，粉末颗粒的荷质比至少为 10^{-4}（C/kg）。

06. 表面活性剂

06.0001 吸附 adsorption

物质迁移到界面并在界面上富集的现象。吸附是一种界面现象，可在各种界面（固-气、液-气、固-液等）上发生。

06.0002 吸附剂 adsorbent

能有效地从气体或液体中吸附某些成分的固体物质。多为多孔固体，具有较大的吸附表面和较强的选择性吸附能力。

06.0003 吸附量 adsorption quantity

在固-气和固-液界面上，单位质量或单位表面固体吸附的气体吸附质或溶液中某组分的量（质量、物质的量等）。在液-气和液-液界面上，吸附量等同于表面过剩。

06.0004 表面过剩 surface excess

又称“表面超量”。在气-液和液-液界面上，某溶质在表（界）面的浓度与内部（体相）浓度的差值。其可正可负。

06.0005 醇盐 alkoxide

又称“金属醇化物（metal alcoholate）”。醇分子中羟基上的氢被金属元素取代的有机化合物。碱金属的醇盐是固体，易水解形成醇和氢氧化物。

06.0006 烷基咪唑啉两性表面活性剂 alkyl imidazoline amphoteric surfactant

由多元胺和长链脂肪酸作用成环，再与氯乙酸反应季铵化得到的一类两性离子表面活性剂。具有低毒、生物降解完全、刺激性小、发泡性能及润湿性能良好等优点。

06.0007 烷[基]醇酰胺 alkylolamide

化学式为 $RCON(CH_2CH_2OH)_2$，非离子表面活性剂。由脂肪酸或脂肪酸酯和烷醇胺制得。具有较强的起泡稳泡作用，作为增稠剂和起泡剂使用。

06.0008 羊脂 mutton fat

又称“羊油”。主要是油酸、硬脂酸、棕榈酸和肉豆蔻酸等脂肪酸的甘油三酯。由羊的脂肪得到。

06.0009 肉豆蔻酸 myristic acid

又称“十四酸（tetradecanoic acid）”。化学式为 $CH_3(CH_2)_{12}COOH$，饱和脂肪酸。白色至黄白色硬质固体，相对密度 0.8623（25℃），熔点 54℃。不溶于水，溶于乙醇和乙醚。

06.0010 肉豆蔻油 mace oil

主要成分是肉豆蔻酚醚、丁香酚等的一种香料。相对密度0.89（25℃），折射率1.481，无色至淡黄色液体，溶于乙醇。可通过水蒸气蒸馏干肉豆蔻果仁制得。

06.0011 油酸 oleic acid

又称“顺式十八碳-9-烯酸（*cis*-9-octadecenoic acid）”“红油（red oil）”。化学式为 $C_{18}H_{34}O_2$，

含有一个双键的不饱和脂肪酸，是组成油精的脂肪酸。无色至浅黄色油状液体，久置空气中颜色变深。

06.0012 反油酸 elaidic acid

又称“反式十八碳-9-烯酸（*trans*-9-octadecenoic acid）”。化学式为$C_{18}H_{34}O_2$，白色固体，相对密度 0.8505（79℃），熔点43.7℃，沸点288℃（13.3kPa），不溶于水，溶于乙醇、乙醚、氯仿、苯等。

06.0013 十八烷基胺 octadecylamine

又称“硬脂胺”。化学式为$CH_3(CH_2)_{17}NH_2$，白色蜡状结晶，沸点 232℃（4.27kPa），凝固点54～58℃，相对密度0.8618（20℃），极易溶于氯仿，溶于醇、醚、苯，不溶于水，具有胺的通性。

06.0014 磷脂 phospholipid

含磷酸基团的复合脂。分为甘油磷脂与鞘磷脂，所含醇分别为甘油和鞘氨醇。磷脂为两性分子，是生物膜的主要成分，是天然的两性离子表面活性剂，可用于化妆品、食品及医药乳化剂等产品中。

06.0015 松香皂 rosin soap

化学式为$C_{19}H_{29}COOM$，松香酸金属盐的总称。钠皂和钾皂可溶于水，不溶于烃类，由松香与纯碱溶液或碳酸钾溶液经皂化反应制取。还有钙皂、钴皂、锰皂等。

06.0016 烷基磷酸酯盐 alkyl phosphate salt

化学式为 RM_2O_4P，一类阴离子表面活性剂。在碱性及电解质溶液中有优良的稳定性。主要用于乳化、防腐、工业清洗、纺织助剂及干洗等。

06.0017 芝麻油 sesame oil

又称“麻油”“香油”。主要是亚油酸和油酸的甘油酯，具有特别的香味。多作食用。从芝麻中提炼得到。

06.0018 皂粉 soap powder

化学式为$C_{17}H_{35}COONa$，粉末状的肥皂，主要活性成分是脂肪酸钠盐。具有天然、强去污、超低泡、易漂洗等特点。

06.0019 烷基酰胺基磺酸钠 sodium alkylamide sulfonate

化学式为$R'CON(R'')CH_2CH_2SO_3Na$，一类阴离子表面活性剂。一般 R′为长链烷基，R″为甲基或短链烷基。

06.0020 烷基芳基磺酸钠 sodium alkylaryl sulfonate

化学式为$RArSO_3Na$（R为烷基，Ar为芳基），一类阴离子表面活性剂。具有优良的润湿性能和洗涤性能。有烷基苯磺酸钠和烷基萘磺酸钠等。

06.0021 烷基萘磺酸钠 sodium alkylnaphthalene sulfonate

化学式为$RC_{10}H_6SO_3Na$，烷基芳基磺酸钠的一类。易溶于水，对酸与钙盐稳定，呈中性，在冷水中有良好的润湿性能与发泡性能。

06.0022 烷基磺酸钠 sodium alkyl sulfonate

化学式为RSO_3Na，R主要是 C_{12}～C_{18}的烷基，为一类阴离子表面活性剂。白色或淡黄色粉末，溶于水形成半透明溶液，对碱和硬水稳定。用于洗涤剂。

06.0023 烯丙基磺酸钠 sodium allyl sulfonate

化学式为$CH_2CHCH_2SO_3Na$，白色结晶粉末，易溶于水和乙醇，易吸潮。由3-氯丙烯和亚硫酸钠反应制得。

06.0024 硬脂酸聚氧乙烯醚 stearic acid polyoxyethylene ether

化学式为$(C_2H_4O)_nC_{18}H_{38}O$，浅黄色固体，

有良好的亲水性和水溶性，pH 值为 5～7，熔点45～55℃。由硬脂酸、环氧乙烷聚合或酯化制得。

06.0025 烷基聚氧乙烯醚乙酸盐 alkylpolyoxyethylene ether acetate
化学式为 $RO(C_2H_4O)_nCH_2COOM$，具有非离子和阴离子表面活性剂的共同特点。主要由烷基聚氧乙烯醚的氧化和一氯乙酸羧甲基化方法制得。主要用于洗涤剂。

06.0026 十八烷基甲苯磺酸钠 stearyltoluene sodium sulfonate，SMBS
化学式为 $C_{25}H_{45}NaO_3S$，油状液体，常温下微溶于水，高温下可溶于水。用十八醇将甲苯烷基化，再用三氧化硫（或氯磺酸等磺化剂）磺化，最后用碱中和而得。

06.0027 破乳 demulsification
将稳定的乳状液破坏，使其变成分离的油相和水相的过程。可通过添加破乳剂和采用物理机械方法实现。

06.0028 破乳剂 demulsifier
能破坏乳状液稳定性，使分散相聚集分离出来的化合物。常用的破乳剂有特殊结构的表面活性剂和聚合物。

06.0029 双子表面活性剂 gemini surfactant
又称“二聚表面活性剂（dimeric surfactant）”。通过化学键将两个表面活性剂单体连接起来而形成的表面活性剂。连接基团处于亲水基之间或接近亲水基的疏水部分之间。

06.0030 硬脂酸单甘油酯 glycerol monostearate
又称“甘油单硬脂酸酯”。化学式为 $CH_3(CH_2)_{16}COOCH_2CHOHCH_2OH$，白色或浅色固体，熔点 58～60℃，不溶于水，与热水经强烈振荡混合可分散于水中，为油包水型乳化剂，可用作化妆品、食品及医药乳化剂。

06.0031 甘油一月桂酸酯 glycerin monolaurate
又称“月桂酸单甘油酯”。化学式为 $CH_3(CH_2)_{10}COOCH_2CHOHCH_2OH$，亲脂性非离子表面活性剂。奶油色半固体糊状物，能在水中分散，溶于乙醇。由月桂酸和甘油直接酯化合成，是优良的乳化剂和分散剂。

06.0032 十六烷基三甲基溴化铵 cetyl trimethyl ammonium bromide, CTAB
化学式为 $CH_3(CH_2)_{14}CH_2N(CH_3)_3Br$，一种季铵盐类阳离子表面活性剂。白色粉末，溶于水、乙醇，用作杀菌剂和柔软剂等。

06.0033 疏水效应 hydrophobic effect
又称“疏水作用”。两亲分子的疏水基与水的亲和能力差，与水的界面自由能较高，从而自动彼此靠近并逃离水相的趋势。疏水效应是两亲分子发生吸附及自组装的主要驱动力之一。

06.0034 珠光脂酸 margaric acid
又称“十七酸（daturic acid）”。化学式为 $CH_3(CH_2)_{15}COOH$，无色片状晶体，密度为 $0.8532g/cm^3$（60℃），不溶于水，略溶于乙醇，溶于乙醚。可与碱反应，也可发生酯化、胺化反应，用于有机合成。

06.0035 仲烷基硫酸钠 *sec*-alkyl sodium sulfate
俗称“梯普尔（Teepol）”。化学式为 $RCHOSO_3Na$（R为烷基），一类阴离子表面活性剂，一般为液体，溶于水。由石油所得的烯烃经硫酸化和中和得到，一般用于液体或浆状洗涤剂。

06.0036 动表面张力 dynamic surface tension
溶质在表面上达到吸附平衡需要一定的时间，这段时间内，表面张力随时间变化，即动表面张力。

06.0037 表面 surface
有气体参加的气-液、气-固界面。

06.0038 半胱氨酸 cysteine

又称“巯基丙氨酸”。化学式为 $C_3H_7NO_2S$，分子量为121.16，无色晶体，一种含巯基的氨基酸，溶于水、乙醇、乙酸和氨水，不溶于醚和氯仿，易被氧化为胱氨酸。

06.0039 单分子层 monomolecular layer，unimolecular layer

又称“单分子膜（monomolecular film，unimolecular film）”。两亲性物质在界面上形成的一分子厚度的吸附层。

06.0040 多分子层 multimolecular layer

在界面上形成的厚度为两个分子以上的膜。多分子层中，分子按照一定的方式定向排列，如LB膜。

06.0041 硫醚 sulfur ether

化学式为R—S—R，是由两个烃基通过一个硫原子连接而成的有机化合物。由硫化钾（或硫化钠）与卤代烃或硫酸酯反应而得。

06.0042 松香酸 abietic acid

化学式为 $C_{20}H_{30}O_2$，一种三环二萜类含氧化合物，是松香的主要成分。黄白色片状晶体或结晶状粉末，不溶于水，溶于醇、苯、氯仿、丙酮、醚和二硫化碳。

06.0043 增溶作用 solubilization

又称“加溶作用”。不溶或微溶于水的有机化合物在表面活性剂水溶液中的表观溶解度显著高于纯水中，即为表面活性剂的增溶作用。

06.0044 增溶剂 solubilizer

又称“加溶剂”。具有增溶能力的表面活性剂。

06.0045 自组装 self-assembly

在无人为干涉条件下，表面活性剂等两亲分子通过非共价键作用自发地缔合成亲水基朝向水、疏水基远离水的分子有序排列的聚集体的过程。

06.0046 自组装膜 self-assembled film，self-assembled membrane

利用液相吸附和吸附层接枝技术在固体表面形成的具有一定取向的、紧密排列的单分子层或多分子层。

06.0047 氯化烷基三甲基铵 alkyl trimethyl ammonium chloride

化学式为 $RN(CH_3)_3Cl$，常用作有机膨润土覆盖剂，有效物含量为35%±2%。亲油性强、稳定性好、胶体率高、耐高温。由石蜡氧化合成的脂肪酸等为原料制得，用于油田深井开采。

06.0048 相体积分数 phase volume fraction

在液-液分散系统中，内相占乳状液总体积的百分数。例如，具有相同粒径的液珠均匀紧密堆积时，分散相的体积分数为74%。

06.0049 相行为 phase behavior

表面活性剂溶于水中，体系会发生一系列相变，出现多种相态，如胶束、液晶等，表面活性剂所表现出的相态的变化。可以通过制作相图来研究相行为。

06.0050 协同效应 synergistic effect

又称“增效作用（synergism）”。两种或两种以上的组分相加或调配在一起，所产生的作用大于各种组分单独应用时作用总和的现象。

06.0051 洗涤作用 detergency

洗涤过程中，借助于某些化学物质（如洗涤剂）减弱污物和固体表面的黏附作用，并施以机械力搅拌，使污物与固体表面分离而悬浮于液体介质中，最后将污物洗净、冲走。

06.0052 外相 outer phase

又称“连续相（continuous phase）”。液-液

分散体系中，一种液体以小液珠形式分散在另一种液体中的分散介质。

06.0053 憎液溶胶 lyophobic sol
分散相与分散介质没有亲和力或只有很弱亲和力的溶胶。

06.0054 乳脂 butterfat
从动物的乳汁中分离出的脂肪。是食用黄油和奶油的主要成分。

06.0055 润湿作用 wetting action
凝聚态物体表面上的一种流体被另一种与其不相混溶的流体取代的过程。是一种界面现象。

06.0056 润湿剂 wetting agent
能有效改善液体（通常为水或水溶液）在固体表面润湿性质的物质。润湿剂大多是表面活性剂，能够降低接触角。

06.0057 囊泡 vesicle
一定条件下，由两亲分子的双分子层弯曲形成的封闭结构，包括单室和多室囊泡。磷脂形成的囊泡称为“脂质体”。

06.0058 内相 inner phase
又称“分散相（dispersed phase）”。液-液分散体系中，以小液珠形式存在、被分散的物质。

06.0059 黏附 adhesion
固体表面剩余力场与其紧密接触的固体或液体的质点相互吸引的现象。黏附的本质和吸附一样，都是两种物质之间表面力作用的结果。黏附作用可通过两固相相对滑动时的摩擦、固体粉末的聚集和烧结等现象表现出来。

06.0060 两性表面活性剂 amphoteric surfactant
分子结构中同时含有阴离子、阳离子、非离子中的两种或两种以上亲水基的表面活性剂。

06.0061 两性离子表面活性剂 zwitterionic surfactant
亲水基同时含带正电荷部分和带负电荷部分的表面活性剂。如甜菜碱、氨基酸型表面活性剂。

06.0062 临界胶束浓度 critical micelle concentration，CMC
溶液中开始大量形成胶束时表面活性剂的浓度，也是溶液性质发生突变的浓度。是表征表面活性剂性质的重要参数之一。

06.0063 克拉夫特点 Krafft point
又称“临界溶解温度（critical solution temperature）”。升高温度时，离子表面活性剂溶解度缓慢上升，当达到某个温度时，溶解度急剧增加，该温度即为克拉夫特点。

06.0064 抗静电剂 antistatic agent
将物体表面聚集的静电荷导引或消除的化学品，一般是表面活性剂。常用的是磷酸酯类表面活性剂和阳离子表面活性剂。

06.0065 胶束 micelle
又称“胶团”。在水中，表面活性剂的浓度达到一定值后，疏水基相互靠近、亲水基朝向水，形成的胶粒大小的聚集体。其大小和性质与浓度有关。

06.0066 胶束催化 micellar catalysis
又称“胶团催化”。胶束作为微反应器可以富集或排斥某些反应物，改变反应物的局部浓度，从而抑制或加速化学反应的作用。

06.0067 胶束聚集数 micellar aggregation number
一个胶束内含有的表面活性剂分子或离

子的平均数目。是表征胶束大小的重要参数之一。可用静态光散射法测得。

06.0068 胶体分散体系 colloidal dispersion system
物质存在的一种状态，即1nm～1μm大小的粒子（分散相）分散于介质（连续相）中形成的分散体系。

06.0069 接触角 contact angle
在气、液、固三相交点处所作的气-液界面的切线穿过液相与固-液交界线之间的夹角。用 θ 表示，是润湿程度的量度。

06.0070 界面 interface
两相间的边界区域。根据物质三态的不同，包括气-液、气-固、液-液、液-固和固-固等界面。

06.0071 界面膜 interfacial film
表面活性物质在界面上富集，定向排列形成的吸附膜。亲水基朝向极性较大的相，疏水基朝向极性较小的相。

06.0072 界面张力 interfacial tension
气-液、气-固、液-液、液-固、固-固等两相的表面接触，其界面产生的力。

06.0073 界面自由能 interfacial free energy
恒温恒压下增加单位界面面积时，体系自由能的增量。常用单位是 mJ/m^2。

06.0074 钾皂 potassium soap
又称“软皂（soft soap）”。脂肪酸钾盐的统称，是阴离子表面活性剂。通常是由油脂与氢氧化钾水溶液经皂化反应制取。质地比钠皂软。

06.0075 钠皂 sodium soap
又称“硬皂（hard soap）”。脂肪酸钠盐的统称。通常由油脂与氢氧化钠水溶液经皂化反应制取。一般为固体。

06.0076 精氨酸 arginine
又称“*α*-氨基-*δ*-胍基戊酸（*α*-amino-*δ*-guanidinovaleric acid）”。化学式为 $C_6H_{14}N_4O_2$。是人体必需氨基酸。分子量174.20，熔点244℃，无色晶体，从水中结晶得到二水合物，溶于水，微溶于乙醇，不溶于乙醚。

06.0077 工业洗涤剂 industrial detergent
在工业上用来去除污垢的化学或生物制剂的统称。

06.0078 家用洗涤剂 household detergent
以住宅和家庭设备、用具、衣物和精细物品为对象的洗涤剂。分为衣物用洗涤剂、住宅用洗涤剂、厨房用洗涤剂和精细物品用洗涤剂四类。

06.0079 餐具洗涤剂 tableware detergent
专门为洗涤各类餐具而设计的洗涤剂。具有较强的去污能力，通过渗透、乳化、分散等作用，能快速去除各种食物残渍和油脂。

06.0080 发泡作用 foaming effect
能够降低液相的表面张力和体系的表面自由能，使泡沫得以形成的作用。

06.0081 反胶束 reverse micelle
又称“反胶团”。表面活性剂溶于非极性溶剂中，超过一定浓度时自发形成的一种亲水基朝内、疏水基朝外的分子有序组合体。

06.0082 反应性表面活性剂 reactive surfactant
带有反应基团的表面活性剂。其能够与所吸附的基体发生化学反应键合到基体表面，从而发挥表面活性作用。

06.0083 分散介质 disperse medium
分散系统中，分散相分散于其中的物质。

06.0084 分散作用 dispersive action

将分散相分布于分散介质中形成相对稳定的体系的全过程。

06.0085 分子占有面积 molecular occupied area

表面活性分子或离子吸附于界面上，界面膜中每个分子占据的平均面积。根据吉布斯（Gibbs）吸附公式计算得到。据此可以推断分子的排列状态。

06.0086 高分子表面活性剂 polymeric surfactant

分子量在 10000 以上且具有表面活性的物质。如聚醚、阳离子聚合物等。

06.0087 冠醚型表面活性剂 crown ether type surfactant

以冠醚作为亲水基团，且在冠醚环上连接有长链烷基、苯基等憎水基团的化合物及其衍生物。

06.0088 环糊精型表面活性剂 cyclodextrin type surfactant

淀粉经酶解得到的环状低聚糖。羟基构成环糊精的亲水表面，碳链骨架构成环糊精的疏水内空腔。常见的环糊精由 6 个、7 个、8 个葡萄糖单元通过 α-1,4-糖苷键连接而成，分别称为 α-环糊精、β-环糊精、γ-环糊精。

06.0089 聚醚型非离子表面活性剂 polyether type nonionic surfactant

由含有活泼氢原子（羟基、羧基、氨基等中）的疏水物质和环氧乙烷及环氧丙烷反应制得的非离子表面活性剂。

06.0090 消泡剂 TS-103 defoamer TS-103

由液体石蜡、硬脂酸等配制而成的乳白色液体。极易分散到任何比例的水中，具有高效消泡能力。用作工业循环冷却水系统清洗及预膜过程中的止泡剂。

06.0091 吗啉型阳离子表面活性剂 morpholine type cationic surfactant

化学式为$(CH_2CH_2O)_2N^+R(R')CH_3SO_4^-/X^-$，长链烷基吗啉与烷基化试剂（如硫酸二甲酯、卤代烷等）发生季铵化反应得到的阳离子表面活性剂。其中，R 为长烷基链，R′为较短烷基链。主要用作润湿剂、洗净剂、杀菌剂、乳化剂、纤维柔软剂、染料固色剂等。

06.0092 色必明型阳离子表面活性剂 Sapamine type cationic surfactant

化学式为 $C_{17}H_{33}CONHCH_2CH_2N(C_2H_5)_2 \cdot HX$，酰胺基铵盐型表面活性剂。油酸与三氯化磷反应生成油酰氯，再与 *N,N*-二乙基乙二胺缩合，经酸处理后得到。按其反离子 X 不同，得到不同的商品品种。

06.0093 索罗明 A 型阳离子表面活性剂 Soromine A type cationic surfactant

化学式为$[C_{17}H_{33}COOCH_2CH_2NH(C_2H_4OH)_2]^+X^-$，以酯键连接疏水基和氮原子的阳离子表面活性剂。由脂肪酸与含羟基的胺类（如三乙醇胺）加热脱水缩合得到中间体脂肪酸酰氧乙基二乙醇胺，再用酸中和制得。可用作纺织助剂，是重要的纤维柔软剂。

06.0094 三嗪型阳离子表面活性剂 triazine type cationic surfactant

含有三嗪环的杂环阳离子表面活性剂。一般以三聚氰胺或三氯均三嗪为原料，经季铵化得到。主要用作纤维处理剂、柔软剂、匀染剂等。

06.0095 鎓盐型阳离子表面活性剂 iodonium salt type cationic surfactant

亲水基活性中心为除氮元素外其他可携带正电荷元素的一类表面活性剂。包括季鏻盐、锍盐、碘鎓化合物等。

06.0096 乙酸型咪唑啉两性离子表面活性剂 acetic acid type imidazoline amphoteric surfactant

化学式为 $CH_2CH_2N{=}C(R)N^+(CH_2CH_2OH)CH_2COO^-$，由脂肪酸和羟乙基乙二胺进行脱水缩合反应，首先形成酰胺结构，再脱水形成咪唑啉中间体，最后再与乙酸进行反应制得。

06.0097 元素表面活性剂 elemental surfactant

含有氟、硅、磷、硼等元素的表面活性剂。

06.0098 防沫剂 antifoamer

又称“抗泡剂”“消泡剂（defoamer）”。能降低水、溶液、悬浮液等的表面张力，防止泡沫形成或使原有泡沫减少或消失的物质。常用的有饱和醇、脂肪酸及其酯类、高级脂肪酸的金属盐类（金属皂）、磺化油和有机硅油等。

06.0099 消泡作用 defoaming effect

通过降低液膜的表面张力和黏度、加快排液等过程加速泡沫破裂消失的作用。

06.0100 微乳 microemulsion

由水、油、表面活性剂和助表面活性剂形成的分散相液滴直径为 10～100nm 的胶体分散系统。包括水包油、油包水和双连续相三种类型。

06.0101 微生物油脂 microbial oil

又称“单细胞油脂（single cell oil）”。由酵母菌、霉菌、细菌和藻类等微生物在一定条件下，以碳水化合物、碳氢化合物和普通油脂为碳源，所转化的在微生物体内大量储存的油脂。

06.0102 稳泡性 foam stability

能够提高气泡稳定性、延长泡沫破灭半衰期的性质。

06.0103 污垢再沉积 dirt redeposition

从织物纤维或其他物体洗脱下来的不溶解固体污垢，分散并悬浮于洗涤溶液后，再次返回沉积到织物或其他物体上的现象。

06.0104 渗透作用 permeation

两种不同浓度的溶液隔以半透膜（允许溶剂分子通过，不允许溶质分子通过的膜），水分子或其他溶剂分子从低浓度的溶液通过半透膜进入高浓度溶液中的现象。

06.0105 渗透剂 JFC permeating agent JFC

化学式为 $RO(CH_2CH_2O)_nH$，主要成分为脂肪醇聚氧乙烯醚的一种非离子表面活性剂。

06.0106 渗透剂 OT permeating agent OT

化学式为 $C_{20}H_{37}NaO_7S$，主要成分为顺丁烯二酸二异辛酯磺酸盐、磺化琥珀酸二辛酯钠盐的一种阴离子表面活性剂。具有渗透快速、均匀，润湿性、乳化性、起泡性均佳等特点，不耐强酸、强碱、重金属盐及还原剂等。

06.0107 亲水基 hydrophilic group

又称“疏油基（lyophilic group）”。极性较大的极性基团，对水有较强的亲和力，可吸引水分子或溶解于水。

06.0108 亲水-亲油平衡值 hydrophile-lipophile balance value，HLB

表示表面活性剂亲水性强弱的参数。通常 HLB 在 1～40 范围内。数值越大，亲水性越强。可作为选择表面活性剂的参考。

06.0109 亲油基 hydrophobic group

又称“疏水基”。极性较小的非极性基团，对非极性有机溶剂有较强的亲和力，易溶于非极性溶剂中。

06.0110 缓蚀剂 corrosion inhibitor

又称“腐蚀抑制剂”。以适当的浓度和形式存在于环境（介质）中时，可以防止或减缓材料腐蚀的化学物质。

06.0111 缓蚀作用 corrosion inhibition
抑制或减缓材料被腐蚀的作用。通过在材料表面吸附缓蚀剂或改变介质的性质来实现。

06.0112 表面活性物质 surface active agent
能够降低溶液的表（界）面张力的物质。一般为极性有机化合物。表面活性剂是典型的表面活性物质。

06.0113 阻垢缓蚀剂 HAG antiincrustation corrosion inhibitor HAG
主要成分是腐殖酸钠。棕褐色固体粉末，易溶于水，溶液呈茶褐色。具有阻垢、缓蚀和泥垢调节作用。

06.0114 钙皂分散剂 lime soap dispersing agent
具有防止在硬水中形成皂垢悬浮物功能的物质。在洗涤时能阻止肥皂形成钙皂，增加其溶解度，从而提高肥皂的洗涤力。

06.0115 钙皂分散能力 lime soap dispersing power，LSDP
通常用分散指数来衡量。分散指数是指完全分散难溶性金属皂（钙皂、镁皂）所需分散剂的最低量。以油酸钠在一定硬水中所需分散剂的质量分数表示该分散剂的分散指数。该值越低，钙皂分散能力越强。

06.0116 粗分散体系 coarse disperse system
分散相粒子的大小超过 100nm 的分散体系。如乳浊液、悬浊液等。

06.0117 浸湿 immersion
固体浸入液体中的过程。此过程的实质是固-气界面被固-液界面代替，而液体表面在此过程中并无变化。

06.0118 沾湿 adhesional wetting
液体与固体从不接触到接触，液-气界面和固-气界面变为固-液界面的过程。

06.0119 铺展 spreading
以固-液界面取代固-气界面，同时液体表面扩展的过程。

06.0120 起泡性 foamability
有助于溶液、塑料等物质产生气泡的能力。

06.0121 防锈剂 antirusting agent
增强油品抵抗空气中氧、水分侵蚀金属表面导致生锈的化合物。

06.0122 生物表面活性剂 biosurfactant
由细菌、酵母和真菌等微生物在代谢过程中分泌的具有表面活性的物质。包括糖脂类、含氨基酸类酯、磷脂、脂肪酸中性脂、结合多糖、蛋白质及脂的高分子聚合物和特殊生物表面活性剂等。可通过发酵法和酶催化法制备。

06.0123 生物降解性 biodegradability
有机物质通过生物代谢作用得到分解（有机化合物被破坏或矿化为无机化合物）的可能性。其中微生物降解的作用最大，故一般指环境污染物被微生物降解的可能性。

06.0124 油包水型乳化剂 water-in-oil emulsifier
能够将水相分散于油相中形成稳定的油包水型乳状液的乳化剂。

06.0125 皂苷 saponin
全称“皂草苷”“皂角苷”，俗称“皂素”。能形成水溶液或胶体溶液并能产生泡沫和起乳化作用的糖苷（配糖物）。包括甾体皂苷和三萜皂苷两类，具有较强的表面活性。

06.0126 中和值 neutralization value
油品酸碱性的量度，也是油品的酸值或碱值的习惯统称，是以中和一定质量的油品所需的碱或酸的相当量来表示的数值。测定方法参考国标 GB/T 4945—2002。

06.0127 复配体系 mixed system

在实际应用中，通常需要将一种或几种表面活性剂混合使用，即表面活性剂复配体系。复配体系一般比单一表面活性剂具有更优越的性能。

06.0128 三聚磷酸钠 sodium tripolyphosphate, STPP

又称“三磷酸五钠（pentasodium triphosphate）”。化学式为 $Na_5P_3O_{10}$，白色粉末状结晶，呈链状分子结构，易溶于水，其水溶液呈碱性。常在食品和洗衣粉中用作水分保持剂、品质改良剂、pH 调节剂、金属螯合剂。

06.0129 三乙醇胺 triethanolamine

化学式为 $N(CH_2CH_2OH)_3$。无色黏稠液体，密度 1.1242（20/4℃），熔点 20～21℃，沸点 360℃，有吸湿性，溶于水、乙醇和氯仿，微溶于乙醚和苯。有碱性，可以吸收二氧化碳和硫化氢等气体。

06.0130 驱油剂 oil-displacing agent

石油钻探开采时用以提高原油采收率的助剂。常用的是聚合物型驱油剂，如超高分子量聚丙烯酰胺。

06.0131 农药助剂 pesticide adjuvant

能辅助主要药剂使其充分发挥效能的物质。一般包括填料、润湿剂、乳化剂、溶剂、增效剂、分散剂和黏着剂等。

06.0132 山茶油 camellia oil

简称“茶油”，又称“茶籽油”。由油茶籽所得的非干性油。相对密度 0.915～0.919（15℃），凝固点–12～–5℃。主要成分为油酸和亚油酸的甘油酯，可用作食用油、发油、润滑油等。

06.0133 豆油 soy oil

全称“大豆油（soybean oil）”。由大豆（含油 15%～26%）所得的半干性油。相对密度 0.922～0.927（15℃），凝固点–18～–8℃。主要成分是亚油酸和油酸的甘油酯。

06.0134 橄榄油 olive oil

由油橄榄的果实（含油 35%～60%）所得的非干性油。油色青黄，有香味，相对密度 0.9145～0.9190（15℃），凝固点–6℃。主要是油酸、软脂酸和亚油酸的甘油酯。

06.0135 抗静电剂 P antistatic agent P

化学式为 $C_{16\sim20}H_{31\sim39}O_8N_2P$。磷酸酯二乙醇胺盐，棕黄色黏稠膏状物。有机磷含量为 6.5%～8.5%，pH 值为 8～9，易溶于水及有机溶剂，有一定的吸湿性，具有抗静电及润滑作用。

06.0136 癸醇 decylalcohol, decanol

全称“正癸醇”。化学式为 $CH_3(CH_2)_8CH_2OH$，相对密度 0.8287（25℃），熔点 6℃，无色透明液体，有香味。天然存在于甜橘油、橙花油、杏花油、黄葵子油中。由椰油酸（椰油脂肪酸）还原而得，也可由乙烯经控制聚合后再经水解、分离而得。

06.0137 葵花油 sunflower oil

从葵花籽中提取出来的油，色泽浅黄，透明澄清，滋味芳香，没有异味。含有维生素 A、维生素 B、维生素 D 和维生素 E，并富含不饱和脂肪酸，如亚油酸。

06.0138 槐糖脂 sophorolipid

化学式为 $C_{34}H_{56}O_{14}$，一种生物表面活性剂。亲水部分是槐糖（两个葡萄糖分子以 β-1,2-糖苷键结合），疏水部分是饱和或不饱和的长链 ω-羟基脂肪酸或 ω-1-羟基脂肪酸。毒性低，与人体和环境相容性好，具有良好的乳化、分散、增溶等特性。主要采用微生物发酵法制备。

06.0139 抗静电剂 TM antistatic agent TM

化学式为 $C_8H_{21}O_7NS$。甲基三羟乙基甲基硫酸铵，淡黄色油状液体，易溶于水，具有吸潮性。由三乙醇胺加硫酸二甲酯季铵化制得，是聚丙烯腈、聚酯、聚酰胺等合成纤维的优良静电消除剂。

06.0140 米糠油 rice bran oil

对稻谷加工过程中得到的副产品米糠进行压榨或浸出处理制取的一种稻米油。精炼米糠油为淡黄色到棕黄色油状液体，相对密度0.913～0.928（15/25℃），熔点–5～–10℃，碘值 98～110。主要成分是油酸和亚油酸。

06.0141 棉籽油 cottonseed oil

暗红褐色油，有轻微坚果香味。由棉花作物的种子用机械压榨法或溶剂萃取法提取得粗产品，精炼后得纯品。精炼后可供人食用，含有大量人体必需的脂肪酸。

06.0142 木焦油酸 lignoceric acid

又称“二十四酸（tetracosanic acid）”。化学式为 $CH_3(CH_2)_{22}COOH$，熔点 80～82℃，沸点 272℃（10mmHg），是鞘磷脂和角苷脂的组成成分，异构体为巴西棕榈酸。在山毛榉、栎树等的焦油、花生油中以甘油酯的形态存在，经水解反应制得。

06.0143 牛油 beaf tallow

又称“牛脂”。白色或微黄色蜡状固体，相对密度 0.937～0.953（15℃），凝固点 27～38℃。主要是油酸、棕榈酸和硬脂酸的甘油酯，由牛的脂肪组织而得。

06.0144 山萮酸 behenic acid

又称“二十二酸（docosanoic acid）”。化学式为 $CH_3(CH_2)_{20}COOH$，熔点 72～80℃，沸点 306℃（60mmHg），无色针状结晶或蜡状固体，不溶于水，难溶于甲醇。以甘油酯的形式存在于硬化菜油和硬化鱼油中，少量存在于花生油、菜籽油、芥子油中。

06.0145 石油磺酸盐 petroleum sulfonate，PS

化学式为 $C_{23}H_{38}SO_3M$，成分复杂的阴离子表面活性剂，主要是烷基苯磺酸盐、烷基萘磺酸盐、脂肪烃类磺酸盐、环烷烃类磺酸盐等的混合物（包括钙盐、镁盐、钡盐和钠盐）。可用于采油、金属清洗、矿物浮选、农药乳化等。

06.0146 鼠李糖脂 rhamnolipid

化学式为 $C_{26}H_{48}O_9$，由假单胞菌或伯克氏菌产生的一种生物代谢性质的生物表面活性剂。亲水基一般由 1～2 分子的鼠李糖构成，疏水基由 1～2 个具有不同碳链长度的饱和脂肪酸或不饱和脂肪酸构成。

06.0147 桐[油]酸 eleostearic acid

又称“十八碳-9,11,13-三烯酸（octadeca-9,11,13-trienoic acid）”。化学式为 $C_{18}H_{30}O_2$，亚麻酸的重要异构体，白色晶体。有多种顺反异构体，其中 α-桐酸和 β-桐酸应用更广泛。

06.0148 土耳其红油 Turkey red oil

又称“太古油（alizarine oil）”“硫化蓖麻油（sulfonated castor oil）”。化学式为 $C_{18}H_{32}Na_2O_6S$，主要成分为蓖麻酸硫酸酯钠盐，阴离子表面活性剂。具有优良的乳化性、渗透性、扩散性和润湿性。由蓖麻油和浓硫酸在较低的温度下反应，再经氢氧化钠中和而成。用作棉织物煮练助剂、皮革工业加脂剂、农药乳化剂等。

06.0149 辛酸甲酯 methyl caprylate

全称“正辛酸甲酯”。化学式为 $CH_3(CH_2)_6COOCH_3$，无色至浅黄色澄清液体，具有酒、水果香气，极难溶于水，溶于乙醇、乙醚、油类等有机溶剂中。是允许使用的食用香料，主要用于配制水果型香精。

06.0150 亚麻油 linseed oil

全称“亚麻籽油”。化学式为 $C_{18}H_{30}O_2$，由亚麻籽（含油 34%～40%）所得的干性油。淡黄色到棕黄色，相对密度 0.931～0.938（15℃），凝固点–16～–25℃。主要是亚麻酸、亚油酸和油酸的甘油酯。

06.0151 椰子油 coconut oil

简称“椰油”。由椰子的干燥果肉（含油63%～70%）经压榨、提炼所得的油。相对密度0.903（25℃），熔点20～28℃。主要是月桂酸、肉豆蔻酸和油酸的甘油酯。

06.0152 硬脂醇 stearyl alcohol

又称“1-十八醇（octadecyl alcohol）”“正十八醇（1-octadecanol）”。化学式为$CH_3(CH_2)_{16}CH_2OH$，白色片状或针状结晶，或块状固体，相对密度 0.812（59℃），熔点58.5℃，有香味，挥发性小，不溶于水，可溶于氯仿、醇、醚、丙酮、苯等有机溶剂。

06.0153 硬脂酸 stearic acid

又称“十八酸（octadecanoic acid）”。化学式为$CH_3(CH_2)_{16}COOH$，纯品为白色略带光泽的蜡状小片结晶体，相对密度0.9408，熔点70～71℃，沸点383℃，易溶于乙醚等有机溶剂。

06.0154 硬脂酸甲酯 methyl stearate

又称“十八酸甲酯（octadecanoic acid methyl ester）”。化学式为$CH_3(CH_2)_{16}COOCH_3$，液态至半固态，相对密度 0.8498，熔点 39～42℃，沸点443℃，不溶于水，溶于醚、醇。由硬脂酸和甲醇酯化制得。

06.0155 油醇 oleyl alcohol

又称“9-十八烯-1-醇（9-octadecene-1-ol）”。化学式为 $CH_3(CH_2)_7CH{=\!=}CH(CH_2)_7CH_2OH$，无色或淡黄色油状液体，相对密度0.8489，熔点 6～7℃，沸点 333℃，溶于乙醇、乙醚，不溶于水。

06.0156 吸附胶束 admicelle

又称“吸附胶团”。表面活性剂在超过一定浓度时吸附于固体表面形成的二维缔合物。

06.0157 月桂醇 lauryl alcohol

又称“十二醇（dodecanol）”。化学式为$CH_3(CH_2)_{10}CH_2OH$，浅黄色油状液体或固体，相对密度0.831（24℃），熔点24℃，沸点255～259℃，不溶于水，溶于乙醇和乙醚。用于洗涤剂、化妆品和某些香精中。

06.0158 月桂酸甲酯 methyl laurate

又称“十二酸甲酯（methyl dodecanoate）”。化学式为$CH_3(CH_2)_{10}COOCH_3$，无色油状液体，由月桂酸与甲醇酯化而得。相对密度0.8702（20℃），熔点4.5～5℃，沸点141℃（2kPa），能与乙醇、乙醚、苯、丙酮混溶，不溶于水。

06.0159 棕榈醇 hexadecanol

又称“十六烷醇（cetanol）”“鲸蜡醇（cetol）”。化学式为$CH_3(CH_2)_{14}CH_2OH$，白色晶体。相对密度0.818（25℃），熔点49℃，沸点344℃，不溶于水，溶于乙醇、氯仿、乙醚，有一定的吸水性。最初由鲸蜡经皂化、还原制得，现多由棕榈油经皂化、还原制得。

06.0160 脂多糖 lipopolysaccharide，LPS

脂质和多糖的复合物，白色至微褐色絮状冻干粉，分子量大于10000，结构复杂，为革兰氏阴性菌细胞壁的主要成分。

06.0161 气凝胶 aerogel

由纳米级胶体粒子或聚合物分子聚结而成的网状结构多孔性新型固态材料。孔中为气态分散介质。气凝胶的孔径大小为1～100nm。

06.0162 脂肪酸单甘酯 fatty acid monoglyceride

化学式为$C_{21}H_{42}O_4$，一分子脂肪酸与甘油中的一个羟基反应形成的酯。有两种构型，是一种重要的食品乳化剂。脂肪酸单甘酯一般可为油状、脂状或蜡状，色泽为淡黄色或象牙色，有油脂味或无味，亲水亲油平衡值（HLB）为2～5。

06.0163 油脂 grease

油和脂肪的统称。主要成分是脂肪酸的三甘

油酯，具有疏水性，在动植物界分布极广。一般在常温常压下为液态的称为油，为固态的称为脂。

06.0164 动物油脂 animal fat

动物体内的油脂。可分为陆生温血动物和禽类的油脂，如猪油，一般为固态；海生哺乳动物和鱼类的油脂，如鱼油，一般为液态。

06.0165 螯合型表面活性剂 chelating surfactant

由有机螯合剂如乙二胺四乙酸、柠檬酸等衍生的具有螯合功能的表面活性剂。

06.0166 丙二醇聚醚 propylene glycol polyether

俗称“普朗尼克（Pluronic）”。化学式为$HO\cdot(C_2H_4O)_m\cdot(C_3H_6O)_n\cdot H$，高分子非离子表面活性剂，为聚氧乙烯醚嵌段共聚物，无色透明液体至白色膏体/固体，分子量为1000～20000,亲水亲油平衡值（HLB）为1～30，因HLB跨度较大，所以应用范围较广，随HLB的减小，产品逐渐不溶于水，溶于乙醇、甲苯等有机溶剂。以丙二醇为引发剂，由环氧乙烷、环氧丙烷聚合制得。

06.0167 单烷基醚磷酸酯 monoalkyl ether phosphate

化学式为$(RO)P(O)(OH)_2$，磷酸的衍生物，是磷酸中的一个氢原子被烷基醚取代的化合物。

06.0168 气溶胶 aerosol

以液体或固体为分散相和以气体为分散介质所形成的溶胶。例如，雾是水滴分散在空气中的气溶胶。

06.0169 烷基磷酸酯 alkyl phosphonate

化学式为$(RO)_3P$，磷酸的衍生物，是磷酸中三个氢原子被烷基取代的化合物。简单的烷基磷酸酯可以用三氯氧磷和相应的醇反应制得。可用于化妆品、洗涤剂、外用药乳化剂、增溶剂、塑料抗静电剂、合成纤维油剂等产品中。

06.0170 甘油三脂 triglyceride

化学式为$R_1COOCH_2CHCOOR_2CH_2COOR_3$，甘油的三个羟基和三个脂肪酸分子缩合失水后形成的酯。是动植物细胞贮脂的主要成分，不溶于水。

06.0171 高级脂肪酸盐 senior fatty acid salt

俗称“肥皂（soap）”。化学式为RCOOM，其中R为C_7～C_{19}的烷基，M为Na^+、K^+等，高级脂肪酸的钠盐、钾盐、有机胺盐、锌盐、钙盐和铝盐等的统称。

06.0172 高能表面固体 high energy surface solid

表面张力大于100mN/m的固体。如无机固体、金属及其氧化物、卤化物等，可被一般液体所润湿。

06.0173 琥珀酸双酯磺酸盐 sulfosuccinate diester

化学式为$ROCOCH_2CH(SO_3M)COOR$，由亚硫酸钠或亚硫酸氢钠对顺丁烯二酸酐与各种羟基化合物缩合而得的琥珀酸酯双键进行加成反应制得的阴离子表面活性剂。可用于日用化工、皮革、医药、印染、造纸、感光材料等。

06.0174 琥珀酸单酯磺酸盐 sulfosuccinate monoester

化学式为$ROCOCH_2CH(SO_3M)COOM$。阴离子表面活性剂，具有优异的乳化、润湿及渗透等性能。可用于日用化工、皮革、医药、印染、造纸、感光材料等。

06.0175 脂肪醇聚氧乙烯醚（3）磺基琥珀酸单酯二钠 fatty alcohol polyoxyethylene ether (3) disodium sulfosuccinate monoesterdisodium

化学式为$RO(C_2H_4O)_3COCH_2CH(SO_3Na)CO$

ONa，无色至淡黄色黏稠液体，溶于水及乙醇中。具有良好的发泡、去污、乳化和匀染性能，抗硬水性好，可生物降解。与其他阴离子表面活性剂复配可降低其刺激性。可用于洗发香波、浴液、液体洗涤剂等产品中。

06.0176 磺基琥珀酸十一烯酸酰胺基乙酯钠盐 sodium salt of sulfosuccinate undecenoic acid amido ethyl ester

化学式为 $C_{10}H_{19}CONHCH_2CH_2OCOCH_2CH(SO_3Na)COONa$，阴离子表面活性剂，有良好的去污和起泡性能，有去头屑和杀真菌的作用，对某些皮肤病有辅助疗效。可用于洗发香波、浴液等个人护理用品中。

06.0177 磺基琥珀酸烷基酚聚氧乙烯醚酯盐 sulfosuccinate alkylphenol polyoxyethylene ether ester salt

淡黄色黏稠透明液体，溶于水及乙醇。有优良的乳化、润湿和增溶性能。

06.0178 磺基琥珀酸油酰胺基乙酯钠盐 sulfosuccinate oil amide ethyl ester sodium salt

化学式为 $C_{17}H_{33}CONHCH_2CH_2OCOCH_2CH(SO_3Na)COONa$，淡黄色至琥珀色浊状液体或分层液体（20℃以上透明）。可与其他表面活性剂复配，并可降低其刺激性。有良好的调理性，有护肤和护发作用。可用于洗发香波、浴液等个人护理用品中。

06.0179 椰油酰胺磺基琥珀酸单酯二钠 disodium cocoamide sulfosuccinic acid monoester

化学式为 $RCONHCH_2CH_2OCOCH_2CH(SO_3Na)COONa$，R 为椰油基。阴离子表面活性剂，淡黄色半黏稠透明液体。具有优良的乳化性、分散性、润湿性，泡沫细腻丰富，无滑腻感，容易冲洗。能与其他表面活性剂配伍，可用于个人护理用品中。

06.0180 磺基甜菜碱 sulphobetaine, SB

化学式为 $CH_3(CH_2)_nN^+(CH_3)_2(CH_2)_mSO_3^-$，$n$=7～17，$m$≥2，是三烷基胺内盐化合物。由叔胺和氯乙基磺酸钠或 2-羟基-3-氯丙基磺酸钠反应制得，目前多采用叔胺与氯丙烯反应，再与亚硫酸氢钠反应制得。可用于洗发香波、浴液、液体洗涤剂等产品中。

06.0181 甲基纤维素 methylcellulose

化学式为 $C_6H_{12}O_6$，白色或类白色纤维状或颗粒状粉末，无臭，无味。在水中溶胀成澄清或微浑浊的胶体溶液，在无水乙醇、氯仿或乙醚中不溶。

06.0182 聚丙烯酸钠 sodium polyacrylate

化学式为$(C_3H_3NaO_2)_n$，一种新型功能高分子材料和重要化工产品，固态产品为白色（或浅黄色）块状或粉末，液态产品为无色（或淡黄色）黏稠液体。溶解于冷水、温水、甘油、丙二醇等介质中，对温度变化稳定，具有固定金属离子的作用，能阻止金属离子对产品的消极作用，是一种具有多种特殊性能的表面活性剂。

06.0183 聚阳离子 polycation

胶体化学中指集聚正电荷的胶粒。如聚丙烯酰胺、聚纤维素醚季铵盐。

06.0184 聚氧乙烯烷基胺 polyoxyethylene alkyl amine

化学式为 $RN(C_2H_4O)_xH(C_2H_4O)_yH$，由脂肪胺与环氧乙烷通过加成反应制得，同时具有非离子表面活性剂和阳离子表面活性剂的一些特性，随着聚乙氧基链的增长，逐渐由阳离子性向非离子性转化。

06.0185 聚氧乙烯（20）失水山梨醇单月桂酸酯 polyoxyethylene(20) sorbitan monolaurate

俗称“吐温-20（Tween-20）”。化学式为 $C_{58}H_{114}O_{26}$，黄色或琥珀色澄明的油状液体，具有特殊的臭气和微弱苦味，亲水亲油平衡值（HLB）为 15.7～16.9，易溶于水、稀酸、稀碱、醇、醚、芳烃等，不溶于植物油和矿物油。常用作乳化剂、分散剂、增溶剂、稳定剂等。可用作化妆品、食品及医药乳化剂。

06.0186 聚氧乙烯（80）失水山梨醇单油酸酯 polyoxyethylene(80) sorbitan monolaurate

俗称“吐温-80（Tween-80）”。化学式为 $C_{64}H_{124}O_{26}$，琥珀色油状液体，有脂肪气味，亲水亲油平衡值（HLB）为 15.0～15.9，能溶于水、稀酸、稀碱及多数有机溶剂，不溶于植物油和矿物油。有乳化、扩散、润湿和去污性能，可用作化妆品、食品及医药乳化剂。

06.0187 聚氧乙烯（60）失水山梨醇单硬脂酸酯 polyoxyethylene(60) sorbitan monolaurate

俗称“吐温-60（Tween-60）”。化学式为 $C_{64}H_{126}O_{26}$，琥珀色油状液体，有脂肪气味，亲水亲油平衡值（HLB）为 14.9～15.6，能溶于稀酸、稀碱及多数有机溶剂，不溶于植物油和矿物油。有乳化、扩散、润湿和去污性能，可用作化妆品、食品及医药乳化剂。

06.0188 聚氧乙烯（40）失水山梨醇单棕榈酸酯 polyoxyethylene(40) sorbitan monolaurate

俗称“吐温-40（Tween-40）”。化学式为 $C_{62}H_{122}O_{26}$，琥珀色油状液体，有脂肪气味，亲水亲油平衡值（HLB）为 15.6～15.8，能溶于水、稀酸、稀碱及多数有机溶剂，溶于棉籽油、乙醇、乙二醇、异丙醇、甲醇和水。有乳化、扩散、润湿和去污性能，可用作化妆品、食品及医药乳化剂。

06.0189 二异丁基萘磺酸钠 sodium diisobutyl naphthalene sulfonate

化学式为 $C_{14}H_{15}O_3SNa$，浅橙色透明液体或米白色粉末，易溶于水，对酸碱及硬水稳定，有优良的润湿、渗透、乳化、起泡性能。

06.0190 烷基苯磺酸钠 sodium alkylbenzene sulfonate

化学式为 $RC_6H_4SO_3Na$，一种阴离子表面活性剂，是家用洗涤剂中用量很大的合成表面活性剂。洗涤剂中使用的烷基苯磺酸钠有支链结构（ABS）和直链结构（LAS）两种，支链结构生物降解性差，会对环境造成污染，而直链结构易生物降解，生物降解性可大于 90%，对环境污染程度小。

06.0191 木质素磺酸盐 lignosulfonate，LS

化学式为 $C_{20}H_{24}M_2O_{10}S_2$，亚硫酸盐法造纸木浆的副产品，可用于混凝土减水剂、耐火材料、陶瓷等。采用石灰、氯化钙、碱式乙酸铅等沉淀剂，经过沉淀、分离、烘干等工艺制得。

06.0192 全氟羧酸钠 sodium perfluorinated carboxylate

羧酸钠（RCOONa）中氢原子被氟全部取代而成的化合物。具有很强的降低表面张力的作用。

06.0193 肉豆蔻醇 myristyl alcohol

又称“十四醇（tetradecyl alcohol）”。化学式为 $CH_3(CH_2)_{12}CH_2OH$，常温下为无色固体。易溶于乙醇、乙醚、丙酮、苯和氯仿，不溶于水，有刺激性气味。

06.0194 两亲分子 amphiphilic molecule，amphiphile

分子中同时含有亲水基（疏油基）和疏水基（亲油基）的化合物。

06.0195 肉豆蔻酸甲酯 methyl myristate

化学式为 $CH_3(CH_2)_{12}CH_2OCH_3$，无色液体或白色蜡状固体，不溶于水，溶于乙醇等有机溶剂，具有似蜂蜜和鸢尾的香气。由肉豆蔻酸与甲醇的酯化反应而得。

06.0196 羧甲基纤维素 carboxymethyl cellulose，CMC

化学式为$[C_6H_7O_2(OH)_2CH_2COOH]_n$，纤维素醚的一种，白色粉末，吸湿性很强，能溶于水而生成黏性溶液，其水溶液具有增稠、成膜、黏接、水分保持、胶体保护、乳化及悬浮等作用。

06.0197 羟乙基纤维素 hydroxyethyl cellulose，HEC

化学式为$(C_2H_6O_2)_n$，一种白色或淡黄色纤维状或粉末状固体，无味、无毒，属非离子型可溶纤维素醚类。具有良好的增稠、悬浮、分散、乳化、黏合、成膜、保护水分和提供保护胶体等特性。

06.0198 十八烷基二甲基羟乙基季铵硝酸盐 octadecyldimethylhydroxyethyl quaternary ammonium nitrate，*N,N,N′,N′*-tetrakis(2-hydroxypentyl)ethylenediamine

化学式为 $C_{22}H_{48}N_2O_4$，棕红色黏稠油状物，易溶于水、丙酮、丁醇、苯和氯仿等有机溶剂。50℃可溶于四氯化碳、二氯乙烷和苯乙烯等溶剂中。有优良的抗静电和匀染效果。

06.0199 十八烷基胺乙酸盐 octadecylamine acetate

化学式为 $C_{18}H_{39}NHCH_2COOM$，一种烷基胺盐型阳离子表面活性剂。具有润湿、乳化、防腐等性能。用作水溶性阳离子颜料冲洗剂、矿物浮选剂、防腐剂、反萃取剂等。

06.0200 十六烷基氯化吡啶 hexadecylpyridinium chloride，cetylpyridinium chloride

化学式为 $C_{21}H_{38}ClN$，白色固体粉末，是一种阳离子表面活性剂，具有良好的表面活性和杀菌消毒性能，主要用作杀菌消毒剂。

06.0201 十八烷基三甲基氯化铵 octadecyl trimethyl ammonium chloride

俗称“1831”。化学式为 $C_{21}H_{46}ClN$，白色固体，溶于醇和热水。具有柔软、抗静电、消毒、杀菌和乳化性能。能与多种表面活性剂或助剂良好地配伍，协同效应显著。

06.0202 十二烷基硫酸铵 ammonium dodecyl sulfate

俗称“K12A”。化学式为 $CH_3(CH_2)_{10}CH_2OSO_3NH_4$，淡黄色液体，溶于水，是一种阴离子表面活性剂，具有润湿、去污、发泡和乳化等性能，易生物降解，具有优异的配伍性能，用于洗发香波、浴液等个人护理产品中。

06.0203 十二烷基硫酸钠 sodium dodecyl sulfate，SDS

俗称“K12”。化学式为 $CH_3(CH_2)_{10}CH_2OSO_3Na$，一种阴离子表面活性剂，白色或淡黄色粉末或液体，溶于水，对碱和硬水不敏感。有去污、乳化及优异的发泡作用，生物降解性好。用于牙膏、化妆品、洗涤剂、医药等产品中。

06.0204 十二烷基磷酸单酯 dodecyl phosphate monoester

化学式为 $C_{12}H_{25}OPO_3H_2$，一种阴离子表面活性剂，白色至微黄色固体，溶于水和乙醇等有机溶剂，具有优良的分散、防锈、缓蚀、润滑、润湿、去污能力。

06.0205 十二烷基三甲基氯化铵 dodecyl trimethyl ammonium chloride

俗称“1231”。化学式为 $C_{15}H_{34}ClN$，无色或淡黄色透明胶体，可溶于水和乙醇，与阳离子、非离子表面活性剂有良好的配伍性。化学稳定性好，具有优良的渗透、乳化、杀菌性能。

06.0206 十二烷基二甲基甜菜碱 dodecyl dimethylbetaine，2-(dodecyldimethylammonio)acetate

俗称“BS-12”。化学式为 $C_{16}H_{33}NO_2$，一种两性离子表面活性剂，具有优良的稳定性，配伍性良好。对皮肤刺激性低，生物降解性好，具有优良的去污杀菌性、柔软性、抗静电性、耐硬水性和防锈性。用于洗发香波、浴液、液体洗涤剂等产品中。

06.0207 十二烷基二甲基氧化胺 lauryl dimethyl amine oxide，*N*,*N*-dimethyldodecylamine-*N*-oxid

俗称“OA-12”。化学式为 $C_{14}H_{31}NO$，一种特殊类型的表面活性剂，在常温下为无色或微黄色透明液体，在酸性介质中成为阳离子型，而在中性或碱性介质中则为非离子型。用于洗发香波、浴液、液体洗涤剂等产品中。

06.0208 十六烷基二甲基苄基氯化铵 benzyl-hexadecyldimethyl ammonium chloride

俗称“1627”。化学式为 $C_{25}H_{46}ClN$，一种阳离子表面活性剂，具有柔软性、抗静电性以及消毒、杀菌和乳化性能。

06.0209 双十六烷基二甲基溴化铵 dihexadecyldimethyl ammonium bromide

化学式为 $C_{34}H_{72}BrN$，白色或淡黄色膏体，溶于热水，易溶于极性溶剂。具有良好的化学稳定性、抗静电性、吸附性、柔软性和生物活性。

06.0210 十六烷基三甲基氯化铵 *N*-hexadecyltrimethyl ammonium chloride

俗称“1631”。化学式为 $C_{19}H_{42}ClN$，浅黄色膏状物，易溶于醇和热水，是一种阳离子表面活性剂，与阴离子表面活性剂、非离子表面活性剂及两性离子表面活性剂配伍性好。有良好的抗静电性、柔软性以及优良的杀菌和防霉作用。

06.0211 失水山梨醇单硬脂酸酯 sorbitan monostearate

俗称“司盘60（Span 60）”。化学式为 $C_{24}H_{46}O_6$，淡黄色至黄褐色蜡状固体，有轻微气味，亲水亲油平衡值（HLB）为 4.7。在农药、塑料、化妆品、医药、涂料、纺织、食品等行业中作为乳化剂和消泡剂使用。

06.0212 失水山梨醇单油酸酯 sorbitan monooleate

俗称“司盘 80（Span 80）”。化学式为 $C_{24}H_{44}O_6$，黄色油状液体，能分散于温水和乙醇中，溶于丙二醇、液体石蜡、乙醇、甲醇或乙酸乙酯等有机溶剂中，亲水亲油平衡值（HLB）为 4.3，常用作油包水型乳剂的乳化剂，可用作化妆品、食品及医药乳化剂。

06.0213 失水山梨醇单月桂酸酯 sorbitan monolaurate

俗称“司盘 20（Span 20）”。化学式为 $C_{18}H_{34}O_6$，琥珀色至棕褐色油状液体。无毒、无臭，稍溶于异丙醇、四氯乙烯、二甲苯、棉籽油、矿物油中，微溶于液体石蜡，难溶于水，分散后呈乳状溶液，亲水亲油平衡值（HLB）为 8.6。可用作化妆品、食品及医药乳化剂。

06.0214 失水山梨醇单棕榈酸酯 sorbitan monopalmitate

俗称“司盘 40（Span 40）”。化学式为 $C_{22}H_{42}O_6$，浅奶油色至棕黄色片状或蜡状固体，有异味，不溶于水，能分散于热水中，形成乳状溶液。能溶于热油类及多种有机溶剂中，形成乳状溶液。凝固点为 45～47℃，亲水亲油平衡值（HLB）为 6.7，可用作化妆品、食品及医药乳化剂。

06.0215 双十八烷基二甲基氯化铵 dimethyl distearylammonium chloride

化学式为 $(C_{18}H_{37})_2(CH_3)_2NCl$，白色或微黄色膏体，微溶于水，易溶于极性溶剂。有较好的柔软、分散、乳化、起泡及抗静电、防腐性能。

06.0216 烷醇酰胺 alkanol amide

化学式为 $RCON(CH_2CH_2OH)_2$，根据脂肪酸和醇胺的组成和制法不同，呈现各种不同的外观，一般为白色至淡黄色的液体或固体。属非离子表面活性剂，具有较强的起泡和稳泡作用，有良好的洗涤力、增溶力和增稠作用。

06.0217 卤化烷基吡啶 halide alkyl pyridine

化学式为 RNC_6H_7X，由卤代烷与吡啶或甲基吡啶反应而生成的类似季铵盐的化合物。此类表面活性剂主要用作染料固色剂、杀菌剂等。

06.0218 烷基多苷 alkyl polyglycoside，APG

化学式为 $RO(G)_n$，R 为 C_8～C_{18} 饱和直链烷基，G 为葡萄糖单元，n 为糖单元个数。由可再生资源天然脂肪醇和葡萄糖合成，兼具非离子表面活性剂和阴离子表面活性剂的特性，具有高表面活性、良好的生态安全性和相溶性。用于洗发香波、浴液、洗涤剂、硬表面清洗剂及其他工业领域。

06.0219 烷基酚聚氧乙烯醚磷酸盐 alkylphenol polyoxyethylene ether phosphate

化学式为 $RC_6H_4O(CH_2CH_2O)_nPO(OM)_2$，由烷基酚聚氧乙烯醚与磷酸化试剂（$P_2O_5$）反应制得。具有良好的热稳定性、防锈性、水溶性、分散性、润湿性、洗涤性、乳化性和抗静电性等。

06.0220 烷基酚聚氧乙烯醚硫酸盐 alkylphenol polyoxyethylene ether sulfate，APES

化学式为 $RC_6H_4O(CH_2CH_2O)_nSO_3M$，有良好的乳化、去污、发泡、分散性能，用于手及面部清洁膏、乳液杀菌清洁剂、洗发香波、液体皂及工业清洗剂等产品中，缺点是对眼睛刺激性大，生物降解性差。

06.0221 烷基酚聚氧乙烯醚羧酸盐 alkylphenol polyoxyethylene ether carboxylate，APEC

化学式为 $RC_6H_4O(CH_2CH_2O)_nCH_2COOM$，有优良的去污、渗透、抗硬水、分散、匀染、发泡及稳泡性能。作为洗涤剂、发泡剂、乳化剂而应用于日化产品及工业领域。

06.0222 烷基甘油醚磺酸盐 alkyl glycerol ether sulfonate，AGS

化学式为 $ROCH_2CH(OH)CH_2SO_3M$，是有效的润湿剂、泡沫剂和分散剂，有良好的水溶性，对酸和碱的稳定性高，有优良的钙皂分散性、抗硬水性。

06.0223 烷基甘油醚硫酸盐 alkyl glycerol ether sulfate

化学式为 $ROCH_2CH(OH)CH_2OSO_3M$，用于洗发香波、高档液体洗涤剂、皮肤清洁剂、牙膏和膏霜类化妆品。

06.0224 烷基磷酸酯二乙醇胺盐 alkyl phosphate diethanolamine salt

化学式为 $RO_4PH_2C_4H_{11}NO_2$，棕黄色黏稠膏状物，易溶于水及有机溶剂，有一定的吸湿性，与酸、碱作用分解。用于涤纶、丙纶等合成纤维纺丝油剂中，起润滑及抗静电作用，也用作塑料工业的抗静电剂。

06.0225 烷基磺酸盐 alkane sulfonate，AS

化学式为 RSO_3M，R 为C_{12}～C_{20}烷基，M 为碱金属或碱土金属。其中十六烷基磺酸盐的性能最好。

06.0226 烷基磷酸酯三乙醇胺盐 alkyl phosphate triethanolamine salt

化学式为 $RO_4PH_2C_6H_{15}NO_3$。通常由烷基醇（酚）聚氧乙烯醚在五氧化二磷的存在下发生酯化反应，再经过水解，最后与三乙醇胺中和后得到。棕黄色黏稠膏状物，易溶于水及有机溶剂，具有吸湿、柔软和抗静电性。

06.0227 烷基萘磺酸盐 alkyl naphthalene sulphonate

化学式为 $RC_{10}H_6SO_3M$，一种阴离子表面活性剂，褐色粉末。低碳烷基萘磺酸盐中的二取代物表面活性较好。萘环上取代烷基的总碳数超过 10 时，水溶性显著降低。

06.0228 十二烷基二甲基苄基氯化铵 dodecyl dimethyl benzyl ammonium chloride

又称“洁而灭”，俗称“1227”。化学式为$C_{21}H_{38}ClN$，一种阳离子表面活性剂。白色蜡状固体或黄色胶状体，属非氧化性杀菌剂，易溶于水和乙醇，在细菌表面有较强的吸附力，促使蛋白质变性而将菌藻杀死。

06.0229 烷基酰胺甜菜碱 alkyl amido betaine

化学式为$RCONH(CH_2)_3N^+(CH_3)_2CH_2COO^-$，R为烷基，一种两性离子表面活性剂。具有良好的洗涤发泡性能，能与各种阴离子表面活性剂、阳离子表面活性剂、非离子表面活性剂和其他两性表面活性剂配伍。

06.0230 *α*-烯基磺酸钠 sodium alpha-olefin sulfonate

化学式为$R_1CH{=}CH(CH_2)_nSO_3Na$或$R_2CH(OH)(CH_2)_nSO_3Na$（$R_1{=}C_9\sim C_{13}$，$R_2{=}C_8\sim C_{14}$，n=1、2、3），一种高泡、水解稳定性好的阴离子表面活性剂，具有优良的抗硬水能力，低毒、温和、生物降解性好，尤其在硬水中和有肥皂存在时具有很好的起泡力和优良的去污力。用于洗发香波、浴液、洗衣粉、液体洗涤剂、合成皂、硬表面清洗剂及工业表面活性剂等产品中。

06.0231 酰胺基丙基二甲基氧化胺 amide propyl dimethylamine oxide

化学式为$RCONH(CH_2)_3N(CH_3)_2O$，酰胺基改性的氧化胺类两性表面活性剂。由酰胺基丙基叔胺经双氧水氧化制得，具有优良的生物降解性，可用于洗发香波、浴液、液体洗涤剂等产品中。

06.0232 酰胺聚氧乙烯醚 amide polyoxyethylene ether

化学式为$RCONH(CH_2CH_2O)_nH$，由酰胺和环氧乙烷聚合得到，可用于洗发香波、浴液、液体洗涤剂等产品中。

06.0233 甜菜碱型两性表面活性剂 betaine type amphoteric surfactant

具有表面活性的甜菜碱。天然甜菜碱因为分子中不具备足够长的疏水基而缺乏表面活性，只有分子结构中一个—CH_3被一个$C_8\sim C_{20}$长链烷基取代后才具有表面活性。

06.0234 阳离子瓜尔胶 cationic guar gum

季铵化的多糖化合物，是瓜尔胶分子与2-羟丙基三甲基氯化铵的反应产物，该产物对头发和皮肤具有调理性。

06.0235 椰油酰胺丙基甜菜碱 cocoamidopropyl betaine，CAB

化学式为$RCONH(CH_2)_3N^+(CH_3)_2CH_2COO^-$，R为椰油基，一种两性离子表面活性剂，常与阴离子表面活性剂、阳离子表面活性剂和非离子表面活性剂并用，其配伍性能良好。无色至淡黄色透明液体，刺激性小，性能温和，泡沫细腻且稳定，具有调节黏度及杀菌作用，增强皮肤、头发的柔软性。

06.0236 椰油酰基谷氨酸钠 coconutoilacyl glutamic acid sodium

化学式为$RCONHCH(CH_2CH_2COOH)COONa$，R为椰油基，白色或淡黄色粉末，是一类性能优越、性质温和的阴离子表面活性剂，具有良好的表面活性，适当的洗涤力、乳化力、发泡力，出色的抗硬水性，同时与阴离子表面活性剂、非离子表面活性剂配伍性好。可用于牙膏、洗面奶、洗发香波、浴液、液体洗涤剂、香皂等产品中。

06.0237 椰油酰基肌氨酸钠 sodium cocoyl sarcosinate

化学式为$RCON(CH_3)CH_2COONa$，R为椰油基，性能优良，可用于牙膏、洗面奶、洗发香波、浴液、液体洗涤剂等产品中。

06.0238 椰油脂肪酸甲酯 coconut oil fatty acid methyl ester

化学式为$RCOOCH_3$，R为椰油基，椰子油和甲醇进行酯交换得到的甲酯，其脂肪酸链分布与椰子油相同。

06.0239 乙基纤维素 ethylcellulose，EC

化学式为$[C_6H_7O_2(OC_2H_5)_3]_n$，具有黏合、填充、成膜等作用，可用作纺织品整理剂、动物饲料添加剂、黏结剂。

06.0240 油酸正丁酯硫酸酯钠盐 sodium butyl oleate sulfate

化学式为 $C_{22}H_{44}O_6NaS$，红棕色透明油状液体。具有渗透、乳化、分散、润湿、洗涤等性能，对纤维具有平滑及抱合作用，应用在纺织工业和印染行业中。

06.0241 油酰胺丙基甜菜碱 oleamidopropyl betaine，OAB

化学式为 $C_{25}H_{48}N_2O_3$，微黄色透明黏稠液体，溶于水。有良好的增稠性、调理性和洗涤性。与其他表面活性剂配伍良好，可用于洗发香波、浴液、液体洗涤剂等产品中。

06.0242 油酰基谷氨酸钠 oil acyl glutamic acid sodium，OGS

化学式为$C_{17}H_{33}CONHCH(CH_2CH_2COOH)COONa$，酰胺基改性皂类阴离子表面活性剂，溶于水，具有优良的洗涤性、起泡性。可用于洗面奶、洗发香波、浴液、液体洗涤剂等产品中。

06.0243 油酰基甲基牛磺酸盐 oilacylmethyl taurine salt

俗称“依捷帮 T”。化学式为$C_{17}H_{33}CON(CH_3)CH_2CH_2SO_3Na$，溶于水，具有优良的洗涤、匀染、润湿、乳化和柔软性能。泡沫丰富而稳定，与阴离子表面活性剂、非离子表面活性剂及两性离子表面活性剂有良好的配伍性。用于洗发香波、泡沫浴、复合皂、洗涤剂、纺织工业助剂等产品中。

06.0244 鱼肝油 cod liver oil

从鲨鱼、鳕鱼等的肝脏中提炼出来的脂肪，黄色，有腥味，主要含有维生素 A 和维生素 D。常用于防治夜盲症、佝偻病等。

06.0245 沸煮法[制皂] method of boiling process [for soap]

在皂化反应锅中，首先加入原料油脂，然后慢慢加入计量过量 2%～3%的氢氧化钠溶液，对物料加热，通入蒸汽并搅拌进行皂化、盐析、补充皂化、碱析、整理的过程。

06.0246 月桂酰基肌氨酸钠 sodium lauroyl sarcosinate

化学式为 $C_{11}H_{23}CON(CH_3)CH_2COONa$，白色至黄色液体，有特殊气味，溶于水、乙醇和甘油等醇水溶液中，对热、酸、碱都比较稳定。对皮肤刺激性较小。可用于牙膏、洗面奶、洗发香波、浴液、液体洗涤剂、清洁霜等产品中。

06.0247 棕榈仁油脂肪酸甲酯 palm kernel oil fatty acid methyl ester

化学式为 $RCOOCH_3$，R 为棕榈仁油酸，棕榈仁油和甲醇进行酯交换得到的甲酯，其脂肪酸链分布与棕榈仁油相同。

06.0248 脂肪胺聚氧乙烯醚 fatty amine polyoxyethylene ether

化学式为$RN[(CH_2CH_2O)_nH]_2$，黄色油状或膏状物，易溶于水，在碱性或中性介质中呈非离子型，在酸性介质中呈阳离子型，具有优良的匀染、扩散性能。可用作抗静电剂和分散剂。

06.0249 脂肪醇硫酸[酯]盐 fatty alcohol sulfate，FAS

化学式为$ROSO_3M$，R 为C_{12}～C_{18}的烷基，其中C_{12}～C_{14}的烷基最理想，M 为钠、钾、铵或有机胺等。具有良好的生物降解性，对硬水不敏感。可用于牙膏、膏霜类化妆品、居室用清洁剂、织物洗涤剂等产品中。

06.0250 十八烷基二甲基苄基氯化铵 benzyl-dimethyloctadecyl ammonium chloride

俗称“1827”。淡黄色黏稠膏状物，可溶于水，耐酸，耐硬水，耐无机盐，不耐碱，熔点54～56℃，相对密度为0.98。适用于配制柔软调理剂、精制发用膏、毛发调理柔软剂、染发剂等。

06.0251 脂肪醇聚氧乙烯醚磷酸盐 fatty alcohol polyoxyethylene ether phosphate

化学式为$RO(C_2H_4O)_nPO(OM)_2$，一种阴离子表面活性剂，由脂肪醇聚氧乙烯醚磷酸化得到，用作乳化剂、抗静电剂等。

06.0252 脂肪醇聚氧乙烯醚硫酸三乙醇胺盐 triethanolamine polyoxyethylene ether fatty alcohol sulfate

俗称“TA-40”。化学式为$RO(CH_2CH_2O)_n(SO_3H)N(CH_2CH_2OH)_3$，浅黄色透明液体。总固体物含量为（40±0.5）%，pH值为6～6.5（室温，3%水溶液），黏度为170mPa • s，表面张力约为30mN/m，钙皂分散力约为74%，是低刺激和低毒性的表面活性剂，泡沫丰富，去污力强，具有良好的润湿力和分散力。用于洗发香波、浴液和儿童洗涤剂等产品中。

06.0253 脂肪醇聚氧乙烯醚硫酸盐 fatty alcohol polyoxyethylene ether sulfate，AES

化学式为$RO(CH_2CH_2O)_nSO_3M$，一种阴离子表面活性剂，为使用量排前三位的表面活性剂品种。可用于洗发香波、浴液、餐具洗涤剂、居室用清洁剂、织物洗涤剂等产品中。

06.0254 脂肪醇聚氧乙烯醚羧酸盐 fatty alcohol polyoxyethylene ether carboxylate，AEC

化学式为$R(OCH_2CH_2)_nOCH_2COOM$，为醇醚改性皂类阴离子表面活性剂。可用于洗发香波、浴液、液体洗涤剂等产品中。

06.0255 脂肪酸聚氧乙烯酯 polyoxyethylene ester fatty acid

化学式为$RCOO(CH_2CH_2O)_nH$，琥珀色液体至乳白色固体，属非离子表面活性剂。可溶于水、乙醇及高级脂肪醇，具有良好的乳化、增溶、润湿、分散、柔软及抗静电等能力，且无毒、无刺激性。

06.0256 脂肪酸甲酯磺酸钠 sodium fatty acid methyl ester sulfonate

化学式为$RCH(SO_3Na)COOCH_3$，是一类油脂衍生的磺酸盐型阴离子表面活性剂，由天然油脂衍生的脂肪酸甲酯磺化后中和得到。可用于皂粉、块状皂、洗涤剂、化妆品、牙膏等产品中。

06.0257 脂肪酸烷醇酰胺磷酸[酯]盐 fatty acid alkylol amide phosphate

化学式为$RCONHCH_2CH_2OPO(OM)_2$，一种阴离子表面活性剂，由脂肪酸烷醇酰胺磷酸化得到，用作乳化剂、抗静电剂等。

06.0258 直链十二烷基苯磺酸酸钠 sodium linear dodecyl benzene sulfonate

化学式为$C_{18}H_{29}SO_3Na$，烷基苯磺酸盐的一种，是一类阴离子表面活性剂，具有良好的发泡力和润湿力。广泛用于生产各类民用洗涤剂、工业清洗剂、纺织工业染色助剂、电镀工业脱脂剂、造纸工业脱墨剂、石油工业脱油剂等，为使用量排第一位的表面活性剂品种。

06.0259 支链十二烷基苯磺酸酸钠 sodium branched dodecyl benzene sulfonate

化学式为$C_{18}H_{29}SO_3Na$，烷基苯磺酸盐的一种，是一类阴离子表面活性剂，因生物降解性差，使用量逐渐减少。

06.0260 地毯清洁剂 carpet cleaner

又称“地毯香波”。原始配方属于通用的轻垢型洗涤剂，内加焦磷酸四钠，其作用是既增加去污力，又可以使干燥的残渣更加松脆。

06.0261 化学清洗 chemical cleaning

利用化学方法及化学药剂达到清洗设备目的的方法。

06.0262 金属清洗剂 cleaning agent for metal

由表面活性剂与添加的清洗助剂（如碱性盐）、消泡剂、香料等组成的洗涤金属的清洗剂。可使金属表面不会有锈斑。

06.0263 印刷油墨清洗剂 cleaning agent for printing ink

清洗印版、墨辊、金属辊及橡皮布上的油墨的清洗剂。由工业洗油、非离子表面活性剂、有机酸、有机胺和水按一定的工艺进行混合、乳化而成。

06.0264 洗涤剂 detergent

以去污为目的而设计配制的产品。由必需的活性成分（活性组分）和辅助成分（辅助组分）构成。

06.0265 浊点 cloud point

对于非离子表面活性剂，如聚氧乙烯类，温度上升，氢键被破坏，导致表面活性剂在水中的溶解度降低，甚至可能分离出第二相，溶液由澄清变混浊，这时的温度称为浊点。

06.0266 洗涤剂 6501 detergent 6501

又称“椰油脂肪酸二乙醇酰胺（cocoanut fatty acid *N*,*N*-diethanol amide）”。化学式为 $RCON(CH_2CH_2OH)_2$，一种非离子表面活性剂，有良好的增稠、稳泡、增泡、去污、钙皂分散、乳化等性能，在洗发香波、浴液、液体洗涤剂等领域有广泛的应用。

06.0267 冷法制皂 cold process for soap

将原料油用准确当量的苛性钠皂化，不进行盐析，使其固化得到肥皂的方法。

06.0268 胶体 colloid

分散质粒子直径为 1～100nm 的一类分散体系。含有两种不同状态的物质，一种为分散相，另一种为连续相，是一种较均匀的混合物。

06.0269 溶胶 collosol

分散相粒子直径小于 1000 nm 的固/液分散系统。

06.0270 临界表面张力 critical surface tension

表征固体表面润湿性质的特征量或经验参数，以 $\cos\theta$（θ 为接触角）对液体表面张力作图可得一直线，将此直线延长到 $\cos\theta=1$ 处，其对应的液体表面张力值即为此固体的临界表面张力。

06.0271 洗涤剂 105 detergent 105

由椰油烷基二乙醇酰胺、烷基酚聚氧乙烯醚、脂肪醇聚氧乙烯醚等多种非离子表面活性剂配制而成的混合物。是一种工业洗涤剂。

06.0272 十二烷基二苯醚二磺酸钠 dodecyl diphenyl ether sodium disulfonate

化学式为 $C_{24}H_{32}O_7S_2Na_2$，白色至微黄色粉状或颗粒，无毒、无味，有轻微刺激性，能溶解于水，具有卓越的分散能力、抗硬水能力、抗漂白剂能力等。

06.0273 乳化剂 BP emulsifier BP

又称“苄基苯酚聚氧乙烯醚（benzylphenol polyoxyethylene ether）”。化学式为 $C_6H_5CH_2C_6H_4O(C_2H_4O)_n$。由苯酚与氯苄缩合，再与环氧乙烷聚合而得。常用作农药的乳化剂。

06.0274 聚氧乙烯蓖麻油 polyoxyethylene castor oil

又称“乳化剂 EL（emulsifier EL）”。为黄色黏稠液体，耐硬水、酸、碱及无机盐。用于乳化和溶解油及其他水不溶性的物质。

06.0275 吐温型乳化剂 emulsifier Tween

一系列聚氧乙烯去水山梨醇的部分脂肪酸酯。为非离子表面活性剂，广泛用作乳化剂。

06.0276 乳状液 emulsion

由两种不相混溶的液体构成，其中一种液体以液珠的形式分散于另一种液体所组成的分散体系。液珠直径一般在 0.1～10μm。

06.0277 油包水乳状液 water-in-oil emulsion

连续相（外相）为油相、分散相（内相）为水相的乳状液。用 W/O 表示。

06.0278 水包油乳状液 oil-in-water emulsion

连续相（外相）为水相，分散相（内相）为油相的乳状液。用O/W 表示。

06.0279 脂肪醇硫酸铵 fatty alcohol ammonium sulfate

化学式为 $ROSO_3NH_4$，淡黄色液体，具有优异的去污、润湿和发泡性能。用三氧化硫将脂肪醇（C_{12}～C_{14}）催化酯化成对应的脂肪醇硫酸酯，再用氨水中和而得，可用作高级香波的基料。

06.0280 脂肪醇聚氧乙烯醚 fatty alcohol polyoxyethylene ether

化学式为 $RO(CH_2CH_2O)H$，由脂肪醇与环氧乙烷聚合而成的醚。用作洗涤剂、乳化剂、润湿剂、增溶剂等，是使用量最大的非离子表面活性剂品种。

06.0281 脂肪醇聚氧乙烯醚硫酸铵 fatty alcohol polyoxyethylene ether ammonium sulfate

化学式为 $RO(CH_2CH_2O)_nSO_3NH_4$。具有良好的去污力、抗硬水性，较低的刺激性，较高的发泡力以及优异的配伍性能，应用于洗发香波、浴液等个人护理产品中，尤其适合配制低 pH（中性至弱酸性）产品。

06.0282 皂片 soap flake

为供市场出售而制备的精致成片、易于溶化的肥皂。

06.0283 絮凝 flocculation

质点和悬浮物粒子在有机高分子絮凝剂的桥联作用下，形成粗大的絮凝体的过程。

06.0284 絮凝剂 flocculating agent

能够中和水中带电颗粒的表面电荷，降低其电势，使其处于不稳定状态，并利用其聚合性质使得这些颗粒集中，并通过物理或者化学方法分离出来的药剂。

06.0285 浮选剂 flotation agent

浮选时调节入选矿物和浮选介质的物理化学性质的药剂。

06.0286 增白洗涤剂 brightener added detergent

增加一种或几种复合的荧光增白剂,可增白棉织物、合成纤维或丝绸、羊毛织物的洗涤剂。

06.0287 含氟表面活性剂 fluorine-containing surfactant

以氟碳链为非极性基团的表面活性剂，即以氟原子部分或全部取代碳氢链上的氢原子。有很高的表面活性，可使水的表面张力降至 20 mN/m 以下。

06.0288 泡沫 foam

由不溶性气体分散在液体或熔融固体中所形成的分散体系。

06.0289 亲水性 hydrophilicity

带有极性基团的分子对水的亲和能力。可以吸引水分子或溶解于水。

06.0290 分子间力 intermolecular force

除共价键、离子键和金属键外基团间和分子间相互作用力的总称，主要包括范德瓦耳斯力（van der Waals force）和氢键。范德瓦耳斯力是产生于分子或原子间的静电相互作用，普遍存在于固、液、气态的任何粒子之间，与距离的七次方成反比，包括静电力、诱导力和色散力三方面作用力。

06.0291 猪脂 lard

又称“猪油”。一般是由猪的脂肪组织等经湿法熬煮而得的脂肪。主要成分是饱和高级脂肪酸甘油酯，供食用。

06.0292 亚油酸 linoleic acid

又称“顺，顺-9,12-十八碳二烯酸（*cis*,*cis*-9,12-octadecadienoic acid）”。化学式为 $C_{18}H_{32}O_2$，是一种脂肪酸。无色至稻草色液体，不溶于水，溶于多数有机溶剂，是重要的化工和医药原料。

06.0293 亚麻酸 linolenic acid

又称“全顺式-9,12,15-十八碳三烯酸（*cis*,*cis*,*cis*-9,12,15-octadecatrienoic acid）”。化学式为 $C_{18}H_{30}O_2$，是一种含有三个双键的 ω-3 脂肪酸，主要以甘油酯的形式存在于深绿色植物中，也是构成人体组织细胞的主要成分。

06.0294 脂质体 liposome

由天然磷脂分子形成的囊泡。在水中，磷脂分子亲水基朝向水，疏水基朝内形成双分子层，弯曲后形成封闭球形结构，直径分布在几十纳米至微米范围内。

06.0295 玉米油 corn oil

全称“玉米胚芽油（corn germ oil）”，又称“粟米油”。从玉米胚芽中提炼出的油，主要由不饱和脂肪酸组成。对预防动脉硬化和心脑血管疾病有积极作用。

06.0296 肉桂酸甲酯 methyl cinnamate

化学式为 $C_{10}H_{10}O_2$，白色至微黄色结晶，具有可可香味，主要用于日化和食品工业，是常用的定香剂或食用香精，也是重要的有机合成原料。

06.0297 烷基酚聚氧乙烯醚 alkylphenol ethoxylate

化学式为 $RC_6H_4O(CH_2CH_2O)_nH$，一种非离子表面活性剂。具有性质稳定、耐酸碱和成本低等特征，是高性能洗涤剂、印染助剂最常用的主要原料之一。曾大量用于洗涤剂配方中，但因其生物降解性差，世界各国相继限制其在洗涤剂中的使用，用量正逐渐减少。

06.0298 离子表面活性剂 ionic surfactant

溶于水时，凡能离解成表面活性离子的表面活性剂。

06.0299 阴离子表面活性剂 anionic surfactant

离子表面活性剂中，在水中电离后生成的表面活性离子带负电荷的表面活性剂。

06.0300 阳离子表面活性剂 cationic surfactant

离子表面活性剂中，在水中电离后生成的表面活性离子带正电荷的表面活性剂。

06.0301 非离子表面活性剂 nonionic surfactant

溶于水时，凡不能离解成离子的表面活性剂。

06.0302 乳化作用 emulsification

两种不相混溶的液体（如油和水）中的一种以极小的粒子均匀地分散到另一种液体中形成乳状液的作用。

06.0303 聚苯乙烯磺酸钠 sodium polystyrene sulfonate

化学式为 $[C_8H_7NaO_3S]_n$，淡琥珀色液体，无臭味、易溶于水。具有独特作用的水溶性聚合物，应用于反应性乳化剂、水溶性高分子材料、水处理剂等产品中。

07. 胶　黏　剂

07.0001　环氧胶黏剂　epoxy adhesive
以环氧树脂为黏料制成的胶黏剂。

07.0002　酚醛胶黏剂　phenolic adhesive
以酚醛树脂为黏料制成的胶黏剂。

07.0003　脲醛胶黏剂　urea-formaldehyde adhesive
以脲醛树脂为黏料制成的胶黏剂。

07.0004　聚氨酯胶黏剂　polyurethane adhesive
以聚氨基甲酸酯为黏料制成的胶黏剂。

07.0005　不饱和聚酯胶黏剂　unsaturated polyester adhesive
以不饱和聚酯树脂为黏料，配合引发剂、促进剂、改性剂、填料、触变剂等组成的一类胶黏剂。

07.0006　呋喃胶黏剂　furan adhesive
以含呋喃环的树脂为黏料制成的胶黏剂。

07.0007　丙烯酸胶黏剂　acrylic adhesive
以丙烯酸树脂为黏料制成的胶黏剂。

07.0008　橡胶型胶黏剂　rubber adhesive
由天然橡胶或合成橡胶（如氯丁橡胶、硅橡胶等）为黏料制成的胶黏剂。

07.0009　氯丁橡胶胶黏剂　neoprene adhesive
以氯丁橡胶为黏料制成的胶黏剂。

07.0010　丁腈橡胶胶黏剂　acrylonitrile-butadiene rubber adhesive
以丁腈橡胶为主体的橡胶型胶黏剂。

07.0011　丁基橡胶胶黏剂　butyl rubber adhesive
以丁基橡胶为主体的橡胶型胶黏剂。

07.0012　聚硫橡胶胶黏剂　polysulfide rubber adhesive
以液体聚硫橡胶为基体，加入硫化剂、增黏剂、补强剂及填料等配制而成的橡胶型胶黏剂。

07.0013　热熔胶黏剂　hot melt adhesive
简称“热熔胶”。在熔融状态涂布，冷却后成为固态即完成胶接的一种胶黏剂。

07.0014　聚乙烯热熔胶　polyethylene hot melt adhesive
以乙烯与少量 α-烯烃或其他单体聚合而成的热塑性树脂为黏料制成的胶黏剂。

07.0015　聚丙烯热熔胶　polypropylene hot melt adhesive
以丙烯聚合而成的无规聚丙烯热塑性树脂为黏料制成的胶黏剂。

07.0016　乙烯-乙酸乙烯共聚物热熔胶　ethylene-vinyl acetate copolymer hot melt adhesive
以乙烯与乙酸乙烯酯共聚合而成的热塑性树脂为黏料制成的胶黏剂。

07.0017　聚酯类热熔胶　polyester hot melt adhesive
以热塑性共聚酯为黏料制成的胶黏剂。

07.0018 水基胶黏剂 water-based adhesive

又称“水性胶黏剂”。以能分散或溶解于水中的成膜材料制成的胶黏剂。

07.0019 聚乙烯醇类水基胶黏剂 polyvinyl alcohol water-based adhesive

以聚乙烯醇为黏料制成的水基胶黏剂。

07.0020 乙酸乙烯酯类水基胶黏剂 vinyl acetate water-based adhesive

以聚乙酸乙烯酯为黏料制成的水基胶黏剂。

07.0021 丙烯酸类水基胶黏剂 acrylic water-based adhesive

以聚丙烯酸为黏料制成的水基胶黏剂。

07.0022 环氧水基胶黏剂 epoxy water-based adhesive

将环氧树脂作为成膜物质分散或溶解于水中制成的胶黏剂。

07.0023 酚醛水基胶黏剂 phenolic water-based adhesive

将酚醛树脂作为成膜物质分散或溶解于水中制成的胶黏剂。

07.0024 脲醛水基胶黏剂 urea-formaldehyde water-based adhesive

将脲醛树脂作为成膜物质分散或溶解于水中制成的胶黏剂。

07.0025 天然橡胶水基胶黏剂 natural rubber water-based adhesive

将天然橡胶作为成膜物质分散或溶解于水中制成的胶黏剂。

07.0026 氯丁橡胶水基胶黏剂 neoprene water-based adhesive

将氯丁橡胶作为成膜物质分散或溶解于水中制成的胶黏剂。

07.0027 糊化淀粉胶黏剂 gelatinized starch adhesive

以非改性淀粉为主体，配合糊精等加热糊化而制备的胶黏剂。

07.0028 氧化淀粉胶黏剂 oxidized starch adhesive

以玉米、土豆、木薯等淀粉为原料经轻度氧化降解反应制得的胶黏剂。

07.0029 蛋白质水基胶黏剂 protein water-based adhesive

以含蛋白质的物质作为主要原料的一种水基胶黏剂。

07.0030 酪素蛋白胶黏剂 casein protein adhesive

以含酪素蛋白的物质作为主要原料的一种胶黏剂。

07.0031 血液蛋白胶黏剂 blood protein adhesive

以含血液蛋白的物质作为主要原料的一种胶黏剂。

07.0032 导电胶黏剂 conductive adhesive

具有导电性能的胶黏剂。

07.0033 环氧导电胶黏剂 epoxy conductive adhesive

以环氧基体为黏料，配合稀释剂、固化剂、导电填料和其他添加剂制备的胶黏剂。

07.0034 光学胶黏剂 optical adhesive

用于胶接透明光学元件的特种胶黏剂。

07.0035 紫外光固化胶黏剂 ultraviolet curing adhesive，UV curing adhesive

又称“UV 光固化胶”。利用光引发剂在紫外光照射下，引发不饱和有机单体进行聚合、接枝、交联等化学反应以实现迅速固化的一类胶黏剂。

07.0036 压敏胶黏剂 pressure sensitive adhesive

在室温无溶剂状态下能持久地保持黏性的

胶黏剂，对其稍加压力，即可瞬间黏附到各种固体表面。

07.0037 有机硅压敏胶黏剂 silicone pressure-sensitive adhesive
以有机硅聚合物为主体的压敏胶黏剂。

07.0038 橡胶压敏胶黏剂 rubber pressure-sensitive adhesive
以橡胶为主要成分，配合其他辅助成分如增黏树脂、增塑剂、填料、黏度调整剂、硫化剂、防老剂及溶剂等制成的压敏胶黏剂。

07.0039 非结构胶黏剂 non-structural adhesive
适用于非受力结构的胶黏剂。

07.0040 结构胶黏剂 structural adhesive
用于受力结构件胶接的、能够长期承受规定应力和环境作用的胶黏剂。

07.0041 密封胶黏剂 sealing adhesive
简称“密封胶”。具有粘接和密封性能的一种多用途的功能材料。

07.0042 环氧密封胶黏剂 epoxy sealing adhesive
简称“环氧密封胶”。以环氧树脂为基体，添加改性树脂、补强剂、固化剂等组成的密封胶。

07.0043 聚硫密封胶黏剂 polysulfide sealing adhesive
简称“聚硫密封胶”。以液体聚硫橡胶为主剂，配合增塑剂、补强剂、硫化剂等制成的密封胶。

07.0044 有机硅密封胶黏剂 silicone sealing adhesive
又称“硅酮密封胶”。由室温硫化硅橡胶、交联剂、增塑剂和填充剂等组成的一类胶黏剂。

07.0045 耐碱胶黏剂 alkali-resistant adhesive
能够抵抗碱性介质腐蚀的胶黏剂。如呋喃树脂型、氯磺化聚乙烯型、二甲苯树脂型、胺类固化的环氧树脂型等。

07.0046 水下胶黏剂 underwater adhesive
能在水中进行粘接的胶黏剂。如双酚A型环氧树脂胶黏剂、有机硅胶黏剂、丙烯酸酯类和聚氨酯类的胶黏剂。

07.0047 导磁胶黏剂 magnetic conductive adhesive
具有一定粘接强度，并有良好导磁性能的胶黏剂。

07.0048 导热胶黏剂 heat conductive adhesive
既能传热又有良好的粘接性能的胶黏剂。

07.0049 应变胶黏剂 strain adhesive
用于粘贴电阻应变片，起承受并传递应变作用的胶黏剂。

07.0050 发泡胶黏剂 foamable adhesive
在升温固化过程中能自动发泡，引起体积膨胀，充满所处部件的不规则空间，使所有部件粘接在一起的一类胶黏剂。

07.0051 真空胶黏剂 vacuum adhesive
用于真空系统中各不同部件的连接和密封的一类胶黏剂。

07.0052 有机胶黏剂 organic adhesive
以有机化合物为黏料制成的胶黏剂。

07.0053 无机胶黏剂 inorganic adhesive
以无机化合物（如硅酸盐、磷酸盐以及碱性盐类、氧化物、氮化物）为黏料制成的胶黏剂。

07.0054 天然高分子胶黏剂 natural polymer adhesive
以天然高分子化合物（如淀粉、动植物蛋白

质及天然橡胶）为黏料制成的胶黏剂。

07.0055 乳液胶黏剂 emulsion adhesive
聚合物胶黏剂在液相中所形成的稳定分散体。

07.0056 耐水胶黏剂 waterproof adhesive
经常接触水分、湿气仍能保持其胶接性能（或使用性能）的胶黏剂。

07.0057 接触性胶黏剂 contact adhesive
涂于两个被粘物表面，晾干后叠合在一起，施加接触压力即可发生胶接的胶黏剂。

07.0058 湿固化胶黏剂 moisture curing adhesive
与来自空气或被粘物的水分反应而固化的胶黏剂。

07.0059 室温固化胶黏剂 room-temperature-setting adhesive
固化温度在20～30℃的胶黏剂。

07.0060 热活化胶黏剂 heat activated adhesive
用加热的方法使之具有黏性的一种干性胶黏剂。

07.0061 溶剂型活化胶黏剂 solvent-activated adhesive
使用前用溶剂活化干胶膜，使之具有黏性而完成黏合的胶黏剂。

07.0062 溶剂型胶黏剂 solvent adhesive
含有挥发性有机溶剂的胶黏剂。

07.0063 再湿性胶黏剂 water-remoistenable adhesive
用水湿润即具有黏性的胶黏剂。通常涂于胶带上。

07.0064 薄膜胶黏剂 film adhesive
通常采用加热和加压方法进行硬化的、带有载体或不带有载体的膜状胶黏剂。

07.0065 粉末胶黏剂 powder adhesive
由树脂等制成的不含溶剂、常温下呈粉末状的胶黏剂。

07.0066 复合膜胶黏剂 multiple layer adhesive
通常为附在载体两面、具有不同组分胶黏剂的干膜。

07.0067 胶囊型胶黏剂 encapsulated adhesive
把反应性组分的颗粒或液滴包封在保护膜（微胶囊）中的一种胶黏剂。

07.0068 腻子胶黏剂 mastic adhesive
在室温下具有可塑性的胶黏剂。

07.0069 单宁胶黏剂 tannin adhesive
凝缩类单宁提取物与醛类（通常为甲醛或糠醛）反应生成的聚合物胶黏剂。

07.0070 木质素胶黏剂 lignin adhesive
木质素与其他化合物或树脂反应生成的树脂型胶黏剂。

07.0071 粘胶胶黏剂 viscose adhesive
以粘胶（如纤维素、黄原酸钠）为黏料制成的胶黏剂。

07.0072 陶瓷胶黏剂 ceramic adhesive
以无机化合物（如金属氧化物）为黏料，固化后具有陶瓷结构的胶黏剂。

07.0073 玻璃胶黏剂 glass adhesive
以氧化物（如氧化硅、氧化钠、氧化铅）为黏料，经热熔而使被粘物胶接并具有玻璃组成和性能的胶黏剂。

07.0074 泡沫胶黏剂 cellular adhesive
含无数充气微泡，使其表观密度明显降低的胶黏剂。

07.0075 机械黏合 mechanical adhesion
两个表面通过胶黏剂的啮合作用而产生的结合。

07.0076 内聚破坏 cohesive failure
胶黏剂或被粘物中发生的目视可见的破坏现象。

07.0077 本体破坏 bulk failure
被粘物内部发生的目视可见的破坏现象。

07.0078 胶接件 bonded assembly
已完成胶接的组合件。

07.0079 被粘物 adherend
通过胶黏剂连接起来的固体材料。

07.0080 基材 substrate
用于在表面涂布胶黏剂的材料。

07.0081 胶接 bonding
又称“粘接”。使用胶黏剂将被粘物连接在一起的方法。

07.0082 槽接 dado jointing
榫槽式的胶接。

07.0083 搭接 lap jointing
两被粘物主表面部分叠合在一起形成的胶接。

07.0084 对接 butt jointing
被粘接的两个端面与被粘物主表面垂直的胶接。

07.0085 角接 angle jointing
两被粘物主表面端部形成一定角度的胶接。

07.0086 结构胶接件 structural bond
能长期承受较大静态或动态负荷而不被破坏的胶接件。

07.0087 面接 surface jointing
两个被粘物主表面胶接在一起。

07.0088 端接 end jointing
两木块沿端部拼接，拼缝与木纹方向垂直。

07.0089 T 型胶接 T-type jointing
两个被粘物主表面呈 T 型的胶接。

07.0090 斜接 scarf jointing
将两块木料端部加工成相同形式和斜率的斜面后用胶粘接的接合方式。

07.0091 指接 finger jointing
将两片单板或木块端部加工成指型榫，然后在平面上相互交错的拼接。

07.0092 纵拼 edge jointing
两片单板或木块沿纵边拼接，拼缝与纹理方向相同。

07.0093 组坯 lay-up
按产品设计要求，将施胶后的基材配置在一起的过程。

07.0094 干黏性 dry tack
某些胶黏剂（特别是非硫化的橡胶型胶黏剂）的一种特性。当胶黏剂中挥发性的组分蒸发至一定程度，在手感似乎是干的情况下，本身接触就会相互黏合。

07.0095 固化度 degree of cure
表征胶黏剂固化时的化学反应程度。

07.0096 黏性 tack
胶黏剂与被粘物接触后稍施压力立即形成一定胶接强度的性质。

07.0097 封存性固化剂 blocked curing agent
一种会暂时失去化学活性的固化剂或硬化剂。可以按要求以物理或化学的方法使其重新活化。

07.0098 改性剂 modifying agent
加入胶黏剂配方中用以改善其性能的物质。

07.0099 触变剂 thixotropic agent
能改善胶黏剂触变性，或使其具有触变性的物质。

07.0100 表面处理 surface treatment
为使被粘物适于胶接或涂布而对其表面进行的化学或物理处理。

07.0101 化学处理 chemical treatment
将被粘物放在酸或碱等溶液中进行处理，使表面活化或钝化。

07.0102 涂胶量 glue-spread
涂于被粘物单位胶接面积上的胶黏剂量。

07.0103 分开涂胶法 separate coating method
双组分胶黏剂涂胶时，两组分分别单独涂于两个被粘物表面，将两者叠合在一起即可形成胶接的方法。

07.0104 浸胶 impregnation
把被粘物浸入胶黏剂溶液或胶黏剂分散液中进行涂布的一种工艺。

07.0105 刷胶 brush coating
用毛刷将胶黏剂涂布在被粘物表面的一种手工涂布法。适用于溶剂挥发速率较慢的胶黏剂。

07.0106 干燥时间 drying time
规定的温度和压力下，从涂胶到胶黏剂干燥的时间。

07.0107 干燥温度 drying temperature
涂胶后胶黏剂干燥所需的温度。

07.0108 定位 fixing
胶接时，被粘物固定在理想位置上的过程。

07.0109 叠合时间 closed assembly time
涂胶表面叠合后到施加压力前的时间。

07.0110 装配时间 assembly time
从胶黏剂施涂于被粘物到装配件进行加热或加压或既加热又加压的时间。装配时间是晾置时间和叠合时间之和。

07.0111 冷压 cold pressing
对装配件不加热只加压的一种胶接方法。

07.0112 高频胶接 high frequency bonding
把装配件置于高频（几兆赫）强电场内，由感应电流产生的热进行胶接的方法。

07.0113 固化时间 curing time
在一定的温度、压力等条件下，装配件中胶黏剂固化所需的时间。

07.0114 硬化时间 setting time
在一定的温度、压力等条件下，装配件中胶黏剂硬化所需的时间。

07.0115 固化温度 curing temperature
热固性胶黏剂固化所需的温度。

07.0116 硬化温度 setting temperature
胶黏剂硬化所需的温度。

07.0117 室温固化 room temperature curing
在常温范围（20～30℃）内进行的固化。

07.0118 后固化 post curing
对初步固化后的胶接件进行的进一步处理（如加热等）。

07.0119 欠固化 undercure
胶黏剂固化不足，引起胶接性能不良的一种现象。

07.0120 气囊施压成型 bag moulding
使用流体加压进行胶接的一种方法。一般是通过空气、蒸汽、水等或抽真空对韧性隔膜或袋子施压，此隔膜或袋子（有时与刚性模子相连）把要胶接的材料完全覆盖。可以对不规则形状的胶接件施以均匀的压力使其胶接。

07.0121 A 阶段 A-stage
热固性树脂反应的早期阶段。在该阶段，树脂仍然可以加热熔融和溶解于某些溶剂中。

07.0122 B 阶段 B-stage
热固性树脂反应的中期阶段。此时树脂可被

加热软化，在某些液体中也可溶胀，但不能完全溶解和熔融。

07.0123 C 阶段 C-stage
热固性树脂反应的最终阶段。该阶段中的树脂是不能溶解和熔融的。

07.0124 剥离力 release force
粘贴在一起的材料，按一定角度（90°或180°）从接触面进行单位宽度剥离时所需要的最大力。

07.0125 劈裂力 bursting force
垂直于胶接面，但不均匀分布在整个胶接面上的外力。

07.0126 软化点 softening point
在规定条件下，非晶聚合物（或称无定形聚合物）达到某一规定形变时的温度。

07.0127 露置时间 exposure time
热熔胶从涂布到冷却失去湿润能力前的时间，也就是可操作时间。

07.0128 适用期 pot life
胶黏剂从各组分混合均匀开始至能维持其可用性能的时间。

07.0129 耐久性 durability
胶合制品随时间和环境变化仍保持其胶合性能的能力。

07.0130 耐候性 weather resistance
胶合制品耐日光、冷热、风雨、盐雾等气候条件的能力。

07.0131 耐化学性 chemical resistance
胶接试样经酸、碱、盐类等化学品作用后仍能保持其胶接性能的能力。

07.0132 耐水性 water resistance
胶合制品经水分或湿气作用后仍能保持其胶合性能的能力。

07.0133 耐溶剂性 solvent resistance
胶接试样经溶剂作用后仍能保持其胶接性能的能力。

07.0134 蠕变 creep
胶黏剂在应力保持恒定时沿着载荷作用方向发生的位移。

07.0135 透胶 glue penetration
胶黏剂渗透出表板，使板面受到污染的现象。

07.0136 欠胶胶接 starved jointing
由于胶量不足而不能达到标准要求的胶接。

07.0137 粘连 blocking
多在压力不当情况下的储存和使用过程中材料接触时出现的一种不正常的黏附现象。

07.0138 龟裂 cracking
树脂固化过度或表面层与基材膨胀收缩不同而造成产品表面产生不规则裂纹的现象。

07.0139 溢胶 squeeze-out
胶黏剂从胶接处被挤出的现象。

07.0140 最低成膜温度 minimum film-forming temperature
胶合材料能形成连续、均匀和无断裂的薄膜的最低温度。

07.0141 凝胶时间 gel time
胶黏剂形成凝胶所需要的时间。

07.0142 储存期 storage life
胶黏剂在一定条件下保持其操作性能并能达到规定强度的存放时间。

07.0143 内胶合强度 internal bond strength
通常以垂直于板面、能使胶接试样破坏的最

大拉力与试样面积之比来表示的一种对基材与胶黏剂结合程度的表征。

07.0144 胶合强度 bond strength
使胶合制品中的胶黏剂与被粘物界面或其邻近处发生破坏所需的应力。

07.0145 弯曲强度 bending strength
胶合制品在弯曲负荷作用下破坏或达到规定挠度时，单位面积所承受的最大负荷。

07.0146 剪切强度 shearing strength
胶接试样在平行于胶层的载荷作用下遭破坏时，单位胶接面所承受的剪切力。

07.0147 拉伸强度 tensile strength
胶接试样在垂直于胶层的载荷作用下遭破坏时，单位胶接面所承受的拉伸力。

07.0148 剥离强度 peel strength
在规定的剥离条件下使胶接试样分离时，单位宽度所承受的载荷。

07.0149 持久强度 persistent strength
在一定条件下，在规定时间内，单位胶接面所能承受的最大静载荷。

07.0150 拉伸剪切强度 tensile shear strength
在平行于胶接界面层的轴向拉伸载荷的作用下，使胶黏剂胶接接头破坏的应力。

07.0151 扭转剪切强度 torsional shear strength
在扭转力矩作用下，胶接试样破坏时，单位胶接面所能承受的最大切向剪切力。

07.0152 套接压剪强度 compressive shear strength of dowel joint
在轴向力的作用下，套接接头破坏时单位胶接面所能承受的压剪力。

07.0153 冲击强度 impact strength
胶接试样承受冲击负荷而破坏时，单位胶接面所消耗的最大功。

07.0154 不均匀扯离强度 non-uniform tear strength
粘接接头受到不均匀扯离力作用时所能承受的最大载荷。

07.0155 干强度 dry strength
在规定的条件下，胶接试样干燥后测得的胶接强度。

07.0156 湿强度 wet strength
在规定的条件下，胶接试样在液体中浸泡后测得的胶接强度。

07.0157 疲劳强度 fatigue strength
在给定条件下对粘接接头重复施加一定载荷至规定次数而不引起破坏的最大应力。

07.0158 疲劳寿命 fatigue life
在规定的频率、载荷等条件下，造成胶接试样破坏的交变载荷循环次数。

07.0159 疲劳试验 fatigue test
在规定的频率、载荷等条件下，对胶接试样施加交变载荷测定其疲劳强度、疲劳寿命、裂纹扩展速率或研究整个疲劳断裂过程的试验。

07.0160 破坏试验 destructive test
通过破坏胶接试样以检测其强度的试验。

07.0161 非破坏性试验 non-destructive test
不破坏胶接试样条件下进行的胶接质量的检测试验。

07.0162 耐候性试验 weathering test
将胶接试样暴露于自然条件或类似条件下，检测其性能变化的试验。

07.0163 高低温交变试验 high-low temperature cycles test
使胶接试样随规定的高、低温周期交变后，

检测其性能变化的试验。

07.0164 加速老化试验 accelerated ageing test
将胶接试样置于比天然条件更为苛刻的条件下，进行短时间试验后检测其性能变化的试验。

07.0165 浸渍试验 immersion test
将胶接试样置于一定温度的水或其他溶剂中，浸渍一段时间后，测定试样胶接性能变化的试验。

07.0166 煮沸试验 boiling test
将胶接试样按规定的时间在沸水中浸煮后测定其胶接强度的试验。

07.0167 木材破坏率 wood failure percentage
在木材胶合制品的强度试验过程中，胶合界面上木材纤维的破坏程度。通常以被破坏部分占总胶合面积的百分比来表示。

07.0168 耐烧蚀性 ablation resistance
胶层抵抗高温火焰及高速气流冲刷的能力。

07.0169 原子经济性 atom economy
在化学合成设计中，设法使原料分子中的所有原子全部变成最终目标产物中的原子，不伴随副产物及废料的生成，实现化学反应过程废料的零排放。

07.0170 原子利用率 atomic utilization
反应中被利用的原子总质量与反应中所用全部反应物原子总质量的百分比。

07.0171 游离酚含量 free phenol content
酚醛树脂中未参加反应的酚的质量占树脂溶液总质量的百分数。

07.0172 游离甲醛含量 free formaldehyde content
甲醛类树脂中未参加反应的甲醛的质量占树脂溶液总质量的百分数。

07.0173 羟甲基含量 hydroxymethyl group content
树脂中以羟甲基形式存在的活性基团的质量占树脂溶液总质量的百分数。

07.0174 亚甲基含量 methylene group content
在树脂分子链中，以亚甲基桥的形式存在的基团的质量占树脂溶液总质量的百分数。

07.0175 可被溴化物含量 brominable substance content
酚醛树脂中能发生溴化反应的活性基团的摩尔量换算成苯酚质量后占树脂总质量的百分数。

07.0176 甲醛释放量 formaldehyde emission content
按规定方法测定的胶合制品中可排放甲醛的含量。

08. 其他精细化学品

08.01 水 处 理 剂

08.0001 循环水处理化学品 circulating water treatment chemicals
又称“冷却水处理化学品（cooling water treatment chemicals）”。工业循环冷却水中

用于控制腐蚀、结垢及微生物黏泥等的水处理化学品。

08.0002 絮凝剂 flocculant

能产生絮凝作用的化合物。包括无机高分子絮凝剂和有机高分子絮凝剂，其中有机高分子絮凝剂可分为阴离子型、阳离子型及非离子型等。

08.0003 聚乙烯胺 polyvinylamine

又称“乙烯胺均聚物（vinylamine homopolymer）”。一种细粉状线型阳离子聚合物，溶于水、稀酸和醇和乙酸，不溶于丁醚。通过乙烯乙酰胺或乙烯甲酰胺制备而得。可用作絮凝剂、增稠剂、助留剂、表面活性剂等，在水处理中用于水的澄清和污泥处理。

08.0004 丙烯酰胺-甲基丙烯酸二甲胺乙酯共聚物 acrylamide-dimethylamine ethyl methacrylate copolymer

细颗粒或粉状阳离子聚电解质，或白色易流动分散相乳液，分子量在 10^6 以上。由丙烯酰胺和甲基丙烯酸二甲胺乙酯通过溶液聚合、乳液聚合及辐射聚合等方法制得。作为一种絮凝剂广泛用于各种工业废水、生活污水和自来水的絮凝处理。

08.0005 聚苯乙烯基四甲基氯化铵 polystyrene tetramethylammonium chloride

淡黄色黏稠液体，具有絮凝作用，由聚苯乙烯与氯甲基甲醚的反应产物与三甲胺反应制得。是一种极好的阳离子型有机高分子絮凝剂。

08.0006 丙烯酰胺-丙烯酸共聚物 acrylamide-acrylic acid copolymer

又称“水解聚丙烯酰胺（hydrolyzed polyacrylamine）”。白色细粉末，溶于水，分子量为 10^5～10^7，具有良好的絮凝效果。通过丙烯酸单体与丙烯酰胺单体聚合或聚丙烯酰胺水解制得。是一种最重要的阴离子高分子絮凝剂，用于提高废水中悬浮固体、可溶性有机物和磷酸盐的去除效果。

08.0007 聚缩水甘油三甲基氯化铵 poly (glycidyl trimethyl ammonium chloride)

黏稠油状液体，易溶于水，分子量为 600～100000。由环氧氯丙烷和三甲胺在高温高压条件下发生聚合反应制得。是一种有机絮凝剂，用于水和污水的絮凝净化处理。

08.0008 聚甲基丙烯酸二甲基氨乙酯 poly (*N*,*N*-dimethylaminoethylmethacrylate)

颗粒状固体物质。由甲基丙烯酸甲酯与二甲氨基乙醇经酯交换反应制得甲基丙烯酸二甲氨基乙酯单体，而后单体通过溶液聚合或悬浮聚合得到。是一种污泥脱水絮凝剂，通常用于废水处理。

08.0009 羧甲基淀粉钠 carboxymethyl starch sodium

又称“淀粉甘醇酸钠（sodium starch glycolate）”。白色或淡黄色粉末，具有较强的吸水性、流动性、溶解性、乳化性、稳定性和渗透性。由淀粉和氯乙酸在碱性条件下发生羧甲基化反应制得，是一种广泛用于水处理的半天然絮凝剂和离子交换树脂。

08.0010 阳离子淀粉 cationic starch

白色粉末，溶于水，具有阳离子性。由淀粉和阳离子剂在适当条件下，通过湿法、干法或半干法等制备工艺制得。对带负电荷的无机悬浮物具有极好的絮凝作用，可从废水中去除铬酸盐、钼酸盐及高锰酸盐等。

08.0011 淀粉-丙烯酰胺接枝共聚物 graft copolymer of starch-acrylamide

白色纤维状松散粉末。以铈盐作为引发剂，由淀粉和丙烯酰胺在适当条件下共聚制得。是一种用于工业水和生活污水处理的澄清剂，还可用于印染、炭黑以及含汞废水的处理及造纸废水中的絮凝处理等。

08.0012 壳聚糖-丙烯酰胺接枝共聚物 chitosan-acrylamide graft copolymer

淡黄色黏稠状液体，阳离子共聚物。比壳聚

糖具有更高的架桥絮凝能力，与硫酸铝等无机絮凝剂有很强的协同效应，同时可与金属离子配位形成螯合物，产生螯合效应。以铈盐作为引发剂，由壳聚糖和丙烯酰胺在适当条件下共聚制得。适用于含重金属离子的综合废水处理。

08.0013 聚乙烯亚胺 polyethyleneimine

工业品为无色或淡黄色黏稠液体，有氨味，溶于水和低级醇，分子量为 300～1×10^6。以1,2-亚乙基胺为原料，在水或各种有机溶剂中进行酸性催化聚合制得。是一种阳离子型有机絮凝剂，用于污泥的浓缩、脱水、过滤及澄清。

08.0014 聚 2-羟丙基-1,1-*N*-二甲基氯化铵 poly (2-hydroxypropyl-1,1-*N*-dimethylammonium chloride)

白色至浅棕色固体，具有高吸湿性，易溶于水，阳离子型电解质线型均聚物，分子量为 2000～2.5×10^5。由二甲胺和环氧氯丙烷为原料，以水为溶剂进行溶液聚合制得。用于生活污水和工业废水的絮凝处理，是一种阳离子型有机絮凝剂，在冷却水处理中可用作杀生剂。

08.0015 聚 *N*-二甲氨基甲基丙烯酰胺 poly [*N*-(dimethylaminomethyl)acrylamide]

无氨味，溶于水、硫酸二甲酯和二甲基甲酰胺，不溶于其他有机溶剂。烷基化产品为透明液体，分子量为 10^5～10^6。可通过二甲氨基甲基丙烯酰胺单体聚合或聚丙烯酰胺发生曼尼希反应两种方法制得。可在印染、造纸和采矿工业的废水处理中用作絮凝剂。

08.0016 双氰胺甲醛缩聚物 dicyandiamide-formaldehyde polymer

浅色固体，易溶于水，分子量为 10^3～10^4。由双氰胺和甲醛加入适当的辅助剂进行聚合反应制得。用于纺织印染废水和造纸纸浆废水的絮凝处理，以及染料废水的脱色处理等。

08.0017 聚二甲基二烯丙基氯化铵 poly dimethyl diallyl ammonium chloride

无色或淡黄色黏稠液体，易溶于水，凝聚力强，水解稳定性好，分子量为 4×10^4～3×10^6。由二甲胺和烯丙基氯为原料制成单体，而后经聚合反应制得。是一种极好的阳离子型有机高分子絮凝剂，用于水的净化、饮用水处理、废水处理，在油田和采矿中用作絮凝剂和凝聚剂。

08.0018 丙烯酰胺-二烯丙基二甲基氯化铵共聚物 acrylamide-dimethyldiallyammonium chloride copolymer

易流动的白色固体颗粒，完全溶于水，阳离子型高分子线型共聚物，分子量在 3×10^6 以上。由丙烯酰胺和二烯丙基二甲基氯化铵两种单体为原料，通过溶液聚合或乳液聚合两种方法制得。在城市和工业用水以及废水处理系统中用作絮凝剂，特别适用于食品加工等行业废水中有机污泥悬浮物及生物降解污泥的脱水以及工业废水的澄清处理。

08.0019 反相破乳剂 reverse phase demulsifier

有效地改善油包水（W/O）或水包油（O/W）乳液的界面张力，使污水内的胶体颗粒失去稳定的排斥力及吸引力，从而失去稳定性而形成絮体，最终实现对污水中的油水分离及有害杂质的分离，达到回收油品、净化污水目的的表面活性剂。

08.0020 有机膦酸类阻垢分散剂 organic phosphorus acid antiscalant and dispersant

分子结构中含有膦酰基，能抑制水中碳酸钙等晶体生长，并使其处于分散状态的有机化合物。

08.0021 亚乙基二胺四亚甲基膦酸 ethylene diamine tetramethylene phosphonic acid，EDTMP

又称“乙二胺四甲叉膦酸（ethylene diamine

tetramethylphosphonic acid）”。纯品为白色晶体，熔点 215～217℃，分子量为 436.13。由乙二胺、三氯化磷和甲醛经一步法反应制得。在 200℃以下有较好的阻垢作用，热稳定性好，在循环冷却水、锅炉水和油田注水处理中用作分散剂、阻垢剂和螯合剂。

08.0022 氨基三亚甲基膦酸 amino trimethylene phosphonic acid，ATMP

又称“氨基三甲叉膦酸”。通常条件下为白色颗粒状固体，熔点 210～212℃，易溶于水，不溶于大多数有机溶剂，分子量为 299.06，工业品为淡黄色水溶液。由氯化铵、甲醛和亚磷酸经一步法反应制得。具有良好的螯合、低限抑制及晶格畸变等作用，在冷却水、锅炉和油田水处理中用作缓蚀阻垢剂和螯合剂。

08.0023 羟基亚乙基二膦酸 hydroxyethylidene diphosphonic acid，HEDP

又称“羟基乙叉二膦酸”。纯品为白色晶体粉末，熔点为 196～198℃，易溶于水，在其他有机溶剂中溶解度较低，分子量为 206.02，工业品为无色至浅黄色水溶液。由三氯化磷、冰醋酸和水反应，亚磷酸和乙酰氯反应，亚磷酸和乙酸反应等方法制得。在工业循环冷却水、锅炉水和油田注水及输水管线中用作缓蚀剂、阻垢剂和螯合剂。

08.0024 二亚乙基三胺五亚甲基膦酸 diethylenetriamine pentamethylenephosphonic acid，DETAPMP

纯品为白色粉末，微溶于水，工业品为棕黄色或棕红色黏稠液体，溶于水，能与多种金属离子形成稳定络合物，分子量为 573.20。由二亚乙基三胺、亚磷酸和甲醛反应制得。在锅炉水、工业循环冷却水和油田水处理中用作缓蚀阻垢剂、分散剂和螯合剂。

08.0025 六亚甲基二胺四亚甲基膦酸 hexamethylene diamine tetramethylenephosphonic acid，HDTMP

白色粉末，微溶于水，分子量为 492.23。由己二胺、亚磷酸和甲醛反应制得。在水处理中用作硫酸钙和硫酸钡的阻垢剂、重金属离子的螯合剂、淤泥调节剂和工业清洗剂。

08.0026 多氨基多醚基亚甲基膦酸 polyamino polyether methylene phosphonate，PAPEMP

红棕色透明液体，分子量约为 600。由端氨基聚醚、亚磷酸、甲醛和浓盐酸反应制得。具有很好的螯合分散性能和很高的钙容忍度及优异的阻垢性能，可作为循环冷却水系统的阻垢缓蚀剂，特别适用于高硬度、高碱度、高 pH 的循环冷却水和油田水的处理。

08.0027 2-羟基膦酰基乙酸 2-hydroxyphosphonoacetic acid，HPAA

纯品为白色晶体，溶于水、甲醇、乙二醇等，工业品为棕褐色液体，分子量为 156.03。由亚磷酸和二羟基乙酸反应制得。在水处理中用作褐色金属的阴极缓蚀剂，特别适用于低硬度水质和高温换热器中水的处理。

08.0028 2-膦酸丁烷-1,2,4-三羧酸 2-phosphonobutane-1,2,4-tricarboxylic acid，PBTCA

通常状态下为玻璃状固体，溶于水、酸和碱，分子量为 270.13。由亚磷酸二甲酯和马来酸二甲酯通过间歇法和连续法反应制得。具有优良的阻垢缓蚀性能，用于循环冷却水和油田注水系统的防腐防垢处理，特别适用于高温、高硬度、高 pH、高浓缩倍数的水质，还可用作锅炉给水软化剂等。

08.0029 聚丙烯酸 polyacrylic acid，PAA

纯品为白色固体，工业品为无色或琥珀色透明液体，分子量＜10000，溶于水、乙醇、异丙醇等。由聚丙烯腈或聚丙烯酸酯在

100℃左右酸性条件下水解制得。在冷却水和锅炉水处理中，用作碳酸钙、硫酸钙和硫酸钡等的阻垢分散剂，在油田注水和钻井液中用作乳化剂、增稠剂、悬浮剂等。

08.0030 聚甲基丙烯酸 polymethacrylic acid，PMAA

纯品为白色固体，溶于水、甲醇、乙醇等，分子量＜10000，工业品为无色或琥珀色清澈液体。由聚甲基丙烯酸酯在酸性条件下水解或用过硫酸铵作引发剂，通过甲基丙烯酸水溶液聚合方法制得。用作锅炉水处理的阻垢剂，水中悬浮物质的分散剂，也用于冷却水处理。

08.0031 聚马来酸 polymaleic acid

全称“水解聚马来酸酐（hydrolytic polymaleic anhydride，HPMA）”。纯品为白色固体，溶于水、甲醇和乙二醇，热稳定性高，分子量为400～800。由马来酸酐先水解成马来酸再聚合，或由马来酸酐先聚合成聚马来酸酐，再水解制得。用于锅炉水等高温水系统的阻垢，还可用作油田输水管线、循环冷却水系统、闪蒸法海水淡化等中沉积物的抑制剂和阻垢剂等。

08.0032 聚天冬氨酸 polyaspartic acid，PASP

水溶性聚合物，水溶液为亮黄色液体，分子量为1000～5000。以天冬氨酸为原料进行热缩反应制得。具有可生物降解性，用作冷却水、锅炉水、油田回注水以及脱盐、反渗透、闪蒸器等处理中的阻垢剂、分散剂等。

08.0033 聚环氧琥珀酸 polyepoxysuccinic acid，PESA

水溶性聚合物，无色或浅琥珀色，分子量为400～5000，可生物降解。以马来酸酐为原料，碱性条件下水解成马来酸钠，而后催化环化并聚合而得。具有良好的阻垢性能，是一种很好的冷却水处理阻垢分散剂，适用于高碱度、高硬度、高温条件。

08.0034 阻垢分散剂 antiscale dispersant

能抑制水中碳酸钙等晶体生长，并使其处于分散状态的水溶性高分子化合物。

08.0035 聚亚甲基丁二酸 polymethylene succinic acid

又称“聚衣康酸（polyitaconic acid）”。无色淡黄色透明黏性液体。以亚甲基丁二酸为原料，过硫酸铵为引发剂通过溶液聚合法制得。能够良好地阻止水中钙、镁离子成垢，在冷却水处理中用作阻垢分散剂。

08.0036 丙烯酸-马来酸酐共聚物 acrylic acid-maleic anhydride copolymer

黄色易粉碎固体，溶于水，水溶液为浅黄色或黄棕色透明黏稠液体，分子量为 300～4000。由马来酸酐和丙烯酸在适当条件下共聚制得。具有很强的分散作用，用作城市供暖和工业锅炉水处理中的阻垢分散剂，还可用作油田输油、输水管线及工业循环冷却水系统中的阻垢缓蚀剂。

08.0037 丙烯酸-丙烯酸甲酯共聚物 acrylic acid-methyl acrylate copolymer

无色黏性液体，摩尔比从4∶1逐渐变为5∶1时颜色从亮黄色变为无色，溶于水和盐水，分子量为 3000～20000。由丙烯酸和丙烯酸甲酯在适当条件下经聚合反应制得。用作工业冷却水、锅炉水处理以及油田回注水系统等的阻垢分散剂。

08.0038 马来酸-丙烯酰胺-丙烯酸共聚物 maleic acid-acrylamide-acrylic acid copolymer

白色或浅黄色固体，分子量约为4000。以过氧化物作引发剂，由马来酸、丙烯酸和丙烯酰胺发生共聚反应制得。对碳酸钙和硫酸钙有较好的阻垢效果，用作循环冷却水的阻垢剂。

08.0039 丙烯酸–丙烯酸羟丙酯共聚物 acrylic acid-2-hydroxypropyl acrylate copolymer

水溶液为无色或淡黄色黏性液体，水溶性好，分子量为500～1000000。由丙烯酸羟丙酯与丙烯酸或其钠盐进行自由基共聚制得。可用作碱性或高磷酸盐存在的循环冷却水、油田回注水和锅炉水等系统的阻垢分散剂。

08.0040 丙烯酸–丙烯酸-*β*-羟丙酯–次磷酸钠调聚物 telomer of acrylic acid-2-hydroxypropyl-acrylate and sodium phosphinate

黄色透明液体，溶于水，分子量约为47000。由丙烯酸、丙烯酸-*β*-羟丙酯和次磷酸在含有引发剂的溶剂中反应制得。用作循环冷却水、锅炉水、盐水脱盐及反渗透等水系统中的阻垢剂。

08.0041 丙烯酸-2-丙烯酰胺-2-甲基丙磺酸–马来酸酐共聚物 acrylic acid-2-acrylamido-2-methylpropyl sulfonic acid-maleic anhydride copolymer

无色至浅黄色透明液体，对碳酸钙、磷酸钙均有良好的阻垢分散性能，对氧化铁具有良好的分散能力。以过硫酸铵作引发剂，由2-丙烯酰胺-2-甲基丙磺酸、丙烯酸和马来酸酐发生共聚反应制得。在循环冷却水系统中用作阻垢缓蚀剂。

08.0042 含膦马来酸酐–丙烯酸–丙烯酰胺–甲代烯丙基磺酸钠多元共聚物 phosphorus containing maleic anhydrideacrylic acid-acrylamide-sodium methallyl sulfonate copolymer

淡黄色液体，对碳酸钙和硫酸钙具有良好的阻垢性能。由马来酸酐、丙烯酸、丙烯酰胺、甲代烯丙基磺酸钠和水共聚后进行膦酰化反应制得。用作高温、高pH、高钙离子浓度水系统中的阻垢分散剂。

08.0043 丙烯酸-2-丙烯酰胺-2-甲基丙磺酸–次磷酸钠调聚物 telomer of acrylic acid-2-acrylamide-2-methylpropanesulfonic acid and sodium phosphinate

淡黄色黏稠状透明液体，溶于水和乙二醇。由丙烯酸、2-丙烯酰胺-2-甲基丙磺酸和次磷酸钠在过硫酸铵的引发下直接聚合制得。在水处理中用作磷酸钙阻垢剂。

08.0044 苯乙烯磺酸–马来酸酐共聚物 styrene sulfonic acid-anhydride copolymer

溶于水，水溶液为浅棕色，分子量为1500～6000，对碳酸盐等有极强的分散作用，热稳定性高。用作锅炉水、冷却水的阻垢剂和钻井泥浆的分散剂，用于低压锅炉给水或补充水的处理。

08.0045 丙烯酸–丙烯磺酸钠–异丙烯膦酸共聚物 acrylic acid-sodium allyl sulfonate-isopropenylphosphonic acid copolymer

淡黄色液体，对碳酸钙具有良好的阻垢性能。由丙烯磺酸钠、异丙烯膦酸和丙烯酸在引发剂作用下聚合制得。可在较宽pH范围内对碳酸钙保持较好的阻垢作用。

08.0046 木质素磺酸钠 sodium lignosulfonate

淡棕色自由流动的粉末，易溶于水，分子量为5000～100000，可降解。在亚硫酸钠法制纸浆的废液中加入石灰乳，经提纯、酸化、置换、蒸发和干燥处理后得到产品。用作冷却水的阻垢分散剂和缓蚀剂，锅炉水处理中的阻垢分散剂。

08.0047 反渗透膜阻垢剂 reverse osmosis membrane antiscalant

用于阻止或干扰难溶性无机盐在反渗透膜表面沉淀、结垢的化学药剂。

08.0048 多元醇磷酸酯 polytdricalocholphosphate ester

棕色膏状物或酱黑色黏稠液体，溶于水。以乙二醇、乙二醇单乙醚、甘油聚氧乙烯醚、三乙醇胺以及五氧化二磷加热反应制得。用作炼油厂、化工厂、化肥厂的空调和铜制换热器等循环冷却水系统的阻垢缓蚀剂，特别适合用作油田注水处理的阻垢剂。

08.0049 有机胺类缓蚀剂 organic amine corrosion inhibitor

可视为氨的烃基取代物，通过分子中带有由氧、氮、硫、磷等组成的极性基团和由碳、氢等组成的非极性基团，其在金属表面形成吸附膜，防止或减缓与腐蚀反应有关物质的扩散，从而抑制腐蚀的有机胺类化学物质。主要包括脂肪胺、脂环胺、芳香胺、杂环胺、季铵盐等。

08.0050 咪唑啉衍生物缓蚀剂 imidazoline derivatives corrosion inhibitor

可通过在金属表面形成单分子吸附膜，改变氢离子的氧化还原电位，同时络合溶液中的某些氧化剂达到缓蚀目的的咪唑啉衍生物。用于油田注水系统及其管线的防腐。

08.0051 无机缓蚀剂 inorganic corrosion inhibitor

在金属表面起防护作用的无机物质。加入微量或少量这类无机化合物，可使金属材料在该介质中的腐蚀速率明显降低直至为零，同时还能保持金属材料原来的物理性能、力学性能不变。包括铬酸盐、亚硝酸盐、钼酸盐、钨酸盐、聚磷酸盐、磷酸盐、硅酸盐、锌盐等，常用的聚磷酸盐有三聚磷酸钠和六偏磷酸钠。

08.0052 甲氧基丙胺 methoxypropylamine

无色透明液体，溶于水、醇、酮、乙二醇和乙二醇醚等，分子量为 89.14。由链烯腈、一元醇与氨气在一定温度和压力下进行缩合反应，后加氢催化进行还原反应制得。在蒸汽锅炉冷凝系统中用作缓蚀剂，能够有效抑制二氧化碳的酸性腐蚀。

08.0053 三乙烯二胺 triethylenediamine

无色吸湿性结晶，高对称分子笼结构，分子量为 112.17。由乙二胺或乙醇胺，二乙醇胺或二乙烯三胺进行催化反应，或者以羟乙基哌嗪或双羟乙基哌嗪进行环化反应制得。在锅炉水处理中用作缓蚀剂。

08.0054 葡萄糖酸钠 sodium gluconate

白色或淡黄色结晶粉末，溶于水，微溶于醇，分子量为218.16。以含葡萄糖的物质为原料，采用发酵法先制得葡萄糖酸，再用氢氧化钠中和制得。在水中具有缓蚀和阻垢能力，用作循环冷却水、低压锅炉水处理的缓蚀阻垢剂，还可组成碱性清洗剂，用于金属表面除垢除锈。

08.0055 苯并三氮唑 benzotriazole，BTA

无色针状结晶，微溶于水，分子量为 119.12。由邻苯二胺重氮化、环合制得。可用作有色金属的缓蚀剂，对黑色金属也有缓蚀作用，可用于循环冷却水处理。

08.0056 甲基苯并三氮唑 methylbenzotriazole

亮黄色粉末，溶于甲醇、异丙醇、乙二醇等溶剂，难溶于水，分子量为 133.16。由 3,4-二氨基甲苯通过中压合成、酸化、脱水、蒸馏处理制得。可用作有色金属铜和铜合金缓蚀剂，对黑色金属也有缓蚀作用，可用于循环冷却水处理。

08.0057 杀菌灭藻剂 bactericide and algicide

又称“杀生剂（biocide）”。能有效地控制或杀死水系统中微生物（细菌、真菌和藻类）的化学药剂。在国际上，通常作为防治各类病原微生物药剂的总称。

08.0058 氧化性杀菌剂 oxidizing bactericide

主要通过与细菌体内代谢酶发生氧化反应而达到杀菌目的的强氧化剂。常用氧化性杀菌剂有氯气、二氧化氯、溴、臭氧、过氧化氢、过氧乙酸、溴氯海因等。

08.0059 三氯异氰尿酸 trichloroisocyanuric acid

又称“强氯精”。白色结晶固体，有氯气的刺鼻气味，溶于水，分子量为232.41。以尿素为原料先生成氰尿酸，而后加氢氧化钠低温氯化制得，或由氰尿酰胺或氰尿二酰胺与次氯酸反应制得。是一种高效的消毒、杀菌、漂白剂，可用于医院、水产养殖、空气、游泳池、饮用水的杀菌消毒处理。

08.0060 二氯异氰尿酸 dichloroisocyanuric acid

又称“优氯净”。白色结晶粉末，有浓烈的氯气味，分子量为197.96。由尿素、氯化铵熔融制备异氰尿酸，而后加碱和液氯反应制得。在工业循环冷却水处理中用作杀生剂，还可用于饮用水和游泳池水的消毒。

08.0061 氯胺-T chloramine-T

又称“氯亚明（tosylchloramide sodium）”。白色结晶性粉末，有轻微氯气臭味，易溶于水，分子量为227.64。由甲苯磺酰氯经胺化生成甲苯磺酰胺，再用次氯酸钠溶液氯化制得。可用作工业水处理的杀生剂，还可用于饮用水消毒。

08.0062 溴氯海因 bromo-chloro-dimethyl hydantoin，BCDMH

又称“3-溴-1-氯-5,5-二甲基乙内酰脲（3-bromo-1-chloro-5,5-dimethylhydantoin）”。白色粉末，有氯气味，微溶于水，溶于苯、二甲烷和氯仿，分子量为241.49。由5,5-二甲基海因经溴化、氯化反应制得。是一种性能特异的杀菌消毒剂，用于冷却水系统和游泳池水的消毒杀菌处理。

08.0063 过氧乙酸 peroxyacetic acid

无色透明液体，易溶于水和有机溶剂，分子量为76.05。对细菌繁殖体、芽孢真菌、酵母菌和致病菌具有高效、快速的杀灭作用；以乙酸和过氧化氢为原料经过氧化氢法或以乙醛为原料经直接氧化法制得。用作循环冷却水和油田回注水处理的杀菌剂。

08.0064 非氧化性杀菌剂 non-oxidizing bactericide

不是以氧化作用杀死微生物，而是以致毒作用于微生物的特殊部位，从而破坏微生物的细胞或者生命体而达到杀菌效果的化合物。其不受水中还原物质的影响，杀菌作用有一定的持久性，对沉积物或黏泥有渗透、剥离作用，受硫化氢、氨等还原物质的影响较小，受水中pH影响较小。但易引起环境污染，产生抗药性。常见非氧化性杀菌剂有氯酚类、异噻唑啉酮、季铵盐类、醛类、有机硫类等。

08.0065 氯酚类杀生剂 chlorophenol biocide

能够吸附在微生物的细胞壁上，然后扩散到细胞结构中，在细胞内生成一种胶态溶液，同时使蛋白质沉淀而破坏蛋白质，从而起到杀生作用的氯酚类化合物。工业水处理中用作杀菌剂，对大多数细菌、藻类、真菌的控制均有效。常用的氯酚类杀生剂包括邻氯苯酚、对氯苯酚、2,4-二氯苯酚、2,4,4-三氯苯酚、五氯酚钠等。

08.0066 二硫氰基甲烷 methylene bisthiocyanate

浅黄色或无色针状结晶或者黄到浅橙色粉末，不溶于水，分子量为130.19。由硫氢化钠和二氯甲烷反应制得。是一种高效、广谱的含硫杀生剂，广泛应用于炼油、电力、化肥等工业循环冷却水处理，在油田回注水处理中用作杀生剂和黏泥防止剂。

08.0067 4-异噻唑啉-3-酮 4-isothiazoline-3-ketone

又称“卡松（Kathon）”。5-氯-2-甲基-4-异

噻唑啉-3-酮和 2-甲基-4-异噻唑啉-3-酮的混合物，由于杂质的不同，外观为琥珀色到金黄色或浅绿色到蓝色透明或浑浊的液体，溶于水和乙二醇等极亲水性有机溶剂。以 3,3′-二硫代二丙酰胺为原料或以 β-硫酮丙酰胺类化合物为原料进行闭环反应制得。具有低毒、广谱、高效抑制微生物生长的特点，用作化肥、化纤、炼油、钢铁等工业水处理和油田回注水的杀生剂。

08.0068 季铵盐类杀菌剂 quaternary ammonium salt bactericide

结构中的季铵盐型阳离子通过静电力、氢键力以及表面活性剂分子与蛋白质分子间的疏水结合等作用，吸附带负电的细菌体，聚集在细胞壁上，产生室阻效应，导致细菌生长受抑制而死亡的一类阳离子表面活性剂。同时其憎水烷基还能与细菌的亲水基作用，改变膜的通透性，继而发生溶胞作用，破坏细胞结构，引起细胞的溶解和死亡，从而起到杀菌的作用。包括十二烷基二甲基苄基氯化铵（1227）、十四烷基二甲基苄基氯化铵（1427）等。

08.0069 双三丁基氧化锡 bis(tributyltin)oxide

又称“氧化双[三丁基]锡”。微黄色液体，不溶于水，可与有机溶剂混溶，有毒，分子量为596.16。由四氯化锡、氯丁烷和金属镁反应制得。可用作工业循环冷却水处理的杀菌剂。

08.0070 季鏻盐类杀菌剂 quaternary phosphonium salt bactericide

一种新型的高效广谱阳离子杀菌剂。其结构与季铵盐相似，含有一个长碳链烷基、一个带正电荷的中心原子和相应的氟离子，只是磷阳离子代替了氮阳离子。低毒，化学性能稳定，易降解。包括十四烷基三丁基氯化鏻、四甲基氯化鏻、四羟烷基硫酸鏻等。

08.0071 醛类杀菌剂 aldehyde bactericide

分子结构中的醛基氧带负电荷，与蛋白质中带孤对电子的氨基或细菌酶系统发生亲核加成反应，使蛋白质变性或破坏酶的活性而起到杀灭细菌作用的醛类化合物。包括戊二醛、水杨醛、α-溴代肉桂醛等。

08.0072 黏泥剥离剂 slime remover

由杀生剂、表面活性剂、强力渗透剂、稳定剂等组成，能快速渗透到黏泥菌胶团中，氧化分解释放出气泡，使黏泥脱落，然后随水流排出，达到强力剥离和清洗目的，防止垢下腐蚀。

08.0073 松香胺聚氧乙烯醚 rosin amine polyoxyethylene ether

黄色黏稠液体，溶于醇类等有机溶剂。由松香胺和环氧乙烷经加聚反应制得。可用作油田、炼油厂等工业水处理的缓蚀剂、杀生剂、阻垢剂及黏泥剥离剂。

08.0074 十二烷基氨乙基甘氨酸 dodecylaminoethyl glycine

由氯代十二烷与乙二胺反应产生十二烷基乙二胺，再与氯乙酸反应制得的一种两性表面活性剂。具有两性表面活性剂的性质、较好的剥离作用以及杀菌性能。可作工业水处理、水池、游泳池的杀生剂。

08.0075 乙二酸 ethanedioic acid

又称“草酸（oxalic acid）”。无色透明结晶体，易溶于水和醇，分子量为 90.04。以乙二醇为原料，一步氧化法制得，或以葡萄糖、蔗糖、淀粉、糊精等碳水化合物为原料，经氧化法制得。对氧化铁的溶解能力强，可用作金属设备的清洗剂，还可用作染料还原剂、纺织物漂白剂等。

08.0076 羟基乙酸 hydroxyacetic acid

白色晶体，溶于水、乙醇、乙醚、丙酮和氧化性溶剂，分子量为 76.06。以马来酸和富马酸为原料经水合反应制得。主要用作清洗剂，与柠檬酸复配可除去金属设备内沉积的坚硬氧化铁垢，与甲酸复配可用于大型高压锅炉和化工装置的清洗。

08.0077 乙二胺四乙酸 ethylene diamine tetraacetic acid，EDTA

白色、无味、无臭的结晶粉末，几乎不溶于水、乙醇、乙醚及其他溶剂，分子量为292.25。由乙二胺与一氯乙酸反应制得。是螯合剂的代表，对钙、镁、铁等成垢离子具有络合或螯合作用，溶垢效果好，可用作锅炉清洗的螯合清洗剂。

08.0078 脂肪胺 fatty amine

包括伯胺（RNH_2）、仲胺（R_2NH）、叔胺（R_3N）、季铵盐 $R_4N^+X^-$等。主要以脂肪酸或高级醇为原料，脂肪酸与氨反应生成脂肪腈，经催化加氢制得伯胺；由脂肪腈、伯胺或脂肪醇反应制得仲胺；由伯胺或仲胺与醛、醇或卤代烷反应制得叔胺。可用作水处理和化学清洗中的缓蚀剂。

08.0079 六次甲基四胺 hexamethylenetetramine

又称“乌洛托品（urotropin）”。白色三斜晶系晶体，易溶于水、乙醇、氯仿等溶剂，难溶于丙酮、乙醚等溶剂，分子量为140.19。以甲醛水溶液和氨水（或液氨）为原料，在适当条件下反应制得。可用作盐酸、稀硫酸、磷酸和乙酸等酸溶液中钢的缓蚀剂，以及盐酸、稀硫酸溶液中铝及锌的缓蚀剂。

08.0080 除氧剂 oxygen scavenger

在水系统中，能够与水中残留的溶解氧进行化学反应，从而实现去除溶解氧目的的化学物质。包括无机除氧剂和有机除氧剂。

08.0081 肼 hydrazine

又称“联氨（diamide）”。无色油状液体或白色单斜晶系结晶，溶于水、甲醇、乙醇等极性溶剂，分子量为32.045。由水合肼通过脱水法或萃取脱水法制得。可用作高压锅炉给水除氧剂，脱除水中溶解氧和二氧化碳，防止水侧金属腐蚀。

08.0082 碳酰肼 carbohydrazide

白色结晶粉末，易溶于水，分子量为90.09。由碳酸二乙酯与水合肼混合反应制得。可用作锅炉水的除氧剂，还可用作金属表面的钝化剂。

08.0083 凝聚剂 coagulant

又称“凝结剂”。使不稳定的胶体微粒（或者凝结过程中形成的微粒）聚合在一起形成集合体的过程中所投加药剂的统称。常用凝聚剂有固体硫酸铝、液体硫酸铝、明矾、聚合氯化铝、三氯化铁、硫酸亚铁等。

08.0084 氨-环氧氯丙烷缩聚物 ammonia-epichlorohydrin condensation polymer

浅黄色固体粉末，浓度为48%的液体产品为无色透明溶液。液体产品由氨水和环氧氯丙烷经缩聚反应制得。对低浊度水的处理极其有效，用于饮用水和工业用水的絮凝处理，还可用作消泡剂。

08.0085 氨-二甲胺-环氧氯丙烷聚合物 ammonia-dimethylamine-epichlorohydrin polymer

液体。由环氧氯丙烷、二甲胺水溶液和氨水经聚合反应制得。是一种水净化用絮凝剂，具有抗氯性和水溶性，适用于处理经氯化消毒后的河水。

08.0086 氯化缩水甘油三甲基铵 glycidyltrimethyl ammonium chloride

黏稠油状液体，易溶于水，分子量为 600～100000。由环氧氯丙烷和三甲胺水溶液在适当条件下聚合制得。是一种优良的絮凝剂，可用于污水处理。

08.02 造纸化学品

08.0087 植物纤维 plant fiber，vegetable fiber

直接从植物体上取得的纤维。主要成分是纤维素，是广泛分布在种子植物中的一种厚壁组织。其细胞细长，两端尖锐，成熟时缺少原生质体，是制浆后构成纸浆的主要固态物质。

08.0088 废纸纤维 secondary fiber，recycled fiber

使用过的废弃纸张或纸板。是一类可用于重新造纸的原料。

08.0089 造纸白水 white water from paper industry

简称“白水”。造纸生产中在造纸机网部和压榨部脱出的水分。由于其中含有大量细小的纤维，所以呈白色。

08.0090 造纸黑液 black liquor from paper industry

硫酸盐法或烧碱法蒸煮完毕后所排出的黑色液体。有木浆黑液、草浆黑液、竹浆黑液等多种。固形物中含有 30%的无机化合物和 70%的有机化合物。具有起泡性、腐蚀性和易氧化性，会严重污染环境。通常采取碱回收的方法来抑制其破坏性。造纸黑液经过蒸发、浓缩，在碱回收炉内进行燃烧进而苛化等一系列处理，可回收热能和化学药品（氢氧化钠等）。

08.0091 造纸红液 red liquor from paper industry

亚硫酸盐法蒸煮完毕后所得到的红色液体。具有刺鼻性气味（含有二氧化硫），干固物含量为 9%～12%。因为造纸红液中含有大量木素，所以一般经过超滤膜过滤，可以测得木素的粒径。将造纸红液适当浓缩可直接利用，如用作黏合剂、杀虫剂、肥料、乳化剂等。

08.0092 造纸绿液 green liquor from paper industry

碱法制浆的造纸黑液在碱回收炉内燃烧生成的熔融物溶解于稀白液或清水形成的绿色液体。主要成分有碳酸钠、硫化钠等。可用石灰苛化制备氢氧化钠。

08.0093 碱回收率 alkaline recovery rate

经碱回收系统所回收的碱量（不包括由芒硝还原所得的碱量）占同一计量时间内制浆过程所用总碱量（包括漂白工序之前所有生产过程的耗碱总量，但不包括漂白工序消耗的碱量）的质量分数。

08.0094 黑液提取率 extraction rate of black liquor

在一定计量时间内洗涤过程所提取黑液中的溶解性固形物占同一计量时间内制浆（指漂白之前的所有工艺）生产过程中所产生的全部溶解性固形物的质量分数。

08.0095 无氯漂白 chlorine-free bleaching

采用过氧化物、臭氧等非氯漂白剂漂白纸浆的过程。分为全无氯漂白（TCF）和无元素氯漂白（ECF）。

08.0096 白水封闭循环回用系统 closed-loop recycling system for white water

造纸机湿部排出的白水直接或经处理后再加以循环利用的造纸系统称为白水封闭循环回用系统，根据白水的回用率分为部分封闭和全封闭。实施造纸白水系统的封闭循环回用，是实现造纸工业清洁生产的一项重要指标。

08.0097 废纸制浆 repulping of waste paper, secondary fiber pulping

对废纸进行回收利用，使之重新成为纸浆的过程。废纸制浆一般包括废纸分类与收集、碎解与疏解分离、筛选与净化、热熔物处理、脱墨与漂白等过程。

08.0098 疏解分离 defibering

采用水力碎浆机和高频疏解机等设备使植物纤维分离为单根纤维的过程。

08.0099 筛选与净化 screening and purification

利用筛浆机和除渣器除去浆料中外形尺寸、形状和相对密度与纤维不同的杂质的过程。

08.0100 热熔物处理 hot-melting impurity treatment

除去废纸浆中的热熔胶、胶黏剂、油脂、石蜡、沥青等难以用机械方法或化学方法除去的有机类杂质，或使其均匀分散后尽量减少不良影响。

08.0101 脱墨与漂白 deinking and bleaching

脱墨为对废纸浆进行化学和物理处理，将油墨从纤维上分离出的操作；漂白为对废纸浆进行化学处理，破坏其中有色基团的操作。对废纸浆进行脱墨和漂白等处理以生产白度要求高的纸浆。

08.0102 脱氯 dechlorination

将漂白时多余的氯转变为其他成分的化合物，并除去残留氯的过程。

08.0103 制浆化学品 pulping chemicals

原生纤维和再生纤维加工过程中使用的化学品。其能缩短制浆的蒸煮时间，提高纤维的收率及质量，减少制浆废水污染。

08.0104 湿部化学品 wet end chemicals

在造纸机湿部添加的化学品。分为功能性化学品和过程性化学品。

08.0105 过程性化学品 process chemicals

包括助留助滤剂、消泡剂、腐浆控制/杀菌剂、树脂障碍/沉积物控制剂、纤维分散剂等。其作用是优化生产过程，提高纸机运行速度，达到用较差纤维原料生产出合格纸张的目的，有的品种可以大幅度减少对环境的污染。

08.0106 功能性化学品 functional chemicals

包括施胶剂、增强剂、增白剂、柔软剂、防水剂等化学品。其对纸张的品种和质量起着决定性的作用。

08.0107 涂布助剂 coating auxiliary agent

涂布加工纸的生产过程中赋予产品特殊性能，或使加工操作顺利进行的化学品的总称。包括分散剂、增强剂、防腐剂等。

08.0108 制浆用蒸煮助剂 pulping cooking auxiliary

加入蒸煮液中改进蒸煮反应过程的化学品。如蒽醌、绿氧、硼氢化钠等。

08.0109 废纸脱墨剂 waste paper deinking agent

能够脱掉印在纸或者纸板上油墨、颜色和杂质，并使之与纸浆纤维分离的化学品。主要由表面活性剂、分散剂、浮选剂等组成，如十二烷基苯磺酸钠、聚丙烯酸钠、氨基三乙酸等。

08.0110 漂白剂 bleaching agent

用于除去纸浆中所含有色物质的化学药剂。可分为氧化性漂白剂（次氯酸钠、二氧化氯、过氧化氢等）、还原性漂白剂（连二亚硫酸盐、亚硫酸氢钠等）、生物性漂白剂等。

08.0111 绒毛浆松解剂 fluff pulping release agent

又称“膨松剂（leavening agent）”“解键剂

（debonder）”。绒毛浆板生产过程中，在保证绒毛浆吸水性的情况下，赋予绒毛浆板较好的柔软性及膨松性的化学药剂。主要成分为阳离子表面活性剂等。

08.0112 助留助滤剂 retention and drainage aid
抄纸时加入纸浆内提高填料和细小纤维等的留着率的化学品。具有增强滤水性，降低成型、压榨和干燥过程中脱水能耗的功能。主要成分为水溶性支链结构的有机高分子聚合物，如聚丙烯酰胺、淀粉改性产品等。

08.0113 消泡剂 defoaming agent
向浆料流送系统中添加的使泡沫消失的化学品。常用消泡剂包括磺化油、丁醇、正辛醇、松节油、有机硅、聚氧乙烯醚等。

08.0114 防腐剂 antiseptic，preservative
用于造纸杀菌、防霉的化学药剂。具有高效、广谱、低毒等优良特性，可在短时间内杀死和清除纸浆内的有害菌体。

08.0115 沉积物控制剂 deposit controlling agent
造纸过程中，为控制有机沉积物和无机沉积物等非微生物沉积而加入的药剂。

08.0116 纤维分散剂 fiber dispersant
具有防止纤维在水溶液中自行聚集，使纤维在浆料悬浮液中保持最优化的悬浮状态的药剂。

08.0117 浆内施胶剂 internal sizing agent
在纸浆中加入的施胶剂。如烷基烯酮二聚体（AKD）、烯基琥珀酸酐（ASA），多与硫酸铝配合使用。

08.0118 表面施胶剂 surface sizing agent
涂布时加入的使纸张具有抗水性的施胶剂。如变性淀粉等。

08.0119 干增强剂 dry strengthening agent
提高纸张抗张强度、耐破度、耐折度及挺度的化学品。如聚丙烯酰胺、变性淀粉等。

08.0120 湿增强剂 wet strengthening agent
能增强纸张在湿状态下的强度，使纸张保持原状而不松散的助剂。如三聚氰胺甲醛树脂、脲醛树脂等。

08.0121 增白剂 brightener
具有将紫外光转变为蓝色或蓝紫色可见光作用的药剂。其使摄入的光线瞬间激发，产生增白效果。常用的增白剂为二氨基二苯乙烯的衍生物。

08.0122 柔软剂 softening agent
使纸张保持柔软性并具有弹性的药剂。如甘油、麦芽糖、聚乙二醇等。

08.0123 防水防油剂 water-proof and oil-proof agent
能够大幅度地提高纸张抗水抗油性能的助剂。如蜡乳液、石蜡、有机硅（硅酮、硅树脂）等。

08.0124 造纸填料 paper filler
加入纸浆内的一些基本不溶于水的固体微粒。目的是改善纸张的不透明度、亮度、平滑度、印刷适性、柔软性、均匀性和尺寸稳定性，还可以使纸张的手感变好，降低其吸湿性，减少纤维用量。常用的填料为碳酸钙、二氧化钛、高岭土、滑石粉等。

08.0125 印刷适性改进剂 printability improver
用于提高纸的表面强度，提高印刷清晰度的助剂。

08.0126 剥离剂 stripping agent
纸张抄造过程中起剥离、润滑、增光效果的助剂。可提高纸张平滑度、光泽度，如矿物油、有机硅、乳化蜡类等。

08.03 油田化学品

08.0127 钻井液 drilling fluid
又称"钻井流体"。钻井过程中使用的循环工作流体，可以是液体、气体或泡沫。

08.0128 水基钻井液 water-base drilling fluid
由水、膨润土和处理剂配成，以水作分散介质的钻井液。

08.0129 油基钻井液 oil-base drilling fluid
由油、水、有机土和处理剂配成，以油作分散介质的钻井液。

08.0130 泡沫钻井液 foam drilling fluid
若在水基钻井液中加入起泡剂并通入气体，就可配成泡沫钻井液。由于其以水作分散介质，所以属于水基钻井液。

08.0131 钻井液处理剂 additive for drilling fluid
为了调节钻井液性能而加入钻井液中的化学剂。包括钻井液杀菌剂、钻井液缓蚀剂、钻井液除钙剂、钻井液消泡剂、钻井液乳化剂、钻井液絮凝剂、钻井液起泡剂、钻井液降滤失剂、堵漏材料、钻井液润滑剂、解卡剂、钻井液 pH 控制剂、表面活性剂、页岩抑制剂、钻井液降黏剂、温度稳定剂、钻井液增黏剂、密度调整材料。

08.0132 钻井液杀菌剂 bactericide for drilling fluid
用来杀灭和减少钻井液中各种有害微生物群落（真菌、细菌）及藻类，使其降低到安全含量范围内，从而维护钻井液中各种处理剂正常使用性能的化学剂。

08.0133 钻井液缓蚀剂 corrosion inhibitor for drilling fluid
用来减轻或抑制各种酸性气体、地下卤水及钻井液对钻井设备和工具腐蚀作用的化学剂。

08.0134 钻井液除钙剂 calcium remover for drilling fluid
能除去钻井液中钙离子的化学剂。

08.0135 钻井液消泡剂 defoamer for drilling fluid
有效控制钻井液在使用过程中产生泡沫，从而提高钻井效率的化学剂。

08.0136 钻井液降滤失剂 filtrate reducer for drilling fluid
能降低钻井液滤失量的化学剂。

08.0137 钻井液絮凝剂 flocculant for drilling fluid
能使钻井液中固体颗粒聚集变大的化学剂。

08.0138 钻井液起泡剂 foaming agent for drilling fluid
能促使水溶液稳定形成泡沫的化学剂。

08.0139 钻井液润滑剂 lubricant for drilling fluid
能改善钻井液润滑性的物质。

08.0140 解卡剂 pipe-free agent
能降低滤饼与钻杆摩阻系数从而达到解卡目的的化学剂。

08.0141 钻井液 pH 控制剂 pH control agent for drilling fluid
能调节钻井液酸碱度的化学剂。

08.0142 页岩抑制剂 shale-control agent
能抑制页岩膨胀和（或）分散（包括剥落）的化学剂。

08.0143 钻井液降黏剂 thinner for drilling fluid
能降低钻井液黏度和切力的流变性调整剂。

08.0144 温度稳定剂 temperature stabilizer
能使钻井液在温度升高的条件下保持原有性能（主要指流变性和滤失性）稳定的添加剂。

08.0145 钻井液增黏剂 viscosifier for drilling fluid
能增加钻井液黏度和切力的化学剂。

08.0146 加重材料 weighting materials
又称“加重剂（weighting agent）”。能增加钻井液密度且不影响其使用性能的材料或添加剂。

08.0147 促凝剂 coagulant
能加速水泥水化反应，缩短水泥浆的候凝时间，提高水泥石早期强度的外加剂。

08.0148 减阻剂 friction reducer
能降低水灰比和改善水泥浆流变性能的外加剂。

08.0149 防气窜剂 gas channeling inhibitor
在注水泥过程中及注水泥后防止气体运移并提高固井质量的水泥外加剂。

08.0150 减轻外掺料 lighting admixture
通过外掺料降低水泥浆密度的添加剂，主要用于油井水泥。

08.0151 堵漏材料 lost circulation materials
能堵塞漏失层的材料。

08.0152 缓凝剂 retardant
能延缓水泥水化反应，延长水泥浆凝结时间的外加剂。

08.0153 增强剂 strength improver
能增强钻井液在井壁上所形成的泥饼与水泥环、地层之间的胶结作用力的化学剂。

08.0154 加重外掺料 weighting admixture
全称“油井水泥加重外掺料（heavy-weight admixture for oil well cement slurry）”。在油井开采、钻井、固井时，通过外掺料提高水泥浆密度的加重剂。

08.0155 完井液 well completion fluid
新井从钻开产层到正式投产前，由于作业需要而使用的任何接触产层的液体。

08.0156 修井液 workover fluid
在油气井完成投产后为恢复、保持和提高油气井产能而进行的各种作业所使用的流体。是在油气钻井过程中，满足钻井工作需要的各种循环流体的总称。

08.0157 射孔液 perforating fluid
套管射孔时用的液体。

08.0158 砾石充填液 gravel-packing fluid
将砾石携带至井下预定位置的液体。

08.0159 油井水泥 oil well cement
专门用于油气井固井的水泥。

08.0160 水泥外加剂 additive for cement slurry
能按要求改变水泥浆性能而掺量不大于水泥质量 5%的化学剂。

08.0161 水泥膨胀剂 expanding agent for cement slurry
使水泥初凝后具有膨胀性的外加剂。

08.0162 水泥降滤失剂 filtrate reducer for cement slurry
能降低水泥浆滤失量的外加剂。

08.0163 水泥外掺料 admixture for cement slurry
为了赋予水泥浆以某种性能而掺入的超过

水泥质量 5%的惰性材料。视不同需要而有不同功能的外掺料，如减轻外掺料（降低水泥浆密度）；加重外掺料（增加水泥浆密度）；防漏外掺料（防止水泥浆漏失，增加水泥浆回用率）；防高温外掺料（为适应稠油热采及深井需要，稳定水泥石强度及降低水泥石渗透率）等。

08.0164 酸化液 acidizing fluid
根据酸化目的和地层条件，选择适当的酸与添加剂所配的液体。

08.0165 常规酸 regular acid
在一定浓度范围内，未作缓速处理的酸化液。

08.0166 土酸 mud acid
氢氟酸与盐酸的混合酸化液。用于解除泥浆堵塞和提高泥质砂岩地层的渗透性。

08.0167 缓速酸 retarded acid
为延缓酸与地层的反应速率，增加酸的有效作用距离而配制的酸化液。

08.0168 稠化酸 viscous acid, gelled acid
将稠化剂加入酸中配制的一种缓速酸。

08.0169 微乳酸 microemulsified acid
由酸、油、醇和表面活性剂配成，能延缓酸与地层反应速率的微乳。

08.0170 泡沫酸 foamed acid
能延缓酸与地层的反应速率，由酸、气体和起泡剂配成的酸化液。

08.0171 潜在酸 latent acid
在地层条件下可产生酸的物质。

08.0172 黏土酸 clay acid
能溶蚀地层深处黏土的潜在酸。

08.0173 乏酸 spend acid
酸化地层后的酸。

08.0174 二次沉淀 secondary precipitation
从乏酸析出的铁、硅等的化合物沉淀。

08.0175 酸液添加剂 additive for acidizing fluid
为改进性能而加到酸液中的化学剂。

08.0176 互溶剂 mutual solvent
能使油和水互溶的化学剂。

08.0177 防淤渣剂 sludge inhibitor，sludge preventive
能防止酸与原油中某些非烃物质形成淤渣的化学剂。

08.0178 助排剂 clean up additive
能减少二次沉淀对地层的伤害，使乏酸易从地层排出的化学剂。

08.0179 防乳化剂 emulsion inhibitor
能防止乳状液生成的化学剂。

08.0180 铁螯合物 iron chelating agent，iron sequestering agent
能螯合铁离子，防止其产生二次沉淀的化学剂。

08.0181 铁稳定剂 iron stabilizer
通过络合、螯合、还原和（或）pH 控制等作用防止铁离子产生二次沉淀的化学剂。

08.0182 缓速剂 retardant
能延缓酸与地层反应速率的化学剂。

08.0183 暂堵剂 temporary blocking agent
能暂时降低地层渗透性或暂时封堵高渗透油层的物质。

08.0184 稠化剂 thickener
加入压裂液中可使其稠度大大增加的物质。

08.0185 压裂液 fracturing fluid
由多种添加剂按一定配比形成的非均质不稳定的化学体系，是对油气层进行压裂改造时使用的工作液。

08.0186 水基压裂液 water-base fracturing fluid
以水作溶剂或分散介质配成的工作液。主要包括稠化水压裂液、水基冻胶压裂液、水包油压裂液、水基泡沫压裂液。

08.0187 稠化水压裂液 viscous water fracturing fluid
压裂时将稠化剂溶于水配成的工作液。

08.0188 水基冻胶压裂液 water-base gel fracturing fluid
由水、成胶体剂、交联剂和破胶剂配成的压裂液。

08.0189 水包油压裂液 oil-in-water fracturing fluid
压裂措施时以水作分散介质，油作分散相，水溶性表面活性剂作乳化剂配成的水基乳液。

08.0190 水基泡沫压裂液 water-base foam fracturing fluid
压裂措施时以水作分散介质，气体作分散相，表面活性剂作起泡剂配成的工作液。

08.0191 油基压裂液 oil-base fracturing fluid
压裂措施时以油作溶剂或作分散介质配成的工作液。主要包括稠化油压裂液、油包水压裂液、油基泡沫压裂液。

08.0192 稠化油压裂液 gelled oil fracturing fluid
压裂措施时将稠化油溶于油中配成的工作液。

08.0193 油包水压裂液 water-in-oil fracturing fluid
压裂措施时以油作分散介质，水作分散相，油溶性表面活性剂作乳化剂配成的油基乳液。

08.0194 油基泡沫压裂液 oil-base foamed fracturing fluid
主要由油相、气体和表面活性剂组成的一种用于油气开采的压裂液。它通过将稠化剂与油相和气体结合，形成泡沫，能够在压裂过程中提高流动性和携砂能力。

08.0195 醇基压裂液 alcohol-base fracturing fluid
压裂措施时以醇作溶剂或分散介质的工作液。

08.0196 酸基压裂液 acid-base fracturing fluid
压裂措施时以酸作溶剂或分散介质的工作液。

08.0197 压裂液添加剂 additive for fracturing fluid
为改进压裂液性能而添加到压裂液中的化学剂。

08.0198 交联剂 cross-linking agent
能将聚合物的线型结构交联成体型结构的化学剂。

08.0199 黏土稳定剂 clay stabilizer
能抑制黏土膨胀和黏土微粒运移的化学剂。

08.0200 转向剂 diverting agent
能封堵高渗透层，使工作液转向低渗透层的化学剂。

08.0201 压裂液降滤失剂 filtrate reducer for fracturing fluid
减少压裂液从裂缝中向地层滤失的化学剂。

08.0202 压裂液破胶剂 gel breaker for fracturing fluid
能使水基冻胶压裂液在一定时间内破胶降黏的化学剂。

08.0203 支撑剂 proppant
压裂时由压裂液带入裂缝，在压力释放后用于支撑裂缝的化学试剂。

08.0204 pH 控制剂 pH control agent
能控制液体酸碱度的化学剂。

08.0205 增黏剂 viscosifier
能增加液体黏度和切力的化学剂。

08.0206 解堵剂 blocking remover
能解除近井地带堵塞的化学剂。

08.0207 调剖剂 profile control agent
从注水井注入地层，调整注入水地层吸水剖面的物质。包括树脂型调剖剂、沉淀型调剖剂、凝胶型调剖剂、冻胶型调剖剂、胶体分散型调剖剂等。

08.0208 单液法调剖剂 profile control agent for single-fluid method
使用单一的工作液配成的调剖体系。在地层条件下发生物理、化学作用而形成具有封堵能力的物质，可以调整注水地层的吸水剖面。

08.0209 双液法调剖剂 profile control agent for double-fluid method
使用两种不同的工作液配成的调剖体系。两种工作液以隔离液分开，交替注入地层，在地层中推移一定距离，两种工作液接触并发生物理、化学等作用而产生封堵物质，从而调整注水地层的吸水剖面。

08.0210 树脂型调剖剂 resin-type profile control agent
以树脂作为封堵物质的调剖体系。

08.0211 沉淀型调剖剂 precipitation-type control agent
以沉淀作为封堵物质的调剖体系。

08.0212 凝胶型调剖剂 gel-type profile control agent from sol
以凝胶作为封堵物质的调剖体系。

08.0213 冻胶型调剖剂 gel-type profile control agent from polymer solution
以冻胶作为封堵物质的调剖体系。

08.0214 胶体分散体型调剖剂 colloidal dispersant-type profile control agent
以胶体分散体作为封堵物质的调剖体系。

08.0215 防蜡剂 paraffin inhibitor
能抑制原油中蜡晶析出、长大、聚集和（或）在固体表面上沉积的化学剂。

08.0216 化学防蜡剂 chemical paraffin control
用化学方法抑制原油中蜡晶析出、长大、聚集和（或）在固体表面上沉积的化学剂。

08.0217 表面活性剂型防蜡剂 surfactant-type paraffin inhibitor
通过表面活性剂在蜡晶表面或结蜡表面上吸附而起防蜡作用的防蜡剂。

08.0218 聚合物型防蜡剂 polymer-type paraffin inhibitor
通过蜡晶在聚合物分子上析出而起防蜡作用的防蜡剂。

08.0219 蜡分散剂 paraffin dispersant
能提供结晶中心或吸附在蜡晶表面而使蜡处于分散状态的化学剂。

08.0220 蜡晶改性剂 paraffin crystal modifier
能改变蜡晶形态的化学剂。

08.0221 降凝剂 pour point depressant
能降低原油凝固点的化学剂。

08.0222 清蜡剂 paraffin remover
能清除蜡沉积物的化学剂。

08.0223 化学清蜡 chemical paraffin removal
用化学方法清除沉积在固体表面上的蜡。

08.0224 水基清蜡剂 water-base paraffin remover
以水为载体，其中溶有表面活性剂、互溶剂和（或）碱性物质，通过润湿反转、互溶和分散等作用清蜡的清蜡剂。

08.0225 油基清蜡剂 oil-base paraffin remover
溶解石蜡的能力较强的化学溶剂，防止原油开采时蜡从中析出并凝结于井壁。

08.0226 水包油型清蜡剂 oil-in-water paraffin remover
以水基清蜡剂作连续相，油基清蜡剂作分散相，浊点低于结蜡段温度的非离子型表面活性剂作乳化剂所配成的清蜡剂。

08.0227 防砂剂 sand control agent
防止砂从地层产出的化学剂。

08.0228 固砂树脂 sand consolidation resin
能将松散砂粒胶结起来的树脂。

08.0229 固化剂 curing agent
能使树脂固化的化学剂。

08.0230 树脂涂敷砂 resin-coated sand
涂敷了树脂的砂粒。

08.0231 降黏剂 viscosity depressant
能降低液体黏度和切力的化学剂。

08.0232 堵水剂 water shutoff agent
由油井注入，能减少油井出水的物质。

08.0233 水基堵水剂 water-base water shutoff agent
以水作溶剂或分散介质的堵水剂。

08.0234 油基堵水剂 oil-base water shutoff agent
以油作溶剂或分散介质的堵水剂。

08.0235 醇基堵水剂 alcohol-base water shutoff agent
以醇作溶剂或分散介质的堵水剂。

08.0236 选择性堵水剂 selective water shutoff agent
对水的流动有较大抑制作用，对油的流动影响较小的堵水剂。

08.0237 碱剂 alkaline agent
用于碱驱的碱溶液。

08.0238 助表面活性剂 cosurfactant
能改变表面活性剂的亲水亲油平衡，影响体系的相态和相性质的微乳成分。

08.0239 高温起泡剂 high temperature foamer
注蒸汽时使用的起泡剂，要求在使用温度下起泡且性能稳定。

08.0240 混溶剂 miscible agent
在一定条件下能与原油混相的物质。

08.0241 流度控制剂 mobility control agent
通过增加液体的黏度和（或）减小孔隙介质渗透率而达到控制流度的化学剂。

08.0242 牺牲剂 sacrificial agent
以自身损耗来减少其他化学剂损耗的廉价化学剂。

08.0243 薄膜扩展剂 thin film spreading agent
注蒸汽时，可在油水界面和地层表面以薄膜的形式扩展，起防止乳化和改变地层表面润湿性作用的高分子表面活性剂。

08.0244 水包油乳状液破乳剂 demulsifier for oil-in-water emulsion
能破坏水包油乳状液的化学剂。

08.0245 油包水乳状液破乳剂 demulsifier for water-in-oil emulsion

能破坏油包水乳状液的化学剂。

08.0246 高分子破乳剂 macromolecular demulsifier

有破乳作用的高分子表面活性剂。

08.0247 阳离子型高分子破乳剂 cationic macromolecular demulsifier

溶于水后生成的亲水基团为带正电荷的离子团的高分子破乳剂。

08.0248 非离子型高分子破乳剂 nonionic macromolecular demulsifier

溶于水后不离解离子，因而不带电荷的高分子破乳剂。

08.0249 流动性改进剂 flow improver

能通过降凝、减阻和（或）降黏等作用改进原油流动性能的化学剂。

08.0250 天然气净化剂 gas cleaning agent

用于除去天然气中的水分、酸性气体和有机硫的吸收剂和吸附剂。

08.0251 水合物抑制剂 hydrate inhibitor

能抑制天然气及其凝液中水合物生成的化学剂。

08.0252 海面浮油清净剂 oil spill cleanup agent on the sea

清除海面浮油用的化学剂。

08.0253 海面浮油分散剂 oil spill dispersant on the sea

能降低油水界面张力，将海面浮油分散成油珠而易为自然环境消化的化学剂。

08.0254 管道清洗剂 pipe-line cleaning agent

用于清洗输油管道的含表面活性剂或不含表面活性剂的溶剂。

08.0255 原油乳化降黏剂 viscosity reducer by emulsification of crude oil

能将原油乳化成低黏的水包油乳状液的化学剂。

08.0256 注入水净化剂 clarificant for injection water

用于除去注入水中悬浮物的化学剂。

08.0257 注入水杀菌剂 bactericide for injection water

用于杀死注入水中细菌的化学剂。

08.0258 注入水缓蚀剂 corrosion inhibitor for injection water

能抑制或延缓注入水对金属腐蚀的化学剂。按照其作用机理可分为氧化型缓蚀剂、沉淀型缓蚀剂和吸附型缓蚀剂。

08.0259 有机缓蚀剂 organic corrosion inhibitor

有缓蚀作用的有机化合物。

08.0260 氧化型缓蚀剂 oxidation-type corrosion inhibitor

能在金属表面形成氧化物薄膜的氧化性化学剂。

08.0261 沉淀型缓蚀剂 precipitation-type corrosion inhibitor

与金属的腐蚀产物或阴极反应产物生成沉淀而起缓蚀作用的化学剂。

08.0262 吸附型缓蚀剂 adsorptive corrosion inhibitor

在金属表面吸附形成保护膜、减少金属与腐蚀介质接触，从而防止金属损坏的化学剂。

08.0263 黏土防膨剂 anti-clay-swelling agent

对黏土膨胀有抑制作用的化学剂。包括无机黏土防膨剂和有机黏土防膨剂。

08.0264 矿物颗粒稳定剂 mineral particle stabilizer
能抑制地层中各种矿物微粒运移的化学剂。

08.0265 除油剂 oil removing agent
以水为基质的有机化学品与无机化学品组成的混合物，用来清除水中的油。

08.0266 防垢剂 scale inhibitor，anti-scaling additive
能防止或延缓水中盐类成垢沉积的化学剂。按其化学成分可分为膦酸盐防垢剂、氨基多羧酸盐防垢剂、表面活性剂型防垢剂。

08.0267 除垢剂 scale dissolver, scale remover
使垢从结垢表面除去的化学剂。

08.0268 垢转化剂 scale conversion agent
能将垢转化为其他易被除垢剂除去的物质的化学剂。

08.04 染 整 助 剂

08.0269 纺纱助剂 spinning auxiliary
在纺纱工序中添加的各种助剂的总称。如毛纺工序中添加的抗静电剂、和毛油及黏附剂等。

08.0270 和毛油 wool lubricant oil
用于羊毛、羊绒等动物纤维，为提高可纺性在纺纱工序中添加的油剂。主要由矿物油或改性植物油和表面活性剂组成。

08.0271 织造助剂 weaving auxiliary
在纺织品制造工序中添加的各种助剂的总称。如整经蜡等。目的是减少在织造过程中经纱的断头率，提高织造效率和毛布质量。

08.0272 整经蜡 warping wax
毛织物在织造之前经纱准备工序中添加的助剂。目的是减少在织造过程中经纱的断头率，提高织造效率和毛布质量。

08.0273 浆料 sizing agent
又称“上浆剂”。在织造之前经纱准备工序中添加的助剂。如淀粉、聚乙烯醇等。目的是减少在织造过程中经纱的断头率。

08.0274 染色助剂 dyeing auxiliary
在染色工序中添加的各种助剂的总称。如用于提高染色均匀性的匀染剂，用于提高染色牢度的固色剂等。

08.0275 精炼剂 scouring agent
用于去除印染坯布中剩余的浆料、果胶质、蜡质等杂质，提高织物毛效和白度，以满足后续的印染加工的助剂。

08.0276 退浆剂 desizing agent
用于织物退浆工序的助剂。主要成分包括渗透剂、烧碱、氧化剂及α-淀粉酶等，根据不同的浆料采用不同的配方。

08.0277 螯合剂 chelating agent
能与多价金属离子结合形成可溶性金属配合物的一类化合物。如乙二胺四乙酸钠、氨三乙酸钠、有机多元酸等。

08.0278 印花助剂 printing auxiliary
在纺织品印花工序中添加的各种助剂的总称。例如，普通印花用的糊料、渗透剂等，涂料印花用的黏合剂、交联剂等。

08.0279 拔白剂 white discharge agent
在染色织物上印花时，印花色浆中含有的能破坏染色染料的化学物质。如雕白粉用于偶氮类染料的拔色。

08.0280 后整理助剂 finishing agent
在纺织品染色印花之后进行的整理工序中

添加的各种助剂的总称。如防缩整理剂、防油剂等。

08.0281 防缩整理剂 shrink proof agent
用于毛织物的防毡缩整理的助剂。整理后的毛织物在水洗过程中就不会发生毡缩现象，具有“机可洗”功能。

08.0282 防油剂 oil-proofing agent
主要用于纺织品的防油整理的助剂。主要成分为全氟烷基化合物。

08.0283 硬挺剂 stiffening agent
用于纺织品硬挺整理，使织物具有硬挺的手感、表面光滑、质地有弹性的助剂。多为树脂类化合物，如三聚氰胺树脂等。

08.0284 芳香整理剂 fragrance agent
用于纺织品的功能整理，赋予纺织品持久的芳香性的助剂。主要包括国际香、茉莉香、薰衣草香和檀香等香型。

08.0285 抗起毛起球剂 anti-pilling agent
用于纺织品的抗起毛起球整理，提高织物服用性能的助剂。

08.0286 平滑剂 smooth agent
用于纺织品后整理，提高织物表面平滑度的助剂。常用的天然平滑剂主要是矿物性润滑油，合成平滑剂主要是有机硅系列高分子化合物。

08.0287 吸湿排汗整理剂 hygroscopic and sweat releasing agent
用于化纤织物的整理工序，使化纤织物具有耐久的亲水性和排汗性的助剂。其主要成分是含有多官能团的亲水性低聚物。

08.0288 抗黄变剂 yellowing resistant agent
防止纺织品在生产及服用过程中黄变的助剂。

08.05 催 化 剂

08.0289 主催化剂 primary catalyst
在催化剂或催化体系中起催化作用的根本性物质。

08.0290 助催化剂 cocatalyst
在催化剂或催化体系中，本身没有催化活性或催化活性很小，但能改善催化性能的少量（<10%）组分。按作用机理可分为结构性助剂、电子助剂、选择性助剂、晶格缺陷助剂和扩散助剂。

08.0291 亲电催化反应 electrophilic catalytic reaction
在催化剂的作用下，亲电物质（如带正电或缺电子的物种）与其他物质发生化学反应的过程。这种反应通常涉及亲电物质的吸附、转化和解吸，催化剂通过提供活化能或改变反应路径来加速反应速率，从而提高反应的效率和选择性。

08.0292 亲核催化反应 nucleophilic catalytic reaction
在催化剂的作用下，亲核物质（带负电或富电子的物种）与其他化学物质发生化学反应的过程。在这一反应中，亲核物质通过攻击电正性中心（如碳原子）形成新的化学键。

08.0293 变形催化理论 deformation theory of catalysis
催化剂和反应物分子相互作用，使反应物分子发生变形或分解成自由基，变形的分子或自由基具有更强的反应性能，反应被加速。

08.0294 不对称催化 asymmetric catalysis
在催化反应中，反应物与手性催化剂形成两个非对映异构中间络合物，经进一步转化，得到以一个对映体为主的产物的过程。手性催化剂可以是含旋光性配体如膦等的过渡金属络合物、手性聚合物、生物酶等。

08.0295 不对称自催化 asymmetric self-catalysis
在不对称催化反应中，反应生成的手性产物能催化自身生成，从而加速反应进行的过程。

08.0296 表面催化 surface catalysis
发生在固体催化剂表面的催化反应。其过程包括反应物分子吸附在活性中心、表面化学反应、产物分子从活性中心脱附等步骤。

08.0297 超分子催化体系 supramolecular catalytic system
将超分子化学与催化剂相结合的催化体系，是一种新型的两相(水相/有机相)催化体系。如 β-环糊精改性的水溶性铑-膦配合物。

08.0298 超临界相催化 supercritical phase catalysis
在超临界相中进行的催化反应。超临界相具有高扩散速率、低黏度、无表面张力等特点。

08.0299 电催化 electrocatalysis
通过电极和电解质界面上的电荷转移来加速反应的一种催化模式。主要应用于有机污水处理、含铬废水降解、原料煤电解脱硫等反应。

08.0300 超声催化 ultrasound catalysis
利用超声波产生的作用来催化化学反应的过程。超声产生的空化现象及附加效应可以诱导改变反应历程，改善催化剂形态，从而提高催化活性。

08.0301 催化选择性 catalytic selectivity
能通过多条路线发生反应的系统中，同一催化剂促进不同反应发生、促进不同产物生成程度的比较。

08.0302 表面非均一性 surface heterogeneity
催化剂表面的不均匀状态，如平台、台阶、扭折及其他各种缺陷。处于不均匀状态的原子有不同的配位环境。

08.0303 表面活性位 surface active site
催化剂表面某些具有特定的原子结构、电荷密度、几何形貌等，对特定化学反应具有催化作用的位点。

08.0304 表面酸碱性 surface acid-base property
催化剂或载体表面吸附碱或酸转化为相应的共轭酸或碱的性质。

08.0305 催化剂载体 support of catalyst
又称“催化剂担体（catalyst supporter）”。在负载型催化剂中对催化活性组分或助催化剂起分散和支撑作用的物质。

08.0306 蜂窝状载体 honeycomb substrate
由许多小的连续的平行孔隙组成的具有蜂窝形状的催化剂载体。主要用于制备汽车尾气净化催化剂、有机废气燃烧催化剂等。

08.0307 负载量 loading amount
在负载型催化剂中，活性组分在催化剂中的质量分数。用于表示活性组分的用量，即活性组分质量/(活性组分质量+载体质量)×100%。

08.0308 负载型水相催化剂 supported aqueous phase catalyst，SAP catalyst
一种两相（水相/有机相）催化反应催化剂。可用作疏水型底物如高碳烯烃、油醇等的还原及羰化催化剂。

08.0309 高表面载体 high surface area carrier
比表面积在 1000 m^2/g 以上的催化剂载体。

孔结构因制法而异，如活性炭、分子筛等。

08.0310 低表面载体 low surface area carrier

比表面积在 1 m^2/g 左右的催化剂载体。其特点是硬度高、导热性能好和耐热性强，常用于放热量较大的反应。

08.0311 负载型多相催化剂 supported heterogeneous catalyst

有载体的多相催化剂。在工业生产中被广泛使用，常常添加助剂或其他催化元素以改善催化性能。

08.0312 负载型均相催化剂 supported homogeneous catalyst

将金属配合物锚定或固定在固体载体上，在均相反应条件下发挥催化作用的催化剂。均相催化剂负载后可提高热稳定性，解决催化剂分离、回收和再生循环使用的问题。

08.0313 纳米分散催化材料 nano dispersed materials as catalyst

尺寸约 1 nm 或更小的稳定粒子聚集体或簇，能够在催化反应中提供高效的活性表面以促进化学反应进行的催化材料。可以由过渡金属、金属氧化物或者不同的金属或金属氧化物的混合物组成。

08.0314 单孔分布型催化剂 single-pore distribution catalyst

孔结构的孔径都为大孔（>50 nm）、介孔（2～50 nm）或微孔（孔径<2 nm）的催化剂。

08.0315 双孔分布型催化剂 double-pore distributive catalyst

孔结构同时存在大孔（孔径>50 nm）、介孔（孔径为 2～50 nm）或微孔（孔径<2 nm）中的两种孔的催化剂。

08.0316 蛋壳催化剂 egg-shell catalyst

活性组分分布在载体颗粒外表层的催化剂。

08.0317 核壳结构纳米粒子 core-shell structure nanoparticle

由至少两种不同物质组成，其中一种物质形成核，另一种物质形成外壳的复合粒子。通常标记为“核@壳”。

08.0318 均匀型催化剂 uniform catalyst

活性组分的浓度不随载体中心到载体表面距离的变化而变化，即浓度近似保持一致，呈现均匀分布状态的催化剂。

08.0319 等体积浸渍法 equi-volumetic impregnation method

又称“*干法浸渍*（dry impregnation）”。基于催化剂活性组分（含助催化剂）以盐溶液形态浸渍到多孔载体上并渗透到内表面，形成高效催化剂的方法。其浸渍溶液体积相当于载体可吸收体积。

08.0320 固相浸渍法 solid state impregnation method

直接将活性物种前驱体通过无溶剂的方式负载于另一种固相载体表面，再通过焙烧或还原的方式处理使其在载体表面分散的方法。

08.0321 过量浸渍法 excessive impregnation method

基于催化剂活性组分（含助催化剂）以盐溶液形态浸渍到多孔载体上并渗透到内表面，形成高效催化剂的方法。其浸渍溶液体积超过载体可吸收体积。

08.0322 湿浸渍法 wet impregnation method

将载体浸泡在含有活性组分的溶液中，且浸渍液体积超过载体可吸收体积的一种浸渍方法。

08.0323 超微粒子催化剂 superfine catalyst

由一类粒子大小一般为 0.001～0.1 μm 的亚稳中间态物质组成的催化剂。与常规催化剂相比，其展现出高活性和选择性，但稳定性差。

08.0324 催化裂化催化剂 catalytic cracking catalyst
石油烃类原料经裂化反应转化为低分子烯烃等产品过程中所用的催化剂。

08.0325 多功能催化剂 multifunctional catalyst
同时具有两种或两种以上催化活性中心，不同功能的活性中心协同作用而实现其催化功能的催化剂。

08.0326 费-托合成催化剂 Fischer-Tropsch synthesis catalyst
用于费-托合成反应[即采用合成气（CO 和 H_2）合成烃类及含氧产物]的催化剂。主要有 Fe、Co、Ni 和 Ru 系催化剂。

08.0327 负催化 negative catalysis
通过降低反应速率或延缓化学反应的进行，从而抑制反应达到化学平衡的作用。与催化作用相反。

08.0328 负催化剂 negative catalyst，anti-catalyst，anticatalyzer，negative contact agent
能够降低化学反应速率的催化剂。

08.0329 负吸附 negative adsorption
吸附质分子吸附到催化剂表面需要更高的能量，导致界面浓度低于本体相时的吸附现象。

08.0330 高分子催化剂 macromolecular catalyst，polymer catalyst
具有催化活性的高分子化合物。按高分子链上催化活性基团不同，可分为有机官能团型、固定化酶型、金属络合物型等。

08.0331 高分子光敏化催化剂 polymeric photosensitizing catalyst
含有光敏化基团的具有催化活性的聚合物。其能够作为光敏化催化剂催化光化学反应。

08.0332 金属络合物催化剂 metal complex catalyst
以有机或无机配体与金属离子（多为过渡金属离子）形成的具有催化活性的络合物。

08.0333 金属纳米簇催化剂 metal nanocluster catalyst
由一定数量的金属原子按一定的方式堆积而成的具有催化活性的纳米级金属颗粒。结构包括球状、线状、棒状等各种形态，尺寸介于 1～50 nm，是不同于原子或分子也不同于块状物质的新体系。具有高比表面积、小尺寸效应、表面缺陷效应等特性，作为一类新型催化剂广泛用于氢化反应、氧化反应、偶联反应等反应体系。

08.0334 高分子相转移催化剂 polymeric phase transfer catalyst
经过高分子化的相转移催化剂。主要包括亲脂性的有机离子化合物（季铵盐和季鏻盐）和非离子型的冠醚类化合物等。

08.0335 骨架催化剂 skeletal catalyst，skeleton catalyst
又称“雷尼镍催化剂”(Raney nickel catalyst)。主要用于加氢脱氢反应的多孔海绵状的金属催化剂。可由具有多种催化活性的金属 Ni、Co、Fe 等与 Al 或 Si 的合金用一定浓度酸碱沥出 Al 或 Si 而制得。

08.0336 固体碱 solid base
具有布朗斯特（Brønsted）碱或路易斯（Lewis）碱中心的固体物质。决定其性能的是碱中心的类型、碱强度和浓度。

08.0337 固体酸 solid acid
具有布朗斯特（Brønsted）酸或路易斯（Lewis）酸中心的固体物质。决定其性能的是酸中心的类型、酸强度和浓度。

08.0338 光化学催化剂 photochemical catalyst
又称"光敏引发剂（photoinitiator）"。对光作用敏感的一类引发剂，是紫外光固化涂料的重要组成成分。种类繁多，有阳离子型、安息香型、苯乙酮类、芳香酮类和酰基氧化膦类等。

08.0339 合成高分子催化剂 synthetic polymer catalyst
人工合成的、具有催化活性的高分子。在反应体系中一般不溶解，为非均相催化剂，有利于回收再利用和产物的分离纯化，也是重要的电极表面修饰材料。

08.0340 合成高分子聚合催化剂 polymerization catalyst for synthetic polymeric compound
制取人工合成高分子材料所用的聚合催化剂。主要是由过渡金属化合物及金属有机化合物组成的催化剂体系。

08.0341 化学选择性 chemoselectivity
在一定的反应条件下，优先对底物分子中某一功能基团起化学反应的性质。

08.0342 混合氧化物催化剂 mixed oxide catalyst
含有两种或两种以上金属氧化物的催化剂。不同金属氧化物可以起到调节电子性质、限制氧化还原的扩展以及提高稳定性的作用。

08.0343 多级结构催化剂 hierarchical structure catalyst
在包括宏观、介观及微观的连续尺度范围内具有复杂有序的结构特征且呈现出多层级分级特点的一类催化剂。

08.0344 活性物种 active species
反应过程中具有催化活性的原子、离子、电子、自由基和分子及其碎片等物种。

08.0345 活化分子 activated molecule
能量超过某一数值而能发生反应的分子。活化分子浓度越大，反应速率也越大，与反应物浓度、温度、催化剂等因素有关。

08.0346 活性氧化铝 activated alumina
又称"活性矾土"。经化学处理后，表面存在大量活性羟基的氧化铝微粒。(1) 狭义上为γ-Al_2O_3。(2)广义上包括χ-Al_2O_3、η-Al_2O_3、γ-Al_2O_3。可作为催化剂和吸附剂载体。

08.0347 碱催化剂 base catalyst
靠物质的碱性催化反应的催化剂。其催化性能主要由碱的种类、碱的强度和浓度所决定。

08.0348 碱金属催化剂 alkali metal catalyst
由化学元素周期表中ⅠA族碱金属元素及其化合物构成的催化剂。广泛应用于烯烃聚合、缩合、水解、酯化、氧化、磺化等多种反应中。

08.0349 碱土金属催化剂 alkaline earth metal catalyst
由化学元素周期表中ⅡA族碱土金属元素及其化合物所构成的催化剂。其氧化物属固体碱催化剂范围，广泛应用于合成氨反应、水煤气反应、加氢反应等多种反应中。

08.0350 金属间化合物 intermetallic compound
又称"金属互化物（intermetallics）"。由两种或两种以上的金属按简单整数比例结合而成的化合物。有一定的熔点，对合成氨、烯烃加氢、异构化等具有良好的催化活性。

08.0351 金属载体 metallic carrier
由金属及其合金材料制作的催化剂载体。具有优良的可延展性、导热性、机械强度和耐高温的优点，适用于强吸热反应和强放热反应。

08.0352 金属载体相互作用 metal-support interaction
又称"第二种施瓦布效应（second Schwab effect）"。负载型金属催化剂上金属活性组分与载体组分之间的相互作用。可以改变活性组分的电子状态或几何效应，分散和稳定金属粒子。

08.0353 离子交换树脂催化剂 ion exchange resin catalyst

用作催化剂的离子交换树脂。其分子中含有能与其他物质进行离子交换的、酸性或碱性强弱不同的活性基团，其催化活性取决于酸或碱的强度、孔结构及其膨胀性。

08.0354 离子配位催化剂 ionic coordinate catalyst

引发单体进行配位聚合或离子型定向聚合形成高度立体规整性聚合物（或定向聚合物）的一大类离子型催化剂。

08.0355 离子型聚合催化剂 ionic polymerization catalyst

又称"离子型聚合引发剂(ionic polymerization initiator)"。能够引发单体进行离子型聚合的一类化合物。分为三类：以碳正离子作为活性中心的阳离子聚合催化剂，以碳负离子作为活性中心的阴离子聚合催化剂，配位阴离子聚合物催化剂。

08.0356 手性催化剂 chiral catalyst

在手性催化合成中，催化手性增殖的催化剂。

08.0357 热催化 thermocatalysis

通过热诱导发生的催化过程。

08.0358 热活化催化剂 thermally activated catalyst

只有通过加热才能发挥催化效用的催化剂。例如，胺类延迟性催化剂为聚氨酯生产中常用的热活化催化剂。

08.0359 模型催化剂 model catalyst

利于表征，能够随意调整结构，从而准确达到设计要求的催化剂。

08.0360 歧化催化剂 disproportionation catalyst

两个相同的分子进行反应，其中一个分子被还原，另一个被氧化，产生两个不同的分子时所使用的催化剂。

08.0361 逆相转移催化 converse phase transfer catalysis，CPTC

通过将疏水性反应物转移到水相中以提高反应速率的催化方法。例如，相转移催化是将双相体系中的阴离子从水相转移到有机相，而逆相转移催化则是将疏水有机分子从有机相转移到水相。

08.0362 协同催化 synergistic catalysis

由几种催化剂共同作用或者多功能催化剂的各组分间相互作用而形成的有利于目标反应进行的催化作用。

08.0363 氧化催化剂 oxidation catalyst

用于催化氧化反应的催化剂。分为氧易被引入或除去的过渡金属氧化物、有吸附氧能力的金属和金属氧化物等。

08.0364 氧化还原催化剂 oxidation-reduction catalyst，redox catalyst

用于催化氧化反应或还原反应的催化剂。加氢、脱氢、氧化、羰基化等反应皆属于氧化还原型反应，过渡金属及其氧化物、硫化物等可作为氧化还原催化剂。

08.0365 氧化物催化剂 oxide catalyst

以金属氧化物特别是过渡金属氧化物作为主活性组分的多相催化剂。常见的是由多元金属氧化物构成的催化剂。

08.0366 离子液体 ionic liquid

全称"室温离子液体(room temperature ionic liquid)"，又称"室温熔融盐(room temperature molten salt)"。在室温及相邻温度下，完全由离子组成的有机液体物质。按阳离子来划分，可分为季铵盐类、季鏻盐类、烷基吡啶类和烷基咪唑类。离子液体的物理化学稳定性良好、蒸气压低、液态温度范围宽，对无机和有机物质都表现出良好的溶解能力。具有溶剂和催化剂的双重功能。

08.0367 异构化催化剂 isomerization catalyst

改变化合物的结构而不改变其组成和分子量的催化剂。

08.0368 原位催化剂 *in-situ* catalyst

不需要任何外加合成步骤，只需将部分合用的催化剂加入反应器中的混合溶液中，在原位组成的有活性的催化剂。

08.0369 杂多酸催化剂 heteropolyacid catalyst

一类含有氧桥的多核配合物催化剂。既兼有配合物和金属氧化物的结构特征，又兼有强酸性和氧化还原性，所以不仅可用作氧化还原催化剂和酸催化剂，还可作为二者兼有的双功能催化剂。

08.0370 渣油裂化催化剂 residual oil cracking catalyst

用于渣油或掺炼渣油的催化裂化装置中的催化剂。

08.0371 酯化催化剂 esterification catalyst

具有中等强度的酸活性中心，有较高的催化活性，能催化酯化反应（酚或醇和含氧酸反应生成酯和水的反应）的催化剂。

08.0372 重整保护催化剂 safeguard catalyst for reforming process

用于重整原料的深度脱硫，同时也能去除微量氯、砷等杂质的催化剂。对有机硫和无机硫都有良好的脱除作用。

08.0373 重整催化剂再生 regeneration of reforming catalyst

包括烧炭和氯化。烧炭指用含氧气体烧去失活重整催化剂表面上的积炭，可使其大部分活性得以恢复；对烧焦再生后的催化剂补充氯气称为氯化。

08.0374 自由基聚合反应用催化剂 catalyst for reaction of free radical polymerization

又称“自由基聚合反应引发剂（radical polymerization initiator）”。通过加热等方式产生自由基而引发丙烯酸等单体聚合的化合物。主要应用于烯类单体的聚合。

08.0375 非金属系合成高分子催化剂 non-metallic synthetic polymeric catalyst

所有具有催化活性但不含金属原子或金属离子的聚合物。多数是将同类型的小分子催化剂通过高分子化制备的，载体多为有机聚合物或无机固体材料。

08.0376 氢化催化剂 hydrogenation catalyst

又称“加氢催化剂”。用于催化加氢反应的催化剂。通常是过渡金属及其化合物。氢化时放热，多做成负载型催化剂。

08.0377 程序升温表面反应 temperature programmed surface reaction，TPSR

在温度逐渐升高的过程中，固体表面与气体或液体反应物发生的化学反应。当固体物质或预吸附某些气体的固体物质，在载气流中以一定的升温速率加热时，检测流出气体组成和浓度的变化或固体（表面）物理和化学性质的变化。

08.0378 程序升温还原 temperature programmed reduction，TPR

使还原气通过催化剂层，按一定升温程序使催化剂还原，根据热导检测器或质谱检测器给出氢气浓度随温度变化的信号，研究催化剂还原的方法。

08.0379 程序升温脱附 temperature programmed desorption，TPD

将已吸附了吸附质的吸附剂或催化剂按预

定的升温程序加热，得到吸附质的脱附量与温度的关系图，研究催化剂表面性质、活性中心等信息的方法。

08.0380 程序升温氧化 temperature programmed oxidation，TPO

在通入氧的情况下，按一定升温程序升温，研究催化剂或吸附剂表面吸附物质氧化情况的方法。

08.0381 苯酚加氢催化剂 phenol hydrogenation catalyst

用于苯酚加氢制环己醇，为 Ni/Al_2O_3 系，有氧化态和预还原态两种产品。

08.0382 铂系苯加氢催化剂 Pt-based benzene hydrogenation catalyst

以贵金属 Pt 为主活性组分，以氧化铝为催化剂载体，将贵金属 Pt 负载于 γ-Al_2O_3 上形成的 Pt/γ-Al_2O_3 催化剂，用于苯加氢制备环己烷。Pt 含量为 0.05%～0.55%。

08.0383 镍系苯加氢催化剂 Ni-based benzene hydrogenation catalyst

以 Ni 为主活性组分，以氧化铝为催化剂载体，将 Ni 负载于 γ-Al_2O_3 上形成的 Ni/γ-Al_2O_3 催化剂。用于苯加氢制备环己烷。

08.0384 柴油加氢脱蜡催化剂 hydrodewaxing catalyst for diesel fuel

又称“柴油临氢降凝催化剂”。用于柴油加氢脱蜡以增加低凝柴油量的催化剂。主要采用 ZSM-5 型分子筛作为催化剂的活性成分。

08.0385 抽余油加氢催化剂 hydrofining catalyst for raffinate oil

主要为 Ni/Al_2O_3 和 Pt/Al_2O_3。用于重整装置的抽余油加氢，使其中的烯烃及芳烃加氢饱和，从而制取符合标准的溶剂油。

08.0386 丁炔二醇加氢催化剂 butynediol hydrogenation catalyst

用于丁炔二醇加氢制备 1,4-丁二醇，也可用于其他炔烃在固液反应床中加氢的催化剂。例如，BA-1 型催化剂是以氧化镍为主的多组分催化剂。

08.0387 加氢精制催化剂 hydrofining catalyst

将石油馏分原料中所含硫、氮、氧的化合物和金属有机化合物加氢脱除，并对烯烃和芳烃分子进行不同程度的加氢的过程为精制，该过程所用的催化剂称为加氢精制催化剂。

08.0388 加氢脱除二烯烃和炔烃催化剂 catalyst for removing diene and alkyne by hydrogenation

适用于 C_4 馏分或其他馏分中的二烯烃及炔烃脱除，但保持烯烃结构和数量不变的催化剂。例如，BC-C_4-Ⅰ型催化剂为 Pd/α-Al_2O_3。

08.0389 加氢脱氮催化剂 hydrogenitrogenation catalyst

适用于高含氮原料的加氢脱氮，并具有很好的脱硫活性的催化剂。

08.0390 加氢脱硫催化剂 hydrodesulfurization catalyst

主要用于各种烃类原料（包括清油、天然气、炼厂气、油田气、焦炉气等）中有机硫加氢转化为硫化氢（H_2S）而达到脱硫目的的催化剂。

08.0391 加氢脱砷催化剂 hydrogenation dearsenication catalyst

能催化烃类等原料中的有机砷加氢转化为砷化氢并将之吸附，从而达到脱砷目的的催化剂。

08.0392 加氢脱铁催化剂 hydrogenation iron removing catalyst

主要用于脱除加氢裂化等过程中原料油品

中溶解的含铁有机化合物及悬浮的无机铁合物的催化剂。

08.0393 裂解汽油二段加氢催化剂 catalyst for the second stage hydrogenation of pyrolysis gasoline

可使裂解汽油经一段加氢后所含的硫、氮、氧等杂质元素除去，使单烯烃加氢饱和，再通过催化重整制取芳烃原料的催化剂。

08.0394 裂解汽油一段加氢催化剂 catalyst for the first stage hydrogenation of pyrolysis gasoline

可使双烯烃及烯基芳烃选择性加氢转化成单烯烃和烷基芳烃以提高汽油的稳定性，从而利于进一步加工的催化剂。

08.0395 邻硝基甲苯加氢制邻甲苯胺催化剂 catalyst for *o*-nitrotoluene hydrogenation to *o*-toluidine

主要用于流化床中邻硝基甲苯加氢制邻甲苯胺，也可用于硝基苯及其他硝基苯衍生物催化加氢的催化剂。

08.0396 轻油型加氢裂化催化剂 hydrocracking catalyst for producing light oil

用于由常减压侧线馏分油加氢裂化生产石脑油、柴油，以及用于润滑油和调和油的生产，也可用于劣质柴油、轻石蜡油中压加氢改质生产优质柴油的催化剂。

08.0397 润滑油加氢催化剂 hydrogenation catalyst for lube oil

全称“润滑油加氢精制催化剂（lube oil hydrorefining catalyst）”。主要用于残存在润滑油中的含硫化合物、含氮化合物和含氧化合物等杂质的加氢脱除，同时将非理想组分转化为理想组分，以改善油品品质的催化剂。

08.0398 润滑油加氢脱蜡催化剂 hydrodewaxing catalyst for lube oil

又称“润滑油临氢降凝催化剂”。用于润滑油加氢脱蜡以增加低凝润滑油量的催化剂。主要采用 ZSM-5 型分子筛作为催化剂的活性成分。

08.0399 糠醛液相加氢制糠醇催化剂 catalyst for furfural liquid-phase hydrogenation to furfuralcohol

用于糠醛液相加氢制糠醇的催化剂。有 Cu-Cr 系和 Cu-Si 系两种，前者的主要成分是亚铬酸铜，废催化剂可回收氧化铜和红矾钠。

08.0400 碳二馏分选择加氢催化剂 catalyst for selective hydrogenation of C_2 fraction

适用于原料乙烯中乙炔的选择性加氢的催化剂。

08.0401 钴钼有机硫加氢催化剂 Co-Mo organic sulfide hydrogenation catalyst

又称“钴钼加氢转化催化剂（Co-Mo catalyst for hydrogenation conversion）”。含有钴、钼组分的，可将石脑油、天然气、油田气原料中的有机硫加氢转化成硫化氢的催化剂。

08.0402 高级脂肪酸加氢制脂肪醇催化剂 catalyst for hydrogenation of higher aliphatic acid to aliphatic alcohol

用于高级脂肪酸或其酯催化加氢制取高碳醇，可用铜盐与其他组分配成溶液经沉淀法制备的催化剂。

08.0403 铁钼有机硫加氢转化催化剂 Fe-Mo organic sulfide hydro-conversion catalyst

以铁–钼为主要活性组分的有机硫加氢转化催化剂。适用于焦炉气原料中有机硫的加氢转化，使其转化为硫化氢，并通过脱硫剂除去。

08.0404 无氟加氢裂化催化剂 hydrocracking catalyst without fluorine

以氧化铝、氧化硅和酸处理过的分子筛作为载体，以钨、镍作为活性组分的催化剂。是一种通用型的加氢裂化催化剂，可将重质油加工成汽油、喷气燃油和低辛烷值汽油。

08.0405 硝基苯加氢制苯胺催化剂 nitrobenzene hydrogenation catalyst for making aniline
用于硝基苯催化加氢制苯胺的催化剂。如雷尼镍。

08.0406 完全氧化催化剂 complete oxidation catalyst
又称“深度氧化催化剂（deep oxidation catalyst）”“燃烧催化剂（combustion catalyst)”。用于有机化合物与氧气反应生成二氧化碳和水的催化剂。目前主要指汽车尾气净化催化剂和有机废气处理催化剂，多用铂族金属。

08.0407 部分氧化催化剂 partial oxidation catalyst
又称“选择氧化催化剂（selective oxidation catalyst）”。有机化合物被部分氧化所需要的催化剂。以烷烃为例，经部分氧化催化剂作用后，产物往往为醇、醛、酸等；区别于完全氧化催化剂。

08.0408 氨燃烧催化剂 ammonia combustion catalyst
又称“制氮催化剂（nitrogen manufacture catalyst)”。用于氨在空气中催化燃烧以制取氮气的催化剂。氨燃烧制氮过程通过两段燃烧炉使用两种制氮催化剂来实施。

08.0409 苯氧化制顺酐催化剂 catalyst for benzene oxidation to maleic anhydride
用于苯氧化制顺丁烯二酸酐的催化剂。

08.0410 丙烯醛氧化制丙烯酸催化剂 catalyst for acrolein oxidation to acrylic acid
用于丙烯醛氧化制丙烯酸的催化剂。以Mo-V为主，添加W、Cu、Sr等助剂。

08.0411 丙烯氧化制丙烯醛催化剂 catalyst for propene oxidation to acrolein
用于丙烯氧化制丙烯醛的催化剂。以Mo-Bi为主，并添加Fe、Co、Ni、W等元素提高选择性和活性。

08.0412 丙烯氧化制丙烯酸催化剂 catalyst for propene oxidation to acrylic acid
用于丙烯氧化制丙烯酸的催化剂。通常为二段法，一段催化剂主要催化丙烯氧化制丙烯醛，二段催化剂主要催化丙烯醛氧化制丙烯酸。

08.0413 丁烯氧化脱氢催化剂 catalyst for oxidative dehydrogenation of *n*-butene
丁烯氧化脱氢制备丁二烯的催化剂。目前工业上主要使用铁系无铬催化剂，其活性相组成主要为$ZnFe_2O_4$、尖晶石和α-Fe_2O_3。

08.0414 二氧化硫液相氧化催化剂 liquid phase oxidation catalyst of sulfur dioxide
用于水溶液中二氧化硫的催化氧化，同时产生稀硫酸、石膏、N-P复合肥料或聚合硫酸铁等多种副产品的催化剂。

08.0415 间二甲苯氨氧化制间苯二甲腈催化剂 catalyst for *m*-xylene ammoxidation to isophthalonitrile
用于间二甲苯和氨氧化合成间苯二甲腈的催化剂。

08.0416 邻二甲苯氧化制苯酐催化剂 catalyst for oxidation of *o*-xylene to phthalic anhydride
用于邻二甲苯氧化制苯酐的催化剂。以V和Ti为主要活性组分，以Sb、P、Zn、Ag和K等的氧化物为助催化剂。

08.0417 萘氧化制苯酐催化剂 catalyst for naphthalene oxidation to phthalic anhydride
用于流化床中萘与空气氧化生产邻苯二甲

酸酐（苯酐）的催化剂。以 V_2O_5、K_2SO_4 等为活性组分，以 SiO_2 为载体。

08.0418 氨分解催化剂 ammonia decomposition catalyst

又称“焦炉煤气净化分解催化剂（coke oven gas purification and decomposition catalyst）”。用于焦炉煤气净化和回收装置中的氨分解炉、克劳斯炉内，将焦炉煤气中的氨气、氰化氢、苯蒸气等有毒气体分解成氮气、氢气、二氧化碳等的催化剂。

08.0419 氨裂解催化剂 ammonia cracking catalyst

用于氨裂解制取氢气的催化剂。

08.0420 氨选择性还原 NO_x 催化剂 catalyst for ammonia selective reducing nitrogen oxide

用于以氨作为还原剂，选择性催化还原氮氧化物生成氮气和水，以达到净化目的的催化剂。

08.0421 金属催化剂 metal catalyst

活性组分为零价的金属元素或合金的多组分催化剂。包括骨架金属（或金属簇）催化剂、负载型金属催化剂、胶体金属催化剂等。

08.0422 锂催化剂 lithium catalyst

以锂为主要活性组分的催化剂，是重要的碱金属催化剂。可以催化戊二烯和甲醛反应制叶醇。浓度为20%的正丁基锂的正己烷溶液可用作链烯烃聚合催化剂。

08.0423 硼催化剂 boron catalyst

以硼为主要活性组分的催化剂。主要是 BF_3（单独或者各种配合物）。此催化剂应用范围很广，可以催化烷基化、聚合、酰化、异构化、卤化等反应。

08.0424 镁催化剂 magnesium catalyst

以镁为主要活性组分的催化剂。热稳定性较高的 β-氧化镁常作催化剂载体使用。乙醇镁可作齐格勒-纳塔（Ziegler-Natta）催化剂的载体。

08.0425 钛催化剂 titanium catalyst

以钛为主要活性组分的催化剂。在均相催化中四价钛或三价钛对多种聚合反应和有机合成反应均有催化效果，在多相催化中二氧化钛和钛硅分子筛是经常使用的催化剂载体。

08.0426 钛-齐格勒催化剂 Ti-Ziegler catalyst

用碘化物改性的钛系齐格勒催化剂。是用于生产顺式构型聚合物的催化体系之一，用来生产聚丁二烯和聚异戊二烯。

08.0427 铬催化剂 chromium catalyst

以铬为主要活性组分的催化剂。铬用作催化剂多处于氧化物状态，金属状态使用的情况不多见。铬既可作为主催化剂，又可作为助催化剂。

08.0428 锰催化剂 manganese catalyst

以锰为主要活性组分的催化剂，作为催化剂使用的锰化合物主要是 MnO 和 MnO_2。例如，锰氧化物系催化剂可作氧化、脱氢、脱羧等反应的催化剂。

08.0429 铁催化剂 iron catalyst

以铁为主要活性组分的催化剂。在各反应条件下铁的活性形态有 α-Fe、Fe_3O_4、α-Fe_2O_3、$ZnFe_2O_4$、Fe_xC、Fe_xN、Fe_xCN、$FeCl_3$ 等。

08.0430 钴催化剂 cobalt catalyst

以钴为主要活性组分的催化剂。钴的很多氧化物和配合物或有机钴化合物是用途广泛的催化剂，骨架钴可用作加氢、脱氢的催化剂。

08.0431 钴-齐格勒催化剂 Co-Ziegler catalyst

以钴为中心原子的齐格勒催化剂。是用于生产顺式构型聚合物的催化体系之一，工业上用于生产聚丁二烯和聚异戊二烯。

08.0432 镍催化剂 nickel catalyst

以镍为主要活性组分的催化剂。主要用于加氢和脱氢反应，也可用于还原脱硫、还原烷基化和羰基化等反应。

08.0433 镍-齐格勒催化剂 Ni-Ziegler catalyst

以镍为中心原子的齐格勒催化剂。通常包括烯丙基镍络合物。是用于生产顺式构型聚合物的催化体系之一，工业上用于生产聚丁二烯和聚异戊二烯。

08.0434 泡沫镍 foamed nickel

孔隙率高、比表面积大、导电性能良好的电极基体催化材料。在酸性溶液中易溶解，在中性溶液中经长期浸泡，其强度也会降低。

08.0435 铜催化剂 copper catalyst

以铜为主要活性组分的催化剂。铜在低温时易发生烧结，所以用作催化剂时，通常都用载体支撑或加入助剂提高耐热性。

08.0436 铜螯合物催化剂 copper chelate catalyst

使光学活性的 α-氨基酸酯与过量的格氏试剂反应得到光学活性的氨基醇，然后使其与水杨醛、二乙酸铜反应，并用氢氧化钠处理得到的催化剂。

08.0437 铜-13X 分子筛催化剂 Cu-13X molecular sieve catalyst

以 13X 分子筛为载体，负载铜约 1.6%的催化剂。主要用于燃料脱除硫醇硫，也可用于汽油、煤油、液化气、异丙醇等产品的脱硫醇。

08.0438 铜-铝合金 cupper-alumina alloy

铜添加铝的二元金属催化剂。可用作烟道气的氨选择性催化还原脱硝的催化剂。

08.0439 锌催化剂 zinc catalyst

以锌为主要活性组分的催化剂。常用作氧化催化剂、脱氢催化剂、加氢催化剂、光感催化剂、乙炔加成反应催化剂和卤化催化剂等，锌的氧化物、氯化物、硫化物等均在催化剂中应用广泛。

08.0440 硒催化剂 selenium catalyst

以硒为主要活性组分的催化剂。是对氧化反应、还原反应、脱氢反应及脱氢异构化反应有强的致毒作用或选择性作用的催化剂。

08.0441 锆催化剂 zirconium catalyst

以锆为主要活性组分的催化剂。例如，锆茂应用在烯烃催化聚合中，二氧化锆常作为催化剂载体，硫酸负载后则成为固体超强酸催化剂。

08.0442 钼催化剂 molybdenum catalyst

以钼为主要活性组分的催化剂。例如，含 Si-Mo 混合氧化物用于丙烯氧化和氨氧化；在酸性载体上的 Co-Mo 复合氧化物和氧化钼用于加氢裂解等。

08.0443 钌催化剂 ruthenium catalyst

以钌为主要活性组分的催化剂。可以将钌金属以纳米粒子形式分散于活性炭、金属氧化物等载体表面，提高金属的利用效率。

08.0444 铑催化剂 rhodium catalyst

以铑为主要活性组分的催化剂。可作铑催化剂的有胶体铑、氧化铑、氢氧化铑和以石棉、氧化铝、炭黑等为载体的负载铑盐催化剂。

08.0445 钯催化剂 palladium catalyst

以钯为主要活性组分的催化剂。钯为面心立方晶格，是优良的加氢、脱氢催化剂，还可以用于氧化、裂化、聚合和不对称催化反应。

08.0446 钯金合金 palladium-gold alloy

钯和金的二元合金。钯和金无限互溶，形成连续固溶体，合金为面心立方结构。

08.0447 银催化剂 silver catalyst

以银为主要活性组分制成的催化剂。形态上有金属型（丝网或银粒）和载体负载型两种。主要用作乙烯气相选择性氧化为环氧乙烷和甲醇氧化脱氢制甲醛的催化剂。

08.0448 银镍催化剂 silver nickel catalyst

以银、镍为活性组分的催化剂。以硅胶为载体，其外观为具有金属光泽的不规则黑色颗粒。

08.0449 锡催化剂 tin catalyst

以锡为主要活性组分的催化剂。分为无机锡催化剂（$SnCl_4$和SnO_2等）和有机锡催化剂（二烷基锡等）两类。用于催化烷基化、酰化、氯化、缩合、异构化、酯化、氯甲基化、环化和氯化氢加成等反应。

08.0450 锑催化剂 antimony catalyst

以锑为主要活性组分的催化剂。例如，锑可用作氢还原反应的助催化剂；氯化锑和氟化锑是卤化反应常用的催化剂；三乙基锑可用作氯乙烯聚合、链烯烃聚合的催化剂。

08.0451 钨催化剂 tungsten catalyst

以钨为主要活性组分的催化剂。可用作催化加氢、烃类脱氢和脱氢环化、醇类脱氢和脱水、链烯烃水合和腈的脱氢等反应的催化剂。

08.0452 铼催化剂 rhenium catalyst

以铼为主要活性组分的催化剂。例如，铼与铂一起用于重整过程；作为多相催化剂的共催化金属用于乙烯与氧气的选择性氧化反应；在氧化铝载体上以Re_2O_7作为易位作用的催化剂。

08.0453 锇催化剂 osmium catalyst

以锇为主要活性组分的催化剂。包括锇黑、胶体锇和由石棉、炭黑、氧化铝等载体负载锇的化合物如OsO_2、OsO_4、$(NH_4)_2OsCl_6$等构成的催化剂。锇催化剂是不对称反应的重要催化剂，用作加氢/脱氢、烯烃氧化为二醇和胺的羟基化等反应的催化剂。

08.0454 铂催化剂 platinum catalyst

以铂为主要活性组分的催化剂。包括铂金属（丝、网、箔、膜等）、铂黑，或将铂负载于氧化铝等载体上，也可添加金属铼等助催化剂组分。有很强的加氢活性，广泛用于各种有机化合物的氢化、脱氢和氢解反应。铂的氧化物也是良好的氧化催化剂。

08.0455 铂黑 platinum black

金属铂的细粉，呈黑色。表观密度为15.8～17.6 g/cm^3。可溶于王水。铂黑能吸附大量的氢气、氧气等气体。

08.0456 铂铼钛重整催化剂 Pt-Re-Ti reforming catalyst

含铂、铼、钛三种金属元素组分的重整催化剂。采用浸渍法制备，使用前需经还原处理，积炭失活后可再生。

08.0457 铂铼重整催化剂 Pt-Re reforming catalyst

含铂、铼两种金属元素组分的重整催化剂。适用于固定床半再生式重整装置。

08.0458 铂锡重整催化剂 Pt-Sn reforming catalyst

含铂、锡两种金属元素组分的重整催化剂。广泛应用于连续再生式大型重整装置。

08.0459 铂铱重整催化剂 Pt-Ir reforming catalyst

含铂、铱两种金属元素组分的重整催化剂。主要用于固定床半再生式反应器内，使用前需经适当硫化。

08.0460 金催化剂 gold catalyst

以金为主要活性组分的催化剂。对氧化、氢卤化等多种反应具有催化作用。

08.0461 汞催化剂 mercury catalyst

以汞为主要活性组分的催化剂。例如，汞盐（硫酸汞、硝酸汞、乙酸汞、氯化汞和碳酸汞等）可作为有机液相合成和聚合反应的催化剂。汞的氧化物、硫化物可作为光化学反应的催化剂。

08.0462 氯化铝催化剂 aluminum chloride catalyst

化学式为 $AlCl_3$，是氯和铝的化合物。可由氯气或氯化氢与金属铝反应，或者用氧化铝与焦炭的混合物与氯气反应制得。是有机合成和石油工业中常用的催化剂，例如，用作石油裂解、烃类的异构化、烷基化反应等过程的催化剂。

08.0463 卤化物催化剂 halogenide catalyst, halide catalyst

以卤素为主要活性组分的催化剂。大多数卤化物催化剂对烷基化、羰基化、卤化、异构化、聚合、脱氢、环化和脱水等类型的反应具有催化活性。既可单独使用也可组合使用。

08.0464 络合催化剂 complex catalyst

又称"配位催化剂（coordination catalyst）"。通过络合作用而使反应物分子活化的催化剂。有均相络合催化剂、负载型络合催化剂、以及金属原子簇络合催化剂。络合催化剂在石油化工及高分子聚合中得到广泛应用。

08.0465 硅铝催化剂 silica-alumina catalyst

全称"无定形 SiO_2-Al_2O_3 催化剂（amorphous SiO_2-Al_2O_3 catalyst）"。由硅铝复合氧化物构成的催化剂。有天然产物（蒙脱土、高岭土和天然沸石等）、完全合成物（分子筛、交联黏土）和两者混用的半合成催化剂。具有强酸性，是一种典型的固体催化剂。可用于分子内或分子间脱水反应、脱水缩合，链烯烃的聚合、异构化反应，多种烃类的分解、脱烷基化、烷基化及分子间的氢转移等反应。

08.0466 氯化用催化剂 catalyst of chlorination

用于催化氯化反应的催化剂。主要是路易斯酸，如三氯化铁和三氯化铝等金属氯化物。

08.0467 羰基铑催化剂 carbonyl rhodium catalyst

用于氢甲酰化反应的催化剂。如三苯基膦改性的羰基铑催化体系。

08.0468 硼化物催化剂 boride catalyst

活性组分为金属硼化物的催化剂。可用金属盐和 $NaBH_4$ 或 KBH_4 反应制得，并可添加少量铬盐、铜盐和钨盐作助催化剂。

08.0469 层状结构催化剂 laminated catalyst

在层状结构化合物中层与层之间引进有机或无机客体，得到的具有催化作用的物质。优点是可通过控制层间距，使反应物定向，以得到独特的反应物和产物选择性。可采用浸泡法、电化学法和蒸气吸附法等工艺制备。

08.0470 层状双羟基化合物 layered double hydroxide, LDH

又称"类水滑石（hydrotalcite-like）"。化学式为 $M^{2+}_{1-x}M^{3+}_{x}(OH)_2 \cdot A_m \cdot yH_2O$，因其结构非常类似于 MgAl 水滑石而称为类水滑石，具有典型层状结构。其及其焙烧产物在碱催化、选择性氧化催化等领域有广泛应用，既可作催化剂活性组分，又可作催化剂载体使用。

08.0471 超稳 Y 型沸石 ultrastable Y-type zeolite

稳定性特别高的 Y 型沸石，其结晶崩塌温度高达 1000℃以上，具有高的酸强度。可作催化剂载体及固体酸催化剂的活性组分。

08.0472 粗孔硅胶 macroporous silica gel

又称"大孔硅胶"。硅胶的一种，是一种高活性吸附材料，属非晶态物质，化学式为 $mSiO_2 \cdot nH_2O$，可以作为催化剂载体使用。

08.0473 半导体氧化物催化剂 semiconductor oxide catalyst

由过渡金属氧化物半导体构成的催化剂。主要通过反应物分子与催化剂表面之间的电子传递发生催化作用。

08.0474 高锰酸钾催化剂 potassium permanganate catalyst

在以五羰基铁分解所得铁粉为主要成分，经烧结和加工而成的粒状载体上涂渍高锰酸钾溶液，再经干燥而成的催化剂。用于火箭推进器中单组元液体推进剂过氧化氢催化分解，以产生大量气体。

08.0475 浮石银催化剂 silver-pumice catalyst

将浮石加工后载上银而制成的催化剂。其主要化学成分为银、二氧化硅和氧化铝，外观为灰白色颗粒。多用于氧化反应。

08.0476 纳米金催化剂 nano-gold catalyst

将金高度分散在过渡金属氧化物载体上形成超微金颗粒而得到的具有高活性的催化剂。主要用于 CO 低温氧化、NO_x 的催化消除、水-汽迁移、二氧化碳加氢制甲醇、烃类的催化燃烧、氯氟烃的催化分解及不饱和烃的选择加氢等反应。

08.0477 亚铬酸铜催化剂 copper chromite catalyst

又称“阿德金斯催化剂（Adkins catalyst）”。化学式为 $CuO \cdot CuCr_2O_4$，外观为棕黑色粉状固体。可由硝酸铜与重铬酸铵及浓氨水组成的水溶液反应制得。其催化活性源于二价铜离子和三价铬离子（氧化还原性）。可作羰基化合物、酯类等的加氢催化剂，也可作为硝酸尾气选择性还原催化剂。

08.0478 中孔分子筛 mesoporous molecular sieve

孔径为 2～50 nm 的分子筛。可作催化剂及载体。

08.0479 镍-碳化树脂催化剂 nickel-carbonized resin catalyst

以球形碳化树脂为载体、镍为活性组分的催化剂。将带有磺酸基的大孔离子交换树脂浸渍硝酸镍，经过离子交换和高温碳化、还原等步骤制成。用于催化微量有机氧化物。

08.0480 羟基金属聚合物蒙脱土催化剂 catalyst of montmorillonoid with metal hydroxyl group

蒙脱石与金属（铝、锆和钛等）羟基低聚物交联制得的具有规则孔结构的耐热催化材料。用于异丙苯催化裂化和正己烷加氢异构化。

08.0481 金刚石合成催化剂 catalyst for synthesis diamond

用于人工合成金刚石的催化剂。如镍基合金和过渡金属化合物。

08.0482 三氧化硫生产催化剂 catalyst for production of sulfur trioxide

用于生产三氧化硫的催化剂。主要包括二氧化硫氧化用 S1 系列钒催化剂和二氧化硫氧化用铁系催化剂。S1 系列钒催化剂通常都是以硅藻土为载体，含 V_2O_5 6.3%～8.6%，K_2SO_4 15%～23%。

08.0483 硝酸生产催化剂 catalyst for production of nitric acid

又称“氨氧化制硝酸催化剂（oxidation ammonia to nitric acid catalyst）”。用于氨与氧气反应生成 NO 的催化剂，主要有铂基催化剂和非铂催化剂。目前工业标准网状催化剂用铂合金丝织成不同直径的圆形或六边形网。可添加铑和钯等作为第二组分和第三组分，稀土元素可作为第四组分。工业上应用过的非铂催化剂有 Fe_2O_3-Bi_2O_3 系、Fe_2O_3-Cr_2O_3 系和 Fe_2O_3-Al_2O_3 系等，可与铂基催化剂联用。

08.0484 甲醇合成催化剂 methanol synthesis catalyst

催化甲醇合成气（含 H_2、CO 和 CO_2 的混合气体）合成甲醇的催化剂。高压法多使用 Zn-Cr 催化剂，其余各工艺皆使用 Cu-Zn-Al 系催化剂。通常采用共沉淀法制备。

08.0485 二甲醚合成催化剂 dimethyl ether synthesis catalyst，methoxymethane synthesis catalyst

用于催化合成二甲醚的催化剂。二甲醚可由甲醇脱水而成，所用催化剂为 γ-Al_2O_3、SiO_2-Al_2O_3和高 Si/Al 比的分子筛如 HZSM-5 或 NH_3 改性的 ZSM-5 型分子筛等。由合成气（CO+H_2）直接合成二甲醚需采用具有甲醇合成和甲醇脱水功能的双功能催化剂，双功能催化剂的制备大多采用机械混合甲醇合成催化剂和甲醇脱水催化剂的方法。

08.0486 乙二醇醚类生产催化剂 catalyst for production of glycol ether compound

又称“环氧乙烷制乙二醇醚类催化剂（catalyst for epoxyethone to ethylene glycol ether）”。用于环氧乙烷脱水缩合制备乙二醇醚类的催化剂。如氟化硼（BF_3）。

08.0487 乙烯生产催化剂 catalyst for production of ethylene

又称“乙醇脱水制乙烯催化剂（catalyst for ethanol dehydrating to ethylene）”。用于乙醇脱水制乙烯的催化剂。主要有活性氧化铝系和沸石系两大类。

08.0488 高密度聚乙烯催化剂 catalyst for high-density polyethylene

用于乙烯共聚合成热塑性高密度聚乙烯的催化剂。如美孚法制备高密度聚乙烯时采用的 Al_2O_3 负载的 MoO_3、菲利浦法制备高密度聚乙烯时采用的 SiO_2-Al_2O_3 负载的 CrO_3、齐聚法制备高密度聚乙烯时采用的 $TiCl_4$/$(C_2H_5)_3Al$。

08.0489 聚乙烯生产催化剂 catalyst for production of polyethylene

又称“菲利浦催化剂（Phillips catalyst）”。催化乙烯聚合制备聚乙烯的催化剂。由氧化铬沉积在二氧化硅上制得。催化剂随着乙烯进入反应器内，在压力 1～16MPa，温度 130～270℃下，反应迅速发生。

08.0490 氯乙烯生产催化剂 catalyst for production of chloroethylene

又称“乙烯氧氯化催化剂（ethylene oxychlorination catalyst）”。用于乙烯和氯化氢、氧气（或空气）反应生成氯乙烯或二氯乙烷的催化剂。其以氧化铝为载体，铜为活性组分。可由具有一定粒径分布的微球形氧化铝载体经高温煅烧后，浸渍氯化铜溶液，再经干燥、活化制得。

08.0491 环氧乙烷生产催化剂 catalyst for production of oxirane

又称“乙烯氧化制环氧乙烷催化剂（catalyst for ethylene oxidation to epoxyethane）”。用于乙烯部分氧化生产环氧乙烷的催化剂。工业上其以 α-Al_2O_3 为载体，银为活性组分，并以铯、钾、钙、钡等碱金属或碱土金属为助催化剂，以减小环氧乙烷异构化为乙醛的概率，从而提高选择性。

08.0492 环己烷生产催化剂 catalyst for production of cyclohexane

又称“苯加氢催化剂（benzene hydrogenation catalyst）”。用于苯加氢生产环己烷的催化剂。包括铂系和镍系两类。铂系催化剂活性高、硫中毒之后可再生使用；镍系催化剂价格低廉而质优，比铂系催化剂使用更广泛。

08.0493 环己烯生产催化剂 catalyst for production of cyclohexene

又称“环己醇脱水制环己烯催化剂（catalyst for cyclohexanol dehydration to cyclohexene）”。用

于环己醇脱水制备环己烯的催化剂。一水合硫酸氢钠、对甲基苯磺酸、四氯化锡、硅铝酸盐、沸石等都可以作为此反应的催化剂。

08.0494 环己酮生产催化剂 catalyst for production of cyclohexanone

又称“环己醇脱氢催化剂（catalyst for dehydrogenation of cyclohexanol）”。用于催化环己醇脱氢制环己酮的催化剂。主要包括Zn-Ca-Mg 系催化剂、Cu-Zn-Al 系催化剂和Cu-Zn-Na 系催化剂等。

08.0495 乙酸生产催化剂 catalyst for production of acetic acid

又称“甲醇羰基化催化剂（catalyst for carbonylation of methanol）”。用于一氧化碳和甲醇反应生成乙酸的催化剂。例如，德国巴斯夫（BASF）公司开发的高压法均相羰基钴和碘甲烷系催化剂、美国孟山都公司开发的低压法 Rh-CH_3I 均相催化剂、英国石油公司开发的 Ir-CH_3I 均相催化剂等。

08.0496 乙酸乙烯合成催化剂 vinyl acetate synthesis catalyst

用于合成乙酸乙烯的催化剂。工业上主要采用乙炔法和乙烯法合成乙酸乙烯。乙炔法采用活性炭载乙酸锌催化剂，通常用 30%乙酸锌浸渍煤基活性炭而制得；乙烯法用催化剂以 Pd-Au-KAc/SiO_2 系为主，通常用氯化钯和氯金酸的混合溶液浸渍硅胶载体，经干燥还原后再浸渍乙酸钾而制得。

08.0497 丙烯齐聚催化剂 propylene oligomerization catalyst

用于丙烯齐聚的催化剂。T-49 型固体磷酸催化剂由聚磷酸、磷酸硼及载体硅藻土组成，其游离磷酸保持在 10%～14%。主要用于丙烯齐聚制壬烯或十二烯，以及苯-丙烯烃化制异丙苯。也可用于水合及其他齐聚、烃化和叠合等反应。

08.0498 丙烯腈生产催化剂 catalyst for production of acrylonitrile

又称“丙烯氨氧化制丙烯腈催化剂（catalyst for propene ammoxidation to acrylonitrile）”。用于丙烯和氨以氧气或空气为氧化剂一步合成丙烯腈的催化剂。国内工业用催化剂以 Mo-Bi-Fe-P 系的 MB 系列为主，通常含 Mo 12%，Bi 2%，以 SiO_2 为载体。

08.0499 结构化催化剂 structured catalyst

具有连续单一的结构，由许多环形、六角形、方形、三角形或正弦曲线形构成平行通道组成的催化剂。能够降低反应床层的压降，改善化学反应的传热效率与传质效率，进而提高反应的转化率与产物收率。

08.0500 丙烯水合催化剂 hydration catalyst for propylene

用于丙烯气相直接水合制异丙醇的催化剂。以磷酸为主要活性组分，以硅藻土为载体，含二氧化硅 60%，氧化铝 1%，氧化铁＜0.5%，外观为圆柱形，抗压强度为 3.92MPa。

08.0501 丙烯酸生产催化剂 catalyst for production of acrylic acid

用于氧化法合成丙烯酸的催化剂。包括丙烯醛氧化制丙烯酸催化剂和丙烯氧化制丙烯酸催化剂两类。前者以 Mo-V 为主要活性组分，添加 W、Cu、Sr 和 Co 等助剂。通常以刚玉或 α-Al_2O_3 为载体，皆以浸渍法制备。

08.0502 异丁烯生产催化剂 catalyst for production of isobutene

又称“甲基叔丁基醚裂解催化剂（methyl *tert*-butyl ether cracking catalyst）”。裂解甲

基叔丁基醚以制得高纯异丁烯和甲醇的催化剂。为负载型催化剂，采用浸渍法制备。

08.0503 壬烯生产催化剂 catalyst for production of nonene

用于生产壬烯的催化剂，应用于三分子丙烯通过齐聚反应制备富含 C_9 支链烯烃的反应过程。属于丙烯齐聚催化剂。

08.0504 十二烯生产催化剂 catalyst for production of laurylene

用于生产十二烯的催化剂，应用于四分子丙烯通过齐聚反应制备富含 C_{12} 支链烯烃的反应过程。属于丙烯齐聚催化剂。

08.0505 邻二甲苯生产催化剂 catalyst for production of *o*-xylene

用于生产邻二甲苯的催化剂。C_8 芳烃非临氢异构法单产邻二甲苯的工艺，采用分子筛催化剂；C_8 芳烃异构化联产苯及邻二甲苯的催化剂则以氧化铝、沸石为载体，并且是具有载铂双功能的催化剂。

08.0506 乙苯合成催化剂 ethylbenzene synthesis catalyst

又称"苯烷基化催化剂（benzene alkylation catalyst）"。用于苯和乙烯催化合成乙苯的催化剂。其活性组分主要有 $AlCl_3$ 等质子酸、ZSM-5 分子筛、Y 型分子筛和 β-分子筛等。

08.0507 聚氨酯合成催化剂 polyurethane synthesis catalyst

用于合成聚氨基甲酸酯的催化剂。主要有金属化合物类催化剂和叔胺类催化剂。

08.0508 苯乙烯-丁二烯橡胶聚合催化剂 catalyst for styrene-butadiene bubber polymerization

又称"阿尔芬催化剂（Alfin catalyst）"。用于溶液聚合苯乙烯-丁二烯橡胶的聚合催化剂，也是催化 α-烯烃和二烯烃定向聚合的催化剂。是由氯化钠、异丙醇钠及烯丙基钠的混合物组成的一种复杂的多相催化剂。

08.0509 丁炔二醇合成催化剂 butynediol synthesis catalyst

乙炔与甲醇反应合成丁炔二醇的固定床生产用铜-铋系催化剂。铜为主活性组分，含量为 12%左右，铋为助催化剂，含量为 3%左右，其余为硅酸镁或硅胶载体。

08.0510 苯乙烯生产催化剂 catalyst for production of styrene

又称"乙苯脱氢催化剂（ethylbenzene dehydrogenation catalyst）"。用于乙苯脱氢制备苯乙烯的催化剂。工业铁系催化剂的主要活性组分为氧化铁，并以氧化钾、氧化钙、氧化钼、氧化镁和氧化钴等为助催化剂。

08.0511 苯酐生产催化剂 catalyst for production of phthalic anhydride

用于生产苯酐的催化剂。主要包括邻二甲苯氧化制苯酐催化剂和萘氧化制苯酐催化剂。邻二甲苯氧化制苯酐催化剂以钒和钛为主要活性组分，以 Sb、P、Zn、Ag 和 K 等的氧化物为助催化剂；萘氧化制苯酐催化剂以 V_2O_5、K_2SO_4 等为活性组分，以 SiO_2 为载体。

08.0512 苯生产催化剂 catalyst for production of benzene

用于工业生产苯的催化剂。主要包括芳烃脱烷基制苯催化剂和甲苯歧化与烷基转移催化剂等。芳烃脱烷基制苯催化剂主要用于裂解汽油中 C_6～C_8 高芳烃含量馏分的加氢脱烷基制高纯苯。甲苯歧化与烷基转移催化剂适用于以甲苯与 C_9 芳烃为原料催化制取苯和二甲苯。

08.0513 二甲苯生产催化剂 catalyst for production of xylene

又称"甲苯歧化与烷基转移催化剂（catalyst for toluene disproportion and transalkylation）"。用于以甲苯和 C_9 芳烃为原料生产苯和二甲苯的催化剂。国内主要有 ZA 系列催化剂，皆以高硅丝光沸石为催化剂活性组分，以氧化铝为胶黏剂。HAT 系列催化剂是在 ZA 系列的基础上添加了助催化剂，具有使重芳烃转化为轻质芳烃的功能，可使用含较高含量 C_{10} 芳烃的原料。

08.0514 有机环氧化物聚合催化剂 polymerization catalyst for organic epoxide

用于环氧乙烷、环氧丙烷等有机环氧化物聚合的催化剂。主要有三大类：阴离子催化剂，如 KOH、NaOH、醇钠（钾）和碱金属碳酸盐等；阳离子聚合催化剂，如三氟化硼、氧化锡、氧化铁、氯磺酸和氟磺酸等；金属络合催化剂大多适用于制取高分子量的等规聚醚多元醇。

08.0515 柴油降凝催化剂 catalyst for lowering condensation point of diesel fuel

用于非临氢降凝工艺（DSC）、非临氢伴气降凝工艺（DSCOP）及深度选择裂化工艺（DDSC）等生产低凝点柴油的催化剂。在 DSC 工艺中，石蜡分子被选择性地在高硅中孔沸石催化剂的作用下裂化从而降低柴油产品的凝点，并副产汽油和液化气。在 DSCOP 工艺中，石蜡不仅经历选择性裂化反应，还涉及液化气中的烯烃的非选择性叠合反应，两者在同一催化剂上进行。DDSC 工艺通过深度选择性裂化石蜡分子，有效降低柴油的凝点，但同时生成一定量的副产物。

08.0516 稠油稀释催化剂 catalyst for diluting heavy oil

促使稠油稀释的催化剂。借助高温、高压蒸汽，在井下稠油中加入催化剂，可有效降低特稠和超稠油的黏度，使其变为流体便于开采。

08.0517 臭氧分解催化剂 ozone decomposition catalyst

能将臭氧分解为氧气的催化剂。活性组分为 Pd、Pt 或 Mn、Cu、Fe 的氧化物等，以 γ-Al_2O_3、TiO_2、SiO_2、分子筛及活性炭等为载体。

08.0518 除氢催化剂 hydrogen removal catalyst

用于尿素生产时，二氧化碳原料气中氢脱除的催化剂。主要为 Pd/Al_2O_3 系催化剂，可以定期用含氢气体再生。γ-Al_2O_3 载 0.3% Pt 系催化剂也有应用。

08.0519 二甲苯异构化催化剂 xylene isomerization catalyst

在临氢的条件下催化间二甲苯和乙苯异构化为邻二甲苯和对二甲苯的催化剂。

08.0520 苯胺制 *N*-甲基苯胺催化剂 catalyst for aniline to *N*-methylaniline

用于以苯胺为原料通过 *N*-甲基化制取 *N*-甲基苯胺的催化剂。

08.0521 氟利昂水解催化剂 chlorofluorocarbons hydrolysis catalyst

用于促进氟利昂水解的催化剂。包括沸石、金属氧化物、SO_4^{2-}/M_xO_y 和 WO_3/M_xO_y 型固体酸、磷酸盐和硫酸盐五大类。

08.0522 羰基硫水解催化剂 carbonyl sulfidehydrolysis catalyst

又称"氧硫化碳水解催化剂（hydrolysis catalyst for carbon oxysulphide）"。用于促进羰基硫水解的催化剂。广泛地应用于合成氨、甲醇、低碳醇、煤气、食品级二氧化碳及聚丙烯等生产的原料中的羰基硫和二硫化碳的脱除。主要成分为 K（或 Na）/γ-Al_2O_3，能在常温下将排放气体处的羰基硫密度降至 0.03～0.1 mg/m^3。采用浸渍法制备。

08.0523 芳烃脱烷基制苯催化剂 catalyst for dealkylation of aromatic hydrocarbon to benzene

用于裂解汽油中的 C_6～C_8 高芳烃含量馏分的加氢脱烷基制高纯度苯的催化剂。常用的为 $Cr_2O_3/\gamma\text{-}Al_2O_3$ 系催化剂，收率＞95%。采用浸渍法制备。

08.0524 甲醇脱氢催化剂 methanol dehydrogenation catalyst

用于甲醇脱氢制甲酸甲酯的催化剂。可用沉淀法制备。

08.0525 甲醇氧化脱氢制甲醛催化剂 catalyst for methanol oxidative dehydrogenation to methanal

用于甲醇氧化脱氢制甲醛的催化剂。主要有银催化剂和铁-钼催化剂两种，前者又分为电解银催化剂和浮石银催化剂两种。

08.0526 铁-钼甲醇氧化脱氢制甲醛催化剂 Fe-Mo catalyst for methanol oxidative dehydrogenation to methanal

用于甲醇氧化脱氢制甲醛的含铁-钼元素组分催化剂。以氧化铁和氧化钼为主要活性组分，氧化铁的加入可以很好地抑制钼组分的流失。

08.0527 脱氰化氢催化剂 remove hydrogen cyanide catalyst

用于除去气体中氰化氢（HCN）的催化剂。中国产的 EAC-5 型催化剂是一种以特种活性炭为载体的催化剂，含有碱金属、碱土金属和过渡金属，其外观为黑色条状。

08.0528 脱砷催化剂 arsenic removal catalyst

用于脱除反应原料中的砷化物的催化剂。可分为铜系、铅系、锰系和镍系四种脱砷催化剂。脱砷催化剂大多采用浸渍法制备，因其有效成分可集中在表面，易于发挥脱砷的作用。

08.0529 脱烃催化剂 remove hydrocarbon catalyst

用于脱除原料气中烃类的催化剂。脱烃原理是采用催化燃烧法脱除气体中的烃、CO 及低碳醇、醛等。

08.0530 脱硝催化剂 denitration catalyst

以含碳的多孔性物质为载体并配以适当活性组分的催化剂。既可处理连续排放的含氮氧化物废气，也可处理间歇排放的含氮氧化物废气。可直接将氮氧化物分解为氮气和氧气，使用过程不消耗氧或任何还原剂。

08.0531 脱氧催化剂 deoxidizing catalyst

用于催化脱除原料气、油中微量氧气的催化剂。按催化剂活性组分和载体的不同可分为 MnO_2/Al_2O_3、$Cu/Al_2O_3\text{-}SiO_2$、Pd/Al_2O_3、$Ni/Al_2O_3\text{-}SiO_2$ 四类催化剂。

08.0532 脱一氧化碳催化剂 catalyst for removing carbon monoxide

用于脱除石油气、惰性气体和氢气等气体中残存的微量一氧化碳，以制备超纯气体的催化剂。

08.0533 乙烯脱一氧化碳催化剂 catalyst for removing carbon monoxide from ethylene

用于聚乙烯生产装置中脱除乙烯中微量一氧化碳的催化剂，以确保高效聚合催化剂的活性。以 CuO 为主要活性组分，以 ZnO 为载体。

08.0534 丙烯脱一氧化碳催化剂 catalyst for removing carbon monoxide from propene

用于聚丙烯生产装置中脱除丙烯中微量一氧化碳的催化剂，以确保高效聚合催化剂的活性。以 CuO 为主要活性组分，以 ZnO 为载体。

08.0535 渣油加氢脱氮催化剂 residual oil hydrodenitrogenation catalyst

用于渣油或其他重质油加氢改质的催化剂，以生产轻质油品及催化裂化或焦化的原料。其常与渣油加氢脱硫催化剂以适当比例组合使用。

08.0536 脱硫催化剂 desulfurization catalyst, desulfuration catalyst

从气体或液体中除去硫化氢及有机硫化物的催化剂。脱硫过程根据工艺的不同分为干法和湿法两种。湿法脱硫所用催化剂为多组分溶液，一般用于净化含硫化氢和其他硫化物较多的气体；干法脱硫所用的催化剂为固体，如活性炭、氧化锌系、氧化铁系、分子筛系及钼系加氢脱硫催化剂等。

08.0537 渣油加氢脱硫催化剂 residue hydrodesulfurization catalyst

用于渣油脱硫、脱金属、脱部分氮化物并进行部分加氢裂化反应的催化剂，以降低残炭、芳烃、胶质和沥青质的含量及进料的黏度，获得轻馏分、低硫的燃料油，以及催化裂化和焦化的原料。其常和渣油加氢脱氮催化剂以适当的比例组合使用。

08.0538 丙烯液相精脱硫催化剂 liquid phase fine desulfurization catalyst for propene

用于脱除精丙烯产品中所含硫化氢和羰基硫，以确保丙烯聚合后催化剂免遭硫毒害。

08.0539 糠醛气相脱羰基制呋喃催化剂 catalyst for gas-phase decarbonylation of furfural to produce furan

用于糠醛在通氢气条件下还原制备呋喃的催化剂。国内外广泛使用的是 Pd/C 和 Pd/Al_2O_3 催化剂，通常前者具有更高的活性。

08.0540 烯烃叠合催化剂 olefin oligomerization catalyst

催化由 2～3 分子的烯烃结合成较大分子烯烃的反应的催化剂。如硫酸铁、硫酸镍及其复合催化剂等。适用于由热裂化、催化裂化和焦化等装置副产的丙烯、丁烯等生产高辛烷值汽油或特定石化产品。

08.0541 甲醇分解催化剂 methanol decomposition catalyst

用于甲醇催化分解为一氧化碳和氢气的催化剂。例如，Cu-Zn-Al 系和 Cu-Ni-Al 系甲醇分解催化剂，可用于燃料电池、金属表面处理等。

08.0542 甲醇气相胺化制甲胺催化剂 catalyst for gas-phase amination of methanol to produce methylamine

适用于甲醇与氨气相胺化制甲胺的过程，能促使甲醇与氨反应生成一甲胺、二甲胺和三甲胺的催化剂。使用该类催化剂，乙醇也可制备相应的胺类化合物。

08.0543 羰基合成催化剂 catalyst for carbonyl synthesis

用于羰基化反应的催化剂。羰基化反应指将羰基单独或与其他基团一起引入有机分子的一大类反应，主要有氢甲酰化、氢羧基化和氢酯基化等反应。催化剂主要包括铑基催化体系、钴基催化体系、铜基催化体系。

08.0544 乙烯水合催化剂 ethylene hydration catalyst

用于乙烯直接气相水合法生产乙醇的催化剂。以磷酸为主要催化活性组分，以硅藻土为载体。

08.0545 甲硫醇合成催化剂 methanethiol synthesis catalyst

用于甲醇和硫化氢气相合成甲硫醇的催化剂。主要有三类：W/Al_2O_3 系催化剂、沸石或氧化铝为载体的钍系或钨系催化剂、Mo 系催化剂。

08.0546 烷基化催化剂 alkylation catalyst

有机物分子碳、氮、氧等原子上引入烷基需要加入的催化剂。一般为质子酸或路易斯酸，如硫酸、氢氟酸、盐酸、三氯化铝、三氯化铁等。

08.0547 城市煤气甲烷化催化剂 methanation catalyst for city gas

使水煤气或半水煤气中部分 CO 甲烷化以提高其热值来满足城市煤气供应的催化剂。常用镍系或钼系催化剂，以氧化铝为载体。

08.0548 高聚物载体催化剂 high-polymer supported catalyst

以高聚物作载体使金属络合物与其发生化学结合而形成的固相催化剂。包括离子交换树脂和有机高聚物两类。

08.0549 聚乙烯高效载体催化剂 polyethylene high efficiency supported catalyst

用于高密度聚乙烯聚合的催化剂。属于负载型齐格勒-纳塔催化剂。其制备过程是将 $TiCl_4$ 通过氯桥络合在 $MgCl_2$ 中，活性组分为 $TiCl_4$-$MgCl_2$（载体为 $MgCl_2$），外观为浅黄色或灰白色固体粉末。

08.0550 聚氯乙烯-吡啶树脂催化剂 polyvinyl chloride-pyridine resin catalyst

由聚氯乙烯与吡啶在浓氢氧化钠存在下反应制得的催化剂。类似于碱性离子交换树脂，常用作相转移催化剂，可催化酯的水解、己内酰胺的 *N*-烷基化反应等。

08.0551 聚氯乙烯固载聚乙二醇催化剂 polyvinyl chloride supported polyethylene glycol catalyst, PVC-PEG catalyst

用于酚醚合成、*N*-丁基咔唑合成和苯甲酸乙酯的水解反应等的固体相转移催化剂。

08.0552 三氯化铝-聚苯乙烯负载催化剂 $AlCl_3$-polystyrene supported catalyst

将无水三氯化铝固载到聚苯乙烯-二乙烯苯交联树脂上制得的催化剂。可用于催化酯化和缩醛（酮）等反应。

08.0553 聚苯乙烯负载季鏻盐催化剂 polystyrene supported phosphonium salts catalyst

将季鏻盐固载到聚苯乙烯-二乙烯苯交联树脂上制得的三相催化剂。可用于催化氰化反应、碘代反应和硫醚的合成。

08.0554 聚苯乙烯负载硒醚铂配位硅氢化催化剂 polystyrene supported selenoether platinum complex as hydrosilylation catalyst

通过氯甲基化聚苯乙烯与硒醚类化合物反应，进而与铂配位制得的催化剂。可用于新型烯烃硅氢化反应。

08.0555 聚合物负载聚乙二醇季铵盐相转移催化剂 polymer-supported polyethylene glycol quaternary ammonium salt as phase transfer catalyst

氯甲基化聚苯乙烯等聚合物与叔胺化的聚乙二醇反应制得的三相催化剂。可用于催化咪唑 *N*-烷基化反应、醚反应和卤素置换反应等。

08.0556 丙烯酸酯三元共聚物负载双硫铂配合物催化剂 acrylate ternary copolymer bound disulfide platinum complex catalyst

二丙烯酸-1,4-丁二酯、丙烯酸 β-氯乙酯和丙烯酸甲酯聚合得到丙烯酸酯三元共聚物，再与 3, 6-二硫杂-1-辛酯反应，最后与氯亚铂酸钾反应制得的催化剂。用于 1-十二碳烯、1-癸烯、苯基烯丙醚等与三乙氧基硅烷的硅氢加成反应，对苯基烯丙醚加成具有较高的催化活性。

08.0557 可溶性高分子负载钯催化剂 soluble polymer supported palladium catalyst

由可溶性高分子如聚乙烯吡咯烷酮、聚乙烯醇、羧甲基纤维素钠等负载钯制得的催化剂。

08.0558 抗钒催化裂化催化剂 vanadium-tolerant catalyst for catalytic cracking

用于含钒量高的油料和渣油的催化裂化过程的催化剂。活性组分可以为SRY分子筛、RPSA分子筛（常选用SRY和RPSA两种分子筛作为活性组元）、USY分子筛（广泛应用于加氢裂化、异构化、烷基化和脱烯烃反应，也可作为挥发性有机物吸附剂和复合材料的载体）等。

08.0559 全白土型裂化催化剂 kaolinite cracking catalyst

用于重质油（渣油或掺炼渣油）的催化裂化过程的催化剂。可以白土（高岭土）为原料经原位晶化法制备。

08.0560 无定形硅铝催化裂化催化剂 amorphous Si-Al catalyst for catalytic cracking

具有酸中心的无定形结构，由氧化铝和氧化硅组成的一种加氢裂化催化剂。

08.0561 硫化物催化剂 sulfide catalyst

以硫化物为活性组分的催化剂。常以ⅥB族金属的硫化物为主要活性组分，或者辅以Ⅷ族金属（钴、镍）的硫化物为助催化剂。

08.0562 硫回收催化剂 sulfur regaining catalyst

又称“*克劳斯催化剂*（Claus catalyst）”。用于催化克劳斯反应，适用于含硫原油和含硫天然气的加工，以及焦炉煤气、城市煤气的净化等。

08.0563 硫转移催化剂 sulfur transfer catalyst

又称“SO_x *转移剂*（SO_x transfer agent）”。能够将催化裂化再生器烟气中的硫氧化物转移至反应器和汽提器中并将其还原成硫化氢，从而减少硫氧化物，减少污染的催化剂。

08.0564 预还原催化剂 pre-reduction catalyst

在催化剂生产厂预先按较理想条件对金属氧化态催化剂进行还原活化并经钝化处理，使其表面覆盖一层氧化膜而出厂的催化剂产品。

08.0565 预硫化催化剂 pre-sulfided catalyst

催化剂生产厂家预先将氧化态催化剂进行硫化活化后出厂的产品。工业上应用的预硫化催化剂现主要集中在加氢精制系列催化剂。

08.0566 预转化催化剂 pre-reforming catalyst

为了节能，烃类在一段蒸汽转化之前，在H_2O/C摩尔比较低的条件下进行预转化所使用的催化剂。预转化催化剂是以氧化铝、氧化镁等为载体的镍系催化剂。

08.0567 锂辉石质蜂窝陶瓷 spodumene honeycomb ceramic

以锂辉石为主晶相制成的蜂窝状陶瓷材料。外观呈浅灰色，常带浅绿色、黄绿色、浅紫色，用作催化剂载体和热交换器材料。

08.0568 堇青石 cordierite

又称“*二色石*（dichroite）”。化学式为$Mg_2Al_3(Si_5Al)O_{18}$，一种硅酸盐矿物，通常具有浅蓝色或浅紫色，玻璃光泽，透明至半透明。堇青石还具有明显的多色性（三色性）。品优色美的堇青石被当作宝石。此外，由于耐火性好、受热膨胀率低，现在普遍作为汽车净化器的蜂窝状载体材料使用。

08.0569 镁铝尖晶石 magnesia-alumina spinel

化学式为$MgAl_2O_4$，颜色有黑色、红色、绿色、蓝色、紫色等。同时具有酸性和碱性两种活性中心。结构稳定，不易烧结，既可作催化剂又可作载体。

08.0570 拟薄水铝石 pseudo boehmite

又称“假一水软铝石”。化学式为 $AlOOH \cdot nH_2O$（$0<n<1$），是一类组成不确定、结晶不完整、从无序到有序、从弱晶态到晶态演化的系列铝氧化物，典型结构为很薄的皱褶片层。拟薄水铝石的含水量大于薄水铝石而晶粒粒径小于薄水铝石。广泛应用于裂化、加氢和重整催化剂的黏结剂或载体。酸化拟薄水铝石是制备半合成催化裂化催化剂常用的黏结剂之一。

08.0571 有机沸石 organic zeolite

类似于沸石结构的有机物质。例如，整体式环状金属卟啉分子可以将金属原子固定在卟啉孔内，具有相应的催化活性。

08.0572 网状催化剂 gauze type catalyst

外形呈现网状的催化剂。具有较大的外表面积，导热性能好，适用于外扩散控制的反应。

08.0573 钛基晶须 titanium-based whisker

具有优良耐磨性的微纳米尺寸钛基短纤维。如 $K_2Ti_4O_9$、$K_2Ti_6O_{13}$、$K_2Ti_8O_{17}$、$H_2Ti_4O_9$ 和 TiO_2。具有离子交换能力，耐强酸、强碱，熔点高，可作为复合材料增强剂、光催化剂和催化剂载体。

08.0574 排列式催化剂 arranged catalyst

将传统的颗粒状催化剂或整体式催化剂按特定的几何形状排列而成的催化剂。在反应器内部有很强的径向传质和传热作用。按排列方式分，主要有平行通道式、横向流式和串珠式等。

08.0575 无机膜催化剂 inorganic membrane catalyst

由无机材料构建而成的通道壁具有渗透性的整体式催化剂，集分离与反应于一体。可分为：①金属和合金膜催化剂；②金属氧化物浸涂在载体上的非对称膜催化剂；③分子筛催化剂和将活性组分埋藏在分子筛笼内的催化剂。

08.0576 无机纤维催化剂 inorganic fibre catalyst

由无机纤维（包括金属纤维和无机非金属纤维）构成的催化剂，或者由其作载体负载活性组分的催化剂。其特点是直径较小，扩散阻力小，故对扩散控制的反应较颗粒状催化剂具有更高的效能。

08.0577 微球裂化催化剂 microspherical cracking catalyst

直径 20～100μm，外观为白色微细球状粉末，用于流化床催化裂化过程的催化剂。

08.0578 气凝胶催化剂 aerogel catalyst

具有高比表面积和孔体积，既可以作催化剂载体，也是某些反应的良好催化剂。例如，氧化铁-二氧化硅及氧化铁-氧化铝气凝胶用作费-托合成催化剂。

08.0579 整体式催化剂 monolithic catalyst

床层呈单块整体式的催化剂。如汽车尾气净化催化剂。此种催化剂与颗粒状催化剂所构成的散式床层在传质、传热、压降等性质上有所不同。

08.0580 整体式载体 monolithic carrier

由许多小的、连续而单一的平行孔隙通道所组成的催化剂载体。用于制备整体式催化剂。孔可以为圆形、方形、三角形、六角形，载体外形可以是块状、管状、杆状。

08.0581 金属薄膜催化剂 metal film catalyst

由金属薄膜构成的无机膜催化剂。制作方法有电镀、化学气相沉积、物理气相沉积等，仅用作模型催化剂，研究单个催化步骤、层表面以及吸附物、吸附剂等。

08.0582 金属丝网催化剂 metal gauze catalyst

金属或合金丝编织制成的主体催化剂。用丝

网催化剂填充的反应器显示极低的压降和很高的传热值，适用于高放热反应。

08.0583 泡沫催化剂 foam catalyst

载在浮石、珍珠岩、膨胀黏土或者合成的泡沫金属或泡沫碳上的催化剂。

08.0584 泡沫金属 foamed metal

孔隙度达到90%以上，具有一定强度和刚度的多孔金属材料。如Cu、Ni、NiCu、ZnCu等。

08.0585 昆茨-柯尼尔催化剂 Kuntz-Cornils catalyst

三磺化三苯基膦合铑（Ⅰ）配合物，属于水溶性氢甲酰化催化剂。由三苯基膦磺化后再与铑配位制得，主要用于催化烯烃与CO和H_2发生氢甲酰化反应。

08.0586 亚当斯催化剂 Adams catalyst

用亚当斯法制备的氧化铂催化剂。熔点为450℃，用氯铂酸与硝酸盐或亚硝酸盐熔融制取，用作烯烃或炔烃的加氢催化剂。

08.0587 弗里德-克拉夫茨催化剂 Friedel-Crafts catalyst

简称“弗-克催化剂”。弗-克反应所使用的催化剂，即通过在芳环上发生亲电取代反应，引入烷基（弗-克烷基化）或酰基（弗-克酰基化）时使用的催化剂。一般为路易斯酸型催化剂。

08.0588 卡明斯基-辛催化剂 Kaminsky-Sinn catalyst

又称“茂金属催化剂（metallocene catalyst）”。由主催化剂和助催化剂组成的一类可溶性配位聚合催化剂。主催化剂的结构式为$(R_1)_mM(R_2)_nCl_{2-n}$（M为Ti、Zr、Hf等过渡金属，R_1主要为茂基或茚基，R_2为CH_3、OBu等，$m+n=4$），助催化剂的结构式为$(OAlR)_n$（R为甲基、乙基等，$n=10\sim20$），是烷基铝化物的部分水解产物。

08.0589 纽兰德催化剂 Nieuwland catalyst

将活性组分氯化亚铜与助溶剂一起溶于去离子水配制而成的催化剂。用于催化乙炔二聚反应制得乙烯基乙炔。

08.0590 威尔金森催化剂 Wilkinson catalyst

又称“氯化三（三苯基膦）合铑（Ⅰ）[tris (triphenylphosphine)- rhodium(Ⅰ) chloride]”。化学式为$C_{54}H_{45}ClP_3Rh$。能使含非共轭双键或叁键的不饱和烃在室温和常压的氢气中被氢化的催化剂。制备方法如下：①三苯基膦在乙醇溶液中与三氯化铑络合；②三氯化铑在含水甲醇溶液中先用乙烯还原至一个二聚的二氯化二烯烃合铑（Ⅰ），再在水中与三苯基膦反应而成。

08.0591 皮尔曼催化剂 Pearlman catalyst

在活性炭上负载的钯（Pd）基催化剂，具有不生火花的特性。特别适用于*N*-苯甲基的消除反应，以Rh或Ru代替Pd的皮尔曼催化剂也有应用。

08.0592 林德拉催化剂 Lindlar catalyst

可以使炔烃选择性加氢制烯烃的催化剂。常用的有Pd-$CaCO_3$-PbO和Pd-$BaSO_4$-喹啉两种体系，其中PdO和喹啉为抑制剂。

08.0593 霍加拉特催化剂 Hopcalite catalyst

以二氧化锰和氧化铜为主体的催化剂。可作为一氧化碳的氧化催化剂并可用于防毒面具等方面。

08.0594 苯系列有机废气净化催化剂 catalyst for purification of benzene series organic waste gas

又称“苯系列有机废气燃烧催化剂（benzene organic waste gas combustion catalyst）”。可催化含苯系列的有机废气组分，在燃点以下的温度与氧化合生成无毒的二氧化碳和水来达到净化目的的催化剂。

08.0595 硝酸尾气净化催化剂 catalyst for nitric acid exhaust gas purification

用于净化硝酸尾气中所含的氮氧化物的催化剂。以氨作为还原剂选择性催化还原氮氧化物是目前工业上处理硝酸尾气采用的主要工艺。

08.0596 氮氧化物选择性催化还原 selective catalytic reduction of NO_x

用氨（或尿素溶液）作还原剂，有选择性地将排放废气中的氮氧化物还原成氮气和水而得以净化的技术。主要分为硝酸尾气处理催化剂和烟道气脱硝处理催化剂。

08.0597 氮氧化物选择性催化氧化 selective catalytic oxidation of NO_x

在催化剂作用下选择性地将氮氧化物氧化再用氨水吸收实现脱氮的技术。催化剂类型有分子筛、金属氧化物或贵金属催化剂、活性炭。

08.0598 有机废气净化催化剂 catalyst for purification organic waste gas

采用催化氧化燃烧法净化有机废气的催化剂。主要有贵金属和非贵金属两大类。实际使用的贵金属催化剂仅有 Pt 和 Pd。

08.0599 氮氧化物脱除催化剂 catalyst for removing nitrogen oxide

由氧化铁、氧化铬和氧化铜所组成的用来脱除氮氧化物的催化剂。外观为棕色片剂，用于发电厂、工业燃烧炉及硝酸生产装置的尾气处理。

08.0600 缩合型硅树脂用固化催化剂 solidification catalyst for condensation silicone resin

用于加速缩合型硅树脂后期固化速率的高效催化剂。常用的催化剂为 Pb、Zn、Sn、Mn、Co、Ti、Fe、Zr 等的环烷酸盐或羧酸盐等。

08.0601 碳五馏分醚化催化剂 catalyst for etherification process of C_5 fraction

用于催化由 C_5 馏分中的 2-甲基-1-丁烯和 2-甲基-2-丁烯与甲醇发生醚化反应生成甲基戊基醚的催化剂。具有促进醚化、加氢及双键位移三种功能。

08.0602 一氧化碳低温变换催化剂 low temperature CO shift catalyst

用于合成氨工业和制氢工业中操作温度低于 250℃的一氧化碳水蒸气变换反应的催化剂。铜基一氧化碳低温变换催化剂可分为两大类：Cu-Zn-Al 系和 Cu-Zn-Cr 系。

08.0603 一氧化碳耐硫变换催化剂 sulphur resistant CO shift catalyst

用于原料气中含有一定量硫化氢条件下的一氧化碳水蒸气变换反应的催化剂。可分为以镁铝尖晶石为载体的钴钼系催化剂和以 γ-Al_2O_3 为载体的钴钼系催化剂。

08.0604 一氧化碳选择性氧化催化剂 catalyst for selection oxidation of carbon monoxide

适用于氨厂中以烃类为原料的低变原料气，能够选择性地将其中少量的一氧化碳氧化成二氧化碳以便去除的催化剂。铂系催化剂性能优异。

08.0605 一氧化碳中温变换催化剂 medium-temperature CO shift catalyst

用于氨厂和制氢厂装置中原料气中的一氧化碳和水蒸气变换为二氧化碳和氢气的反应的催化剂。操作温度为 300～530℃，主要为含铬催化剂。

08.0606 肼分解催化剂 catalyst for hydrazine decomposition

主要用于航空飞行器中以肼作推进剂的姿态控制发动机上，可以促进肼分解产生高温高压气体 N_2、H_2、NH_3 的催化剂。主要有贵金属和非贵金属两类不同的催化剂体系。

08.0607 酶催化剂 enzyme catalyst

一类由活细胞产生，具有催化生物化学反应功能的蛋白质。包括生物酶催化剂与化学模拟酶催化剂两大类，具有活性高、选择性高、反应条件温和、兼有均相催化和多相催化的特点等特征。

08.0608 吗啉合成催化剂 morpholine synthesis catalyst

用于二甘醇和氨在氢气存在下合成吗啉的催化剂。主要活性组分为 CuO-NiO，助催化剂为氧化钛、氧化锌，载体为氧化铝。

08.0609 煤直接液化催化剂 catalyst for direct liquefaction of coal

由煤直接生成液化油过程中使用的能促进芳烃加氢、C—C 键断裂和 C—O、C—N、C—S 键氢解的催化剂。主要包括金属硫化物、含金属的酸性催化剂，以及铁矿、硫铁矿等三大类。

08.06 化学试剂

08.0610 实验试剂 laboratory reagent

简称“试剂（reagent）”。实现化学反应、分析化验、研究试验、教学实验、化学配方使用的纯净化学品。

08.0611 合成级 synthetic grade

能够满足有机合成和无机合成要求的试剂级别。

08.0612 工业级 technical grade

能够满足工业生产要求的试剂级别。其中的具体含量标准根据产品属性决定。

08.0613 教学试剂 teaching reagent

可以满足学生教学目的、不至于造成化学反应现象偏差的试剂。

08.0614 指定级 designated level

按照用户要求的质量控制指标，为特定用户定制的试剂级别。

08.0615 食品级 food grade

不含有对人体有危害的物质，可以用来处理加工食品的试剂级别。

08.0616 药典级 pharmacopoeia grade

符合药典要求的试剂级别。

08.0617 分子生物学级 molecular biological grade

符合分子生物学研究要求的试剂级别。

08.0618 组织学级 histological grade

组织研究所需纯度的试剂级别。

08.0619 光谱纯 spectrum pure

用于光谱分析的试剂级别。分为分光光度计标准品、原子吸收光谱标准品和原子发射光谱标准品。

08.0620 基准试剂 standard reagent

可直接配制标准溶液的化学物质。也可用于标定其他非基准物质的标准溶液。

08.0621 有机分析标准品 organic analytical standard

测定有机化合物组分和结构时用作参比的化学试剂。其组分必须精确已知，也可用于微量分析。

08.0622 农药分析标准品 pesticide analytical standard

气相色谱法分析农药或测定农药残留量时用作参比的物品。其含量要求精确，有由微量单一农药配制的溶液，也有由多种农药配制的混合溶液。

08.0623 折光率液 refractive index liquid

已知折光率的高纯度稳定液体，用以测定晶体物质和矿物的折光率。在每个包装的外面都标明了其折光率。

08.0624 高纯物质 high-purity substance

杂质含量＜100ppm（$1\text{ppm}=1\times10^{6}$）的物质。可配制标准溶液。

08.0625 当量试剂 equivalent reagent

将一定质量的基准物质熔封于特制安瓶中，经精确稀释后所得的标准溶液。无须称量、干燥、恒量、标定及换算等繁杂操作过程，使用比较方便。

08.0626 普通高纯试剂 common high-purity reagent

高纯单质金属、氧化物、金属盐类等的试剂。常用于原子能工业材料、电子工业材料、半导体基础材料等。

08.0627 电子级 electronic grade

适用于电子产品生产中，电性杂质含量极低的试剂级别。用于硅片清洗、光刻、腐蚀工序，其纯度和洁净度对集成电路的成品率、电性能及可靠性都有十分重要的影响。对于芯片生产过程来说，一般情况下，试剂纯度会在99.999%数量级，12寸（1寸≈3.33cm）芯片生产可能会用到99.999999999%纯度的化学品。

08.0628 超纯 ultra pure

又称“高纯（high-purity）”。远高于优级纯的试剂纯度。是在通用试剂基础上发展起来的，为了专门的使用目的而用特殊方法生产的最高试剂纯度。

08.0629 超净电子级试剂 ultra-clean electronic grade reagent

集成电路制造工艺中的专用化学品。用于硅片清洗、光刻、腐蚀工序，对可溶性杂质和固态微粒含量要求非常严格。为适应集成电路集成度不断提高的需求，国际半导体产业协会推出了SEMI C7（适合0.8～1.2μm工艺技术）和SEMI C8（适合0.2～0.6μm工艺技术）级别的试剂质量标准。

08.0630 磨抛光高纯试剂 grinding and polishing high-purity reagent

用于硅单晶片表面研磨和抛光的高纯度试剂。分为磨粉（三氧化二铝）和磨液（水和油剂），能研磨表面达到微米级加工精度。这类试剂要求颗粒粒径小（纳米级），纯度高，金属杂质含量一般要求为0.5×10^{-6}～2.0×10^{-6}。

08.0631 液晶高纯试剂 liquid crystal-high purity reagent

在一定温度范围内呈现介于固相和液相之间的中间相的有机化合物。要求纯度高（≥99%）、水分含量低（≤10^{-6}）、金属杂质含量少（≤10^{-6}）。

08.0632 无机化学试剂 inorganic chemical reagent

用于物质的合成、分离、定性和定量分析的无机化学品。其杂质含量少，纯度比工业品高。

08.0633 有机化学试剂 organic chemical reagent

用于物质的合成、分离、定性和定量分析的有机化学品。其杂质含量少，纯度比工业品高。

08.0634 无机分析试剂 inorganic analytical reagent

适用于分析化验的无机化学品。其纯度比工业品高，杂质少。

08.0635 有机分析试剂 organic analytical reagent

适用于分析化验的有机化学品。其纯度比工业品高，杂质少。

08.0636 配位指示剂 coordination indicator

配位滴定法所用的指示剂，大多是染料。其在一定 pH 值下能与金属离子络合呈现一种与游离指示剂完全不同的颜色，从而达到指示终点的目的。

08.0637 沉淀滴定指示剂 precipitation titration indicator

沉淀滴定所用的指示剂。是根据溶度积大小，在化学计量点被测物质基本沉淀完全后，指示剂与被测离子形成有色沉淀或有色络合物来指示终点。

08.0638 沉淀剂 precipitant

向液相中加入的能产生沉淀的试剂。

08.0639 无机沉淀剂 inorganic precipitant

质量分析及沉淀分离过程中，加入的能与被测组分形成沉淀的无机试剂。

08.0640 隐蔽剂 masking agent

利用某种化学反应来降低干扰物质的浓度以消除干扰的试剂。包括有机隐蔽剂和无机隐蔽剂。

08.0641 螯合萃取剂 chelating extractant

能与金属离子或其盐类螯合的萃取剂。

08.0642 仪器分析试剂 instrumental analytical reagent

利用根据物理和化学原理设计的特殊仪器进行试样分析的过程中所用的试剂。

08.0643 平面色谱试剂 plane chromatography reagent

用于平面色谱分析、色谱分离、色谱制备的试剂。

08.0644 席夫碱试剂 Schiff base reagent

含有亚胺或甲亚胺特性基团的有机化合物。

08.0645 硅烷化试剂 silylation reagent

能够将硅烷基引入分子中的硅烷化合物。

08.0646 紫外衍生试剂 ultraviolet derivatization reagent

为了使一些没有紫外吸收或紫外吸收很弱的化合物能被紫外检测器检测，往往要通过衍生化反应在这些化合物的分子中引入有强紫外吸收的基团，这一过程中使用的衍生化试剂称为紫外衍生试剂。

08.0647 荧光衍生试剂 fluorescence derived reagent

能与一些化合物结构中的某些官能团产生强烈荧光的试剂。

08.0648 电化学衍生试剂 electrochemical derivatization reagent

为了使一些没有电活性的化合物能被电化学检测器检测，往往要通过衍生化反应在这些化合物的分子中引入电活性基团，这一过程中使用的衍生化试剂称为电化学衍生试剂。

08.0649 液相色谱手性衍生试剂 liquid chromatography chiral derivatization reagent

在液相色谱中通过衍生化反应将难以分离的对映体转变成能够良好分离的非对映体，这一过程中使用的衍生化试剂称为液相色谱手性衍生试剂。

08.0650 气相色谱手性衍生试剂 gas chromatography chiral derivatization reagent

气相色谱中通过衍生化反应将难以分离的手性物质在非手性柱上分离的试剂。

08.0651 光学分析试剂 spectroscopic analytical reagent

利用光学（包括发光、荧光、吸光）性质的变化对目标物质进行分析与测定的试剂。

08.0652 荧光分析试剂 fluorescence analysis reagent

在荧光分析中能够通过化学反应使不发荧光或荧光强度较弱的物质发射较强荧光的试剂。

08.0653 显微镜分析试剂 microscopical analysis reagent

在生物学、医学等领域利用电子显微镜进行研究工作时所用的试剂。包括固定剂、包埋剂、染色剂等。

08.0654 核磁共振波谱分析试剂 nuclear magnetic resonance spectrum analysis reagent

有机溶剂结构中的氢被氘（重氢）所取代的溶剂。在核磁共振分析中，氘代溶剂不显峰，对样品作氢谱分析不产生干扰。

08.0655 多糖 polysaccharide

由 10 个以上单糖通过糖苷键结合而成的糖聚合物，可用通式$(C_6H_{10}O_5)_n$ 表示。包括同多糖和杂多糖。

08.0656 氨基酸衍生物 amino acid derivative

由氨基酸通过一系列反应化合而成的物质。例如，氨基酸通过联合脱氨基作用合成氨基酸衍生物，也就是说氨基酸衍生物的前身是氨基酸，产品有甲状腺素等。

08.0657 蛋白质类化合物 protein compound

细胞组成的基本物质，为各种 α-氨基酸借助酰胺键（即肽键）连接起来形成的一类高分子量化合物。分子量很大，可以达到数百万，甚至在千万以上，结构复杂，官能团性质多样，产品有胰岛素等。

08.0658 生物缓冲物质 biological buffer substance

又称“生物缓冲剂（biological buffer）”。供生物学和化学在分离、分析、合成等研究中用于保持氢离子浓度所使用的缓冲剂。pK_a 值为 6～8，在水系中有较好的溶解性。

08.0659 电泳试剂 electrophoresis reagent

带电荷的供试品（蛋白质、核苷酸等），在电泳测试中所采用的惰性介质。如纸、醋酸纤维素、琼脂糖凝胶、聚丙烯酰胺凝胶等。

08.0660 诊断试剂 diagnostic reagent

采用免疫学、微生物学、分子生物学等原理或方法制备的、在体内或体外用于对人类疾病的诊断、检测及流行病学调查等的试剂。可分为体内诊断试剂和体外诊断试剂两大类。除皮内用的如旧结核菌素、布氏菌素、锡克氏毒素等体内诊断试剂外，大部分为体外诊断试剂。

08.0661 同位素试剂 isotope reagent

分子中含有一个或几个同位素原子，利用其示踪性进行分析测定的化学试剂。用同位素置换后的试剂，除同位素效应外，其他化学性质通常不会发生变化，可参与同类的化学反应。分为放射性和稳定性两种，用作示踪剂研究物质运动和变化的规律。

08.07 日用化学品

08.0662 香料 perfume, flavor
能释放特定的香气成分，使人嗅觉感受到并令人愉悦的芳香气味物质。

08.0663 天然香料 natural perfume
以植物、动物或微生物为原料，经物理方法、生物技术或经传统的食品工艺法得到的香料。

08.0664 天然等同香料 nature-identical perfume
合成的或经化学过程从天然芳香原料分离得到的香料。其与天然产品中存在的香料在化学结构上是相同的。

08.0665 合成香料 synthetic perfume, synthetic aroma chemicals
又称“人造香料（artificial perfume）”，通过化学合成或化学单离的方法制取的香料。常用的合成香料有3000多种。

08.0666 单离香料 perfumery isolate
使用物理的或化学的方法从天然香料中分离出来的单体香料化合物。

08.0667 手性香料 chiral perfume
化学结构中含有手性碳的香料化合物。

08.0668 动物性天然香料 fauna natural perfume
从动物的分泌物或排泄物中提取得到的香料。

08.0669 植物性天然香料 flora natural perfume
从芳香植物的花、枝、叶、草、根、皮、茎、籽或果等含香部分提取得到的香料。

08.0670 食用香料 flavorant
能够用于调配食用香精的香料。

08.0671 粉底 foundation
涂敷于面部，具有遮盖皮肤瑕疵或修饰肤色等作用，以粉质原料、颜料均匀地分散或悬浮于基质中制成的产品。

08.0672 胭脂 rouge，blusher
可使面部具有立体感，肌肤呈现健康肤色，以黏合剂、粉体、着色剂为原料，经混合或混合压制等工艺制成的化妆品。

08.0673 眼影 eye shadow
涂敷于眼睑上，具有美化、修饰、改变外观等功能，以粉体、着色剂、珠光剂等为原料，经混合工艺制成的化妆品。

08.0674 口红 lipstick
以蜡、油脂、着色剂、食用香精等为原料，经加热、辊轧、成型等工艺制得的蜡状固体唇用化妆品。

08.0675 指甲油 nail enamel, nail polish
又称“甲漆（nail lacquer）”“甲彩（nail color）”。用于美化和修饰指甲，以溶剂、成膜剂、着色剂、悬浮剂、活性添加剂等为原料，经混合制成的稠状液体化妆品。

08.0676 香水 fragrance
以日用香精和乙醇为主要原料，经混合、冷冻、过滤等工艺制成的具有特定留香时间的芳香制品。

08.0677 染发剂 hair dye
又称“染发膏（cream rinse）”。以染发着色剂、护理剂、螯合剂、pH调节剂等为原料，经混合后制得的具有改变头发颜色作用的化妆品。

08.0678 沐浴剂 bath agent and shower agent, bath lotion

以表面活性剂和调理剂为主要原料调制而成，洗澡时用于洗涤人体皮肤的个人护理用品。

08.0679 护肤啫哩 skin care gel

以护理人体皮肤为主要目的的凝胶状产品。

08.0680 香粉 face powder

由粉状基质、护肤成分和香精等原料配制而成，用于人的面部，具有护肤、遮蔽面部瑕疵、芳肌等作用的化妆品。

08.0681 日用香料 fragrance

能够用于调配日用香精的香料。

08.0682 爽身粉 talcum powder

由粉状基质、吸汗剂和香精等原料配制而成，用于人体肌肤的具有吸汗、爽肤、芳肌等作用的护肤卫生品。

08.0683 痱子粉 prickly-heat powder

由粉状基质、吸汗剂和杀菌剂等原料配制而成，用于人体肌肤的具有防痱、去痱等作用的护肤卫生品。

08.0684 发用啫哩 hair gel

以高分子聚合物为凝胶剂配制而成，对头发起到定型和护理作用的黏稠状液体或凝胶状产品。

08.0685 发用啫哩水 hair gel lotion

以高分子聚合物为凝胶剂配制而成，对头发起到定型和护理作用的水状液体产品。

08.0686 育发化妆品 hair growth cosmetics

又称"生发化妆品（pilatory cosmetics）"。具有减少脱发和断发、促进头发生长功能的乙醇液体化妆品。

08.0687 酸值 acid value

中和 1g 脂肪、脂肪油或其他类似物质中的游离脂肪酸所需氢氧化钾的质量(毫克数)。

08.0688 碘值 iodine value

每100g 油脂所能吸收的碘的克数。

08.0689 皂化值 saponification value

皂化 1g 试料（指其中的油脂及脂肪酸）所需要氢氧化钾的毫克数。

08.0690 天然保湿因子 natural moisturing factor

皮肤的角质层中能够保持皮肤中的水分，具有吸湿性的水溶性物质。

08.0691 保湿剂 humectant

从周围（空气和皮肤本身）取得水分而达到一定平衡的一种吸湿性物质。其作用是使皮肤保湿。

08.0692 辛香料 spice

用于调味的香料植物及相关制品。其大多具有辛辣或温甜的味觉，如花椒、花椒油。

08.0693 一次污染 primary pollution

生产过程中造成的污染。

08.0694 二次污染 secondary pollution

消费者使用时带来的污染。

08.0695 乳化效率 emulsifying efficiency

稳定一个指定的乳化体，在稳定性允许下，用最少量的乳化剂时，其油相量与所用乳化剂量的比。

08.0696 自氧化现象 autoxidation phenomenon

化妆品中使用的油脂、蜡、烃类等油性原料及一些添加剂与空气中的氧气结合发生缓慢氧化作用生成（过）氧化物的现象。

08.0697 色素 pigment，colorant

又称“着色剂（stain）”。具有浓烈色泽的物质。当其和其他物质接触时能使其他物质着色。

08.0698 防晒系数 sun protection factor，SPF

使用防晒化妆品时测得的最小红斑量与不使用防晒化妆品时测得的最小红斑量的比值。

08.0699 长波紫外线防护指数 protection factor of UVA

简称“PFA值（PFA factor）”。引起被防晒品防护的皮肤产生黑化所需最小持续性黑化量与未被防护的皮肤产生黑化所需最小持续性黑化量之比。

08.0700 抗再沉积力 anti-redeposition power

物质使不溶性的颗粒保持分散状态，从而阻止该粒子再沉积到已清洗表面上的效能。

08.0701 人造污垢 artificial soil

为去污实验而制备的具有特定组成的污垢。

08.0702 [香]精油 essential oil

又称“挥发油（volatile oil）”“芳香油（aromatic oil）”。由香料植物原料经过水蒸气蒸馏、机械法加工或干馏得到的香料制品。

08.0703 毛细活性 capillary activity

表面活性剂在溶液中由界面吸附引起的表面张力和界面张力降低的性质。

08.0704 混浊温度 cloudy temperature

非离子表面活性剂水溶液中的表面活性剂由溶解转变为部分溶解而分离形成两个液相的最低温度。

08.0705 洗涤 washing

污垢从被作用物体上移去并使其处于溶液中或呈分散状态的过程。

08.0706 除萜精油 terpeneless essential oil

采用萃取法或减压蒸馏法将精油中的单萜烯或倍半萜烯类化合物除去所得到的制品。

08.0707 泡沫促进剂 foam booster

增加发泡力的物质。如十二烷基苯磺酸钠。

08.0708 泡沫调节剂 foam regulator

显著地减少泡沫持久性的物质。如硅油。

08.0709 稳泡剂 foam stabilizer

增加泡沫稳定性的物质。如烷醇酰胺。

08.0710 增溶性 hydrotropy

能使仅微溶于水的物质的溶解度增加的性质。具有该性质的物质称为助水溶物或助水溶剂，一般使用较高的浓度。

08.0711 多重乳液 multiple emulsion

又称“复合乳液（composite emulsion）”。将一种乳状液分散在另外的连续相中形成的多层乳状液。常见的类型有 w/o/w（水包油包水）型和 o/w/o（油包水包油）型。

08.0712 多次洗涤循环性能 multi-wash cycle performance

经反复洗涤循环后的洗涤效果。如抗再沉积能力、白度。

08.0713 精馏精油 rectified essential oil

采用蒸馏或精密分馏的方法，将精油中对人体有害、影响香气或色泽的成分除去后所得到的精油。

08.0714 油乳状液 oil emulsion

连续相是与水不混溶的液体的乳状液。

08.0715 胶溶 peptization

由絮凝物或聚集体形成稳定的分散体的过程。

08.0716 残留湿度 residual humidity

经离心脱水后，在洗涤物中残留水的含量。

08.0717 单次洗涤循环性能 single wash cycle performance

经过一次洗涤过程的洗涤效果。如去污。

08.0718 增溶力 solubilizing power

溶解的表面活性剂通过形成胶束，使某些在纯溶剂中溶解度低的物体具有明显的溶解度的效能。

08.0719 铺展能力 spreading ability

液体（特别是表面活性剂溶液）能自发地覆盖于另一种液体或固体表面上的能力。

08.0720 污渍 stains

又称“污垢（dirt）”“污点（taint）”。包括两类，一类在正常洗涤中难以去除，另一类通过适当洗涤处理可以大部分去除。

08.0721 浓缩精油 folded essential oil，concentrated essential oil

为适应调香时对精油的质量要求，采用物理分离的方法，将精油中香气或香味小的成分除去一部分所得到的精油。

08.0722 悬浮力 suspending power

就表面活性剂溶液而言，某些物质使不溶性粒子保持在悬浮体中的效能。

08.0723 洗涤力 washing power

表面活性剂或洗涤剂促进洗净的效能。

08.0724 洗涤程序 washing program

一组指令，包含漂洗和脱水步骤的先后顺序，以及相关过程中温度、洗涤液体积、电机输出功率及运行时间等设定参数。

08.0725 洗液比 wash liquor ratio

洗涤物的质量（以千克计）与洗涤液的体积（以升计）的比值。

08.0726 润湿张力 wetting tension

三相周界处非湿相在固体表面产生的表面张力与湿相在固体表面产生的表面张力之差。其单位是 N/m，在数值上等于在可逆、等温和等压条件下，在润湿液的自由表面不变时，润湿物体的单位面积所做的功。

08.0727 配制精油 compounded essential oil

又称“人造精油（synthetic essential oil）”。为了降低香精成本或弥补天然精油的不足，采用天然香料和（或）合成香料，调配出的具有与天然香气或香味近似气味的精油。

08.0728 同时蒸馏萃取 simultaneous distillation-extraction

采用特殊装置，通过同时加热样品液相与有机溶剂至沸腾来实现提取挥发性成分的方法。

08.0729 重组精油 reconstituted essential oil

采用一定的方法去除有害成分，补入一些其他成分，使其香气和其他质量要求与天然品相近似的精油。

08.0730 浸膏 concrete

用挥发性溶剂浸提天然香料原料，然后蒸馏回收溶剂的蒸馏残留物。

08.0731 油树脂 oleoresin

以允许用于制备食用香料的有机溶剂萃取辛香料，所得到的既有香气又有味道的香料制品。

08.0732 香树脂 balm

用有机溶剂（多用烃类）浸提香料植物渗出的树脂类或香膏类物质，除去有机溶剂后得到的香料制品。

08.0733 天然树脂 natural resin

来自多种植物，特别是松柏类植物的烃类分泌物。通常是多种高分子化合物的混合物，如松香。

08.0734 香膏 balsam

香料植物由于生理或病理的原因，渗出的带有香成分的膏状物。

08.0735 花香脂 flower balsam

被花朵的芳香成分所饱和的油脂。

08.0736 净油 absolute oil

用乙醇萃取浸膏、香脂或香树脂所得到的提取液，经过冷冻处理，滤去不溶物，再蒸去乙醇，得到的香料制品。

08.0737 酊剂 tincture

以乙醇为溶剂，浸提香料植物器官或其渗出物以及泌香动物的含香器官或其含香分泌物，所得到的乙醇浸出液。

08.0738 定香剂 fixer，fixative

能够使香精中某些易挥发成分的挥发速率减慢，从而使香精的香气挥发期限有所延长的物质。

08.0739 香基 flavoring base

全称“香精基”。由多种香料调和而成的、有一定香型的混合物。香基不直接使用，而是作为香精中的一种原料来使用。

08.0740 玫瑰水 rose water

采用水蒸气蒸馏法从玫瑰中提取玫瑰油时，从馏出液中分离出玫瑰油后得到的水相。

08.0741 香精 fragrance compound，flavoring

由人工调配出来的或由发酵、酶解、热反应等方法制造的，具有一定香型的含有多种香成分的混合物。

08.0742 食用香精 food flavoring

用于食品加工中增加香味的香精。

08.0743 日用香精 fragrance compound

由日用香料和辅料组成的香精。

08.0744 乳化香精 emulsified fragrance compound，emulsified flavoring

以乳浊液形式出现的各类香精。

08.0745 咸味香精 savory flavoring

用于咸味食品加香，由食用香料与食用载体和（或）其他食品添加剂构成的香精。

08.0746 评香 evaluation of odor

利用人的嗅觉器官对香料、香精或加香产品的香气质量进行的感官评价。

08.0747 评味 evaluation of taste

利用人的味觉器官对食用香料、食用香精或加香产品的口味质量进行的感官评价。

08.0748 气息 odor

通过嗅觉器官所感觉到或辨别出的一种感觉。气息可是令人舒适愉快的，也可是令人厌恶难受的。

08.0749 香气 scent

由一种或几种香韵所组成的，通过嗅觉器官感觉到的令人舒适愉快的气息的总称。

08.0750 香味 flavor

通过嗅觉器官和味觉器官感觉到的令人愉快舒适的气息和味道的总称。

08.0751 香韵 odor nuance

用来描述某种香料、香精或加香产品中带有某种香气韵调而不是整体香气的特征。

08.0752 香型 odor type

用来描述某种香料、香精或加香制品的整体香气类型或格调。

08.0753 香势 odor concentration

全称“香气强度”。香气本身的强弱程度。香势可以通过香气阈值来判断；阈值越小，香势越强。

08.0754 香气阈值 odor threshold

某种香料在一定介质中能被人体嗅觉器官感知的最低浓度。

08.0755 头香 tope note

又称“顶香（peak odor）”。对香精或加香产品嗅辨中，最初片刻时对香气的印象，即人们首先能嗅觉到的香气特征。

08.0756 体香 body note

又称“中段香韵（middle note）”。香精的主体香气，是在头香之后立即被嗅感到的香气，而且能在相当长的时间内保持稳定或一致。

08.0757 基香 basic note

又称“底香”“尾香（bottom note）”。香精的头香和体香挥发过后，留下的最后的香气。一般由挥发性较低的香料或定香剂所产生。

08.0758 调和 blend，blending

又称“和合（concord）”。将几种香料混合在一起，使之发出一种协调一致的香气。

08.0759 修饰 modify

用某种香料的香气去改善另一种香料的香气，使之在香精中发挥特定效果，从而使香气变得别具风格。

08.0760 修饰剂 modifier

又称“变调剂（aromatics modifier）”。在香精中起修饰作用的香料。

08.0761 香气类别 fragrance classes

用来描述某种日用香精香气的类型。

08.0762 谐香 accord

由为数不多的几种香料在一定配比下，所形成的一个既和谐而又有一定香气特征的香气组合。

08.0763 嗅盲 smell blindness

人的嗅感功能完全丧失而不能嗅辩任何气息的一种嗅觉缺损现象。

08.0764 嗅觉过敏 hyperosmia

由于先天或后天的生理因素，对某种气息的嗅感不正常，或是特别敏感，或是特别迟钝的现象。

08.0765 嗅觉暂时缺损 hyposmia

简称“嗅觉暂损”。由于疾病或精神上受到刺激，对某种气息或香气的感觉能力下降或出现暂时性失灵的现象。

08.0766 味觉暂时缺损 hypogeusia

简称“味觉暂损”。由于疾病、服用某种药物或精神上受到刺激，对某种滋味的感觉能力下降或出现暂时性失灵的现象。

08.0767 嗅觉疲劳 olfactory fatigue

又称“嗅觉适应性（olfactory adaptation）”。由于连续或长时间嗅闻某种气息，导致嗅感对该气息的疲劳，因而暂时失去对该气息的嗅觉或降低了嗅觉灵敏度的现象。

08.0768 古龙香型 Cologne type

主要由柑橘类果香、橙花香、药草香和清花香香韵组成的一种经典的日用香型。

08.0769 馥奇香型 fougere type

法国调香师创拟的一种香型，香气浓重，属

于非花香的日用香型。

08.0770 可乐型 cola type
常用于软饮料中的食用香型之一，常由柑橘类精油，辅以辛香香韵，再辅以其他香味所组成。

08.0771 水中蒸馏 water distillation
将要蒸馏的原料放入水中，使其与沸水直接接触的一种水蒸气蒸馏提取精油的方法。

08.0772 水上蒸馏 water and steam distillation
将要蒸馏的原料放在距离水上一定距离的多孔隔栅上，使其不与沸水接触的一种水蒸气蒸馏提取精油的方法。

08.0773 直接蒸汽蒸溜 direct steam distillation
与水上蒸馏接近，但蒸馏釜中不加水，而是直接通入高于常压的湿蒸汽，蒸汽经原料上升的一种提取精油的方法。

08.0774 冷压法 cold press process
在近室温或低温条件下通过物理萃取（即压榨橙皮）提取柑橘类原料中精油的一种方法。一般分为人工海绵法、手工钉刺法和机械冷压法。

08.0775 溶剂浸提 solvent extraction
采用有机溶剂提取天然香料的一种方法。提取物可制成浸膏、酊剂、净油、油树脂等天然香料制品。

08.0776 化妆品 cosmetics
以涂擦、喷洒或者其他类似的方法散布于人体表面，具有清洁、消除异味、护肤、美容和修饰作用的日化产品。

08.0777 清洁化妆品 cleansing cosmetics
能除去皮肤、毛发上的污垢，洗净而不伤害皮肤、毛发的化妆品。

08.0778 护肤化妆品 skin care cosmetics
能够在皮肤表面形成薄膜，防止皮肤脱水、粗糙、干裂，达到保护皮肤的作用的化妆品。

08.0779 护发化妆品 hair care cosmetics
用于滋润头发，使头发亮泽、易于梳理的化妆品。

08.0780 美容化妆品 makeup cosmetics
又称“彩妆化妆品（color cosmetics）”。用于眼、唇、颊及指甲等部位，以改变容颜为目的而使用的化妆品。

08.0781 芳香化妆品 fragrant cosmetics
以涂擦、喷洒或者其他类似的方法散布于人体表面，达到美化、修饰人体气味、增加人体魅力或吸引力的化妆品。

08.0782 特殊用途化妆品 special use cosmetics
用于育发、染发、烫发、脱毛、美乳、健美、除臭、祛斑、防晒的化妆品。

08.0783 膏霜 cream
以水、油、乳化剂为主体原料，辅以其他添加剂，经乳化工艺制得的不易流动的，外观呈膏或霜的乳化体。

08.0784 乳液 emulsion
又称“奶液（milk）”。以水、油、乳化剂为主体原料，辅以其他添加剂，经乳化工艺制得的具有一定的流动性，外观呈乳状的乳化体。

08.0785 啫哩 jelly
又称“凝胶（gel）”“凝露（condensation）”。以水溶性高分子为主体原料，辅以其他添加剂，经混合后制得的外观呈透明或半透明凝胶状或半流性黏稠状的产品。

08.0786 香波 shampoo
又称“洗发水”“洗发露”。以表面活性剂为主体原料，辅以其他添加剂，经混合或乳化工艺制得的洁发化妆品。

08.0787 洗甲液 enamel remover
又称“洗甲水（nail polish remover）”“净甲液（nail cleaning solution）”。以能溶解硝化纤维素和树脂的溶剂为原料，辅以少量油相原料，混合后制得的能去除指甲油膜的化妆品。

08.0788 花露水 floral water，florida water
对人体皮肤具有芳香、清凉、去痱止痒等作用，由乙醇、水、香精及其他添加剂配成的液体。

08.0789 洁肤棉 skin clean tissue
用洁肤乳液或洁肤水浸渍无纺布，经干燥后制成的外观呈干性的无纺布清洁产品。使用时需用水润湿。

08.0790 泡沫浴 foam bath
又称“泡泡浴（bubble bath）”。以表面活性剂为主要原料，添加其他辅助成分配制而成的溶于水后能产生大量泡沫的浴用品。

08.0791 面膜 mask
涂于或敷于人体皮肤表面，经过一段时间后揭离、擦洗或保留，起到集中护理或清洁作用的产品。

08.0792 粉状面膜 powder mask
以粉体原料为基质，添加其他辅助成分配制而成的面膜。

08.0793 啫喱面膜 gel mask，jelly mask
具有凝胶特征的面膜。

08.0794 膏霜面膜 cream mask
具有膏霜或乳液外观特性的面膜。

08.0795 面贴膜 face-shape mask
具有固定形状，可直接敷于面部的面膜。

08.0796 冷霜 cold cream
又称“香脂”。以蜂蜡、白油、凡士林、非离子表面活性剂、水、保湿剂、增湿剂等为原料，乳化体系为蜂蜡-硼砂，经混合乳化工艺制成的油包水型产品。涂抹在皮肤上可防止皮肤干燥、皲裂，使皮肤滋润。

08.0797 雪花膏 vanishing cream
以硬脂酸为主要原料，与碱中和后，再配以甘油等保湿剂，经混合乳化工艺制成的水包油型化妆品。

08.0798 护肤甘油 skin care glycerin
以甘油为主要原料，添加其他保湿剂、水、防腐剂、香精等成分，经混合工艺制成的流动性液体化妆品。

08.0799 蛤蜊油 clam oil
以油脂、蜡、凡士林为主要原料，经加热、熔化、搅拌、冷却、碾压等工艺制成的油性膏体装入蛤蜊壳内的产品。

08.0800 精华素 essence，serum
在化妆品基质中添加了高营养、高浓度的活性成分，经混合或混合乳化工艺制成的产品。对皮肤具有深层护理作用。

08.0801 按摩精油 massage essential oil
由天然香料和适量的溶剂与抗氧剂混合制成的对人体皮肤起护理作用的产品。该产品不能直接用于皮肤上。

08.0802 按摩基础油 massage base oil
由精制植物油、矿物油、抗氧剂等原料混合制成，用于稀释按摩精油的油状产品。

08.0803 按摩霜 massage cream
具有滋润、营养、去角质等作用，含油量在 50%以上的乳化体。用作皮肤按摩时的润滑剂。

08.0804 化妆棉 cotton pad

用化妆水或乳液等护肤品浸渍无纺布，借助于无纺布使护肤品更均匀地擦拭于皮肤表面，达到护肤目的的产品。

08.0805 护发素 hair conditioner

可使头发有光泽、易梳理、抗静电、光滑、柔软，由抗静电剂、柔软剂和各种护发剂配制而成的发用化妆品。

08.0806 焗油膏 hair dressing gel

又称“发膜（hair film）”。以护发成分为主要原料，经乳化后制得的能深度滋养和修护头发，改善发质，使头发有光泽并易于梳理的化妆品。

08.0807 发蜡 hair wax，hair pomade

具有护发和定发型作用，外观为透明或半透明的软膏状半固体型化妆品。

08.0808 摩丝 mousse

由成膜剂、发泡剂及其他添加剂构成，具有润发和定型作用的一种气雾剂产品。一般多在头发定型前使用。

08.0809 喷发胶 hair spray

又称“液体发蜡（liquid wax）”。定型物质呈雾状，均匀覆盖在做好的头发上，形成薄膜，起保持和固定发型作用的气雾剂型化妆品。

08.0810 单宁 tannin

可用作化妆品原料的一种多元酚类化合物。具有收敛、防晒、美白、抗皱、保湿、防腐、抗氧化等作用。

08.08 饲料添加剂

08.0811 一般饲料添加剂 common feed additive

为保证或改善饲料品质、提高饲料利用率而加入饲料中的少量或微量物质。

08.0812 药物饲料添加剂 medicinal feed additive

为预防动物疾病或影响动物某种生理、生化功能，添加到饲料中的一种或几种药物与载体和（或）稀释剂按规定比例配制而成的均匀预混物。

08.0813 混合型饲料添加剂 mixed feed additive

由一种或一种以上饲料添加剂与载体和（或）稀释剂按比例混合，但不属于饲料添加剂预混合饲料的饲料添加剂产品。

08.0814 载体预处理 pretreatment of carrier

按照载体的质量要求对载体原料进行粉碎、干燥等加工的技术工艺过程。

08.0815 饲料添加剂预混合饲料 feed additive premix

由两种（类）或者两种（类）以上饲料添加剂与载体和（或）稀释剂按一定比例配制的均匀混合物。是复合预混合饲料、微量元素预混合饲料、维生素预混合饲料的统称。

08.0816 复合预混合饲料 compound premix

由微量元素、维生素、氨基酸中任何两类或两类以上的组分与其他饲料添加剂及载体和（或）稀释剂按一定比例配制的均匀混合物。

08.0817 微量元素预混合饲料 trace mineral premix

由两种或两种以上矿物质微量元素与载体和（或）稀释剂按一定比例配制的均匀混合物。

08.0818 维生素预混合饲料 vitamin premix

由两种或两种以上维生素与载体和（或）稀

释剂按一定比例配制的均匀混合物。

08.0819 精料补充料 concentrate supplement

为补充以饲喂粗饲料、青饲料、青贮饲料等为主的草食动物的营养，而用多种精饲料和饲料添加剂按一定比例配制的均匀混合物。

08.0820 可消化氨基酸 digestible amino acid

饲料中可为动物消化、吸收的氨基酸。

08.0821 可利用氨基酸 available amino acid

饲料中可为动物利用的氨基酸。

08.0822 合生元 synbiotics

益生菌和益生元的混合物。其通过促进日粮中活的微生物补充剂在宿主胃肠道中的生存和定植来产生对宿主健康有益的影响。

08.0823 青贮添加剂 silage additive

为防止青贮饲料腐败、霉变并促进乳酸菌系繁殖，提高饲料营养价值而加入饲料的添加剂。

08.0824 蛋氨酸羟基类似物 methionine hydroxy analogue

又称"2-羟基-4-甲硫基丁酸[2-hydroxy-4-(methylthio)butyric acid]"。化学式为 $CH_2(SCH_3)CH_2CH(OH)COOH$，深褐色黏液，有硫化物特殊气味。由丙烯醛与甲硫醇反应而成。用于补充蛋氨酸。

08.0825 蛋氨酸羟基类似物钙盐 methionine hydroxy analogue calcium

又称"2-羟基-4-甲硫基丁酸钙（calcium 2-hydroxy-4-methylthio-butyrate）"。化学式为 $C_{10}H_{18}O_6S_2Ca$，浅褐色粉末或颗粒。由蛋氨酸羟基类似物与氧化钙或氢氧化钙反应而成。用于补充蛋氨酸。

08.0826 保护性蛋氨酸 protected methionine

又称"*N*-羟甲基蛋氨酸钙（*N*-hydroxymethyl methinoine calcium）"。化学式为$(C_6H_{12}NO_3S)_2Ca$，白色粉末。由蛋氨酸、甲醛和氢氧化钙反应而成。用于反刍动物补充蛋氨酸。

08.0827 L-赖氨酸盐酸盐 L-lysine monohydrochloride

又称"L-2,6-二氨基己酸盐酸盐（L-2,6-diaminohexaproate hydrochloride）"。化学式为 $C_6H_{14}N_2O_2 \cdot HCl$，白色或浅褐色粉末。由淀粉、糖质发酵后提取精制而得。用于补充赖氨酸。

08.0828 L-赖氨酸硫酸盐及其发酵副产物 L-lysine sulfate and its fermentation by-product

化学式为$[NH_2(CH_2)_4CH(NH_2)COOH]_2 \cdot H_2SO_4$，褐色或淡褐色颗粒。由淀粉发酵后的 L-赖氨酸与底物的混合物经硫酸处理而得。用于补充赖氨酸。

08.0829 L-苏氨酸 L-threonine

又称"L-2-氨基-3-羟基丁酸（L-2-amino-3-hydroxybutyric acid）"。化学式为 $CH_3CH(OH)CH(NH_2)COOH$，白色结晶。常用淀粉水解糖发酵提取制得。用于补充苏氨酸。

08.0830 L-色氨酸 L-tryptophan

又称"L-α-氨基-β-吲哚基丙酸（L-α-amino-β-indolyl propionic acid）"。化学式为 $(C_8H_5NH)CH_2CH(NH_2)COOH$，白色或微黄色结晶性粉末。以葡萄糖、甘蔗糖蜜发酵制得。用于补充色氨酸。

08.0831 L-精氨酸 L-arginine

又称"L-2-氨基-5-胍基戊酸（L-2-amino-5-guanidine-valeric acid）"。化学式为 $C_6H_{14}N_4O_2$，白色斜方晶系或白色结晶性粉末。由蛋白质水解而得。用于补充精氨酸。

08.0832 L-精氨酸盐酸盐 L-arginine monohydrochloride

又称"L-2-氨基-5-胍基戊酸盐酸盐（L-2-amino-5-guanidine-valerate hydrochloride）”。化学式为 $C_6H_{14}N_4O_2 \cdot HCl$，白色或类白色无臭结晶性粉末。由蛋白质水解、酸化而得。用于补充精氨酸。

08.0833 L-酪氨酸 L-tyrosine

又称“L-*β*-对羟苯基-*β*-丙氨酸（L-*β*-*p*-hydroxyphenyl-*β*-alanine）”。化学式为 $C_9H_{11}NO_3$，丝光细针状结晶或结晶性粉末。以葡萄糖为原料发酵而得。用于补充酪氨酸。

08.0834 天冬氨酸 aspartic acid

全称“天门冬氨酸”。化学式为 $HOOCCH_2CH(NH_2)COOH$，白色结晶或结晶性粉末。利用酶使富马酸与氨加成发酵而得。用于补充天冬氨酸。

08.0835 L-亮氨酸 L-leucine

又称“L-2-氨基-4-甲基戊酸（L-2-amino-4-methylvaleric acid）”。化学式为 $CH_3CH(CH_3)CH_2CH(NH_2)COOH$，白色有光泽六面体晶体或白色结晶性粉末。常用葡萄糖发酵而得。用于补充亮氨酸。

08.0836 L-半胱氨酸 L-cysteine

又称“L-2-氨基-3-巯基丙酸（L-2-amino-3-mercaptopropionic acid）”。化学式为 $HSCH_2CH(NH_2)COOH$，白色结晶性粉末，有异臭。由毛发提取再经电解还原制得。用于补充半胱氨酸。

08.0837 L-组氨酸 L-histidine

又称“L-*α*-氨基-*β*-4-咪唑基丙酸（L-*α*-amino-*β*-4-imidazolyl propionic acid）”。化学式为 $C_6H_9N_3O_2$，白色晶体或结晶性粉末，无臭。以糖类发酵或蛋白质水解法制得。用于补充组氨酸。

08.0838 半胱胺盐酸盐 cysteamine hydrochloride

又称“2-氨基-3-巯基丙酸盐酸盐（2-amino-3-mercaptopropionic acid hydrochloride）”。化学式为 $HSCH_2CH(NH_2)COOH \cdot HCl$，无色至白色结晶或结晶性粉末。由毛发水解化学合成制得。用于补充半胱氨酸。

08.0839 *α*-环丙氨酸 1-aminocyclopropane-1-carboxylic acid

化学式为 $C_4H_7NO_2$，由蛋氨酸经甲硫基氧化后经羧基、氨基保护，再经分子内环化、酸解制得。用于提高生产性能。

08.0840 维生素 A 乙酸酯 vitamin A acetate

化学式为 $C_{22}H_{32}O_2$，灰黄色至浅褐色颗粒。由 *β*-紫罗兰酮经化学反应而成。用于补充维生素 A。

08.0841 维生素 A 棕榈酸酯 vitamin A palmitate

又称“视黄醇棕榈酸酯（retinol palmitate）”。化学式为 $C_{36}H_{60}O_2$，浅黄色结晶。由 *β*-紫罗兰酮经化学反应而成。用于补充维生素 A。

08.0842 维生素 B_1 vitamin B_1

又称“盐酸硫胺素（thiamine hydrochloride）”。化学式为 $C_{12}H_{17}ClN_4OS \cdot HCl$，白色结晶或结晶性粉末。以丙烯腈合成或由米糠或酵母水解而得。用于补充维生素 B_1。

08.0843 维生素 B_6 vitamin B_6

又称“盐酸吡哆醇（pyridoxine hydrochloride）”。化学式为 $C_8H_{11}NO_3 \cdot HCl$，白色至微黄色结晶性粉末，由丙氨酸合成。用于补充维生素 B_6。

08.0844 维生素 B_{12} vitamin B_{12}

又称“氰钴胺素（cyanocobalamin）”。化学式为 $C_{63}H_{88}C_oN_{14}O_{14}P$，浅红色至棕色细粉末，通过发酵法制得。用于补充维生素 B_{12}，起调节钙、磷代谢的作用。

08.0845 维生素 C vitamin C

又称“L-抗坏血酸（L-ascorbic acid）”。化

学式为 $C_6H_8O_6$，白色或类白色结晶性粉末。通过山梨醇发酵制得或化学合成法制备。用于补充维生素 C。

08.0846 L-抗坏血酸钙 calcium L-ascorbate

化学式为 $C_{12}H_{14}CaO_{12}$，白色至浅黄色结晶性粉末。由抗坏血酸与碱性钙盐反应而成。用于补充维生素 C。

08.0847 L-抗坏血酸钠 sodium L-ascorbate

化学式为 $C_6H_7NaO_6$，白色或类白色结晶性粉末。由抗坏血酸与碳酸氢钠反应而得或发酵制备。用于补充维生素 C。

08.0848 L-抗坏血酸-2-磷酸酯 L-ascorbyl-2-polyphosphate

又称“维生素 C 磷酸酯（vitamin C phosphate）”。棕红色液体或粉末。由抗坏血酸与多聚磷酸盐等反应制备。用于补充维生素 C。

08.0849 25-羟基胆钙化醇 25-hydroxyl cholecalciferol

又称“25-羟基维生素 D_3（25-hydroxy vitamin D_3）”。化学式为 $C_{30}H_{50}O_5$，维生素 D_3 的活性代谢物，更易吸收，化学合成法制备。起调节钙、磷代谢的作用。

08.0850 天然维生素 E natural vitamin E

又称“生育酚（tocopherol）”。脂溶性维生素。有 α、β 等七种异构体。由植物油真空脱臭的馏出物而得。含量≥50%。用于补充维生素 E。

08.0851 DL-α-生育酚 DL-α-tocopherol

化学式为 $C_{29}H_{50}O_2$，黄色至琥珀色澄清黏性油液。由三甲基氢醌与异植醇缩合蒸馏而得。含量≥96%。用于补充维生素 E。

08.0852 DL-α-生育酚乙酸酯 DL-α-tocopherol acetate

化学式为 $C_{31}H_{52}O_3$，微绿色或黄色的黏稠液体。由生育酚经乙酰化和真空蒸汽蒸馏而得。含量≥50%。用于补充维生素 E。

08.0853 维生素 K_3 vitamin K_3

又称“亚硫酸氢钠甲萘醌（menadione sodium bisulfite）”。化学式为 $C_{11}H_8O_2 \cdot NaHSO_3 \cdot 3H_2O$，白色或灰黄褐色结晶性粉末。稳定性较差，含量≥51%（以甲萘醌计），化学合成法制备。用于补充维生素 K。

08.0854 二甲基嘧啶醇亚硫酸甲萘醌 menadione dimethyl-pyrimidinol bisulfite，MDPB

化学式为 $C_{17}H_{18}N_2O_6S$，白色结晶性粉末，稳定性好，但有一定的毒性，含量≥44%（以甲萘醌计），化学合成法制备。用于补充维生素 K。

08.0855 亚硫酸氢烟酰胺甲萘醌 menadione nicotinamide bisulfite，MNB

化学式为 $C_{17}H_{16}N_2O_6S$，白色至浅黄色结晶性粉末，含量≥43.7%（以甲萘醌计），化学合成法制备。用于补充维生素 K。

08.0856 D-泛酸钙 D-calcium pantothenate

化学式为 $C_{18}H_{32}CaN_2O_{10}$，泛酸的右旋异构体钙盐，白色粉末。由异丁醛、甲醛、无水碳酸钙合成而得。含量≥98%。用于补充泛酸。

08.0857 DL-泛酸钙 DL-calcium pantothenate

化学式为 $C_{18}H_{32}CaN_2O_{10}$，泛酸的混旋体钙盐，白色粉末。由异丁醛、甲醛、无水碳酸钙反应而成。含量≥99%。用于补充泛酸。

08.0858 D-生物素 D-biotin

化学式为 $C_{10}H_{16}N_2O_3S$，白色结晶性粉末。微生物发酵或以半胱氨酸为原料化学合成而得。含量≥97.5%。用于补充生物素。

08.0859 氯化胆碱 choline chloride

化学式为 $C_5H_{14}NOCl$，白色吸湿性结晶。

环氧乙烷法和氯乙醇法化学合成而得。含量≥50%。用作饲料中的胆碱补充剂。

08.0860 L-肉碱 L-carnitine

化学式为 $C_7H_{15}NO_3$，白色晶体状或白色透明细粉。由化学合成法制备或发酵制得。含量≥97%。用于促进脂肪的消化。

08.0861 L-肉碱盐酸盐 L-carnitine hydrochloride

化学式为 $C_7H_{15}NO_3 \cdot HCl$，白色结晶性粉末。由 2-羟基-3-氯丙基三甲胺与氰化钠反应并经浓盐酸水解而成或发酵制得。含量≥97%。用于促进脂肪的消化。

08.0862 甜菜碱盐酸盐 betaine hydrochloride

化学式为$(CH_3)_3N^+CH_2COO^- \cdot HCl$，白色结晶性粉末。由氯乙酸与三甲胺反应而成。含量≥98%。用作甲基供体。

08.0863 碳酸亚铁 ferrous carbonate

化学式为 $FeCO_3$，白色三角形结晶。由碱金属碳酸盐与亚铁盐反应而成。含量≥97%。用于补铁。

08.0864 富马酸亚铁 ferrous fumarate

化学式为 $FeH_2O_4C_4$，红橙色或红棕色粉末。由富马酸与硫酸亚铁反应而成。含量≥93%。用于补铁。

08.0865 柠檬酸亚铁 ferrous citrate

化学式为 $Fe_3(C_6H_5O_7)_2$，微灰绿色粉末或白色结晶。由柠檬酸与硫酸亚铁反应而成。含量≥16.5%（以 Fe 计）。用于补铁。

08.0866 乳酸亚铁 ferrous lactate

化学式为 $C_6H_{10}FeO_6$，带绿的白色或微黄色结晶性粉末或结晶。由乳酸钙与硫酸亚铁反应或发酵制得。含量≥97%。用于补铁。

08.0867 甘氨酸铁络合物 ferrous glycine complex

淡黄色至棕黄色结晶性粉末，由甘氨酸与可溶性铁盐反应而成。含量≥17%（以 Fe 计）。用于补铁。

08.0868 蛋氨酸铁络合物 ferric methionine complex

棕红色粉末，由蛋氨酸与可溶性铁盐反应而成。含量≥10%（以 Fe 计）。用于补铁和蛋氨酸。

08.0869 酵母铁 iron-enriched yeast

黄褐色粉末，由酿酒酵母在含无机铁的培养基中发酵而得。含量≥2.5%（以 Fe 计）。用于补铁。

08.0870 氨基酸铁络合物 iron amino acid complex

黑色粉末，由来源于水解植物蛋白的氨基酸与可溶性铁盐反应而成。含量≥10%（以 Fe 计）。用于补铁。

08.0871 碱式氯化铜 basic copper chloride

化学式为 $Cu_2(OH)_3Cl$。绿色结晶或结晶性粉末，由 $CuCl_2$ 和 NaOH 反应生成。含量≥98%。用于补铜。

08.0872 蛋氨酸铜络合物 copper methionine complex

浅蓝色粉末，由蛋氨酸与可溶性铜盐反应而成。含量≥96%（以 Cu 计）。用于补铜和蛋氨酸。

08.0873 赖氨酸铜络合物 copper lysine complex

蓝色或浅蓝色粉末，由赖氨酸与可溶性铜盐反应而成。含量≥10%（以 Cu 计）。用于补铜和赖氨酸。

08.0874 甘氨酸铜络合物 copper glycine complex

浅蓝色粉末，由甘氨酸与可溶性铜盐反应而成。含量≥10.0%（以 Cu 计）。用于补铜。

08.0875 酵母铜 copper-enriched yeast

淡蓝色粉末，由酿酒酵母在含无机铜的培养基中发酵而成。含量≥2.0%（以 Cu 计）。用于补铜。

08.0876 氨基酸铜络合物 copper amino acid complex

黑色粉末，由来源于水解植物蛋白的氨基酸与可溶性铜盐反应而成。含量≥10%（以 Cu 计）。用于补铜。

08.0877 蛋氨酸羟基类似物螯合铜 copper methionine hydroxy analogue complex

又称“羟基蛋氨酸类似物螯合铜（copper methionine hydroxyl analogue chelate）”。浅蓝色粉末，由羟基蛋氨酸类似物与可溶性铜盐反应而成。含量≥10%（以 Cu 计）。用于补铜和蛋氨酸。

08.0878 蛋氨酸锌络合物 zinc methionine complex

白色或类白色粉末，由蛋氨酸与可溶性锌盐反应而成。含量≥95%。用于补锌和蛋氨酸。

08.0879 赖氨酸锌络合物 zinc lysine complex

白色针状结晶，由赖氨酸与可溶性锌盐反应而成。含量≥10%（以 Zn 计）。用于补锌和赖氨酸。

08.0880 苏氨酸锌络合物 zinc threonine complex

无色半透明晶体或白色结晶性粉末，由苏氨酸与可溶性锌盐反应而成。含量≥95%。用于补锌和苏氨酸。

08.0881 甘氨酸锌 zinc glycinate

白色或类白色结晶性粉末，由甘氨酸与可溶性锌盐反应而成。含量≥95%。用于补锌。

08.0882 乳酸锌 zinc lactate

又称“2-羟基丙酸锌（2-hydroxy propionic acid zinc）”。化学式为 $Zn[CH_3CH(OH)COO]_2$，白色斜方结晶粉末，由淀粉发酵得乳酸再与锌盐反应而成。含量≥98%。用于补锌。

08.0883 丙酸锌 zinc propionate

化学式为 $Zn(CH_3CH_2COO)_2$，有光泽的白色片状结晶。由丙酸和碳酸锌或氢氧化锌反应而成。含量≥98%。用于补锌。

08.0884 碳酸锌 zinc carbonate

化学式为 $ZnCO_3$，白色细微无定形粉末。使含锌或氧化锌原料与硫酸作用，经氧化、除杂后与纯碱液作用制得。含量≥57.5%（以 Zn 计）。用于补锌。

08.0885 氨基酸锌络合物 zinc amino acid complex

白色或类白色粉末，由来源于水解植物蛋白的氨基酸与可溶性锌盐反应而成。含量≥10%（以 Zn 计）。用于补锌。

08.0886 蛋氨酸羟基类似物螯合锌 zinc methionine hydroxy analogue complex

又称“羟基蛋氨酸类似物螯合锌（zinc methionine hydroxyl analogue chelate）”。由羟基蛋氨酸类似物与可溶性锌反应而成。含量≥10%（以 Zn 计）。用于补锌和蛋氨酸。

08.0887 碱式氯化锌 basic zinc chloride

化学式为 $Zn_2(OH)_3Cl$。白色结晶或结晶性粉末，由氯化锌和氢氧化钠反应生成。含量≥98%。用于补锌。

08.0888 磷酸氢锰 manganese(Ⅱ) hypophosphite monohydrate

化学式为 $H_2MnO_5P_2$，白色或肉白色结晶，易水解、吸湿性较强。由碳酸锰和磷酸经化学反应而成。含量≥97%。用于补锰和磷。

08.0889 氨基酸锰络合物 manganese amino acid complex

灰白色粉末，由来源于水解植物蛋白的氨基酸与可溶性锰盐反应而成。含量≥10%（以 Mn 计）。用于补锰。

08.0890 蛋氨酸羟基类似物螯合锰 manganese methionine hydroxy analogue complex

又称“羟基蛋氨酸类似物螯合锰（manganese methionine hydroxyl analogue chelate）”。灰白色粉末，由羟基蛋氨酸类似物与可溶性锰盐反应而成。含量≥10%（以 Mn 计）。用于补锰和蛋氨酸。

08.0891 蛋氨酸锰络合物 manganese methionine complex

白色或类白色粉末，由蛋氨酸与可溶性锰盐反应而成。含量≥82%。用于补锰和蛋氨酸。

08.0892 酵母锰 manganese-enriched yeast

浅褐色粉末，由酿酒酵母在含无机锰的培养基中发酵而得。含量≥5%（以 Mn 计）。用于补锰。

08.0893 蛋氨酸钴螯合物 cobalt methionine chelate

浅红色粉末，由蛋氨酸与可溶性钴盐反应而成。含量≥10.0%（以 Co 计）。用于补钴和蛋氨酸。

08.0894 亚硒酸钠 sodium selenite

化学式为 Na_2SeO_3，白色结晶或结晶性粉末，有剧毒。由硒与硝酸、氢氧化钠作用而成。含量≥98%。用于补硒。

08.0895 酵母硒 selenium-enriched yeast

土黄色颗粒或粉末，由酿酒酵母在含无机硒的培养基中发酵而得。含量≥0.1%（以有机形态硒计）。用于补硒。

08.0896 烟酸铬 chromium nicotinate

又称“吡啶-3-甲酸铬（chromium pyridine-3-carboxylate）”化学式为 $C_{18}H_{12}CrN_3O_6$，烟灰色细小粉末。由烟酸与氢氧化钠、氯化铬反应而成。用于补铬。

08.0897 吡啶甲酸铬 chromium picolinate

全称“吡啶-2-甲酸铬（chromium pyridine-2-carboxylate）”。化学式为 $C_{18}H_{12}CrN_3O_6$，紫红色结晶性粉末。由吡啶甲酸与氢氧化钠、氯化铬反应而成。用于补铬。

08.0898 酵母铬 chromium-enriched yeast

淡黄色或浅灰色粉末或颗粒，由酿酒酵母在含无机铬的培养基中发酵而得。用于补铬。

08.0899 蛋氨酸铬螯合物 chromium methionine chelate

化学式为$(C_5H_{10}NO_2S)_3Cr$，紫红色结晶性粉末，由蛋氨酸与可溶性铬盐反应而成。用于补铬和蛋氨酸。

08.0900 丙酸铬 chromium propionate

化学式为 $Cr(CH_3CH_2COO)_3$，墨绿色粉末，由丙酸与三氯化铬反应而成。用于补铬。

08.0901 乳酸钙 calcium lactate

化学式为 $C_6H_{10}CaO_6 \cdot xH_2O$，白色或奶白色粉末或颗粒。由乳酸与碳酸钙或氧化钙反应或发酵而得。作为饲料添加剂，起补钙作用。

08.0902 葡萄糖酸钙 calcium gluconate

化学式为 $Ca(C_6H_{11}O_7)_2 \cdot H_2O$，白色结晶颗粒或粉末。由葡萄糖酸与碳酸钙反应而成。作为饲料添加剂，起补钙作用。

08.0903 *β*-甘露聚糖酶 *β*-mannanase

简称“甘露聚糖酶（mannase）”。能使 *β*-

甘露聚糖降解为甘露寡糖的半纤维素酶。淡黄色粉末或液体。由迟缓芽孢杆菌等制得。用于消化 β-甘露聚糖。

08.0904 地衣芽孢杆菌 *Bacillus licheniformis*

革兰氏阳性嗜热细菌，有独特的生物夺氧作用机制，能抑制致病菌的生长繁殖。用于抑菌促生长。

08.0905 枯草芽孢杆菌 *Bacillus subtilis*

革兰氏阳性菌，肠道内耗氧细菌，可利用蛋白质、多种糖及淀粉，分解色氨酸形成吲哚。用于抑菌促消化。

08.0906 乳酸肠球菌 *Enterococcus lactis*

肠球菌中的一种兼性厌氧的乳酸菌，分泌 L-乳酸，改善肠道微生态平衡。用于抑菌、提高饲料转化率。

08.0907 德氏乳杆菌乳酸亚种 *Lactobacillus delbrueckii* subsp. *lactis*

革兰氏阳性菌，兼性厌氧，因发酵糖产生大量乳酸而命名，呈嗜酸性，可利用纤维二糖等产过氧化氢。用于抑菌、促消化。

08.0908 植物乳杆菌 *Lactobacillus plantarum*

一种乳酸菌，革兰氏阳性菌，不生芽孢，兼性厌氧，活菌数较多，能大量产酸，使水中的 pH值保持稳定。用于抑菌、增强免疫力、促消化。

08.0909 乳酸片球菌 *Pediococcus acidilactici*

片球菌属、乳酸片球菌种，革兰氏阳性菌，兼性厌氧。可竞争性抑制病原微生物。用于增强免疫力、促消化。

08.0910 戊糖片球菌 *Pediococcus pentosaceus*

片球菌属，革兰氏阳性菌，兼性厌氧。发酵产酸不产气。用作初发酵菌。

08.0911 产朊假丝酵母 *Candida utilis*

又称“产朊圆酵母（*Torula utilis*）”。假丝酵母属产朊假丝酵母种，兼性厌氧，以多边出芽方式进行无性繁殖，形成假菌丝。用于提高蛋白质含量。

08.0912 沼泽红假单胞菌 *Rhodopseudomonas palustris*

地球上最古老的具有原始光能合成体系的原核生物。用于水质净化。

08.0913 婴儿双歧杆菌 *Bifidobacterium infantis*

在哺乳的婴儿体内含量最多的双歧杆菌。产酸、产维生素。用于抑菌、增强免疫力、促生长。

08.0914 长双歧杆菌 *Bifidobacterium longum*

革兰氏阳性厌氧菌，具有靶向性，无免疫原性。用于调节肠道菌群，改善健康，促消化。

08.0915 短双歧杆菌 *Bifidobacterium breve*

革兰氏阳性厌氧菌，无芽孢短杆菌。用于调节肠道菌群，改善亚健康状态，增强免疫力。

08.0916 青春双歧杆菌 *Bifidobacterium adolescentis*

革兰氏阳性菌，降低胆固醇和甘油三酯，减少自由基，抗氧化能力强。用于便秘和慢性腹泻。

08.0917 嗜热链球菌 *Streptococcus thermophilus*

耗氧的革兰氏阳性同型发酵菌，产 L-乳酸和叶酸，可于 45℃下生长，耐酸、耐胆盐。用于改善肠道环境、抑菌、促消化。

08.0918 罗伊氏乳杆菌 *Lactobacillus reuteri*

革兰氏阳性菌，可存在于所有脊椎动物和哺乳动物肠道内，专性异型发酵。能产乳酸、乙酸等。用于抑菌、促消化。

08.0919 动物双歧杆菌 *Bifidobacterium animalis*
革兰氏阳性、多形态有分叉的杆菌，不形成芽孢，无运动性，专性厌氧，抗氧化能力强。用于抑制腐败菌、促消化。

08.0920 迟缓芽孢杆菌 *Bacillus lentus*
革兰氏染色反应不定，好氧或兼性厌氧生长，粗长杆状。用于水解淀粉，活化矿物元素。

08.0921 短小芽孢杆菌 *Bacillus pumilus*
革兰氏阳性菌，细杆状菌体，能运动，能水解淀粉，降解甘露聚糖、木聚糖、纤维素等。用于促消化、增强免疫力。

08.0922 纤维二糖乳杆菌 *Lactobacillus cellobiosus*
革兰氏阳性无芽孢杆菌。其分解纤维二糖的主要终产物是乳酸。用于抑菌、促消化。

08.0923 发酵乳杆菌 *Lactobacillus fermentum*
革兰氏阳性兼性厌氧或专性厌氧杆菌。异源发酵菌种，能发酵多种糖，产生乳酸和较大量的乙酸等。用于抑菌、促消化。

08.0924 德氏乳杆菌保加利亚亚种 *Lactobacillus delbrueckii* subsp. *bulgaricus*
革兰氏阳性长杆菌，无鞭毛，无芽孢，菌落呈圆形，兼性厌氧，耐酸，喜温。用于调节肠道菌群、促消化、提高生产性能。

08.0925 产酸丙酸杆菌 *Propionibacterium acidipropionici*
革兰氏阳性菌，细胞呈杆状或丝状，不生芽孢，兼性厌氧。发酵产酸以丙酸为主。用于抑菌、青贮饲料发酵。

08.0926 布氏乳杆菌 *Lactobacillus buchneri*
革兰氏阳性短杆菌。无芽孢，无运动性，产DL-乳酸和乙酸，提高青贮饲料的有氧稳定性。用于抑菌、青贮饲料发酵。

08.0927 副干酪乳杆菌 *Lactobacillus paracasei*
革兰氏阳性菌，兼性厌氧，无运动性，为无芽孢的杆菌或长杆菌，过氧化氢酶阴性。用于抑菌、增强免疫力。

08.0928 凝结芽孢杆菌 *Bacillus coagulans*
革兰氏阳性菌，兼性厌氧芽孢杆菌，乳酸产率高，无耐药性，耐酸，稳定性高。用于抑菌、促消化。

08.0929 侧孢短芽孢杆菌 *Brevibacillus laterosporus*
不同生长期革兰氏阴性、阳性互转，形状也不同，兼性厌氧。不从碳水化合物产气，不水解淀粉。用于抑菌、提高生产性能。

08.0930 甲酸钙 calcium formate
化学式为 $Ca(HCOO)_2$，白色结晶或粉末。由甲酸和石灰乳反应制得或石灰乳和 CO 加压、加热制得。用作酸化剂、补钙剂。

08.0931 丙酸铵 ammonium propionate
化学式为 $CH_3CH_2COONH_4$，白色结晶。通过发酵或化学合成制得。用作防腐剂、防霉剂。

08.0932 丙酸钠 sodium propionate
化学式为 CH_3CH_2COONa，白色晶体、颗粒或结晶性粉末。由丙酸与氢氧化钠或碳酸钠反应而成。用作防腐剂。

08.0933 丁酸钠 sodium butyrate
化学式为 $CH_3CH_2CH_2COONa$，白色或类白色粉末。由丁酸与氢氧化钠或碳酸钠反应而成。用于调节肠道菌群、促生长。

08.0934 苯甲酸钠 sodium benzoate
化学式为 $C_7H_5NaO_2$，白色颗粒或结晶性粉末。由苯甲酸与碳酸氢钠或氢氧化钠中和而得。用作防腐剂。

08.0935 山梨酸钠 sodium sorbate

化学式为 $C_6H_7NaO_2$，白色至浅黄色鳞片状结晶。由山梨酸与碳酸氢钠或氢氧化钠中和而得。用作防腐剂。

08.0936 山梨酸钾 potassium sorbate

化学式为 $C_6H_7KO_2$，白色至浅黄色鳞片状结晶。由山梨酸与碳酸钾或氢氧化钾中和而得。用作防腐剂。

08.0937 柠檬酸钾 potassium citrate

全称“柠檬酸三钾（tripotassium citrate）”。化学式为 $C_6H_5K_3O_7 \cdot H_2O$，透明晶体或白色粗粉。由柠檬酸和碳酸钾中和而得。用作酸度调节剂。

08.0938 柠檬酸钠 sodium citrate

全称“柠檬酸三钠（trisodium citrate）”。化学式为 $C_6H_5Na_3O_7 \cdot 2H_2O$，无色结晶或白色结晶性粉末。由碳酸钠和柠檬酸或柠檬酸钙反应，盐酸中和，再经重结晶而得。用作酸度调节剂。

08.0939 柠檬酸钙 calcium citrate

化学式为 $Ca_3(C_6H_5O_7)_2 \cdot 4H_2O$，白色细粉。由柠檬酸与石灰或碳酸钙反应或由柠檬酸钠与氯化钙反应而成。用作防腐剂和补钙剂。

08.0940 乙酸钙 calcium acetate

又称“醋酸钙”。化学式为 $Ca(CH_3COO)_2 \cdot H_2O$，白色松散细粉。由乙酸与氢氧化钙或碳酸钙反应或由焦木酸与氢氧化钙反应而成。用作防腐剂、防霉剂。

08.0941 焦磷酸一氢三钠 trisodium monohydrogen diphosphate

化学式为 $Na_3HP_2O_7$，白色粉末或结晶。以焦磷酸二氢二钠和氢氧化钠反应而成。用作防腐剂、防霉剂。

08.0942 二甲酸钾 potassium diformate

又称“双甲酸钾（potassium biformate）”。化学式为 HCOOH · HCOOK，白色结晶性粉末。由甲酸与氢氧化钾反应而成。用作酸度调节剂。

08.0943 糖精 saccharin

又称“邻苯甲酰磺酰亚胺（phthaloyl xanthimide）”。化学式为 $C_7H_5NO_3S$，无色至白色结晶或结晶性粉末。由甲苯与氯磺酸、氨作用并氧化制得。用作甜味剂。

08.0944 糖精钙 calcium saccharin

化学式为 $C_{14}H_8CaN_2O_6S_2$，白色结晶或结晶性粉末。由邻氨基苯甲酸甲酯、氢氧化钙中和而成。用作甜味剂。

08.0945 新甲基橙皮苷二氢查耳酮 neohesperidin dihydrochalcone

化学式为 $C_{28}H_{36}O_{15}$，类白色至微黄色结晶性粉末。从柑橘类天然植物中提取经氢化而成的黄酮类衍生物。用作甜味剂。

08.0946 牛至香酚 oregano carvacrol

从天然植物牛至中提取的挥发油。含香芹酚和百里香酚等。用作抑菌剂、香味剂。

08.0947 5′-肌苷酸二钠 disodium 5′-inosinate

化学式为 $C_{10}H_{11}N_4Na_2O_8P$，无色至白色结晶性粉末。由酵母核酸分解、分离而得或由淀粉发酵得肌苷酸，作选择性羟基磷酸化，再精制中和成钠盐后结晶而得。用作鲜味剂。

08.0948 5′-鸟苷酸二钠 disodium 5′-guanylate

化学式为 $C_{10}H_{12}N_5Na_2O_8P \cdot xH_2O$，无色至白色结晶性粉末。由酵母的核酸分解、分离而得或由葡萄糖发酵得鸟苷，经磷酸化得鸟苷酸，后碱化结晶而成。用作鲜味剂。

08.0949 大蒜素 garlicin，allimin

又称“二烯丙基硫代亚磺酸酯（diallyl

thiosulfonic ester）”。从大蒜中提取的有机硫化合物，也可人工合成。用于杀菌和诱食。

08.0950 β-阿朴-8′-胡萝卜素醛 β-apo-8′-carotenal

化学式为 $C_{30}H_{40}O$，带金属光泽的深紫色晶体或结晶性细粉。由高锰酸钾氧化β-胡萝卜素而得。用作着色剂。

08.0951 β-阿朴-8′-胡萝卜素酸乙酯 β-apo-8′-carotenoic acid ethyl ester

化学式为 $C_{32}H_{44}O_2$，红色至紫红色晶体或结晶性粉末。含氧的阿朴胡萝卜素类化合物，由类胡萝卜素氧化而成。用作着色剂。

08.0952 斑蝥黄 canthaxanthin

又称“β,β-胡萝卜素-4,4-二酮（β,β-carotene-4,4-dione）”。化学式为 $C_{40}H_{52}O_2$，深紫色晶体或结晶性粉末，天然品存在于某些蘑菇、甲壳类、藻类、血液、肝脏等中。也可化学合成。用作着色剂。

08.0953 叶黄素 xanthophyll

化学式为 $C_{40}H_{56}O_2$，橘黄色粉末或液体。万寿菊花瓣经冻干、粉碎、溶剂提取、过滤、淋洗浓缩等物理、化学方法提取而得。用作着色剂。

08.0954 红发夫酵母 *Xanthophyllomyces dendrorhous*

红褐色至褐色粉末或液体。从酵母（*Phaffia rhodozyma*）发酵而得，主含虾青素、海胆酮、岩藻黄质和β-胡萝卜素。用作着色剂。

08.0955 焦糖色素 caramel color

简称“焦糖色”。黑褐色液体、粉末或颗粒。由碳水化合物在氨基化合物和亚硫酸盐同时存在下制得。用作着色剂。

08.0956 α-淀粉 α-starch

又称“预糊化淀粉（pregelatinized starch）”。化学式为 $(C_6H_{10}O_5)_n$，白色粉末。变性淀粉之一，由原淀粉通过物理变性的方法获得。用作黏结剂。

08.0957 氧化铝 aluminum oxide

化学式为 Al_2O_3，白色无定形粉状物。将铝矾土原料经过化学处理，除去硅、铁、钛等而得。用作吸附剂。

08.0958 可食脂肪酸钙盐 calcium salt of edible fatty acid

白色粉末或颗粒，由可食用脂肪酸与氧化钙或氢氧化钙等反应制得。用作反刍动物过瘤胃脂肪。

08.0959 聚丙烯酸树脂Ⅱ polyacrylic resin Ⅱ

白色流动性细粉末，由甲基丙烯酸与甲基丙烯酸甲酯按 50∶50 比例共聚而得。阴离子型聚合物。用作黏合剂。

08.0960 阿拉伯树胶 acacia senegal

无色至淡黄褐色半透明块状，或白色至淡黄色粒、粉状。从阿拉伯树割流渗出物除杂干燥而得。用作乳化剂。

08.0961 焦磷酸二氢二钠 disodium dihydrogen pyrophosphate

又称“酸性焦磷酸钠（acid sodium pyrophosphate）”。化学式为 $Na_2H_2P_2O_7$，白色单斜晶系结晶性粉末或熔融体。由磷酸溶液中加碳酸钠，再加热至200℃而得。用作黏结剂。

08.0962 聚乙二醇 400 polyethyleneglycol 400

化学式为 $HO(CH_2CH_2O)_nH$，无色或几乎无色的黏稠液体。是由环氧乙烷和水开环聚合而成的混合物。用作黏结剂。

08.0963 聚乙二醇甘油蓖麻酸酯 glyceryl polyethylenglycol ricinoleate

非离子型脂肪乳化剂，由甘油、蓖麻油与环

氧乙烷反应生成。用作乳化剂。

08.0964 决明胶 cassia gum

灰白色可自由流动的粉末。以决明的种子胚乳化学萃取而得。主含半乳甘露聚糖。用作乳化剂。

08.0965 刺槐豆胶 carob bean gum

简称“*槐豆胶*（sophora bean gum）”。灰色细粉粒。由刺槐种子加工而成的植物子胶。主含半乳糖。用作乳化剂。

08.0966 木寡糖 xylo-oligosaccharide

又称“*低聚木糖*”。由 2～7 个木糖分子以 *β*-1,4-糖苷键结合的功能性聚合糖，由聚木糖酶水解而得。用于动物促消化。

08.0967 半乳甘露寡糖 galacto-manno-oligosaccharide

由 D-半乳糖和 D-甘露糖单位组成的一种类似白色粉末的多糖。用于动物促消化。

08.0968 果寡糖 fructo-oligosaccharide

又称“*低聚果糖*（oligofructose）”。在蔗糖分子上以 *β*-1,2-糖苷键结合数个 D-果糖所形成的一组低聚糖的总称。用于动物促消化。

08.0969 甘露寡糖 manno-oligosaccharide

又称“*甘露低聚糖*”。几个甘露糖分子或甘露糖与葡萄糖通过 *α*-1,2-糖苷键、*α*-1,3-糖苷键、*α*-1,6-糖苷键组成的寡聚糖。用于动物促消化。

08.0970 低聚半乳糖 galacto-oligosaccharide

具有天然属性的功能性低聚糖。其分子结构一般是在半乳糖或葡萄糖分子上连接 1～7 个半乳糖基，即 Gal-$(Gal)_n$-Glc/Gal（n 为 0～6）。用于动物促消化。

08.0971 壳寡糖 chitosan oligosaccharide

又称“*壳聚寡糖*”。由壳聚糖降解成的聚合度为 2～10 的唯一带正电荷阳离子碱性氨基低聚糖。用于抑菌、促进动物消化吸收。

08.0972 *β*-1,3-D-葡聚糖 *β*-1,3-D-glucan

来源于酿酒酵母的 D-葡萄糖残基通过 *β*-1,3-糖苷键结合所得的葡聚糖。用于增强免疫力和促进动物消化吸收。

08.0973 *N,O*-羧甲基壳聚糖 *N,O*-carboxymethyl chitosan

壳聚糖羧甲基化后的一种壳聚糖衍生物，水溶性好。用于促进动物消化吸收。

08.0974 天然类固醇萨洒皂角苷 natural steroid sasaponin

龙舌兰科（Agavaceae）丝兰属丝兰的茎叶提取物，棕黄色粉末，主要成分为丝兰皂苷等。用于促进氮的吸收和除臭。

08.0975 天然三萜烯皂角苷 natural triterpenic saponin

来自奇来雅皂角树的提取物。由三萜苷元与糖及其衍生物脱水而成的苷类化合物。用于促进消化吸收和作为香味剂。

08.0976 糖萜素 saccharicterpenin

浅棕黄色粉末，从山茶籽饼粕中提取的三萜皂苷类与糖类的天然生物活性物质。用于增强免疫力和促进动物消化吸收。

08.0977 乙酰氧肟酸 acetohydroxamic acid

又称“*N-羟基乙酰胺*（*N*-hydroxyacetamide）”。化学式为 $C_2H_5NO_2$，橙红色结晶性粉末。以盐酸羟胺等为原料化学合成。用作反刍动物脲酶抑制剂。

08.0978 苜蓿提取物 *Medicago sativa* extract

棕黄色粉末，苜蓿全草提取物。含有黄酮、三萜、生物碱等成分。用于抗菌、免疫调节等。

08.0979 杜仲叶提取物 *Eucommia ulmoides* extract

从杜仲叶提取的含有绿原酸、多糖和黄酮等的化合物。用于免疫调节和促生长。

08.0980 淫羊藿提取物 *Epimedium* extract

从淫羊藿茎叶根提取的主要含有淫羊藿苷的棕绿色粉末。用于抑菌、增强免疫力等。

08.0981 4,7-二羟基异黄酮 4,7-dihydroxyisoflavone

俗称“大豆黄酮（daidzein）”。淡黄色粉末，由非转基因大豆精制而成的黄酮类化合物，也可人工合成。用于抗氧化、促进蛋白质合成。

08.0982 地顶孢霉培养物 culture of *Acremonium terricola*

从古尼虫草上分离的地顶孢霉经发酵等而成的含甾醇、虫草酸等的培养物。用于促进生长、增强免疫力。

08.0983 紫苏籽提取物 extrat of *Perilla frutescens* seed

从紫苏籽提取的含 α-亚麻酸、亚油酸、黄酮等的物质。用于促进生长和增强免疫力。

08.0984 二硝托胺预混剂 dinitolmide premix

按二硝托胺250g与载体或稀释剂配成1000g的均匀预混物。用于鸡球虫病。

08.0985 马杜霉素铵预混剂 maduramicin ammonium premix

按马杜霉素铵（以马杜霉素计）10g 与载体或稀释剂配成 1000g 的均匀预混物。用于鸡球虫病。

08.0986 尼卡巴嗪预混剂 nicarbazin premix

按尼卡巴嗪200g与载体或稀释剂配成1000g的均匀预混物。用于鸡球虫病。

08.0987 尼卡巴嗪-乙氧酰胺苯甲酯预混剂 nicarbazin and ethopabate premix

尼卡巴嗪 250g、乙氧酰胺苯甲酯 16g 与载体或稀释剂配成 1000g 的均匀预混物。用于鸡球虫病。

08.0988 甲基盐霉素预混剂 narasin premix

按甲基盐霉素 100g 与载体或稀释剂配成 1000g 的均匀预混物。用于鸡球虫病。

08.0989 甲基盐霉素-尼卡巴嗪预混剂 narasin and nicarbazin premix

甲基盐霉素 80g、尼卡巴嗪 80g 与载体或稀释剂配成 1000g 的均匀预混物。用于鸡球虫病。

08.0990 拉沙洛西钠预混剂 lasalocid sodium premix

按拉沙洛西钠 150g 或 450g 与载体或稀释剂配成 1000g 的均匀预混物。用于鸡球虫病。

08.0991 氢溴酸常山酮预混剂 halofuginone hydrobromide premix

氢溴酸常山酮6g与载体或稀释剂配成1000g的均匀预混物。用于鸡球虫病。

08.0992 盐酸氯苯胍预混剂 robenidine hydrochloride premix

按盐酸氯苯胍 100g 与载体或稀释剂配成 1000g 的均匀预混物。用于鸡、兔球虫病。

08.0993 盐酸氨丙啉-乙氧酰胺苯甲酯预混剂 amprolium hydrochloride and ethopabate premix

按盐酸氨丙啉 250g、乙氧酰胺苯甲酯 16g 与载体或稀释剂配成 1000g 的均匀预混物。用于禽球虫病。

08.0994 盐酸氨丙啉-乙氧酰胺苯甲酯-磺胺喹噁啉预混剂 amprolium hydrochloride, ethopabate and sulfaquinoxaline premix

按盐酸氨丙啉 250g、乙氧酰胺苯甲酯 10g、磺胺喹噁啉 120g 与载体或稀释剂配成 1000g

的均匀预混物。用于禽球虫病。

08.0995 氯羟吡啶预混剂 clopidol premix
按氯羟吡啶250g与载体或稀释剂配成1000g的均匀预混物。用于禽、兔球虫病。

08.0996 海南霉素钠预混剂 hainanmycin sodium premix
按海南霉素钠（以海南霉素计）10g 与载体或稀释剂配成1000g的均匀预混物。用于鸡球虫病。

08.0997 赛杜霉素钠预混剂 semduramicin sodium premix
按赛杜霉素钠（以赛杜霉素计）50g 与载体或稀释剂配成1000g的均匀预混物。用于鸡球虫病。

08.0998 地克珠利预混剂 diclazuril premix
按地克珠利 2g 或 5g 与载体或稀释剂配成1000g的均匀预混物。用于畜禽球虫病。

08.0999 复方硝基苯酚钠预混剂 compound sodium nitrophenolate premix
按邻硝基苯酚钠0.6g、对硝基苯酚钠0.9g、5-硝基愈创木酚钠0.3g、磷酸氢钙898.2g和硫酸镁100g配成1000g的均匀预混物。用于促进甲壳动物生长。

08.1000 氨苯胂酸预混剂 arsanilic acid premix
又称“阿散酸预混剂”。按氨苯胂酸100g与载体或稀释剂配成1000g的均匀预混物。用于促进猪、鸡生长。

08.1001 洛克沙胂预混剂 roxarsone premix
按洛克沙胂50g或100g与载体或稀释剂配成 1000g 的均匀预混物。用于促进猪、鸡生长。

08.1002 莫能菌素钠预混剂 monensin sodium premix
又称“瘤胃素预混剂（rumensin premix）”。按莫能菌素钠（以莫能菌素计）50g、100g或 200g 与载体或稀释剂配成 1000g 的预混物。用于鸡球虫病和肉牛促生长。

08.1003 杆菌肽锌预混剂 bacitracin zinc premix
按杆菌肽锌 100g或150g与载体或稀释剂配成1000g的均匀预混物。用于促进畜禽生长。

08.1004 黄霉素预混剂 flavomycin premix
按黄霉素 40g 或 80g 与载体或稀释剂配成1000g的均匀预混物。用于促进畜禽生长。

08.1005 维吉尼亚霉素预混剂 virginiamycin premix
按维吉尼亚霉素 500g 与载体或稀释剂配成1000g的均匀预混物。用于促进畜禽生长。

08.1006 喹乙醇预混剂 olaquindox premix
按喹乙醇50g与载体或稀释剂配成1000g的均匀预混物。用于促进猪生长。

08.1007 那西肽预混剂 nosiheptide premix
按那西肽2.5g与载体或稀释剂配成1000g的均匀预混物。用于促进鸡生长。

08.1008 阿维拉霉素预混剂 avilamycin premix
按阿维拉霉素 100g 与载体或稀释剂配成1000g 的均匀预混物。用于促进猪和肉鸡的生长。

08.1009 盐霉素钠预混剂 salinomycin sodium premix
按盐霉素钠 50g、60g、100g、120g、450g或 500g 与载体或稀释剂配成 1000g 的均匀预混物。用于鸡球虫病和促进畜禽生长。

08.1010 硫酸黏杆菌素预混剂 colistin sulfate premix

又称“抗敌素（colistin）”“硫酸黏菌素（colistin sulfate）”。按硫酸黏杆菌素 20g、40g 或 100g 与载体或稀释剂配成 1000g 的均匀预混物。用于防由革兰氏阴性菌引起的肠道感染和促生长。

08.1011 牛至油预混剂 oregano oil premix

按 25g 5-甲基-2-异丙基苯酚和 2-甲基-5-异丙基苯酚与载体或稀释剂按规定比例配成 1000g 的均匀预混物。用于预防畜禽下痢和促生长。

08.1012 杆菌肽锌和硫酸黏杆菌素预混剂 bacitracin zinc and colistin sulfate premix

按杆菌肽锌 50g、硫酸黏杆菌素 10g 与载体或稀释剂配成 1000g 的均匀预混物。用于预防猪、鸡感染和促生长。

08.1013 土霉素钙预混剂 oxytetracycline calcium premix

按土霉素钙（以土霉素计）50g、100g 或 200g 与载体或稀释剂配成 1000g 的均匀预混物。用于促进猪、鸡生长。

08.1014 吉他霉素预混剂 kitasamycin premix

按吉他霉素 22g、110g、550g、950g 与载体或稀释剂配成 1000g 的均匀预混物。防治畜禽慢性呼吸系统疾病和促进其生长。

08.1015 金霉素预混剂 chlortetracycline premix

按金霉素 100g 或 150g 与载体或稀释剂配成 1000g 的均匀预混物。用于促进猪、鸡生长。

08.1016 恩拉霉素预混剂 enramycin premix

按恩拉霉素 40g 或 80g 与载体或稀释剂配成 1000g 的均匀预混物。用于促进猪、鸡生长。

08.09 电子化学品与感光材料

08.1017 覆铜板 copper clad laminate，CCL

全称“覆铜箔层压板”。将电子玻纤布或其他增强材料浸以树脂，一面或双面覆以铜箔并经热压而制成的一种板状材料。其用途为制作印制电路板。

08.1018 刚性覆铜板 rigid copper clad laminate

不可弯折的机械刚性覆铜板。

08.1019 单面覆铜板 single-sided copper clad laminate

只有一面覆以铜箔的覆铜板。

08.1020 双面覆铜板 double-sided copper clad laminate

两面均覆以铜箔的覆铜板。

08.1021 纸基覆铜板 paper-based copper clad laminate

用浸渍纤维纸作增强材料所制成的覆铜板。

08.1022 合成纤维基覆铜板 synthetic fiber-based copper clad laminate

用合成纤维作增强材料所制成的覆铜板。

08.1023 复合基覆铜板 composite copper clad laminate

面料和芯料均由不同增强材料构成的覆铜板。

08.1024 积层多层板基覆铜板 laminated multilayer copper clad laminate

用积层的方式，由绝缘层和导电层交替叠加制作而成的覆铜板。

08.1025 陶瓷基覆铜板 ceramics-based copper clad laminate
用陶瓷基材作增强材料所制成的覆铜板。

08.1026 金属基覆铜板 metal-based copper clad laminate
用金属基材作增强材料所制成的覆铜板。

08.1027 玻璃纤维基覆铜板 glass fiber-based copper clad laminate
用玻璃纤维布作增强材料所制成的覆铜板。

08.1028 耐热热塑性基覆铜板 heat-resistant thermoplastic-based copper clad laminate
用耐热热塑性树脂作基体树脂所制成的覆铜板。

08.1029 低介电常数覆铜板 low dielectric constant copper clad laminate
中间绝缘层具有较低介电常数的覆铜板。

08.1030 高速高频覆铜板 high speed and high frequency copper clad laminate
用于高频高速领域的覆铜板。

08.1031 高耐热覆铜板 high heat resistant copper clad laminate
具有较高耐热等级的覆铜板。

08.1032 低热膨胀系数覆铜板 low thermal expansion coefficient copper clad laminate
中间绝缘层具有较低线性膨胀系数的覆铜板。

08.1033 铜箔 copper foil
又称“铜板（copper sheet）”。在印制电路中是指压制覆铜板或多层板外层所用的金属铜层。

08.1034 电解铜箔 electrolytic copper foil
又称“电沉积铜箔（electrodeposited copper foil）”。用电沉积法制成的铜箔。

08.1035 压延铜箔 wrought-rolled copper foil
又称“锻轧铜箔（wrought copper foil）”。用辊轧法制成的铜箔。

08.1036 半固化片 prepreg
又称“PP 片（PP sheet）”。在环氧玻纤布覆铜板生产过程中，玻纤布经上胶机上胶并烘干至“B”阶（半固化程度）的半成品。

08.1037 酚醛型环氧树脂 phenolic epoxy resin
又称“F 型环氧树脂（F type epoxy resin）”。由线型酚醛树脂与环氧丙烷通过缩聚反应制得的高分子化合物。

08.1038 聚酯树脂 polyester resin
由官能度大于等于 2 的醇和酸缩聚而成的高分子化合物。

08.1039 聚苯醚树脂 polyphenylene oxide resin
由 2,6-二甲基苯酚缩聚而成的高分子化合物。

08.1040 聚四氟乙烯树脂 polytetrafluoroethylene resin
又称“特氟龙（teflon）”。由四氟乙烯聚合而成的高分子化合物。

08.1041 双马来酰亚胺三嗪树脂 bismaleimide triazine resin
又称“BT 树脂（BT resin）”。以双马来酰亚胺和三嗪为主树脂成分，加入环氧树脂、聚苯醚树脂或烯丙基化合物等作为改性组分，所形成的热固性树脂。

08.1042 聚丙烯酸酯树脂 polyacrylate resin
由丙烯酸酯类单体和其他烯类单体共聚而成的高分子化合物。

08.1043 苯并噁嗪树脂 benzoxazine resin

由苯并噁嗪单体开环聚合所形成的高分子化合物。

08.1044 玻璃纤维布 glass fiber fabric

简称“玻璃布（glass fabric）”。使用玻璃纤维制作的具有定向经纬线的布。

08.1045 玻璃纤维无纺布 glass fiber nonwoven fabric

使用玻璃纤维制作的没有定向经纬线的布。

08.1046 浸渍绝缘纸 impregnating insulating paper

由无纺布木浆、聚乙烯及植物纤维混合而制成的低微粒脱离纸巾。

08.1047 挠性覆铜板 flexible copper clad laminate

在挠性绝缘材料表面通过一定的工艺处理，使其与铜箔粘接在一起所形成的覆铜板。

08.1048 聚酯基膜挠性覆铜板 polyester base film flexible copper clad laminate

绝缘基膜为聚酯薄膜的挠性覆铜板。

08.1049 聚酰亚胺基膜挠性覆铜板 polyimide base film flexible copper clad laminate

绝缘基膜为聚酰亚胺薄膜的挠性覆铜板。

08.1050 有胶型挠性覆铜板 plastic type flexible copper clad laminate

又称“三层型挠性覆铜板（three-layer flexible copper clad laminate）”。由铜箔、绝缘材料薄膜、胶黏剂三种不同材料复合而成的挠性覆铜板。

08.1051 无胶型挠性覆铜板 no plastic type flexible copper clad laminate

又称“二层型挠性覆铜板（two-layer flexible copper clad laminate）”。由铜箔、绝缘材料薄膜两种不同材料复合而成的挠性覆铜板。

08.1052 液晶聚合物基膜挠性覆铜板 liquid crystal polymer based film flexible copper clad laminate

绝缘基膜为液晶聚合物薄膜的挠性覆铜板。

08.1053 挠性环氧玻纤布基覆铜板 flexible epoxy fiberglass cloth copper clad laminate

用环氧玻纤布增强且表现出挠性基材性质的覆铜板。

08.1054 绝缘基膜 insulating film

在挠性覆铜板中起支撑线路和绝缘作用的薄膜材料。

08.1055 聚萘酯薄膜 polynaphthalene ester film

由聚萘酯制备的绝缘薄膜材料。

08.1056 液晶聚合物薄膜 liquid crystal polymer film

由液晶聚合物制备的绝缘薄膜材料。

08.1057 聚氟乙烯薄膜 polyvinyl fluoride film

由聚氟乙烯制备的薄膜材料。

08.1058 聚醚酰亚胺薄膜 polyetherimide film

由无定形聚醚酰亚胺制备的薄膜材料。

08.1059 聚酯胶黏剂 polyester adhesive

以聚酯树脂为主体树脂配制的胶黏剂。

08.1060 改性环氧胶黏剂 modified epoxy adhesive

以环氧树脂为主体，通过一定的改性后配制的胶黏剂。

08.1061 丙烯酸酯胶黏剂 acrylate adhesive
以丙烯酸酯类树脂为主体树脂配制的胶黏剂。

08.1062 聚酰亚胺胶黏剂 polyimide adhesive
以聚酰亚胺树脂为主体树脂配制的胶黏剂。

08.1063 覆盖膜 cover film
覆盖在挠性印制电路板外表面全部或部分导电图形上的绝缘保护层。

08.1064 薄膜型覆盖膜 thin film mulching film
在绝缘基膜上单面涂胶的膜状绝缘材料。

08.1065 感光覆盖膜 photosensitive cover film
又称"干式光敏性覆盖膜（dry photosensitive cover film）"。以塑料透明薄膜为片基，在其上涂布一定厚度的感光乳剂，通过贴压，然后进行图像转移工艺而得到的保护膜。

08.1066 液体涂料保护膜 liquid paint protection film
又称"可剥涂料（strippable paint）""可剥漆（strippable coating）"。由聚酯、丙烯酸环氧树脂、丙烯酸聚氨酯、硫醇树脂等胶液制成的保护膜。

08.1067 液体光敏屏蔽层 liquid photosensitive shield
将液态感光油墨覆盖在已蚀刻好的挠性印制电路板表面形成的保护层和线路焊盘。

08.1068 黏结材料 bonding materials
用于挠性印制电路板、多层挠性印制电路板及刚挠印制电路板的层间黏结用的材料。

08.1069 纯胶膜 pure adhesive film
简称"胶膜（adhesive film）""纯胶（pure adhesive）"。没有支撑的薄膜状热固性黏结材料。

08.1070 双面胶片 double coated film
在聚酰亚胺薄膜或聚酯薄膜的两面都涂胶黏剂的有支撑黏结材料。

08.1071 导电胶膜 conductive adhesive film
具有导电功能的黏结薄膜材料。

08.1072 各向异性导电胶膜 anisotropically conductive adhesive film
在膜厚方向具有导电性，在膜面方向具有绝缘性的胶膜。

08.1073 各向同性导电胶膜 isotropically conductive adhesive film
在膜厚、膜面方向均导电的胶膜。

08.1074 导热胶膜 thermally conductive adhesive film
具有导热功能的黏结薄膜材料。

08.1075 导电油墨 electrically conductive ink
将导电材料（金、银、铜和碳）分散在连接料中制成的具有一定程度导电性质的糊状油墨。

08.1076 导电银浆 conductive silver paste
由高纯度（99.9%）的金属银微粒、黏合剂、溶剂、助剂经机械混合所得的黏稠状浆料。

08.1077 电磁屏蔽膜 electromagnetic shielding film
用导电导磁材料制成的具有电磁屏蔽作用的膜状材料。

08.1078 增强板 stiffener
又称"补强板"。粘接在挠性印制电路板局部位置起到支撑加强作用的一种片状材料。

08.1079 薄膜型增强板 thin film stiffener
又称"薄膜型补强板"。支撑增强材料为薄膜材料的增强板。

08.1080 聚酯型增强板 polyester stiffener

又称“聚酯型补强板”。支撑增强材料为聚酯材料的增强板。

08.1081 聚酰亚胺型增强板 polyimide stiffener

又称“聚酰亚胺型补强板”。支撑增强材料为聚酰亚胺材料的增强板。

08.1082 环氧纤维布基增强板 epoxy fiber cloth reinforced plate

又称“环氧纤维布基补强板”。支撑增强材料为环氧纤维布材料的增强板。

08.1083 金属基增强板 metal stiffener

又称“金属基补强板”。支撑增强材料为金属材料的增强板。

08.1084 钢片增强板 steel stiffener

又称“钢片补强板”。支撑增强材料为钢片材料的增强板。

08.1085 铝片增强板 aluminum stiffener

又称“铝片补强板”。支撑增强材料为铝片材料的增强板。

08.1086 干膜 dry film

通过涂布附着于板面，经紫外曝光能够发生聚合，起到阻挡电镀和蚀刻功能的高分子聚合物膜材料。

08.1087 光致抗蚀干膜 photoresist dry film

又称“感光贴膜（photosensitive film）”。由光敏树脂和光引发剂或光交联剂组成的一种非银盐感光材料。

08.1088 电镀干膜 electroplating dry film

涂覆在印制电路板成品板的表面上，在电镀时有选择地保护印制电路板表面的干膜。

08.1089 阻焊干膜 solder resist dry film

涂覆在印制电路电路板成品板的表面上，在焊接时有选择地保护印制板表面的干膜。

08.1090 液态感光油墨 liquid photosensitive ink

无须印版即可进行满版印刷的一种特殊紫外光固化油墨。

08.1091 液态感光抗蚀耐电镀油墨 liquid photosensitive corrosion resistant and electroplating resistant ink

用于高精密度电路板、多层板电路内层蚀刻、各种精密金属标牌腐蚀与电镀印制工艺的液态感光油墨。

08.1092 液态感光凹印抗蚀油墨 liquid photosensitive resist ink for gravure printing

专用于铝箔凹印的液态感光油墨。

08.1093 液态耐酸碱感光抗蚀油墨 liquid acid and alkali resistant photosensitive resist ink

专门为精密铝标牌腐蚀工艺开发的抗蚀油墨。

08.1094 液态感光烫印油墨 liquid photosensitive hot stamping varnish

用于各种热转印箔的烫印的液态感光油墨。

08.1095 液态感光金属磨砂油墨 liquid photosensitive metal matte ink

又称“仿金属蚀刻油墨（imitation metal etching ink）”。用于印刷高光金属基材的液态感光油墨。

08.1096 液态感光阻焊油墨 liquid photosensitive solder resist ink

用于制造双面及多层电路板阻焊图形的液态感光油墨。

08.1097 显影液 developer
相片显影时使用的化学药剂。

08.1098 蚀刻液 etchant
可以将材料去除以达到蚀刻目的的化学溶液。

08.1099 酸性氯化铜蚀刻液 acid cupric chloride etchant
主要成分为盐酸和氯化铜的蚀刻液。

08.1100 碱性氯化铜蚀刻液 alkaline cupric chloride etchant
主要成分为氨水和氯化铜的蚀刻液。

08.1101 氯化铁蚀刻液 ferric chloride etchant
主要成分为氯化铁的蚀刻液。

08.1102 过硫酸铵蚀刻液 ammonium persulfate etchant
主要成分为过硫酸铵的蚀刻液。

08.1103 硫酸-铬酸蚀刻液 sulfuric acid-chromic acid etchant
主要成分为硫酸、三氧化铬的蚀刻液。

08.1104 硫酸-双氧水蚀刻液 sulfuric acid-hydrogen peroxide etchant
主要成分为硫酸、双氧水的蚀刻液。

08.1105 电镀药水 electroplating solution
用于化学电镀的各种化学药水。

08.1106 整孔剂 pore forming agent
用于印制电路板直接金属化工艺之前的一种微碱性化学药水。

08.1107 预浸剂 prepreg
用于维护胶体钯槽液的酸性和密度，确保穿孔孔壁湿润的化学药水。

08.1108 黑化剂 blackening agent
用于铜材料及电镀铜表面染色处理的化学药水。

08.1109 棕化剂 browning agent
用于提高印制电路板多层印制电路内层铜面与聚合材料黏结力的处理液。

08.1110 微蚀剂 microetchant
用于去除印制电路板表面的氧化物，清洁铜面，为后续制品提供良好黏合力的化学药水。

08.1111 微蚀稳定剂 microetching stabilizer
用于铜箔氧化前的表面处理，为氧化提供理想的微观表面的化学药水。

08.1112 胶体钯活化剂 colloid palladium activate fluid
用于印制电路板孔金属化电镀前对其进行处理的胶体钯催化剂。

08.1113 酸性胶体钯活化剂 acidic colloid palladium activate fluid
一种胶体态金属钯颗粒的酸性活化液。

08.1114 碱性离子钯活化剂 basic ionic palladium activate fluid
一种离子态钯的碱性活化液。

08.1115 高频板调整剂 high frequency plate regulator
用于高频印制电路板上的孔壁及电荷调整的一种高活性弱碱清洁调整剂。

08.1116 聚酰亚胺调整剂 polyimide regulator
用于柔性印制电路板生产过程中，微蚀聚酰亚胺树脂表面使化学铜层与基体的结合力更高的化学药水。

08.1117 化学沉铜 electroless copper plating
又称“化学镀铜”。通过一系列化学处理方

法在非导电基材上沉积一层铜的工艺。

08.1118 加速剂 accelerator
在印制电路板化学镀工艺中，能高度活化经钯液催化处理的表面的化学药水。

08.1119 还原剂 reductant
在氧化还原反应中，失去电子或有电子偏离的物质。

08.1120 酸性镀铜光亮剂 acid copper plating brightener
又称“酸性镀铜光泽剂”。在光亮镀铜工艺中，用于增强镀铜表面光亮的药剂。

08.1121 电镀金添加剂 gold electroplating additive
在电镀金工艺中添加的各种功能性的药剂。

08.1122 电镀镍添加剂 nickel electroplating additive
在电镀镍工艺中添加的各种功能性的药剂。

08.1123 电镀纯锡添加剂 pure tin electroplating additive
在电镀纯锡工艺中添加的各种功能性的药剂。

08.1124 电镀铅锡添加剂 tin-lead electroplating additive
在电镀铅锡工艺中添加的各种功能性的药剂。

08.1125 化学镀银剂 electroless silver plating agent
在化学镀银工艺中添加的各种功能性的化学药剂。

08.1126 化学镀锡剂 electroless tin plating agent
在化学镀锡工艺中添加的各种功能性的化学药剂。

08.1127 化学镀镍剂 electroless nickel plating agent
在化学镀镍工艺中添加的各种功能性的化学药剂。

08.1128 化学镀金剂 electroless gold plating agent
在化学镀金工艺中添加的各种功能性的化学药剂。

08.1129 钝化液 passivation solution
能使金属表面呈钝态的溶液。

08.1130 助焊剂 flux
在焊接工艺中能帮助和促进焊接过程，同时具有保护作用、阻止氧化反应的化学物质。

08.1131 无铅助焊剂 lead-free flux
适应于无铅焊料焊接时使用的一种助焊剂。

08.1132 热风整平助焊剂 hot air leveling flux
用于热风整平时的助焊剂。

08.1133 焊膏 solder paste
又称“锡膏”。由焊锡粉、助焊剂及其他表面活性剂、触变剂等混合形成的膏状焊接材料。

08.1134 无铅焊膏 lead-free solder paste
不含有铅元素的焊膏。

08.1135 光刻胶 photoresist
又称“光致抗蚀剂”。通过紫外光、准分子激光、极紫外光、电子束、离子束、X 射线等光源的照射或辐射，溶解度发生变化的耐蚀刻薄膜材料。

08.1136 紫外负性光刻胶 UV negative photoresist
经紫外光曝光后，低分子量的分子发生聚合或交联反应，在显影液中溶解性变差，而未曝光区则容易溶解，经显影后所得光刻胶图像与掩模版图像恰好相反的一类光刻胶。

08.1137 环化橡胶-双叠氮系光刻胶 diazido-cyclized rubber photoresist

又称"聚烃类-双叠氮类光刻胶（polyhydrocarbon-diazide photoresist）"。由聚烃类树脂、双叠氮型交联剂、增感剂和溶剂配制而成的光刻胶。

08.1138 紫外正性光刻胶 ultraviolet positive photoresist

经紫外光透过掩模版照射后，曝光区胶膜发生光分解或降解反应而溶于显影液，未曝光区胶膜则保留而形成正性图像的一类光刻胶。

08.1139 深紫外光刻胶 deep ultraviolet photoresist

用深紫外光进行曝光显影的光刻胶。

08.1140 极紫外光刻胶 extreme ultraviolet photoresist

用极紫外光进行曝光显影的光刻胶。

08.1141 电子束胶 electron-beam resist

又称"电子束光刻胶（electron-beam photoresist）"。在电子束的照射下，发生交联或降解反应的光刻胶。

08.1142 X射线胶 X-ray resist

又称"X射线光刻胶（X-ray photoresist）"。在X射线的照射下，发生交联或降解反应的光刻胶。

08.1143 厚膜光刻胶 thick film photoresist

能得到超厚涂层的光刻胶。

08.1144 水溶性光刻胶 water soluble photoresist

以水为溶剂或者能溶于水的光刻胶。

08.1145 重铬酸盐-胶体聚合物系光刻胶 dichromate-colloid polymer photoresist

以重铬酸盐和胶体聚合物为主要成分的光刻胶。

08.1146 聚乙烯醇肉桂酸酯 polyvinyl cinnamate

肉桂酸与聚丙烯醇成酯后得到的聚合物。是一种紫外负性光刻胶的成膜树脂。

08.1147 聚对苯基二丙烯酸酯 poly(*p*-phenylene diacrylate)

与肉桂酸酰基团类似，能够完成光成环反应而交联的感光聚合物。

08.1148 聚乙烯亚胺肉桂酸乙酯 polyethyleneimine ethyl cinnamate

能够实现可逆光成环反应的一类感光聚合物。由Leubner和Unrush合成，在365 nm紫外光照射下成环，而在254 nm紫外光照射下断裂。

08.1149 环化橡胶 cyclized rubber

分子内部形成环状结构的橡胶。

08.1150 邻重氮萘醌-线型酚醛树脂 *o*-diazonaphthoquinone linear novolac resin

由感光性邻重氮萘醌基有机化合物、线型酚醛树脂和溶剂组成的混合物。

08.1151 聚甲基丙烯酸全氟丁酯 poly(fluorobutyl methacrylate)

由甲基丙烯酸全氟丁酯单体通过乳液聚合或溶液聚合制备的聚合物。

08.1152 光致产酸剂 photo acid generator

又称"光生酸剂""光产酸剂"。在紫外-可见光、射线、电子束、离子束等照射下，能产生酸的化合物。

08.1153 光敏剂 photoactive compound
又称"感光剂（photosensitizer）"。光照后能够加速光刻胶胶膜溶于稀碱水溶液，而对未曝光区没有加速作用的化合物。

08.1154 坚膜剂 hardener
感光材料中用来提高乳剂层的熔点和机械强度，降低涂层在洗印加工过程中的吸水膨胀度，以避免机械损伤的补加剂。

08.1155 增感剂 sensitizer
能提高感光乳剂的感光性能的物质。

08.1156 石墙理论 stonewall theory
在曝光区，小分子树脂和已光解的感光剂快速溶解，使大分子树脂"石头"溶解速率加大，最终导致石墙崩溃；而在未曝光区发生了交联反应，防止了显影液的溶解和渗透，保证了石墙的完整。

08.1157 叔丁基邻苯二酚 *tert*-butyl catechol
又称"4-(1,1-二甲基乙基)-1,2-苯二酚[4-(1,1-dimethyl ethyl)-1,2-benzenediol]""对叔丁基邻苯二酚（*p*-*tert*-butyl catechol）"。化学式为 $C_{10}H_{14}O_2$，由叔丁醇与邻苯二酚反应或由邻苯二酚与异丁烯反应而得，用作聚合抑制剂及抗氧化剂。

08.1158 *N*-苯基-*β*-萘胺 *N*-phenyl-*β*-naphthylamine
又称"*N*-苯基-2-萘胺（*N*-phenyl-2-naphthylamine）"。化学式为 $C_{16}H_{13}N$，用作橡胶抗氧剂、润滑剂、聚合抑制剂，是天然橡胶、二烯类合成橡胶、氯丁橡胶及丁基胶乳用通用型防老剂。

08.1159 对甲苯磺酸 *p*-toluenesulfonic acid
化学式为 $C_7H_8O_3S$，有机合成中常用的酸催化剂，用于合成医药、农药及作为聚合反应的稳定剂、涂料的中间体和树脂固化剂。

08.1160 苯并蒽酮 benzanthrone
又称"苯绕蒽酮""7*H*-苯并[*de*]蒽-7-酮(7*H*-benz[*de*]anthracen-7-one)"。化学式为 $C_{17}H_{10}O$，作为染料中间体，用于生产还原艳绿 FFB、还原橄榄绿 B、还原灰 M、还原黑 BBN 等；作为敏化剂，用于可降解的热塑性塑料制品中。

08.1161 硫杂蒽酮 thioxanthone
化学式为 $C_{13}H_8OS$，在自由基聚合反应中，作为引发剂控制聚合物的分子量。此外，硫杂蒽酮衍生物也广泛应用于印刷油墨、木材清漆、金属涂层、纸张涂料、黏合剂和电子光刻胶中。

08.1162 萘醌 naphthoquinone
化学式为 $C_{10}H_6O_2$，用于有机合成，可制染料中间体蒽醌、农药杀菌剂、除草剂，用于合成橡胶、合成树脂的聚合调节剂等。萘醌有三种同分异构体。

08.1163 聚乙烯吡咯烷酮 polyvinylpyrrolidone
乙烯吡咯烷酮的聚合体。在医药卫生、食品加工、日用化妆品、洗涤剂、纺织印染等方面广泛应用。

08.1164 双叠氮化合物 bisazide compound
分子结构中含有两个叠氮基团的化合物。在工业上，常作为化合物合成的中间体或作为交联剂使用。

08.1165 对甲酚三聚体 *p*-cresol trimer
具有甲基、羟基和苯环等多个反应基团，可用于感光剂合成的羟基化合物。

08.1166 多羟基二苯甲酮 polyhydroxybenzophenone
二苯甲酮苯环上的氢被多个羟基取代的化合物。

08.1167 防光晕染料 anti-halation dye
又称“阻光染料”。能阻止光线在乳剂层间和层中散射的染料。

08.1168 反差增强层 contrast enhancement layer
能够增强对比度的涂层。反差增强是一种点处理方法，通过对像元亮度值（又称灰度级或灰度值）的变换来实现图像增强的目的。

08.1169 钝化层 passivation layer
金属表面钝化的部分。

08.1170 二氨基十八烷基苯 diaminooctadecyl phenyl
含有脂肪族侧链的一种芳香二胺。是制备聚酰亚胺的一种单体原料，可与环丁烷四羧酸二酐通过溶液聚合法制备。

08.1171 抗反射涂层 anti-reflective coating
折射率介于空气和玻璃之间，涂布于基片表面的一层薄膜。

08.1172 抗反射层 anti-reflective layer
具有抗反射性能的层。通过在材料表面制备一层厚度为四分之一入射光波长的透光膜，将入射光的反射率降到零，同时在该波长附近的入射光的反射率也会明显降低。

08.1173 表面成像 surface imaging
将掩模母版上的几何图形先转移到基片表面的光刻胶胶膜上，然后再把光刻胶胶膜上的图像复制到衬底基片表面并形成永久性图形的过程。

08.1174 聚酰胺酸 polyamide acid
由芳香族二元胺与芳香族四羧酸二酐通过缩聚反应制备的一类含游离羧基、主链为酰胺结构的线型聚合物。

08.1175 α粒子遮挡膜 α-particle shielding film
在元器件外壳的钝化膜上涂覆的一层有效耐辐射和抗粒子的遮挡材料，可防止由α粒子造成的电子信号错误。

08.1176 缓冲保护薄层 protective buffer coating
可以降低由热应力引起的电路崩裂断路，减少元器件在后续的加工、封装和后处理过程中的损伤的一种保护层。

08.1177 层间电介质 inter-layer dielectric
又称“层间介电材料（inter-layer dielectric materials）”。在集成电路中，起绝缘介电作用的层间材料。

08.1178 接点涂层膜 junction point coating film
在微电子中，涂覆于PN结结合部以防止外来污染的聚酰亚胺膜。

08.1179 酯型光敏聚酰亚胺 ester type photosensitive polyimide
利用四羧酸二酐从侧链上引入光敏性醇，通过醇酸成酯反应制得的聚酰亚胺。

08.1180 离子型光敏聚酰亚胺 ionic photosensitive polyimide
在聚酰胺酸的羧基侧链上引入光敏性的有机含氮碱性物质，然后通过成盐反应制得的聚酰亚胺。

08.1181 自增感型光敏聚酰亚胺 self-sensitized photosensitive polyimide
通过二元胺与含有二苯甲酮结构单元的四羧酸二酐反应得到的光敏性聚酰亚胺。

08.1182 正性光敏性聚酰亚胺 positive photosensitive polyimide
光照下，曝光区域容易溶解在显影液中，而非曝光区溶解性较差的光敏性聚酰亚胺材料。

08.1183 化学增幅型聚酰亚胺光刻胶 chemically amplified polyimide photoresist

利用光化学反应促进成膜物质中的大分子分解、交联或异构化，再经显影液显影后形成光刻图形的一类聚酰亚胺光刻胶。

08.1184 取向膜 alignment film

能够固定液晶分子的扭曲状态，使其只按一定方向有规律地排列的膜。

08.1185 八氟联苯胺 octafluorobenzidine

又称"4,4′-二氨基八氟联苯（4,4′-diamino-octafluorobiphenyl）"。化学式为 $C_{12}H_4F_8N_2$，是用于聚酰亚胺合成的一种含氟二胺单体。

08.1186 环丁烷四羧酸二酐 cyclobutane tetra-carboxylic dianhydride

化学式为 $C_8H_4O_6$，一种重要的医药和电子化工材料中间体。用于制备高性能有机薄膜晶体管的光敏性聚酰亚胺材料。

08.1187 双马来酰亚胺树脂 bismaleimide resin

由聚酰亚胺树脂体系派生的另一类树脂体系。是以马来酰亚胺为活性端基的双官能团化合物。

08.1188 氰酸酯树脂 cyanate ester resin

又称"三嗪A树脂（triazine A resin）"。分子结构中含有多个氰酸酯官能团的热固性树脂。

08.1189 聚酰亚胺 polyimide

主链含有酰亚胺基团的聚合物。是综合性能最佳的有机高分子材料之一。

08.1190 超净高纯试剂 ultra-clean and high-purity agent

通常由低纯试剂或工业品经纯化精制而成。是电子技术微细加工过程中不可或缺的基础化工材料之一，主要用于芯片的清洗和腐蚀。

08.1191 硫酸 sulfuric acid

化学式为 H_2SO_4，无色油状液体，是一种最活泼的二元无机强酸，能和许多金属发生反应。

08.1192 氢氟酸 hydrofluoric acid

化学式为 HF，是氟化氢气体的水溶液，具有强烈的刺激性气味。属于一元无机弱酸，但具有极强的腐蚀性，能腐蚀金属、玻璃和含硅的物质。

08.1193 盐酸 hydrochloric acid

又称"氢氯酸"。化学式为 HCl，是氯化氢气体的水溶液，属于一元无机强酸。为无色透明的液体，有强烈的刺鼻气味，具有较高的腐蚀性。工业用途广泛。

08.1194 硝酸 nitric acid

又称"硝镪水（eau forte）""镪水（strong acid）"。化学式为 HNO_3，属于一元无机强酸。纯品为无色透明发烟液体，有酸味。在工业上可用于制化肥、农药、炸药、染料等。

08.1195 氨水 ammonia water

又称"氢氧化铵（ammonium hydroxide）"。化学式为 $NH_3 \cdot H_2O$，常温常压下为无色液体，有刺激性气味，密度随浓度的增加而减小。

08.1196 无水乙醇 absolute ethanol

化学式为 C_2H_5OH，无色澄清液体，极易从空气中吸收水分，能与水、氯仿和乙醚等多种有机溶剂以任意比例互溶。

08.1197 氧化铟锡 indium tin oxide

又称"掺锡氧化铟（tin-doped indium oxide）"。铟氧化物（In_2O_3）与锡氧化物（SnO_2）的混合物，通常两者质量比为 9∶1。

08.1198 黑白感光材料 black-white photosensitive materials

经曝光和冲洗后得到黑白影像的卤化银感光材料。

08.1199 彩色负性感光材料 color negative photosensitive materials

能获得彩色影像的感光材料。经曝光和显影处理后所得影像与景物的明暗影像相反。

08.1200 彩色负片 color negative film

应用于拍摄客观景物的彩色胶片。

08.1201 彩色中间负片 color intermediate negative film

用于从彩色反转原片，必要时也可以从彩色拷贝上印制彩色翻底的一种胶片。

08.1202 彩色正性感光材料 color positive photosensitive materials

能获得彩色影像的感光材料，所得影像的明暗与色彩和被拍摄景物一致。

08.1203 彩色正片 color positive film

能够获得正像的彩色胶片。

08.1204 彩色照相纸 color photographic paper

简称“彩色相纸”。用于彩色扩印的相纸。

08.1205 彩色反转感光材料 color reversal photosensitive materials

经拍摄和特殊的反转冲洗后可直接得到与景物颜色一致的彩色正像的感光材料。

08.1206 彩色反转片 color reversal film

又称“反转型彩色片（reverse transformation color film）”“幻灯用彩色片（color slide）”。经曝光后，先经首次显影使曝光部位形成银像，然后将胶片进行均匀曝光，并将未成银像的部位进行彩色显影，最后将银像除去，得到的与原景物彩色相一致的图像。

08.1207 彩色反转相纸 color reversal photographic paper

采用反转加工工艺直接从彩色透明片印制彩色照片的相纸。

08.1208 水溶性成色剂彩色感光片 color photosensitive film of water-soluble coupler

成色剂分子结构中引入长碳链的脂肪族基团和水溶性基团的彩色感光片。

08.1209 油溶性成色剂彩色感光片 color photosensitive film of oil-soluble coupler

成色剂分子结构中含有 12～18 个碳原子亲油性基团的彩色感光片。

08.1210 释放显影抑制剂成色剂彩色感光片 color photosensitive film of development inhibitor releasing coupler

在显影过程中，除生成染料外，同时释放出显影抑制剂的成色剂的彩色感光片。释放显影抑制剂的成色剂的偶合部位带有一个显影抑制剂分子，在偶合反应中，显影抑制剂分子脱落，从而起抑制显影的作用。

08.1211 日光型彩色片 daylight-balanced color film

适于室外日光或电子闪光灯下拍摄的胶片。

08.1212 灯光型彩色片 tungsten-balanced color film

适于灯光下拍摄的彩色胶片。

08.1213 专业型彩色感光材料 professional color photosensitive materials

专业摄影师拍摄时使用的能获得彩色影像的感光材料。

08.1214 业余型彩色感光材料 amateur-type color photosensitive materials

普通人拍摄时使用的能获得彩色影像的感光材料。

08.1215 S型彩色感光材料 S-type color photosensitive materials

短时间曝光，即短曝光型彩色感光材料。

08.1216 L型彩色感光材料 L-type color photosensitive materials

长时间曝光，即长曝光型彩色感光材料。

08.1217 黄染料成色剂 yellow dye coupler

在曝过光的卤化银作用下，与彩色显影剂氧化产物反应生成黄色染料的成色剂。

08.1218 红染料成色剂 red dye coupler

在曝过光的卤化银作用下，与彩色显影剂氧化产物反应生成红色染料的成色剂。

08.1219 青染料成色剂 cyan dye coupler

在曝过光的卤化银作用下，与彩色显影剂氧化产物反应生成青色染料的成色剂。

08.1220 感光二极管 photodiode

又称“光电二极管”“光敏二极管（photosensitive diode）”。能够将光根据使用方式，转换成电流或者电压信号的一种光探测器。

08.1221 感光鼓 toner cartridge

激光打印机的核心部件，70%以上的成像部分集中在感光鼓中。

08.1222 有机感光鼓 organic toner cartridge

使用有机光导材料制成的感光鼓。

08.1223 无定形硅感光鼓 amorphous silicon toner cartridge

表面层、实体导层和阻挡层都是无定形硅的感光鼓。

08.1224 硫化镉感光鼓 cadmium sulfide toner cartridge

由透明的聚酯薄膜绝缘层、光导层、中间层和导电基体组成的感光鼓。突出优点是静电潜像电位差大，复印出的图像反差大。

08.1225 硒感光鼓 selenium drum

一般由铝制成的基材及基材上涂上的感光材料组成的感光鼓。

08.1226 感光胶片 photographic film

全称“银盐感光胶片（silver salt photosensitive film）”。涂有感光材料的透明胶片。感光材料为卤化银及适当的增感染料等，其与明胶组成感光乳剂。

08.1227 中间片 intermediate sheet

电影拷贝制作过程中处于原底片和发行拷贝之间的半成品。

08.1228 软片 film

又称“胶卷”。将卤化银涂抹在聚酯片基上的一种成像器材。此种底片质地较软，卷成整卷方便使用。

08.1229 电影胶片 cinefilm

将感光乳剂涂布在透明柔韧的片基上制成的感光材料。

08.1230 碟片 disk

由硬质合金制成的用于存储文字或影音数据的盘片。

08.1231 先进摄影系统胶卷 advance photo system film

又称“APS胶卷（APS film）”。胶卷上除了涂有感光乳剂外，还涂覆一层磁性介质，在拍摄过程中，可以将拍摄中的有关数据记录在胶片上，如焦距、光圈、速度、色温、日期等。

08.1232 分色片 color separation

又称“原版（original）”“底版（negative）”。用来晒制印版的图文底片。

08.1233 红外线片 infrared film

感色范围为 700～1250 nm 的感光胶片。

08.1234 紫外线片 ultraviolet film

感色范围为 270～400 nm 的感光胶片。

08.1235 X 射线片 X-ray film

感色范围为 0.01～10 nm 的感光胶片。

08.1236 染料型黑白胶片 dye type black and white film

画面影像由彩色成色剂与通常的彩色显影剂发生偶合反应所生成的染料构成的胶片。

08.1237 波拉一步成像感光片 Polaroid one step imaging photosensitive film

用在波拉一步成像技术中的感光胶片。

08.1238 微泡胶片 microbubble film

全称“微泡法胶片”。以重氮盐光解为基础的感光材料。其感光物质是重氮盐，当光照射时，发生脱重氮化并放出氮气。氮气在黏合剂基体中膨胀而产生了光散射微泡，使被照射部分变暗，形成负像。

08.1239 感光纸 photosensitive paper

又称“放大纸（bromide paper）”“相纸（photographic paper）”。表面涂有感光药膜的纸。

08.1240 全色相纸 full-color photographic paper

对所有色光都敏感的相纸。

08.1241 可变色相纸 color-changing photographic paper

供放大黑白照片用的高感光度涂塑相纸。

08.1242 感光片基 photosensitive sheet base

胶片的支持体。

08.1243 硝酸纤维素酯片基 cellulose nitrate ester film base

又称“硝化纤维素片基（cellulose nitrate film base）”“硝酸片基（nitrate film base）”。使用硝酸纤维素酯材料制备的胶片片基。

08.1244 三醋酸纤维素酯片基 cellulose triacetate ester film base

使用三醋酸纤维素酯材料制备的胶片片基。

08.1245 涤纶片基 terylene film base

又称“麦拉尔片基（Meral film base）”。使用涤纶材料制备的胶片片基。

08.1246 纸基 paperbase

冲洗照片相纸的支持体。

08.1247 感光乳剂 photosensitive emulsion

通常由溴化银和明胶组成的一种具有感光性质的涂料。

08.1248 卤化银体系 silver halide system

又称“卤化银感光材料（silver halide photosensitive materials）”。以卤化银作为光敏物质所制成的感光材料。

08.1249 非常规卤化银体系 unconventional silver halide system

又称“非常规卤化银感光材料（unconventional silver halide photosensitive materials）”。与一般卤化银-明胶照相材料所用的原料、制备方法或加工过程不同，但仍属银盐体系的感光材料。

08.1250 非卤化银体系 non-silver halide system

又称“非卤化银感光材料（non-silver halide photosensitive materials）”。以其他材料为感光物质的感光材料。

08.1251 银盐 silver salt

卤素与金属银形成的化合物的总称。

08.1252 氯化银 silver chloride

化学式为 AgCl，白色粉末，在光的作用下颜色会变深（见光变紫色并逐渐变黑）。

08.1253 溴化银 silver bromide

化学式为 AgBr，浅黄色粉末，难溶于水和氨水。具有感光性，见光分解出金属银，常用于照相术照相底片。

08.1254 感光色素 photosensitive pigment

能够通过吸收光能而引发起始光化学反应的分子。

08.1255 光谱增感剂 spectral sensitizer

又称“光学增感剂”。能够扩大卤化银乳剂的感光范围，同时可提高卤化银光谱感光度的有机化合物。

08.1256 化学增感剂 chemical pigment

在制备感光乳剂时，能够提高卤化银感光度的化合物。化学增感剂使卤化银微晶表面形成较多感光中心，以提高其感光度。

08.1257 硫氰酸金 gold thiocyanate

主要用于强化潜影的一种含金盐。

08.1258 硫代硫酸钠 sodium thiosulfate

俗称“大苏打”“海波”。化学式为 $Na_2S_2O_3$，单斜晶系白色结晶粉末，易溶于水，不溶于醇，在潮湿空气中有潮解性。主要用于照相业作定影剂。

08.1259 负片显影液 negative film developer

用于负片胶片显影的显影液。

08.1260 正片显影液 positive film developer

用于正片胶片显影的显影液。

08.1261 微粒显影液 particle developer

在胶片显影过程中，能产生细颗粒影像的一种显影液。

08.1262 超微粒显影液 ultrafine particle developer

在胶片显影过程中，能产生超细颗粒影像的一种显影液。

08.1263 高清晰度显影液 high definition developer

在胶片显影过程中，能产生高清晰度影像的一种显影液。

08.1264 低反差显影液 low contrast developer

又称“软调显影液（soft tone developer）”。在胶片显影过程中，能产生软调影像的一种显影液。

08.1265 高反差显影液 high contrast developer

在胶片显影过程中，能产生高反差影像的一种显影液。

08.1266 双浴显影液 double bath developer

一种双组分的显影液，显影液 A 组分具有高 pH，显影剂 CD-3 以对苯二胺游离碱形式和适量溶剂结合；显影液 B 组分中含有灰雾抑制剂、显影促进剂、螯合剂等成分。

08.1267 高温显影液 high temperature developer

能够在较高温度（25～35℃）下用于胶片显

影过程的显影液。

08.1268 快速显影液 fast developer
能够在更短时间内进行快速显影的显影液。

08.1269 显定合一液 monobath
将显影和定影两道工序合二为一，在同一加工溶液中完成，可大大提高工作效率，缩短冲卷时间。

08.1270 首次显影液 first developer
简称“首显液”。反转感光材料需要两次显影中的第一次显影液。

08.1271 二次显影液 second developer
在反转显影处理中，湿片显影后，为增强膜面浓度，有时要进行二次显影所用的液体。

08.1272 黑白显影剂 black and white developer
用于黑白银盐胶片显影的化学物质。

08.1273 米吐尔 metol
又称“对甲氨基酚硫酸盐（*p*-methylaminophenol sulfate）”。化学式为 $C_7H_{11}NO_5S$，白色结晶粉末，熔点 260℃，易溶于水，用作黑白感光材料的显影剂。

08.1274 菲尼酮 phenidone
又称“1-苯基-3-吡唑烷酮（1-phenyl-3-pyrazolidone）”。化学式为 $C_9H_{10}N_2O$，白色针状结晶或结晶粉末，用作黑色感光材料的显影剂。

08.1275 二乙基对苯二胺 diethyl-*p*-phenylenediamine
又称“*N*,*N*-二乙基对苯二胺（*N*,*N*-diethyl-*p*-phenylenediamine）”。化学式为 $C_{10}H_{16}N_2$，浅黄色液体，能与醇、醚混溶，不溶于水。遇光或暴露在空气中变色，其盐酸盐或硫酸盐用作彩色显影剂。

08.1276 显影促进剂 development accelerator
又称“助显剂（developing agent）”。在感光材料加工中，加快显影剂显影速度的药剂。

08.1277 溴化钾 potassium bromide
化学式为 KBr，无色结晶或白色粉末，见光色变黄。在感光工业用于制造感光胶片、显影药、底片加厚剂、调色剂和彩色照片漂白剂等。

08.1278 溴化钠 sodium bromide
化学式为 NaBr，白色结晶或粉末。主要用于感光工业中胶片感光液的配制。

08.1279 防灰雾剂 antifoggant
在感光乳剂中加入的用于避免或减少卤化银在制造、储存和使用过程中产生灰雾，从而提高感光材料稳定性的化合物。

08.1280 无机防灰雾剂 inorganic antifoggant
主要成分为无机盐的灰雾剂。如 KBr 或 KI 等抑制灰雾的化合物。

08.1281 有机防灰雾剂 organic antifoggant
主要成分为有机化合物的灰雾剂。如苯并三唑、苯并咪唑等抑制灰雾的有机化合物。

08.1282 定影液 fixer
能够除去未感光卤化银使影像固定持久的溶液。曝光后的感光板乳剂经显影后，只有曝光区感光过的卤化银还原为银，未感光的卤化银仍留在乳剂内。

08.1283 硫代硫酸铵 ammonium thiosulfate
化学式为$(NH_4)_2S_2O_3$，在感光工业用作照相定影剂。

08.1284 硫氰化钾 potassium thiocyanate
又称“硫氰酸钾”。化学式为 KSCN，常温下化学性质不稳定，在空气中易潮解并大量吸热而降温。主要用于电镀行业作退镀剂、制冷剂，还用于染料工业、照相业、农药及钢铁分析。

08.1285 停显剂 stop bath

又称“酸性急制剂(acidic acute preparation)”。能够和显影液发生作用，起到立即停止显影作用的药剂。

08.1286 羟胺类保护剂 hydroxylamine protective agent

在羟胺存在的情况下降低显影剂、亚硫酸钠的无效氧化的药剂。

08.1287 暂时坚膜剂 temporary hardener

感光材料中能够用来暂时提高乳剂层的熔点和机械强度的药剂。

08.1288 永久坚膜剂 permanent hardener

感光材料中能够用来永久提高乳剂层的熔点和机械强度的药剂。

08.1289 无机坚膜剂 inorganic hardener

主要成分为无机盐的坚膜剂。

08.1290 有机坚膜剂 organic hardener

主要成分为有机化合物的坚膜剂。

08.1291 硫酸铬钾 chromium potassium sulfate

又称“硫酸钾铬”“铬明矾(chrome alum)”。化学式为 $CrK(SO_4)_2 \cdot 12H_2O$，可用作分析试剂、显微分析用固定剂、媒染剂，用于照相制版、皮革鞣制、纤维防水，用于制造墨水、鞣剂、媒染剂及照相定影剂等。

08.1292 漂白液 bleaching solution

可将带颜色的材料漂至无色的漂白剂的水溶液。

08.1293 高锰酸钾 potassium permanganate

又称“灰锰氧”。化学式为 $KMnO_4$，分子量158.034，无机化合物，深紫色细长斜方柱状结晶，有金属光泽。广泛用作氧化剂。

08.1294 乙二胺四乙酸铁钠盐 ethylene diamine tetraacetic acid ferric sodium salt

作为铁营养强化剂使用，还可用作络合剂、氧化剂、感光材料冲洗药剂及漂白剂、黑白胶片减薄剂。

08.1295 铁氰化钾 potassium ferricyanide

又称“六氰合铁酸钾(potassium hexacyanoferrate)”，俗称“赤血盐”。可用于卤化银彩色感光材料冲洗的漂白剂、黑白感光材料的减薄剂和黑白照片调棕色的漂白剂。

08.1296 彩色显影剂 color developer

能使感光材料经曝光后产生的潜影显现成可见彩色影像的药剂。

08.1297 硫酸二乙基对氨基苯胺 diethyl sulfate *p*-aminoaniline

又称“对氨基二乙基苯胺硫酸盐(*p*-aminodiethylaniline sulfate)”“*N*,*N*-二乙基对苯二胺硫酸盐(*N*,*N*-diethyl-*p*-phenylenediamine sulfate)”。化学式为 $C_{10}H_{16}N_2 \cdot H_2SO_4$，白色或淡红色结晶。易溶于水，微溶于醇。常用作彩色显影剂。

08.1298 *N*-乙基-4-氨基-*N*-*β*-甲磺酰胺乙基-3-甲基苯胺硫酸盐 *N*-ethyl-4-amino-*N*-*β*-methanesulfonamidoethyl-3-methylaniline sulfate monohydrate

简称“CD-3”。淡红色小粒结晶，熔点126～130℃。用作彩色负片的显影剂，也可用于彩色相纸的显影。

08.1299 4-氨基-3-甲基-*N*-乙基-*N*-(*β*-羟乙基)苯胺硫酸盐 4-amino-3-methyl-*N*-ethyl-*N*-(*β*-hydroxyethyl) aniline sulfate
简称“CD-4”。白色颗粒或粉末，在电影、照相领域用作油溶性彩色胶片的高温快速显影剂。可按一定比例与 CD-3 互混使用。

08.1300 润湿液 wetting liquid
在印刷过程中用来润湿印版的水溶液。

08.1301 定影清洗液 fuser cleaning fluid
用于清洗定影槽的清洗液。

08.1302 漂定合一液 bleach-fix fluid
在移色相纸冲洗加工过程中，漂白和定影两浴合二为一的工艺中所使用的溶液。

08.1303 漂定活性剂 bleach-fix active agent
能够增加漂定作用的物质。

08.1304 彩色结合剂 color binding agent
又称“维斯结合剂（Weiss binding agent）”。消除彩色照片在漂定合一液中因继续显影而造成灰雾的化学制剂。

08.1305 稳定液 stabilizer
又称“稳定剂”。能增加溶液、胶体、固体、混合物的稳定性能的化学溶液。

08.1306 反转液 reversal solution
又称“灰化液（ashing liquid）”。反转冲洗法中用化学处理代替二次曝光的加工溶液。

08.1307 调整液 adjusted solution
洗去胶卷上的彩色显影液，并有助于彻底地漂白的溶液。

08.1308 保护剂 protective agent
在显影液中对胶片起保护作用，不使其被空气所氧化的化学物质。

08.10 皮革化学品

08.1309 浸水助剂 soaking auxiliary
在制革浸水工序使用，有利于生皮快速回复到鲜皮状态的化学品。

08.1310 浸灰助剂 liming auxiliary
在制革浸灰工序使用，有利于脱毛，石灰的溶解和分散，松散皮纤维或抑制膨胀减少皮纹的化学品。

08.1311 脱毛剂 unhairing agent
在制革浸灰工序使用的具有脱毛功能的化学品。最常见的为硫化钠、硫氢化钠。

08.1312 膨胀剂 swelling agent
在制革浸灰工序使用的可使生皮 pH 值升高并产生充水膨胀作用的化学品。最常见的为石灰、片碱。

08.1313 脱灰剂 deliming agent
可中和或去除灰皮中石灰、硫化物等碱性物质，使皮张 pH 值降低、消除膨胀状态的化学品。最常见的脱灰剂为铵盐等。

08.1314 浸水酶 soaking enzyme
制革浸水工序使用的酶制剂。可加速生皮充水和非胶原纤维的水解。使用 pH 值一般为 7.5~9.0。

08.1315 浸灰酶 liming enzyme
制革浸灰工序使用的酶制剂。可促进皮中非胶原纤维的去除，减少生长纹，提高得革率。使用 pH 值一般为 12~14。

08.1316 软化酶 bating enzyme
制革软化工序使用的酶制剂。可破坏或除去生皮中非胶原纤维的成分。使用 pH 值一般为 7.5~9.5。

08.1317 浸酸助剂 picking auxiliary
制革浸酸工序使用的助剂。主要功能是降低皮内外 pH 值的差异。

08.1318 无机鞣剂 inorganic tanning agent
能显著提高生皮湿热稳定性（即鞣性）的铬、铝、锆、钛等金属的碱式盐类或硅、磷等非金属的化合物。

08.1319 铬鞣剂 chrome tanning agent
又称“铬粉（chromium）”。Cr_2O_3 含量一般为 24%~26%的碱式硫酸铬。一般为粉剂，碱度为 32~42。

08.1320 锆鞣剂 zirconium tanning agent
碱式锆盐或其他具有鞣性的锆盐化合物。最常见的为碱式硫酸锆。

08.1321 铝鞣剂 aluminum tanning agent
碱式铝盐或其他具有鞣性的铝盐化合物。最常见的为碱式硫酸铝。

08.1322 钛鞣剂 titanium tanning agent
碱式钛盐或其他具有鞣性的钛盐化合物。

08.1323 铁鞣剂 iron tanning agent
碱式铁盐或其他具有鞣性的铁盐化合物。

08.1324 硅鞣剂 silicon tanning agent
具有鞣性的硅酸盐或纳米二氧化硅类化合物。

08.1325 有机鞣剂 organic tanning agent
天然或合成的具有鞣性的有机物。可使皮革收缩温度提高 10℃或以上。

08.1326 植物鞣剂 vegetable tanning extract
俗称“栲胶”。从植物中浸提出来的，具有鞣性的多酚类混合物。

08.1327 醛鞣剂 aldehyde tanning agent
具有鞣性的醛类有机物。主要有甲醛、戊二醛、改性戊二醛、其他碳链脂肪醛，以及噁唑烷等。

08.1328 有机膦鞣剂 organic phosphorus tanning agent
具有鞣性的有机膦盐化合物。

08.1329 有机金属鞣剂 organic-metallic tanning agent
又称“金属有机鞣剂（metal organic tanning agent）”。由无机鞣剂与有机鞣剂反应制得的具有鞣性的化合物。可使皮革收缩温度提高 10℃或以上。

08.1330 蒙囿剂 masking agent
提高无机鞣剂在水中的耐碱能力和稳定性，减缓鞣剂与革结合的化合物。常见的为有机酸及其盐。

08.1331 鞣制助剂 assistant tanning agent, tanning auxiliary
制革鞣制工序使用的助剂。有利于鞣剂在革中的渗透，或减缓鞣剂与革结合，或提高鞣剂与革的结合率等。

08.1332 提碱剂 basifying agent
制革鞣制工序使用，可缓慢提高鞣剂 pH 的碱性化合物。如氧化镁、碳酸氢钠、碳酸钠等。

08.1333 复鞣剂 retanning agent
具有一定鞣性的无机或有机化合物。主要赋予成革不同的性能特点和风格，如丰满度、紧实性、柔软性、染色性等。

08.1334 芳香族合成鞣剂 aryl synthetic tanning agent
由酚或多酚类和醛类物质经磺化、缩合而制

得的具有一定鞣性的高分子化合物，其分子中含磺酸基或同时含磺酸基和酚羟基。

08.1335 代替型合成鞣剂 replacement syntan
又称“置换型合成鞣剂（displacement type synthetic tanning agent）”。分子中含磺酸基和酚羟基、鞣性较弱的一种芳香族合成鞣剂。

08.1336 辅助型合成鞣剂 auxiliary syntan
分子中不含酚羟基，几乎无鞣性的一种芳香族合成鞣剂。一般用于分散染料和植物鞣剂。

08.1337 含铬合成鞣剂 chromium-containing syntan
由酚磺酸-甲醛缩合物与铬形成的一种芳香族合成鞣剂。

08.1338 中和合成鞣剂 neutralizing syntan，neutralising syntan
兼具复鞣和中和作用的一种芳香族合成鞣剂。一般 pH 较高，10g/L 水溶液的 pH 为 6.5~7.0，具有温和的鞣性。

08.1339 聚合物复鞣剂 polymer retanning agent
由不同单体经不同聚合方法而成的具有一定鞣性的高分子化合物。主要有丙烯酸类、聚氨酯类、苯乙烯-马来酸酐类三种。

08.1340 丙烯酸聚合物复鞣剂 polyacrylic retanning agent
由丙烯酸/甲基丙烯酸及其衍生物单体聚合而成的具有一定鞣性的高分子化合物。主要通过水相中自由基聚合法制备。

08.1341 聚氨酯复鞣剂 polyurethane retanning agent
由多异氰酸酯和聚醚或聚酯多元醇以及小分子的亲水二元醇、二元胺经逐步聚合而成的具有一定鞣性的水溶性高分子化合物。

08.1342 苯乙烯-马来酸酐聚合物复鞣剂 styrene-maleic anhydride polymer retanning agent
由苯乙烯或乙酸乙烯酯和马来酸酐通过自由基聚合而形成的具有一定鞣性的共聚物。

08.1343 氨基树脂复鞣剂 amino resin retanning agent
主要指脲醛树脂复鞣剂、三聚氰胺树脂复鞣剂、双氰胺树脂复鞣剂。多带正电荷，也有两性型。具有优异的鞣制效果和耐久性。

08.1344 脲醛树脂复鞣剂 urea-formaldehyde resin retanning agent
一般指尿素和甲醛缩合聚合所得的产物，有时也指尿素和甲醛预聚体与磺化酚型化合物缩合所得的具有一定鞣性的高分子化合物。

08.1345 三聚氰胺树脂复鞣剂 melamine resin retanning agent
三聚氰胺与甲醛缩合所得的具有一定鞣性的高分子化合物。

08.1346 双氰胺树脂复鞣剂 dicyanodiamide resin retanning agent
双氰胺与甲醛缩聚所得的具有一定鞣性的高分子化合物。

08.1347 蛋白质类复鞣剂 protein retanning agent
植物蛋白或动物蛋白改性的具有一定鞣性的化合物。

08.1348 加脂剂 fatliquor，fatliquoring agent
能渗入胶原纤维间隙间，降低胶原大分子链间作用，增加纤维间的滑动性，使皮革具有良好柔软性的一类物质。

08.1349 动物油类加脂剂 animal oil fatliquor
以动物油脂（包含陆地动物油脂和海产动物油脂）为来源加工而成的皮革用加脂剂。

08.1350 植物油类加脂剂 vegetable oil fatliquor

以植物油脂为来源加工而成的皮革用加脂剂。

08.1351 矿物油类加脂剂 mineral oil fatliquor

以石油精炼而得液态烷烃为来源加工而成的皮革用加脂剂。如软皮白油加脂剂。

08.1352 合成加脂剂 synthetic fatliquor

合成脂肪酸经酯化、皂化、乳化后制得的皮革用加脂剂。如合成牛蹄油加脂剂。

08.1353 硫酸化加脂剂 sulfated fatliquor

天然动植物油脂通过硫酸化反应引入亲水基团硫酸酯基而制得的皮革用加脂剂。

08.1354 氧化-亚硫酸化加脂剂 oxidized-sulfited fatliquor

天然动植物油脂通过氧化-亚硫酸化反应引入亲水基团磺酸基而制得的皮革用加脂剂。

08.1355 磺化加脂剂 sulfonated fatliquor

天然动植物油脂通过磺化反应引入亲水基团磺酸基而制得的皮革用加脂剂。

08.1356 磷酸化加脂剂 phosphated fatliquor

天然动植物油脂通过磷酸化反应引入亲水基团磷酸酯基而制得的皮革用加脂剂。

08.1357 复合加脂剂 compound fatliquor

两种或两种以上皮革用加脂剂的复合物。

08.1358 结合型加脂剂 combined fatliquor

能与革纤维或铬鞣剂等的鞣剂形成牢固结合的皮革用加脂剂。

08.1359 防水型加脂剂 waterproof fatliquor

能显著提高皮革的防水性能的皮革用加脂剂。多含有机硅、有机氟等功能组分。

08.1360 复鞣加脂剂 retanning fatliquor

能与胶原纤维结合，同时具有长脂肪链的化合物。兼具复鞣和加脂双重效果。

08.1361 水性涂饰剂 waterborne finishing agent

以水为分散介质的皮革涂饰用化学品。如水性成膜剂、水性着色剂、水性手感剂等。

08.1362 溶剂型涂饰剂 solvent finishing agent

以有机溶剂为分散介质的皮革涂饰用化学品。如溶剂型成膜剂、溶剂型着色剂、溶剂型手感剂等。

08.1363 成膜剂 film-forming agent

能在革面上形成一层黏着牢固、连续均匀薄膜（涂层）的高分子材料。

08.1364 丙烯酸树脂成膜剂 acrylic resin film-forming agent

由丙烯酸酯类单体通过乳液共聚合而成的具有弹性的高分子材料。

08.1365 聚氨酯成膜剂 polyurethane film-forming agent

由多异氰酸酯和聚醚或聚酯多元醇以及亲水性小分子二元醇经逐步聚合而成的具有弹性的高分子材料。

08.1366 蛋白质类成膜剂 protein film-forming agent

酪素或改性酪素经己内酰胺、丙烯酸树脂或聚氨酯化学改性而制得的一类高分子成膜剂。

08.1367 复合树脂成膜剂 composite resin film-forming agent

由丙烯酸树脂、聚氨酯或蛋白类成膜剂及其助剂复合而成的一类成膜剂。

08.1368 硝化棉光油 nitrocellulose lacquer
由硝化棉纤维经增塑或化学改性而制得的一类成膜剂。其耐磨、耐刮，光亮度高，主要用作光亮剂。

08.1369 颜料膏 pigment paste
又称“色膏”。由有机或无机颜料、分散介质、添加剂混合研磨而成的膏状物。可分为含酪素颜料膏和不含酪素颜料膏两大类。

08.1370 染料水 liquid dye
由染料、分散介质、添加剂混合而成的水溶液。为透明性着色剂。

08.1371 补伤膏 repair thick paste
又称“修补膏（repairing agent）”。与皮革表面能良好粘接，对革面伤残有良好遮盖力并具有消光功能的化学品。

08.1372 涂饰交联剂 finishing crosslinker
能增加成膜剂分子间的交联度，封闭亲水基团，提高涂层耐水和有机溶剂性能及物理机械性能的化学品。

08.1373 皮革整饰手感剂 leather finishing hand modifier
能改善涂层表面手感的化学品。主要有蜡类手感剂、有机硅类手感剂。

08.1374 皮革整饰抛光蜡 leather finishing polish wax
以蜡为主要原料，改善涂层的抛光性能或增强抛光效应的化学品。

08.1375 皮革整饰变色蜡 leather finishing pull-up wax
以蜡为主要原料，使涂层具有变色效应的化学品。

08.1376 皮革整饰变色油 leather finishing pull-up oil
以中性油脂为主要原料，使涂层具有变色效应的化学品。

08.1377 洗毛剂 wool washing agent
可显著地去除毛上附着的杂物和油脂，使毛柔软蓬松、不黏结的洗涤剂。活性成分为阴离子型表面活性剂和非离子型表面活性剂。

08.1378 软化剂 bating agent
毛皮软化工序使用的酶制剂。其破坏或除去毛皮中非胶原纤维的成分，但是对毛没有损伤或损伤很小。使用 pH 一般小于 7.0。

08.1379 脱脂剂 degreasing agent
可显著地降低毛皮中毛和皮板中油脂与水的界面张力，使油脂乳化分散于水中，从而脱离毛皮的表面活性剂。

08.1380 踢皮油 kicking oil
能良好渗透进入皮板、皮纤维内，赋予毛皮良好的柔软度和延伸度的中性天然油脂、合成油脂及其混合物。

08.1381 染毛缓染剂 retarding agent for hair dyeing
有利于提高染料在水中的分散度，降低染料与毛的亲和速率，使毛上色变缓的化学品。

08.1382 染毛匀染剂 leveling agent for hair dyeing
有利于提高染料在水中的分散度，降低染料与毛的亲和力，使毛上色更加均匀的化学品。

08.1383 染毛染料 hair dyestuff
溶于水，能与毛纤维结合使其着色的染料。主要有酸性染料、氧化染料、活性染料、金属络合染料和分散染料。

08.1384　毛皮防染剂　fur reserving agent
能在毛皮染色过程中，防止皮板或毛被染料着色的化学品。

08.1385　毛皮褪色剂　fur fading agent
能部分还原毛皮上有色组分，使其颜色变浅的还原剂。可分为无机类和有机类两大类。

08.1386　毛皮漂白剂　fur bleaching agent
能还原毛皮上有色组分，使其褪色并溶于水的还原剂。可分为无机类和有机类两大类。

08.1387　毛皮加脂剂　fur fatliquor
能对毛皮皮板起到加脂作用，同时对毛纤维有良好的润滑效果的加脂剂。

08.1388　烫毛剂　ironing agent
能提高毛皮熨烫效果（主要包括提高毛的光亮度、滑感及蓬松度等）的化学品。

英 汉 索 引

A

酯共聚物 08.0037

acrylic acid-sodium allyl sulfonate-isopropylphosphonic acid copolymer 丙烯酸-丙烯磺酸钠-异丙烯膦酸共聚物 08.0045

acrylic adhesive 丙烯酸胶黏剂 07.0007

acrylic resin coating 丙烯酸树脂涂料 05.0015

acrylic resin film-forming agent 丙烯酸树脂成膜剂 08.1364

acrylic resin paint *丙烯酸树脂漆 05.0015

acrylic water-based adhesive 丙烯酸类水基胶黏剂 07.0021

acrylonitrilebutadiene rubber adhesive 丁腈橡胶胶黏剂 07.0010

activated alumina 活性氧化铝，*活性矾土 08.0346

activated molecule 活化分子 08.0345

active species 活性物种 08.0344

acute phytotoxicity 急性药害 03.0237

acute reference dose 急性参考剂量 03.0220

acute rodenticide 急性杀鼠剂 03.0053

acute toxicity test 急性毒性试验 03.0210

Adams catalyst 亚当斯催化剂 08.0586

7-ADCA 7-氨基去乙酰氧基头孢烷酸 02.0029

additive for acidizing fluid 酸液添加剂 08.0175

additive for cement slurry 水泥外加剂 08.0160

additive for drilling fluid 钻井液处理剂 08.0131

additive for fracturing fluid 压裂液添加剂 08.0197

adherend 被粘物 07.0079

adhesion 黏附 06.0059

adhesional wetting 沾湿 06.0118

adhesion promoter 附着力促进剂 05.0186

adhesive 胶黏剂 01.0011

adhesive film *胶膜 08.1069

ADI 每日允许摄入量 03.0219

adjusted solution 调整液 08.1307

Adkins catalyst *阿德金斯催化剂 08.0477

admicelle 吸附胶束，*吸附胶团 06.0156

admixture for cement slurry 水泥外掺料 08.0163

adsorbent 吸附剂 06.0002

adsorption 吸附 06.0001

adsorption quantity 吸附量 06.0003

adsorptive corrosion inhibitor 吸附型缓蚀剂 08.0262

advance photo system film 先进摄影系统胶卷 08.1231

AEC 脂肪醇聚氧乙烯醚羧酸盐 06.0254

aerogel 气凝胶 06.0161

aerogel catalyst 气凝胶催化剂 08.0578

aerosol 气雾剂 03.0128，气溶胶 06.0168

aerosol coating 气溶胶涂料 05.0040

aerosol paint *气溶胶漆 05.0040

AES 脂肪醇聚氧乙烯醚硫酸盐 06.0253

after tack 回黏 05.0423

after tack property *回黏性，*返黏性 05.0423

agglomerate 团聚体 05.0233

AGS 烷基甘油醚磺酸盐 06.0222

air assisted airless spraying 气助无气喷涂 05.0268

air current shiver 气流粉碎 03.0148

air dry coating 气干涂料 05.0037

air dry paint *气干漆，*自干漆 05.0037

airless spraying 无气喷涂 05.0267

air spraying 空气喷涂 05.0266

AlCl₃-polystyrene supported catalyst 三氯化铝-聚苯乙烯负载催化剂 08.0552

alcohol-base fracturing fluid 醇基压裂液 08.0195

alcohol-base water shutoff agent 醇基堵水剂 08.0235

aldehyde bactericide 醛类杀菌剂 08.0071

aldehyde tanning agent 醛鞣剂 08.1327

Alfin catalyst *阿尔芬催化剂 08.0508

alicyclic glycidyl ether epoxy resin 脂环族缩水甘油醚环氧树脂 05.0167

alignment film 取向膜 08.1184

alizarine oil *太古油 06.0148

alkali cleaning 碱洗 05.0256

alkali metal catalyst 碱金属催化剂 08.0348

alkaline agent 碱剂 08.0237

alkaline cupric chloride etchant 碱性氯化铜蚀刻液 08.1100

alkaline earth metal catalyst 碱土金属催化剂 08.0349

alkaline recovery rate 碱回收率 08.0093

alkali-resistant adhesive 耐碱胶黏剂 07.0045

alkyd resin paint *醇酸树脂漆 05.0009

alkyl amido betaine 烷基酰胺甜菜碱 06.0229

alkylation catalyst 烷基化催化剂 08.0546

alkyl glycerol ether sulfate 烷基甘油醚硫酸盐 06.0223

alkyl glycerol ether sulfonate 烷基甘油醚磺酸盐 06.0222

alkyl imidazoline amphoteric surfactant 烷基咪唑啉两性表面活性剂 06.0006

alkyl naphthalene sulphonate 烷基萘磺酸盐 06.0227

alkylolamide 烷[基]醇酰胺 06.0007

alkylphenol ethoxylate 烷基酚聚氧乙烯醚 06.0297

alkylphenol formaldehyde resin polyoxyethylene ether 烷基酚甲醛树脂聚氧乙烯醚 02.0257

alkylphenol polyoxyethylene ether carboxylate 烷基酚聚氧乙烯醚羧酸盐 06.0221

alkylphenol polyoxyethylene ether phosphate 烷基酚聚氧乙烯醚磷酸盐 06.0219

alkylphenol polyoxyethylene ether sulfate 烷基酚聚氧乙烯醚硫酸盐 06.0220

alkyl phosphate diethanolamine salt 烷基磷酸酯二乙醇胺盐 06.0224

alkyl phosphate salt 烷基磷酸酯盐 06.0016

alkyl phosphate triethanolamine salt 烷基磷酸酯三乙醇胺盐 06.0226

alkyl phosphonate 烷基磷酸酯 06.0169

alkyl polyglycoside 烷基多苷 06.0218

alkylpolyoxyethylene ether acetate 烷基聚氧乙烯醚乙酸盐 06.0025

alkyl trimethyl ammonium chloride 氯化烷基三甲基铵 06.0047

allelopathic effect ＊化感作用 03.0244

allelopathy action 异株克生作用 03.0244

allimin 大蒜素 08.0949

allyl alcohol 丙烯醇 02.0062

aluminum chloride catalyst 氯化铝催化剂 08.0462

aluminum oxide 氧化铝 08.0957

aluminum stiffener 铝片增强板，＊铝片补强板 08.1085

aluminum tanning agent 铝鞣剂 08.1321

amateur-type color photosensitive materials 业余型彩色感光材料 08.1214

ambient temperature curable coating 室温固化涂料 05.0033

ambient temperature curable paint ＊室温固化漆 05.0033

Ames test 埃姆斯试验 03.0213

amide polyoxyethylene ether 酰胺聚氧乙烯醚 06.0232

amide propyl dimethylamine oxide 酰胺基丙基二甲基氧化胺 06.0231

amidinothiourea 脒基硫脲 02.0038

2-amino-4-acetamino anisole 2-氨基-4-乙酰氨基苯甲醚 02.0254

amino acid derivative 氨基酸衍生物 08.0656

5-amino-2-(4-aminophenyl) amino-benzene sulfonate ＊5-氨基-2-[(4-氨基苯基)氨基]苯磺酸 02.0307

1-aminoanthraquinone 1-氨基蒽醌，＊1-氨基蒽并醌 02.0250

4-amino-azobenzene ＊4-氨基氮杂苯 02.0141

aminobiphenyl ＊苯基苯胺 02.0081

1-amino-4-bromoanthraquinone-2-sulfonic acid ＊1-氨基-4-溴蒽醌-2-磺酸 02.0207

2-amino-1-butanol 2-氨基-1-丁醇 02.0056

3-amino-2-butyric acid isopropyl ester ＊3-氨基-2-丁烯酸异丙酯 02.0189

7-aminocephalosporanic acid 7-氨基头孢烷酸 02.0030

4-amino-2-chloro-6,7-dimethoxyquinazoline ＊4-氨基-2-氯-6,7-二甲氧基喹唑啉 02.0175

2-amino-5-chloro-4-methylbenzenesulfonic acid 2-氨基-4-甲基-5-氯苯磺酸 02.0225

2-amino-4-chlorophenol ＊2-氨基-4-氯苯酚 02.0071

aminocyclohexane ＊氨基环己烷 02.0120

1-aminocyclopropane-1-carboxylic acid α-环丙氨酸 08.0839

7-aminodesacetoxycephalosporanic acid 7-氨基去乙酰氧基头孢烷酸 02.0029

4-amino-1-diethylaminopentane 4-氨基-1-二乙氨基戊烷 02.0045

4-amino-2,6-dimethoxypyrimidine 4-氨基-2,6-二甲氧基嘧啶 02.0151

1-amino-2,3-dimethylbenzene ＊1-氨基-2,3-二甲基苯 02.0087

aminodiphenyl ＊氨基二苯 02.0081

2-(2-aminoethoxy)ethanol 二甘醇胺 02.0059

4-amino-2-hydroxybenzoic acid ＊4-氨基-2-羟基苯甲酸 02.0302

7-amino-4-hydroxy-2-naphthalenesulfonic acid ＊7-氨基-4-羟基-2-萘磺酸 02.0205

2-amino-3-hydroxypyridine 2-氨基-3-羟基吡啶 02.0142

5-amino-isophthalic acid 5-氨基间苯二甲酸，＊5-氨基异酞酸 02.0317

2-amino-3-mercaptopropionic acid hydrochloride ＊2-氨基-3-巯基丙酸盐酸盐 08.0838

2-amino-5-methoxypyridine 2-氨基-5-甲氧基吡啶 02.0136

2-(aminomethyl)-1-ethylpyrrolidine　2-氨甲基-1-乙基吡咯烷　02.0048
3-amino-5-methylisoxazole　3-氨基-5-甲基异噁唑　02.0033
4-amino-3-methyl-*N*-ethyl-*N*-(*β*-hydroxyethyl)aniline sulfate　4-氨基-3-甲基-*N*-乙基-*N*-(*β*-羟乙基)苯胺硫酸盐，＊CD-4　08.1299
2-amino-2-methylpropane　＊2-氨基-2-甲基丙烷　02.0110
7-amino-1,3-naphthalenedisulfonic acid　7-氨基-1,3-萘二磺酸　02.0310
1-amino-4-naphthalenesulfonic acid　1-氨基萘-4-磺酸　02.0208
2-aminonaphthalene-1-sulfonic acid　＊2-萘胺-1-磺酸　02.0311
1-amino-8-naphthol-3,6-disulfonic acid　1-氨基-8-萘酚-3,6-二磺酸　02.0281
2-amino-5-naphthol-7-sulfonic acid　2-氨基-5-萘酚-7-磺酸　02.0205
6-amino-1-naphthol-3-sulfonic acid　＊6-氨基-1-萘酚-3-磺酸　02.0205
2-amino-*n*-butanol　＊2-氨基正丁醇　02.0056
amino orotic acid　氨基乳清酸　02.0300
5-amino orotic acid　＊5-氨基乳清酸　02.0300
6-aminopenicillanic acid　6-氨基青霉烷酸　02.0028
6-aminopenicillin acid　＊6-氨基青霉素酸　02.0028
2-amino-2-phenylacetic acid　＊2-氨基-2-苯基乙酸　02.0284
4-aminophenylacetic acid　＊4-氨基苯乙酸　02.0309
4-aminophenyl ether　＊4-氨基苯乙醚　02.0085
2-aminopyrimidine　＊2-氨基嘧啶　02.0150
amino resin coating　氨基树脂涂料　05.0010
amino resin paint　＊氨基树脂漆　05.0010
amino resin retanning agent　氨基树脂复鞣剂　08.1343
4-aminosalicylic acid　4-氨基水杨酸　02.0302
3-amino-4-sulfonic acid-6-chlorotoluene　＊3-氨基-4-磺酸-6-氯甲苯　02.0225
2-aminothiazole　＊2-氨基噻唑　02.0145
2-(2-aminothiazole-4-yl)-2-hydroxyiminoacetic acid　去甲氨噻肟酸　02.0289
2-(2-aminothiazole-4-yl)-2-methoxyiminoacetic acid　氨噻肟酸　02.0288
amino trimethylene phosphonic acid　氨基三亚甲基膦酸，＊氨基三甲叉膦酸　08.0022
7-amino-3-vinylcephalosporanic acid　7-氨基-3-乙烯基头孢烷酸　02.0236
α-amino-*δ*-guanidinovaleric acid　＊*α*-氨基-*δ*-胍基戊酸　06.0076
ammonia combustion catalyst　氨燃烧催化剂　08.0408
ammonia cracking catalyst　氨裂解催化剂　08.0419
ammonia decomposition catalyst　氨分解催化剂　08.0418
ammonia-dimethylamine-epichlorohydrin polymer　氨-二甲胺-环氧氯丙烷聚合物　08.0085
ammonia-epichlorohydrin condensation polymer　氨-环氧氯丙烷缩聚物　08.0084
ammonia ester oil　氨酯油　05.0151
ammonia water　氨水　08.1195
ammonium dodecyl sulfate　十二烷基硫酸铵，＊K12A　06.0202
ammonium hydroxide　＊氢氧化铵　08.1195
ammonium persulfate etchant　过硫酸铵蚀刻液　08.1102
ammonium propionate　丙酸铵　08.0931
ammonium thiosulfate　硫代硫酸铵　08.1283
amorphous Si-Al catalyst for catalytic cracking　无定形硅铝催化裂化催化剂　08.0560
amorphous silicon toner cartridge　无定形硅感光鼓　08.1223
amorphous SiO_2-Al_2O_3 catalyst　＊无定形 SiO_2-Al_2O_3 催化剂　08.0465
amphiphile　两亲分子　06.0194
amphiphilic molecule　两亲分子　06.0194
amphoteric surfactant　两性表面活性剂　06.0060
amprolium hydrochloride, ethopabate and sulfaquinoxaline premix　盐酸氨丙啉-乙氧酰胺苯甲酯-磺胺喹噁啉预混剂　08.0994
amprolium hydrochloride and ethopabate premix　盐酸氨丙啉-乙氧酰胺苯甲酯预混剂　08.0993
analogue synthesis　类同合成，＊类推合成　03.0092
androstenediol　雄烯二醇，＊雄甾烯二醇　02.0067
angle jointing　角接　07.0085
angular heterochromatic coating　随角异色涂料　05.0116
[anhydrous] ethylene diamine　＊[无水]乙撑二胺　02.0096
aniline dye　苯胺染料　04.0036
animal fat　动物油脂　06.0164
animal oil fatliquor　动物油类加脂剂　08.1349
anionic surfactant　阴离子表面活性剂　06.0299
anisole　苯甲醚　02.0256
anisotropically conductive adhesive film　各向异性导电胶

膜 08.1072
anodic oxide film 阳极氧化膜 05.0258
antagonistic action 拮抗作用 03.0243
anthraquinone 蒽醌 02.0249
1,4-anthraquinone diphenol *1,4-蒽醌二酚 02.0251
anthraquinone dye 蒽醌染料 04.0037
9,10-anthrone *9,10-蒽酮 02.0249
anti-adhesive agent 防粘连剂 05.0199
antibiotic fungicide 抗生素杀菌剂 03.0063
antibiotic insecticide 抗生素类杀虫剂 03.0041
antibiotic nematicide 抗生素类杀线虫剂 03.0044
anti-blocking agent 防结块剂 05.0198
anti-catalyst 负催化剂 08.0328
anticatalyzer 负催化剂 08.0328
anti-clay-swelling agent 黏土防膨剂 08.0263
anticoagulant rodenticide 抗凝血性杀鼠剂 03.0058
anticorrosive coating 防腐[蚀]涂料 05.0065
anticorrosive paint *防腐漆 05.0065
anticorrosive primer 防锈底漆 05.0131
anti-dewing coating 防结露涂料，*抗凝露涂料 05.0061
antifeedant 拒食剂 03.0060
antifeedant activity 拒食活性 03.0183
antifoamer 防沫剂，*抗泡剂 06.0098
antifoggant 防灰雾剂 08.1279
anti-fouling coating 防污涂料 05.0070
anti-fouling paint *防污漆 05.0070
antifreezer 抗冻剂 03.0150
antifreezing agent *阻冻剂 03.0150
anti-halation dye 防光晕染料，*阻光染料 08.1167
antiincrustation corrosion inhibitor HAG 阻垢缓蚀剂 HAG 06.0113
antimony catalyst 锑催化剂 08.0450
anti-pillling agent 抗起毛起球剂 08.0285
antique art coating *仿古艺术涂料 05.0128
antique coating 仿古涂料 05.0128
anti-redeposition power 抗再沉积力 08.0700
anti-reflective coating 抗反射涂层 08.1171
anti-reflective layer 抗反射层 08.1172
anti-rust coating 防锈涂料 05.0071
antirusting agent 防锈剂 06.0121
anti-rust oil 防锈油 05.0101
anti-rust paint *防锈漆 05.0071
anti-sagging agent 防流挂剂 05.0185
antiscale dispersant 阻垢分散剂 08.0034
anti-scaling additive 防垢剂 08.0266
antiseptic 防腐剂 08.0114
anti-settling agent 防沉剂 05.0184
anti-skid coating 防滑涂料 05.0062
antistatic agent 抗静电剂 06.0064
antistatic agent P 抗静电剂 P 06.0135
antistatic agent TM 抗静电剂 TM 06.0139
antistatic coating 抗静电涂料，*防静电涂料 05.0077
APEC 烷基酚聚氧乙烯醚羧酸盐 06.0221
APES 烷基酚聚氧乙烯醚硫酸盐 06.0220
APG 烷基多苷 06.0218
β-apo-8′-carotenal β-阿朴-8′-胡萝卜素醛 08.0950
β-apo-8′-carotenoic acid ethyl ester β-阿朴-8′-胡萝卜素酸乙酯 08.0951
application property 施工性 05.0399
APS film *APS 胶卷 08.1231
aqueous solution 水剂 03.0115
architectural coating 建筑涂料 05.0147
ARfD 急性参考剂量 03.0220
arginine 精氨酸 06.0076
aromatic oil *芳香油 08.0702
aromatics modifier *变调剂 08.0760
arranged catalyst 排列式催化剂 08.0574
arsanilic acid premix 氨苯胂酸预混剂，*阿散酸预混剂 08.1000
arsenic removal catalyst 脱砷催化剂 08.0528
art coating 艺术涂料 05.0126
artificial perfume *人造香料 08.0665
artificial soil 人造污垢 08.0701
aryl synthetic tanning agent 芳香族合成鞣剂 08.1334
AS 烷基磺酸盐 06.0225
ashing liquid *灰化液 08.1306
aspartic acid 天冬氨酸，*天门冬氨酸 08.0834
asphalt coating 沥青涂料 05.0008
asphalt paint *沥青漆 05.0008
assembly time 装配时间 07.0110
assistant tanning agent 鞣制助剂 08.1331
A-stage A 阶段 07.0121
asymmetric catalysis 不对称催化 08.0294
asymmetric self-catalysis 不对称自催化 08.0295
ATMP 氨基三亚甲基膦酸，*氨基三甲叉膦酸 08.0022
atom economy 原子经济性 07.0169

atomic utilization 原子利用率 07.0170
autoxidation phenomenon 自氧化现象 08.0696
auxiliary syntan 辅助型合成鞣剂 08.1336
available amino acid 可利用氨基酸 08.0821
7-AVCA 7-氨基-3-乙烯基头孢烷酸 02.0236
avena test 燕麦试验 03.0199
aviation coating 航空涂料 05.0134
aviation paint ＊航空漆 05.0134
avilamycin premix 阿维拉霉素预混剂 08.1008
azine dye 吖嗪染料 04.0054
azo dye 偶氮染料 04.0035
azoic coupling component 色酚 04.0021
azoic dye 冰染染料 04.0003

B

Bacillus coagulans 凝结芽孢杆菌 08.0928
Bacillus lentus 迟缓芽孢杆菌 08.0920
Bacillus licheniformis 地衣芽孢杆菌 08.0904
Bacillus pumilus 短小芽孢杆菌 08.0921
Bacillus subtilis 枯草芽孢杆菌 08.0905
bacitracin zinc and colistin sulfate premix 杆菌肽锌和硫酸黏杆菌素预混剂 08.1012
bacitracin zinc premix 杆菌肽锌预混剂 08.1003
back-ionization 反电离 05.0287
bactericidal and antimould coating 杀菌防霉涂料，＊抗菌防霉涂料 05.0069
bactericide and algicide 杀菌灭藻剂 08.0057
bactericide for drilling fluid 钻井液杀菌剂 08.0132
bactericide for injection water 注入水杀菌剂 08.0257
bag moulding 气囊施压成型 07.0120
bait 饵剂 03.0129
baking paint 烤漆 05.0038
balm 香树脂 08.0732
balsam 香膏 08.0734
banned dye 禁用染料 04.0061
base catalyst 碱催化剂 08.0347
base setting agent ＊打底剂 04.0021
basic copper chloride 碱式氯化铜 08.0871
basic dye 碱性染料 04.0004
basic ionic palladium activate fluid 碱性离子钯活化剂 08.1114
basic note 基香 08.0757
basic paint 基础漆 05.0225
basic zinc chloride 碱式氯化锌 08.0887
basifying agent 提碱剂 08.1332
bath agent and shower agent 沐浴剂 08.0678
bath lotion 沐浴剂 08.0678
bating agent 软化剂 08.1378
bating enzyme 软化酶 08.1316
BCDMH 溴氯海因 08.0062
beaf tallow 牛油，＊牛脂 06.0143
behenic acid 山嵛酸 06.0144
bending strength 弯曲强度 07.0145
benzaldehyde 安息香醛，＊苯甲醛 02.0264
benzanthrone 苯并蒽酮，＊苯绕蒽酮 08.1160
benzene alkylation catalyst ＊苯烷基化催化剂 08.0506
benzene hydrogenation catalyst ＊苯加氢催化剂 08.0492
benzene organic waste gas combustion catalyst ＊苯系列有机废气燃烧催化剂 08.0594
benzidine disulfonic acid 联苯胺双磺酸 02.0306
benzidine-2,2′-disulfonic acid ＊联苯胺-2,2′-双磺酸 02.0306
benzidine dye 联苯胺染料 04.0059
benzimidazolone dye 苯并咪唑酮类染料 04.0047
benzocaine 苯佐卡因 02.0199
2,3-benzofuran ＊2,3-苯并呋喃 02.0148
benzoic acid 苯甲酸，＊安息香酸 02.0280
benzol melamine formaldehyde resin 苯代三聚氰胺甲醛树脂 05.0176
1,4-benzoquinone 1,4-苯醌 02.0253
benzothiazole dye 苯并噻唑类染料 04.0048
benzotriazole 苯并三氮唑 08.0055
benzoxazine resin 苯并噁嗪树脂 08.1043
benzoyl chloride 苯甲酰氯 02.0325
1,3-benzoyl chloride ＊1,3-苯二甲酰氯 02.0333
1,4-benzoyl chloride ＊1,4-苯二甲酰氯 02.0332
benzoyl isothiocyanate 苯甲酰异硫代氰酸酯，＊异硫代氰酸苄酯，＊苯酰异硫氰酸酯 02.0193
benzyl chloride 氯化苄，＊苄基氯 02.0018
benzyl chloroformate 氯甲酸苄酯 02.0186
benzyl cyanide ＊氰化苄 02.0124
benzyl-dimethyloctadecyl ammonium chloride 十八烷基二甲基苄基氯化铵，＊1827 06.0250

benzyl-hexadecyldimethyl ammonium chloride　十六烷基二甲基苄基氯化铵，＊1627　06.0208
benzylmethanol　＊苄基甲醇　02.0066
benzylphenol polyoxyethylene ether　＊苄基苯酚聚氧乙烯醚　06.0273
betaine hydrochloride　甜菜碱盐酸盐　08.0862
betaine type amphoteric surfactant　甜菜碱型两性表面活性剂　06.0233
Bifidobacterium adolescentis　青春双歧杆菌　08.0916
Bifidobacterium animalis　动物双歧杆菌　08.0919
Bifidobacterium breve　短双歧杆菌　08.0915
Bifidobacterium infantis　婴儿双歧杆菌　08.0913
Bifidobacterium longum　长双歧杆菌　08.0914
bifunctional reactive dye　双活性基染料　04.0062
binder　＊黏结剂　01.0011
bioassay of pesticide　农药生物测定　03.0163
biocide　＊杀生剂　08.0057
biodegradability　生物降解性　06.0123
bioisosterism　生物电子等排理论　03.0093
biological buffer　＊生物缓冲剂　08.0658
biological buffer substance　生物缓冲物质　08.0658
biological concentration factor　生物浓缩系数　03.0252
biological control　生物防治　03.0232
biological degradation　生物降解　03.0230
biological pesticide　生物农药　03.0005
biomimetic pesticide　仿生农药　03.0008
biorational design　生物合理设计　03.0095
biosurfactant　生物表面活性剂　06.0122
bird repellent　鸟类驱避剂　03.0146
bisazide compound　双叠氮化合物　08.1164
bismaleimide resin　双马来酰亚胺树脂　08.1187
bismaleimide triazine resin　双马来酰亚胺三嗪树脂　08.1041
bis(tributyltin)oxide　双三丁基氧化锡，＊氧化双[三丁基]锡　08.0069
bis(trichloromethyl)carbonate　＊二(三氯甲基)碳酸酯　02.0201
black and white developer　黑白显影剂　08.1272
blackening agent　黑化剂　08.1108
black liquor from paper industry　造纸黑液　08.0090
black panel thermometer　黑板温度计　05.0378
black-white photosensitive materials　黑白感光材料　08.1198
bleach-fix active agent　漂定活性剂　08.1303
bleach-fix fluid　漂定合一液　08.1302
bleaching agent　漂白剂　08.0110
bleaching solution　漂白液　08.1292
bleeding　渗色　05.0341
blend　调和　08.0758
blending　调和　08.0758
blocked curing agent　封存性固化剂　07.0097
blocking　粘连　07.0137
blocking remover　解堵剂　08.0206
blood protein adhesive　血液蛋白胶黏剂　07.0031
blooming　起霜　05.0342
blusher　胭脂　08.0672
blushing　发白，＊白化　05.0343
body note　体香　08.0756
boiling test　煮沸试验　07.0166
bonded assembly　胶接件　07.0078
bonding　胶接，＊粘接　07.0081
bonding agent　＊黏合剂　01.0011
bonding materials　黏结材料　08.1068
bonding powder coating　邦定粉末涂料　05.0123
bonding process　邦定工艺　05.0215
bond strength　胶合强度　07.0144
boride catalyst　硼化物催化剂　08.0468
boron catalyst　硼催化剂　08.0423
botanical fungicide　植物源杀菌剂　03.0065
botanical insecticide　植物性杀虫剂　03.0035
botanical nematicide　植物源杀线虫剂　03.0045
botanical pesticide　植物性农药　03.0007
botanical rodenticide　植物源杀鼠剂　03.0059
bottom note　＊尾香，＊底香　08.0757
bound residue　结合残留　03.0251
breathing-type coating　呼吸涂料　05.0063
Brevibacillus laterosporus　侧孢短芽孢杆菌　08.0929
bridge coating　桥梁涂料　05.0144
bridge paint　＊桥梁漆　05.0144
brightener　增白剂　08.0121
brightener added detergent　增白洗涤剂　06.0286
broad spectrum fungicide　广谱性杀菌剂　03.0077
broad spectrum herbicide　广谱性除草剂　03.0084
broad spectrum insecticide　广谱性杀虫剂　03.0019
broad spectrum pesticide　广谱性农药　03.0011
bromamine acid　溴氨酸　02.0207
bromide paper　＊放大纸　08.1239
brominable substance content　可被溴化物含量　07.0175

C

browning agent 棕化剂 08.1109

brushability 刷涂性 05.0400

brush coating 刷涂 05.0276, 刷胶 07.0105

brush-drag 拖刷 05.0345

brush mark 刷痕 05.0414

B-stage B 阶段 07.0122

BTA 苯并三氮唑 08.0055

BT resin ＊BT 树脂 08.1041

bubble bath ＊泡泡浴 08.0790

bubbling 起泡 05.0292

bulk failure 本体破坏 07.0077

bursting force 劈裂力 07.0125

butanedioic anhydride ＊丁二酸酐 02.0338

butterfat 乳脂 06.0054

butt jointing 对接 07.0084

butyl bromide ＊丁基溴 02.0226

butyl 9-octadecenoate ＊9-十八烯酸丁酯 02.0200

butyl octadecenoate ＊十八烯酸丁酯 02.0200

cadmium sulfide toner cartridge 硫化镉感光鼓 08.1224

calcium acetate 乙酸钙, ＊醋酸钙 08.0940

calcium citrate 柠檬酸钙 08.0939

calcium formate 甲酸钙 08.0930

calcium gluconate 葡萄糖酸钙 08.0902

calcium 2-hydroxy-4-methylthio-butyrate ＊2-羟基-4-甲硫基丁酸钙 08.0825

calcium lactate 乳酸钙 08.0901

calcium L-ascorbate L-抗坏血酸钙 08.0846

calcium remover for drilling fluid 钻井液除钙剂 08.0134

calcium saccharin 糖精钙 08.0944

calcium salt of edible fatty acid 可食脂肪酸钙盐 08.0958

camellia oil 山茶油, ＊茶油, ＊茶籽油 06.0132

camouflage coating 隐身涂料 05.0082

Candida utilis 产朊假丝酵母 08.0911

canspray coating ＊罐喷涂料 05.0040

canthaxanthin 斑蝥黄 08.0952

capillary activity 毛细活性 08.0703

caramel color 焦糖色素, ＊焦糖色 08.0955

carbamate insecticide 氨基甲酸酯类杀虫剂 03.0020

carbazole dye 咔唑[结构]染料 04.0058

carbobenzoxy chloride 苄氧羰基氯 02.0024

carbohydrazide 碳酰肼 08.0082

carbonyl rhodium catalyst 羰基铑催化剂 08.0467

carbonyl sulfidehydrolysis catalyst 羰基硫水解催化剂 08.0522

carboxyl terminated acrylic resin 端羧基型丙烯酸树脂 05.0156

carboxyl terminated polyester resin 端羧基型聚酯树脂 05.0154

carboxymethyl cellulose 羧甲基纤维素 06.0196

carboxymethyl starch sodium 羧甲基淀粉钠 08.0009

carcinogenicity 致癌性 03.0207

carcinogenicity test 致癌试验 03.0211

carob bean gum　刺槐豆胶　08.0965
β,β-carotene-4,4-dione　*β,β-胡萝卜素-4,4-二酮　08.0952
carpet cleaner　地毯清洁剂，*地毯香波　06.0260
casein protein adhesive　酪素蛋白胶黏剂　07.0030
cassia gum　决明胶　08.0964
catalyst　催化剂　01.0016
catalyst for acrolein oxidation to acrylic acid　丙烯醛氧化制丙烯酸催化剂　08.0410
catalyst for ammonia selective reducing nitrogen oxide　氨选择性还原 NO_x 催化剂　08.0420
catalyst for aniline to *N*-methylaniline　苯胺制 *N*-甲基苯胺催化剂　08.0520
catalyst for benzene oxidation to maleic anhydride　苯氧化制顺酐催化剂　08.0409
catalyst for carbonylation of methanol　*甲醇羰基化催化剂　08.0495
catalyst for carbonyl synthesis　羰基合成催化剂　08.0543
catalyst for cyclohexanol dehydration to cyclohexene　*环己醇脱水制环己烯催化剂　08.0493
catalyst for dealkylation of aromatic hydrocarbon to benzene　芳烃脱烷基制苯催化剂　08.0523
catalyst for dehydrogenation of cyclohexanol　*环己醇脱氢催化剂　08.0494
catalyst for diluting heavy oil　稠油稀释催化剂　08.0516
catalyst for direct liquefaction of coal　煤直接液化催化剂　08.0609
catalyst for epoxyethone to ethylene glycol ether　*环氧乙烷制乙二醇醚类催化剂　08.0486
catalyst for ethanol dehydrating to ethylene　*乙醇脱水制乙烯催化剂　08.0487
catalyst for etherification process of C_5 fraction　碳五馏分醚化催化剂　08.0601
catalyst for ethylene oxidation to epoxyethane　*乙烯氧化制环氧乙烷催化剂　08.0491
catalyst for furfural liquid-phase hydrogenation to furfuralcohol　糠醛液相加氢制糠醇催化剂　08.0399
catalyst for high-density polyethylene　高密度聚乙烯催化剂　08.0488
catalyst for hydrazine decomposition　肼分解催化剂　08.0606
catalyst for hydrogenation of higher aliphatic acid to aliphatic alcohol　高级脂肪酸加氢制脂肪醇催化剂　08.0402
catalyst for lowering condensation point of diesel fuel　柴油降凝催化剂　08.0515
catalyst for methanol oxidative dehydrogenation to methanal　甲醇氧化脱氢制甲醛催化剂　08.0525
catalyst for *m*-xylene ammoxidation to isophthalonitrile　间二甲苯氨氧化制间苯二甲腈催化剂　08.0415
catalyst for naphthalene oxidation to phthalic anhydride　萘氧化制苯酐催化剂　08.0417
catalyst for nitric acid exhaust gas purification　硝酸尾气净化催化剂　08.0595
catalyst for *o*-nitrotoluene hydrogenation to *o*-toluidine　邻硝基甲苯加氢制邻甲苯胺催化剂　08.0395
catalyst for oxidative dehydrogenation of *n*-butene　丁烯氧化脱氢催化剂　08.0413
catalyst for production of acetic acid　乙酸生产催化剂　08.0495
catalyst for production of acrylic acid　丙烯酸生产催化剂　08.0501
catalyst for production of acrylonitrile　丙烯腈生产催化剂　08.0498
catalyst for production of benzene　苯生产催化剂　08.0512
catalyst for production of chloroethylene　氯乙烯生产催化剂　08.0490
catalyst for production of cyclohexane　环己烷生产催化剂　08.0492
catalyst for production of cyclohexanone　环己酮生产催化剂　08.0494
catalyst for production of cyclohexene　环己烯生产催化剂　08.0493
catalyst for production of ethylene　乙烯生产催化剂　08.0487
catalyst for production of glycol ether compound　乙二醇醚类生产催化剂　08.0486
catalyst for production of isobutene　异丁烯生产催化剂　08.0502
catalyst for production of laurylene　十二烯生产催化剂　08.0504
catalyst for production of nitric acid　硝酸生产催化剂　08.0483
catalyst for production of nonene　壬烯生产催化剂　08.0503
catalyst for production of oxirane　环氧乙烷生产催化剂　08.0491
catalyst for production of *o*-xylene　邻二甲苯生产催化剂

chelating extractant 螯合萃取剂 08.0641
chelating surfactant 螯合型表面活性剂 06.0165
chemical cleaning 化学清洗 06.0261
chemical control 化学防治 03.0226
chemical degreasing 化学脱脂 05.0243
chemical extinction 化学消光 05.0219
chemically amplified polyimide photoresist 化学增幅型聚酰亚胺光刻胶 08.1183
chemical paraffin control 化学防蜡剂 08.0216
chemical paraffin removal 化学清蜡 08.0223
chemical pesticide 化学农药 03.0002
chemical pigment 化学增感剂 08.1256
chemical plating ＊化学镀 05.0259
chemical reagent 化学试剂 01.0017
chemical resistance 耐化学性 07.0131
chemical treatment 化学处理 07.0101
chemoselectivity 化学选择性 08.0341
chemosterilant 化学不育剂 03.0061
chiral catalyst 手性催化剂 08.0356
chiral perfume 手性香料 08.0667
chitin synthesis inhibitor 几丁质合成抑制剂 03.0024
chitosan-acrylamide graft copolymer 壳聚糖-丙烯酰胺接枝共聚物 08.0012
chitosan oligosaccharide 壳寡糖，＊壳聚寡糖 08.0971
chloracetyl ＊氯乙酰 02.0331
chloramine-T 氯胺-T 08.0061
chlorella method 小球藻法 03.0196
chlorinated(*o*-chlorophenyl)triphenylmethane ＊氯代(邻氯苯基)三苯基甲烷 02.0020
chlorine-free bleaching 无氯漂白 08.0095
chloroacetaldehyde 一氯乙醛 02.0271
chloroacetyl chloride 氯乙酰氯 02.0335
2-chloro-4-amino-6,7-dimethoxyquinazoline 2-氯-4-氨基-6,7-二甲氧基喹唑啉 02.0175
2-chloro-3-amino-4-methyl pyridine 2-氯-3-氨基-4-甲基吡啶 02.0137
3-chloroaniline ＊3-氯苯胺 02.0079
4-chloroaniline ＊4-氯苯胺 02.0093
2-chlorobenzaldehyde ＊2-氯苯甲醛 02.0272
2-chlorobenzoic acid ＊2-氯苯甲酸 02.0295
4-chlorobenzoic acid ＊4-氯苯甲酸 02.0303
2-chlorobenzonitrile ＊2-氯苯腈 02.0125
chlorobenzoyl ＊氯苯甲酰 02.0325
4-chlorobenzoyl chloride ＊4-氯苯甲酰氯 02.0326
4-chlorobenzyl cyanide ＊4-氯苄基氰 02.0052
4-chlorobutyryl chloride 4-氯代丁酰氯 02.0334
1-chloro-4-(chloromethyl)benzene ＊1-氯-4-(氯甲基)苯 02.0023
5-chloro-6-(2,3-dichlorophenoxy)-2-methylthio-1*H*-benzimidazole ＊5-氯-6-(2,3-二氯苯氧基)-2-甲硫基-1*H*-苯并咪唑 02.0180
2-chloro-4,5-difluorobenzoic acid 2-氯-4,5-二氟苯甲酸 02.0313
3-chloro-2,4-difluoronitrobenzene 3-氯-2,4-二氟硝基苯 02.0214
8-chloro-1,3-dimethyl-3,7-dihydro-1*H*-purine-2,6-dione ＊8-氯-1,3-二甲基-3,7-二氢-1*H*-嘌呤-2,6-二酮 02.0053
4-chloro-1,3-dinitrobenzene ＊4-氯-1,3-二硝基苯 02.0211
1-chloro-2,4-dinitrobenzene ＊1-氯-2,4-二硝基苯 02.0211
chloroethanal ＊氯乙醛 02.0271
chlorofluoraniline ＊氟氯苯胺 02.0083
3-chloro-4-fluorobenzenamine 3-氯-4-氟苯胺 02.0083
chlorofluorocarbon hydrolysis catalyst 氟利昂水解催化剂 08.0521
2-chloro-10*H*-phenothiazine ＊2-氯-10*H*-吩噻嗪 02.0183
1-chloro-3-hydroxypropane 三亚甲基氯醇 02.0064
chloromethane 氯甲烷 02.0055
5-chloro-2-methoxybenzoic acid ＊5-氯-2-甲氧基苯甲酸 02.0297
5-chloro-2-methoxybenzoyl chloride 5-氯-2-甲氧基苯甲酰氯 02.0329
2-chloro-4-nitroaniline 2-氯-4-硝基苯胺 02.0088
4-chloro-2-nitroaniline 4-氯-2-硝基苯胺 02.0095
3-chloro-1-(*N*,*N*-dimethyl)propylamine 3-氯-1-(*N*,*N*-二甲基)丙胺 02.0094
5-chloro-*o*-anisic acid 5-氯邻茴香酸 02.0297
chlorophenol biocide 氯酚类杀生剂 08.0065
2-chlorophenothiazine 2-氯吩噻嗪 02.0183
2-chlorophenxylazine ＊2-氯苯噻嗪 02.0183
2-chlorophenyldiphenylchloromethane 2-氯三苯基甲基氯 02.0020
3-chloropropanol ＊3-氯丙醇 02.0064
α-chloropropionic acid α-氯丙酸 02.0312
2-chloropropionic acid ＊2-氯丙酸 02.0312
3-chloropropionitrile 3-氯丙腈 02.0122

β-chloropropionitrile　*β-氯丙腈　02.0122
3-chloro-1,2-propylene glycol　*3-氯-1,2-丙二醇　02.0060
2-chloropyridine　*2-氯吡啶　02.0134
2-chloropyrimidine　*2-氯嘧啶　02.0154
8-chlorotheophylline　8-氯茶碱　02.0053
chloro-triphenylmethane　*氯代三苯甲烷　02.0234
chlortetracycline premix　金霉素预混剂　08.1015
choline chloride　氯化胆碱　08.0859
chromating　铬化　05.0251
chrome alum　*铬明矾　08.1291
chrome tanning agent　铬鞣剂　08.1319
chromium　*铬粉　08.1319
chromium catalyst　铬催化剂　08.0427
chromium-containing syntan　含铬合成鞣剂　08.1337
chromium-enriched yeast　酵母铬　08.0898
chromium methionine chelate　蛋氨酸铬螯合物　08.0899
chromium nicotinate　烟酸铬　08.0896
chromium picolinate　吡啶甲酸铬　08.0897
chromium potassium sulfate　硫酸铬钾，*硫酸钾铬　08.1291
chromium propionate　丙酸铬　08.0900
chromium pyridine-2-carboxylate　*吡啶-2-甲酸铬　08.0897
chromium pyridine-3-carboxylate　*吡啶-3-甲酸铬　08.0896
chromizing solution　铬化液　05.0327
chronic phytotoxicity　慢性药害　03.0235
CI　染料索引　04.0060
CIE 1976 L*a*b* colour space　国际照明委员会 1976 L*a*b*色空间　05.0426
CIE 1931 standard colorimetric system　国际照明委员会 1931 标准色度系统　05.0382
CIE 1964 supplementary standard colorimetric system　国际照明委员会 1964 补充标准色度系统　05.0383
cinefilm　电影胶片　08.1229
cinnamyl piperazine　*肉桂基哌嗪　02.0172
circulating water treatment chemicals　循环水处理化学品　08.0001
cis,*cis*,*cis*-9,12,15-octadecatrienoic acid　*全顺式-9,12,15-十八碳三烯酸　06.0293
cis,*cis*-9,12-octadecadienoic acid　*顺,顺-9,12-十八碳二烯酸　06.0292
cis-9-octadecenoic acid　*顺式十八碳-9-烯酸　06.0011
clam oil　蛤蜊油　08.0799
clarificant for injection water　注入水净化剂　08.0256
Claus catalyst　*克劳斯催化剂　08.0562
clay acid　黏土酸　08.0172
clay stabilizer　黏土稳定剂　08.0199
cleaning agent for metal　金属清洗剂　06.0262
cleaning agent for printing ink　印刷油墨清洗剂　06.0263
cleansing cosmetics　清洁化妆品　08.0777
clean up additive　助排剂　08.0178
clear coating　透明涂料　05.0050
clear paint　*透明漆　05.0050
1,8-Cleffic acid　*1,8-克利夫酸　02.0210
clopidol premix　氯羟吡啶预混剂　08.0995
closed assembly time　叠合时间　07.0109
closed-loop recycling system for white water　白水封闭循环回用系统　08.0096
clouding　发浑　05.0410
cloud point　浊点　06.0265
cloudy temperature　混浊温度　08.0704
CMC　临界胶束浓度　06.0062,羧甲基纤维素　06.0196
coagulant　凝聚剂，*凝结剂　08.0083,促凝剂　08.0147
coarse disperse system　粗分散体系　06.0116
coating　涂料　01.0008
coating auxiliary agent　涂布助剂　08.0107
coating granulation method　包衣造粒法　03.0158
coating pretreatment　涂装前处理　05.0239
cobalt catalyst　钴催化剂　08.0430
cobalt methionine chelate　蛋氨酸钴螯合物　08.0893
cocatalyst　助催化剂　08.0290
cockroach coil　蟑香　03.0144
cocoamidopropyl betaine　椰油酰胺丙基甜菜碱　06.0235
cocoanut fatty acid *N*,*N*-diethanol amide　*椰油脂肪酸二乙醇酰胺　06.0266
coconut oil　椰子油，*椰油　06.0151
coconutoilacyl glutamic acid sodium　椰油酰基谷氨酸钠　06.0236
coconut oil fatty acid methyl ester　椰油脂肪酸甲酯　06.0238
cod liver oil　鱼肝油　06.0244
coenzyme Q_{10}　辅酶 Q_{10}　02.0221
cohesive failure　内聚破坏　07.0076
coil coating　卷材涂料　05.0044
coke oven gas purification and decomposition catalyst　*焦

炉煤气净化分解催化剂 08.0418
cola type 可乐型 08.0770
cold cream 冷霜，＊香脂 08.0796
cold pressing 冷压 07.0111
cold press process 冷压法 08.0774
cold process for soap 冷法制皂 06.0267
cold storage stability 冷储稳定性 03.0155
colistin ＊抗敌素 08.1010
colistin sulfate ＊硫酸黏菌素 08.1010
colistin sulfate premix 硫酸黏杆菌素预混剂 08.1010
colloid 胶体 06.0268
colloidal dispersant-type profile control agent 胶体分散体型调剖剂 08.0214
colloidal dispersion system 胶体分散体系 06.0068
colloid palladium activate fluid 胶体钯活化剂 08.1112
collosol 溶胶 06.0269
Cologne type 古龙香型 08.0768
colorant 色素 08.0697
colorant paste 色浆 05.0224
color base 色基 04.0022
color binding agent 彩色结合剂 08.1304
color change 换色 05.0318
color-changing photographic paper 可变色相纸 08.1241
color chip 色卡 05.0211
color cosmetics ＊彩妆化妆品 08.0780
color developer 彩色显影剂 08.1296
color developing agent ＊显色剂 04.0022
color fastness 色牢度 04.0087
color fastness to chlorine bleaching 耐氯漂[白]色牢度 04.0092
color fastness to crocking 耐摩擦色牢度 04.0088
color fastness to light 耐日晒色牢度 04.0089
color fastness to perspiration 耐汗渍色牢度 04.0090
color fastness to water 耐水渍色牢度 04.0091
color former 成色剂 04.0064
Color Index 染料索引 04.0060
color intermediate negative film 彩色中间负片 08.1201
color negative film 彩色负片 08.1200
color negative photosensitive materials 彩色负性感光材料 08.1199
color photographic paper 彩色照相纸，＊彩色相纸 08.1204
color photosensitive film of development inhibitor releasing coupler 释放显影抑制剂成色剂彩色感光片 08.1210
color photosensitive film of oil-soluble coupler 油溶性成色剂彩色感光片 08.1209
color photosensitive film of water-soluble coupler 水溶性成色剂彩色感光片 08.1208
color positive film 彩色正片 08.1203
color positive photosensitive materials 彩色正性感光材料 08.1202
color reversal film 彩色反转片 08.1206
color reversal photographic paper 彩色反转相纸 08.1207
color reversal photosensitive materials 彩色反转感光材料 08.1205
color salt 色盐 04.0031
color separation 分色片 08.1232
color slide ＊幻灯用彩色片 08.1206
colour notation 颜色标号 05.0427
combined fatliquor 结合型加脂剂 08.1358
combustion catalyst ＊燃烧催化剂 08.0406
Commission Internationale de l'Eclairage 1976 $L^*a^*b^*$ colour space 国际照明委员会1976 $L^*a^*b^*$色空间 05.0426
Commission Internationale de l'Eclairage 1931 standard colorimetric system 国际照明委员会1931标准色度系统 05.0382
Commission Internationale de l'Eclairage 1964 supplementary standard colorimetric system 国际照明委员会1964补充标准色度系统 05.0383
common duckweed method 浮萍法 03.0195
common feed additive 一般饲料添加剂 08.0811
common high-purity reagent 普通高纯试剂 08.0626
Co-Mo catalyst for hydrogenation conversion ＊钴钼加氢转化催化剂 08.0401
Co-Mo organic sulfide hydrogenation catalyst 钴钼有机硫加氢催化剂 08.0401
compatibility 相容性 05.0346
complete oxidation catalyst 完全氧化催化剂 08.0406
complex catalyst 络合催化剂 08.0464
composite copper clad laminate 复合基覆铜板 08.1023
composite dye 混纺染料 04.0069
composite emulsion ＊复合乳液 08.0711
composite resin film-forming agent 复合树脂成膜剂 08.1367
compounded essential oil 配制精油 08.0727
compound fatliquor 复合加脂剂 08.1357

compound premix　复合预混合饲料　08.0816
compound sodium nitrophenolate premix　复方硝基苯酚钠预混剂　08.0999
compressive shear strength of dowel joint　套接压剪强度　07.0152
computer color matching　电脑配色　05.0202
concentrated essential oil　浓缩精油　08.0721
concentrate supplement　精料补充料　08.0819
concord　*和合　08.0758
concrete　浸膏　08.0730
condensation　*凝露　08.0785
condensation treatment for spray paint exhaust　喷漆废气冷凝处理　05.0300
condition in container　容器中状态　05.0396
conductive adhesive　导电胶黏剂　07.0032
conductive adhesive film　导电胶膜　08.1071
conductive coating　导电涂料　05.0078
conductive paint　*导电漆　05.0078
conductive silver paste　导电银浆　08.1076
contact action　触杀作用　03.0176
contact adhesive　接触性胶黏剂　07.0057
contact angle　接触角　06.0069
contact herbicide　触杀性除草剂　03.0087
contact insecticide　触杀性杀虫剂　03.0040
container coating　集装箱涂料，*集装箱漆　05.0141
continuous phase　*连续相　06.0052
contrast enhancement layer　反差增强层　08.1168
contrast ratio　对比率　05.0347
control effect of weed plant　株数防效　03.0194
converse phase transfer catalysis　逆相转移催化　08.0361
cooling and flaking　冷却压片　05.0204
cooling water treatment chemicals　*冷却水处理化学品　08.0001
coordination catalyst　*配位催化剂　08.0464
coordination indicator　配位指示剂　08.0636
copper amino acid complex　氨基酸铜络合物　08.0876
copper catalyst　铜催化剂　08.0435
copper chelate catalyst　铜螯合物催化剂　08.0436
copper chromite catalyst　亚铬酸铜催化剂　08.0477
copper clad laminate　覆铜板，*覆铜箔层压板　08.1017
copper-enriched yeast　酵母铜　08.0875
copper foil　铜箔　08.1033
copper glycine complex　甘氨酸铜络合物　08.0874
copper lysine complex　赖氨酸铜络合物　08.0873
copper methionine complex　蛋氨酸铜络合物　08.0872
copper methionine hydroxy analogue complex　蛋氨酸羟基类似物螯合铜　08.0877
copper methionine hydroxyl analogue chelate　*羟基蛋氨酸类似物螯合铜　08.0877
copper sheet　*铜板　08.1033
cordierite　堇青石　08.0568
core-shell structure nanoparticle　核壳结构纳米粒子　08.0317
corn germ oil　*玉米胚芽油　06.0295
corn oil　玉米油，*粟米油　06.0295
corona electrostatic spraying　电晕静电喷涂　05.0282
corrected mortality rate　校正死亡率　03.0180
corrosion inhibition　缓蚀作用　06.0111
corrosion inhibitor　缓蚀剂，*腐蚀抑制剂　06.0110
corrosion inhibitor for drilling fluid　钻井液缓蚀剂　08.0133
corrosion inhibitor for injection water　注入水缓蚀剂　08.0258
cosmetics　化妆品　08.0776
cosurfactant　助表面活性剂　08.0238
cotton pad　化妆棉　08.0804
cottonseed oil　棉籽油　06.0141
coumarone　氧茚　02.0148
cover film　覆盖膜　08.1063
Co-Ziegler catalyst　钴-齐格勒催化剂　08.0431
CPTC　逆相转移催化　08.0361
CPVC　临界颜料体积浓度　05.0212
crack agent　裂纹剂　05.0183
cracking　龟裂　07.0138
crater　缩孔　05.0288
cream　膏霜　08.0783
cream mask　膏霜面膜　08.0794
cream rinse　*染发膏　08.0677
creep　蠕变　07.0134
creeping　蠕流　05.0416
4-cresol　*4-甲酚　02.0239
critical micelle concentration　临界胶束浓度　06.0062
critical pigment volume concentration　临界颜料体积浓度　05.0212
critical solution temperature　*临界溶解温度　06.0063
critical surface tension　临界表面张力　06.0270
crockfastness　*摩擦牢度　04.0088
crop space application　株间施药　03.0168

D

cross-linking agent 交联剂 08.0198

cross-resistance 交互抗药性 03.0165

crown ether type surfactant 冠醚型表面活性剂 06.0087

C-stage C阶段 07.0123

CTAB 十六烷基三甲基溴化铵 06.0032

culture of *Acremonium terricola* 地顶孢霉培养物 08.0982

cupper-alumina alloy 铜-铝合金 08.0438

curative fungicide 治疗性杀菌剂 03.0072

curing agent 固化剂 08.0229

curing degree 固化程度 05.0234

curing oven 固化炉 05.0301

curing rate 固化速率 05.0235

curing system 固化体系 05.0236

curing temperature 固化温度 07.0115

curing time 固化时间 07.0113

curtain coating 淋涂 05.0274

curtainwall coating 幕墙涂料 05.0148

Cu-13X molecular sieve catalyst 铜-13X 分子筛催化剂 08.0437

cyanamide disulphide dimethyl carbonate *氰氨基二硫化碳酸二甲酯 02.0191

cyanate ester resin 氰酸酯树脂 08.1188

cyan dye coupler 青染料成色剂 08.1219

2-cyanimino-1,3-thiazolidine 2-氰基亚氨基-1,3-噻唑烷 02.0146

cyanocobalamin *氰钴胺素 08.0844

cyanoethanol 氰乙醇 02.0128

cyanoguanidine *二氰二胺 02.0002

2-cyano-4′-methylbiphenyl 2-氰基-4′-甲基联苯 02.0127

2-cyano-3-methylpyridine 2-氰基-3-甲基吡啶 02.0143

2-cyanopyrazine 2-氰基吡嗪 02.0182

cyanuric chloride 三聚氯氰 02.0019

cyclized rubber 环化橡胶 08.1149

cyclobutane tetra-carboxylic dianhydride 环丁烷四羧酸二酐 08.1186

cyclodextrin type surfactant 环糊精型表面活性剂 06.0088

cyclohexanecarbonyl chloride 环己基甲酰氯 02.0327

cyclohexylamine 环己胺 02.0120

cyclone separating 旋风分离 05.0205

cyclopropylamine 环丙胺 02.0117

cysteamine hydrochloride 半胱胺盐酸盐 08.0838

cysteine 半胱氨酸，*巯基丙氨酸 06.0038

dado jointing 槽接 07.0082

daidzein *大豆黄酮 08.0981

daily chemicals 日用化学品 01.0018

damping coating 阻尼涂料 05.0088

daturic acid *十七酸 06.0034

daylight-balanced color film 日光型彩色片 08.1211

D-biotin D-生物素 08.0858

D-calcium pantothenate D-泛酸钙 08.0856

debonder *解键剂 08.0111

decanol 癸醇，*正癸醇 06.0136

dechlorination 脱氯 08.0102

decorative coating 装饰型涂料 05.0104

decrease rate of insect 虫口减退率 03.0185

decylalcohol 癸醇，*正癸醇 06.0136

deep oxidation catalyst *深度氧化催化剂 08.0406

deep ultraviolet photoresist 深紫外光刻胶 08.1139

defibering 疏解分离 08.0098

defoamer *消泡剂 06.0098

defoamer for drilling fluid 钻井液消泡剂 08.0135

defoamer TS-103 消泡剂 TS-103 06.0090

defoaming agent 消泡剂 08.0113

defoaming effect 消泡作用 06.0099

defoliant 脱叶剂 03.0050

deformation theory of catalysis 变形催化理论 08.0293

degassing agent 脱气剂 05.0193

degradation dynamics 消解动态 03.0161

degradation product 降解产物 03.0231

de-grease 脱脂 05.0242

degreasing agent 脱脂剂 05.0325，08.1379

degree of cure 固化度 07.0095

degumming 脱胶 04.0077

deinking and bleaching 脱墨与漂白 08.0101

deliming agent 脱灰剂 08.1313

demolding coating 脱模涂料 05.0081

demulsifier for water-in-oil emulsion 油包水乳状液破乳剂 08.0245
denitration catalyst 脱硝催化剂 08.0530
deoxidizing catalyst 脱氧催化剂 08.0531
deposit controlling agent 沉积物控制剂 08.0115
deposition efficiency 沉积效率 05.0433
derivative synthesis *衍生合成 03.0092
dermal toxicity 经皮毒性 03.0203
derusting 除锈 05.0244
designated level 指定级 08.0614
desizing agent 退浆剂 08.0276
destructive test 破坏试验 07.0160
desulfuration catalyst 脱硫催化剂 08.0536
desulfurization catalyst 脱硫催化剂 08.0536
DETAPMP 二亚乙基三胺五亚甲基膦酸 08.0024
detection of mutagenicity of pollutant *污染物致突变性检测 03.0213
detergency 洗涤作用 06.0051
detergent 洗涤剂 06.0264
detergent 105 洗涤剂 105 06.0271
detergent 6501 洗涤剂 6501 06.0266
developer 显影液 08.1097
developing agent *助显剂 08.1276
development accelerator 显影促进剂 08.1276
β-1,3-D-glucan β-1,3-D-葡聚糖 08.0972
D(-)-4-hydroxyphenylglycine 2-氨基-2-(4-羟基苯)乙酸 02.0286
diacetone acrylamide 双丙酮丙烯酰胺 02.0105
diagnostic reagent 诊断试剂 08.0660
diallyl thiosulfonic ester *二烯丙基硫代亚磺酸酯 08.0949
diamide *联氨 08.0081
1,2-diaminobenzene *1,2-苯二胺 02.0074
4,4-diamino benzene sulfonyl anilide 4,4′-二氨基苯磺酰替苯胺 02.0220
diaminobenzesulfonyltianiline *二氨基苯磺酰替苯胺 02.0220
4,4-diaminobenzoylanilide 4,4′-二氨基苯酰替苯胺 02.0219
4,4-diaminobenzoylaniline *4,4-二氨基苯甲酰苯胺 02.0219
4,4-diaminobenzsulfonylaniline *4,4-二氨基苯磺酰苯胺 02.0220
1,5-diaminonaphthalene 1,5-二氨基萘 02.0017
diaminooctadecyl phenyl 二氨基十八烷基苯 08.1170
4,4′-diaminooctafluorobiphenyl *4,4′-二氨基八氟联苯 08.1185
4,4′-diamino-2,2′-stilbenedisulfonic acid 4,4′-二氨基二苯乙烯-2,2′-二磺酸 02.0224
diamino stilbenedisulfonic acid *二氨基芪二磺酸 02.0224
4,4′-diamino-2-sulfodiphenylamine 4,4′-二氨基二苯胺-2-磺酸 02.0307
diarylmethane dye 二芳甲烷[结构]染料 04.0041
diazidocyclized rubber photoresist 环化橡胶-双叠氮系光刻胶 08.1137
1,4-diazonaphthalene *对二氮杂萘 02.0178
2-diazo-1-naphthol-4-sulfonic acid hydrate 1,2,4-酸氧体 02.0026
dibenzothiazine *二苯并噻嗪 02.0181
2,3-dibromopropionitrile 2,3-二溴丙腈 02.0121
dibutyl naphthalene 二丁基萘 02.0014
1,3-dichloroacetone 1,3-二氯丙酮 02.0276
2,6-dichloroaniline 2,6-二氯苯胺 02.0086
1,2-dichlorobenzene *1,2-二氯苯 02.0006
2,3-dichlorobenzoyl chloride 2,3-二氯苯甲酰氯 02.0336
2,4-dichlorobenzoylmethyl chloride 2,4-二氯苯甲酰甲基氯 02.0021
2,4-dichlorobenzyl chloride 2,4-二氯氯苄 02.0022
2,4-dichloro-2-(chloromethyl)benzene *2,4-二氯-2-(氯甲基)苯 02.0022
2,4-dichloro-1-fluorobenzene 2,4-二氯氟苯 02.0212
1,3-dichloro-4-fluorobenzene *1,3-二氯-4-氟苯 02.0212
2,4-dichloro-5-fluorobenzoic acid 2,4-二氯-5-氟苯甲酸 02.0291
2,6-dich-loro-3-fluoro-5-picolinic acid 2,6-二氯-3-氟-5-吡啶甲酸 02.0135
2,6-dichloro-5-fluoro-3-picolinic acid *2,6-二氯-5-氟-3-吡啶甲酸 02.0135
2,6-dichloro-3-fluoropyridine 2,6-二氯-3-氟吡啶 02.0138
dichloroisocyanuric acid 二氯异氰尿酸，*优氯净 08.0060
4,7-dichloroquinoline 4,7-二氯喹啉 02.0149
2,6-dichloroquinoxaline 2,6-二氯喹喔啉 02.0229
dichroite *二色石 08.0568
dichromate-colloid polymer photoresist 重铬酸盐-胶体聚

合物系光刻胶 08.1145

diclazuril premix 地克珠利预混剂 08.0998

dicyandiamide 双氰胺 02.0002

dicyandiamideformaldehyde polymer 双氰胺甲醛缩聚物 08.0016

dicyanodiamide resin retanning agent 双氰胺树脂复鞣剂 08.1346

2-diethylaminoethanol 二乙氨基乙醇 02.0113

diethyl dibutylmalonate 二丁基丙二酸二乙酯 02.0185

diethyl diethylmalonate 二乙基丙二酸二乙酯 02.0197

diethylenetriamine pentamethylenephosphonic acid 二亚乙基三胺五亚甲基膦酸 08.0024

diethyl ethylmalonate 乙基丙二酸二乙酯 02.0198

diethyl 2-ethyl-2-phenylmalonate 2-乙基-2-苯丙二酸二乙酯 02.0196

diethylphenomethylacetate ＊二乙基苯甲乙酸酯 02.0195

diethyl phenyl ethyl malonate ＊苯基乙基丙二酸二乙酯 02.0196

diethylphenylmalonate ＊二乙基苯基丙二酸酯 02.0195

diethyl phenylmalonate 苯丙二酸二乙酯 02.0195

diethyl 2-phenylmalonate 苯丙二酸二乙酯 02.0195

diethyl-p-phenylenediamine 二乙基对苯二胺 08.1275

diethyl sulfate p-aminoaniline 硫酸二乙基对氨基苯胺 08.1297

diet incorporation method 饲料混药法 03.0173

3,5-difluoroaniline 3,5-二氟苯胺 02.0106

2,6-difluorobenzamide ＊2,6-二氟苯甲酰胺 02.0107

2,6-difluorobenzonitrile 2,6-二氟苯腈，＊2,6-二氟苯甲腈 02.0126

2,4-difluoro-3-chloronitrobenzene ＊2,4-二氟-3-氯硝基苯 02.0214

3,5-difluorophenol 3,5-二氟苯酚 02.0238

digestible amino acid 可消化氨基酸 08.0820

digital printing 数码印花 04.0081

dihexadecyldimethyl ammonium bromide 双十六烷基二甲基溴化铵 06.0209

dihydro-2-methyl-3-thioxo-1,2,4-triazine-5,6-dione ＊二氢-2-甲基-3-硫酮-1,2,4-三嗪-5,6-二酮 02.0039

1,4-dihydroxyanthraquinone 1,4-二羟基蒽醌 02.0251

3,4-dihydroxybenzaldehyde ＊3,4-二羟基苯甲醛 02.0270

3,5-dihydroxybenzenmethanol 3,5-二羟基苯甲醇 02.0063

3,5-dihydroxybenzyl alcohol ＊3,5-二羟基苄醇 02.0063

3,4-dihydroxy-3-cyclobutene-1,2-dione 3,4-二羟基-3-环丁烯-1,2-二酮 02.0228

4,7-dihydroxyisoflavone 4,7-二羟基异黄酮 08.0981

3,5-dihydroxytoluene 3,5-二羟基甲苯 02.0012

3,5-diiodosalicylic acid 3,5-二碘水杨酸 02.0318

diluent 稀释剂，＊稀料 05.0200

dimeric surfactant ＊二聚表面活性剂 06.0029

2,3-dimethoxy-5-methyl-1,4-benzoquinone ＊2,3-二甲氧基-5-甲基-1,4-苯醌 02.0221

2,3-dimethoxy-5-methyl-1,4-p-phenyldiquinone ＊2,3-二甲氧基-5-甲基-1,4-对苯二醌 02.0221

2,4-dimethoxynitrobenzene 2,4-二甲氧基硝基苯 02.0009

2,4-dimethoxy-1-nitrobenzene ＊2,4-二甲氧基-1-硝基苯 02.0009

dimethylamine 二甲胺 02.0090

dimethylaminochloroethane hydrochloride 二甲氨基氯乙烷盐酸盐 02.0305

2-dimethylaminochloroethane hydrochloride ＊2-二甲氨基氯乙烷盐酸盐 02.0305

5-(dimethylaminomethyl)furfuryl alcohol 5-(二甲氨基甲基)糠醇 02.0237

2,3-dimethylaniline 2,3-二甲基苯胺 02.0087

dimethylcyanoiminedithiocarbate ＊二甲基氰基亚氨基二硫代碳酸酯 02.0191

4-(1,1-dimethyl ethyl)-1,2-benzenediol ＊4-(1,1-二甲基乙基)-1,2-苯二酚 08.1157

2,6-dimethylphenylpiperazine 2,6-二甲苯基哌嗪 02.0169

1-(2,6-dimethylphenyl)piperazine ＊1-(2,6-二甲基苯基)哌嗪 02.0169

dinitolmide premix 二硝托胺预混剂 08.0984

2,4-dinitro-6-bromoaniline 2,4-二硝基-6-溴苯胺 02.0004

2,4-dinitrochlorobenzene 2,4-二硝基氯苯 02.0211

2,4-dinitrotoluene 2,4-二硝基甲苯 02.0007

2,5-dioxytetrahydrofuran ＊2,5-二氧四氢呋喃 02.0338

dip coating 浸涂 05.0275

dip dyeing 浸染 04.0079
diphenylamine 二苯胺 02.0081
diphenyl-bromomethane 二苯甲基溴 02.0051
diphenyl-chloromethane 二苯甲基氯，*二苯氯甲烷 02.0025
1,1-diphenylhydrazine 1,1-二苯基肼 02.0035
dipolycyanamide *双聚氰胺 02.0002
dipping method 浸渍法 03.0172
dip pretreatment 浸泡前处理 05.0241
dipropylamine 二正丙胺，*二丙胺 02.0092
direct dye 直接染料 04.0005
direct steam distillation 直接蒸汽蒸溜 08.0773
dirt *污垢 08.0720
dirt redeposition 污垢再沉积 06.0103
discharge printing 拔染印花 04.0084
discoloration of paint or varnish 原漆变色 05.0411
disk 碟片 08.1230
disodium cocoamide sulfosuccinic acid monoester 椰油酰胺磺基琥珀酸单酯二钠 06.0179
disodium dihydrogen pyrophosphate 焦磷酸二氢二钠 08.0961
disodium 5′-guanylate 5′-鸟苷酸二钠 08.0948
disodium 5′-inosinate 5′-肌苷酸二钠 08.0947
dispersed phase *分散相 06.0058
disperse dye 分散染料 04.0006
disperse medium 分散介质 06.0083
dispersible oil suspension agent 可分散油悬浮剂 03.0113
dispersive action 分散作用 06.0084
displacement type synthetic tanning agent *置换型合成鞣剂 08.1335
disproportionation catalyst 歧化催化剂 08.0360
distinctness of image 鲜映性 05.0428
2, 6-di-*tert*-butylnaphthalene *2,6-二叔丁基萘 02.0014
diverting agent 转向剂 08.0200
DL-alanine DL-丙氨酸 02.0296
DL-2-amino propanoic acid *DL-2-氨基丙酸 02.0296
DL-calcium pantothenate DL-泛酸钙 08.0857
DL-α-tocopherol DL-α-生育酚 08.0851
DL-α-tocopherol acetate DL-α-生育酚乙酸酯 08.0852
docosanoic acid *二十二酸 06.0144
dodecanol *十二醇 06.0157
dodecylaminoethyl glycine 十二烷基氨乙基甘氨酸 08.0074
dodecyl dimethyl benzyl ammonium chloride 十二烷基二甲基苄基氯化铵，*1227，*洁而灭 06.0228
dodecyl dimethylbetaine, 2-(dodecyldimethylammonio) acetate 十二烷基二甲基甜菜碱，*BS-12 06.0206
dodecyl dimethyl tertiary amine 十二烷基二甲基叔胺 02.0098
dodecyl diphenyl ether sodium disulfonate 十二烷基二苯醚二磺酸钠 06.0272
dodecyl phosphate monoester 十二烷基磷酸单酯 06.0204
dodecyl trimethyl ammonium chloride 十二烷基三甲基氯化铵，*1231 06.0205
dotted flower coating 点花涂料 05.0108
double bath developer 双浴显影液 08.1266
double coated film 双面胶片 08.1070
double-pore distributive catalyst 双孔分布型催化剂 08.0315
double-sided copper clad laminate 双面覆铜板 08.1020
D-phenylglycine D-苯甘氨酸 02.0284
drilling fluid 钻井液，*钻井流体 08.0127
dry film 干膜 08.1086
dry-film thickness 干膜厚度 05.0376
dry impregnation *干法浸渍 08.0319
drying alkyd resin 干性醇酸树脂 05.0170
drying oven 烘干炉 05.0302
drying temperature 干燥温度 07.0107
drying time 干燥时间 07.0106
dry-mix extinction 干混消光 05.0220
dry photosensitive cover film *干式光敏性覆盖膜 08.1065
dry strength 干强度 07.0155
dry strengthening agent 干增强剂 08.0119
dry tack 干黏性 07.0094
DSD acid *DSD 酸 02.0224
durability 耐久性 07.0129
dustable powder 粉剂 03.0099
dusting method 喷粉法 03.0170
dye 染料 01.0006
dyeing 染色 04.0080
dyeing auxiliary 染色助剂 08.0274
dyeing synergism 染色的加和增效 04.0082
dye intermediate 染料中间体 04.0066
dye type black and white film 染料型黑白胶片 08.1236
dynamic surface tension 动表面张力 06.0036

E

eau forte ＊硝镪水 08.1194
EC 乙基纤维素 06.0239
eco-friendly coating 环保涂料 05.0056
eco-friendly paint ＊环保漆 05.0056
ecological receptor 生态受体 03.0225
ecological risk assessment 生态风险评价 03.0224
edaravone 依达拉奉 02.0159
edge covering agent 边缘覆盖剂 05.0197
edge jointing 纵拼 07.0092
EDTA 乙二胺四乙酸 08.0077
EDTMP 亚乙基二胺四亚甲基膦酸 08.0021
egg-shell catalyst 蛋壳催化剂 08.0316
elaidic acid 反油酸 06.0012
elastomeric coating 弹性涂料 05.0066
elastomeric paint ＊弹性漆 05.0066
electrical insulation coating 电绝缘涂料 05.0076
electrical insulation paint ＊电绝缘漆 05.0076
electrically conductive ink 导电油墨 08.1075
electrocatalysis 电催化 08.0299
electrochemical derivatization reagent 电化学衍生试剂 08.0648
electro-coating 电泳涂装 05.0277
electrodeposited copper foil ＊电沉积铜箔 08.1034
electrodeposition coating ＊电沉积涂料 05.0043
electrodeposition weight 电沉积量 05.0409
electroless copper plating 化学沉铜，＊化学镀铜 08.1117
electroless gold plating agent 化学镀金剂 08.1128
electroless nickel plating agent 化学镀镍剂 08.1127
electroless plating 无电镀 05.0259
electroless silver plating agent 化学镀银剂 08.1125
electroless tin plating agent 化学镀锡剂 08.1126
electrolytic copper foil 电解铜箔 08.1034
electromagnetic shielding film 电磁屏蔽膜 08.1077
electron-beam photoresist ＊电子束光刻胶 08.1141
electron-beam resist 电子束胶 08.1141
electronic chemicals 电子化学品 01.0019
electronic grade 电子级 08.0627
electrophilic catalytic reaction 亲电催化反应 08.0291
electrophoresis reagent 电泳试剂 08.0659
electrophoretic coating 电泳涂料 05.0043
electrophoretic paint ＊电泳漆 05.0043
electrophoretic powder coating ＊电泳粉末涂料 05.0042
electroplating dry film 电镀干膜 08.1088
electroplating solution 电镀药水 08.1105
electrostatic cloud chamber coating 静电云雾室涂装 05.0331
electrostatic fluidized bed coating 静电流化床涂装 05.0333
electrostatic rotational bell spraying 静电旋杯喷涂 05.0265
electrostatic spraying 静电喷涂 05.0264
elemental surfactant 元素表面活性剂 06.0097
element organic resin coating 元素有机树脂涂料 05.0020
element organic resin paint ＊元素有机树脂漆 05.0020
eleostearic acid 桐[油]酸 06.0147
empirical synthesis ＊经验合成 03.0091
emulsifiable concentrate 乳油 03.0119
emulsifiable gel 乳胶 03.0120
emulsifiable granule 乳粒剂 03.0101
emulsification 乳化作用 06.0302
emulsified flavoring 乳化香精 08.0744
emulsified fragrance compound 乳化香精 08.0744
emulsifier BP 乳化剂 BP 06.0273
emulsifier EL ＊乳化剂 EL 06.0274
emulsifier Tween 吐温型乳化剂 06.0275
emulsifying efficiency 乳化效率 08.0695
emulsifying granule ＊乳化粒剂 03.0101
emulsion 乳状液 06.0276，乳液 08.0784
emulsion adhesive 乳液胶黏剂 07.0055
emulsion for seed treatment 种子处理乳剂 03.0126
emulsion inhibitor 防乳化剂 08.0179
enamel remover 洗甲液 08.0787
encapsulated adhesive 胶囊型胶黏剂 07.0067
enclosed polyurethane 封闭型聚氨酯 05.0152
end jointing 端接 07.0088
enramycin premix 恩拉霉素预混剂 08.1016
Enterococcus lactis 乳酸肠球菌 08.0906
enzyme catalyst 酶催化剂 08.0607

Epimedium extract 淫羊藿提取物 08.0980

epoxy acrylic resin 环氧型丙烯酸树脂 05.0158

epoxy adhesive 环氧胶黏剂 07.0001

epoxy conductive adhesive 环氧导电胶黏剂 07.0033

epoxy ester 环氧酯 05.0169

epoxy fiber cloth reinforced plate 环氧纤维布基增强板，＊环氧纤维布基补强板 08.1082

epoxy resin coating 环氧树脂涂料 05.0017

epoxy resin paint ＊环氧树脂漆 05.0017

epoxy sealing adhesive 环氧密封胶黏剂，＊环氧密封胶 07.0042

epoxy water-based adhesive 环氧水基胶黏剂 07.0022

equivalent reagent 当量试剂 08.0625

equi-volumetric impregnation method 等体积浸渍法 08.0319

eradicant fungicide 铲除性杀菌剂 03.0078

essence 精华素 08.0800

essential oil ［香］精油 08.0702

esterification catalyst 酯化催化剂 08.0371

ester type photosensitive polyimide 酯型光敏聚酰亚胺 08.1179

etchant 蚀刻液 08.1098

ethanedioic acid 乙二酸 08.0075

5-ethoxy-4-methyloxazole 5-乙氧基-4-甲基噁唑 02.0043

ethyl 4-aminobenzoic acid ＊4-氨基苯甲酸乙酯 02.0199

2-ethylaminoethylamine ＊2-乙氨基乙胺 02.0112

ethylbenzene dehydrogenation catalyst ＊乙苯脱氢催化剂 08.0510

ethylbenzene synthesis catalyst 乙苯合成催化剂 08.0506

ethylcellulose 乙基纤维素 06.0239

ethyl 2-chloroacetoacetate 2-氯乙酰乙酸乙酯 02.0190

ethyl 2-chloro-3-oxobutyrate ＊2-氯-3-氧丁酸乙酯 02.0190

ethyl diethylmalonate ＊二乙基丙二酸乙酯 02.0197

ethylene diamine tetraacetic acid ferric sodium salt 乙二胺四乙酸铁钠盐 08.1294

ethylene diamine tetramethylene phosphonic acid 亚乙基二胺四亚甲基膦酸 08.0021

ethylene oxychlorination catalyst ＊乙烯氧氯化催化剂 08.0490

ethylene-vinyl acetate copolymer hot melt adhesive 乙烯-乙酸乙烯共聚物热熔胶 07.0016

9-ethyl-9H-carbazole ＊9-乙基-9H-咔唑 02.0227

α-ethylhexanoic acid α-乙基己酸 02.0285

2-ethylhexanoic acid ＊2-乙基己酸 02.0285

ethyl isonicotinate 异烟酸乙酯 02.0184

ethyl 5-methylimidazole-4-carboxylate 5-甲基咪唑-4-甲酸乙酯 02.0164

ethyl 5-methyl-4-imidazolecarboxylate ＊5-甲基-4-咪唑甲酸乙酯 02.0164

5-ethyl-2-methylpyridine ＊5-乙基-2-甲基吡啶 02.0133

ethyl 2-oxo-4-phenylbutanoate 2-氧代-4-苯基丁酸乙酯 02.0187

ethyl α-oxo-phenylbutyrate ＊α-氧代苯丁酸乙酯 02.0187

ethyl 2-oxo4-phenylbutyrate 2-氧代-4-苯基丁酸乙酯 02.0187

ethyl p-aminobenzoate ＊对氨基苯甲酸乙酯 02.0199

ethyl phenylacetate 苯乙酸乙酯，＊苯醋酸乙酯，＊甲苯甲酸乙酯 02.0194

ethyl 4-picolinate ＊4-吡啶甲酸乙酯 02.0184

1-ethylpiperazine ＊1-乙基哌嗪 02.0174

ethyl pyridine-4-formate ＊吡啶-4-甲酸乙酯 02.0184

ethyl (R)-(+)-4-chloro-3-hydroxybutyrate 4-氯-3-羟基丁酸乙酯 02.0202

ethyl (R)-4-chloro-3-hydroxybutanoate 4-氯-3-羟基丁酸乙酯 02.0202

Eucommia ulmoides extract 杜仲叶提取物 08.0979

evaluation of odor 评香 08.0746

evaluation of taste 评味 08.0747

excessive impregnation method 过量浸渍法 08.0321

expanding agent for cement slurry 水泥膨胀剂 08.0161

exposure time 露置时间 07.0127

external residue 外部残留 03.0250

extraction rate of black liquor 黑液提取率 08.0094

extrat of *Perilla frutescens* seed 紫苏籽提取物 08.0983

extreme ultraviolet photoresist 极紫外光刻胶 08.1140

extrusion granulation 挤压造粒 03.0152

eye shadow 眼影 08.0673

F

face powder　香粉　08.0680
face-shape mask　面贴膜　08.0795
FAS　脂肪醇硫酸[酯]盐　06.0249
fast amine　快胺素　04.0024
fast developer　快速显影液　08.1268
fast sulfonate　快磺素　04.0023
fat edge　厚边，*肥边　05.0415
fatigue life　疲劳寿命　07.0158
fatigue strength　疲劳强度　07.0157
fatigue test　疲劳试验　07.0159
fatliquor　加脂剂　08.1348
fatliquoring agent　加脂剂　08.1348
fatty acid alkylol amide phosphate　脂肪酸烷醇酰胺磷酸[酯]盐　06.0257
fatty acid monoglyceride　脂肪酸单甘酯　06.0162
fatty alcohol ammonium sulfate　脂肪醇硫酸铵　06.0279
fatty alcohol polyoxyethylene ether　脂肪醇聚氧乙烯醚　06.0280
fatty alcohol polyoxyethylene ether ammonium sulfate　脂肪醇聚氧乙烯醚硫酸铵　06.0281
fatty alcohol polyoxyethylene ether carboxylate　脂肪醇聚氧乙烯醚羧酸盐　06.0254
fatty alcohol polyoxyethylene ether (3) disodium sulfosuccinate monoesterdisodium　脂肪醇聚氧乙烯醚(3)磺基琥珀酸单酯二钠　06.0175
fatty alcohol polyoxyethylene ether phosphate　脂肪醇聚氧乙烯醚磷酸盐　06.0251
fatty alcohol polyoxyethylene ether sulfate　脂肪醇聚氧乙烯醚硫酸盐　06.0253
fatty alcohol sulfate　脂肪醇硫酸[酯]盐　06.0249
fatty amine　脂肪胺　08.0078
fatty amine polyoxyethylene ether　脂肪胺聚氧乙烯醚　06.0248
fauna natural perfume　动物性天然香料　08.0668
FB　荧光增白剂　04.0033
feather edging　薄边　05.0349
feed additive premix　饲料添加剂预混合饲料　08.0815
Fe-Mo catalyst for methanol oxidative dehydrogenation to methanal　铁-钼甲醇氧化脱氢制甲醛催化剂　08.0526
Fe-Mo organic sulfide hydro-conversion catalyst　铁钼有机硫加氢转化催化剂　08.0403
ferric chloride etchant　氯化铁蚀刻液　08.1101
ferric methionine complex　蛋氨酸铁络合物　08.0868
ferrous carbonate　碳酸亚铁　08.0863
ferrous citrate　柠檬酸亚铁　08.0865
ferrous fumarate　富马酸亚铁　08.0864
ferrous glycine complex　甘氨酸铁络合物　08.0867
ferrous lactate　乳酸亚铁　08.0866
FEVE copolymer　氟烯烃-乙烯基醚共聚物　05.0178
FEVE fluorocarbon resin　*FEVE 型氟碳树脂　05.0178
fiber dispersant　纤维分散剂　08.0116
field efficacy trial　田间药效试验　03.0169
filiform corrosion　丝状腐蚀　05.0377
filler　填充剂　03.0151
film　软片，*胶卷　08.1228
film adhesive　薄膜胶黏剂　07.0064
film-forming agent　成膜剂　08.1363
film removal　脱漆　05.0295
filtrate reducer for cement slurry　水泥降滤失剂　08.0162
filtrate reducer for drilling fluid　钻井液降滤失剂　08.0136
filtrate reducer for fracturing fluid　压裂液降滤失剂　08.0201
final lacquer　*末道漆　05.0048
fine chemical industry　精细化工，*精细化学工业　01.0004
fine chemical intermediate　精细化工中间体　01.0003
fine chemicals　精细化学品　01.0001
finger jointing　指接　07.0091
finishing agent　后整理助剂　08.0280
finishing crosslinker　涂饰交联剂　08.1372
finishing varnish　*罩光清漆　05.0049
fire retardant coating　防火涂料　05.0079
first developer　首次显影液，*首显液　08.1270
Fischer-Tropsch synthesis catalyst　费-托合成催化剂　08.0326
fish eye　鱼眼　05.0350
fixative　定香剂　08.0738
fixer　定香剂　08.0738，定影液　08.1282
fixing　定位　07.0108

flaking 片落 05.0351
flame retardant coating 防火涂料 05.0079
flash-off time 闪蒸时间 05.0352
flash rust 闪锈 05.0353
flat coating 无光涂料 05.0122
flavomycin premix 黄霉素预混剂 08.1004
flavor 香料 08.0662,香味 08.0750
flavorant 食用香料 08.0670
flavoring 香精 08.0741
flavoring base 香基,＊香精基 08.0739
flexible copper clad laminate 挠性覆铜板 08.1047
flexible epoxy fiberglass cloth copper clad laminate 挠性环氧玻纤布基覆铜板 08.1053
floating 发花 05.0354
floating agent 浮花剂 05.0194
flocculant 絮凝剂 08.0002
flocculant for drilling fluid 钻井液絮凝剂 08.0137
flocculating agent 絮凝剂 06.0284
flocculation 絮凝 06.0283
floor coating 地坪涂料 05.0149
floor paint ＊地坪漆 05.0149
floral water 花露水 08.0788
flora natural perfume 植物性天然香料 08.0669
florida water 花露水 08.0788
flotation agent 浮选剂 06.0285
flowable concentrate for seed treatment 种子处理悬浮剂 03.0127
flower and fruit thinning agent 疏花疏果剂 03.0049
flower balsam 花香脂 08.0735
flow improver 流动性改进剂 08.0249
flow promoter 流动促进剂 05.0192, ＊流动助剂 05.0198
flow time 流出时间 05.0393
fluazolidine grass 氟唑啶草 02.0107
fluff pulping release agent 绒毛浆松解剂 08.0111
fluid channeling 窜液 05.0306
fluidity 流度 05.0429
fluidized bed coating 流化床涂装 05.0279
fluorescence analysis reagent 荧光分析试剂 08.0652
fluorescence derived reagent 荧光衍生试剂 08.0647
fluorescent brightener 荧光增白剂 04.0033
fluorescent coating 荧光涂料 05.0100
fluorescent dye 荧光染料 04.0016
fluorescent whitening agent 荧光增白剂 04.0033
fluorine-containing surfactant 含氟表面活性剂 06.0287
2-fluoroaniline ＊2-氟苯胺 02.0108
4-fluoroaniline ＊4-氟苯胺 02.0109
fluorocarbon coating ＊氟碳涂料 05.0022
fluorocarbon paint ＊氟碳漆 05.0022
fluorocarbon resin coating 氟碳树脂涂料 05.0022
1-fluoro-2,4-dichlorobenzene ＊1-氟-2,4-二氯苯 02.0212
6-fluoro-2-methylquinoline ＊6-氟-2-甲基喹啉 02.0230
4-fluoro-3-nitroaniline ＊4-氟-3-硝基苯胺 02.0118
fluoroolefin-vinyl ether copolymer 氟烯烃-乙烯基醚共聚物 05.0178
2-fluorophenol 2-氟苯酚 02.0246
4-fluorophenol 4-氟苯酚 02.0245
3-fluoropyridine ＊3-氟吡啶 02.0144
6-fluoroquinaldine 6-氟喹哪啶 02.0230
flux 助焊剂 08.1130
foam 泡沫 06.0288
foamability 起泡性 06.0120
foamable adhesive 发泡胶黏剂 07.0050
foam bath 泡沫浴 08.0790
foam booster 泡沫促进剂 08.0707
foam catalyst 泡沫催化剂 08.0583
foam drilling fluid 泡沫钻井液 08.0130
foamed acid 泡沫酸 08.0170
foamed metal 泡沫金属 08.0584
foamed nickel 泡沫镍 08.0434
foaming agent for drilling fluid 钻井液起泡剂 08.0138
foaming effect 发泡作用 06.0080
foam regulator 泡沫调节剂 08.0708
foam stability 稳泡性 06.0102
foam stabilizer 稳泡剂 08.0709
folded essential oil 浓缩精油 08.0721
food additive 食品添加剂 01.0010
food colouring ＊食用色素 04.0007
food dye 食品染料, ＊食用染料 04.0007
food flavoring 食用香精 08.0742
food grade 食品级 08.0615
formaldehyde emission content 甲醛释放量 07.0176
formazan dye 甲瓒类染料 04.0040
fougere type 馥奇香型 08.0769
foundation 粉底 08.0671
fracturing fluid 压裂液 08.0185
fragrance 香水 08.0676, 日用香料 08.0681

fragrance agent 芳香整理剂 08.0284
fragrance classes 香气类别 08.0761
fragrance compound 香精 08.0741，日用香精 08.0743
fragrant cosmetics 芳香化妆品 08.0781
frame effect 镜框效应 05.0290
free acidity of phosphating solution 磷化液游离酸度 05.0310
free alkalinity of degreasing solution 脱脂液游离碱度 05.0307
free formaldehyde content 游离甲醛含量 07.0172
free phenol content 游离酚含量 07.0171
freeze-thaw resistance 耐冻融性 05.0395
friction reducer 减阻剂 08.0148
Friedel-Crafts catalyst 弗里德-克拉夫茨催化剂，＊弗-克催化剂 08.0587
fructo-oligosaccharide 果寡糖 08.0968
F type epoxy resin ＊F型环氧树脂 08.1037
full-color photographic paper 全色相纸 08.1240
fumigant fungicide 熏蒸性杀菌剂 03.0066
fumigant nematicide 熏蒸性杀线虫剂 03.0046
fumigating insecticide 熏蒸性杀虫剂 03.0021
fumigation action 熏蒸作用 03.0177
functional chemicals 功能性化学品 08.0106
functional coating 功能性涂料 05.0060
fungicidal activity 杀菌活性 03.0164
fungicidal spectrum 杀菌谱 03.0191
fungicide 杀菌剂 03.0062
furan adhesive 呋喃胶黏剂 07.0006
2-furancarboxylic acid 2-糠酸 02.0320
2-furan methanol ＊2-呋喃甲醇 02.0058
2-furanoic acid ＊2-呋喃甲酸 02.0320
fur bleaching agent 毛皮漂白剂 08.1386
fur fading agent 毛皮褪色剂 08.1385
fur fatliquor 毛皮加脂剂 08.1387
4-furfural 4-呋喃甲醛 02.0269
2-furfural ＊2-糠醛 02.0269
furfuryl alcohol 糠醇 02.0058
fur reserving agent 毛皮防染剂 08.1384
fuser cleaning fluid 定影清洗液 08.1301
FWA 荧光增白剂 04.0033

G

galacto-manno-oligosaccharide 半乳甘露寡糖 08.0967
galacto-oligosaccharide 低聚半乳糖 08.0970
garlicin 大蒜素 08.0949
gas channeling inhibitor 防气窜剂 08.0149
gas chromatography chiral derivatization reagent 气相色谱手性衍生试剂 08.0650
gas cleaning agent 天然气净化剂 08.0250
gauze type catalyst 网状催化剂 08.0572
gel ＊凝胶 08.0785
gelatinized starch adhesive 糊化淀粉胶黏剂 07.0027
gel breaker for fracturing fluid 压裂液破胶剂 08.0202
gelled acid 稠化酸 08.0168
gelled oil fracturing fluid 稠化油压裂液 08.0192
gel mask 啫喱面膜 08.0793
gel time 胶凝时间 05.0430，凝胶时间 07.0141
gel-type profile control agent from polymer solution 冻胶型调剖剂 08.0213
gel-type profile control agent from sol 凝胶型调剖剂 08.0212
gemini surfactant 双子表面活性剂 06.0029
glass adhesive 玻璃胶黏剂 07.0073
glass curtainwall coating ＊玻璃幕墙涂料 05.0148
glass fabric ＊玻璃布 08.1044
glass fiber-based copper clad laminate 玻璃纤维基覆铜板 08.1027
glass fiber fabric 玻璃纤维布 08.1044
glass fiber nonwoven fabric 玻璃纤维无纺布 08.1045
glass flake coating 玻璃鳞片涂料 05.0143
glass plate flow distance 玻璃板流程 05.0431
gloss coating 有光涂料 05.0118
gloss retention 保光性 05.0405
glue penetration 透胶 07.0135
glue-spread 涂胶量 07.0102
glycerin monolaurate 甘油一月桂酸酯，＊月桂酸单甘油酯 06.0031
glycerol monostearate 硬脂酸单甘油酯，＊甘油单硬脂酸酯 06.0030
glyceryl polyethylenglycol ricinoleate 聚乙二醇甘油蓖麻酸酯 08.0963
glycidyltrimethyl ammonium chloride 氯化缩水甘油三甲基铵 08.0086
glyoxal 草醛 02.0263

gold catalyst 金催化剂 08.0460
gold electroplating additive 电镀金添加剂 08.1121
gold thiocyanate 硫氰酸金 08.1257
gradient furnace 梯度炉 05.0237
graffiti resistant coating 防涂鸦涂料 05.0067
graft copolymer of starch-acrylamide 淀粉-丙烯酰胺接枝共聚物 08.0011
granular dye 粒状染料 04.0072
granulated form of dye 粒状染料 04.0072
granule 颗粒剂 03.0106
gravel-packing fluid 砾石充填液 08.0158
grease 油脂 06.0163
green liquor from paper industry 造纸绿液 08.0092
green pesticide 绿色农药 03.0009
grinding and polishing high-purity reagent 磨抛光高纯试剂 08.0630
growth retardant 生长阻滞剂 03.0051

H

H acid *H 酸 02.0281
hainanmycin sodium premix 海南霉素钠预混剂 08.0996
hair care cosmetics 护发化妆品 08.0779
hair conditioner 护发素 08.0805
hair dressing gel 焗油膏 08.0806
hair dye 染发剂 08.0677
hair dyestuff 染毛染料 08.1383
hair film *发膜 08.0806
hair gel 发用啫喱 08.0684
hair gel lotion 发用啫喱水 08.0685
hair growth cosmetics 育发化妆品 08.0686
hair pomade 发蜡 08.0807
hair spray 喷发胶 08.0809
hair wax 发蜡 08.0807
half-life for pesticide residue 农药残留半衰期 03.0254
halide alkyl pyridine 卤化烷基吡啶 06.0217
halide catalyst 卤化物催化剂 08.0463
halofuginone hydrobromide premix 氢溴酸常山酮预混剂 08.0991
halogenide catalyst 卤化物催化剂 08.0463
hammer agent 锤纹剂 05.0180
hammer coating 锤纹涂料 05.0107
hanging ash 挂灰 05.0314
hard drying time 实际干燥时间 05.0398
hardener 坚膜剂 08.1154
hard soap *硬皂 06.0075
haze 雾影 05.0355
7*H*-benz[*de*]anthracen-7-one *7*H*-苯并[*de*]蒽-7-酮 08.1160
5*H*-diphenyl[*b*,*f*]azazepine *5*H*-二苯并[*b*,*f*]氮杂卓 02.0047
HDTMP 六亚甲基二胺四亚甲基膦酸 08.0025
heat activated adhesive 热活化胶黏剂 07.0060
heat conductive adhesive 导热胶黏剂 07.0048
heat insulating coating 隔热涂料 05.0074
heat insulating paint *隔热漆 05.0074
heat-resistant thermoplastic-based copper clad laminate 耐热热塑性基覆铜板 08.1028
heat resisting coating *耐热涂料 05.0072
heat-sensitive dye 热敏染料 04.0014
heat storage stability 热储稳定性 03.0154
heavy-weight admixture for oil well cement slurry *油井水泥加重外掺料 08.0154
HEC 羟乙基纤维素 06.0197
HEDP 羟基亚乙基二膦酸,*羟基乙叉二膦酸 08.0023
herbicidal spectrum 杀草谱 03.0198
herbicide 除草剂,*除莠剂 03.0079
herbicide safener 除草剂安全剂 03.0147
heterocyclic dye 杂环染料 04.0051
heteropolyacid catalyst 杂多酸催化剂 08.0369
hexadecanol 棕榈醇 06.0159
hexadecyl dimethyl tertiary amine 十六烷基二甲基叔胺 02.0099
hexadecylpyridinium chloride 十六烷基氯化吡啶 06.0200
[hexahydrate] diethylenediamine *[六水]二乙烯二胺 02.0173
[hexahydrate] piperazine *[六水]对二氮己环 02.0173
[hexahydrate] second ethylimine *[六水]二次乙亚胺 02.0173
hexamethylene diamine tetramethylenephosphonic acid 六

亚甲基二胺四亚甲基膦酸 08.0025
hexamethylenetetramine 六次甲基四胺 08.0079
hiding power 遮盖力 05.0356
hierarchical structure catalyst 多级结构催化剂 08.0343
high build coating 厚浆型涂料 05.0032
high-built coating 厚膜涂料 05.0102
high contrast developer 高反差显影液 08.1265
high definition developer 高清晰度显影液 08.1263
high energy surface solid 高能表面固体 06.0172
high frequency bonding 高频胶接 07.0112
high frequency plate regulator 高频板调整剂 08.1115
high gloss coating 高光涂料 05.0117
high heat resistant copper clad laminate 高耐热覆铜板 08.1031
high-low temperature cycle test 高低温交变试验 07.0163
high-polymer supported catalyst 高聚物载体催化剂 08.0548
high-purity ＊高纯 08.0628
high-purity substance 高纯物质 08.0624
high solid content coating 高固体分涂料 05.0027
high speed and high frequency copper clad laminate 高速高频覆铜板 08.1030
high surface area carrier 高表面载体 08.0309
high temperature developer 高温显影液 08.1267
high temperature foamer 高温起泡剂 08.0239
high temperature resistant coating 耐高温涂料 05.0072
high toxicity pesticide 高毒农药 03.0012
high velocity flame spraying 高速火焰喷涂 05.0261
high volume low pressure spraying 高流量低气压喷涂 05.0270
histological grade 组织学级 08.0618
HLB 亲水-亲油平衡值 06.0108
honeycomb substrate 蜂窝状载体 08.0306
Hopcalite catalyst 霍加拉特催化剂 08.0593
horizontally spreaded gun 平布枪 05.0324
hot air leveling flux 热风整平助焊剂 08.1132
hot melt adhesive 热熔胶黏剂，＊热熔胶 07.0013
hot melt coating 热熔型涂料 05.0057，热熔涂布 05.0273
hot-melting impurity treatment 热熔物处理 08.0100
household appliance coating 家电涂料，＊家用电器涂料 05.0133
household detergent 家用洗涤剂 06.0078
HPAA 2-羟基膦酰基乙酸 08.0027
HPMA ＊水解聚马来酸酐 08.0031
1*H*-tetrazolium-1-acetic acid ＊1*H*-四唑-1-乙酸 02.0287
humectant 保湿剂 08.0691
humid-dry cycling resistance 耐干湿交替性 05.0406
HVLP 高流量低气压喷涂 05.0270
hydrate inhibitor 水合物抑制剂 08.0251
hydration catalyst for propylene 丙烯水合催化剂 08.0500
hydrazine 肼 08.0081
hydrazine benzene ＊肼苯 02.0034
hydrochloric acid 盐酸，＊氢氯酸 08.1193
hydrocracking catalyst for producing light oil 轻油型加氢裂化催化剂 08.0396
hydrocracking catalyst without fluorine 无氟加氢裂化催化剂 08.0404
hydrodesulfurization catalyst 加氢脱硫催化剂 08.0390
hydrodewaxing catalyst for diesel fuel 柴油加氢脱蜡催化剂，＊柴油临氢降凝催化剂 08.0384
hydrodewaxing catalyst for lube oil 润滑油加氢脱蜡催化剂，＊润滑油临氢降凝催化剂 08.0398
hydrofining catalyst 加氢精制催化剂 08.0387
hydrofining catalyst for raffinate oil 抽余油加氢催化剂 08.0385
hydrofluoric acid 氢氟酸 08.1192
hydrogenated bisphenol A diglycidyl ether 氢化双酚 A 二缩水甘油醚 05.0168
hydrogenated bisphenol A epoxy resin ＊氢化双酚 A 环氧树脂 05.0168
hydrogenated castor oil 氢化蓖麻油 02.0218
hydrogenation catalyst 氢化催化剂，＊加氢催化剂 08.0376
hydrogenation catalyst for lube oil 润滑油加氢催化剂 08.0397
hydrogenation dearsenication catalyst 加氢脱砷催化剂 08.0391
hydrogenation iron removing catalyst 加氢脱铁催化剂 08.0392
hydrogenitrogenation catalyst 加氢脱氮催化剂 08.0389
hydrogen removal catalyst 除氢催化剂 08.0518
hydrolysis catalyst for carbon oxysulphide ＊氧硫化碳水解催化剂 08.0522
hydrolytic polymaleic anhydride ＊水解聚马来酸酐 08.0031
hydrolyzed polyacrylamine ＊水解聚丙烯酰胺 08.0006

hydrophile-lipophile balance value 亲水-亲油平衡值 06.0108
hydrophilic group 亲水基 06.0107
hydrophilicity 亲水性 06.0289
hydrophobic effect 疏水效应，*疏水作用 06.0033
hydrophobic group 亲油基，*疏水基 06.0109
hydrotalcite-like *类水滑石 08.0470
hydrotropy 增溶性 08.0710
hydroxyacetic acid 羟基乙酸 08.0076
hydroxy-acetophenone *乙酰苯酚 02.0203
3-hydroxy-2-aminopyridine *3-羟基-2-氨基吡啶 02.0142
4-hydroxybenzeneacetamide *4-羟基苯乙酰胺 02.0089
2-hydroxybenzoic acid *2-羟基苯甲酸 02.0294
4-hydroxy-D-phenylglycine D-对羟基苯甘氨酸 02.0301
2-hydroxy-ethanesulfonic acid monosodium salt *2-羟基乙磺酸单钠盐 02.0054
hydroxyethyl cellulose 羟乙基纤维素 06.0197
hydroxyethyl ethylenediamine 羟乙基乙二胺 02.0100
hydroxyethylidene diphosphonic acid 羟基亚乙基二膦酸，*羟基乙叉二膦酸 08.0023
hydroxylamine protective agent 羟胺类保护剂 08.1286
25-hydroxyl cholecalciferol 25-羟基胆钙化醇 08.0849
hydroxyl terminated acrylic resin 端羟基型丙烯酸树脂 05.0157
hydroxyl terminated polyester resin 端羟基型聚酯树脂 05.0155
hydroxymethyl group content 羟甲基含量 07.0173
2-hydroxy-4-(methylthio)butyric acid *2-羟基-4-甲硫基丁酸 08.0824
2-hydroxy-3-naphthoic acid 2-羟基-3-萘甲酸 02.0282
2-hydroxyphosphonoacetic acid 2-羟基膦酰基乙酸 08.0027
2-hydroxy propionic acid zinc *2-羟基丙酸锌 08.0882
3-hydroxypropionitrile *3-羟基丙腈 02.0128
6-hydroxypseudoanisole *6-羟基假茴香油素 02.0243
3-hydroxypseudocumene *3-羟基假枯烯 02.0242
2-hydroxysuccinic acid 2-羟基丁二酸 02.0322
6-hydroxy-2,4,5-triaminopyrimidine 6-羟基-2,4,5-三氨基嘧啶 02.0152
25-hydroxy vitamin D_3 *25-羟基维生素 D_3 08.0849
hygroscopic and sweat releasing agent 吸湿排汗整理剂 08.0287
hyperosmia 嗅觉过敏 08.0764
hypogeusia 味觉暂时缺损，*味觉暂损 08.0766
hyposmia 嗅觉暂时缺损，*嗅觉暂损 08.0765

I

imidazo(1,2-*b*)pyridazine 咪唑并(1,2-*b*)哒嗪 02.0166
imidazole(1,2-and)pyridazine *咪唑(1,2-并)哒嗪 02.0166
imidazoline derivatives corrosion inhibitor 咪唑啉衍生物缓蚀剂 08.0050
iminodiacetic acid 亚氨基二乙酸，*氨二乙酸 02.0308
iminostilbene 亚氨基芪 02.0047
imitation electroplating coating 仿电镀涂料 05.0124
imitation metal etching ink *仿金属蚀刻油墨 08.1095
immersion 浸湿 06.0117
immersion test 浸渍试验 07.0165
impact fusion 撞击熔化 05.0432
impact resistance 抗冲击性 05.0401
impact strength 冲击强度 07.0153
impregnating insulating paper 浸渍绝缘纸 08.1046
impregnation 浸胶 07.0104
inclined plate flow 倾斜板流动性 05.0222
indigoid dye 靛类染料 04.0043
indium tin oxide 氧化铟锡 08.1197
indoor toxicity measurement 室内毒力测定 03.0167
industrial coating 工业涂料 05.0130
industrial detergent 工业洗涤剂 06.0077
industrial paint *工业漆 05.0130
infrared film 红外线片 08.1233
ingrain dye 显色染料 04.0030
inhalation toxicity 吸入毒性 03.0201
ink jet printing *喷墨印花 04.0081
inner phase 内相 06.0058
inorganic adhesive 无机胶黏剂 07.0053
inorganic analytical reagent 无机分析试剂 08.0634
inorganic antifoggant 无机防灰雾剂 08.1280
inorganic chemical reagent 无机化学试剂 08.0632
inorganic corrosion inhibitor 无机缓蚀剂 08.0051
inorganic fibre catalyst 无机纤维催化剂 08.0576
inorganic hardener 无机坚膜剂 08.1289
inorganic herbicide 无机除草剂 03.0080

inorganic insecticide 无机杀虫剂 03.0022
inorganic membrane catalyst 无机膜催化剂 08.0575
inorganic pesticide 无机农药 03.0003
inorganic precipitant 无机沉淀剂 08.0639
inorganic rodenticide 无机杀鼠剂 03.0054
inorganic tanning agent 无机鞣剂 08.1318
insect attractant 昆虫引诱剂 03.0037
insect endohormone 昆虫内激素 03.0025
insect growth regulator 昆虫生长调节剂 03.0023
insecticidal coating 杀虫涂料 05.0085
insecticidal spectrum 杀虫谱 03.0184
insecticide 杀虫剂 03.0018
insect pheromone 昆虫信息素，*昆虫外激素 03.0026
insect repellent 昆虫驱避剂 03.0145
in-situ catalyst 原位催化剂 08.0368
insoluble azo dye *不溶性偶氮染料 04.0003
instrumental analytical reagent 仪器分析试剂 08.0642
insulating film 绝缘基膜 08.1054
integrated control 综合防治 03.0238
intercoat adhesion failure 层间剥落 05.0293
interface 界面 06.0070
interfacial film 界面膜 06.0071
interfacial free energy 界面自由能 06.0073
interfacial tension 界面张力 06.0072
inter-layer dielectric 层间电介质 08.1177
inter-layer dielectric materials *层间介电材料 08.1177
intermediate sheet 中间片 08.1227
intermetallic compound 金属间化合物 08.0350
intermetallics *金属互化物 08.0350
intermolecular force 分子间力 06.0290
internal bond strength 内胶合强度 07.0143
internal sizing agent 浆内施胶剂 08.0117
internal stress of coating 涂层内应力 05.0231
in vitro activity assay 离体活性测定 03.0187
iodine value 碘值 08.0688
iodonium salt type cationic surfactant 碘盐型阳离子表面活性剂 06.0095
ion exchange resin catalyst 离子交换树脂催化剂 08.0353
ionic coordinate catalyst 离子配位催化剂 08.0354
ionic liquid 离子液体 08.0366
ionic photosensitive polyimide 离子型光敏聚酰亚胺 08.1180
ionic polymerization catalyst 离子型聚合催化剂 08.0355
ionic polymerization initiator *离子型聚合引发剂 08.0355
ionic surfactant 离子表面活性剂 06.0298
iron amino acid complex 氨基酸铁络合物 08.0870
iron catalyst 铁催化剂 08.0429
iron chelating agent 铁螯合物 08.0180
iron-enriched yeast 酵母铁 08.0869
ironing agent 烫毛剂 08.1388
iron phosphating 铁系磷化 05.0304
iron sequestering agent 铁螯合物 08.0180
iron stabilizer 铁稳定剂 08.0181
iron tanning agent 铁鞣剂 08.1323
iso-amyl bromide 溴代异戊烷 02.0050
isobutylbenzene 异丁苯 02.0215
isomerization catalyst 异构化催化剂 08.0367
isophthaloyl dichloride 间苯二甲酰氯 02.0333
isopropenylbenzene *异丙烯基苯 02.0217
isopropyl 3-aminocrotonate 3-氨基巴豆酸异丙酯 02.0189
4-isothiazoline-3-ketone 4-异噻唑啉-3-酮 08.0067
isotope reagent 同位素试剂 08.0661
isotropically conductive adhesive film 各向同性导电胶膜 08.1073

J

J acid *J酸 02.0205
jelly 啫喱 08.0785
jelly mask 啫喱面膜 08.0793
junction point coating film 接点涂层膜 08.1178

K

Kaminsky-Sinn catalyst 卡明斯基-辛催化剂 08.0588
kaolinite cracking catalyst 全白土型裂化催化剂

L

lignosulfonate 木质素磺酸盐 06.0191
lime soap dispersing agent 钙皂分散剂 06.0114
lime soap dispersing power 钙皂分散能力 06.0115
liming auxiliary 浸灰助剂 08.1310
liming enzyme 浸灰酶 08.1315
Lindlar catalyst 林德拉催化剂 08.0592
linear phenol formaldehyde epoxy resin 线型苯酚甲醛环氧树脂 05.0165
linoleic acid 亚油酸 06.0292
linolenic acid 亚麻酸 06.0293
linseed oil 亚麻油，* 亚麻籽油 06.0150
lipopolysaccharide 脂多糖 06.0160
liposome 脂质体 06.0294
lipstick 口红 08.0674
liquid acid and alkali resistant photosensitive resist ink 液态耐酸碱感光抗蚀油墨 08.1093
liquid chromatography chiral derivatization reagent 液相色谱手性衍生试剂 08.0649
liquid crystal coating 液晶涂料 05.0084
liquid crystal-high purity reagent 液晶高纯试剂 08.0631
liquid crystal polymer based film flexible copper clad laminate 液晶聚合物基膜挠性覆铜板 08.1052
liquid crystal polymer film 液晶聚合物薄膜 08.1056
liquid dye 染料水 08.1370
liquid form of dye 液状染料 04.0071
liquid formulation 液体制剂 03.0109
liquid paint protection film 液体涂料保护膜 08.1066
liquid phase fine desulfurization catalyst for propene 丙烯液相精脱硫催化剂 08.0538
liquid phase oxidation catalyst of sulfur dioxide 二氧化硫液相氧化催化剂 08.0414
liquid photosensitive corrosion resistant and electroplating resistant ink 液态感光抗蚀耐电镀油墨 08.1091
liquid photosensitive hot stamping varnish 液态感光烫印油墨 08.1094
liquid photosensitive ink 液态感光油墨 08.1090
liquid photosensitive metal matte ink 液态感光金属磨砂油墨 08.1095
liquid photosensitive resist ink for gravure printing 液态感光凹印抗蚀油墨 08.1092
liquid photosensitive shield 液体光敏屏蔽层 08.1067
liquid photosensitive solder resist ink 液态感光阻焊油墨 08.1096
liquid vaporizer 电热蚊液 03.0141
liquid wax * 液体发蜡 08.0809
lithium catalyst 锂催化剂 08.0422
L-leucine L-亮氨酸 08.0835
L-lysine monohydrochloride L-赖氨酸盐酸盐 08.0827
L-lysine sulfate and its fermentation by-product L-赖氨酸硫酸盐及其发酵副产物 08.0828
loading amount 负载量 08.0307
long-lasting insecticidal net 长效驱蚊帐 03.0136
long oil alkyd resin 长油度醇酸树脂 05.0173
loss of gloss 失光 05.0422
lost circulation materials 堵漏材料 08.0151
low contrast developer 低反差显影液 08.1264
low dielectric constant copper clad laminate 低介电常数覆铜板 08.1029
low surface area carrier 低表面载体 08.0310
low temperature CO shift catalyst 一氧化碳低温变换催化剂 08.0602
low temperature curable coating 低温固化涂料 05.0035
low thermal expansion coefficient copper clad laminate 低热膨胀系数覆铜板 08.1032
low toxicity pesticide 低毒农药 03.0014
L-*β*-*p*-hydroxyphenyl-*β*-alanine * L-*β*-对羟苯基-*β*-丙氨酸 08.0833
L-proline benzyl ester L-脯氨酸苄酯 02.0204
L-proline benzyl ester hydrochloride * L-脯氨酸苄酯盐酸盐 02.0204
LPS 脂多糖 06.0160
LS 木质素磺酸盐 06.0191
LSDP 钙皂分散能力 06.0115
LT_{50} 致死中时 03.0181
L-threonine L-苏氨酸 08.0829
L-tryptophan L-色氨酸 08.0830
L-type color photosensitive materials L型彩色感光材料 08.1216
L-tyrosine L-酪氨酸 08.0833
lube oil hydrorefining catalyst * 润滑油加氢精制催化剂 08.0397
lubricant for drilling fluid 钻井液润滑剂 08.0139
lubricating coating 润滑涂料 05.0090
luminous coating 发光涂料，* 夜光涂料 05.0093
lyophilic group * 疏油基 06.0107
lyophobic sol 憎液溶胶 06.0053

M

mace oil 肉豆蔻油 06.0010
macromolecular catalyst 高分子催化剂 08.0330
macromolecular demulsifier 高分子破乳剂 08.0246
macroporous silica gel 粗孔硅胶，＊大孔硅胶 08.0472
maduramicin ammonium premix 马杜霉素铵预混剂 08.0985
magnesia-alumina spinel 镁铝尖晶石 08.0569
magnesium catalyst 镁催化剂 08.0424
magnetic coating 磁性涂料 05.0087
magnetic conductive adhesive 导磁胶黏剂 07.0047
maintenance paint ＊维修用漆 05.0055
makeup cosmetics 美容化妆品 08.0780
maleic acid-acrylamide-acrylic acid copolymer 马来酸-丙烯酰胺-丙烯酸共聚物 08.0038
malic acid ＊苹果酸 02.0322
m-aminobenzotrifluoride 间三氟甲基苯胺 02.0114
manganese(Ⅱ) hypophosphite monohydrate 磷酸氢锰 08.0888
manganese amino acid complex 氨基酸锰络合物 08.0889
manganese catalyst 锰催化剂 08.0428
manganese-enriched yeast 酵母锰 08.0892
manganese methionine complex 蛋氨酸锰络合物 08.0891
manganese methionine hydroxy analogue complex 蛋氨酸羟基类似物螯合锰 08.0890
manganese methionine hydroxyl analogue chelate ＊羟基蛋氨酸类似物螯合锰 08.0890
manganese phosphating 锰系磷化 05.0305
m-anisidine 间甲氧基苯胺 02.0259
β-mannanase *β*-甘露聚糖酶 08.0903
mannase ＊甘露聚糖酶 08.0903
manno-oligosaccharide 甘露寡糖，＊甘露低聚糖 08.0969
manual color matching 人工调色 05.0201
mar 擦伤 05.0358
margaric acid 珠光脂酸 06.0034
marine coating 船舶涂料，＊海洋涂料 05.0132
marine paint ＊船舶漆 05.0132
mask 面膜 08.0791
masking agent 隐蔽剂 08.0640，蒙囿剂 08.1330
massage base oil 按摩基础油 08.0802
massage cream 按摩霜 08.0803
massage essential oil 按摩精油 08.0801
mass-colour 主色，＊本色 05.0389
mass-tone 主色，＊本色 05.0389
mastic adhesive 腻子胶黏剂 07.0068
matt coating 平光涂料 05.0121
matting agent 消光剂 05.0188
matting curing agent 消光固化剂 05.0187
maximal safety dose 最大安全剂量 03.0218
maximum noneffect level 最大无作用剂量 03.0222
maximum residue limit 最大残留限量 03.0162
m-bromoacetophenone 间溴苯乙酮 02.0274
m-bromoanisole 间溴苯甲醚 02.0260
m-chloroaniline 间氯苯胺 02.0079
m-cresol ＊间甲酚 02.0240
MDPB 二甲基嘧啶醇亚硫酸甲萘醌 08.0854
mechanical adhesion 机械黏合 07.0075
mechanical shiver 机械粉碎 03.0149
median inhibitory concentration 抑制中浓度 03.0192
median knock-down time 半数击倒时间 03.0182
median lethal concentration 半数致死浓度 03.0217
median lethal dose 半数致死量 03.0216
median lethal time 致死中时 03.0181
Medicago sativa extract 苜蓿提取物 08.0978
medicinal feed additive 药物饲料添加剂 08.0812
medium oil alkyd resin 中油度醇酸树脂 05.0174
medium-temperature CO shift catalyst 一氧化碳中温变换催化剂 08.0605
melamine 三聚氰胺 02.0001
melamine resin retanning agent 三聚氰胺树脂复鞣剂 08.1345
melt flow 熔融流动 05.0228
melt flow index ＊熔体流动指数 05.0238
melt flow rate 熔融流动速率 05.0238
menadione dimethyl-pyrimidinol bisulfite 二甲基嘧啶醇亚硫酸甲萘醌 08.0854

menadione nicotinamide bisulfite　亚硫酸氢烟酰胺甲萘醌　08.0855
menadione sodium bisulfite　*亚硫酸氢钠甲萘醌　08.0853
Meral film base　*麦拉尔片基　08.1245
3-mercaptoindole　3-巯基吲哚　02.0177
3-mercapto-2-methylpropionate acetic acid　*3-巯基-2-甲基丙酸乙酸　02.0298
2-mercapto-5-methyl-1,3,4-thiadiazole　*2-巯基-5-甲基-1,3,4-噻二唑　02.0031
mercury catalyst　汞催化剂　08.0461
mesitol　*2,4,6-混杀威　02.0244
mesoporous molecular sieve　中孔分子筛　08.0478
metal alcoholate　*金属醇化物　06.0005
metal-based copper clad laminate　金属基覆铜板　08.1026
metal catalyst　金属催化剂　08.0421
metal complex catalyst　金属络合物催化剂　08.0332
metal film catalyst　金属薄膜催化剂　08.0581
metal gauze catalyst　金属丝网催化剂　08.0582
metallic carrier　金属载体　08.0351
metallic flashing coating　金属闪光效果涂料　05.0114
metallocene catalyst　*茂金属催化剂　08.0588
metal nanocluster catalyst　金属纳米簇催化剂　08.0333
metal organic tanning agent　*金属有机鞣剂　08.1329
metal stiffener　金属基增强板，*金属基补强板　08.1083
metal-support interaction　金属载体相互作用　08.0352
metamerism　条件等色　05.0359
methanation catalyst for city gas　城市煤气甲烷化催化剂　08.0547
methane chloride　*一氯甲烷　02.0055
methanethiol synthesis catalyst　甲硫醇合成催化剂　08.0545
methanol decomposition catalyst　甲醇分解催化剂　08.0541
methanol dehydrogenation catalyst　甲醇脱氢催化剂　08.0524
methanol synthesis catalyst　甲醇合成催化剂　08.0484
methine dye　甲川类染料　04.0039
methionine hydroxy analogue　蛋氨酸羟基类似物　08.0824
methionine hydroxy analogue calcium　蛋氨酸羟基类似物钙盐　08.0825
method of boiling process[for soap]　沸煮法[制皂]　06.0245
5-methoxy-2-aminopyridine　*5-甲氧基-2-氨基吡啶　02.0136
2-methoxyaniline　2-甲氧基苯胺　02.0255
3-methoxyaniline　*3-甲氧基苯胺　02.0259
4-methoxyaniline　*4-甲氧基苯胺　02.0115
4-methoxybenzoyl chloride　4-甲氧基苯甲酰氯　02.0328
2-methoxy-4-chloro-5-fluorinepyrimidine　2-甲氧基-4-氯-5-氟嘧啶　02.0153
3-methoxy-4-hydroxybenzaldehyde　*3-甲氧基-4-羟基苯甲醛　02.0049
5-methoxyindole　5-甲氧基吲哚　02.0176
methoxymethane synthesis catalyst　二甲醚合成催化剂　08.0485
β-methoxynaphthalene　β-甲氧基萘　02.0013
4-methoxyphenylhydrazine hydrochloride　4-甲氧基苯肼盐酸盐　02.0036
methoxypropylamine　甲氧基丙胺　08.0052
3-methoxy-2,4,5-trifluorobenzoic acid　2,4,5-三氟-3-甲氧基苯甲酸　02.0293
methyl 4-acetamido-2-methoxybenzoate　4-乙酰氨基-2-甲氧基苯甲酸甲酯　02.0192
methyl acetoacetate　乙酰乙酸甲酯　02.0188
2-methyl-1,3-azobenzene　*2-甲基-1,3-氮杂茂　02.0162
4-methylbenzonitrile　*4-甲苯腈　02.0123
methylbenzotriazole　甲基苯并三氮唑　08.0056
methyl caprylate　辛酸甲酯，*正辛酸甲酯　06.0149
methylcellulose　甲基纤维素　06.0181
1-methyl-4-chloropiperidine　1-甲基-4-氯哌啶　02.0157
methyl cinnamate　肉桂酸甲酯　06.0296
3-methylcyanopyridine　*3-甲基氰基吡啶　02.0143
methyl dodecanoate　*十二酸甲酯　06.0158
methylene bisthiocyanate　二硫氰基甲烷　08.0066
methylene group content　亚甲基含量　07.0174
4-methyl-5-ethoxyoxazole　*4-甲基-5-乙氧基噁唑　02.0043
2-(1-methylethyl) hydrazyl formamide　*2-(1-甲基亚乙基)肼基甲酰胺　02.0235
2-methyl-5-ethylpyridine　2-甲基-5-乙基吡啶　02.0133
6-methyl-5-hepten-2-one　6-甲基-5庚烯-2-酮　02.0279
methyl heptenone　*甲基庚烯酮　02.0279
4-methyl-1*H*-imidazole　*4-甲基-1*H*-咪唑　02.0165
2-methylimidazole　2-甲基咪唑　02.0162

4-methylimidazole 4-甲基咪唑 02.0165
5-methyl-3-isozolamide ＊5-甲基-3-异噁唑胺 02.0033
methyl laurate 月桂酸甲酯 06.0158
1-methyl-5-mercaptotetrazole 甲硫四氮唑 02.0032
methyl 2-methoxy-4-acetamidobenzoate ＊对乙酰氨基邻甲氧基苯甲酸甲酯 02.0192
methyl myristate 肉豆蔻酸甲酯 06.0195
α-methylnaphthalene α-甲基萘 02.0015
β-methylnaphthalene β-甲基萘 02.0016
1-methylnaphthalene ＊1-甲基萘 02.0015
2-methylnaphthalene ＊2-甲基萘 02.0016
1-methyl-4-nitro-5-chloroimidazole 1-甲基-4-硝基-5-氯咪唑 02.0155
2-methyl-5-nitroimidazole 2-甲基-5-硝基咪唑 02.0163
1-methyl-3-*n*-propyl-5-pyrazole carboxylic acid ＊1-甲基-3-正丙基-5-吡唑羧酸 02.0147
2-methylphenol 2-甲基苯酚 02.0241
3-methylphenol 3-甲基苯酚 02.0240
methyl phenyl ketone ＊甲基苯基酮 02.0273
2-methyl-1-phenylpropane ＊2-甲基-1-苯基丙烷 02.0215
1-methylpiperazine ＊1-甲基哌嗪 02.0168
2-methylpiperazine 2-甲基哌嗪 02.0170
2-methylpropyl benzene ＊2-甲基丙基苯 02.0215
2-methylpyridine 2-甲基吡啶 02.0131
3-methylpyridine 3-甲基吡啶 02.0132
5-methylresorcinol ＊5-甲基间苯二酚 02.0012
methyl stearate 硬脂酸甲酯 06.0154
α-methylstyrene α-甲基苯乙烯 02.0217
1-methyl-5-sulfhydryl-1*H*-tetrazolium ＊1-甲基-5-巯基-1*H*-四氮唑 02.0032
5-methyl-2-sulfhydryl-1,3,4-thiadiazole 5-甲基-2-巯基-1,3,4-噻二唑 02.0156
methyl *tert*-butyl ether cracking catalyst ＊甲基叔丁基醚裂解催化剂 08.0502
methylthiouracil 甲基硫脲嘧啶 02.0161
6-methyl-2-thiouracil ＊6-甲基-2-硫代尿嘧啶 02.0161
6-methyluracil 6-甲基尿嘧啶 02.0160
2-methylvaleraldehyde 2-甲基戊醛 02.0268
metoclopramide methyl ＊胃复安甲基物 02.0192
metol 米吐尔 08.1273
metoxybenzene ＊甲氧基苯 02.0256
MFI ＊熔体流动指数 05.0238
m-fluoropyridine 间氟吡啶 02.0144
MFR 熔融流动速率 05.0238
MFT 最低成膜温度 05.0386
micellar aggregation number 胶束聚集数 06.0067
micellar catalysis 胶束催化，＊胶团催化 06.0066
micelle 胶束，＊胶团 06.0065
microbial insecticide 微生物杀虫剂 03.0036
microbial oil 微生物油脂 06.0101
microbial pesticide 微生物农药 03.0006
microbubble film 微泡胶片，＊微泡法胶片 08.1238
microcapsule dye 微胶囊染料 04.0076
microcapsule suspension 微囊悬浮剂 03.0111
microemulsified acid 微乳酸 08.0169
microemulsion 微乳剂 03.0110，微乳 06.0100
microetchant 微蚀剂 08.1110
microetching stabilizer 微蚀稳定剂 08.1111
microscopical analysis reagent 显微镜分析试剂 08.0653
microspherical cracking catalyst 微球裂化催化剂 08.0577
middle note ＊中段香韵 08.0756
middle toxicity pesticide 中毒农药 03.0013
milk ＊奶液 08.0784
mine equipment coating 矿井设备涂料 05.0145
mineral oil fatliquor 矿物油类加脂剂 08.1351
mineral oil insecticide 矿物油杀虫剂 03.0038
mineral particle stabilizer 矿物颗粒稳定剂 08.0264
minimum film-forming temperature 最低成膜温度 07.0140
minimum filming temperature 最低成膜温度 05.0386
miscible agent 混溶剂 08.0240
miss coating 漏涂区，＊漏涂点 05.0417
mixed feed additive 混合型饲料添加剂 08.0813
mixed oxide catalyst 混合氧化物催化剂 08.0342
mixed system 复配体系 06.0127
mixing and extrusion 混炼挤出 05.0203
MNB 亚硫酸氢烟酰胺甲萘醌 08.0855
m-nitrobenzaldehyde 间硝基苯甲醛 02.0266
m-nitrobenzoic acid 间硝基苯甲酸 02.0315
MNL 最大无作用剂量 03.0222
mobility control agent 流度控制剂 08.0241
model catalyst 模型催化剂 08.0359
modified epoxy adhesive 改性环氧胶黏剂 08.1060
modifier 修饰剂 08.0760
modify 修饰 08.0759
modifying agent 改性剂 07.0098

moisture curable coating 湿固化涂料，＊潮气固化涂料 05.0036
moisture curing adhesive 湿固化胶黏剂 07.0058
molecular biological grade 分子生物学级 08.0617
molecular occupied area 分子占有面积 06.0085
molluscicide 杀软体动物剂 03.0042
molybdenum catalyst 钼催化剂 08.0442
monensin sodium premix 莫能菌素钠预混剂 08.1002
monoalkyl ether phosphate 单烷基醚磷酸酯 06.0167
monobath 显定合一液 08.1269
α-monochloropropanediol α-单氯丙二醇 02.0060
monolithic carrier 整体式载体 08.0580
monolithic catalyst 整体式催化剂 08.0579
monomolecular film ＊单分子膜 06.0039
monomolecular layer 单分子层 06.0039
mordant dye ＊媒介染料 04.0008
morpholine synthesis catalyst 吗啉合成催化剂 08.0608
morpholine type cationic surfactant 吗啉型阳离子表面活性剂 06.0091
mosquito coil 蚊香 03.0143
mothproof granule 防虫粒 03.0135
mothproof liquid 防虫液 03.0134
mousse 摩丝 08.0808
m-phenylenediamine 间苯二胺 02.0077
MRL 最大残留限量 03.0162
mud acid 土酸 08.0166
multicolor coating 多彩涂料 05.0111
multicolor paint ＊多彩漆 05.0111
multifunctional catalyst 多功能催化剂 08.0325
multimolecular layer 多分子层 06.0040
multiple emulsion 多重乳液 08.0711
multiple layer adhesive 复合膜胶黏剂 07.0066
multiple resistance 多重抗性，＊复合抗性 03.0240
multi-residue analysis 多组分残留分析 03.0160
multi-wash cycle performance 多次洗涤循环性能 08.0712
mutagenicity 致突变性 03.0209
mutton fat 羊脂，＊羊油 06.0008
mutual solvent 互溶剂 08.0176
mycelium growth rate method 菌丝生长速率法 03.0189
myristic acid 肉豆蔻酸 06.0009
myristyl alcohol 肉豆蔻醇 06.0193

N

N-acetanilide ＊*N*-乙酰苯胺 02.0082
N-acetoacetanilide *N*-乙酰乙酰苯胺 02.0078
N-acetylsulfanilyl chloride 对乙酰氨基苯磺酰氯 02.0324
N-acroxylmorpholin *N*-丙烯酰吗啉 02.0232
nail cleaning solution ＊净甲液 08.0787
nail color ＊甲彩 08.0675
nail enamel 指甲油 08.0675
nail lacquer ＊甲漆 08.0675
nail polish 指甲油 08.0675
nail polish remover ＊洗甲水 08.0787
N-(4-aminobenzoyl)-L-glutamic acid *N*-4-(氨基苯甲酰基)-L-谷氨酸 02.0044
N-(2-aminoethyl)ethanolamine ＊*N*-(2-氨基乙基)乙醇胺 02.0100
nano-coating 纳米涂料 05.0053
nano dispersed materials as catalyst 纳米分散催化材料 08.0313
nano-gold catalyst 纳米金催化剂 08.0476
naphthol ＊纳夫妥 04.0021
α-naphthol α-萘酚 02.0070
β-naphthol β-萘酚 02.0069
1-naphthol ＊1-萘酚 02.0070
2-naphthol ＊2-萘酚 02.0069
naphthoquinone 萘醌 08.1162
α-naphthylamine α-萘胺 02.0076
β-naphthylamine β-萘胺 02.0104
1-naphthylamine ＊1-萘胺 02.0076
2-naphthylamine ＊2-萘胺 02.0104
1-naphthylamine-4-sulfonic acid ＊1-萘胺-4-磺酸 02.0208
1-naphthylamine-8-sulfonic acid ＊1-萘胺-8-磺酸 02.0210
1,8-naphthylamine sulfonic acid ＊1,8-萘胺磺酸 02.0210
2-naphthyl methyl ether ＊2-萘甲醚 02.0013
narasin and nicarbazin premix 甲基盐霉素-尼卡巴嗪预混剂 08.0989
narasin premix 甲基盐霉素预混剂 08.0988
natural dye 天然染料 04.0067

natural moisturing factor 天然保湿因子 08.0690
natural perfume 天然香料 08.0663
natural pesticide 天然农药 03.0001
natural polymer adhesive 天然高分子胶黏剂 07.0054
natural resin 天然树脂 08.0733
natural resin coating 天然树脂涂料 05.0006
natural resin paint *天然树脂漆 05.0006
natural rubber water-based adhesive 天然橡胶水基胶黏剂 07.0025
natural steroid sasaponin 天然类固醇萨洒皂角苷 08.0974
natural triterpenic saponin 天然三萜烯皂角苷 08.0975
natural vitamin E 天然维生素 E 08.0850
nature-identical perfume 天然等同香料 08.0664
N-benzyl-*N*- methyl-2-aminoethanol *N*-甲基-*N*-羟乙基苄胺 02.0116
2-(*N*-benzyl-*N*-methylamino) ethanol *2-(*N*-苄基-*N*-甲基氨基)乙醇 02.0116
n-butyl bromide 溴丁烷 02.0226
n-butyl oleate 油酸正丁酯 02.0200
N-carbobenzyloxy-L-proline *N*-苄氧羰基-L-脯氨酸 02.0299
N-cyanoimido-*S*,*S*-dimethyl-dithiocarbonate *N*-氰亚胺基-*S*,*S*-二硫代碳酸二甲酯 02.0191
near-infrared absorption dye *近红外吸收染料 04.0015
near-infrared dye 近红外染料 04.0015
negative *底版 08.1232
negative adsorption 负吸附 08.0329
negative catalysis 负催化 08.0327
negative catalyst 负催化剂 08.0328
negative contact agent 负催化剂 08.0328
negative cross-resistance 负交互抗药性 03.0166
negative film developer 负片显影液 08.1259
nematicide 杀线虫剂 03.0043
neohesperidin dihydrochalcone 新甲基橙皮苷二氢查耳酮 08.0945
neonicotinoid insecticide 新烟碱类杀虫剂 03.0028
neopentyl chloride *新戊酰氯 02.0323
neoprene adhesive 氯丁橡胶胶黏剂 07.0009
neoprene water-based adhesive 氯丁橡胶水基胶黏剂 07.0026
nereistoxin analogue insecticide 沙蚕毒素类杀虫剂 03.0029
nerve toxicity 神经毒性 03.0205
N-ethyl-2-aminomethylpyrrolidine *N-乙基-2-氨甲基吡咯烷 02.0048
N-ethyl-4-amino-*N*-*β*-methanesulfonamidoethyl-3-methylaniline sulfate monohydrate *N*-乙基-4-氨基-*N*-*β*-甲磺酰胺乙基-3-甲基苯胺硫酸盐，*CD-3 08.1298
N-ethylcarbazole *N*-乙基咔唑 02.0227
N-ethylethylenediamine *N*-乙基乙二胺 02.0112
N-ethylpiperazine *N*-乙基哌嗪 02.0174
neurotoxicity 神经毒性 03.0205
neurotoxin 神经毒素 03.0047
neutral dye 中性染料 04.0002
neutralising syntan 中和合成鞣剂 08.1338
neutralization value 中和值 06.0126
neutralizing syntan 中和合成鞣剂 08.1338
N-hexadecyltrimethyl ammonium chloride 十六烷基三甲基氯化铵，*1631 06.0210
N-hydroxyacetamide *N-羟基乙酰胺 08.0977
N-hydroxymethyl methinoine calcium *N-羟甲基蛋氨酸钙 08.0826
Ni-based benzene hydrogenation catalyst 镍系苯加氢催化剂 08.0383
nicarbazin and ethopabate premix 尼卡巴嗪-乙氧酰胺苯甲酯预混剂 08.0987
nicarbazin premix 尼卡巴嗪预混剂 08.0986
nickel-carbonized resin catalyst 镍-碳化树脂催化剂 08.0479
nickel catalyst 镍催化剂 08.0432
nickel electroplating additive 电镀镍添加剂 08.1122
Nieuwland catalyst 纽兰德催化剂 08.0589
nitrate film base *硝酸片基 08.1243
nitric acid 硝酸 08.1194
nitro and nitroso dye 硝基及亚硝基[结构]染料 04.0050
4-nitroaniline *4-硝基苯胺 02.0075
2-nitrobenzaldehyde *2-硝基苯甲醛 02.0267
3-nitrobenzaldehyde *3-硝基苯甲醛 02.0266
nitrobenzene hydrogenation catalyst for making aniline 硝基苯加氢制苯胺催化剂 08.0405
2-nitrobenzoic acid *2-硝基苯甲酸 02.0314
3-nitrobenzoic acid *3-硝基苯甲酸 02.0315
4-nitrobenzoic acid *4-硝基苯甲酸 02.0316
nitrocellulose lacquer 硝化棉光油 08.1368
nitrocellulose paint *硝化纤维素漆 05.0011
nitrocoating 硝基涂料 05.0011

6-nitro-1,2,4-diazo acid　6-硝基-1,2,4-酸氧体　02.0027

3-nitro-4-fluoroaniline　3-硝基-4-氟苯胺　02.0118

5-nitro-2-furan aldehyde　＊5-硝基-2-呋喃醛　02.0262

5-nitrofurfural　5-硝基糠醛　02.0262

nitrogen heterobenzene　＊氮杂苯　02.0129

nitrogen manufacture catalyst　＊制氮催化剂　08.0408

4-nitrophenol　＊4-硝基苯酚　02.0068

Ni-Ziegler catalyst　镍-齐格勒催化剂　08.0433

N-methyl-4-chloropiperidine　＊*N*-甲基-4-氯哌啶　02.0157

N-methylmethylamine　＊*N*-甲基甲胺　02.0090

N-methylpiperazine　*N*-甲基哌嗪　02.0168

N,*N*-diethylethanolamine　＊*N*,*N*-二乙基乙醇胺　02.0113

N′,*N*′-diethyl-1,4-pentanediamine　＊*N*′,*N*′-二乙基-1,4-戊二胺　02.0045

N,*N*-diethyl-*p*-phenylenediamine　＊*N*,*N*-二乙基对苯二胺　08.1275

N,*N*-diethyl-*p*-phenylenediamine sulfate　＊*N*,*N*-二乙基对苯二胺硫酸盐　08.1297

N,*N*-dimethylaniline　＊*N*,*N*-二甲基苯胺　02.0003

N,*N*-dimethyl-3-chlorpropylamine　＊*N*,*N*-二甲基-3-氯丙胺　02.0094

N,*N*-dimethyldodecylamine　＊*N*,*N*-二甲基十二烷基胺　02.0098

N,*N*-dimethyldodecylamine-*N*-oxid　十二烷基二甲基氧化胺，＊OA-12　06.0207

N,*N*-dimethylhexadecylamine　＊*N*,*N*-二甲基十六烷基胺　02.0099

N,*N*-dimethyloctadecylamine　＊*N*,*N*-二甲基十八烷基胺　02.0097

N,*N*-diphenylamine　＊*N*,*N*-二苯胺　02.0081

N,*N*,*N*′, *N*′-tetrakis(2-hydroxypentyl)ethylenediamine　十八烷基二甲基羟乙基季铵硝酸盐　06.0198

N,*O*-carboxymethyl chitosan　*N*,*O*-羧甲基壳聚糖　08.0973

non-aqueous dispersion coating　非水分散型涂料　05.0029

nonbiological degradation　非生物降解　03.0229

non-destructive test　非破坏性试验　07.0161

nondrying alkyd resin　非干性醇酸树脂　05.0172

non-hiding　不盖底，＊露底　05.0420

nonionic macromolecular demulsifier　非离子型高分子破乳剂　08.0248

nonionic surfactant　非离子表面活性剂　06.0301

nonmetallic synthetic polymeric catalyst　非金属系合成高分子催化剂　08.0375

non-oxidizing bactericide　非氧化性杀菌剂　08.0064

non-selective herbicide　＊非选择性除草剂　03.0089

non-silver halide photosensitive materials　＊非卤化银感光材料　08.1250

non-silver halide system　非卤化银体系　08.1250

non-stick coating　不粘涂料　05.0097

non-structural adhesive　非结构胶黏剂　07.0039

non-uniform tear strength　不均匀扯离强度　07.0154

non-volatile matter　不挥发物　05.0360

non-volatile matter by volume　不挥发物体积分数　05.0361

nonyl phenol　壬基酚　02.0072

no plastic type flexible copper clad laminate　无胶型挠性覆铜板　08.1051

nosiheptide premix　那西肽预混剂　08.1007

novolac modified bisphenol A epoxy resin　酚醛改性双酚 A 型环氧树脂　05.0163

N-phenylacetamide　乙酰苯胺　02.0082

N-phenyl-β-naphthylamine　*N*-苯基-β-萘胺　08.1158

N-phenyl-2-naphthylamine　＊*N*-苯基-2-萘胺　08.1158

N-phenyl-*p*-phenylenediamine　＊*N*-苯基对苯二胺　02.0111

3-*n*-propyl-5-carboxy-1-methylpyrazole　3-正丙基-5-羧基-1-甲基吡唑　02.0147

nuclear magnetic resonance spectrum analysis reagent　核磁共振波谱分析试剂　08.0654

nuclear power coating　核电涂料　05.0139

nuclear radiation resistant coating　耐核辐射涂料　05.0091

nucleophilic catalytic reaction　亲核催化反应　08.0292

O

OAB　油酰胺丙基甜菜碱　06.0241

o-aminoanisole　＊邻氨基苯甲醚　02.0255

o-amino paracetaminobenzene ether ＊邻氨基对乙酰氨基苯甲醚 02.0254
o-amino-*p*-chlorophenol 邻氨基对氯苯酚 02.0071
o-aminopyridine 邻氨基吡啶 02.0139
o-aminopyrimidine 邻氨基嘧啶 02.0150
o-aminothiazole 邻氨基噻唑 02.0145
o-anisidine ＊邻茴香胺 02.0255
o-bromotoluene 邻溴甲苯 02.0011
occupational poisoning ＊职业性中毒 03.0215
o-chlorobenzaldehyde 邻氯苯甲醛 02.0272
o-chlorobenzoic acid 邻氯苯甲酸 02.0295
o-chlorobenzonitrile 邻氯苯腈 02.0125
o-chloropyridine 邻氯吡啶 02.0134
o-chloropyrimidine 邻氯嘧啶 02.0154
o-cresol ＊邻甲酚 02.0241
o-cresol formaldehyde epoxy resin 邻甲酚甲醛环氧树脂 05.0164
octadecanamide 硬脂酰胺，＊硬脂酸酰胺 02.0101
octadecanoic acid ＊十八酸 06.0153
octadecanoic acid methyl ester ＊十八酸甲酯 06.0154
1-octadecanol ＊正十八醇 06.0152
octadeca-9, 11,13-trienoic acid ＊十八碳-9,11,13-三烯酸 06.0147
9-octadecene-1-ol ＊9-十八烯-1-醇 06.0155
octadecyl alcohol ＊1-十八醇 06.0152
octadecylamine 十八烷基胺，＊硬脂胺 06.0013
octadecylamine acetate 十八烷基胺乙酸盐 06.0199
octadecyldimethylhydroxyethyl quaternary ammonium nitrate 十八烷基二甲基羟乙基季铵硝酸盐 06.0198
octadecyl dimethyl tertiary amine 十八烷基二甲基叔胺 02.0097
octadecyl toluene ＊十八烷基甲苯 02.0216
octadecyl trimethyl ammonium chloride 十八烷基三甲基氯化铵，＊1831 06.0201
octafluorobenzidine 八氟联苯胺 08.1185
octyl phenol 辛基酚 02.0073
o-diazonaphthoquinone linear novolac resin 邻重氮萘醌-线型酚醛树脂 08.1150
o-dichlorobenzene 邻二氯苯 02.0006
odor 气息 08.0748
odor concentration 香势，＊香气强度 08.0753
odor nuance 香韵 08.0751
odor threshold 香气阈值 08.0754
odor type 香型 08.0752
o-ethoxybenzenamine 邻乙氧基苯胺 02.0258
o-fluoroaniline 邻氟苯胺 02.0108
OGS 油酰基谷氨酸钠 06.0242
oil absorption value 吸油量 05.0362
oil acyl glutamic acid sodium 油酰基谷氨酸钠 06.0242
oilacylmethyl taurine salt 油酰基甲基牛磺酸盐，＊依捷帮T 06.0243
oil-based paint ＊油脂漆 05.0005
oil-base drilling fluid 油基钻井液 08.0129
oil-base foamed fracturing fluid 油基泡沫压裂液 08.0194
oil-base fracturing fluid 油基压裂液 08.0191
oil-base paraffin remover 油基清蜡剂 08.0225
oil-base water shutoff agent 油基堵水剂 08.0234
oil-displacing agent 驱油剂 06.0130
oil emulsion 油乳状液 08.0714
oil field chemicals 油田化学品 01.0014
oil-in-water emulsion 水包油乳状液 06.0278
oil-in-water fracturing fluid 水包油压裂液 08.0189
oil-in-water paraffin remover 水包油型清蜡剂 08.0226
oil miscible flowable concentrate 油悬浮剂 03.0112
oil miscible liquid 油剂 03.0116
oil paint 油性漆 05.0005
oil-proofing agent 防油剂 08.0282
oil removing agent 除油剂 08.0265
oil spill cleanup agent on the sea 海面浮油清净剂 08.0252
oil spill dispersant on the sea 海面浮油分散剂 08.0253
oil well cement 油井水泥 08.0159
olaquindox premix 喹乙醇预混剂 08.1006
oleamidopropyl betaine 油酰胺丙基甜菜碱 06.0241
olefin oligomerization catalyst 烯烃叠合催化剂 08.0540
oleic acid 油酸 06.0011
oleoresin 油树脂 08.0731
oleoyl chloride 油酰氯 02.0330
oleyl alcohol 油醇 06.0155
olfactory adaptation ＊嗅觉适应性 08.0767
olfactory fatigue 嗅觉疲劳 08.0767
oligofructose ＊低聚果糖 08.0968
olive oil 橄榄油 06.0134
o-methoxyaniline ＊邻甲氧基苯胺 02.0255
one-component coating 单组分涂料 05.0041
one-shot extinction 一次挤出消光 05.0221
one-step epoxy resin 一步法环氧树脂 05.0159
one time transfer efficiency 一次上粉率 05.0317

o-nitrobenzaldehyde 邻硝基苯甲醛 02.0267
o-nitrobenzoic acid 邻硝基苯甲酸 02.0314
o-nitro-*p*-chloroaniline *邻硝基对氯苯胺 02.0095
on-line coating *在线涂料 05.0054
o-phenetidine *邻氨基苯乙醚 02.0258
o-phenylenediamine 邻苯二胺 02.0074
optical adhesive 光学胶黏剂 07.0034
optical fiber coating 光纤涂料 05.0146
oral toxicity 经口毒性 03.0202
orange coating 橘纹涂料 05.0106
orange paint *橘纹漆 05.0106
orange peel 橘皮 05.0363
orange peel agent 橘纹剂 05.0181
oregano carvacrol 牛至香酚 08.0946
oregano oil premix 牛至油预混剂 08.1011
organic adhesive 有机胶黏剂 07.0052
organic amine corrosion inhibitor 有机胺类缓蚀剂 08.0049
organic analytical reagent 有机分析试剂 08.0635
organic analytical standard 有机分析标准品 08.0621
organic antifoggant 有机防灰雾剂 08.1281
organic chemical reagent 有机化学试剂 08.0633
organic corrosion inhibitor 有机缓蚀剂 08.0259
organic hardener 有机坚膜剂 08.1290
organic heterocyclic fungicide 有机杂环杀菌剂 03.0074
organic-metallic tanning agent 有机金属鞣剂 08.1329
organic nitrogenous insecticide 有机氮杀虫剂 03.0030
organic pesticide 有机农药 03.0004
organic phosphorus acid antiscalant and dispersant 有机膦酸类阻垢分散剂 08.0020
organic phosphorus tanning agent 有机膦鞣剂 08.1328
organic pigment 有机颜料 04.0034
organic rodenticide 有机杀鼠剂 03.0055
organic sulfur fungicide 有机硫杀菌剂 03.0068
organic tanning agent 有机鞣剂 08.1325
organic toner cartridge 有机感光鼓 08.1222
organic zeolite 有机沸石 08.0571
organic zinc-rich coating 有机富锌涂料 05.0025
organochlorine fungicide 有机氯杀菌剂 03.0069
organochlorine insecticide 有机氯杀虫剂 03.0031
organofluorine rodenticide 有机氟杀鼠剂 03.0056
organophosphorus fungicide 有机磷杀菌剂 03.0067
organophosphorus herbicide 有机磷类除草剂 03.0085
organophosphorus insecticide 有机磷杀虫剂 03.0032
organophosphorus rodenticide 有机磷杀鼠剂 03.0057
organotin fungicide 有机锡杀菌剂 03.0070
original *原版 08.1232
original automobile coating 汽车原厂涂料 05.0054
osmium catalyst 锇催化剂 08.0453
outer phase 外相 06.0052
oven temperature tracker 炉温跟踪仪 05.0297
overcoat varnish 罩光漆 05.0049
over spray 过喷 05.0291, 喷逸 05.0364
oxalaldehyde *乙二醛 02.0263
oxalic acid *草酸 08.0075
oxazine dye 噁嗪染料 04.0055
3-oxbutanoic acid methyl ester *3-丁酮酸甲酯 02.0188
oxidation ammonia to nitric acid catalyst *氨氧化制硝酸催化剂 08.0483
oxidation catalyst 氧化催化剂 08.0363
oxidation dye 氧化染料 04.0032
oxidation-reduction catalyst 氧化还原催化剂 08.0364
oxidation-type corrosion inhibitor 氧化型缓蚀剂 08.0260
oxide catalyst 氧化物催化剂 08.0365
oxidized starch adhesive 氧化淀粉胶黏剂 07.0028
oxidized-sulfited fatliquor 氧化-亚硫酸化加脂剂 08.1354
oxidizing bactericide 氧化性杀菌剂 08.0058
4-(1-oxo-2-allyl) morpholine *4-(1-氧代-2-丙烯基)吗啡啉 02.0232
oxygen scavenger 除氧剂 08.0080
oxytetracycline calcium premix 土霉素钙预混剂 08.1013
ozone decomposition catalyst 臭氧分解催化剂 08.0517

P

PAA 聚丙烯酸 08.0029
pad dyeing 轧染 04.0078
paint 涂料 01.0008, 涂抹剂 03.0139
paint 油漆 05.0001
paint dyeing 涂料染色 04.0086
paint remover 脱漆剂 05.0336
paint slurry thickening 漆浆增稠 05.0216
paint yield 上漆率 05.0283

palladium catalyst 钯催化剂 08.0445
palladium-gold alloy 钯金合金 08.0446
palm kernel oil fatty acid methyl ester 棕榈仁油脂肪酸甲酯 06.0247
p-aminobenzoyl glutamic acid *对氨基苯甲酰基麸质酸 02.0044
p-aminodiethylaniline sulfate *对氨基二乙基苯胺硫酸盐 08.1297
p-aminodiphenylamine 对氨基二苯胺 02.0111
p-aminophenylacetic acid 对氨基苯乙酸 02.0309
p-aminopyridine 对氨基吡啶 02.0141
p-anisidine 对甲氧基苯胺 02.0115
PAPEMP 多氨基多醚基亚甲基膦酸 08.0026
paperbase 纸基 08.1246
paper-based copper clad laminate 纸基覆铜板 08.1021
paper chemicals 造纸化学品 01.0013
paper filler 造纸填料 08.0124
paraffin crystal modifier 蜡晶改性剂 08.0220
paraffin dispersant 蜡分散剂 08.0219
paraffin inhibitor 防蜡剂 08.0215
paraffin remover 清蜡剂 08.0222
paraphthaloyl chloride 对苯二甲酰氯 02.0332
partial acid value 部分酸值 05.0424
partial oxidation catalyst 部分氧化催化剂 08.0407
particle developer 微粒显影液 08.1261
α-particle shielding film α粒子遮挡膜 08.1175
parts conveyor 工件输送系统 05.0294
PASP 聚天冬氨酸 08.0032
passivation 钝化 05.0250
passivation agent 钝化剂 05.0329
passivation layer 钝化层 08.1169
passivation solution 钝化液 08.1129
paste 膏剂 03.0121
paste form of dye 浆状染料，*膏状染料 04.0070
p-benzoquinone *对苯醌 02.0253
PBTCA 2-膦酸丁烷-1,2,4-三羧酸 08.0028
p-chloroaniline 对氯苯胺 02.0093
p-chlorobenzoic acid 对氯苯甲酸 02.0303
p-chlorobenzoyl chloride 对氯苯甲酰氯 02.0326
p-chlorobenzyl chloride 对氯氯苄 02.0023
p-chlorobenzyl cyanide 对氰基氯苄 02.0052
p-cresol 对甲酚 02.0239
p-cresol trimer 对甲酚三聚体 08.1165
peak odor *顶香 08.0755
pearlescent coating 珠光涂料 05.0115
Pearlman catalyst 皮尔曼催化剂 08.0591
Pediococcus acidilactici 乳酸片球菌 08.0909
Pediococcus pentosaceus 戊糖片球菌 08.0910
peel strength 剥离强度 07.0148
pentasodium triphosphate *三磷酸五钠 06.0128
peptization 胶溶 08.0715
perchloropolyvinyl coating 过氯乙烯涂料 05.0013
perchloropolyvinyl paint *过氯乙烯漆 05.0013
perforating fluid 射孔液 08.0157
perfume 香料 08.0662
perfumery isolate 单离香料 08.0666
permanent hardener 永久坚膜剂 08.1288
permeating agent JFC 渗透剂 JFC 06.0105
permeating agent OT 渗透剂 OT 06.0106
permeation 渗透作用 06.0104
peroxyacetic acid 过氧乙酸 08.0063
persistent pesticide 持久性农药 03.0015
persistent strength 持久强度 07.0149
perspiration fastness *耐汗牢度 04.0090
perylene dye 苝类染料 04.0045
PESA 聚环氧琥珀酸 08.0033
pesticide 农药 01.0005
pesticide adjuvant 农药助剂 06.0131
pesticide analytical standard 农药分析标准品 08.0622
pesticide contamination 农药污染 03.0245
pesticide degradation 农药降解 03.0227
pesticide fate 农药归宿 03.0228
pesticide formulation processing 农药剂型加工 03.0096
pesticide for soil treatment *土壤处理剂 03.0081
pesticide metabolism 农药代谢 03.0233
pesticide residue 农药残留 03.0246
pesticide residue analysis 农药残留分析 03.0159
pesticide residue standard 农药残留标准 03.0253
pesticide resistance 抗药性 03.0239
p-ethoxyaniline 对乙氧基苯胺 02.0085
petroleum sulfonate 石油磺酸盐 06.0145
PFA factor *PFA 值 08.0699
PFFD 染色细粉 04.0075
p-fluoroaniline 对氟苯胺 02.0109
p-fluorophenol *对氟苯酚 02.0245
pharmacopoeia grade 药典级 08.0616
phase behavior 相行为 06.0049
phase volume fraction 相体积分数 06.0048

pH control agent　pH 控制剂　08.0204
pH control agent for drilling fluid　钻井液 pH 控制剂　08.0141
phenethyl alcohol　苯乙醇　02.0066
β-phenethyl alcohol　*β-苯乙醇　02.0066
phenidone　菲尼酮　08.1274
phenol hydrogenation catalyst　苯酚加氢催化剂　08.0381
phenolic adhesive　酚醛胶黏剂　07.0002
phenolic epoxy resin　酚醛型环氧树脂　08.1037
phenolic resin coating　酚醛树脂涂料　05.0007
phenolic resin paint　*酚醛树脂漆　05.0007
phenolic water based adhesive　酚醛水基胶黏剂　07.0023
phenonaphthazine　*苯并吡嗪　02.0178
phenothiazine　吩噻嗪　02.0181
phenylacetate　乙酸苯酯，*醋酸苯酯　02.0203
phenyl acetate ester　*苯基乙酸酯　02.0203
phenylacetic acid　苯乙酸，*苯醋酸　02.0283
phenylacetone　*苯丙酮　02.0278
phenylacetonitrile　苯乙腈　02.0124
1-phenylcyclopentane carboxylic acid　1-苯基环戊基甲酸，*1-苯基环戊烷羧酸　02.0304
1,2-phenylene diamine　*1,2-亚苯基二胺　02.0074
1,3-phenylenediamine　*1,3-苯二胺　02.0077
1,4-phenylenediamine　*1,4-苯二胺　02.0103
β-phenylethanol　*β-苯基乙醇　02.0066
2-phenylethanol　*2-苯基乙醇　02.0066
phenylhydrazine　苯肼　02.0034
1-phenyl-5-mercaptotetrazole　1-苯基-5-巯基四氮唑　02.0158
phenyl methyl chloroformate　*苯甲氧基碳酰氯　02.0186
1-phenyl-3-methyl-5-pyrazolinone　*1-苯基-3-甲基-5-吡唑啉酮　02.0159
2-phenyl-1-propene　*2-苯基-1-丙烯　02.0217
2-phenylpropylene　*2-苯丙烯　02.0217
1-phenyl-3-pyrazolidone　*1-苯基-3-吡唑烷酮　08.1274
1-phenyl-1*H*-tetrazole-5-thiol　*1-苯基-5-巯基-1*H*-四氮唑　02.0158
Phillips catalyst　*菲利浦催化剂　08.0489
phosphated fatliquor　磷酸化加脂剂　08.1356
phosphate slag　磷化渣　05.0311
phosphating　磷化　05.0249
phosphating film　磷化膜　05.0312
phosphating solution　磷化液　05.0326
phospholipid　磷脂　06.0014
2-phosphonobutane-1,2,4-tricarboxylic acid　2-膦酸丁烷-1,2,4-三羧酸　08.0028
phosphorus containing maleic anhydrideacrylic acid-acrylamide-sodium methallyl sulfonate copolymer　含膦马来酸酐-丙烯酸-丙烯酰胺-甲代烯丙基磺酸钠多元共聚物　08.0042
photo acid generator　光致产酸剂，*光生酸剂，*光产酸剂　08.1152
photoactive compound　光敏剂　08.1153
photochemical catalyst　光化学催化剂　08.0338
photodiode　感光二极管，*光电二极管　08.1220
photographic film　感光胶片　08.1226
photographic paper　*相纸　08.1239
photoinitiator　*光敏引发剂　08.0338
photoresist　光刻胶，*光致抗蚀剂　08.1135
photoresist dry film　光致抗蚀干膜　08.1087
photosensitive cover film　感光覆盖膜　08.1065
photosensitive diode　*光敏二极管　08.1220
photosensitive dye　光敏染料　04.0013
photosensitive emulsion　感光乳剂　08.1247
photosensitive film　*感光贴膜　08.1087
photosensitive materials　感光材料　01.0021
photosensitive paper　感光纸　08.1239
photosensitive pigment　感光色素　08.1254
photosensitive sheet base　感光片基　08.1242
photosensitizer　*感光剂　08.1153
photosynthesis inhibitor　光合抑制剂　03.0083
phthalocyanine dye　酞菁染料　04.0044
phthalogen　酞菁素　04.0063
phthaloyl xanthimide　*邻苯甲酰磺酰亚胺　08.0943
p-hydroxybenzeneacetamide　对羟基苯乙酰胺　02.0089
p-hydroxypyridine　对羟基吡啶　02.0140
physical extinction　物理消光　05.0218
phytotoxicity　药害　03.0234
picking auxiliary　浸酸助剂　08.1317
picoline　甲基吡啶　02.0130
Picoline　*皮考林　02.0130
pigment　颜料　01.0007，色素　08.0697
pigment/binder ratio　颜基比　05.0384
pigment dispersing　颜料分散　05.0207
pigment dyeing　涂料染色　04.0086
pigment flocculation　颜料絮凝　05.0209
pigment paste　颜料膏，*色膏　08.1369，色浆　05.0224

pigment primary particle 颜料原级粒子 05.0232
pigment sedimentation 颜料沉降 05.0208
pigment volume concentration 颜料体积浓度 05.0365
pigment wetting 颜料润湿 05.0206
pig skin 返粗 05.0412
pilatory cosmetics ＊生发化妆品 08.0686
piling 堆漆 05.0419
pin hole 针眼 05.0289
pipe coating 管道涂料 05.0138
pipe-free agent 解卡剂 08.0140
pipe-line cleaning agent 管道清洗剂 08.0254
pipeline joint coating 管道补口涂装 05.0334
piperazine 哌嗪 02.0167
piperazine hexahydrate 六水哌嗪 02.0173
pivaloyl chloride 特戊酰氯 02.0323
plane chromatography reagent 平面色谱试剂 08.0643
plant fiber 植物纤维 08.0087
plant growth regulator 植物生长调节剂 03.0048
plasma spraying 等离子喷涂 05.0262
plastic type flexible copper clad laminate 有胶型挠性覆铜板 08.1050
platinum black 铂黑 08.0455
platinum catalyst 铂催化剂 08.0454
Pluronic ＊普朗尼克 06.0166
PMAA 聚甲基丙烯酸 08.0030
p-methoxybenzoyl chloride ＊对甲氧基苯甲酰氯 02.0328
p-methylaminophenol sulfate ＊对甲氨基酚硫酸盐 08.1273
p-methylbenzonitrile 对甲基苯腈 02.0123
p-nitroaniline 对硝基苯胺 02.0075
p-nitrobenzoic acid 对硝基苯甲酸 02.0316
p-nitrophenol 对硝基苯酚 02.0068
p-octadecyl toluene 对十八烷基甲苯 02.0216
Polaroid one step imaging photosensitive film 波拉一步成像感光片 08.1237
polishability 磨光性 05.0402
polishing 抛光 05.0248
pollution-free pesticide 无公害农药 03.0016
polyacrylate resin 聚丙烯酸酯树脂 08.1042
polyacrylic acid 聚丙烯酸 08.0029
polyacrylic resin Ⅱ 聚丙烯酸树脂Ⅱ 08.0959
polyacrylic retanning agent 丙烯酸聚合物复鞣剂 08.1340
polyamide acid 聚酰胺酸 08.1174
polyamino polyether methylene phosphonate 多氨基多醚基亚甲基膦酸 08.0026
polyaspartic acid 聚天冬氨酸 08.0032
polycation 聚阳离子 06.0183
poly dimethyl diallyl ammonium chloride 聚二甲基二烯丙基氯化铵 08.0017
polyepoxysuccinic acid 聚环氧琥珀酸 08.0033
polyester adhesive 聚酯胶黏剂 08.1059
polyester base film flexible copper clad laminate 聚酯基膜挠性覆铜板 08.1048
polyester hot melt adhesive 聚酯类热熔胶 07.0017
polyester resin 聚酯树脂 08.1038
polyester resin coating 聚酯树脂涂料 05.0016
polyester resin paint ＊聚酯树脂漆 05.0016
polyester stiffener 聚酯型增强板，＊聚酯型补强板 08.1080
polyetherimide film 聚醚酰亚胺薄膜 08.1058
polyether type nonionic surfactant 聚醚型非离子表面活性剂 06.0089
polyethyleneglycol 400 聚乙二醇 400 08.0962
polyethylene high efficiency supported catalyst 聚乙烯高效载体催化剂 08.0549
polyethylene hot melt adhesive 聚乙烯热熔胶 07.0014
polyethyleneimine 聚乙烯亚胺 08.0013
polyethyleneimine ethyl cinnamate 聚乙烯亚胺肉桂酸乙酯 08.1148
polyethylenepolyamine 多乙烯多胺，＊多乙撑多胺 02.0102
poly(fluorobutyl methacrylate) 聚甲基丙烯酸全氟丁酯 08.1151
poly(glycidyl trimethyl ammonium chloride) 聚缩水甘油三甲基氯化铵 08.0007
polyhydrocarbon-diazide photoresist ＊聚烃类-双叠氮类光刻胶 08.1137
polyhydroxybenzophenone 多羟基二苯甲酮 08.1166
poly(2-hydroxypropyl-1,1-*N*-dimethylammonium chloride) 聚 2-羟丙基-1,1-*N*-二甲基氯化铵 08.0014
polyimide 聚酰亚胺 08.1189
polyimide adhesive 聚酰亚胺胶黏剂 08.1062
polyimide base film flexible copper clad laminate 聚酰亚胺基膜挠性覆铜板 08.1049
polyimide regulator 聚酰亚胺调整剂 08.1116
polyimide stiffener 聚酰亚胺型增强板，＊聚酰亚胺型

补强板　08.1081
polyitaconic acid　*聚衣康酸　08.0035
polymaleic acid　聚马来酸　08.0031
polymer catalyst　高分子催化剂　08.0330
polymeric phase transfer catalyst　高分子相转移催化剂　08.0334
polymeric photosensitizing catalyst　高分子光敏化催化剂　08.0331
polymeric surfactant　高分子表面活性剂　06.0086
polymerization catalyst for organic epoxide　有机环氧化物聚合催化剂　08.0514
polymerization catalyst for synthetic polymeric compound　合成高分子聚合催化剂　08.0340
polymer retanning agent　聚合物复鞣剂　08.1339
polymer-supported polyethylene glycol quaternary ammonium salt as phase transfer catalyst　聚合物负载聚乙二醇季铵盐相转移催化剂　08.0555
polymer-type paraffin inhibitor　聚合物型防蜡剂　08.0218
polymethacrylic acid　聚甲基丙烯酸　08.0030
polymethylene succinic acid　聚亚甲基丁二酸　08.0035
polynaphthalene ester film　聚萘酯薄膜　08.1055
poly[*N*-(dimethylaminomethyl)acrylamide]　聚 *N*-二甲氨基甲基丙烯酰胺　08.0015
poly(*N*,*N*-dimethylaminoethylmethacrylate)　聚甲基丙烯酸二甲基氨乙酯　08.0008
polyoxyethylene alkyl amine　聚氧乙烯烷基胺　06.0184
polyoxyethylene castor oil　聚氧乙烯蓖麻油　06.0274
polyoxyethylene ester fatty acid　脂肪酸聚氧乙烯酯　06.0255
polyoxyethylene(20) sorbitan monolaurate　聚氧乙烯(20)失水山梨醇单月桂酸酯　06.0185
polyoxyethylene(40) sorbitan monolaurate　聚氧乙烯(40)失水山梨醇单棕榈酸酯　06.0188
polyoxyethylene(60) sorbitan monolaurate　聚氧乙烯(60)失水山梨醇单硬脂酸酯　06.0187
polyoxyethylene(80) sorbitan monolaurate　聚氧乙烯(80)失水山梨醇单油酸酯　06.0186
polyphenylene oxide resin　聚苯醚树脂　08.1039
poly(*p*-phenylene diacrylate)　聚对苯基二丙烯酸酯　08.1147
polypropylene hot melt adhesive　聚丙烯热熔胶　07.0015
polysaccharide　多糖　08.0655
polystyrene supported phosphonium salt catalyst　聚苯乙烯负载季𬭸盐催化剂　08.0553
polystyrene supported selenoether platinum complex as hydrosilylation catalyst　聚苯乙烯负载硒醚铂配位硅氢化催化剂　08.0554
polystyrene tetramethylammonium chloride　聚苯乙烯基四甲基氯化铵　08.0005
polysulfide rubber adhesive　聚硫橡胶胶黏剂　07.0012
polysulfide sealing adhesive　聚硫密封胶黏剂，*聚硫密封胶　07.0043
polytdricalocholphosphate ester　多元醇磷酸酯　08.0048
polytetrafluoroethylene resin　聚四氟乙烯树脂　08.1040
polyurea coating　*聚脲涂料　05.0024
polyurea elastomer coating　聚脲弹性体涂料　05.0024
polyurethane adhesive　聚氨酯胶黏剂　07.0004
polyurethane coating　聚氨酯涂料　05.0018
polyurethane film-forming agent　聚氨酯成膜剂　08.1365
polyurethane paint　*聚氨酯漆　05.0018
polyurethane retanning agent　聚氨酯复鞣剂　08.1341
polyurethane synthesis catalyst　聚氨酯合成催化剂　08.0507
polyvinyl alcohol water-based adhesive　聚乙烯醇类水基胶黏剂　07.0019
polyvinylamine　聚乙烯胺　08.0003
polyvinyl chloride-pyridine resin catalyst　聚氯乙烯-吡啶树脂催化剂　08.0550
polyvinyl chloride supported polyethylene glycol catalyst　聚氯乙烯固载聚乙二醇催化剂　08.0551
polyvinyl cinnamate　聚乙烯醇肉桂酸酯　08.1146
polyvinyl fluoride film　聚氟乙烯薄膜　08.1057
polyvinylidene difluoride resin　聚偏二氟乙烯树脂　05.0177
polyvinylpyrrolidone　聚乙烯吡咯烷酮　08.1163
pore forming agent　整孔剂　08.1106
positive film developer　正片显影液　08.1260
positive photosensitive polyimide　正性光敏性聚酰亚胺　08.1182
post curing　后固化　07.0118
potassium biformate　*双甲酸钾　08.0942
potassium bromide　溴化钾　08.1277
potassium citrate　柠檬酸钾　08.0937
potassium diformate　二甲酸钾　08.0942
potassium ferricyanide　铁氰化钾，*赤血盐　08.1295
potassium hexacyanoferrate　*六氰合铁酸钾　08.1295
potassium permanganate　高锰酸钾，*灰锰氧　08.1293
potassium permanganate catalyst　高锰酸钾催化剂

08.0474
potassium soap 钾皂 06.0074
potassium sorbate 山梨酸钾 08.0936
potassium thiocyanate 硫氰化钾，*硫氰酸钾 08.1284
pot life 适用期，*活化期 05.0385，适用期 07.0128
pourability 倾倒性 03.0156
pour point depressant 降凝剂 08.0221
powder adhesive 粉末胶黏剂 07.0065
powder coating 粉末涂料，*粉体涂料 05.0028
powder dye 粉状染料 04.0073
powder electromagnetic brush coating 粉末电磁刷涂装 05.0332
powder electrophoretic coating 粉末电泳涂料 05.0042
powder feeding drum 供粉桶 05.0316
powder fine for dyeing 染色细粉 04.0075
powder for dry seed treatment 种子处理干粉剂 03.0123
powder form of dye 粉状染料 04.0073
powder mask 粉状面膜 08.0792
powder piston pump 粉末柱塞泵 05.0315
powder pump 输粉泵 05.0286
powder spray booth overflow 粉房溢粉 05.0338
p-phenetidine *对氨基苯乙醚 02.0085
p-phenylenediamine 对苯二胺 02.0103
PP sheet *PP 片 08.1036
precipitant 沉淀剂 08.0638
precipitation titration indicator 沉淀滴定指示剂 08.0637
precipitation-type control agent 沉淀型调剖剂 08.0211
precipitation-type corrosion inhibitor 沉淀型缓蚀剂 08.0261
pre-coating 预涂 05.0339
pre-curing 预固化 05.0340
pre-emergence herbicide 芽前除草剂 03.0081
pregelatinized starch *预糊化淀粉 08.0956
pre-harvest interval 安全间隔期 03.0255
prepreg 半固化片 08.1036，预浸剂 08.1107
pre-reduction catalyst 预还原催化剂 08.0564
pre-reforming catalyst 预转化催化剂 08.0566
preservative 防腐剂 08.0114
pressure sensitive adhesive 压敏胶黏剂 07.0036
pressure sensitive dye 压敏染料 04.0019
pre-sulfided catalyst 预硫化催化剂 08.0565
pretreatment of carrier 载体预处理 08.0814
prickly-heat powder 痱子粉 08.0683
primary air 一次气 05.0319
primary catalyst 主催化剂 08.0289
primary colour 原色 05.0387
primary pollution 一次污染 08.0693
primer 底漆 05.0045
primer surfacer 中涂[底]漆 05.0047
printability improver 印刷适性改进剂 08.0125
printing 印花 04.0083
printing auxiliary 印花助剂 08.0278
process chemicals 过程性化学品 08.0105
productive intoxication 生产性中毒 03.0215
professional color photosensitive materials 专业型彩色感光材料 08.1213
profile control agent 调剖剂 08.0207
profile control agent for double-fluid method 双液法调剖剂 08.0209
profile control agent for single-fluid method 单液法调剖剂 08.0208
prohibited dye 禁用染料 04.0061
proline phenyl ester hydrochloride *脯氨酸苯酯盐酸盐 02.0204
prolyl benzyl ester hydrochloride *脯氨酸苄酯盐酸盐 02.0204
2-propanone semicarbazone 2-丙酮缩氨基脲 02.0235
propenyl alcohol *烯丙醇 02.0062
propidium iodide bromide chloride *亚丙基溴氯 02.0231
Propionibacterium acidipropionici 产酸丙酸杆菌 08.0925
propionylbenzene *丙酰基苯 02.0278
propiophenone 乙基苯基[甲]酮 02.0278
proppant 支撑剂 08.0203
propylene glycol polyether 丙二醇聚醚 06.0166
propylene oligomerization catalyst 丙烯齐聚催化剂 08.0497
protected methionine 保护性蛋氨酸 08.0826
protection factor of UVA 长波紫外线防护指数 08.0699
protective agent 保护剂 08.1308
protective buffer coating 缓冲保护薄层 08.1176
protective coating 防护性涂料，*防护涂料 05.0129
protective fungicide 保护性杀菌剂 03.0071
protein compound 蛋白质类化合物 08.0657
protein film-forming agent 蛋白质类成膜剂 08.1366
protein retanning agent 蛋白质类复鞣剂 08.1347
protein water-based adhesive 蛋白质水基胶黏剂

Q

R

07.0029

protocatechualdehyde 原儿茶醛 02.0270

PS 石油磺酸盐 06.0145

pseudo boehmite 拟薄水铝石，*假一水软铝石 08.0570

Pt-based benzene hydrogenation catalyst 铂系苯加氢催化剂 08.0382

p-tert-butyl catechol *对叔丁基邻苯二酚 08.1157

Pt-Ir reforming catalyst 铂铱重整催化剂 08.0459

p-toluenesulfonamide 对甲苯磺酰胺 02.0091

p-toluenesulfonic acid 对甲苯磺酸 08.1159

p-toluenesulfonic acid sodium 对甲苯磺酸钠 02.0206

p-toluidine 对甲基苯胺 02.0080

Pt-Re reforming catalyst 铂铼重整催化剂 08.0457

Pt-Re-Ti reforming catalyst 铂铼钛重整催化剂 08.0456

p-(trifluoromethyl)phenol *对三氟甲基苯酚 02.0248

pure adhesive *纯胶 08.1069

pure adhesive film 纯胶膜 08.1069

pure tin electroplating additive 电镀纯锡添加剂 08.1123

putty 腻子 05.0052

PVC 颜料体积浓度 05.0365

PVC-PEG catalyst 聚氯乙烯固载聚乙二醇催化剂 08.0551

PVDF fluorocarbon resin *PVDF 型氟碳树脂 05.0177

PVDF resin 聚偏二氟乙烯树脂 05.0177

pyranthrone dye 芘蒽酮类染料 04.0046

pyrazine-2-carboxylic acid 吡嗪-2-羧酸 02.0179

2-pyrazine carboxylic acid *2-吡嗪羧酸 02.0179

pyrazine carboxylic acid *吡嗪羧酸 02.0179

pyrazine hexahydride *对二氮己环 02.0167

pyrazine monocarboxylic acid *吡嗪单羧酸 02.0179

pyrazine nitrile *吡嗪腈 02.0182

pyrazine-2-nitrile *吡嗪-2-腈 02.0182

2-pyrazinomethonitrile *2-吡嗪甲腈 02.0182

pyrethroid insecticide 拟除虫菊酯类杀虫剂 03.0033

2-pyridinamine *2-吡啶胺 02.0139

pyridine 吡啶 02.0129

pyridoxine hydrochloride *盐酸吡哆醇 08.0843

4-pyridyl phenol *4-吡啶酚 02.0140

pyrrolidine pyrrolidone pigment 吡咯并吡咯二酮类颜料 04.0049

α-pyrrolidinone α-吡咯烷酮 02.0277

2-pyrrolidone *2-吡咯烷酮 02.0277

quaternary ammonium salt bactericide 季铵盐类杀菌剂 08.0068

quaternary phosphonium salt bactericide 季鏻盐类杀菌剂 08.0070

quinoline dye 喹啉染料 04.0052

quinoxaline 喹喔啉 02.0178

quinoxicillin *喹诺西林 02.0178

radiation curable coating 辐射固化涂料 05.0034

radiation resistant coating 防辐射涂料 05.0086

radical polymerization initiator *自由基聚合反应引发剂 08.0374

railway vehicle coating 铁路车辆用涂料 05.0136

random synthesis and screening 随机合成与筛选 03.0091

Raney nickel catalyst *雷尼镍催化剂 08.0335

rapid colour salt 快色素 04.0025

ratio of fresh body weeding 鲜重防效 03.0193

reactive diluent 活性稀释剂 05.0214

reactive dye 活性染料，*反应性染料 04.0009

reactive surfactant 反应性表面活性剂 06.0082

reagent *试剂 08.0610

reclaim powder 回收粉 05.0229

recoatability 再涂性 05.0366

reconstituted essential oil 重组精油 08.0729

rectified essential oil 精馏精油 08.0713

recycled fiber 废纸纤维 08.0088

red dye coupler 红染料成色剂 08.1218

red liquor from paper industry 造纸红液 08.0091
red oil ＊红油 06.0011
redox catalyst 氧化还原催化剂 08.0364
reductant 还原剂 08.1119
reflective coating 反光涂料 05.0096
refractive index liquid 折光率液 08.0623
regeneration of reforming catalyst 重整催化剂再生 08.0373
regular acid 常规酸 08.0165
release force 剥离力 07.0124
remove hydrocarbon catalyst 脱烃催化剂 08.0529
remove hydrogen cyanide catalyst 脱氰化氢催化剂 08.0527
repair coating 修补涂料 05.0055
repairing agent ＊修补膏 08.1371
repair paint ＊修补漆 05.0055
repair thick paste 补伤膏 08.1371
repellent action 忌避作用 03.0178
repellent mosquito granule 驱蚊粒 03.0132
repellent mosquito liquid 驱蚊液 03.0138
repellent mosquito mat 驱蚊片 03.0131
repellent mosquito milk 驱蚊乳 03.0137
replacement syntan 代替型合成鞣剂 08.1335
reproductive toxicity 生殖毒性 03.0204
repulping of waste paper 废纸制浆 08.0097
rerusting 返锈 05.0313
residual activity 残效 03.0248
residual dose 残留量 03.0247
residual effect 残效 03.0248
residual humidity 残留湿度 08.0716
residual oil cracking catalyst 渣油裂化催化剂 08.0370
residual oil hydrodenitrogenation catalyst 渣油加氢脱氮催化剂 08.0535
residual phytotoxicity 残留药害 03.0236
residual tack 残余黏性，＊残留黏性 05.0421
residual toxicity 残留毒性 03.0200
residue hydrodesulfurization catalyst 渣油加氢脱硫催化剂 08.0537
resin-coated sand 树脂涂敷砂 08.0230
resin content 树脂含量 05.0226
resin-type profile control agent 树脂型调剖剂 08.0210
resistance factor 抗性系数 03.0242
resistance to heat and humidity 耐湿热性 05.0373
retanning agent 复鞣剂 08.1333
retanning fatliquor 复鞣加脂剂 08.1360
retardant 缓凝剂 08.0152，缓速剂 08.0182
retarded acid 缓速酸 08.0167
retarder 缓干剂，＊慢干剂 05.0179
retarding agent for hair dyeing 染毛缓染剂 08.1381
retention and drainage aid 助留助滤剂 08.0112
retinol palmitate ＊视黄醇棕榈酸酯 08.0841
reversal solution 反转液 08.1306
reverse micelle 反胶束，＊反胶团 06.0081
reverse osmosis membrane antiscalant 反渗透膜阻垢剂 08.0047
reverse phase demulsifier 反相破乳剂 08.0019
reverse transformation color film ＊反转型彩色片 08.1206
rhamnolipid 鼠李糖脂 06.0146
rhenium catalyst 铼催化剂 08.0452
rheologic property 流变性 05.0394
rhodium catalyst 铑催化剂 08.0444
Rhodopseudomonas palustris 沼泽红假单胞菌 08.0912
rice bran oil 米糠油 06.0140
rigid copper clad laminate 刚性覆铜板 08.1018
risk assessment 风险评估 03.0223
road marking coating 马路标线涂料 05.0142
road marking paint ＊马路划线漆 05.0142
robenidine hydrochloride premix 盐酸氯苯胍预混剂 08.0992
rodenticide 杀鼠剂 03.0052
roll painting 滚涂 05.0271
room temperature curing 室温固化 07.0117
room temperature ionic liquid ＊室温离子液体 08.0366
room temperature molten salt ＊室温熔融盐 08.0366
room-temperature-setting adhesive 室温固化胶黏剂 07.0059
rose water 玫瑰水 08.0740
rosin amine polyoxyethylene ether 松香胺聚氧乙烯醚 08.0073
rosin soap 松香皂 06.0015
rouge 胭脂 08.0672
roxarsone premix 洛克沙胂预混剂 08.1001
rubber adhesive 橡胶型胶黏剂 07.0008
rubber coating 橡胶涂料 05.0021
rubber paint ＊橡胶漆 05.0021
rubber pressure-sensitive adhesive 橡胶压敏胶黏剂 07.0038

rubbing fastness　耐摩擦色牢度　04.0088
rumensin premix　＊瘤胃素预混剂　08.1002
rust converted primer　带锈底漆，＊锈面底漆，＊不去锈底漆　05.0046
rust grade　锈蚀等级　05.0367
ruthenium catalyst　钌催化剂　08.0443

S

saccharicterpenin　糖萜素　08.0976
saccharin　糖精　08.0943
saccharin sodium　糖精钠　02.0042
saccharin sodium salt　＊溶性糖精　02.0042
sacrificial agent　牺牲剂　08.0242
safeguard catalyst for reforming process　重整保护催化剂　08.0372
safety evaluation　安全性评价　03.0221
sag　流挂　05.0413
salicylic acid　水杨酸　02.0294
salinomycin sodium premix　盐霉素钠预混剂　08.1009
salt fog resistance　耐盐雾性　05.0403
sand blasting　喷砂处理　05.0245
sand consolidation resin　固砂树脂　08.0228
sand control agent　防砂剂　08.0227
sand grain coating　砂纹涂料　05.0109
sanding　打磨　05.0247
sand-like coating　＊砂壁状涂料　05.0110
sand texture agent　砂纹剂　05.0195
sand texture wax　＊砂纹蜡　05.0195
Sapamine type cationic surfactant　色必明型阳离子表面活性剂　06.0092
SAP catalyst　负载型水相催化剂　08.0308
saponification value　皂化值　08.0689
saponin　皂苷，＊皂草苷，＊皂角苷，＊皂素　06.0125
sartanbiphenyl　＊沙坦联苯　02.0127
savory flavoring　咸味香精　08.0745
SB　磺基甜菜碱　06.0180
scale conversion agent　垢转化剂　08.0268
scale dissolver　除垢剂　08.0267
scale inhibitor　防垢剂　08.0266
scale remover　除垢剂　08.0267
scarf jointing　斜接　07.0090
scent　香气　08.0749
Schiff base reagent　席夫碱试剂　08.0644
Schollkopf acid　周位酸　02.0210
scouring agent　精炼剂　08.0275
scrape coating　刮涂　05.0272
scrape-loading dye　标记染料　04.0020
scraper fineness　刮板细度　05.0210
screening and purification　筛选与净化　08.0099
scrub resistance　耐洗刷性，＊耐擦洗性　05.0408
SDS　十二烷基硫酸钠，＊K12　06.0203
sealant　密封胶　05.0002
sealing adhesive　密封胶黏剂，＊密封胶　07.0041
sec-alkyl sodium sulfate　仲烷基硫酸钠　06.0035
secondary air　二次气　05.0320
secondary fiber　废纸纤维　08.0088
secondary fiber pulping　废纸制浆　08.0097
secondary pollution　二次污染　08.0694
secondary precipitation　二次沉淀　08.0174
second developer　二次显影液　08.1271
second Schwab effect　＊第二种施瓦布效应　08.0352
seed treatment agent　种子处理剂　03.0122
seed treatment dispersible powder　种子处理可分散粉剂　03.0124
selective catalytic oxidation of NO_x　氮氧化物选择性催化氧化　08.0597
selective catalytic reduction of NO_x　氮氧化物选择性催化还原　08.0596
selective herbicide　选择性除草剂　03.0086
selective insecticide　选择性杀虫剂　03.0027
selective oxidation catalyst　＊选择氧化催化剂　08.0407
selective toxicity　选择毒性　03.0179
selective water shutoff agent　选择性堵水剂　08.0236
selectivity index　选择指数　03.0197
selenium catalyst　硒催化剂　08.0440
selenium drum　硒感光鼓　08.1225
selenium-enriched yeast　酵母硒　08.0895
self-assembled film　自组装膜　06.0046
self-assembled membrane　自组装膜　06.0046
self-assembly　自组装　06.0045
self-cleaning coating　自清洁涂料　05.0080
self-healing coating　自修复涂料　05.0099
self-polishing coating　自抛光涂料　05.0103
self-sensitized photosensitive polyimide　自增感型光敏聚

酰亚胺 08.1181
self-stratifying coating 自分层涂料 05.0051
semduramicin sodium premix 赛杜霉素钠预混剂 08.0997
semiconductor oxide catalyst 半导体氧化物催化剂 08.0473
semi-drying alkyd resin 半干性醇酸树脂 05.0171
semi-gloss coating 半光涂料 05.0119
senior fatty acid salt 高级脂肪酸盐 06.0171
sensitizer 增感剂 08.1155
sensitizing dye 增感染料 04.0065
separate coating method 分开涂胶法 07.0103
serum 精华素 08.0800
sesame oil 芝麻油，*麻油，*香油 06.0017
setting temperature 硬化温度 07.0116
setting time 硬化时间 07.0114
shale-control agent 页岩抑制剂 08.0142
shampoo 香波，*洗发水，*洗发露 08.0786
shearing strength 剪切强度 07.0146
shellac varnish 虫胶漆，*洋干漆 05.0023
short oil alkyd resin 短油度醇酸树脂 05.0175
shot blasting 抛丸处理 05.0246
shrink proof agent 防缩整理剂 08.0281
SI 选择指数 03.0197
silage additive 青贮添加剂 08.0823
silanizing treatment 硅烷化处理 05.0252
silica-alumina catalyst 硅铝催化剂 08.0465
silicone pressure-sensitive adhesive 有机硅压敏胶黏剂 07.0037
silicone resin coating 有机硅树脂涂料 05.0019
silicone resin paint *有机硅树脂漆 05.0019
silicone sealing adhesive 有机硅密封胶黏剂，*硅酮密封胶 07.0044
silicon tanning agent 硅鞣剂 08.1324
silk coating 丝光涂料 05.0120
silver bromide 溴化银 08.1253
silver catalyst 银催化剂 08.0447
silver chloride 氯化银 08.1252
silver halide photosensitive materials *卤化银感光材料 08.1248
silver halide system 卤化银体系 08.1248
silver nickel catalyst 银镍催化剂 08.0448
silver paint 银粉漆 05.0059
silver-pumice catalyst 浮石银催化剂 08.0475
silver salt 银盐 08.1251
silver salt photosensitive film *银盐感光胶片 08.1226
silylation reagent 硅烷化试剂 08.0645
simultaneous distillation-extraction 同时蒸馏萃取 08.0728
single cell oil *单细胞油脂 06.0101
single-pore distribution catalyst 单孔分布型催化剂 08.0314
single resistance 单一抗性 03.0241
single-sided copper clad laminate 单面覆铜板 08.1019
single wash cycle performance 单次洗涤循环性能 08.0717
sizing agent 浆料，*上浆剂 08.0273
skeletal catalyst 骨架催化剂 08.0335
skeleton catalyst 骨架催化剂 08.0335
skin care cosmetics 护肤化妆品 08.0778
skin care gel 护肤啫喱 08.0679
skin care glycerin 护肤甘油 08.0798
skin clean tissue 洁肤棉 08.0789
skin irritation 皮肤刺激性 03.0214
skinning 结皮 05.0217
slime remover 黏泥剥离剂 08.0072
sludge inhibitor 防淤渣剂 08.0177
sludge preventive 防淤渣剂 08.0177
slurried powder coating 水浆型粉末涂料 05.0030
SMBS 十八烷基甲苯磺酸钠 06.0026
smell blindness 嗅盲 08.0763
S-methyl isothiourea sulfate *S*-甲基异硫脲硫酸盐 02.0046
S-methyl isothiourea 1/2 sulfate **S*-甲基异硫脲 1/2 硫酸盐 02.0046
S-methyl isothiourea sulfate(2∶1) **S*-甲基异硫脲硫酸盐(2∶1) 02.0046
smoke generator 烟剂 03.0142
smooth agent 平滑剂 08.0286
soaking auxiliary 浸水助剂 08.1309
soaking enzyme 浸水酶 08.1314
soap *肥皂 06.0171
soap flake 皂片 06.0282
soap powder 皂粉 06.0018
sodium alkylamide sulfonate 烷基酰胺基磺酸钠 06.0019
sodium alkylaryl sulfonate 烷基芳基磺酸钠 06.0020
sodium alkylbenzene sulfonate 烷基苯磺酸钠 06.0190
sodium alkylnaphthalene sulfonate 烷基萘磺酸钠

06.0021
sodium alkyl sulfonate　烷基磺酸钠　06.0022
sodium allyl sulfonate　烯丙基磺酸钠　06.0023
sodium alpha-olefin sulfonate　α-烯基磺酸钠　06.0230
sodium 4-aminobenzenesulfonate　＊4-氨基苯磺酸钠　02.0209
sodium benzoate　苯甲酸钠　08.0934
sodium branched dodecyl benzene sulfonate　支链十二烷基苯磺酸钠　06.0259
sodium bromide　溴化钠　08.1278
sodium butyl oleate sulfate　油酸正丁酯硫酸酯钠盐　06.0240
sodium butyrate　丁酸钠　08.0933
sodium citrate　柠檬酸钠　08.0938
sodium citrate dihydrate　柠檬酸钠二水合物　02.0223
sodium cocoyl sarcosinate　椰油酰基肌氨酸钠　06.0237
sodium diisobutyl naphthalene sulfonate　二异丁基萘磺酸钠　06.0189
sodium dodecyl sulfate　十二烷基硫酸钠，＊K12　06.0203
sodium fatty acid methyl ester sulfonate　脂肪酸甲酯磺酸钠　06.0256
sodium gluconate　葡萄糖酸钠　08.0054
sodium hydroxyethyl sulfonate　羟乙基磺酸钠　02.0054
sodium L-ascorbate　L-抗坏血酸钠　08.0847
sodium lauroyl sarcosinate　月桂酰基肌氨酸钠　06.0246
sodium lignosulfonate　木质素磺酸钠　08.0046
sodium linear dodecyl benzene sulfonate　直链十二烷基苯磺酸钠　06.0258
sodium *o*-benzoyl sulfonimide　＊邻苯甲酰磺酰亚胺钠　02.0042
sodium *p*-aminobenzenesulfonate　对氨基苯磺酸钠　02.0209
sodium perfluorinated carboxylate　全氟羧酸钠　06.0192
sodium polyacrylate　聚丙烯酸钠　06.0182
sodium polystyrene sulfonate　聚苯乙烯磺酸钠　06.0303
sodium propionate　丙酸钠　08.0932
sodium salt of sulfosuccinate undecenoic acid amido ethyl ester　磺基琥珀酸十一烯酸酰胺基乙酯钠盐　06.0176
sodium selenite　亚硒酸钠　08.0894
sodium soap　钠皂　06.0075
sodium sorbate　山梨酸钠　08.0935
sodium starch glycolate　＊淀粉甘醇酸钠　08.0009
sodium thiosulfate　硫代硫酸钠，＊大苏打，＊海波　08.1258
sodium 4-toluene sulfonate　＊4-甲苯磺酸钠　02.0206
sodium tripolyphosphate　三聚磷酸钠　06.0128
softening agent　柔软剂　08.0122
softening point　软化点　07.0126
soft soap　＊软皂　06.0074
soft tone developer　＊软调显影液　08.1264
soil disinfectant　土壤消毒剂　03.0075
solanesol　茄尼醇　02.0057
solanesol-90　＊茄尼醇-90　02.0057
solar reflectance　太阳能反射比　05.0372
solder paste　焊膏，＊锡膏　08.1133
solder resist dry film　阻焊干膜　08.1089
solid acid　固体酸　08.0337
solid base　固体碱　08.0336
solid content　固体分　05.0213
solidification catalyst for condensation silicone resin　缩合型硅树脂用固化催化剂　08.0600
solid state impregnation method　固相浸渍法　08.0320
solubilization　增溶作用，＊加溶作用　06.0043
solubilized sulfur dye　可溶性硫化染料　04.0027
solubilized vat dye　可溶性还原染料　04.0029
solubilizer　增溶剂，＊加溶剂　06.0044
solubilizing power　增溶力　08.0718
soluble polymer supported palladium catalyst　可溶性高分子负载钯催化剂　08.0557
solution for seed treatment　种子处理液剂　03.0125
solvent-activated adhesive　溶剂型活化胶黏剂　07.0061
solvent adhesive　溶剂型胶黏剂　07.0062
solvent based coating　溶剂型涂料　05.0039
solvent borne coating　溶剂型涂料　05.0039
solvent dye　溶剂染料　04.0010
solvent extraction　溶剂浸提　08.0775
solvent finishing agent　溶剂型涂饰剂　08.1362
solvent-free coating　无溶剂型涂料　05.0031
solvent orange 86　＊溶剂橙 86　02.0251
solvent processed epoxy resin　溶剂法环氧树脂　05.0161
solvent resistance　耐溶剂性　07.0133
sophora bean gum　＊槐豆胶　08.0965
sophorolipid　槐糖脂　06.0138
sorbitan monolaurate　失水山梨醇单月桂酸酯　06.0213
sorbitan monooleate　失水山梨醇单油酸酯　06.0212
sorbitan monopalmitate　失水山梨醇单棕榈酸酯　06.0214

sorbitan monostearate 失水山梨醇单硬脂酸酯 06.0211
Soromine A type cationic surfactant 索罗明 A 型阳离子表面活性剂 06.0093
sound-absorbing coating 吸音涂料 05.0095
sound insulation coating 隔声涂料 05.0092
SO_x transfer agent *SO_x 转移剂 08.0563
soybean oil *大豆油 06.0133
soy oil 豆油 06.0133
Span 20 *司盘 20 06.0213
Span 40 *司盘 40 06.0214
Span 60 *司盘 60 06.0211
Span 80 *司盘 80 06.0212
special coating *特种涂料 05.0060
specialty chemicals 专用化学品 01.0002
special use cosmetics 特殊用途化妆品 08.0782
spectral sensitizer 光谱增感剂，*光学增感剂 08.1255
spectroscopic analytical reagent 光学分析试剂 08.0651
spectrum pure 光谱纯 08.0619
spent acid 乏酸 08.0173
SPF 防晒系数 08.0698
spice 辛香料 08.0692
spinning auxiliary 纺纱助剂 08.0269
spitting 吐粉 05.0322
spodumene honeycomb ceramic 锂辉石质蜂窝陶瓷 08.0567
sporangia germination method 孢子萌发法 03.0188
spray booth 喷房 05.0280
spray coating 喷涂 05.0260
spray fluid 喷射剂 03.0133
spraying method 喷雾法 03.0171
spray pattern 喷雾图形 05.0285
spray pretreatment 喷淋前处理 05.0240
spray robot 喷涂机器人 05.0269
spreading 铺展 06.0119
spreading ability 铺展能力 08.0719
spreading oil 展膜油剂 03.0118
spreading rate 涂布率 05.0368
square acid *方克酸 02.0228
squeeze-out 溢胶 07.0139
stabilizer 稳定液，*稳定剂 08.1305
stain *着色剂 08.0697
stains 污渍 08.0720
standard reagent 基准试剂 08.0620
α-starch α-淀粉 08.0956
starved jointing 欠胶胶接 07.0136
status of disease index 病情指数 03.0190
stearic acid 硬脂酸 06.0153
stearic acid polyoxyethylene ether 硬脂酸聚氧乙烯醚 06.0024
stearyl alcohol 硬脂醇 06.0152
stearyltoluene sodium sulfonate 十八烷基甲苯磺酸钠 06.0026
steel stiffener 钢片增强板，*钢片补强板 08.1084
stem and leaf treatment agent 茎叶处理剂 03.0082
sterilant herbicide 灭生性除草剂 03.0089
stiffener 增强板，*补强板 08.1078
stiffening agent 硬挺剂 08.0283
stomach insecticide 胃毒剂 03.0039
stone chip resistant coating 抗石击涂料 05.0064
stone-like coating 真石漆 05.0110
stonewall theory 石墙理论 08.1156
stop bath 停显剂 08.1285
storage life 储存期 07.0142
stoving coating *烘干型涂料 05.0038
STPP 三聚磷酸钠 06.0128
strain adhesive 应变胶黏剂 07.0049
strength improver 增强剂 08.0153
Streptococcus thermophilus 嗜热链球菌 08.0917
strippable coating *可剥漆 08.1066
strippable paint *可剥涂料 08.1066
stripping agent 剥离剂 08.0126
strobilurin fungicide 甲氧基丙烯酸酯类杀菌剂 03.0064
strong acid *镪水 08.1194
structural adhesive 结构胶黏剂 07.0040
structural bond 结构胶接件 07.0086
structured catalyst 结构化催化剂 08.0499
S-type color photosensitive materials S 型彩色感光材料 08.1215
styrene-maleic anhydride polymer retanning agent 苯乙烯-马来酸酐聚合物复鞣剂 08.1342
styrene sulfonic acid-anhydride copolymer 苯乙烯磺酸-马来酸酐共聚物 08.0044
substrate 基材 07.0080
succinic anhydride 琥珀酸酐 02.0338
suede coating 绒面涂料 05.0125
sulfanilic acid sodium salt *磺胺酸钠 02.0209
sulfated fatliquor 硫酸化加脂剂 08.1353
2-sulfhydryl-5-methyl-1,3,4-thiadiazole *2-巯基-5-甲

基-1,3,4-噻二唑　02.0156
sulfide catalyst　硫化物催化剂　08.0561
sulfonated castor oil　*硫化蓖麻油　06.0148
sulfonated fatliquor　磺化加脂剂　08.1355
sulfosuccinate alkylphenol polyoxyethylene ether ester salt　磺基琥珀酸烷基酚聚氧乙烯醚酯盐　06.0177
sulfosuccinate diester　琥珀酸双酯磺酸盐　06.0173
sulfosuccinate monoester　琥珀酸单酯磺酸盐　06.0174
sulfosuccinate oil amide ethyl ester sodium salt　磺基琥珀酸油酰胺基乙酯钠盐　06.0178
sulfur condensed dye　硫化缩聚染料　04.0028
sulfur dye　硫化染料　04.0011
sulfur ether　硫醚　06.0041
sulfuric acid　硫酸　08.1191
sulfuric acid-chromic acid etchant　硫酸-铬酸蚀刻液　08.1103
sulfuric acid-hydrogen peroxide etchant　硫酸-双氧水蚀刻液　08.1104
sulfur regaining catalyst　硫回收催化剂　08.0562
sulfur transfer catalyst　硫转移催化剂　08.0563
sulphobetaine　磺基甜菜碱　06.0180
sulphur resistant CO shift catalyst　一氧化碳耐硫变换催化剂　08.0603
sunflower oil　葵花油　06.0137
sun protection factor　防晒系数　08.0698
supercritical phase catalysis　超临界相催化　08.0298
superfine catalyst　超微粒子催化剂　08.0323
superfine powder coating　超细粉末涂料　05.0058
super-powder dye　超细粉染料　04.0074
supported aqueous phase catalyst　负载型水相催化剂　08.0308
supported heterogeneous catalyst　负载型多相催化剂　08.0311
supported homogeneous catalyst　负载型均相催化剂　08.0312
support of catalyst　催化剂载体　08.0305
supramolecular catalytic system　超分子催化体系　08.0297
surface　表面　06.0037
surface acid-base property　表面酸碱性　08.0304
surface active agent　表面活性剂　01.0009,表面活性物质　06.0112
surface active site　表面活性位　08.0303
surface catalysis　表面催化　08.0296
surface conditioning　表面调理　05.0254
surface conditioning agent　表调剂　05.0328
surface drying time　表面干燥时间　05.0397
surface excess　表面过剩,*表面超量　06.0004
surface heterogeneity　表面非均一性　08.0302
surface imaging　表面成像　08.1173
surface jointing　面接　07.0087
surface sizing agent　表面施胶剂　08.0118
surface treatment　表面处理　07.0100
surfactant　表面活性剂　01.0009
surfactant-type paraffin inhibitor　表面活性剂型防蜡剂　08.0217
suspending power　悬浮力　08.0722
suspension pad dyeing fine powder　*悬浮体轧染细粉　04.0074
suspension rate　悬浮率　03.0153
suspoemulsion　悬乳剂　03.0114
sustained-release block　缓释块　03.0130
sweating　发汗　05.0348
swelling agent　膨胀剂　08.1312
sym-trifluorobenzene　均三氟苯　02.0010
synbiotics　合生元　08.0822
synergism　*增效作用　06.0050
synergist　增效剂　03.0097
synergistic catalysis　协同催化　08.0362
synergistic effect　协同效应　06.0050
synthetic aroma chemicals　合成香料　08.0665
synthetic dye　合成染料　04.0068
synthetic essential oil　*人造精油　08.0727
synthetic fatliquor　合成加脂剂　08.1352
synthetic fiber-based copper clad laminate　合成纤维基覆铜板　08.1022
synthetic grade　合成级　08.0611
synthetic perfume　合成香料　08.0665
synthetic pesticide　[化学]合成农药　03.0090
synthetic polymer catalyst　合成高分子催化剂　08.0339
systemic action　内吸作用　03.0175
systemic fungicide　内吸性杀菌剂　03.0076
systemic herbicide　内吸性除草剂　03.0088
systemic insecticide　内吸性杀虫剂　03.0034

T

tablet　片剂　03.0107
tableware detergent　餐具洗涤剂　06.0079
tack　黏性　07.0096
tack-free　表干　05.0369
tacky dry　指触干　05.0296
taint　＊污点　08.0720
talcum powder　爽身粉　08.0682
tannin　单宁　08.0810
tannin adhesive　单宁胶黏剂　07.0069
tanning auxiliary　鞣制助剂　08.1331
target　靶标　03.0186
teaching reagent　教学试剂　08.0613
technical grade　工业级　08.0612
technical material　原药　03.0098
Teepol　＊梯普尔　06.0035
teflon　＊特氟龙　08.1040
telomer of acrylic acid-2-acrylamide-2-methylpropanesulfonic acid and sodium phosphinate　丙烯酸-2-丙烯酰胺-2-甲基丙磺酸-次磷酸钠调聚物　08.0043
telomer of acrylic acid-2-hydroxypropyl-acrylate and sodium phosphinate　丙烯酸-丙烯酸-β-羟丙酯-次磷酸钠调聚物　08.0040
temperature indicating coating　示温涂料　05.0073
temperature programmed desorption　程序升温脱附　08.0379
temperature programmed oxidation　程序升温氧化　08.0380
temperature programmed reduction　程序升温还原　08.0378
temperature programmed surface reaction　程序升温表面反应　08.0377
temperature stabilizer　温度稳定剂　08.0144
temporary blocking agent　暂堵剂　08.0183
temporary hardener　暂时坚膜剂　08.1287
tensile shear strength　拉伸剪切强度　07.0150
tensile strength　拉伸强度　07.0147
teratogenicity　致畸性　03.0208
teratogenicity test　致畸试验　03.0212
terminal residue　最终残留　03.0249
terpeneless essential oil　除萜精油　08.0706
tert-butylamine　叔丁胺　02.0110
tert-butyl catechol　叔丁基邻苯二酚　08.1157
terylene film base　涤纶片基　08.1245
tetracosanic acid　＊二十四酸　06.0142
tetradecanoic acid　＊十四酸　06.0009
tetradecyl alcohol　＊十四醇　06.0193
2,3,4,5-tetrafluorobenzoic acid　2,3,4,5-四氟苯甲酸　02.0292
tetrahydrofuran methanol　四氢呋喃甲醇　02.0061
tetrahydrofurfuryl alcohol　＊四氢糠醇　02.0061
1,2,3,4-tetrahydroisoquinoline-3-carboxylic acid　1,2,3,4-四氢异喹啉-3-羧酸　02.0321
tetrazolium acetic acid　四氮唑乙酸　02.0287
textile dyeing and finishing auxiliary　纺织染整助剂　01.0015
texture agent　纹理剂　05.0190
thermal insulation coating　保温涂料　05.0098
thermally activated catalyst　热活化催化剂　08.0358
thermally conductive adhesive film　导热胶膜　08.1074
thermal-sensitive coating　＊热敏涂料　05.0073
thermal spraying　热喷涂　05.0263
thermocatalysis　热催化　08.0357
thermoplastic coating　热塑性涂料　05.0003
thermosetting coating　热固性涂料　05.0004
thiadiazole　噻二唑　02.0031
thiamine hydrochloride　＊盐酸硫胺素　08.0842
thiazine dye　噻嗪染料　04.0056
thiazole dye　噻唑染料　04.0053
thickener　稠化剂　08.0184
thick film photoresist　厚膜光刻胶　08.1143
thin film mulching film　薄膜型覆盖膜　08.1064
thin film spreading agent　薄膜扩展剂　08.0243
thin film stiffener　薄膜型增强板，＊薄膜型补强板　08.1079
thinner for drilling fluid　钻井液降黏剂　08.0143
2,2′-thionite diphenylamine　＊2,2′-亚硫基二苯胺　02.0181
2-thiopheneacetic acid　2-噻吩乙酸　02.0290

2-thiophenecarboxaldehyde 2-噻吩醛 02.0265
thiophene-2,5-dicarboxylic acid 噻吩-2,5-二羧酸 02.0319
thiophene-2-formaldehyde ＊噻吩-2-甲醛 02.0265
thioxanthone 硫杂蒽酮 08.1161
thixotropic agent 触变剂 07.0099
three-layer flexible copper clad laminate ＊三层型挠性覆铜板 08.1050
throwing ability 泳透力 05.0284
tie dyeing 扎染 04.0085
tile-like coating 仿瓷涂料 05.0127
tin catalyst 锡催化剂 08.0449
tincture 酊剂 08.0737
tin-doped indium oxide ＊掺锡氧化铟 08.1197
tin-lead electroplating additive 电镀铅锡添加剂 08.1124
tinting strength 着色力 05.0371
titanium-based whisker 钛基晶须 08.0573
titanium catalyst 钛催化剂 08.0425
titanium tanning agent 钛鞣剂 08.1322
Ti-Ziegler catalyst 钛-齐格勒催化剂 08.0426
Tobias acid 吐氏酸 02.0311
tocopherol ＊生育酚 08.0850
4-toluenesulfonamide ＊4-甲苯磺酰胺 02.0091
4-toluidine ＊4-甲基苯胺 02.0080
toner cartridge 感光鼓 08.1221
top coating 面漆 05.0048
tope note 头香 08.0755
topical application 微量点滴法 03.0174
torsional shear strength 扭转剪切强度 07.0151
Torula utilis ＊产朊圆酵母 08.0911
tosylchloramide sodium ＊氯亚明 08.0061
total acidity of phosphating solution 磷化液总酸度 05.0309
total acid value 总酸值 05.0425
total alkalinity of degreasing solution 脱脂液总碱度 05.0308
touch up 修补涂装 05.0335
toughened epoxy resin 柔韧性环氧树脂 05.0166
toxic medium method ＊含毒介质法 03.0189
TPD 程序升温脱附 08.0379
TPO 程序升温氧化 08.0380
TPR 程序升温还原 08.0378
TPSR 程序升温表面反应 08.0377
trace mineral premix 微量元素预混合饲料 08.0817
trans-1-cinnamylpiperazine 苯丙烯基哌嗪 02.0172
transfer printing coating 转印涂料 05.0113
trans-9-octadecenoic acid ＊反式十八碳-9-烯酸 06.0012
triarylmethane dye 三芳甲烷[结构]染料 04.0042
triazine acid 三嗪酸 02.0039
triazine A resin ＊三嗪A树脂 08.1188
triazine ring ＊三嗪环 02.0039
1,3,5-triazine-2,4,6-triamine ＊1,3,5-三嗪-2,4,6-三胺 02.0001
triazine type cationic surfactant 三嗪型阳离子表面活性剂 06.0094
triazole fungicide 三唑类杀菌剂 03.0073
triboelectrification agent 摩擦带电剂 05.0191
triboelectrostatic spraying 摩擦静电喷涂 05.0281
2,4,6-tribromophenol 2,4,6-三溴苯酚，＊2,4,6-三溴酚 02.0247
1,1,3-trichloro-2-acetone 1,1,3-三氯-2-丙酮 02.0275
2,2′,4′-trichloroacetophenone ＊2,2′,4′-三氯苯乙酮 02.0021
1,2,4-trichlorobenzene 1,2,4-三氯苯 02.0008
trichloroisocyanuric acid 三氯异氰尿酸，＊强氯精 08.0059
trichlorometriazine ＊三氯均三嗪 02.0019
2,4,6-trichloro-1,3,5-triazine ＊2,4,6-三氯-1,3,5-三嗪 02.0019
triclabendazole 三氯苯达唑，＊三氯苯咪唑 02.0180
triethanolamine 三乙醇胺 06.0129
triethanolamine polyoxyethylene ether fatty alcohol sulfate 脂肪醇聚氧乙烯醚硫酸三乙醇胺盐，＊TA-40 06.0252
triethylenediamine 三乙烯二胺 08.0053
2,3,4-trifluoroaniline 2,3,4-三氟苯胺 02.0084
1,3,5-trifluorobenzene ＊1,3,5-三氟苯 02.0010
trifluoroethanol 三氟乙醇 02.0065
2,2,2-trifluoroethanol ＊2,2,2-三氟乙醇 02.0065
3-(trifluoromethyl) aniline ＊3-(三氟甲基)苯胺 02.0114
4-(trifluoromethyl) phenol 4-三氟甲基苯酚 02.0248
2,3,4-trifluoronitrobenzene 2,3,4-三氟硝基苯 02.0213
1,2,3-trifluoro-4-nitrobenzene ＊1,2,3-三氟-4-硝基苯 02.0213
triglyceride 甘油三酯 06.0170
3,4,5-trimethoxybenzaldehyde 3,4,5-三甲氧基苯甲醛

U

V

02.0261

2,3,5-trimethyl-1,4-benzophenol ＊2,3,5-三甲基-1,4-苯二酚 02.0252

2,4,6-trimethylbenzoyl chloride 2,4,6-三甲基苯甲酰氯 02.0337

2,3,5-trimethylhydroquinone 2,3,5-三甲基氢醌 02.0252

trimethylolpropane 三羟甲基丙烷 02.0233

2,4,6-trimethylphenol 2,4,6-三甲基苯酚 02.0244

2,3,6-trimethylphenol 2,3,6-三甲基苯酚 02.0242

2,3,5-trimethylphenol 2,3,5-三甲基苯酚 02.0243

tri-pathogenicity 三致性 03.0206

triphenylchloromethane 三苯基氯甲烷 02.0234

triphosgene 三光气 02.0201

triple air 三次气 05.0321

tripotassium citrate ＊柠檬酸三钾 08.0937

trisodium citrate ＊柠檬酸三钠 08.0938

trisodium citrate dihydrate ＊二水合柠檬酸三钠盐 02.0223

trisodium monohydrogen diphosphate 焦磷酸一氢三钠 08.0941

tris(triphenylphosphine)-rhodium(Ⅰ) chloride ＊氯化三(三苯基膦)合铑(Ⅰ) 08.0590

T-type jointing T型胶接 07.0089

tungsten-balanced color film 灯光型彩色片 08.1212

tungsten catalyst 钨催化剂 08.0451

Turkey red oil 土耳其红油 06.0148

Tween-20 ＊吐温-20 06.0185

Tween-40 ＊吐温-40 06.0188

Tween-60 ＊吐温-60 06.0187

Tween-80 ＊吐温-80 06.0186

two-layer flexible copper clad laminate ＊二层型挠性覆铜板 08.1051

two-step epoxy resin 两步法环氧树脂 05.0160

ultra-clean and high-purity agent 超净高纯试剂 08.1190

ultra-clean electronic grade reagent 超净电子级试剂 08.0629

ultrafine particle developer 超微粒显影液 08.1262

ultrafine powder 超细粉 05.0227

ultra pure 超纯 08.0628

ultrasound catalysis 超声催化 08.0300

ultrastable Y-type zeolite 超稳Y型沸石 08.0471

ultraviolet curing adhesive 紫外光固化胶黏剂 07.0035

ultraviolet derivatization reagent 紫外衍生试剂 08.0646

ultraviolet film 紫外线片 08.1234

ultraviolet positive photoresist 紫外正性光刻胶 08.1138

unconventional silver halide photosensitive materials ＊非常规卤化银感光材料 08.1249

unconventional silver halide system 非常规卤化银体系 08.1249

undercure 欠固化 07.0119

undertone 底色 05.0388

underwater adhesive 水下胶黏剂 07.0046

unhairing agent 脱毛剂 08.1311

uniform catalyst 均匀型催化剂 08.0318

unimolecular film ＊单分子膜 06.0039

unimolecular layer 单分子层 06.0039

union dye 混纺染料 04.0069

unsaturated polyester adhesive 不饱和聚酯胶黏剂 07.0005

urea-formaldehyde adhesive 脲醛胶黏剂 07.0003

urotropin ＊乌洛托品 08.0079

UV curing adhesive 紫外光固化胶黏剂, ＊UV光固化胶 07.0035

UV negative photoresist 紫外负性光刻胶 08.1136

vacuum adhesive 真空胶黏剂 07.0051

vacuum suction coating 真空吸涂 05.0330

vanadium-tolerant catalyst for catalytic cracking 抗钒催化裂化催化剂 08.0558

vanillin 香兰素，＊香草醛 02.0049
vanishing cream 雪花膏 08.0797
vaporizing mat 电热蚊片 03.0140
vat dye 还原染料，＊瓮染料 04.0012
vegetable fiber 植物纤维 08.0087
vegetable oil fatliquor 植物油类加脂剂 08.1350
vegetable tanning extract 植物鞣剂，＊栲胶 08.1326
vehicle coating 车用涂料，＊汽车涂料 05.0135
vertically spreaded gun 竖布枪 05.0323
vesicle 囊泡 06.0057
2° view field *XYZ* chroma system ＊2°视场 *XYZ* 色度系统 05.0382
10° view field *XYZ* chroma system ＊10°视场 *XYZ* 色度系统 05.0383
vinyl acetate synthesis catalyst 乙酸乙烯合成催化剂 08.0496
vinyl acetate water-based adhesive 乙酸乙烯酯类水基胶黏剂 07.0020
vinylamine homopolymer ＊乙烯胺均聚物 08.0003
vinyl coating 乙烯基涂料 05.0014
vinyl paint ＊乙烯基漆 05.0014
virginiamycin premix 维吉尼亚霉素预混剂 08.1005
virtual screening 虚拟筛选 03.0094
viscose adhesive 黏胶胶黏剂 07.0071
viscosifier 增黏剂 08.0205
viscosifier for drilling fluid 钻井液增黏剂 08.0145
viscosity depressant 降黏剂 08.0231
viscosity reducer by emulsification of crude oil 原油乳化降黏剂 08.0255
viscous acid 稠化酸 08.0168
viscous water fracturing fluid 稠化水压裂液 08.0187
vitamin A acetate 维生素 A 乙酸酯 08.0840
vitamin A palmitate 维生素 A 棕榈酸酯 08.0841
vitamin B_1 维生素 B_1 08.0842
vitamin B_6 维生素 B_6 08.0843
vitamin B_{12} 维生素 B_{12} 08.0844
vitamin C 维生素 C 08.0845
vitamin C phosphate ＊维生素 C 磷酸酯 08.0848
vitamin K_3 维生素 K_3 08.0853
vitamin premix 维生素预混合饲料 08.0818
VOC 挥发性有机化合物 05.0370
volatile oil ＊挥发油 08.0702
volatile organic compound 挥发性有机化合物 05.0370
volatile organic compound reclaiming system 挥发性有机化合物回收系统 05.0230

W

warping wax 整经蜡 08.0272
washing 洗涤 08.0705
washing power 洗涤力 08.0723
washing program 洗涤程序 08.0724
wash liquor ratio 洗液比 08.0725
waste burner 废液焚烧炉 05.0298
waste paper deinking agent 废纸脱墨剂 08.0109
water and steam distillation 水上蒸馏 08.0772
water-based adhesive 水基胶黏剂，＊水性胶黏剂 07.0018
water-base drilling fluid 水基钻井液 08.0128
water-base foam fracturing fluid 水基泡沫压裂液 08.0190
water-base fracturing fluid 水基压裂液 08.0186
water-base gel fracturing fluid 水基冻胶压裂液 08.0188
water-base paraffin remover 水基清蜡剂 08.0224
water-base water shutoff agent 水基堵水剂 08.0233
waterborne coating 水性涂料 05.0026
waterborne finishing agent 水性涂饰剂 08.1361
waterborne paint ＊水性漆 05.0026
water-covering capacity 水面覆盖力 05.0392
water curtain treatment for spray paint exhaust 喷漆废气水帘处理 05.0299
water dispersible granule 水分散粒剂 03.0100
water dispersible tablet 水分散片，＊水分散片剂 03.0102
water distillation 水中蒸馏 08.0771
water-in-oil emulsifier 油包水型乳化剂 06.0124
water-in-oil emulsion 油包水乳状液 06.0277
water-in-oil fracturing fluid 油包水压裂液 08.0193
waterproof adhesive 耐水胶黏剂 07.0056
water-proof and oil-proof agent 防水防油剂 08.0123
waterproof coating 防水涂料 05.0075
waterproof fatliquor 防水型加脂剂 08.1359
waterproof paint ＊防水漆 05.0075

water-remoistenable adhesive 再湿性胶黏剂 07.0063
water resistance 耐水性 07.0132
water rinse 水洗 05.0257
water shutoff agent 堵水剂 08.0232
water soluble gel 可溶胶剂 03.0117
water soluble granule 可溶粒剂 03.0104
water soluble pesticide 水溶性农药 03.0010
water soluble photoresist 水溶性光刻胶 08.1144
water soluble powder 可溶粉剂 03.0103
water soluble tablet 可溶片剂 03.0105
water treatment agent 水处理剂 01.0012
water treatment chemicals *水处理化学品 01.0012
water-washing processed epoxy resin 水洗法环氧树脂 05.0162
wear resistant coating 耐磨涂料 05.0089
weathering resistant coating 耐候涂料 05.0068
weathering test 耐候性试验 07.0162
weather resistance 耐候性 07.0130
weaving auxiliary 织造助剂 08.0271
weighting admixture 加重外掺料 08.0154
weighting agent *加重剂 08.0146
weighting materials 加重材料 08.0146
Weiss binding agent *维斯结合剂 08.1304
well completion fluid 完井液 08.0155
wet curing polyurethane 湿固化聚氨酯 05.0153
wet end chemicals 湿部化学品 08.0104
wet-film thickness 湿膜厚度 05.0375
wet impregnation method 湿浸渍法 08.0322
wet on wet coating process 湿碰湿涂装工艺 05.0278
wet strength 湿强度 07.0156
wet strengthening agent 湿增强剂 08.0120
wettable powder 可湿粉剂 03.0108
wetting action 润湿作用 06.0055
wetting agent 润湿剂 06.0056
wetting liquid 润湿液 08.1300
wetting tension 润湿张力 08.0726
wheel hub coating 轮毂涂料 05.0137
white discharge agent 拔白剂 08.0279
white water from paper industry 造纸白水，*白水 08.0089
Wilkinson catalyst 威尔金森催化剂 08.0590
wood coating 木器涂料 05.0150
wood failure percentage 木材破坏率 07.0167
wood-like coating 仿木纹涂料 05.0112
wood-like paint *仿木纹漆 05.0112
wood paint *木器漆 05.0150
wool lubricant oil 和毛油 08.0270
wool washing agent 洗毛剂 08.1377
workover fluid 修井液 08.0156
workshop precoating primer 车间预涂底漆 05.0140
workshop primer *车间底漆 05.0140
wrinkle agent 皱纹剂 05.0196
wrinkle coating 皱纹涂料 05.0105
wrinkle paint *皱纹漆 05.0105
wrought copper foil *锻轧铜箔 08.1035
wrought-rolled copper foil 压延铜箔 08.1035

X

xanthene dye 呫吨染料 04.0057
xanthophyll 叶黄素 08.0953
Xanthophyllomyces dendrorhous 红发夫酵母 08.0954
X-ray film X射线片 08.1235
X-ray photoresist *X射线光刻胶 08.1142
X-ray resist X射线胶 08.1142
xylene isomerization catalyst 二甲苯异构化催化剂 08.0519
xylidine 二甲基苯胺 02.0003
xylo-oligosaccharide 木寡糖，*低聚木糖 08.0966

Y

yellow dye coupler 黄染料成色剂 08.1217
yellowing resistance 耐黄变性 05.0379
yellowing resistant agent 抗黄变剂 08.0288

Z

zinc amino acid complex　氨基酸锌络合物　08.0885
zinc carbonate　碳酸锌　08.0884
zinc catalyst　锌催化剂　08.0439
zinc glycinate　甘氨酸锌　08.0881
zinc lactate　乳酸锌　08.0882
zinc lysine complex　赖氨酸锌络合物　08.0879
zinc methionine complex　蛋氨酸锌络合物　08.0878
zinc methionine hydroxy analogue complex　蛋氨酸羟基类似物螯合锌　08.0886
zinc methionine hydroxyl analogue chelate　＊羟基蛋氨酸类似物螯合锌　08.0886
zinc phosphating　锌系磷化　05.0303
zinc propionate　丙酸锌　08.0883
zinc threonine complex　苏氨酸锌络合物　08.0880
zirconium catalyst　锆催化剂　08.0441
zirconium tanning agent　锆鞣剂　08.1320
zirconium treatment　锆盐处理　05.0253
(*Z*)-9-octadecenoate butyl ester　＊(*Z*)-9-十八烯酸丁酯　02.0200
zwitterionic surfactant　两性离子表面活性剂　06.0061

汉 英 索 引

A

* *2-氨基-4-氯苯酚 2-amino-4-chlorophenol 02.0071
* *4-氨基-2-氯-6,7-二甲氧基喹唑啉 4-amino-2-chloro-6,7-dimethoxyquinazoline 02.0175
* *L-α-氨基-β-4-咪唑基丙酸 L-α-amino-β-4-imidazolyl propionic acid 08.0837
* *2-氨基嘧啶 2-aminopyrimidine 02.0150

7-氨基-1,3-萘二磺酸 7-amino-1,3-naphthalenedisulfonic acid 02.0310

1-氨基-8-萘酚-3,6-二磺酸 1-amino-8-naphthol-3,6-disulfonic acid 02.0281

* *6-氨基-1-萘酚-3-磺酸 6-amino-1-naphthol-3-sulfonic acid 02.0205

2-氨基-5-萘酚-7-磺酸 2-amino-5-naphthol-7-sulfonic acid 02.0205

1-氨基萘-4-磺酸 1-amino-4-naphthalenesulfonic acid 02.0208

* *4-氨基-2-羟基苯甲酸 4-amino-2-hydroxybenzoic acid 02.0302

2-氨基-2-(4-羟基苯)乙酸 D(－)-4-hydroxyphenylglycine 02.0286

2-氨基-3-羟基吡啶 2-amino-3-hydroxypyridine 02.0142

* *L-2-氨基-3-羟基丁酸 L-2-amino-3-hydroxybutyric acid 08.0829
* *7-氨基-4-羟基-2-萘磺酸 7-amino-4-hydroxy-2-naphthalenesulfonic acid 02.0205
* *6-氨基青霉素酸 6-aminopenicillin acid 02.0028

6-氨基青霉烷酸 6-aminopenicillanic acid 02.0028

* *L-2-氨基-3-巯基丙酸 L-2-amino-3-mercaptopropionic acid 08.0836
* *2-氨基-3-巯基丙酸盐酸盐 2-amino-3-mercaptopropionic acid hydrochloride 08.0838

7-氨基去乙酰氧基头孢烷酸 7-aminodesacetoxycephalosporanic acid,7-ADCA 02.0029

* *5-氨基乳清酸 5-amino orotic acid 02.0300

氨基乳清酸 amino orotic acid 02.0300

* *2-氨基噻唑 2-aminothiazole 02.0145
* *氨基三甲叉膦酸 amino trimethylene phosphonic acid, ATMP 08.0022

氨基三亚甲基膦酸 amino trimethylene phosphonic acid, ATMP 08.0022

氨基树脂复鞣剂 amino resin retanning agent 08.1343

* *氨基树脂漆 amino resin paint 05.0010

氨基树脂涂料 amino resin coating 05.0010

4-氨基水杨酸 4-aminosalicylic acid 02.0302

氨基酸锰络合物 manganese amino acid complex 08.0889

氨基酸铁络合物 iron amino acid complex 08.0870

氨基酸铜络合物 copper amino acid complex 08.0876

氨基酸锌络合物 zinc amino acid complex 08.0885

氨基酸衍生物 amino acid derivative 08.0656

7-氨基头孢烷酸 7-aminocephalosporanic acid,7-ACA 02.0030

* *1-氨基-4-溴蒽醌-2-磺酸 1-amino-4-bromoanthraquinone-2-sulfonic acid 02.0207
* **N*-(2-氨基乙基)乙醇胺 *N*-(2-aminoethyl)ethanolamine 02.0100

7-氨基-3-乙烯基头孢烷酸 7-amino-3-vinylcephalosporanic acid,7-AVCA 02.0236

2-氨基-4-乙酰氨基苯甲醚 2-amino-4-acetamino anisole 02.0254

* *5-氨基异酞酸 5-amino-isophthalic acid 02.0317
* *L-α-氨基-β-吲哚基丙酸 L-α-amino-β-indolyl propionic acid 08.0830
* *2-氨基正丁醇 2-amino-*n*-butanol 02.0056

2-氨甲基-1-乙基吡咯烷 2-(aminomethyl)-1-ethylpyrrolidine 02.0048

氨裂解催化剂 ammonia cracking catalyst 08.0419

氨燃烧催化剂 ammonia combustion catalyst 08.0408

氨噻肟酸 2-(2-aminothiazole-4-yl)-2-methoxyiminoacetic acid 02.0288

氨水 ammonia water 08.1195

氨选择性还原 NO_x 催化剂 catalyst for ammonia selective reducing nitrogen oxide 08.0420

* *氨氧化制硝酸催化剂 oxidation ammonia to nitric acid catalyst 08.0483

氨酯油 ammonia ester oil 05.0151

按摩基础油 massage base oil 08.0802

按摩精油 massage essential oil 08.0801

按摩霜 massage cream 08.0803

螯合萃取剂 chelating extractant 08.0641

螯合剂 chelating agent 08.0277

螯合型表面活性剂 chelating surfactant 06.0165

B

八氟联苯胺 octafluorobenzidine 08.1185
拔白剂 white discharge agent 08.0279
拔染印花 discharge printing 04.0084
钯催化剂 palladium catalyst 08.0445
钯金合金 palladium-gold alloy 08.0446
靶标 target 03.0186
*白化 blushing 05.0343
*白水 white water from paper industry 08.0089
白水封闭循环回用系统 closed-loop recycling system for white water 08.0096
斑蝥黄 canthaxanthin 08.0952
半导体氧化物催化剂 semiconductor oxide catalyst 08.0473
半干性醇酸树脂 semi-drying alkyd resin 05.0171
半固化片 prepreg 08.1036
半光涂料 semi-gloss coating 05.0119
L-半胱氨酸 L-cysteine 08.0836
半胱氨酸 cysteine 06.0038
半胱胺盐酸盐 cysteamine hydrochloride 08.0838
半乳甘露寡糖 galacto-mannooligosaccharide 08.0967
半数击倒时间 median knock-down time, KT_{50} 03.0182
半数致死量 median lethal dose, LD_{50} 03.0216
半数致死浓度 median lethal concentration, LC_{50} 03.0217
邦定粉末涂料 bonding powder coating 05.0123
邦定工艺 bonding process 05.0215
包衣造粒法 coating granulation method 03.0158
孢子萌发法 sporangia germination method 03.0188
薄边 feather edging 05.0349
薄膜胶黏剂 film adhesive 07.0064
薄膜扩展剂 thin film spreading agent 08.0243
*薄膜型补强板 thin film stiffener 08.1079
薄膜型覆盖膜 thin film mulching film 08.1064
薄膜型增强板 thin film stiffener 08.1079
保光性 gloss retention 05.0405
保护剂 protective agent 08.1308
保护性蛋氨酸 protected methionine 08.0826
保护性杀菌剂 protective fungicide 03.0071
保湿剂 humectant 08.0691
保温涂料 thermal insulation coating 05.0098
苝类染料 perylene dye 04.0045
被粘物 adherend 07.0079
*本色 mass-tone, mass-colour 05.0389
本体破坏 bulk failure 07.0077
苯胺染料 aniline dye 04.0036
苯胺制 *N*-甲基苯胺催化剂 catalyst for aniline to *N*-methylaniline 08.0520
苯丙二酸二乙酯 diethyl phenylmalonate, diethyl 2-phenylmalonate 02.0195
*苯丙酮 phenylacetone 02.0278
*2-苯丙烯 2-phenylpropylene 02.0217
苯丙烯基哌嗪 *trans*-1-cinnamylpiperazine 02.0172
*苯并吡嗪 phenonaphthazine 02.0178
苯并噁嗪树脂 benzoxazine resin 08.1043
*7*H*-苯并[*de*]蒽-7-酮 7*H*-benz[*de*]anthracen-7-one 08.1160
苯并蒽酮 benzanthrone 08.1160
*2,3-苯并呋喃 2,3-benzofuran 02.0148
苯并咪唑酮类染料 benzimidazolone dye 04.0047
苯并噻唑类染料 benzothiazole dye 04.0048
苯并三氮唑 benzotriazole, BTA 08.0055
*苯醋酸 phenylacetic acid 02.0283
*苯醋酸乙酯 ethyl phenylacetate 02.0194
苯代三聚氰胺甲醛树脂 benzol melamine formaldehyde resin 05.0176
*1,2-苯二胺 1,2-diaminobenzene 02.0074
*1,3-苯二胺 1,3-phenylenediamine 02.0077
*1,4-苯二胺 1,4-phenylenediamine 02.0103
*1,3-苯二甲酰氯 1,3-benzoyl chloride 02.0333
*1,4-苯二甲酰氯 1,4-benzoyl chloride 02.0332
苯酚加氢催化剂 phenol hydrogenation catalyst 08.0381
D-苯甘氨酸 D-phenylglycine 02.0284
苯酐生产催化剂 catalyst for production of phthalic anhydride 08.0511
*苯基苯胺 aminobiphenyl 02.0081
*1-苯基-3-吡唑烷酮 1-phenyl-3-pyrazolidone 08.1274
*2-苯基-1-丙烯 2-phenyl-1-propene 02.0217
**N*-苯基对苯二胺 *N*-phenyl-*p*-phenylenediamine 02.0111
1-苯基环戊基甲酸 1-phenylcyclopentane carboxylic acid

02.0304
＊1-苯基环戊烷羧酸　1-phenylcyclopentane carboxylic acid　02.0304
＊1-苯基-3-甲基-5-吡唑啉酮　1-phenyl-3-methyl-5-pyrazolinone　02.0159
1-苯基-5-巯基四氮唑　1-phenyl-5-mercaptotetrazole　02.0158
＊1-苯基-5-巯基-1*H*-四氮唑　1-phenyl-1*H*-tetrazole-5-thiol　02.0158
＊*N*-苯基-2-萘胺　*N*-phenyl-2-naphthylamine　08.1158
N-苯基-*β*-萘胺　*N*-phenyl-*β*-naphthylamine　08.1158
＊2-苯基乙醇　2-phenylethanol　02.0066
＊*β*-苯基乙醇　*β*-phenylethanol　02.0066
＊2-苯基-2-乙基丙二酸二乙酯　diethyl 2-phenyl-2-ethylmalonic acid　02.0196
＊苯基乙酸酯　phenyl acetate ester　02.0203
＊苯加氢催化剂　benzene hydrogenation catalyst　08.0492
苯甲醚　anisole　02.0256
苯甲醛　benzaldehyde　02.0264
苯甲酸　benzoic acid　02.0280
苯甲酸钠　sodium benzoate　08.0934
苯甲酰氯　benzoyl chloride　02.0325
苯甲酰异硫代氰酸酯　benzoyl isothiocyanate　02.0193
＊苯甲氧基碳酰氯　phenyl methyl chloroformate　02.0186
苯肼　phenylhydrazine　02.0034
1,4-苯醌　1,4-benzoquinone　02.0253
＊苯绕蒽酮　benzanthrone　08.1160
苯生产催化剂　catalyst for production of benzene　08.0512
＊苯烷基化催化剂　benzene alkylation catalyst　08.0506
苯系列有机废气净化催化剂　catalyst for purification of benzene series organic waste gas　08.0594
＊苯系列有机废气燃烧催化剂　benzene organic waste gas combustion catalyst　08.0594
＊苯酰异硫氰酸酯　benzoyl isothiocyanate　02.0193
苯氧化制顺酐催化剂　catalyst for benzene oxidation to maleic anhydride　08.0409
苯乙醇　phenethyl alcohol　02.0066
＊*β*-苯乙醇　*β*-phenethyl alcohol　02.0066
苯乙腈　phenylacetonitrile　02.0124
苯乙酸　phenylacetic acid　02.0283
苯乙酸乙酯　ethyl phenylacetate　02.0194
苯乙酮　acetophenone　02.0273
苯乙烯-丁二烯橡胶聚合催化剂　catalyst for styrene-butadiene bubber polymerization　08.0508
苯乙烯磺酸-马来酸酐共聚物　styrene sulfonic acid-anhydride copolymer　08.0044
苯乙烯-马来酸酐聚合物复鞣剂　styrene-maleic anhydride polymer retanning agent　08.1342
苯乙烯生产催化剂　catalyst for production of styrene　08.0510
苯佐卡因　benzocaine　02.0199
芘蒽酮类染料　pyranthrone dye　04.0046
吡啶　pyridine　02.0129
＊2-吡啶胺　2-pyridinamine　02.0139
＊4-吡啶酚　4-pyridyl phenol　02.0140
吡啶甲酸铬　chromium picolinate　08.0897
＊吡啶-2-甲酸铬　chromium pyridine-2-carboxylate　08.0897
＊吡啶-3-甲酸铬　chromium pyridine-3-carboxylate　08.0896
＊4-吡啶甲酸乙酯　ethyl 4-picolinate　02.0184
＊吡啶-4-甲酸乙酯　ethyl pyridine-4-formate　02.0184
吡咯并吡咯二酮类颜料　pyrrolidine pyrrolidione pigment　04.0049
＊2-吡咯烷酮　2-pyrrolidone　02.0277
α-吡咯烷酮　*α*-pyrrolidinone　02.0277
＊吡嗪单羧酸　pyrazine monocarboxylic acid　02.0179
＊2-吡嗪甲腈　2-pyrazinomethonitrile　02.0182
＊吡嗪腈　pyrazine nitrile　02.0182
＊吡嗪-2-腈　pyrazine-2-nitrile　02.0182
＊吡嗪羧酸　pyrazine carboxylic acid　02.0179
＊2-吡嗪羧酸　2-pyrazine carboxylic acid　02.0179
吡嗪-2-羧酸　pyrazine-2-carboxylic acid　02.0179
边缘覆盖剂　edge covering agent　05.0197
＊苄基苯酚聚氧乙烯醚　benzylphenol polyoxyethylene ether　06.0273
＊苄基甲醇　benzylmethanol　02.0066
＊2-(*N*-苄基-*N*-甲基氨基)乙醇　2-(*N*-benzyl-*N*-methylamino)ethanol　02.0116
＊苄基氯　benzyl chloride　02.0018
苄氧羰基氯　carbobenzoxy chloride　02.0024
N-苄氧羰基-L-脯氨酸　*N*-carbobenzyloxy-L-proline　02.0299
变色龙涂料　chameleon coating　05.0083
＊变调剂　aromatics modifier　08.0760
变形催化理论　deformation theory of catalysis　08.0293
标记染料　scrape-loading dye　04.0020
表干　tack-free　05.0369

表面　surface　06.0037
*表面超量　surface excess　06.0004
表面成像　surface imaging　08.1173
表面处理　surface treatment　07.0100
表面催化　surface catalysis　08.0296
表面非均一性　surface heterogeneity　08.0302
表面干燥时间　surface drying time　05.0397
表面过剩　surface excess　06.0004
表面活性剂　surfactant, surface active agent　01.0009
表面活性剂型防蜡剂　surfactant-type paraffin inhibitor　08.0217
表面活性位　surface active site　08.0303
表面活性物质　surface active agent　06.0112
表面施胶剂　surface sizing agent　08.0118
表面酸碱性　surface acid-base property　08.0304
表面调理　surface conditioning　05.0254
表调剂　surface conditioning agent　05.0328
冰染染料　azoic dye　04.0003
DL-丙氨酸　DL-alanine　02.0296
丙二醇聚醚　propylene glycol polyether　06.0166
丙酸铵　ammonium propionate　08.0931
丙酸铬　chromium propionate　08.0900
丙酸钠　sodium propionate　08.0932
丙酸锌　zinc propionate　08.0883
2-丙酮缩氨基脲　2-propanone semicarbazone　02.0235
*丙烯氨氧化制丙烯腈催化剂　catalyst for propene ammoxidation to acrylonitrile　08.0498
丙烯醇　allyl alcohol　02.0062
丙烯腈生产催化剂　catalyst for production of acrylonitrile　08.0498
丙烯齐聚催化剂　propylene oligomerization catalyst　08.0497
丙烯醛氧化制丙烯酸催化剂　catalyst for acrolein oxidation to acrylic acid　08.0410
丙烯水合催化剂　hydration catalyst for propylene　08.0500
丙烯酸-丙烯磺酸钠-异丙烯膦酸共聚物　acrylic acid-sodium allyl sulfonate isopropenylphosphonic acid copolymer　08.0045
丙烯酸-丙烯酸甲酯共聚物　acrylic acid-methyl acrylate copolymer　08.0037
丙烯酸-丙烯酸-β-羟丙酯-次磷酸钠调聚物　telomer of acrylic acid-2-hydroxypropyl-acrylate and sodium phosphinate　08.0040
丙烯酸-丙烯酸羟丙酯共聚物　acrylic acid-2-hydroxypropyl acrylate copolymer　08.0039
丙烯酸-2-丙烯酰胺-2-甲基丙磺酸-次磷酸钠调聚物　telomer of acrylic acid-2-acrylamide-2-methylpropanesulfonic acid and sodium phosphinate　08.0043
丙烯酸-2-丙烯酰胺-2-甲基丙磺酸-马来酸酐共聚物　acrylic acid-2-acrylamido-2-methylpropyl sulfonic acid-maleic anhydride copolymer　08.0041
丙烯酸胶黏剂　acrylic adhesive　07.0007
丙烯酸聚合物复鞣剂　polyacrylic retanning agent　08.1340
丙烯酸类水基胶黏剂　acrylic water-based adhesive　07.0021
丙烯酸-马来酸酐共聚物　acrylic acid-maleic anhydride copolymer　08.0036
丙烯酸生产催化剂　catalyst for production of acrylic acid　08.0501
丙烯酸树脂成膜剂　acrylic resin film-forming agent　08.1364
*丙烯酸树脂漆　acrylic resin paint　05.0015
丙烯酸树脂涂料　acrylic resin coating　05.0015
丙烯酸酯胶黏剂　acrylate adhesive　08.1061
丙烯酸酯三元共聚物负载双硫铂配合物催化剂　acrylate ternary copolymer bound disulfide platinum complex catalyst　08.0556
丙烯脱一氧化碳催化剂　catalyst for removing carbon monoxide from propene　08.0534
丙烯酰胺-丙烯酸共聚物　acrylamideacrylic acid copolymer　08.0006
丙烯酰胺-二烯丙基二甲基氯化铵共聚物　acrylamide-dimethyldiallyammonium chloride copolymer　08.0018
丙烯酰胺-甲基丙烯酸二甲胺乙酯共聚物　acrylamide-dimethylamine ethyl methacrylate copolymer　08.0004
N-丙烯酰吗啉　*N*-acroxylmorpholin　02.0232
丙烯氧化制丙烯醛催化剂　catalyst for propene oxidation to acrolein　08.0411
丙烯氧化制丙烯酸催化剂　catalyst for propene oxidation to acrylic acid　08.0412
丙烯液相精脱硫催化剂　liquid phase fine desulfurization catalyst for propene　08.0538
*丙酰基苯　propionylbenzene　02.0278
病情指数　status of disease index　03.0190
波拉一步成像感光片　Polaroid one step imaging photosensitive film　08.1237
玻璃板流程　glass plate flow distance　05.0431
*玻璃布　glass fabric　08.1044

C

玻璃胶黏剂　glass adhesive　07.0073

玻璃鳞片涂料　glass flake coating　05.0143

＊玻璃幕墙涂料　glass curtainwall coating　05.0148

玻璃纤维布　glass fiber fabric　08.1044

玻璃纤维基覆铜板　glass fiber-based copper clad laminate　08.1027

玻璃纤维无纺布　glass fiber nonwoven fabric　08.1045

剥离剂　stripping agent　08.0126

剥离力　release force　07.0124

剥离强度　peel strength　07.0148

铂催化剂　platinum catalyst　08.0454

铂黑　platinum black　08.0455

铂铼重整催化剂　Pt-Re reforming catalyst　08.0457

铂铼钛重整催化剂　Pt-Re-Ti reforming catalyst　08.0456

铂锡重整催化剂　Pt-Sn reforming catalyst　08.0458

铂系苯加氢催化剂　Pt-based benzene hydrogenation catalyst　08.0382

铂铱重整催化剂　Pt-Ir reforming catalyst　08.0459

＊补强板　stiffener　08.1078

补伤膏　repair thick paste　08.1371

不饱和聚酯胶黏剂　unsaturated polyester adhesive　07.0005

不对称催化　asymmetric catalysis　08.0294

不对称自催化　asymmetric self-catalysis　08.0295

不盖底　non-hiding　05.0420

不挥发物　non-volatile matter　05.0360

不挥发物体积分数　non-volatile matter by volume　05.0361

不均匀扯离强度　non-uniform tear strength　07.0154

＊不去锈底漆　rust converted primer　05.0046

＊不溶性偶氮染料　insoluble azo dye　04.0003

不粘涂料　non-stick coating　05.0097

布氏乳杆菌　*Lactobacillus buchneri*　08.0926

部分酸值　partial acid value　05.0424

＊彩妆化妆品　color cosmetics　08.0780

餐具洗涤剂　tableware detergent　06.0079

残留毒性　residual toxicity　03.0200

残留量　residual dose　03.0247

＊残留黏性　residual tack　05.0421

残留湿度　residual humidity　08.0716

残留药害　residual phytotoxicity　03.0236

残效　residual effect,residual activity　03.0248

残余黏性　residual tack　05.0421

槽接　dado jointing　07.0082

草醛　glyoxal　02.0263

＊草酸　oxalic acid　08.0075

侧孢短芽孢杆菌　*Brevibacillus laterosporus*　08.0929

层间剥落　intercoat adhesion failure　05.0293

层间电介质　inter-layer dielectric　08.1177

＊层间介电材料　inter-layer dielectric materials　08.1177

层状结构催化剂　laminated catalyst　08.0469

层状双羟基化合物　layered double hydroxide,LDH　08.0470

＊茶油　camellia oil　06.0132

＊茶籽油　camellia oil　06.0132

柴油加氢脱蜡催化剂　hydrodewaxing catalyst for diesel fuel　08.0384

柴油降凝催化剂　catalyst for lowering condensation point of diesel fuel　08.0515

＊柴油临氢降凝催化剂　hydrodewaxing catalyst for diesel fuel　08.0384

＊掺锡氧化铟　tin-doped indium oxide　08.1197

产朊假丝酵母　*Candida utilis*　08.0911

＊产朊圆酵母　*Torula utilis*　08.0911

产酸丙酸杆菌 Propionibacterium acidipropionici 08.0925
铲除性杀菌剂 eradicant fungicide 03.0078
长波紫外线防护指数 protection factor of UVA 08.0699
长双歧杆菌 *Bifidobacterium longum* 08.0914
长效驱蚊帐 long-lasting insecticidal net 03.0136
长油度醇酸树脂 long oil alkyd resin 05.0173
常规酸 regular acid 08.0165
超纯 ultra pure 08.0628
超分子催化体系 supramolecular catalytic system 08.0297
超净电子级试剂 ultra-clean electronic grade reagent 08.0629
超净高纯试剂 ultra-clean and high-purity agent 08.1190
超临界相催化 supercritical phase catalysis 08.0298
超声催化 ultrasound catalysis 08.0300
超微粒显影液 ultrafine particle developer 08.1262
超微粒子催化剂 superfine catalyst 08.0323
超稳 Y 型沸石 ultrastable Y-type zeolite 08.0471
超细粉 ultrafine powder 05.0227
超细粉末涂料 superfine powder coating 05.0058
超细粉染料 super-powder dye 04.0074
＊潮气固化涂料 moisture curable coating 05.0036
＊车间底漆 workshop primer 05.0140
车间预涂底漆 workshop precoating primer 05.0140
车用涂料 vehicle coating 05.0135
沉淀滴定指示剂 precipitation titration indicator 08.0637
沉淀剂 precipitant 08.0638
沉淀型缓蚀剂 precipitation-type corrosion inhibitor 08.0261
沉淀型调剖剂 precipitation-type control agent 08.0211
沉积物控制剂 deposit controlling agent 08.0115
沉积效率 deposition efficiency 05.0433
成膜剂 film-forming agent 08.1363
成色剂 color former 04.0064
城市煤气甲烷化催化剂 methanation catalyst for city gas 08.0547
程序升温表面反应 temperature programmed surface reaction, TPSR 08.0377
程序升温还原 temperature programmed reduction, TPR 08.0378
程序升温脱附 temperature programmed desorption, TPD 08.0379
程序升温氧化 temperature programmed oxidation, TPO 08.0380
迟缓芽孢杆菌 *Bacillus lentus* 08.0920
持久强度 persistent strength 07.0149
持久性农药 persistent pesticide 03.0015
＊赤血盐 potassium ferricyanide 08.1295
冲击强度 impact strength 07.0153
虫胶漆 shellac varnish 05.0023
虫口减退率 decrease rate of insect 03.0185
重整保护催化剂 safeguard catalyst for reforming process 08.0372
重整催化剂再生 regeneration of reforming catalyst 08.0373
重组精油 reconstituted essential oil 08.0729
抽余油加氢催化剂 hydrofining catalyst for raffinate oil 08.0385
稠化剂 thickener 08.0184
稠化水压裂液 viscous water fracturing fluid 08.0187
稠化酸 viscous acid, gelled acid 08.0168
稠化油压裂液 gelled oil fracturing fluid 08.0192
稠油稀释催化剂 catalyst for diluting heavy oil 08.0516
臭氧分解催化剂 ozone decomposition catalyst 08.0517
除草剂 herbicide 03.0079
除草剂安全剂 herbicide safener 03.0147
除垢剂 scale dissolver, scale remover 08.0267
除氢催化剂 hydrogen removal catalyst 08.0518
除萜精油 terpeneless essential oil 08.0706
除锈 derusting 05.0244
除氧剂 oxygen scavenger 08.0080
除油剂 oil removing agent 08.0265
＊除莠剂 herbicide 03.0079
储存期 storage life 07.0142
触变剂 thixotropic agent 07.0099
触杀性除草剂 contact herbicide 03.0087
触杀性杀虫剂 contact insecticide 03.0040
触杀作用 contact action 03.0176
＊船舶漆 marine paint 05.0132
船舶涂料 marine coating 05.0132
锤纹剂 hammer agent 05.0180
锤纹涂料 hammer coating 05.0107
＊纯胶 pure adhesive 08.1069
纯胶膜 pure adhesive film 08.1069
醇基堵水剂 alcohol-base water shutoff agent 08.0235
醇基压裂液 alcohol-base fracturing fluid 08.0195
＊醇酸树脂漆 alkyd resin paint 05.0009

醇酸树脂涂料　alkyd resin coating　05.0009
醇盐　alkoxide　06.0005
磁性涂料　magnetic coating　05.0087
刺槐豆胶　carob bean gum　08.0965
粗分散体系　coarse disperse system　06.0116
粗孔硅胶　macroporous silica gel　08.0472
促凝剂　coagulant　08.0147
*醋酸苯酯　phenylacetate　02.0203
*醋酸钙　calcium acetate　08.0940
窜液　fluid channeling　05.0306
催化剂　catalyst　01.0016
*催化剂担体　catalyst supporter　08.0305
催化剂载体　support of catalyst　08.0305
催化裂化催化剂　catalytic cracking catalyst　08.0324
催化选择性　catalytic selectivity　08.0301

D

搭接　lap jointing　07.0083
*打底剂　base setting agent　04.0021
打磨　sanding　05.0247
*大豆黄酮　daidzein　08.0981
*大豆油　soybean oil　06.0133
*大孔硅胶　macroporous silica gel　08.0472
*大苏打　sodium thiosulfate　08.1258
大蒜素　garlicin, allimin　08.0949
代替型合成鞣剂　replacement syntan　08.1335
带锈底漆　rust converted primer　05.0046
单次洗涤循环性能　single wash cycle performance　08.0717
单分子层　monomolecular layer, unimolecular layer　06.0039
*单分子膜　monomolecular film, unimolecular film　06.0039
单孔分布型催化剂　single-pore distribution catalyst　08.0314
单离香料　perfumery isolate　08.0666
α-单氯丙二醇　α-monochloropropanediol　02.0060
单面覆铜板　single-sided copper clad laminate　08.1019
单宁　tannin　08.0810
单宁胶黏剂　tannin adhesive　07.0069
单烷基醚磷酸酯　monoalkyl ether phosphate　06.0167
*单细胞油脂　single cell oil　06.0101
单液法调剖剂　profile control agent for single-fluid method　08.0208
单一抗性　single resistance　03.0241
单组分涂料　one-component coating　05.0041
蛋氨酸铬螯合物　chromium methionine chelate　08.0899
蛋氨酸钴螯合物　cobalt methionine chelate　08.0893
蛋氨酸锰络合物　manganese methionine complex　08.0891
蛋氨酸羟基类似物　methionine hydroxy analogue　08.0824
蛋氨酸羟基类似物螯合锰　manganese methionine hydroxy analogue complex　08.0890
蛋氨酸羟基类似物螯合铜　copper methionine hydroxy analogue complex　08.0877
蛋氨酸羟基类似物螯合锌　zinc methionine hydroxy analogue complex　08.0886
蛋氨酸羟基类似物钙盐　methionine hydroxy analogue calcium　08.0825
蛋氨酸铁络合物　ferric methionine complex　08.0868
蛋氨酸铜络合物　copper methionine complex　08.0872
蛋氨酸锌络合物　zinc methionine complex　08.0878
蛋白质类成膜剂　protein film-forming agent　08.1366
蛋白质类复鞣剂　protein retanning agent　08.1347
蛋白质类化合物　protein compound　08.0657
蛋白质水基胶黏剂　protein water-based adhesive　07.0029
蛋壳催化剂　egg-shell catalyst　08.0316
氮氧化物脱除催化剂　catalyst for removing nitrogen oxide　08.0599
氮氧化物选择性催化还原　selective catalytic reduction of NO_x　08.0596
氮氧化物选择性催化氧化　selective catalytic oxidation of NO_x　08.0597
*氮杂苯　nitrogen heterobenzene　02.0129
当量试剂　equivalent reagent　08.0625
导磁胶黏剂　magnetic conductive adhesive　07.0047
导电胶膜　conductive adhesive film　08.1071
导电胶黏剂　conductive adhesive　07.0032
*导电漆　conductive paint　05.0078
导电涂料　conductive coating　05.0078
导电银浆　conductive silver paste　08.1076

导电油墨　electrically conductive ink　08.1075
导热胶膜　thermally conductive adhesive film　08.1074
导热胶黏剂　heat conductive adhesive　07.0048
德氏乳杆菌保加利亚亚种　*Lactobacillus delbrueckii* subsp. *bulgaricus*　08.0924
德氏乳杆菌乳酸亚种　*Lactobacillus delbrueckii* subsp. *lactis*　08.0907
地顶孢霉培养物　culture of *Acremonium terricola*　08.0982
地克珠利预混剂　diclazuril premix　08.0998
*地坪漆　floor paint　05.0149
地坪涂料　floor coating　05.0149
地毯清洁剂　carpet cleaner　06.0260
*地毯香波　carpet cleaner　06.0260
地衣芽孢杆菌　*Bacillus licheniformis*　08.0904
灯光型彩色片　tungsten-balanced color film　08.1212
等离子喷涂　plasma spraying　05.0262
等体积浸渍法　equi-volumetic impregnation method　08.0319
低表面载体　low surface area carrier　08.0310
低毒农药　low toxicity pesticide　03.0014
低反差显影液　low contrast developer　08.1264
低介电常数覆铜板　low dielectric constant copper clad laminate　08.1029
低聚半乳糖　galacto-oligosaccharide　08.0970
*低聚果糖　oligofructose　08.0968
*低聚木糖　xylo-oligosaccharide　08.0966
低热膨胀系数覆铜板　low thermal expansion coefficient copper clad laminate　08.1032
低温固化涂料　low temperature curable coating　05.0035
涤纶片基　terylene film base　08.1245
*底版　negative　08.1232
底漆　primer　05.0045
底色　undertone　05.0388
*底香　bottom note　08.0757
*第二种施瓦布效应　second Schwab effect　08.0352
点花涂料　dotted flower coating　05.0108
碘值　iodine value　08.0688
电沉积量　electrodeposition weight　05.0409
*电沉积铜箔　electrodeposited copper foil　08.1034
*电沉积涂料　electrodeposition coating　05.0043
电磁屏蔽膜　electromagnetic shielding film　08.1077
电催化　electrocatalysis　08.0299
电镀纯锡添加剂　pure tin electroplating additive　08.1123
电镀干膜　electroplating dry film　08.1088
电镀金添加剂　gold electroplating additive　08.1121
电镀镍添加剂　nickel electroplating additive　08.1122
电镀铅锡添加剂　tin-lead electroplating additive　08.1124
电镀药水　electroplating solution　08.1105
电化学衍生试剂　electrochemical derivatization reagent　08.0648
电解铜箔　electrolytic copper foil　08.1034
*电绝缘漆　electrical insulation paint　05.0076
电绝缘涂料　electrical insulation coating　05.0076
电脑配色　computer color matching　05.0202
电热蚊片　vaporizing mat　03.0140
电热蚊液　liquid vaporizer　03.0141
电影胶片　cinefilm　08.1229
*电泳粉末涂料　electrophoretic powder coating　05.0042
*电泳漆　electrophoretic paint　05.0043
电泳试剂　electrophoresis reagent　08.0659
电泳涂料　electrophoretic coating　05.0043
电泳涂装　electro-coating　05.0277
电晕静电喷涂　corona electrostatic spraying　05.0282
电子化学品　electronic chemicals　01.0019
电子级　electronic grade　08.0627
*电子束光刻胶　electron-beam photoresist　08.1141
电子束胶　electron-beam resist　08.1141
α-淀粉　α-starch　08.0956
淀粉-丙烯酰胺接枝共聚物　graft copolymer of starch-acrylamide　08.0011
*淀粉甘醇酸钠　sodium starch glycolate　08.0009
靛类染料　indigoid dye　04.0043
叠合时间　closed assembly time　07.0109
碟片　disk　08.1230
*丁二酸酐　butanedioic anhydride　02.0338
丁基橡胶胶黏剂　butyl rubber adhesive　07.0011
*丁基溴　butyl bromide　02.0226
丁腈橡胶胶黏剂　acrylonitrilebutadiene rubber adhesive　07.0010
丁炔二醇合成催化剂　butynediol synthesis catalyst　08.0509
丁炔二醇加氢催化剂　butynediol hydrogenation catalyst　08.0386
丁酸钠　sodium butyrate　08.0933
*3-丁酮酸甲酯　3-oxbutanoic acid methyl ester　02.0188
丁烯氧化脱氢催化剂　catalyst for oxidative dehydrogenation of *n*-butene　08.0413

酊剂　tincture　08.0737
＊顶香　peak odor　08.0755
定位　fixing　07.0108
定香剂　fixer, fixative　08.0738
定影清洗液　fuser cleaning fluid　08.1301
定影液　fixer　08.1282
动表面张力　dynamic surface tension　06.0036
动物双歧杆菌　*Bifidobacterium animalis*　08.0919
动物性天然香料　fauna natural perfume　08.0668
动物油类加脂剂　animal oil fatliquor　08.1349
动物油脂　animal fat　06.0164
冻胶型调剖剂　gel-type profile control agent from polymer solution　08.0213
豆油　soy oil　06.0133
[毒防污剂]渗出率　leaching rate　05.0407
堵漏材料　lost circulation materials　08.0151
堵水剂　water shutoff agent　08.0232
杜仲叶提取物　*Eucommia ulmoides* extract　08.0979
端接　end jointing　07.0088
端羟基型丙烯酸树脂　hydroxyl terminated acrylic resin　05.0157
端羟基型聚酯树脂　hydroxyl terminated polyester resin　05.0155
端羧基型丙烯酸树脂　carboxyl terminated acrylic resin　05.0156
端羧基型聚酯树脂　carboxyl terminated polyester resin　05.0154
短双歧杆菌　*Bifidobacterium breve*　08.0915
短小芽孢杆菌　*Bacillus pumilus*　08.0921
短油度醇酸树脂　short oil alkyd resin　05.0175
＊锻轧铜箔　wrought copper foil　08.1035
堆漆　piling　05.0419
对氨基苯磺酸钠　sodium *p*-aminobenzenesulfonate　02.0209
＊对氨基苯甲酸乙酯　ethyl *p*-aminobenzoate　02.0199
＊对氨基苯甲酰基麸质酸　*p*-aminobenzoyl glutamic acid　02.0044
＊对氨基苯乙醚　*p*-phenetidine　02.0085
对氨基苯乙酸　*p*-aminophenylacetic acid　02.0309
对氨基吡啶　*p*-aminopyridine　02.0141
对氨基二苯胺　*p*-aminodiphenylamine　02.0111
＊对氨基二乙基苯胺硫酸盐　*p*-aminodiethylaniline sulfate　08.1297
对苯二胺　*p*-phenylenediamine　02.0103
对苯二甲酰氯　paraphthaloyl chloride　02.0332
＊对苯醌　*p*-benzoquinone　02.0253
对比率　contrast ratio　05.0347
＊对二氮已环　pyrazine hexahydride　02.0167
＊对二氮杂萘　1,4-diazonaphthalene　02.0178
对氟苯胺　*p*-fluoroaniline　02.0109
＊对氟苯酚　*p*-fluorophenol　02.0245
＊对甲氨基酚硫酸盐　*p*-methylaminophenol sulfate　08.1273
对甲苯磺酸　*p*-toluenesulfonic acid　08.1159
对甲苯磺酸钠　*p*-toluenesulfonic acid sodium　02.0206
对甲苯磺酰胺　*p*-toluenesulfonamide　02.0091
对甲酚　*p*-cresol　02.0239
对甲酚三聚体　*p*-cresol trimer　08.1165
对甲基苯胺　*p*-toluidine　02.0080
对甲基苯腈　*p*-methylbenzonitrile　02.0123
对甲氧基苯胺　*p*-anisidine　02.0115
＊对甲氧基苯甲酰氯　*p*-methoxybenzoyl chloride　02.0328
对接　butt jointing　07.0084
对氯苯胺　*p*-chloroaniline　02.0093
对氯苯甲酸　*p*-chlorobenzoic acid　02.0303
对氯苯甲酰氯　*p*-chlorobenzoyl chloride　02.0326
对氯氯苄　*p*-chlorobenzyl chloride　02.0023
＊L-*β*-对羟苯基-*β*-丙氨酸　L-*β*-*p*-hydroxyphenyl-*β*-alanine　08.0833
D-对羟基苯甘氨酸　4-hydroxy-D-phenylglycine　02.0301
对羟基苯乙酰胺　*p*-hydroxybenzeneacetamide　02.0089
对羟基吡啶　*p*-hydroxypyridine　02.0140
对氰基氯苄　*p*-chlorobenzyl cyanide　02.0052
＊对三氟甲基苯酚　*p*-(trifluoromethyl) phenol　02.0248
对十八烷基甲苯　*p*-octadecyl toluene　02.0216
＊对叔丁基邻苯二酚　*p*-*tert*-butyl catechol　08.1157
对硝基苯胺　*p*-nitroaniline　02.0075
对硝基苯酚　*p*-nitrophenol　02.0068
对硝基苯甲酸　*p*-nitrobenzoic acid　02.0316
对乙酰氨基苯磺酰氯　*N*-acetylsulfanilyl chloride　02.0324
＊对乙酰氨基邻甲氧基苯甲酸甲酯　methyl 2-methoxy-4-acetamidobenzoate　02.0192
对乙氧基苯胺　*p*-ethoxyaniline　02.0085
钝化　passivation　05.0250
钝化层　passivation layer　08.1169
钝化剂　passivation agent　05.0329

钝化液　passivation solution　08.1129
多氨基多醚基亚甲基膦酸　polyamino polyether methylene phosphonate, PAPEMP　08.0026
＊多彩漆　multicolor paint　05.0111
多彩涂料　multicolor coating　05.0111
多重抗性　multiple resistance　03.0240
多重乳液　multiple emulsion　08.0711
多次洗涤循环性能　multi-wash cycle performance　08.0712
多分子层　multimolecular layer　06.0040
多功能催化剂　multifunctional catalyst　08.0325
多级结构催化剂　hierarchical structure catalyst　08.0343
多羟基二苯甲酮　polyhydroxybenzophenone　08.1166
多糖　polysaccharide　08.0655
＊多乙撑多胺　polyethylenepolyamine　02.0102
多乙烯多胺　polyethylenepolyamine　02.0102
多元醇磷酸酯　polytdricalocholphosphate ester　08.0048
多组分残留分析　multi-residue analysis　03.0160

E

锇催化剂　osmium catalyst　08.0453
噁嗪染料　oxazine dye　04.0055
恩拉霉素预混剂　enramycin premix　08.1016
蒽醌　anthraquinone　02.0249
＊1,4-蒽醌二酚　1,4-anthraquinone diphenol　02.0251
蒽醌染料　anthraquinone dye　04.0037
＊9,10-蒽酮　9,10-anthrone　02.0249
饵剂　bait　03.0129
＊4,4′-二氨基八氟联苯　4,4′-diaminooctafluorobiphenyl　08.1185
＊4,4-二氨基苯磺酰苯胺　4,4-diaminobenzsulfonylaniline　02.0220
＊二氨基苯磺酰替苯胺　diaminobenzesulfonyltianiline　02.0220
4,4′-二氨基苯磺酰替苯胺　4,4-diamino benzene sulfonyl anilide　02.0220
＊4,4-二氨基苯甲酰苯胺　4,4-diaminobenzoylaniline　02.0219
4,4′-二氨基苯酰替苯胺　4,4-diaminobenzoylanilide　02.0219
4,4′-二氨基二苯胺-2-磺酸　4,4′-diamino-2-sulfodiphenylamine　02.0307
4,4′-二氨基二苯乙烯-2,2′-二磺酸　4,4′-diamino-2,2′-stilbenedisulfonic acid　02.0224
＊L-2,6-二氨基己酸盐酸盐　L-2,6-diaminohexaproate hydrochloride　08.0827
1,5-二氨基萘　1,5-diaminonaphthalene　02.0017
＊二氨基芪二磺酸　diamino stilbenedisulfonic acid　02.0224
二氨基十八烷基苯　diaminooctadecyl phenyl　08.1170
二苯胺　diphenylamine　02.0081
＊*N*,*N*-二苯胺　*N*,*N*-diphenylamine　02.0081
＊5*H*-二苯并[*b*,*f*]氮杂卓　5*H*-diphenyl[*b*,*f*]azazepine　02.0047
＊二苯并噻嗪　dibenzothiazine　02.0181
1,1-二苯基肼　1,1-diphenylhydrazine　02.0035
二苯甲基氯　diphenyl-chloromethane　02.0025
二苯甲基溴　diphenyl-bromomethane　02.0051
＊二苯氯甲烷　diphenyl-chloromethane　02.0025
＊二丙胺　dipropylamine　02.0092
＊二层型挠性覆铜板　two-layer flexible copper clad laminate　08.1051
二次沉淀　secondary precipitation　08.0174
二次气　secondary air　05.0320
二次污染　secondary pollution　08.0694
二次显影液　second developer　08.1271
3,5-二碘水杨酸　3,5-diiodosalicylic acid　02.0318
二丁基丙二酸二乙酯　diethyl dibutylmalonate　02.0185
二丁基萘　dibutyl naphthalene　02.0014
二芳甲烷[结构]染料　diarylmethane dye　04.0041
3,5-二氟苯胺　3,5-difluoroaniline　02.0106
3,5-二氟苯酚　3,5-difluorophenol　02.0238
＊2,6-二氟苯甲腈　2,6-difluorobenzonitrile　02.0126
＊2,6-二氟苯甲酰胺　2,6-difluorobenzamide　02.0107
2,6-二氟苯腈　2,6-difluorobenzonitrile　02.0126
＊2,4-二氟-3-氯硝基苯　2,4-difluoro-3-chloronitrobenzene　02.0214
二甘醇胺　2-(2-aminoethoxy)ethanol　02.0059
5-(二甲氨基甲基)糠醇　5-(dimethylaminomethyl)furfuryl alcohol　02.0237
＊2-二甲氨基氯乙烷盐酸盐　2-dimethylaminochloroethane hydrochloride　02.0305
二甲氨基氯乙烷盐酸盐　dimethylaminochloroethane hydrochloride　02.0305

二甲胺　dimethylamine　02.0090
2,6-二甲苯基哌嗪　2,6-dimethylphenylpiperazine　02.0169
二甲苯生产催化剂　catalyst for production of xylene　08.0513
二甲苯异构化催化剂　xylene isomerization catalyst　08.0519
二甲基苯胺　xylidine　02.0003
2,3-二甲基苯胺　2,3-dimethylaniline　02.0087
*N,N-二甲基苯胺　*N,N*-dimethylaniline　02.0003
*1-(2,6-二甲基苯基)哌嗪　1-(2,6-dimethylphenyl)piperazine　02.0169
*N,N-二甲基-3-氯丙胺　*N,N*-dimethyl-3-chlorpropylamine　02.0094
二甲基嘧啶醇亚硫酸甲萘醌　menadione dimethyl-pyrimidinol bisulfite, MDPB　08.0854
*二甲基氰基亚氨基二硫代碳酸酯　dimethylcyanoiminedithiocarbate　02.0191
*N,N-二甲基十八烷基胺　*N,N*-dimethyloctadecylamine　02.0097
*N,N-二甲基十二烷基胺　*N,N*-dimethyldodecylamine　02.0098
*N,N-二甲基十六烷基胺　*N,N*-dimethylhexadecylamine　02.0099
*4-(1,1-二甲基乙基)-1,2-苯二酚　4-(1,1-dimethyl ethyl)-1,2-benzenediol　08.1157
二甲醚合成催化剂　dimethyl ether synthesis catalyst, methoxymethane synthesis catalyst　08.0485
二甲酸钾　potassium diformate　08.0942
*2,3-二甲氧基-5-甲基-1,4-苯醌　2,3-dimethoxy-5-methyl-1,4-benzoquinone　02.0221
*2,3-二甲氧基-5-甲基-1,4-对苯二醌　2,3-dimethoxy-5-methyl-1,4-*p*-phenyldiquinone　02.0221
*2,4-二甲氧基-1-硝基苯　2,4-dimethoxy-1-nitrobenzene　02.0009
2,4-二甲氧基硝基苯　2,4-dimethoxynitrobenzene　02.0009
*二聚表面活性剂　dimeric surfactant　06.0029
二硫氰基甲烷　methylene bisthiocyanate　08.0066
*1,2-二氯苯　1,2-dichlorobenzene　02.0006
2,6-二氯苯胺　2,6-dichloroaniline　02.0086
2,4-二氯苯甲酰甲基氯　2,4-dichlorobenzoylmethyl chloride　02.0021
2,3-二氯苯甲酰氯　2,3-dichlorobenzoyl chloride　02.0336
1,3-二氯丙酮　1,3-dichloroacetone　02.0276
*1,3-二氯-4-氟苯　1,3-dichloro-4-fluorobenzene　02.0212
2,4-二氯氟苯　2,4-dichloro-1-fluorobenzene　02.0212
2,4-二氯-5-氟苯甲酸　2,4-dichloro-5-fluorobenzoic acid　02.0291
2,6-二氯-3-氟吡啶　2,6-dichloro-3-fluoropyridine　02.0138
*2,6-二氯-5-氟-3-吡啶甲酸　2,6-dichloro-5-fluoro-3-picolinic acid　02.0135
2,6-二氯-3-氟-5-吡啶甲酸　2,6-dichloro-3-fluoro-5-picolinic acid　02.0135
4,7-二氯喹啉　4,7-dichloroquinoline　02.0149
2,6-二氯喹喔啉　2,6-dichloroquinoxaline　02.0229
2,4-二氯氯苄　2,4-dichlorobenzyl chloride　02.0022
*2,4-二氯-2-(氯甲基)苯　2,4-dichloro-2-(chloromethyl)benzene　02.0022
二氯异氰尿酸　dichloroisocyanuric acid　08.0060
3,5-二羟基苯甲醇　3,5-dihydroxybenzenmethanol　02.0063
*3,4-二羟基苯甲醛　3,4-dihydroxybenzaldehyde　02.0270
*3,5-二羟基苄醇　3,5-dihydroxybenzyl alcohol　02.0063
1,4-二羟基蒽醌　1,4-dihydroxyanthraquinone　02.0251
3,4-二羟基-3-环丁烯-1,2-二酮　3,4-dihydroxy-3-cyclobutene-1,2-dione　02.0228
3,5-二羟基甲苯　3,5-dihydroxytoluene　02.0012
4,7-二羟基异黄酮　4,7-dihydroxyisoflavone　08.0981
*二氢-2-甲基-3-硫基-1,2,4-三嗪-5,6-二酮　dihydro-2-methyl-3-thioxo-1,2,4-triazine-5,6-dione　02.0039
*二氰二胺　cyanoguanidine　02.0002
*二(三氯甲基)碳酸酯　bis(trichloromethyl)carbonate　02.0201
*二色石　dichroite　08.0568
*二十二酸　docosanoic acid　06.0144
*二十四酸　tetracosanic acid　06.0142
*2,6-二叔丁基萘　2,6-di-*tert*-butylnaphthalene　02.0014
*二水合柠檬酸三钠盐　trisodium citrate dihydrate　02.0223
*二烯丙基硫代亚磺酸酯　diallyl thiosulfonic ester　08.0949
2,4-二硝基甲苯　2,4-dinitrotoluene　02.0007
2,4-二硝基氯苯　2,4-dinitrochlorobenzene　02.0211

2,4-二硝基-6-溴苯胺　2,4-dinitro-6-bromoaniline　02.0004
二硝托胺预混剂　dinitolmide premix　08.0984
2,3-二溴丙腈　2,3-dibromopropionitrile　02.0121
二亚乙基三胺五亚甲基膦酸　diethylenetriamine pentamethylenephosphonic acid,DETAPMP　08.0024
二氧化硫液相氧化催化剂　liquid phase oxidation catalyst of sulfur dioxide　08.0414
*2,5-二氧四氢呋喃　2,5-dioxytetrahydrofuran　02.0338
二乙氨基乙醇　2-diethylaminoethanol　02.0113
*二乙基苯基丙二酸酯　diethylphenylmalonate　02.0195
*二乙基苯甲乙酸酯　diethylphenomethylacetate　02.0195
二乙基丙二酸二乙酯　diethyl diethylmalonate　02.0197
*二乙基丙二酸乙酯　ethyl diethylmalonate　02.0197
*N,N-二乙基对苯二胺　N,N-diethyl-p-phenylenediamine　08.1275
二乙基对苯二胺　diethyl-p-phenylenediamine　08.1275
*N,N-二乙基对苯二胺硫酸盐　N,N-diethyl-p-phenylenediamine sulfate　08.1297
*N′,N′-二乙基-1,4-戊二胺　N′,N′-diethyl-1,4-pentanediamine　02.0045
*N,N-二乙基乙醇胺　N,N-diethylethanolamine　02.0113
二异丁基萘磺酸钠　sodium diisobutyl naphthalene sulfonate　06.0189
二正丙胺　dipropylamine　02.0092

F

发白　blushing　05.0343
发光涂料　luminous coating　05.0093
发汗　sweating　05.0348
发花　floating　05.0354
发浑　clouding　05.0410
发酵乳杆菌　*Lactobacillus fermentum*　08.0923
发蜡　hair wax,hair pomade　08.0807
*发膜　hair film　08.0806
发泡胶黏剂　foamable adhesive　07.0050
发泡作用　foaming effect　06.0080
发用啫喱　hair gel　08.0684
发用啫喱水　hair gel lotion　08.0685
乏酸　spent acid　08.0173
反差增强层　contrast enhancement layer　08.1168
反电离　back-ionization　05.0287
反光涂料　reflective coating　05.0096
反胶束　reverse micelle　06.0081
*反胶团　reverse micelle　06.0081
反渗透膜阻垢剂　reverse osmosis membrane antiscalant　08.0047
*反式十八碳-9-烯酸　*trans*-9-octadecenoic acid　06.0012
反相破乳剂　reverse phase demulsifier　08.0019
反应性表面活性剂　reactive surfactant　06.0082
*反应性染料　reactive dye　04.0009
反油酸　elaidic acid　06.0012
*反转型彩色片　reverse transformation color film　08.1206
反转液　reversal solution　08.1306
返粗　pig skin　05.0412
*返黏性　after tack property　05.0423
返锈　rerusting　05.0313
泛金光　bronzing　05.0344
D-泛酸钙　D-calcium pantothenate　08.0856
DL-泛酸钙　DL-calcium pantothenate　08.0857
*方克酸　square acid　02.0228
芳烃脱烷基制苯催化剂　catalyst for dealkylation of aromatic hydrocarbon to benzene　08.0523
芳香化妆品　fragrant cosmetics　08.0781
*芳香油　aromatic oil　08.0702
芳香整理剂　fragrance agent　08.0284
芳香族合成鞣剂　aryl synthetic tanning agent　08.1334
防沉剂　anti-settling agent　05.0184
防虫粒　mothproof granule　03.0135
防虫液　mothproof liquid　03.0134
防辐射涂料　radiation resistant coating　05.0086
防腐剂　antiseptic,preservative　08.0114
*防腐漆　anticorrosive paint　05.0065
防腐[蚀]涂料　anticorrosive coating　05.0065
防垢剂　scale inhibitor,anti-scaling additive　08.0266
防光晕染料　anti-halation dye　08.1167
*防护涂料　protective coating　05.0129
防护性涂料　protective coating　05.0129
防滑涂料　anti-skid coating　05.0062
防灰雾剂　antifoggant　08.1279
防火涂料　fire retardant coating,flame retardant coating

05.0079
防结块剂　anti-blocking agent　05.0198
防结露涂料　anti-dewing coating　05.0061
*防静电涂料　antistatic coating　05.0077
防蜡剂　paraffin inhibitor　08.0215
防流挂剂　anti-sagging agent　05.0185
防沫剂　antifoamer　06.0098
防气窜剂　gas channeling inhibitor　08.0149
防乳化剂　emulsion inhibitor　08.0179
防砂剂　sand control agent　08.0227
防晒系数　sun protection factor, SPF　08.0698
防水防油剂　water-proof and oil-proof agent　08.0123
*防水漆　waterproof paint　05.0075
防水涂料　waterproof coating　05.0075
防水型加脂剂　waterproof fatliquor　08.1359
防缩整理剂　shrink proof agent　08.0281
防涂鸦涂料　graffiti resistant coating　05.0067
*防污漆　anti-fouling paint　05.0070
防污涂料　anti-fouling coating　05.0070
防锈底漆　anticorrosive primer　05.0131
防锈剂　antirusting agent　06.0121
*防锈漆　anti-rust paint　05.0071
防锈涂料　anti-rust coating　05.0071
防锈油　anti-rust oil　05.0101
防油剂　oil-proofing agent　08.0282
防淤渣剂　sludge inhibitor, sludge preventive　08.0177
防粘连剂　anti-adhesive agent　05.0199
仿瓷涂料　tile-like coating　05.0127
仿电镀涂料　imitation electroplating coating　05.0124
仿古涂料　antique coating　05.0128
*仿古艺术涂料　antique art coating　05.0128
*仿金属蚀刻油墨　imitation metal etching ink　08.1095
*仿木纹漆　wood-like paint　05.0112
仿木纹涂料　wood-like coating　05.0112
仿生农药　biomimetic pesticide　03.0008
纺纱助剂　spinning auxiliary　08.0269
纺织染整助剂　textile dyeing and finishing auxiliary　01.0015
*放大纸　bromide paper　08.1239
*非常规卤化银感光材料　unconventional silver halide photosensitive materials　08.1249
非常规卤化银体系　unconventional silver halide system　08.1249
非干性醇酸树脂　nondrying alkyd resin　05.0172
非结构胶黏剂　non-structural adhesive　07.0039
非金属系合成高分子催化剂　nonmetallic synthetic polymeric catalyst　08.0375
非离子表面活性剂　nonionic surfactant　06.0301
非离子型高分子破乳剂　nonionic macromolecular demulsifier　08.0248
*非卤化银感光材料　non-silver halide photosensitive materials　08.1250
非卤化银体系　non-silver halide system　08.1250
非破坏性试验　non-destructive test　07.0161
非生物降解　nonbiological degradation　03.0229
非水分散型涂料　non-aqueous dispersion coating　05.0029
*非选择性除草剂　non-selective herbicide　03.0089
非氧化性杀菌剂　non-oxidizing bactericide　08.0064
*非利浦催化剂　Phillips catalyst　08.0489
菲尼酮　phenidone　08.1274
*肥边　fat edge　05.0415
*肥皂　soap　06.0171
废液焚烧炉　waste burner　05.0298
废纸脱墨剂　waste paper deinking agent　08.0109
废纸纤维　secondary fiber, recycled fiber　08.0088
废纸制浆　repulping of waste paper, secondary fiber pulping　08.0097
沸煮法[制皂]　method of boiling process[for soap]　06.0245
费-托合成催化剂　Fischer-Tropsch synthesis catalyst　08.0326
痱子粉　prickly-heat powder　08.0683
分开涂胶法　separate coating method　07.0103
分散介质　disperse medium　06.0083
分散染料　disperse dye　04.0006
*分散相　dispersed phase　06.0058
分散作用　dispersive action　06.0084
分色片　color separation　08.1232
分子间力　intermolecular force　06.0290
分子生物学级　molecular biological grade　08.0617
分子占有面积　molecular occupied area　06.0085
吩噻嗪　phenothiazine　02.0181
酚醛改性双酚 A 型环氧树脂　novolac modified bisphenol A epoxy resin　05.0163
酚醛胶黏剂　phenolic adhesive　07.0002
*酚醛树脂漆　phenolic resin paint　05.0007
酚醛树脂涂料　phenolic resin coating　05.0007

酚醛水基胶黏剂　phenolic waterbased adhesive　07.0023
酚醛型环氧树脂　phenolic epoxy resin　08.1037
粉底　foundation　08.0671
粉房溢粉　powder spray booth overflow　05.0338
粉剂　dustable powder　03.0099
粉末电磁刷涂装　powder electromagnetic brush coating　05.0332
粉末电泳涂料　powder electrophoretic coating　05.0042
粉末胶黏剂　powder adhesive　07.0065
粉末涂料　powder coating　05.0028
粉末柱塞泵　powder piston pump　05.0315
*粉体涂料　powder coating　05.0028
粉状面膜　powder mask　08.0792
粉状染料　powder form of dye, powder dye　04.0073
风险评估　risk assessment　03.0223
封闭型聚氨酯　enclosed polyurethane　05.0152
封存性固化剂　blocked curing agent　07.0097
蜂窝状载体　honeycomb substrate　08.0306
*2-呋喃甲醇　2-furan methanol　02.0058
4-呋喃甲醛　4-furfural　02.0269
*2-呋喃甲酸　2-furanoic acid　02.0320
呋喃胶黏剂　furan adhesive　07.0006
*弗-克催化剂　Friedel-Crafts catalyst　08.0587
弗里德-克拉夫茨催化剂　Friedel-Crafts catalyst　08.0587
*2-氟苯胺　2-fluoroaniline　02.0108
*4-氟苯胺　4-fluoroaniline　02.0109
2-氟苯酚　2-fluorophenol　02.0246
4-氟苯酚　4-fluorophenol　02.0245
*3-氟吡啶　3-fluoropyridine　02.0144
*1-氟-2,4-二氯苯　1-fluoro-2,4-dichlorobenzene　02.0212
*6-氟-2-甲基喹啉　6-fluoro-2-methylquinoline　02.0230
6-氟喹哪啶　6-fluoroquinaldine　02.0230
氟利昂水解催化剂　chlorofluorocarbon hydrolysis catalyst　08.0521
*氟氯苯胺　chlorofluoroaniline　02.0083
*氟碳漆　fluorocarbon paint　05.0022
氟碳树脂涂料　fluorocarbon resin coating　05.0022
*氟碳涂料　fluorocarbon coating　05.0022
氟烯烃-乙烯基醚共聚物　fluoroolefin-vinyl ether copolymer, FEVE copolymer　05.0178
*4-氟-3-硝基苯胺　4-fluoro-3-nitroaniline　02.0118
氟溴甲烷　bromofluoromethane　02.0041
氟唑啶草　fluazolidine grass　02.0107
浮花剂　floating agent　05.0194
浮萍法　common duckweed method　03.0195
浮石银催化剂　silver-pumice catalyst　08.0475
浮选剂　flotation agent　06.0285
辐射固化涂料　radiation curable coating　05.0034
辅酶 Q_{10}　coenzyme Q_{10}　02.0221
辅助型合成鞣剂　auxiliary syntan　08.1336
*腐蚀抑制剂　corrosion inhibitor　06.0110
负催化　negative catalysis　08.0327
负催化剂　negative catalyst, anti-catalyst, anticatalyzer, negative contact agent　08.0328
负交互抗药性　negative cross-resistance　03.0166
负片显影液　negative film developer　08.1259
负吸附　negative adsorption　08.0329
负载量　loading amount　08.0307
负载型多相催化剂　supported heterogeneous catalyst　08.0311
负载型均相催化剂　supported homogeneous catalyst　08.0312
负载型水相催化剂　supported aqueous phase catalyst, SAP catalyst　08.0308
附着力促进剂　adhesion promoter　05.0186
复方硝基苯酚钠预混剂　compound sodium nitrophenolate premix　08.0999
复合基覆铜板　composite copper clad laminate　08.1023
复合加脂剂　compound fatliquor　08.1357
*复合抗性　multiple resistance　03.0240
复合膜胶黏剂　multiple layer adhesive　07.0066
*复合乳液　composite emulsion　08.0711
复合树脂成膜剂　composite resin film-forming agent　08.1367
复合预混合饲料　compound premix　08.0816
复配体系　mixed system　06.0127
复鞣剂　retanning agent　08.1333
复鞣加脂剂　retanning fatliquor　08.1360
副干酪乳杆菌　*Lactobacillus paracasei*　08.0927
富马酸亚铁　ferrous fumarate　08.0864
覆盖膜　cover film　08.1063
覆铜板　copper clad laminate, CCL　08.1017
*覆铜箔层压板　copper clad laminate, CCL　08.1017
馥奇香型　fougere type　08.0769

G

改性环氧胶黏剂 modified epoxy adhesive 08.1060
改性剂 modifying agent 07.0098
钙皂分散剂 lime soap dispersing agent 06.0114
钙皂分散能力 lime soap dispersing power, LSDP 06.0115
甘氨酸铁络合物 ferrous glycine complex 08.0867
甘氨酸铜络合物 copper glycine complex 08.0874
甘氨酸锌 zinc glycinate 08.0881
*甘露低聚糖 manno-oligosaccharide 08.0969
甘露寡糖 manno-oligosaccharide 08.0969
*甘露聚糖酶 mannase 08.0903
β-甘露聚糖酶 β-mannanase 08.0903
*甘油单硬脂酸酯 glycerol monostearate 06.0030
甘油三酯 triglyceride 06.0170
甘油一月桂酸酯 glycerin monolaurate 06.0031
杆菌肽锌和硫酸黏杆菌素预混剂 bacitracin zinc and colistin sulfate premix 08.1012
杆菌肽锌预混剂 bacitracin zinc premix 08.1003
感光材料 photosensitive materials 01.0021
感光二极管 photodiode 08.1220
感光覆盖膜 photosensitive cover film 08.1065
感光鼓 toner cartridge 08.1221
*感光剂 photosensitizer 08.1153
感光胶片 photographic film 08.1226
感光片基 photosensitive sheet base 08.1242
感光乳剂 photosensitive emulsion 08.1247
感光色素 photosensitive pigment 08.1254
*感光贴膜 photosensitive film 08.1087
感光纸 photosensitive paper 08.1239
橄榄油 olive oil 06.0134
*干法浸渍 dry impregnation 08.0319
干混消光 dry-mix extinction 05.0220
干膜 dry film 08.1086
干膜厚度 dry-film thickness 05.0376
干黏性 dry tack 07.0094
干强度 dry strength 07.0155
*干式光敏性覆盖膜 dry photosensitive cover film 08.1065
干性醇酸树脂 drying alkyd resin 05.0170
干燥时间 drying time 07.0106
干燥温度 drying temperature 07.0107
干增强剂 dry strengthening agent 08.0119
刚性覆铜板 rigid copper clad laminate 08.1018
*钢片补强板 steel stiffener 08.1084
钢片增强板 steel stiffener 08.1084
高表面载体 high surface area carrier 08.0309
*高纯 high-purity 08.0628
高纯物质 high-purity substance 08.0624
高低温交变试验 high-low temperature cycle test 07.0163
高毒农药 high toxicity pesticide 03.0012
高反差显影液 high contrast developer 08.1265
高分子表面活性剂 polymeric surfactant 06.0086
高分子催化剂 macromolecular catalyst, polymer catalyst 08.0330
高分子光敏化催化剂 polymeric photosensitizing catalyst 08.0331
高分子破乳剂 macromolecular demulsifier 08.0246
高分子相转移催化剂 polymeric phase transfer catalyst 08.0334
高固体分涂料 high solid content coating 05.0027
高光涂料 high gloss coating 05.0117
高级脂肪酸加氢制脂肪醇催化剂 catalyst for hydrogenation of higher aliphatic acid to aliphatic alcohol 08.0402
高级脂肪酸盐 senior fatty acid salt 06.0171
高聚物载体催化剂 high-polymer supported catalyst 08.0548
高流量低气压喷涂 high volume low pressure spraying, HVLP 05.0270
高锰酸钾 potassium permanganate 08.1293
高锰酸钾催化剂 potassium permanganate catalyst 08.0474
高密度聚乙烯催化剂 catalyst for high-density polyethylene 08.0488
高耐热覆铜板 high heat resistant copper clad laminate 08.1031
高能表面固体 high energy surface solid 06.0172
高频板调整剂 high frequency plate regulator 08.1115
高频胶接 high frequency bonding 07.0112

高清晰度显影液　high definition developer　08.1263

高速高频覆铜板　high speed and high frequency copper clad laminate　08.1030

高速火焰喷涂　high velocity flame spraying　05.0261

高温起泡剂　high temperature foamer　08.0239

高温显影液　high temperature developer　08.1267

膏剂　paste　03.0121

膏霜　cream　08.0783

膏霜面膜　cream mask　08.0794

＊膏状染料　paste form of dye　04.0070

锆催化剂　zirconium catalyst　08.0441

锆鞣剂　zirconium tanning agent　08.1320

锆盐处理　zirconium treatment　05.0253

＊隔热漆　heat insulating paint　05.0074

隔热涂料　heat insulating coating　05.0074

隔声涂料　sound insulation coating　05.0092

各向同性导电胶膜　isotropically conductive adhesive film　08.1073

各向异性导电胶膜　anisotropically conductive adhesive film　08.1072

铬催化剂　chromium catalyst　08.0427

＊铬粉　chromium　08.1319

铬化　chromating　05.0251

铬化液　chromizing solution　05.0327

＊铬明矾　chrome alum　08.1291

铬鞣剂　chrome tanning agent　08.1319

工件输送系统　parts conveyor　05.0294

工业级　technical grade　08.0612

＊工业漆　industrial paint　05.0130

工业涂料　industrial coating　05.0130

工业洗涤剂　industrial detergent　06.0077

功能性化学品　functional chemicals　08.0106

功能性涂料　functional coating　05.0060

供粉桶　powder feeding drum　05.0316

汞催化剂　mercury catalyst　08.0461

垢转化剂　scale conversion agent　08.0268

古龙香型　Cologne type　08.0768

骨架催化剂　skeletal catalyst, skeleton catalyst　08.0335

钴催化剂　cobalt catalyst　08.0430

＊钴钼加氢转化催化剂　Co-Mo catalyst for hydrogenation conversion　08.0401

钴钼有机硫加氢催化剂　Co-Mo organic sulfide hydrogenation catalyst　08.0401

钴-齐格勒催化剂　Co-Ziegler catalyst　08.0431

固化程度　curing degree　05.0234

固化度　degree of cure　07.0095

固化剂　curing agent　08.0229

固化炉　curing oven　05.0301

固化时间　curing time　07.0113

固化速率　curing rate　05.0235

固化体系　curing system　05.0236

固化温度　curing temperature　07.0115

固砂树脂　sand consolidation resin　08.0228

固体分　solid content　05.0213

固体碱　solid base　08.0336

固体酸　solid acid　08.0337

固相浸渍法　solid state impregnation method　08.0320

刮板细度　scraper fineness　05.0210

刮涂　scrape coating　05.0272

挂灰　hanging ash　05.0314

冠醚型表面活性剂　crown ether type surfactant　06.0087

管道补口涂装　pipeline joint coating　05.0334

管道清洗剂　pipe-line cleaning agent　08.0254

管道涂料　pipe coating　05.0138

＊罐喷涂料　canspray coating　05.0040

＊光产酸剂　photo acid generator　08.1152

＊光电二极管　photodiode　08.1220

＊UV光固化胶　ultraviolet curing adhesive, UV curing adhesive　07.0035

光合抑制剂　photosynthesis inhibitor　03.0083

光化学催化剂　photochemical catalyst　08.0338

光刻胶　photoresist　08.1135

＊光敏二极管　photosensitive diode　08.1220

光敏剂　photoactive compound　08.1153

光敏染料　photosensitive dye　04.0013

＊光敏引发剂　photoinitiator　08.0338

光谱纯　spectrum pure　08.0619

光谱增感剂　spectral sensitizer　08.1255

＊光生酸剂　photo acid generator　08.1152

光纤涂料　optical fiber coating　05.0146

光学分析试剂　spectroscopic analytical reagent　08.0651

光学胶黏剂　optical adhesive　07.0034

＊光学增感剂　spectral sensitizer　08.1255

光致产酸剂　photo acid generator　08.1152

光致抗蚀干膜　photoresist dry film　08.1087

＊光致抗蚀剂　photoresist　08.1135

广谱性除草剂　broad spectrum herbicide　03.0084

广谱性农药　broad spectrum pesticide　03.0011

H

广谱性杀虫剂 broad spectrum insecticide 03.0019
广谱性杀菌剂 broad spectrum fungicide 03.0077
龟裂 cracking 07.0138
硅铝催化剂 silica-alumina catalyst 08.0465
硅鞣剂 silicon tanning agent 08.1324
＊硅酮密封胶 silicone sealing adhesive 07.0044
硅烷化处理 silanizing treatment 05.0252
硅烷化试剂 silylation reagent 08.0645
癸醇 decylalcohol,decanol 06.0136
国际照明委员会 1976 L*a*b*色空间 Commission Internationale de l'Eclairage 1976 L*a*b* colour space, CIE 1976 L*a*b* colour space 05.0426
果寡糖 fructo-oligosaccharide 08.0968
过程性化学品 process chemicals 08.0105
过量浸渍法 excessive impregnation method 08.0321
过硫酸铵蚀刻液 ammonium persulfate etchant 08.1102
＊过氯乙烯漆 perchloropolyvinyl paint 05.0013
过氯乙烯涂料 perchloropolyvinyl coating 05.0013
过喷 over spray 05.0291
过氧乙酸 peroxyacetic acid 08.0063

蛤蜊油 clam oil 08.0799
＊海波 sodium thiosulfate 08.1258
海面浮油分散剂 oil spill dispersant on the sea 08.0253
海面浮油清净剂 oil spill cleanup agent on the sea 08.0252
海南霉素钠预混剂 hainanmycin sodium premix 08.0996
＊海洋涂料 marine coating 05.0132
＊含毒介质法 toxic medium method 03.0189
含氟表面活性剂 fluorinecontaining surfactant 06.0287
含铬合成鞣剂 chromium-containing syntan 08.1337
含膦马来酸酐-丙烯酸-丙烯酰胺-甲代烯丙基磺酸钠多元共聚物 phosphorus containing maleic anhydrideacrylic acid-acrylamide-sodium methallyl sulfonate copolymer 08.0042
焊膏 solder paste 08.1133
＊航空漆 aviation paint 05.0134
航空涂料 aviation coating 05.0134
合成高分子催化剂 synthetic polymer catalyst 08.0339
合成高分子聚合催化剂 polymerization catalyst for synthetic polymeric compound 08.0340
合成级 synthetic grade 08.0611
合成加脂剂 synthetic fatliquor 08.1352
合生元 synbiotics 08.0822
＊和合 concord 08.0758
和毛油 wool lubricant oil 08.0270
荷电剂 charging agent 05.0189
荷质比 charge-to-mass ratio 05.0434
核磁共振波谱分析试剂 nuclear magnetic resonance spectrum analysis reagent 08.0654
核电涂料 nuclear power coating 05.0139
核壳结构纳米粒子 core-shell structure nanoparticle 08.0317
黑白感光材料 black-white photosensitive materials 08.1198
黑白显影剂 black and white developer 08.1272
黑液提取率 extraction rate of black liquor 08.0094
烘干炉 drying oven 05.0302
＊烘干型涂料 stoving coating 05.0038
红发夫酵母 *Xanthophyllomyces dendrorhous* 08.0954
红染料成色剂 red dye coupler 08.1218
红外线片 infrared film 08.1233
＊红油 red oil 06.0011
后固化 post curing 07.0118
后整理助剂 finishing agent 08.0280

厚膜涂料 high-built coating 05.0102
呼吸涂料 breathing-type coating 05.0063
*β,β-胡萝卜素-4,4-二酮 β,β-carotene-4,4-dione 08.0952
糊化淀粉胶黏剂 gelatinized starch adhesive 07.0027
琥珀酸单酯磺酸盐 sulfosuccinate monoester 06.0174
琥珀酸酐 succinic anhydride 02.0338
琥珀酸双酯磺酸盐 sulfosuccinate diester 06.0173
互溶剂 mutual solvent 08.0176
护发化妆品 hair care cosmetics 08.0779
护发素 hair conditioner 08.0805
护肤甘油 skin care glycerin 08.0798
护肤化妆品 skin care cosmetics 08.0778
护肤啫喱 skin care gel 08.0679
花露水 floral water,florida water 08.0788
花香脂 flower balsam 08.0735
*化感作用 allelopathic effect 03.0244
化学不育剂 chemosterilant 03.0061
化学沉铜 electroless copper plating 08.1117
化学处理 chemical treatment 07.0101
*化学镀 chemical plating 05.0259
化学镀金剂 electroless gold plating agent 08.1128
化学镀镍剂 electroless nickel plating agent 08.1127
*化学镀铜 electroless copper plating 08.1117
化学镀锡剂 electroless tin plating agent 08.1126
化学镀银剂 electroless silver plating agent 08.1125
化学防蜡剂 chemical paraffin control 08.0216
化学防治 chemical control 03.0226
[化学]合成农药 synthetic pesticide 03.0090
化学农药 chemical pesticide 03.0002
化学清蜡 chemical paraffin removal 08.0223
化学清洗 chemical cleaning 06.0261
化学试剂 chemical reagent 01.0017
化学脱脂 chemical degreasing 05.0243
化学消光 chemical extinction 05.0219
化学选择性 chemoselectivity 08.0341
化学增幅型聚酰亚胺光刻胶 chemically amplified polyimide photoresist 08.1183
化学增感剂 chemical pigment 08.1256
化妆棉 cotton pad 08.0804
化妆品 cosmetics 08.0776
*槐豆胶 sophora bean gum 08.0965
槐糖脂 sophorolipid 06.0138
还原剂 reductant 08.1119
还原染料 vat dye 04.0012
*环保漆 eco-friendly paint 05.0056
环保涂料 eco-friendly coating 05.0056
α-环丙氨酸 1-aminocyclopropane-1-carboxylic acid 08.0839
环丙胺 cyclopropylamine 02.0117
环丁烷四羧酸二酐 cyclobutane tetra-carboxylic dianhydride 08.1186
环糊精型表面活性剂 cyclodextrin type surfactant 06.0088
环化橡胶 cyclized rubber 08.1149
环化橡胶-双叠氮系光刻胶 diazidocyclized rubber photoresist 08.1137
环己胺 cyclohexylamine 02.0120
*环己醇脱氢催化剂 catalyst for dehydrogenation of cyclohexanol 08.0494
*环己醇脱水制环己烯催化剂 catalyst for cyclohexanol dehydration to cyclohexene 08.0493
环己基甲酰氯 cyclohexanecarbonyl chloride 02.0327
环己酮生产催化剂 catalyst for production of cyclohexanone 08.0494
环己烷生产催化剂 catalyst for production of cyclohexane 08.0492
环己烯生产催化剂 catalyst for production of cyclohexene 08.0493
环氧导电胶黏剂 epoxy conductive adhesive 07.0033
环氧胶黏剂 epoxy adhesive 07.0001
*环氧密封胶 epoxy sealing adhesive 07.0042
环氧密封胶黏剂 epoxy sealing adhesive 07.0042
*环氧树脂漆 epoxy resin paint 05.0017
环氧树脂涂料 epoxy resin coating 05.0017
环氧水基胶黏剂 epoxy water-based adhesive 07.0022
*环氧纤维布基补强板 epoxy fiber cloth reinforced plate 08.1082
环氧纤维布基增强板 epoxy fiber cloth reinforced plate 08.1082
环氧型丙烯酸树脂 epoxy acrylic resin 05.0158
环氧乙烷生产催化剂 catalyst for production of oxirane 08.0491
*环氧乙烷制乙二醇醚类催化剂 catalyst for epoxyethone to ethylene glycol ether 08.0486
环氧酯 epoxy ester 05.0169
缓冲保护薄层 protective buffer coating 08.1176
缓干剂 retarder 05.0179

缓凝剂 retardant 08.0152
缓蚀剂 corrosion inhibitor 06.0110
缓蚀作用 corrosion inhibition 06.0111
缓释块 sustained-release block 03.0130
缓速剂 retardant 08.0182
缓速酸 retarded acid 08.0167
*幻灯用彩色片 color slide 08.1206
换色 color change 05.0318
黄霉素预混剂 flavomycin premix 08.1004
黄染料成色剂 yellow dye coupler 08.1217
*磺胺酸钠 sulfanilic acid sodium salt 02.0209
磺化加脂剂 sulfonated fatliquor 08.1355
磺基琥珀酸十一烯酸酰胺基乙酯钠盐 sodium salt of sulfosuccinate undecenoic acid amido ethyl ester 06.0176
磺基琥珀酸烷基酚聚氧乙烯醚酯盐 sulfosuccinate alkylphenol polyoxyethylene ether ester salt 06.0177
磺基琥珀酸油酰胺基乙酯钠盐 sulfosuccinate oil amide ethyl ester sodium salt 06.0178
磺基甜菜碱 sulphobetaine,SB 06.0180
*灰化液 ashing liquid 08.1306
*灰锰氧 potassium permanganate 08.1293
挥发性有机化合物 volatile organic compound,VOC 05.0370
挥发性有机化合物回收系统 volatile organic compound reclaiming system 05.0230
*挥发油 volatile oil 08.0702
回黏 after tack 05.0423
*回黏性 after tack property 05.0423
回收粉 reclaim powder 05.0229
混纺染料 composite dye,union dye 04.0069
混合型饲料添加剂 mixed feed additive 08.0813
混合氧化物催化剂 mixed oxide catalyst 08.0342
混炼挤出 mixing and extrusion 05.0203
混溶剂 miscible agent 08.0240
*2,4,6-混杀威 mesitol 02.0244
混浊温度 cloudy temperature 08.0704
活化分子 activated molecule 08.0345
*活化期 pot life 05.0385
*活性矾土 activated alumina 08.0346
活性染料 reactive dye 04.0009
活性物种 active species 08.0344
活性稀释剂 reactive diluent 05.0214
活性氧化铝 activated alumina 08.0346
霍加拉特催化剂 Hopcalite catalyst 08.0593

J

机械粉碎 mechanical shiver 03.0149
机械黏合 mechanical adhesion 07.0075
5′-肌苷酸二钠 disodium 5′-inosinate 08.0947
积层多层板基覆铜板 laminated multilayer copper clad laminate 08.1024
积放式输送链 accumulation conveyor chain 05.0337
基材 substrate 07.0080
基础漆 basic paint 05.0225
基香 basic note 08.0757
基准试剂 standard reagent 08.0620
激光染料 laser dye 04.0018
吉他霉素预混剂 kitasamycin premix 08.1014
极紫外光刻胶 extreme ultraviolet photoresist 08.1140
急性参考剂量 acute reference dose,ARfD 03.0220
急性毒性试验 acute toxicity test 03.0210
急性杀鼠剂 acute rodenticide 03.0053
急性药害 acute phytotoxicity 03.0237
*集装箱漆 container coating 05.0141
集装箱涂料 container coating 05.0141
几丁质合成抑制剂 chitin synthesis inhibitor 03.0024
挤压造粒 extrusion granulation 03.0152
忌避作用 repellent action 03.0178
季铵盐类杀菌剂 quaternary ammonium salt bactericide 08.0068
季鏻盐类杀菌剂 quaternary phosphonium salt bactericide 08.0070
*加氢催化剂 hydrogenation catalyst 08.0376
加氢精制催化剂 hydrofining catalyst 08.0387
加氢脱除二烯烃和炔烃催化剂 catalyst for removing diene and alkyne by hydrogenation 08.0388
加氢脱氮催化剂 hydrogenitrogenation catalyst 08.0389
加氢脱硫催化剂 hydrodesulfurization catalyst 08.0390
加氢脱砷催化剂 hydrogenation dearsenication catalyst 08.0391
加氢脱铁催化剂 hydrogenation iron removing catalyst 08.0392
*加溶剂 solubilizer 06.0044
*加溶作用 solubilization 06.0043

加速剂　accelerator　08.1118
加速老化试验　accelerated ageing test　07.0164
加脂剂　fatliquor, fatliquoring agent　08.1348
加重材料　weighting materials　08.0146
＊加重剂　weighting agent　08.0146
加重外掺料　weighting admixture　08.0154
家电涂料　household appliance coating　05.0133
＊家用电器涂料　household appliance coating　05.0133
家用洗涤剂　household detergent　06.0078
＊4-甲苯磺酸钠　sodium 4-toluene sulfonate　02.0206
＊4-甲苯磺酰胺　4-toluenesulfonamide　02.0091
＊甲苯甲酸乙酯　ethyl phenylacetate　02.0194
＊4-甲苯腈　4-methylbenzonitrile　02.0123
＊甲苯歧化与烷基转移催化剂　catalyst for toluene disproportion and transalkylation　08.0513
＊甲彩　nail color　08.0675
甲川类染料　methine dye　04.0039
甲醇分解催化剂　methanol decomposition catalyst　08.0541
甲醇合成催化剂　methanol synthesis catalyst　08.0484
甲醇气相胺化制甲胺催化剂　catalyst for gas-phase amination of methanol to produce methylamine　08.0542
＊甲醇羰基化催化剂　catalyst for carbonylation of methanol　08.0495
甲醇脱氢催化剂　methanol dehydrogenation catalyst　08.0524
甲醇氧化脱氢制甲醛催化剂　catalyst for methanol oxidative dehydrogenation to methanal　08.0525
＊4-甲酚　4-cresol　02.0239
＊4-甲基苯胺　4-toluidine　02.0080
甲基苯并三氮唑　methylbenzotriazole　08.0056
2-甲基苯酚　2-methylphenol　02.0241
3-甲基苯酚　3-methylphenol　02.0240
＊2-甲基-1-苯基丙烷　2-methyl-1-phenylpropane　02.0215
＊甲基苯基酮　methyl phenyl ketone　02.0273
α-甲基苯乙烯　α-methylstyrene　02.0217
甲基吡啶　picoline　02.0130
2-甲基吡啶　2-methylpyridine　02.0131
3-甲基吡啶　3-methylpyridine　02.0132
＊2-甲基丙基苯　2-methylpropyl benzene　02.0215
＊2-甲基-1,3-氮杂茂　2-methyl-1,3-azobenzene　02.0162
＊甲基庚烯酮　methyl heptenone　02.0279
6-甲基-5 庚烯-2-酮　6-methyl-5-hepten-2-one　02.0279
＊*N*-甲基甲胺　*N*-methylmethylamine　02.0090
＊5-甲基间苯二酚　5-methylresorcinol　02.0012
＊6-甲基-2-硫代尿嘧啶　6-methyl-2-thiouracil　02.0161
甲基硫脲嘧啶　methylthiouracil　02.0161
＊*N*-甲基-4-氯哌啶　*N*-methyl-4-chloropiperidine　02.0157
1-甲基-4-氯哌啶　1-methyl-4-chloropiperidine　02.0157
＊4-甲基-1*H*-咪唑　4-methyl-1*H*-imidazole　02.0165
2-甲基咪唑　2-methylimidazole　02.0162
4-甲基咪唑　4-methylimidazole　02.0165
＊5-甲基-4-咪唑甲酸乙酯　ethyl 5-methyl-4-imidazolecarboxylate　02.0164
5-甲基咪唑-4-甲酸乙酯　ethyl 5-methylimidazole-4-carboxylate　02.0164
＊1-甲基萘　1-methylnaphthalene　02.0015
＊2-甲基萘　2-methylnaphthalene　02.0016
α-甲基萘　α-methylnaphthalene　02.0015
β-甲基萘　β-methylnaphthalene　02.0016
6-甲基尿嘧啶　6-methyluracil　02.0160
＊1-甲基哌嗪　1-methylpiperazine　02.0168
2-甲基哌嗪　2-methylpiperazine　02.0170
N-甲基哌嗪　*N*-methylpiperazine　02.0168
N-甲基-*N*-羟乙基苄胺　*N*-benzyl-*N*-methyl-2-aminoethanol　02.0116
＊3-甲基氰基吡啶　3-methylcyanopyridine　02.0143
5-甲基-2-巯基-1,3,4-噻二唑　5-methyl-2-sulfhydryl-1,3,4-thiadiazole　02.0156
＊1-甲基-5-巯基-1*H*-四氮唑　1-methyl-5-sulfhydryl-1*H*-tetrazolium　02.0032
＊1-甲基-5-巯基-1*H*-四氮唑　1-methyl-5-sulfhydryl-1*H*-tetrazolium　02.0158
＊甲基叔丁基醚裂解催化剂　methyl *tert*-butyl ether cracking catalyst　08.0502
2-甲基戊醛　2-methylvaleraldehyde　02.0268
甲基纤维素　methylcellulose　06.0181
1-甲基-4-硝基-5-氯咪唑　1-methyl-4-nitro-5-chloroimidazole　02.0155
2-甲基-5-硝基咪唑　2-methyl-5-nitroimidazole　02.0163
＊2-(1-甲基亚乙基)肼基甲酰胺　2-(1-methylethyl) hydrazyl formamide　02.0235
甲基盐霉素-尼卡巴嗪预混剂　narasin and nicarbazin premix　08.0989
甲基盐霉素预混剂　narasin premix　08.0988
2-甲基-5-乙基吡啶　2-methyl-5-ethylpyridine　02.0133

*4-甲基-5-乙氧基噁唑　4-methyl-5-ethoxyoxazole　02.0043

*5-甲基-3-异噁唑胺　5-methyl-3-isozolamide　02.0033

*S-甲基异硫脲 1/2 硫酸盐　S-methyl isothiourea 1/2 sulfate　02.0046

*S-甲基异硫脲硫酸盐（2：1）　S-methyl isothiourea sulfate(2：1)　02.0046

S-甲基异硫脲硫酸盐　S-methyl isothiourea sulfate　02.0046

*1-甲基-3-正丙基-5-吡唑羧酸　1-methyl-3-n-propyl-5-pyrazole carboxylic acid　02.0147

*甲漆　nail lacquer　08.0675

甲醛释放量　formaldehyde emission content　07.0176

甲酸钙　calcium formate　08.0930

*5-甲氧基-2-氨基吡啶　5-methoxy-2-aminopyridine　02.0136

*甲氧基苯　metoxybenzene　02.0256

2-甲氧基苯胺　2-methoxyaniline　02.0255

*3-甲氧基苯胺　3-methoxyaniline　02.0259

*4-甲氧基苯胺　4-methoxyaniline　02.0115

4-甲氧基苯甲酰氯　4-methoxybenzoyl chloride　02.0328

4-甲氧基苯肼盐酸盐　4-methoxyphenylhydrazine hydrochloride　02.0036

甲氧基丙胺　methoxypropylamine　08.0052

甲氧基丙烯酸酯类杀菌剂　strobilurin fungicide　03.0064

2-甲氧基-4-氯-5-氟嘧啶　2-methoxy-4-chloro-5-fluorine-pyrimidine　02.0153

β-甲氧基萘　β-methoxynaphthalene　02.0013

*3-甲氧基-4-羟基苯甲醛　3-methoxy-4-hydroxybenzaldehyde　02.0049

5-甲氧基吲哚　5-methoxyindole　02.0176

甲瓒类染料　formazan dye　04.0040

钾皂　potassium soap　06.0074

*假一水软铝石　pseudo boehmite　08.0570

坚膜剂　hardener　08.1154

间苯二胺　m-phenylenediamine　02.0077

间苯二甲酰氯　isophthaloyl dichloride　02.0333

间二甲苯氨氧化制间苯二甲腈催化剂　catalyst for m-xylene ammoxidation to isophthalonitrile　08.0415

间氟吡啶　m-fluoropyridine　02.0144

*间甲酚　m-cresol　02.0240

间甲氧基苯胺　m-anisidine　02.0259

间氯苯胺　m-chloroaniline　02.0079

间三氟甲基苯胺　m-aminobenzotrifluoride　02.0114

间硝基苯甲醛　m-nitrobenzaldehyde　02.0266

间硝基苯甲酸　m-nitrobenzoic acid　02.0315

间溴苯甲醚　m-bromoanisole　02.0260

间溴苯乙酮　m-bromoacetophenone　02.0274

减轻外掺料　lighting admixture　08.0150

减阻剂　friction reducer　08.0148

剪切强度　shearing strength　07.0146

碱催化剂　base catalyst　08.0347

碱回收率　alkaline recovery rate　08.0093

碱剂　alkaline agent　08.0237

碱金属催化剂　alkali metal catalyst　08.0348

碱式氯化铜　basic copper chloride　08.0871

碱式氯化锌　basic zinc chloride　08.0887

碱土金属催化剂　alkaline earth metal catalyst　08.0349

碱洗　alkali cleaning　05.0256

碱性离子钯活化剂　basic ionic palladium activate fluid　08.1114

碱性氯化铜蚀刻液　alkaline cupric chloride etchant　08.1100

碱性染料　basic dye　04.0004

建筑涂料　architectural coating　05.0147

浆料　sizing agent　08.0273

浆内施胶剂　internal sizing agent　08.0117

浆状染料　paste form of dye　04.0070

降解产物　degradation product　03.0231

降黏剂　viscosity depressant　08.0231

降凝剂　pour point depressant　08.0221

交互抗药性　cross-resistance　03.0165

交联剂　cross-linking agent　08.0198

胶合强度　bond strength　07.0144

胶接　bonding　07.0081

胶接件　bonded assembly　07.0078

*胶卷　film　08.1228

*APS 胶卷　APS film　08.1231

*胶膜　adhesive film　08.1069

胶囊型胶黏剂　encapsulated adhesive　07.0067

胶黏剂　adhesive　01.0011

胶凝时间　gel time　05.0430

胶溶　peptization　08.0715

胶束　micelle　06.0065

胶束聚集数　micellar aggregation number　06.0067
胶体　colloid　06.0268
胶体钯活化剂　colloid palladium activate fluid　08.1112
胶体分散体系　colloidal dispersion system　06.0068
胶体分散体型调剖剂　colloidal dispersant-type profile control agent　08.0214
＊胶团　micelle　06.0065
＊胶团催化　micellar catalysis　06.0066
焦磷酸二氢二钠　disodium dihydrogen pyrophosphate　08.0961
焦磷酸一氢三钠　trisodium monohydrogen diphosphate　08.0941
＊焦炉煤气净化分解催化剂　coke oven gas purification and decomposition catalyst　08.0418
＊焦糖色　caramel color　08.0955
焦糖色素　caramel color　08.0955
角接　angle jointing　07.0085
教学试剂　teaching reagent　08.0613
校正死亡率　corrected mortality rate　03.0180
酵母铬　chromium-enriched yeast　08.0898
酵母锰　manganese-enriched yeast　08.0892
酵母铁　iron-enriched yeast　08.0869
酵母铜　copper-enriched yeast　08.0875
酵母硒　selenium-enriched yeast　08.0895
A 阶段　A-stage　07.0121
B 阶段　B-stage　07.0122
C 阶段　C-stage　07.0123
接触角　contact angle　06.0069
接触性胶黏剂　contact adhesive　07.0057
接点涂层膜　junction point coating film　08.1178
接痕　lapping defect　05.0418
拮抗作用　antagonistic action　03.0243
＊洁而灭　dodecyl dimethyl benzyl ammonium chloride　06.0228
洁肤棉　skin clean tissue　08.0789
结构化催化剂　structured catalyst　08.0499
结构胶接件　structural bond　07.0086
结构胶黏剂　structural adhesive　07.0040
结合残留　bound residue　03.0251
结合型加脂剂　combined fatliquor　08.1358
结皮　skinning　05.0217
解堵剂　blocking remover　08.0206
＊解键剂　debonder　08.0111
解卡剂　pipe-free agent　08.0140
界面　interface　06.0070
界面膜　interfacial film　06.0071
界面张力　interfacial tension　06.0072
界面自由能　interfacial free energy　06.0073
金催化剂　gold catalyst　08.0460
金刚石合成催化剂　catalyst for synthesis diamond　08.0481
金霉素预混剂　chlortetracycline premix　08.1015
金属薄膜催化剂　metal film catalyst　08.0581
＊金属醇化物　metal alcoholate　06.0005
金属催化剂　metal catalyst　08.0421
＊金属互化物　intermetallics　08.0350
＊金属基补强板　metal stiffener　08.1083
金属基覆铜板　metal-based copper clad laminate　08.1026
金属基增强板　metal stiffener　08.1083
金属间化合物　intermetallic compound　08.0350
金属络合物催化剂　metal complex catalyst　08.0332
金属纳米簇催化剂　metal nanocluster catalyst　08.0333
金属清洗剂　cleaning agent for metal　06.0262
金属闪光效果涂料　metallic flashing coating　05.0114
金属丝网催化剂　metal gauze catalyst　08.0582
＊金属有机鞣剂　metal organic tanning agent　08.1329
金属载体　metallic carrier　08.0351
金属载体相互作用　metal-support interaction　08.0352
堇青石　cordierite　08.0568
近红外染料　near-infrared dye　04.0015
＊近红外吸收染料　near-infrared absorption dye　04.0015
浸膏　concrete　08.0730
浸灰酶　liming enzyme　08.1315
浸灰助剂　liming auxiliary　08.1310
浸胶　impregnation　07.0104
浸泡前处理　dip pretreatment　05.0241
浸染　dip dyeing　04.0079
浸湿　immersion　06.0117
浸水酶　soaking enzyme　08.1314
浸水助剂　soaking auxiliary　08.1309
浸酸助剂　picking auxiliary　08.1317
浸涂　dip coating　05.0275
浸渍法　dipping method　03.0172
浸渍绝缘纸　impregnating insulating paper　08.1046
浸渍试验　immersion test　07.0165
禁用染料　banned dye, prohibited dye　04.0061
茎叶处理剂　stem and leaf treatment agent　03.0082

经口毒性　oral toxicity　03.0202
经皮毒性　dermal toxicity　03.0203
*经验合成　empirical synthesis　03.0091
精氨酸　arginine　06.0076
L-精氨酸　L-arginine　08.0831
L-精氨酸盐酸盐　L-arginine monohydrochloride　08.0832
精华素　essence, serum　08.0800
精炼剂　scouring agent　08.0275
精料补充料　concentrate supplement　08.0819
精馏精油　rectified essential oil　08.0713
精细化工　fine chemical industry　01.0004
精细化工中间体　fine chemical intermediate　01.0003
*精细化学工业　fine chemical industry　01.0004
精细化学品　fine chemicals　01.0001
*鲸蜡醇　cetol　06.0159
肼　hydrazine　08.0081
*肼苯　hydrazine benzene　02.0034
肼分解催化剂　catalyst for hydrazine decomposition　08.0606
*净甲液　nail cleaning solution　08.0787
净油　absolute oil　08.0736
静电流化床涂装　electrostatic fluidized bed coating　05.0333
静电喷涂　electrostatic spraying　05.0264
静电旋杯喷涂　electrostatic rotational bell spraying　05.0265
静电云雾室涂装　electrostatic cloud chamber coating　05.0331
镜框效应　frame effect　05.0290
焗油膏　hair dressing gel　08.0806
橘皮　orange peel　05.0363
橘纹剂　orange peel agent　05.0181
*橘纹漆　orange paint　05.0106
橘纹涂料　orange coating　05.0106
拒食活性　antifeedant activity　03.0183
拒食剂　antifeedant　03.0060
聚氨酯成膜剂　polyurethane film-forming agent　08.1365
聚氨酯复鞣剂　polyurethane retanning agent　08.1341
聚氨酯合成催化剂　polyurethane synthesis catalyst　08.0507
聚氨酯胶黏剂　polyurethane adhesive　07.0004
*聚氨酯漆　polyurethane paint　05.0018
聚氨酯涂料　polyurethane coating　05.0018
聚苯醚树脂　polyphenylene oxide resin　08.1039
聚苯乙烯负载季鏻盐催化剂　polystyrene supported phosphonium salt catalyst　08.0553
聚苯乙烯负载硒醚铂配位硅氢化催化剂　polystyrene supported selenoether platinum complex as hydrosilylation catalyst　08.0554
聚苯乙烯磺酸钠　sodium polystyrene sulfonate　06.0303
聚苯乙烯基四甲基氯化铵　poly-styrene tetramethylammonium chloride　08.0005
聚丙烯热熔胶　polypropylene hot melt adhesive　07.0015
聚丙烯酸　polyacrylic acid, PAA　08.0029
聚丙烯酸钠　sodium polyacrylate　06.0182
聚丙烯酸树脂Ⅱ　polyacrylic resin Ⅱ　08.0959
聚丙烯酸酯树脂　polyacrylate resin　08.1042
聚对苯基二丙烯酸酯　poly(*p*-phenylene diacrylate)　08.1147
聚 *N*-二甲氨基甲基丙烯酰胺　poly[*N*-(dimethylaminomethyl)acrylamide]　08.0015
聚二甲基二烯丙基氯化铵　poly dimethyl diallyl ammonium chloride　08.0017
聚氟乙烯薄膜　polyvinyl fluoride film　08.1057
聚合物负载聚乙二醇季铵盐相转移催化剂　polymer-supported polyethylene glycol quaternary ammonium salt as phase transfer catalyst　08.0555
聚合物复鞣剂　polymer retanning agent　08.1339
聚合物型防蜡剂　polymer-type paraffin inhibitor　08.0218
聚环氧琥珀酸　polyepoxysuccinic acid, PESA　08.0033
聚甲基丙烯酸　polymethacrylic acid, PMAA　08.0030
聚甲基丙烯酸二甲基氨乙酯　poly(*N*, *N*-dimethylaminoethylmethacrylate)　08.0008
聚甲基丙烯酸全氟丁酯　poly(fluorobutyl methacrylate)　08.1151
*聚硫密封胶　polysulfide sealing adhesive　07.0043
聚硫密封胶黏剂　polysulfide sealing adhesive　07.0043
聚硫橡胶胶黏剂　polysulfide rubber adhesive　07.0012
聚氯乙烯-吡啶树脂催化剂　polyvinyl chloride-pyridine resin catalyst　08.0550
聚氯乙烯固载聚乙二醇催化剂　polyvinyl chloride supported polyethylene glycol catalyst, PVC-PEG catalyst　08.0551
聚马来酸　polymaleic acid　08.0031
聚醚酰亚胺薄膜　polyetherimide film　08.1058
聚醚型非离子表面活性剂　polyether type nonionic surfactant　06.0089

聚萘酯薄膜 polynaphthalene ester film 08.1055
聚脲弹性体涂料 polyurea elastomer coating 05.0024
*聚脲涂料 polyurea coating 05.0024
聚偏二氟乙烯树脂 polyvinylidene difluoride resin, PDVF resin 05.0177
聚2-羟丙基-1,1-*N*-二甲基氯化铵 poly(2-hydroxypropyl-1,1-*N*-dimethylammonium chloride) 08.0014
聚四氟乙烯树脂 polytetrafluoroethylene resin 08.1040
聚缩水甘油三甲基氯化铵 poly(glycidyl trimethyl ammonium chloride) 08.0007
聚天冬氨酸 polyaspartic acid, PASP 08.0032
*聚烃类-双叠氮类光刻胶 polyhydrocarbon-diazide photoresist 08.1137
聚酰胺酸 polyamide acid 08.1174
聚酰亚胺 polyimide 08.1189
聚酰亚胺基膜挠性覆铜板 polyimide base film flexible copper clad laminate 08.1049
聚酰亚胺胶黏剂 polyimide adhesive 08.1062
聚酰亚胺调整剂 polyimide regulator 08.1116
*聚酰亚胺型补强板 polyimide stiffener 08.1081
聚酰亚胺型增强板 polyimide stiffener 08.1081
聚亚甲基丁二酸 polymethylene succinic acid 08.0035
聚阳离子 polycation 06.0183
聚氧乙烯(60)失水山梨醇单硬脂酸酯 polyoxyethylene (60) sorbitan monolaurate 06.0187
聚氧乙烯(80)失水山梨醇单油酸酯 polyoxyethylene (80) sorbitan monolaurate 06.0186
聚氧乙烯(20)失水山梨醇单月桂酸酯 polyoxyethylene (20) sorbitan monolaurate 06.0185
聚氧乙烯(40)失水山梨醇单棕榈酸酯 polyoxyethylene (40) sorbitan monolaurate 06.0188
聚氧乙烯蓖麻油 polyoxyethylene castor oil 06.0274
聚氧乙烯烷基胺 polyoxyethylene alkyl amine 06.0184
*聚衣康酸 polyitaconic acid 08.0035
聚乙二醇400 polyethyleneglycol 400 08.0962
聚乙二醇甘油蓖麻酸酯 glyceryl polyethylenglycol ricinoleate 08.0963
聚乙烯胺 polyvinylamine 08.0003
聚乙烯吡咯烷酮 polyvinylpyrrolidone 08.1163
聚乙烯醇类水基胶黏剂 polyvinyl alcohol water-based adhesive 07.0019
聚乙烯醇肉桂酸酯 polyvinyl cinnamate 08.1146
聚乙烯高效载体催化剂 polyethylene high efficiency supported catalyst 08.0549
聚乙烯热熔胶 polyethylene hot melt adhesive 07.0014
聚乙烯生产催化剂 catalyst for production of polyethylene 08.0489
聚乙烯亚胺 polyethyleneimine 08.0013
聚乙烯亚胺肉桂酸乙酯 polyethyleneimine ethyl cinnamate 08.1148
聚酯基膜挠性覆铜板 polyester base film flexible copper clad laminate 08.1048
聚酯胶黏剂 polyester adhesive 08.1059
聚酯类热熔胶 polyester hot melt adhesive 07.0017
聚酯树脂 polyester resin 08.1038
*聚酯树脂漆 polyester resin paint 05.0016
聚酯树脂涂料 polyester resin coating 05.0016
*聚酯型补强板 polyester stiffener 08.1080
聚酯型增强板 polyester stiffener 08.1080
卷材涂料 coil coating 05.0044
决明胶 cassia gum 08.0964
绝对白色 absolute white 05.0380
绝对黑色 absolute black 05.0381
绝缘基膜 insulating film 08.1054
均三氟苯 sym-trifluorobenzene 02.0010
均匀型催化剂 uniform catalyst 08.0318
菌丝生长速率法 mycelium growth rate method 03.0189

K

咔唑[结构]染料 carbazole dye 04.0058
卡明斯基-辛催化剂 Kaminsky-Sinn catalyst 08.0588
*卡松 Kathon 08.0067
糠醇 furfuryl alcohol 02.0058
*2-糠醛 2-furfural 02.0269
糠醛气相脱羰基制呋喃催化剂 catalyst for gas-phase decarbonylation of furfural to produce furan 08.0539
糠醛液相加氢制糠醇催化剂 catalyst for furfural liquid-phase hydrogenation to furfuralcohol 08.0399
2-糠酸 2-furancarboxylic acid 02.0320
抗冲击性 impact resistance 05.0401
*抗敌素 colistin 08.1010
抗冻剂 antifreezer 03.0150
抗钒催化裂化催化剂 vanadium-tolerant catalyst for cata-

lytic cracking　08.0558
抗反射层　anti-reflective layer　08.1172
抗反射涂层　anti-reflective coating　08.1171
抗粉化性　chalking resistance　05.0404
＊L-抗坏血酸　L-ascorbic acid　08.0845
L-抗坏血酸钙　calcium L-ascorbate　08.0846
L-抗坏血酸-2-磷酸酯　L-ascorbyl-2-polyphosphate　08.0848
L-抗坏血酸钠　sodium L-ascorbate　08.0847
抗黄变剂　yellowing resistant agent　08.0288
抗静电剂　antistatic agent　06.0064
抗静电剂 P　antistatic agent P　06.0135
抗静电剂 TM　antistatic agent TM　06.0139
抗静电涂料　antistatic coating　05.0077
＊抗菌防霉涂料　bactericidal and antimould coating　05.0069
＊抗凝露涂料　anti-dewing coating　05.0061
抗凝血性杀鼠剂　anticoagulant rodenticide　03.0058
＊抗泡剂　antifoamer　06.0098
抗起毛起球剂　anti-pillling agent　08.0285
抗生素类杀虫剂　antibiotic insecticide　03.0041
抗生素类杀线虫剂　antibiotic nematicide　03.0044
抗生素杀菌剂　antibiotic fungicide　03.0063
抗石击涂料　stone chip resistant coating　05.0064
抗性系数　resistance factor　03.0242
抗药性　pesticide resistance　03.0239
抗再沉积力　anti-redeposition power　08.0700
＊栲胶　vegetable tanning extract　08.1326
烤漆　baking paint　05.0038
颗粒剂　granule　03.0106
壳寡糖　chitosan oligosaccharide　08.0971
＊壳聚寡糖　chitosan-oligosaccharide　08.0971
壳聚糖-丙烯酰胺接枝共聚物　chitosanacrylamide graft copolymer　08.0012
可被溴化物含量　brominable substance content　07.0175
可变色相纸　color-changing photographic paper　08.1241
＊可剥漆　strippable coating　08.1066
＊可剥涂料　strippable paint　08.1066
可分散油悬浮剂　dispersible oil suspension agent　03.0113
可乐型　cola type　08.0770
可利用氨基酸　available amino acid　08.0821
可溶粉剂　water soluble powder　03.0103
可溶胶剂　water soluble gel　03.0117
可溶粒剂　water soluble granule　03.0104
可溶片剂　water soluble tablet　03.0105
可溶性高分子负载钯催化剂　soluble polymer supported palladium catalyst　08.0557
可溶性还原染料　solubilized vat dye　04.0029
可溶性硫化染料　solubilized sulfur dye　04.0027
可湿粉剂　wettable powder　03.0108
可食脂肪酸钙盐　calcium salt of edible fatty acid　08.0958
可消化氨基酸　digestible amino acid　08.0820
克拉夫特点　Krafft point　06.0063
＊克劳斯催化剂　Claus catalyst　08.0562
＊1,8-克利夫酸　1,8-Cleffic acid　02.0210
空气喷涂　air spraying　05.0266
pH 控制剂　pH control agent　08.0204
口红　lipstick　08.0674
枯草芽孢杆菌　*Bacillus subtilis*　08.0905
快胺素　fast amine　04.0024
快磺素　fast sulfonate　04.0023
快色素　rapid colour salt　04.0025
快速显影液　fast developer　08.1268
矿井设备涂料　mine equipment coating　05.0145
矿物颗粒稳定剂　mineral particle stabilizer　08.0264
矿物油类加脂剂　mineral oil fatliquor　08.1351
矿物油杀虫剂　mineral oil insecticide　03.0038
葵花油　sunflower oil　06.0137
喹啉染料　quinoline dye　04.0052
＊喹诺西林　quinoxicillin　02.0178
喹喔啉　quinoxaline　02.0178
喹乙醇预混剂　olaquindox premix　08.1006
昆虫内激素　insect endohormone　03.0025
昆虫驱避剂　insect repellent　03.0145
昆虫生长调节剂　insect growth regulator　03.0023
＊昆虫外激素　insect pheromone　03.0026
昆虫信息素　insect pheromone　03.0026
昆虫引诱剂　insect attractant　03.0037
昆茨-柯尼尔催化剂　Kuntz-Cornils catalyst　08.0585

L

拉沙洛西钠预混剂　lasalocid sodium premix　08.0990
拉伸剪切强度　tensile shear strength　07.0150
拉伸强度　tensile strength　07.0147
蜡分散剂　paraffin dispersant　08.0219
蜡晶改性剂　paraffin crystal modifier　08.0220
铼催化剂　rhenium catalyst　08.0452
L-赖氨酸硫酸盐及其发酵副产物　L-lysine sulfate and its fermentation by-product　08.0828
赖氨酸铜络合物　copper lysine complex　08.0873
赖氨酸锌络合物　zinc lysine complex　08.0879
L-赖氨酸盐酸盐　L-lysine monohydrochloride　08.0827
铑催化剂　rhodium catalyst　08.0444
L-酪氨酸　L-tyrosine　08.0833
酪素蛋白胶黏剂　casein protein adhesive　07.0030
＊雷尼镍催化剂　Raney nickel catalyst　08.0335
＊类水滑石　hydrotalcite-like　08.0470
类同合成　analogue synthesis　03.0092
＊类推合成　analogue synthesis　03.0092
冷储稳定性　cold storage stability　03.0155
冷法制皂　cold process for soap　06.0267
＊冷却水处理化学品　cooling water treatment chemicals　08.0001
冷却压片　cooling and flaking　05.0204
冷霜　cold cream　08.0796
冷压　cold pressing　07.0111
冷压法　cold press process　08.0774
离体活性测定　*in vitro* activity assay　03.0187
离子表面活性剂　ionic surfactant　06.0298
离子交换树脂催化剂　ion exchange resin catalyst　08.0353
离子配位催化剂　ionic coordinate catalyst　08.0354
离子型光敏聚酰亚胺　ionic photosensitive polyimide　08.1180
离子型聚合催化剂　ionic polymerization catalyst　08.0355
＊离子型聚合引发剂　ionic polymerization initiator　08.0355
离子液体　ionic liquid　08.0366
锂催化剂　lithium catalyst　08.0422
锂辉石质蜂窝陶瓷　spodumene honeycomb ceramic　08.0567
＊沥青漆　asphalt paint　05.0008
沥青涂料　asphalt coating　05.0008
砾石充填液　gravel-packing fluid　08.0158
粒状染料　granulated form of dye, granular dye　04.0072
α粒子遮挡膜　α-particle shielding film　08.1175
＊连续相　continuous phase　06.0052
＊联氨　diamide　08.0081
联苯胺染料　benzidine dye　04.0059
＊联苯胺-2,2′-双磺酸　benzidine-2,2′-disulfonic acid　02.0306
联苯胺双磺酸　benzidine disulfonic acid　02.0306
两步法环氧树脂　two-step epoxy resin　05.0160
两亲分子　amphiphilic molecule, amphiphile　06.0194
两性表面活性剂　amphoteric surfactant　06.0060
两性离子表面活性剂　zwitterionic surfactant　06.0061
L-亮氨酸　L-leucine　08.0835
钌催化剂　ruthenium catalyst　08.0443
裂解汽油二段加氢催化剂　catalyst for the second stage hydrogenation of pyrolysis gasoline　08.0393
裂解汽油一段加氢催化剂　catalyst for the first stage hydrogenation of pyrolysis gasoline　08.0394
裂纹剂　crack agent　05.0183
＊邻氨基苯甲醚　*o*-aminoanisole　02.0255
＊邻氨基苯乙醚　*o*-phenetidine　02.0258
邻氨基吡啶　*o*-aminopyridine　02.0139
邻氨基对氯苯酚　*o*-amino-*p*-chlorophenol　02.0071
＊邻氨基对乙酰氨基苯甲醚　*o*-amino paracetaminobenzene ether　02.0254
邻氨基嘧啶　*o*-aminopyrimidine　02.0150
邻氨基噻唑　*o*-aminothiazole　02.0145
邻苯二胺　*o*-phenylenediamine　02.0074
＊邻苯甲酰磺酰亚胺　phthaloyl xanthimide　08.0943
＊邻苯甲酰磺酰亚胺钠　sodium *o*-benzoyl sulfonimide　02.0042
邻二甲苯生产催化剂　catalyst for production of *o*-xylene　08.0505
邻二甲苯氧化制苯酐催化剂　catalyst for oxidation of *o*-xylene to phthalic anhydride　08.0416

邻二氯苯　*o*-dichlorobenzene　02.0006
邻氟苯胺　*o*-fluoroaniline　02.0108
*邻茴香胺　*o*-anisidine　02.0255
*邻甲酚　*o*-cresol　02.0241
邻甲酚甲醛环氧树脂　*o*-cresol formaldehyde epoxy resin　05.0164
*邻甲氧基苯胺　*o*-methoxyaniline　02.0255
邻氯苯甲醛　*o*-chlorobenzaldehyde　02.0272
邻氯苯甲酸　*o*-chlorobenzoic acid　02.0295
邻氯苯腈　*o*-chlorobenzonitrile　02.0125
邻氯吡啶　*o*-chloropyridine　02.0134
邻氯嘧啶　*o*-chloropyrimidine　02.0154
邻硝基苯甲醛　*o*-nitrobenzaldehyde　02.0267
邻硝基苯甲酸　*o*-nitrobenzoic acid　02.0314
*邻硝基对氯苯胺　*o*-nitro-*p*-chloroaniline　02.0095
邻硝基甲苯加氢制邻甲苯胺催化剂　catalyst for *o*-nitrotoluene hydrogenation to *o*-toluidine　08.0395
邻溴甲苯　*o*-bromotoluene　02.0011
邻乙氧基苯胺　*o*-ethoxybenzenamine　02.0258
邻重氮萘醌-线型酚醛树脂　*o*-diazonaphthoquinone linear novolac resin　08.1150
林德拉催化剂　Lindlar catalyst　08.0592
临界表面张力　critical surface tension　06.0270
临界胶束浓度　critical micelle concentration, CMC　06.0062
*临界溶解温度　critical solution temperature　06.0063
临界颜料体积浓度　critical pigment volume concentration, CPVC　05.0212
淋涂　curtain coating　05.0274
磷化　phosphating　05.0249
磷化膜　phosphating film　05.0312
磷化液　phosphating solution　05.0326
磷化液游离酸度　free acidity of phosphating solution　05.0310
磷化液总酸度　total acidity of phosphating solution　05.0309
磷化渣　phosphate slag　05.0311
磷酸化加脂剂　phosphated fatliquor　08.1356
磷酸氢锰　manganese(Ⅱ) hypophosphite monohydrate　08.0888
磷脂　phospholipid　06.0014
2-膦酸丁烷-1,2,4-三羧酸　2-phosphonobutane-1,2,4-tricarboxylic acid, PBTCA　08.0028
流变性　rheologic property　05.0394
流出时间　flow time　05.0393
流动促进剂　flow promoter　05.0192
流动性改进剂　flow improver　08.0249
*流动助剂　flow promotor　05.0198
流度　fluidity　05.0429
流度控制剂　mobility control agent　08.0241
流挂　sag　05.0413
流化床涂装　fluidized bed coating　05.0279
流平剂　leveling agent　05.0182
流平性　leveling　05.0223
硫代硫酸铵　ammonium thiosulfate　08.1283
硫代硫酸钠　sodium thiosulfate　08.1258
*硫化蓖麻油　sulfonated castor oil　06.0148
硫化镉感光鼓　cadmium sulfide toner cartridge　08.1224
硫化染料　sulfur dye　04.0011
硫化缩聚染料　sulfur condensed dye　04.0028
硫化物催化剂　sulfide catalyst　08.0561
硫回收催化剂　sulfur regaining catalyst　08.0562
硫醚　sulfur ether　06.0041
硫氰化钾　potassium thiocyanate　08.1284
*硫氰酸钾　potassium thiocyanate　08.1284
硫氰酸金　gold thiocyanate　08.1257
硫酸　sulfuric acid　08.1191
硫酸二乙基对氨基苯胺　diethyl sulfate *p*-aminoaniline　08.1297
硫酸铬钾　chromium potassium sulfate　08.1291
硫酸-铬酸蚀刻液　sulfuric acidchromic acid etchant　08.1103
硫酸化加脂剂　sulfated fatliquor　08.1353
*硫酸钾铬　chromium potassium sulfate　08.1291
硫酸黏杆菌素预混剂　colistin sulfate premix　08.1010
*硫酸黏菌素　colistin sulfate　08.1010
硫酸-双氧水蚀刻液　sulfuric acidhydrogen peroxide etchant　08.1104
硫杂蒽酮　thioxanthone　08.1161
硫转移催化剂　sulfur transfer catalyst　08.0563
*瘤胃素预混剂　rumensin premix　08.1002
六次甲基四胺　hexamethylenetetramine　08.0079
*六氰合铁酸钾　potassium hexacyanoferrate　08.1295
*[六水]对二氮己环　[hexahydrate] piperazine　02.0173
*[六水]二次乙亚胺　[hexahydrate] second ethylimine　02.0173
*[六水]二乙烯二胺　[hexahydrate] diethylenediamine

02.0173
六水哌嗪　piperazine hexahydrate　02.0173
六亚甲基二胺四亚甲基膦酸　hexamethylene diamine tetramethylenephosphonic acid, HDTMP　08.0025
*漏涂点　miss coating　05.0417
漏涂区　miss coating　05.0417
炉温跟踪仪　oven temperature tracker　05.0297
卤化烷基吡啶　halide alkyl pyridine　06.0217
卤化物催化剂　halogenide catalyst, halide catalyst　08.0463
*卤化银感光材料　silver halide photosensitive materials　08.1248
卤化银体系　silver halide system　08.1248
*露底　non-hiding　05.0420
露置时间　exposure time　07.0127
*铝片补强板　aluminum stiffener　08.1085
铝片增强板　aluminum stiffener　08.1085
铝鞣剂　aluminum tanning agent　08.1321
绿色农药　green pesticide　03.0009
2-氯-4-氨基-6,7-二甲氧基喹唑啉　2-chloro-4-amino-6,7-dimethoxyquinazoline　02.0175
2-氯-3-氨基-4-甲基吡啶　2-chloro-3-amino-4-methyl pyridine　02.0137
氯胺-T　chloramine-T　08.0061
*3-氯苯胺　3-chloroaniline　02.0079
*4-氯苯胺　4-chloroaniline　02.0093
*2-氯苯甲醛　2-chlorobenzaldehyde　02.0272
*2-氯苯甲酸　2-chlorobenzoic acid　02.0295
*4-氯苯甲酸　4-chlorobenzoic acid　02.0303
*氯苯甲酰　chlorobenzoyl　02.0325
*4-氯苯甲酰氯　4-chlorobenzoyl chloride　02.0326
*2-氯苯腈　2-chlorobenzonitrile　02.0125
*2-氯苯噻嗪　2-chlorophenxylazine　02.0183
*2-氯吡啶　2-chloropyridine　02.0134
*4-氯苄基氰　4-chlorobenzyl cyanide　02.0052
*3-氯丙醇　3-chloropropanol　02.0064
*3-氯-1,2-丙二醇　3-chloro-1,2-propylene glycol　02.0060
3-氯丙腈　3-chloropropionitrile　02.0122
*β-氯丙腈　β-chloropropionitrile　02.0122
*2-氯丙酸　2-chloropropionic acid　02.0312
α-氯丙酸　α-chloropropionic acid　02.0312
8-氯茶碱　8-chlorotheophylline　02.0053
4-氯代丁酰氯　4-chlorobutyryl chloride　02.0334
*氯代(邻氯苯基)三苯基甲烷　chlorinated(*o*-chlorophenyl)triphenylmethane　02.0020
*氯代三苯甲烷　chloro-triphenylmethane　02.0234
氯丁橡胶胶黏剂　neoprene adhesive　07.0009
氯丁橡胶水基胶黏剂　neoprene water-based adhesive　07.0026
2-氯-4,5-二氟苯甲酸　2-chloro-4,5-difluorobenzoic acid　02.0313
3-氯-2,4-二氟硝基苯　3-chloro-2,4-difluoronitrobenzene　02.0214
3-氯-1-(*N*,*N*-二甲基)丙胺　3-chloro-1-(*N*,*N*-dimethyl)propylamine　02.0094
*8-氯-1,3-二甲基-3,7-二氢-1*H*-嘌呤-2,6-二酮　8-chloro-1, 3-dimethyl-3, 7-dihydro-1*H*-purine-2, 6-dione　02.0053
*5-氯-6-(2,3-二氯苯氧基)-2-甲硫基-1*H*-苯并咪唑　5-chloro-6-(2, 3-dichlorophenoxy)-2-methylthio-1*H*-benzimidazole　02.0180
*1-氯-2,4-二硝基苯　1-chloro-2,4-dinitrobenzene　02.0211
*4-氯-1,3-二硝基苯　4-chloro-1,3-dinitrobenzene　02.0211
*2-氯-10*H*-吩噻嗪　2-chloro-10*H*-phenothiazine　02.0183
2-氯吩噻嗪　2-chlorophenothiazine　02.0183
氯酚类杀生剂　chlorophenol biocide　08.0065
3-氯-4-氟苯胺　3-chloro-4-fluorobenzenamine　02.0083
氯化苄　benzyl chloride　02.0018
氯化胆碱　choline chloride　08.0859
氯化铝催化剂　aluminum chloride catalyst　08.0462
*氯化三(三苯基膦)合铑(Ⅰ)　tris(triphenylphosphine)-rhodium(Ⅰ) chloride　08.0590
氯化缩水甘油三甲基铵　glycidyltrimethyl ammonium chloride　08.0086
氯化铁蚀刻液　ferric chloride etchant　08.1101
氯化烷基三甲基铵　alkyl trimethyl ammonium chloride　06.0047
氯化银　silver chloride　08.1252
氯化用催化剂　catalyst of chlorination　08.0466
氯甲酸苄酯　benzyl chloroformate　02.0186
氯甲烷　chloromethane　02.0055
*5-氯-2-甲氧基苯甲酸　5-chloro-2-methoxybenzoic acid　02.0297
5-氯-2-甲氧基苯甲酰氯　5-chloro-2-methoxybenzoyl chloride　02.0329

5-氯邻茴香酸　5-chloro-*o*-anisic acid　02.0297
＊1-氯-4-(氯甲基)苯　1-chloro-4-(chloromethyl)benzene　02.0023
＊2-氯嘧啶　2-chloropyrimidine　02.0154
氯羟吡啶预混剂　clopidol premix　08.0995
4-氯-3-羟基丁酸乙酯　ethyl(*R*)-(+)-4-chloro-3-hydroxybutyrate, ethyl(*R*)-4-chloro-3-hydroxybutanoate　02.0202
2-氯三苯基甲基氯　2-chlorophenyldiphenylchloromethane　02.0020
2-氯-4-硝基苯胺　2-chloro-4-nitroaniline　02.0088
4-氯-2-硝基苯胺　4-chloro-2-nitroaniline　02.0095
＊氯亚明　tosylchloramide sodium　08.0061
＊2-氯-3-氧丁酸乙酯　ethyl 2-chloro-3-oxobutyrate　02.0190
＊氯乙醛　chloroethanal　02.0271
氯乙烯生产催化剂　catalyst for production of chloroethylene　08.0490
＊氯乙酰　chloracetyl　02.0331
氯乙酰氯　chloroacetyl chloride　02.0335
2-氯乙酰乙酸乙酯　ethyl 2-chloroacetoacetate　02.0190
轮毂涂料　wheel hub coating　05.0137
罗伊氏乳杆菌　*Lactobacillus reuteri*　08.0918
洛克沙胂预混剂　roxarsone premix　08.1001
络合催化剂　complex catalyst　08.0464

M

＊麻油　sesame oil　06.0017
马杜霉素铵预混剂　maduramicin ammonium premix　08.0985
马来酸-丙烯酰胺-丙烯酸共聚物　maleic acid-acrylamide-acrylic acid copolymer　08.0038
马路标线涂料　road marking coating　05.0142
＊马路划线漆　road marking paint　05.0142
吗啉合成催化剂　morpholine synthesis catalyst　08.0608
吗啉型阳离子表面活性剂　morpholine type cationic surfactant　06.0091
＊麦拉尔片基　Meral film base　08.1245
＊慢干剂　retarder　05.0179
慢性药害　chronic phytotoxicity　03.0235
毛皮防染剂　fur reserving agent　08.1384
毛皮加脂剂　fur fatliquor　08.1387
毛皮漂白剂　fur bleaching agent　08.1386
毛皮褪色剂　fur fading agent　08.1385
毛细活性　capillary activity　08.0703
＊茂金属催化剂　metallocene catalyst　08.0588
玫瑰水　rose water　08.0740
＊媒介染料　mordant dye　04.0008
煤直接液化催化剂　catalyst for direct liquefaction of coal　08.0609
酶催化剂　enzyme catalyst　08.0607
每日允许摄入量　acceptable daily intake, ADI　03.0219
美容化妆品　makeup cosmetics　08.0780
镁催化剂　magnesium catalyst　08.0424
镁铝尖晶石　magnesia-alumina spinel　08.0569
蒙囿剂　masking agent　08.1330
锰催化剂　manganese catalyst　08.0428
锰系磷化　manganese phosphating　05.0305
＊咪唑(1,2-并)哒嗪　imidazole(1,2-and)pyridazine　02.0166
咪唑并(1,2-*b*)哒嗪　imidazo(1,2-*b*)pyridazine　02.0166
咪唑啉衍生物缓蚀剂　imidazoline derivatives corrosion inhibitor　08.0050
米糠油　rice bran oil　06.0140
米吐尔　metol　08.1273
脒基硫脲　amidinothiourea　02.0038
＊密封胶　sealing adhesive　07.0041
密封胶　sealant　05.0002
密封胶黏剂　sealing adhesive　07.0041
棉籽油　cottonseed oil　06.0141
面接　surface jointing　07.0087
面膜　mask　08.0791
面漆　top coating　05.0048
面贴膜　face-shape mask　08.0795
灭生性除草剂　sterilant herbicide　03.0089
模型催化剂　model catalyst　08.0359
摩擦带电剂　triboelectrification agent　05.0191
摩擦静电喷涂　triboelectrostatic spraying　05.0281
＊摩擦牢度　crockfastness　04.0088
摩丝　mousse　08.0808
磨光性　polishability　05.0402
磨抛光高纯试剂　grinding and polishing high-purity reagent　08.0630
＊末道漆　final lacquer　05.0048

莫能菌素钠预混剂 monensin sodium premix 08.1002
木材破坏率 wood failure percentage 07.0167
木寡糖 xylo-oligosaccharide 08.0966
木焦油酸 lignoceric acid 06.0142
*木器漆 wood paint 05.0150
木器涂料 wood coating 05.0150
木质素磺酸钠 sodium lignosulfonate 08.0046
木质素磺酸盐 lignosulfonate,LS 06.0191
木质素胶黏剂 lignin adhesive 07.0070
沐浴剂 bath agent and shower agent, bath lotion 08.0678
苜蓿提取物 *Medicago sativa* extract 08.0978
钼催化剂 molybdenum catalyst 08.0442
幕墙涂料 curtainwall coating 05.0148

N

那西肽预混剂 nosiheptide premix 08.1007
*纳夫妥 naphthol 04.0021
纳米分散催化材料 nano dispersed materials as catalyst 08.0313
纳米金催化剂 nano-gold catalyst 08.0476
纳米涂料 nano-coating 05.0053
钠皂 sodium soap 06.0075
*奶液 milk 08.0784
*耐擦洗性 scrub resistance 05.0408
耐冻融性 freeze-thaw resistance 05.0395
耐干湿交替性 humid-dry cycling resistance 05.0406
耐高温涂料 high temperature resistant coating 05.0072
*耐汗牢度 perspiration fastness 04.0090
耐汗渍色牢度 color fastness to perspiration 04.0090
耐核辐射涂料 nuclear radiation resistant coating 05.0091
耐候涂料 weathering resistant coating 05.0068
耐候性 weather resistance 07.0130
耐候性试验 weathering test 07.0162
耐化学性 chemical resistance 07.0131
耐黄变性 yellowing resistance 05.0379
耐碱胶黏剂 alkali-resistant adhesive 07.0045
耐久性 durability 07.0129
耐氯漂[白]色牢度 color fastness to chlorine bleaching 04.0092
耐摩擦色牢度 color fastness to crocking,rubbing fastness 04.0088
耐磨涂料 wear resistant coating 05.0089
耐热热塑性基覆铜板 heat-resistant thermoplastic-based copper clad laminate 08.1028
*耐热涂料 heat resisting coating 05.0072
耐日晒色牢度 color fastness to light,light fastness 04.0089
耐溶剂性 solvent resistance 07.0133
耐烧蚀涂料 ablation resistant coating 05.0094
耐烧蚀性 ablation resistance 07.0168
耐湿热性 resistance to heat and humidity 05.0373
耐水胶黏剂 waterproof adhesive 07.0056
耐水性 water resistance 07.0132
耐水渍色牢度 color fastness to water 04.0091
耐洗刷性 scrub resistance 05.0408
耐盐雾性 salt fog resistance 05.0403
*1-萘胺 1-naphthylamine 02.0076
*2-萘胺 2-naphthylamine 02.0104
α-萘胺 α-naphthylamine 02.0076
β-萘胺 β-naphthylamine 02.0104
*1,8-萘胺磺酸 1,8-naphthylamine sulfonic acid 02.0210
*1-萘胺-4-磺酸 1-naphthylamine-4-sulfonic acid 02.0208
*1-萘胺-8-磺酸 1-naphthylamine-8-sulfonic acid 02.0210
*2-萘胺-1-磺酸 2-aminonaphthalene-1-sulfonic acid 02.0311
*1-萘酚 1-naphthol 02.0070
*2-萘酚 2-naphthol 02.0069
α-萘酚 α-naphthol 02.0070
β-萘酚 β-naphthol 02.0069
*2-萘甲醚 2-naphthyl methyl ether 02.0013
萘醌 naphthoquinone 08.1162
萘氧化制苯酐催化剂 catalyst for naphthalene oxidation to phthalic anhydride 08.0417
囊泡 vesicle 06.0057
挠性覆铜板 flexible copper clad laminate 08.1047
挠性环氧玻纤布基覆铜板 flexible epoxy fiberglass cloth copper clad laminate 08.1053
内胶合强度 internal bond strength 07.0143
内聚破坏 cohesive failure 07.0076

内吸性除草剂 systemic herbicide 03.0088
内吸性杀虫剂 systemic insecticide 03.0034
内吸性杀菌剂 systemic fungicide 03.0076
内吸作用 systemic action 03.0175
内相 inner phase 06.0058
尼卡巴嗪-乙氧酰胺苯甲酯预混剂 nicarbazin and ethopabate premix 08.0987
尼卡巴嗪预混剂 nicarbazin premix 08.0986
拟薄水铝石 pseudo boehmite 08.0570
拟除虫菊酯类杀虫剂 pyrethroid insecticide 03.0033
逆相转移催化 converse phase transfer catalysis, CPTC 08.0361
腻子 putty 05.0052
腻子胶黏剂 mastic adhesive 07.0068
黏附 adhesion 06.0059
*黏合剂 bonding agent 01.0011
黏结材料 bonding materials 08.1068
*黏结剂 binder 01.0011
黏泥剥离剂 slime remover 08.0072
黏土防膨剂 anti-clay-swelling agent 08.0263
黏土酸 clay acid 08.0172
黏土稳定剂 clay stabilizer 08.0199
黏性 tack 07.0096
5′-鸟苷酸二钠 disodium 5′-guanylate 08.0948
鸟类驱避剂 bird repellent 03.0146
脲醛胶黏剂 urea-formaldehyde adhesive 07.0003
脲醛树脂复鞣剂 urea-formaldehyde resin retanning agent 08.1344
脲醛水基胶黏剂 urea-formaldehyde water-based adhesive 07.0024
镍-碳化树脂催化剂 nickel-carbonized resin catalyst 08.0479
镍催化剂 nickel catalyst 08.0432
镍-齐格勒催化剂 Ni-Ziegler catalyst 08.0433
镍系苯加氢催化剂 Ni-based benzene hydrogenation catalyst 08.0383
柠檬酸钙 calcium citrate 08.0939
柠檬酸钾 potassium citrate 08.0937
柠檬酸钠 sodium citrate 08.0938
柠檬酸钠二水合物 sodium citrate dihydrate 02.0223
*柠檬酸三钾 tripotassium citrate 08.0937
*柠檬酸三钠 trisodium citrate 08.0938
柠檬酸亚铁 ferrous citrate 08.0865
*凝胶 gel 08.0785
凝胶时间 gel time 07.0141
凝胶型调剖剂 gel-type profile control agent from sol 08.0212
*凝结剂 coagulant 08.0083
凝结芽孢杆菌 *Bacillus coagulans* 08.0928
凝聚剂 coagulant 08.0083
*凝露 condensation 08.0785
牛油 tallow 06.0143
*牛脂 tallow 06.0143
牛至香酚 oregano carvacrol 08.0946
牛至油预混剂 oregano oil premix 08.1011
扭转剪切强度 torsional shear strength 07.0151
纽兰德催化剂 Nieuwland catalyst 08.0589
农药 pesticide 01.0005
农药残留 pesticide residue 03.0246
农药残留半衰期 half-life for pesticide residue 03.0254
农药残留标准 pesticide residue standard 03.0253
农药残留分析 pesticide residue analysis 03.0159
农药代谢 pesticide metabolism 03.0233
农药分析标准品 pesticide analytical standard 08.0622
农药归宿 pesticide fate 03.0228
农药剂型加工 pesticide formulation processing 03.0096
农药降解 pesticide degradation 03.0227
农药生物测定 bioassay of pesticide 03.0163
农药污染 pesticide contamination 03.0245
农药助剂 pesticide adjuvant 06.0131
浓缩精油 folded essential oil, concentrated essential oil 08.0721

O

偶氮染料 azo dye 04.0035

P

排列式催化剂　arranged catalyst　08.0574
哌嗪　piperazine　02.0167
抛光　polishing　05.0248
抛丸处理　shot blasting　05.0246
泡沫　foam　06.0288
泡沫促进剂　foam booster　08.0707
泡沫催化剂　foam catalyst　08.0583
泡沫胶黏剂　cellular adhesive　07.0074
泡沫金属　foamed metal　08.0584
泡沫镍　foamed nickel　08.0434
泡沫酸　foamed acid　08.0170
泡沫调节剂　foam regulator　08.0708
泡沫浴　foam bath　08.0790
泡沫钻井液　foam drilling fluid　08.0130
＊泡泡浴　bubble bath　08.0790
＊配位催化剂　coordination catalyst　08.0464
配位指示剂　coordination indicator　08.0636
配制精油　compounded essential oil　08.0727
喷发胶　hair spray　08.0809
喷房　spray booth　05.0280
喷粉法　dusting method　03.0170
喷淋前处理　spray pretreatment　05.0240
＊喷墨印花　ink jet printing　04.0081
喷漆废气冷凝处理　condensation treatment for spray paint exhaust　05.0300
喷漆废气水帘处理　water curtain treatment for spray paint exhaust　05.0299
喷砂处理　sand blasting　05.0245
喷射剂　spray fluid　03.0133
喷涂　spray coating　05.0260
喷涂机器人　spray robot　05.0269
喷雾法　spraying method　03.0171
喷雾图形　spray pattern　05.0285
喷逸　over spray　05.0364
硼催化剂　boron catalyst　08.0423
硼化物催化剂　boride catalyst　08.0468
＊膨松剂　leavening agent　08.0111
膨胀剂　swelling agent　08.1312
劈裂力　bursting force　07.0125
皮尔曼催化剂　Pearlman catalyst　08.0591
皮肤刺激性　skin irritation　03.0214
皮革化学品　leather chemicals　01.0020
皮革染料　leather dye　04.0017
皮革整饰变色蜡　leather finishing pull-up wax　08.1375
皮革整饰变色油　leather finishing pull-up oil　08.1376
皮革整饰抛光蜡　leather finishing polish wax　08.1374
皮革整饰手感剂　leather finishing hand modifier　08.1373
＊皮考林　Picoline　02.0130
疲劳强度　fatigue strength　07.0157
疲劳试验　fatigue test　07.0159
疲劳寿命　fatigue life　07.0158
＊PP 片　PP sheet　08.1036
片剂　tablet　03.0107
片落　flaking　05.0351
漂白剂　bleaching agent　08.0110
漂白液　bleaching solution　08.1292
漂定合一液　bleach-fix fluid　08.1302
漂定活性剂　bleach-fix active agent　08.1303
平布枪　horizontally spreaded gun　05.0324
平光涂料　matt coating　05.0121
平滑剂　smooth agent　08.0286
平面色谱试剂　plane chromatography reagent　08.0643
评味　evaluation of taste　08.0747
评香　evaluation of odor　08.0746
＊苹果酸　malic acid　02.0322
破坏试验　destructive test　07.0160
破乳　demulsification　06.0027
破乳剂　demulsifier　06.0028
＊脯氨酸苯酯盐酸盐　proline phenyl ester hydrochloride　02.0204
L-脯氨酸苄酯　L-proline benzyl ester　02.0204
＊脯氨酸苄酯盐酸盐　prolyl benzyl ester hydrochloride　02.0204
＊L-脯氨酸苄酯盐酸盐　L-proline benzyl ester hydrochloride　02.0204
β-1,3-D-葡聚糖　β-1,3-D-glucan　08.0972
葡萄糖酸钙　calcium gluconate　08.0902
葡萄糖酸钠　sodium gluconate　08.0054

* 普朗尼克　Pluronic　06.0166
普通高纯试剂　common high-purity reagent　08.0626
铺展　spreading　06.0119
铺展能力　spreading ability　08.0719

Q

漆浆增稠　paint slurry thickening　05.0216
歧化催化剂　disproportionation catalyst　08.0360
起泡　bubbling　05.0292
起泡性　foamability　06.0120
起霜　blooming　05.0342
* 气干漆　air dry paint　05.0037
气干涂料　air dry coating　05.0037
气流粉碎　air current shiver　03.0148
气囊施压成型　bag moulding　07.0120
气凝胶　aerogel　06.0161
气凝胶催化剂　aerogel catalyst　08.0578
气溶胶　aerosol　06.0168
* 气溶胶漆　aerosol paint　05.0040
气溶胶涂料　aerosol coating　05.0040
气雾剂　aerosol　03.0128
气息　odor　08.0748
气相色谱手性衍生试剂　gas chromatography chiral derivatization reagent　08.0650
气助无气喷涂　air assisted airless spraying　05.0268
* 汽车涂料　vehicle coating　05.0135
汽车原厂涂料　original automobile coating　05.0054
潜在酸　latent acid　08.0171
欠固化　undercure　07.0119
欠胶胶接　starved jointing　07.0136
* 镪水　strong acid　08.1194
* 强氯精　trichloroisocyanuric acid　08.0059
羟胺类保护剂　hydroxylamine protective agent　08.1286
* 3-羟基-2-氨基吡啶　3-hydroxy-2-aminopyridine　02.0142
* 2-羟基苯甲酸　2-hydroxybenzoic acid　02.0294
* 4-羟基苯乙酰胺　4-hydroxybenzeneacetamide　02.0089
* 3-羟基丙腈　3-hydroxypropionitrile　02.0128
* 2-羟基丙酸锌　2-hydroxy propionic acid zinc　08.0882
25-羟基胆钙化醇　25-hydroxyl cholecalciferol　08.0849
* 羟基蛋氨酸类似物螯合锰　manganese methionine hydroxyl analogue chelate　08.0890
* 羟基蛋氨酸类似物螯合铜　copper methionine hydroxyl analogue chelate　08.0877
* 羟基蛋氨酸类似物螯合锌　zinc methionine hydroxyl analogue chelate　08.0886
2-羟基丁二酸　2-hydroxysuccinic acid　02.0322
* 2-羟基-4-甲硫基丁酸　2-hydroxy-4-(methylthio) butyric acid　08.0824
* 2-羟基-4-甲硫基丁酸钙　calcium 2-hydroxy-4-methylthio-butyrate　08.0825
* 6-羟基假茴香油素　6-hydroxypseudoanisole　02.0243
* 3-羟基假枯烯　3-hydroxypseudocumene　02.0242
羟基金属聚合物蒙脱土催化剂　catalyst of montmorillonoid with metal hydroxyl group　08.0480
2-羟基膦酰基乙酸　2-hydroxyphosphonoacetic acid, HPAA　08.0027
2-羟基-3-萘甲酸　2-hydroxy-3-naphthoic acid　02.0282
6-羟基-2,4,5-三氨基嘧啶　6-hydroxy-2,4,5-triaminopyrimidine　02.0152
* 25-羟基维生素 D_3　25-hydroxy vitamin D_3　08.0849
羟基亚乙基二膦酸　hydroxyethylidene diphosphonic acid, HEDP　08.0023
* 羟基乙叉二膦酸　hydroxyethylidene diphosphonic acid, HEDP　08.0023
* 2-羟基乙磺酸单钠盐　2-hydroxy-ethanesulfonic acid monosodium salt　02.0054
羟基乙酸　hydroxyacetic acid　08.0076
* *N*-羟基乙酰胺　*N*-hydroxyacetamide　08.0977
* *N*-羟甲基蛋氨酸钙　*N*-hydroxymethyl methinoine calcium　08.0826
羟甲基含量　hydroxymethyl group content　07.0173
羟乙基磺酸钠　sodium hydroxyethyl sulfonate　02.0054
羟乙基纤维素　hydroxyethyl cellulose, HEC　06.0197
羟乙基乙二胺　hydroxyethyl ethylenediamine　02.0100
* 桥梁漆　bridge paint　05.0144
桥梁涂料　bridge coating　05.0144
茄尼醇　solanesol　02.0057
* 茄尼醇-90　solanesol-90　02.0057
亲电催化反应　electrophilic catalytic reaction　08.0291
亲核催化反应　nucleophilic catalytic reaction　08.0292
亲水基　hydrophilic group　06.0107
亲水-亲油平衡值　hydrophile-lipophile balance value, HLB　06.0108

亲水性 hydrophilicity 06.0289
亲油基 hydrophobic group 06.0109
青春双歧杆菌 *Bifidobacterium adolescentis* 08.0916
青染料成色剂 cyan dye coupler 08.1219
青贮添加剂 silage additive 08.0823
轻油型加氢裂化催化剂 hydrocracking catalyst for producing light oil 08.0396
氢氟酸 hydrofluoric acid 08.1192
氢化蓖麻油 hydrogenated castor oil 02.0218
氢化催化剂 hydrogenation catalyst 08.0376
氢化双酚 A 二缩水甘油醚 hydrogenated bisphenol A diglycidyl ether 05.0168
*氢化双酚 A 环氧树脂 hydrogenated bisphenol A epoxy resin 05.0168
*氢氯酸 hydrochloric acid 08.1193
氢溴酸常山酮预混剂 halofuginone hydrobromide premix 08.0991
*氢氧化铵 ammonium hydroxide 08.1195
倾倒性 pourability 03.0156
倾斜板流动性 inclined plate flow 05.0222
清洁化妆品 cleansing cosmetics 08.0777
清蜡剂 paraffin remover 08.0222
*氰氨基二硫化碳酸二甲酯 cyanamide disulphide dimethyl carbonate 02.0191
*氰钴胺素 cyanocobalamin 08.0844
*氰化苄 benzyl cyanide 02.0124
2-氰基吡嗪 2-cyanopyrazine 02.0182
2-氰基-3-甲基吡啶 2-cyano-3-methylpyridine 02.0143
2-氰基-4′-甲基联苯 2-cyano-4′-methylbiphenyl 02.0127
2-氰基亚氨基-1,3-噻唑烷 2-cyanimino-1,3-thiazolidine 02.0146
氰酸酯树脂 cyanate ester resin 08.1188
N-氰亚胺基-*S*,*S*-二硫代碳酸二甲酯 *N*-cyanoimido-*S*,*S*-dimethyl-dithiocarbonate 02.0191
氰乙醇 cyanoethanol 02.0128
*巯基丙氨酸 cysteine 06.0038
*3-巯基-2-甲基丙酸乙酸 3-mercapto-2-methylpropionate acetic acid 02.0298
*2-巯基-5-甲基-1,3,4-噻二唑 2-mercapto-5-methyl-1,3,4-thiadiazole 02.0031
*2-巯基-5-甲基-1,3,4-噻二唑 2-sulfhydryl-5-methyl-1,3,4-thiadiazole 02.0156
3-巯基吲哚 3-mercaptoindole 02.0177
驱蚊粒 repellent mosquito granule 03.0132
驱蚊片 repellent mosquito mat 03.0131
驱蚊乳 repellent mosquito milk 03.0137
驱蚊液 repellent mosquito liquid 03.0138
驱油剂 oil-displacing agent 06.0130
取向膜 alignment film 08.1184
去甲氨噻肟酸 2-(2-aminothiazole-4-yl)-2-hydroxyiminoacetic acid 02.0289
全白土型裂化催化剂 kaolinite cracking catalyst 08.0559
全氟羧酸钠 sodium perfluorinated carboxylate 06.0192
全色相纸 full-color photographic paper 08.1240
*全顺式-9,12,15-十八碳三烯酸 *cis*,*cis*,*cis*-9,12,15-octadecatrienoic acid 06.0293
醛类杀菌剂 aldehyde bactericide 08.0071
醛鞣剂 aldehyde tanning agent 08.1327

R

*燃烧催化剂 combustion catalyst 08.0406
*染发膏 cream rinse 08.0677
染发剂 hair dye 08.0677
染料 dye 01.0006
染料水 liquid dye 08.1370
染料索引 Color Index,CI 04.0060
染料型黑白胶片 dye type black and white film 08.1236
染料中间体 dye intermediate 04.0066
染毛缓染剂 retarding agent for hair dyeing 08.1381
染毛染料 hair dyestuff 08.1383
染毛匀染剂 leveling agent for hair dyeing 08.1382
染色 dyeing 04.0080
染色的加和增效 dyeing synergism 04.0082
染色细粉 powder fine for dyeing,PFFD 04.0075
染色助剂 dyeing auxiliary 08.0274
热储稳定性 heat storage stability 03.0154
热催化 thermocatalysis 08.0357
热风整平助焊剂 hot air leveling flux 08.1132
热固性涂料 thermosetting coating 05.0004
热活化催化剂 thermally activated catalyst 08.0358
热活化胶黏剂 heat activated adhesive 07.0060
热敏染料 heat-sensitive dye 04.0014

＊热敏涂料　thermal-sensitive coating　05.0073
热喷涂　thermal spraying　05.0263
＊热熔胶　hot melt adhesive　07.0013
热熔胶黏剂　hot melt adhesive　07.0013
热熔涂布　hot melt coating　05.0273
热熔物处理　hot-melting impurity treatment　08.0100
热熔型涂料　hot melt coating　05.0057
热塑性涂料　thermoplastic coating　05.0003
人工调色　manual color matching　05.0201
＊人造精油　synthetic essential oil　08.0727
人造污垢　artificial soil　08.0701
＊人造香料　artificial perfume　08.0665
壬基酚　nonyl phenol　02.0072
壬烯生产催化剂　catalyst for production of nonene　08.0503
日光型彩色片　daylight-balanced color film　08.1211
日用化学品　daily chemicals　01.0018
日用香精　fragrance compound　08.0743
日用香料　fragrance　08.0681
绒毛浆松解剂　fluff pulping release agent　08.0111
绒面涂料　suede coating　05.0125
容器中状态　condition in container　05.0396
＊溶剂橙 86　solvent orange 86　02.0251
溶剂法环氧树脂　solvent processed epoxy resin　05.0161
溶剂浸提　solvent extraction　08.0775
溶剂染料　solvent dye　04.0010
溶剂型活化胶黏剂　solvent-activated adhesive　07.0061
溶剂型胶黏剂　solvent adhesive　07.0062
溶剂型涂料　solvent based coating, solvent borne coating　05.0039
溶剂型涂饰剂　solvent finishing agent　08.1362
溶胶　collosol　06.0269
＊溶性糖精　saccharin sodium salt　02.0042
熔融流动　melt flow　05.0228
熔融流动速率　melt flow rate, MFR　05.0238
＊熔体流动指数　melt flow index, MFI　05.0238
柔韧性环氧树脂　toughened epoxy resin　05.0166
柔软剂　softening agent　08.0122
鞣制助剂　assistant tanning agent, tanning auxiliary　08.1331
肉豆蔻醇　myristyl alcohol　06.0193
肉豆蔻酸　myristic acid　06.0009
肉豆蔻酸甲酯　methyl myristate　06.0195
肉豆蔻油　mace oil　06.0010
＊肉桂基哌嗪　cinnamyl piperazine　02.0172
肉桂酸甲酯　methyl cinnamate　06.0296
L-肉碱　L-carnitine　08.0860
L-肉碱盐酸盐　L-carnitine hydrochloride　08.0861
蠕变　creep　07.0134
蠕流　creeping　05.0416
＊乳化剂 EL　emulsifier EL　06.0274
乳化剂 BP　emulsifier BP　06.0273
＊乳化粒剂　emulsifying granule　03.0101
乳化香精　emulsified fragrance compound, emulsified flavoring　08.0744
乳化效率　emulsifying efficiency　08.0695
乳化作用　emulsification　06.0302
乳胶　emulsifiable gel　03.0120
乳粒剂　emulsifiable granule　03.0101
乳酸肠球菌　*Enterococcus lactis*　08.0906
乳酸钙　calcium lactate　08.0901
乳酸片球菌　*Pediococcus acidilactici*　08.0909
乳酸锌　zinc lactate　08.0882
乳酸亚铁　ferrous lactate　08.0866
乳液　emulsion　08.0784
乳液胶黏剂　emulsion adhesive　07.0055
乳油　emulsifiable concentrate　03.0119
乳脂　butterfat　06.0054
乳状液　emulsion　06.0276
软化点　softening point　07.0126
软化剂　bating agent　08.1378
软化酶　bating enzyme　08.1316
软片　film　08.1228
＊软调显影液　soft tone developer　08.1264
＊软皂　soft soap　06.0074
润滑涂料　lubricating coating　05.0090
润滑油加氢催化剂　hydrogenation catalyst for lube oil　08.0397
＊润滑油加氢精制催化剂　lube oil hydrorefining catalyst　08.0397
润滑油加氢脱蜡催化剂　hydrodewaxing catalyst for lube oil　08.0398
＊润滑油临氢降凝催化剂　hydrodewaxing catalyst for lube oil　08.0398
润湿剂　wetting agent　06.0056
润湿液　wetting liquid　08.1300
润湿张力　wetting tension　08.0726
润湿作用　wetting action　06.0055

S

噻二唑 thiadiazole 02.0031
噻吩-2,5-二羧酸 thiophene-2,5-dicarboxylic acid 02.0319
*噻吩-2-甲醛 thiophene-2-formaldehyde 02.0265
2-噻吩醛 2-thiophenecarboxaldehyde 02.0265
2-噻吩乙酸 2-thiopheneacetic acid 02.0290
噻嗪染料 thiazine dye 04.0056
噻唑染料 thiazole dye 04.0053
赛杜霉素钠预混剂 semduramicin sodium premix 08.0997
三苯基氯甲烷 triphenylchloromethane 02.0234
*三层型挠性覆铜板 three-layer flexible copper clad laminate 08.1050
三次气 triple air 05.0321
三醋酸纤维素酯片基 cellulose triacetate ester film base 08.1244
三芳甲烷[结构]染料 triarylmethane dye 04.0042
*1,3,5-三氟苯 1,3,5-trifluorobenzene 02.0010
2,3,4-三氟苯胺 2,3,4-trifluoroaniline 02.0084
*3-(三氟甲基)苯胺 3-(trifluoromethyl) aniline 02.0114
4-三氟甲基苯酚 4-(trifluoromethyl) phenol 02.0248
2,4,5-三氟-3-甲氧基苯甲酸 3-methoxy-2,4,5-trifluorobenzoic acid 02.0293
*1,2,3-三氟-4-硝基苯 1,2,3-trifluoro-4-nitrobenzene 02.0213
2,3,4-三氟硝基苯 2,3,4-trifluoronitrobenzene 02.0213
*2,2,2-三氟乙醇 2,2,2-trifluoroethanol 02.0065
三氟乙醇 trifluoroethanol 02.0065
三光气 triphosgene 02.0201
*2,3,5-三甲基-1,4-苯二酚 2,3,5-trimethyl-1,4-benzophenol 02.0252
2,3,5-三甲基苯酚 2,3,5-trimethylphenol 02.0243
2,3,6-三甲基苯酚 2,3,6-trimethylphenol 02.0242
2,4,6-三甲基苯酚 2,4,6-trimethylphenol 02.0244
2,4,6-三甲基苯甲酰氯 2,4,6-trimethylbenzoyl chloride 02.0337
2,3,5-三甲基氢醌 2,3,5-trimethylhydroquinone 02.0252
3,4,5-三甲氧基苯甲醛 3,4,5-trimethoxybenzaldehyde 02.0261
三聚磷酸钠 sodium tripolyphosphate, STPP 06.0128
三聚氯氰 cyanuric chloride 02.0019
三聚氰胺 melamine 02.0001
三聚氰胺树脂复鞣剂 melamine resin retanning agent 08.1345
*三磷酸五钠 pentasodium triphosphate 06.0128
1,2,4-三氯苯 1,2,4-trichlorobenzene 02.0008
三氯苯达唑 triclabendazole 02.0180
*三氯苯咪唑 triclabendazole 02.0180
*2,2′,4′-三氯苯乙酮 2,2′,4′-trichloroacetophenone 02.0021
1,1,3-三氯-2-丙酮 1,1,3-trichloro-2-acetone 02.0275
三氯化铝-聚苯乙烯负载催化剂 $AlCl_3$-polystyrene supported catalyst 08.0552
*三氯均三嗪 trichlorometriazine 02.0019
*2,4,6-三氯-1,3,5-三嗪 2,4,6-trichloro-1,3,5-triazine 02.0019
三氯异氰尿酸 trichloroisocyanuric acid 08.0059
三羟甲基丙烷 trimethylolpropane 02.0233
*三嗪环 triazine ring 02.0039
*1,3,5-三嗪-2,4,6-三胺 1,3,5-triazine-2,4,6-triamine 02.0001
*三嗪A树脂 triazine A resin 08.1188
三嗪酸 triazine acid 02.0039
三嗪型阳离子表面活性剂 triazine type cationic surfactant 06.0094
2,4,6-三溴苯酚 2,4,6-tribromophenol 02.0247
*2,4,6-三溴酚 2,4,6-tribromophenol 02.0247
三亚甲基氯醇 1-chloro-3-hydroxypropane 02.0064
三氧化硫生产催化剂 catalyst for production of sulfur trioxide 08.0482
三乙醇胺 triethanolamine 06.0129
三乙烯二胺 triethylenediamine 08.0053
三致性 tri-pathogenicity 03.0206
三唑类杀菌剂 triazole fungicide 03.0073
L-色氨酸 L-tryptophan 08.0830
色必明型阳离子表面活性剂 Sapamine type cationic surfactant 06.0092
色酚 azoic coupling component 04.0021
*色膏 pigment paste 08.1369

色基　color base　04.0022
色浆　colorant paste, pigment paste　05.0224
色卡　color chip　05.0211
色牢度　color fastness　04.0087
色素　pigment, colorant　08.0697
色盐　color salt　04.0031
杀草谱　herbicidal spectrum　03.0198
杀虫剂　insecticide　03.0018
杀虫谱　insecticidal spectrum　03.0184
杀虫涂料　insecticidal coating　05.0085
杀菌防霉涂料　bactericidal and antimould coating　05.0069
杀菌活性　fungicidal activity　03.0164
杀菌剂　fungicide　03.0062
杀菌灭藻剂　bactericide and algicide　08.0057
杀菌谱　fungicidal spectrum　03.0191
杀螨剂　acaricide　03.0017
杀软体动物剂　molluscicide　03.0042
*杀生剂　biocide　08.0057
杀鼠剂　rodenticide　03.0052
杀线虫剂　nematicide　03.0043
沙蚕毒素类杀虫剂　nereistoxin analogue insecticide　03.0029
*沙坦联苯　sartanbiphenyl　02.0127
*砂壁状涂料　sand-like coating　05.0110
砂纹剂　sand texture agent　05.0195
*砂纹蜡　sand texture wax　05.0195
砂纹涂料　sand grain coating　05.0109
筛选与净化　screening and purification　08.0099
山茶油　camellia oil　06.0132
山梨酸钾　potassium sorbate　08.0936
山梨酸钠　sodium sorbate　08.0935
山萮酸　behenic acid　06.0144
闪锈　flash rust　05.0353
闪蒸时间　flash-off time　05.0352
*上浆剂　sizing agent　08.0273
上漆率　paint yield　05.0283
射孔液　perforating fluid　08.0157
*X 射线光刻胶　X-ray photoresist　08.1142
X 射线胶　X-ray resist　08.1142
X 射线片　X-ray film　08.1235
*深度氧化催化剂　deep oxidation catalyst　08.0406
深紫外光刻胶　deep ultraviolet photoresist　08.1139
神经毒素　neurotoxin　03.0047
神经毒性　neurotoxicity, nerve toxicity　03.0205
渗色　bleeding　05.0341
渗透剂 JFC　permeating agent JFC　06.0105
渗透剂 OT　permeating agent OT　06.0106
渗透作用　permeation　06.0104
生产性中毒　productive intoxication　03.0215
*生发化妆品　pilatory cosmetics　08.0686
生态风险评价　ecological risk assessment　03.0224
生态受体　ecological receptor　03.0225
生物表面活性剂　biosurfactant　06.0122
生物电子等排理论　bioisosterism　03.0093
生物防治　biological control　03.0232
生物合理设计　biorational design　03.0095
*生物缓冲剂　biological buffer　08.0658
生物缓冲物质　biological buffer substance　08.0658
生物降解　biological degradation　03.0230
生物降解性　biodegradability　06.0123
生物农药　biological pesticide　03.0005
生物浓缩系数　biological concentration factor　03.0252
D-生物素　D-biotin　08.0858
*生育酚　tocopherol　08.0850
DL-α-生育酚　DL-α-tocopherol　08.0851
DL-α-生育酚乙酸酯　DL-α-tocopherol acetate　08.0852
生长阻滞剂　growth retardant　03.0051
生殖毒性　reproductive toxicity　03.0204
失光　loss of gloss　05.0422
失水山梨醇单硬脂酸酯　sorbitan monostearate　06.0211
失水山梨醇单油酸酯　sorbitan monooleate　06.0212
失水山梨醇单月桂酸酯　sorbitan monolaurate　06.0213
失水山梨醇单棕榈酸酯　sorbitan monopalmitate　06.0214
施工性　application property　05.0399
湿部化学品　wet end chemicals　08.0104
湿固化胶黏剂　moisture curing adhesive　07.0058
湿固化聚氨酯　wet curing polyurethane　05.0153
湿固化涂料　moisture curable coating　05.0036
湿浸渍法　wet impregnation method　08.0322
湿膜厚度　wet-film thickness　05.0375
湿碰湿涂装工艺　wet on wet coating process　05.0278
湿强度　wet strength　07.0156
湿增强剂　wet strengthening agent　08.0120
*1-十八醇　octadecyl alcohol　06.0152
*十八酸　octadecanoic acid　06.0153
*十八酸甲酯　octadecanoic acid methyl ester　06.0154
*十八碳-9,11,13-三烯酸　octadeca-9, 11, 13-trienoic

acid 06.0147
十八烷基胺 octadecylamine 06.0013
十八烷基胺乙酸盐 octadecylamine acetate 06.0199
十八烷基二甲基苄基氯化铵 benzyl-dimethyloctadecyl ammonium chloride 06.0250
十八烷基二甲基羟乙基季铵硝酸盐 octadecyldimethylhydroxyethyl quaternary ammonium nitrate, *N*, *N*, *N'*, *N'*-tetrakis(2-hydroxypentyl)ethylenediamine 06.0198
十八烷基二甲基叔胺 octadecyl dimethyl tertiary amine 02.0097
* 十八烷基甲苯 octadecyl toluene 02.0216
十八烷基甲苯磺酸钠 stearyltoluene sodium sulfonate, SMBS 06.0026
十八烷基三甲基氯化铵 octadecyl trimethyl ammonium chloride 06.0201
* 9-十八烯-1-醇 9-octadecene-1-ol 06.0155
* 十八烯酸丁酯 butyl octadecenoate 02.0200
* 9-十八烯酸丁酯 butyl 9-octadecenoate 02.0200
* (*Z*)-9-十八烯酸丁酯 (*Z*)-9-octadecenoate butyl ester 02.0200
* 十二醇 dodecanol 06.0157
* 十二酸甲酯 methyl dodecanoate 06.0158
十二烷基氨乙基甘氨酸 dodecylaminoethyl glycine 08.0074
十二烷基二苯醚二磺酸钠 dodecyl diphenyl ether sodium disulfonate 06.0272
十二烷基二甲基苄基氯化铵 dodecyl dimethyl benzyl ammonium chloride 06.0228
十二烷基二甲基叔胺 dodecyl dimethyl tertiary amine 02.0098
十二烷基二甲基甜菜碱 dodecyl dimethylbetaine, 2-(dodecyldimethylammonio)acetate 06.0206
十二烷基二甲基氧化胺 lauryl dimethyl amine oxide, *N*, *N*-dimethyldodecylamine-*N*-oxid 06.0207
十二烷基磷酸单酯 dodecyl phosphate monoester 06.0204
十二烷基硫酸铵 ammonium dodecyl sulfate 06.0202
十二烷基硫酸钠 sodium dodecyl sulfate, SDS 06.0203
十二烷基三甲基氯化铵 dodecyl trimethyl ammonium chloride 06.0205
十二烯生产催化剂 catalyst for production of laurylene 08.0504
* 十六烷醇 cetanol 06.0159
十六烷基二甲基苄基氯化铵 benzyl-hexadecyldimethyl ammonium chloride 06.0208
十六烷基二甲基叔胺 hexadecyl dimethyl tertiary amine 02.0099
十六烷基氯化吡啶 hexadecylpyridinium chloride, cetylpyridinium chloride 06.0200
十六烷基三甲基氯化铵 *N*-hexadecyltrimethyl ammonium chloride 06.0210
十六烷基三甲基溴化铵 cetyl trimethyl ammonium bromide, CTAB 06.0032
* 十七酸 daturic acid 06.0034
* 十四醇 tetradecyl alcohol 06.0193
* 十四酸 tetradecanoic acid 06.0009
石墙理论 stonewall theory 08.1156
石油磺酸盐 petroleum sulfonate, PS 06.0145
实际干燥时间 hard drying time 05.0398
实验试剂 laboratory reagent 08.0610
食品级 food grade 08.0615
食品染料 food dye 04.0007
食品添加剂 food additive 01.0010
* 食用染料 food dye 04.0007
* 食用色素 food colouring 04.0007
食用香精 food flavoring 08.0742
食用香料 flavorant 08.0670
蚀刻液 etchant 08.1098
示温涂料 temperature indicating coating 05.0073
* 试剂 reagent 08.0610
* 10°视场 *XYZ* 色度系统 10° view field *XYZ* chroma system 05.0383
* 2°视场 *XYZ* 色度系统 2° view field *XYZ* chroma system 05.0382
* 视黄醇棕榈酸酯 retinol palmitate 08.0841
适用期 pot life 05.0385, 07.0128
室内毒力测定 indoor toxicity measurement 03.0167
室温固化 room temperature curing 07.0117
室温固化胶黏剂 room-temperaturesetting adhesive 07.0059
* 室温固化漆 ambient temperature curable paint 05.0033
室温固化涂料 ambient temperature curable coating 05.0033
* 室温离子液体 room temperature ionic liquid 08.0366
* 室温熔融盐 room temperature molten salt 08.0366
释放显影抑制剂成色剂彩色感光片 color photosensitive film of development inhibitor releasing coupler 08.1210

嗜热链球菌 *Streptococcus thermophilus* 08.0917
手性催化剂 chiral catalyst 08.0356
手性香料 chiral perfume 08.0667
首次显影液 first developer 08.1270
＊首显液 first developer 08.1270
叔丁胺 *tert*-butylamine 02.0110
叔丁基邻苯二酚 *tert*-butyl catechol 08.1157
疏花疏果剂 flower and fruit thinning agent 03.0049
疏解分离 defibering 08.0098
＊疏水基 hydrophobic group 06.0109
疏水效应 hydrophobic effect 06.0033
＊疏水作用 hydrophobic effect 06.0033
＊疏油基 lyophilic group 06.0107
输粉泵 powder pump 05.0286
鼠李糖脂 rhamnolipid 06.0146
＊BT 树脂 BT resin 08.1041
树脂含量 resin content 05.0226
树脂涂敷砂 resin-coated sand 08.0230
树脂型调剖剂 resin-type profile control agent 08.0210
竖布枪 vertically spreaded gun 05.0323
数码印花 digital printing 04.0081
刷痕 brush mark 05.0414
刷胶 brush coating 07.0105
刷涂 brush coating 05.0276
刷涂性 brushability 05.0400
双丙酮丙烯酰胺 diacetone acrylamide 02.0105
双叠氮化合物 bisazide compound 08.1164
双活性基染料 bifunctional reactive dye 04.0062
＊双甲酸钾 potassium biformate 08.0942
＊双聚氰胺 dipolycyanamide 02.0002
双孔分布型催化剂 double-pore distributive catalyst 08.0315
双马来酰亚胺三嗪树脂 bismaleimide triazine resin 08.1041
双马来酰亚胺树脂 bismaleimide resin 08.1187
双面覆铜板 double-sided copper clad laminate 08.1020
双面胶片 double coated film 08.1070
双氰胺 dicyandiamide 02.0002
双氰胺甲醛缩聚物 dicyandiamideformaldehyde polymer 08.0016
双氰胺树脂复鞣剂 dicyanodiamide resin retanning agent 08.1346
双三丁基氧化锡 bis(tributyltin)oxide 08.0069
双十八烷基二甲基氯化铵 dimethyl distearylammonium chloride 06.0215
双十六烷基二甲基溴化铵 dihexadecyldimethyl ammonium bromide 06.0209
双液法调剖剂 profile control agent for double-fluid method 08.0209
双浴显影液 double bath developer 08.1266
双子表面活性剂 gemini surfactant 06.0029
爽身粉 talcum powder 08.0682
水包油乳状液 oil-in-water emulsion 06.0278
水包油乳状液破乳剂 demulsifier for oil-in-water emulsion 08.0244
水包油型清蜡剂 oil-in-water paraffin remover 08.0226
水包油压裂液 oil-in-water fracturing fluid 08.0189
＊水处理化学品 water treatment chemicals 01.0012
水处理剂 water treatment agent 01.0012
水分散粒剂 water dispersible granule 03.0100
水分散片 water dispersible tablet 03.0102
＊水分散片剂 water dispersible tablet 03.0102
水合物抑制剂 hydrate inhibitor 08.0251
水基冻胶压裂液 water-base gel fracturing fluid 08.0188
水基堵水剂 water-base water shutoff agent 08.0233
水基胶黏剂 water-based adhesive 07.0018
水基泡沫压裂液 water-base foam fracturing fluid 08.0190
水基清蜡剂 water-base paraffin remover 08.0224
水基压裂液 water-base fracturing fluid 08.0186
水基钻井液 water-base drilling fluid 08.0128
水剂 aqueous solution 03.0115
水浆型粉末涂料 slurried powder coating 05.0030
＊水解聚丙烯酰胺 hydrolyzed polyacrylamine 08.0006
＊水解聚马来酸酐 hydrolytic polymaleic anhydride, HPMA 08.0031
水面覆盖力 water-covering capacity 05.0392
水泥降滤失剂 filtrate reducer for cement slurry 08.0162
水泥膨胀剂 expanding agent for cement slurry 08.0161
水泥外掺料 admixture for cement slurry 08.0163
水泥外加剂 additive for cement slurry 08.0160
水溶性成色剂彩色感光片 color photosensitive film of water-soluble coupler 08.1208
水溶性光刻胶 water soluble photoresist 08.1144
水溶性农药 water soluble pesticide 03.0010
水上蒸馏 water and steam distillation 08.0772
水洗 water rinse 05.0257
水洗法环氧树脂 water-washing processed epoxy resin

05.0162
水下胶黏剂　underwater adhesive　07.0046
*水性胶黏剂　water-based adhesive　07.0018
*水性漆　waterborne paint　05.0026
水性涂料　waterborne coating　05.0026
水性涂饰剂　waterborne finishing agent　08.1361
水杨酸　salicylic acid　02.0294
水中蒸馏　water distillation　08.0771
*顺式十八碳-9-烯酸　*cis*-9-octadecenoic acid　06.0011
*顺,顺-9,12-十八碳二烯酸　*cis*,*cis*-9,12-octadecadienoic acid　06.0292
*司盘 20　Span 20　06.0213
*司盘 40　Span 40　06.0214
*司盘 60　Span 60　06.0211
*司盘 80　Span 80　06.0212
丝光涂料　silk coating　05.0120
丝状腐蚀　filiform corrosion　05.0377
四氮唑乙酸　tetrazolium acetic acid　02.0287
2,3,4,5-四氟苯甲酸　2,3,4,5-tetrafluorobenzoic acid　02.0292
四氢呋喃甲醇　tetrahydrofuran methanol　02.0061
*四氢糠醇　tetrahydrofurfuryl alcohol　02.0061
1,2,3,4-四氢异喹啉-3-羧酸　1,2,3,4-tetrahydroisoquinoline-3-carboxylic acid　02.0321
*1*H*-四唑-1-乙酸　1*H*-tetrazolium-1-acetic acid　02.0287
饲料混药法　diet incorporation method　03.0173
饲料添加剂预混合饲料　feed additive premix　08.0815
松香胺聚氧乙烯醚　rosin amine polyoxyethylene ether　08.0073
松香酸　abietic acid　06.0042
松香皂　rosin soap　06.0015
L-苏氨酸　L-threonine　08.0829
苏氨酸锌络合物　zinc threonine complex　08.0880
*粟米油　corn oil　06.0295
*2,3-酸　2,3-acid　02.0282
*DSD 酸　DSD acid　02.0224
*H 酸　H acid　02.0281
*J 酸　J acid　02.0205
酸化液　acidizing fluid　08.0164
酸基压裂液　acid-base fracturing fluid　08.0196
酸洗　acid cleaning　05.0255
酸性镀铜光亮剂　acid copper plating brightener　08.1120
*酸性镀铜光泽剂　acid copper plating brightener　08.1120
*酸性急制剂　acidic acute preparation　08.1285
酸性胶体钯活化剂　acidic colloid palladium activate fluid　08.1113
*酸性焦磷酸钠　acid sodium pyrophosphate　08.0961
酸性氯化铜蚀刻液　acid cupric chloride etchant　08.1099
酸性媒介染料　acid mordant dye　04.0008
酸性染料　acid dye　04.0001
1,2,4-酸氧体　2-diazo-1-naphthol-4-sulfonic acid hydrate　02.0026
酸液添加剂　additive for acidizing fluid　08.0175
酸值　acid value　08.0687
*(1,2,4-酸)重氮氧化物　(1,2,4-acid) diazo ozide　02.0026
随机合成与筛选　random synthesis and screening　03.0091
随角异色涂料　angular heterochromatic coating　05.0116
羧甲基淀粉钠　carboxymethyl starch sodium　08.0009
N,*O*-羧甲基壳聚糖　*N*,*O*-carboxymethyl chitosan　08.0973
羧甲基纤维素　carboxymethyl cellulose,CMC　06.0196
缩合型硅树脂用固化催化剂　solidification catalyst for condensation silicone resin　08.0600
缩孔　crater　05.0288
索罗明 A 型阳离子表面活性剂　Soromine A type cationic surfactant　06.0093

T

*太古油　alizarine oil　06.0148
太阳能反射比　solar reflectance　05.0372
钛催化剂　titanium catalyst　08.0425
钛基晶须　titanium-based whisker　08.0573
钛-齐格勒催化剂　Ti-Ziegler catalyst　08.0426
钛鞣剂　titanium tanning agent　08.1322
酞菁染料　phthalocyanine dye　04.0044
酞菁素　phthalogen　04.0063
*弹性漆　elastomeric paint　05.0066
弹性涂料　elastomeric coating　05.0066
碳二馏分选择加氢催化剂　catalyst for selective hydrogenation of C_2 fraction　08.0400

碳酸锌　zinc carbonate　08.0884
碳酸亚铁　ferrous carbonate　08.0863
碳五馏分醚化催化剂　catalyst for etherification process of C_5 fraction　08.0601
碳酰肼　carbohydrazide　08.0082
羰基合成催化剂　catalyst for carbonyl synthesis　08.0543
羰基铑催化剂　carbonyl rhodium catalyst　08.0467
羰基硫水解催化剂　carbonyl sulfidehydrolysis catalyst　08.0522
糖精　saccharin　08.0943
糖精钙　calcium saccharin　08.0944
糖精钠　saccharin sodium　02.0042
糖萜素　saccharicterpenin　08.0976
烫毛剂　ironing agent　08.1388
陶瓷基覆铜板　ceramics-based copper clad laminate　08.1025
陶瓷胶黏剂　ceramic adhesive　07.0072
套接压剪强度　compressive shear strength of dowel joint　07.0152
＊特氟龙　teflon　08.1040
特殊用途化妆品　special use cosmetics　08.0782
特戊酰氯　pivaloyl chloride　02.0323
＊特种涂料　special coating　05.0060
梯度炉　gradient furnace　05.0237
＊梯普尔　Teepol　06.0035
锑催化剂　antimony catalyst　08.0450
踢皮油　kicking oil　08.1380
提碱剂　basifying agent　08.1332
体香　body note　08.0756
天冬氨酸　aspartic acid　08.0834
＊天门冬氨酸　aspartic acid　08.0834
天然保湿因子　natural moisturing factor　08.0690
天然等同香料　nature-identical perfume　08.0664
天然高分子胶黏剂　natural polymer adhesive　07.0054
天然类固醇萨洒皂角苷　natural steroid sasaponin　08.0974
天然农药　natural pesticide　03.0001
天然气净化剂　gas cleaning agent　08.0250
天然染料　natural dye　04.0067
天然三萜烯皂角苷　natural triterpenic saponin　08.0975
天然树脂　natural resin　08.0733
＊天然树脂漆　natural resin paint　05.0006
天然树脂涂料　natural resin coating　05.0006
天然维生素 E　natural vitamin E　08.0850
天然香料　natural perfume　08.0663
天然橡胶水基胶黏剂　natural rubber water-based adhesive　07.0025
田间药效试验　field efficacy trial　03.0169
甜菜碱型两性表面活性剂　betaine type amphoteric surfactant　06.0233
甜菜碱盐酸盐　betaine hydrochloride　08.0862
填充剂　filler　03.0151
条件等色　metamerism　05.0359
调和　blend, blending　08.0758
调剖剂　profile control agent　08.0207
调整液　adjusted solution　08.1307
铁螯合物　iron chelating agent, iron sequestering agent　08.0180
铁催化剂　iron catalyst　08.0429
铁路车辆用涂料　railway vehicle coating　05.0136
铁-钼甲醇氧化脱氢制甲醛催化剂　Fe-Mo catalyst for methanol oxidative dehydrogenation to methanal　08.0526
铁钼有机硫加氢转化催化剂　Fe-Mo organic sulfide hydro-conversion catalyst　08.0403
铁氰化钾　potassium ferricyanide　08.1295
铁鞣剂　iron tanning agent　08.1323
铁稳定剂　iron stabilizer　08.0181
铁系磷化　iron phosphating　05.0304
呫吨染料　xanthene dye　04.0057
停显剂　stop bath　08.1285
同时蒸馏萃取　simultaneous distillationextraction　08.0728
同位素试剂　isotope reagent　08.0661
桐[油]酸　eleostearic acid　06.0147
铜螯合物催化剂　copper chelate catalyst　08.0436
＊铜板　copper sheet　08.1033
铜箔　copper foil　08.1033
铜催化剂　copper catalyst　08.0435
铜-13X 分子筛催化剂　Cu-13X molecular sieve catalyst　08.0437
铜光　bronzing　05.0391
铜-铝合金　cupper-alumina alloy　08.0438
＊酮康唑侧链　ketoconazole side chain　02.0171
头香　tope note　08.0755
透胶　glue penetration　07.0135
＊透明漆　clear paint　05.0050
透明涂料　clear coating　05.0050
涂布率　spreading rate　05.0368

涂布助剂　coating auxiliary agent　08.0107
涂层内应力　internal stress of coating　05.0231
涂胶量　glue-spread　07.0102
涂料　paint, coating　01.0008
涂料染色　paint dyeing, pigment dyeing　04.0086
涂抹剂　paint　03.0139
涂饰交联剂　finishing crosslinker　08.1372
涂装前处理　coating pretreatment　05.0239
土耳其红油　Turkey red oil　06.0148
土霉素钙预混剂　oxytetracycline calcium premix　08.1013
＊土壤处理剂　pesticide for soil treatment　03.0081
土壤消毒剂　soil disinfectant　03.0075
土酸　mud acid　08.0166
吐粉　spitting　05.0322
吐氏酸　Tobias acid　02.0311
＊吐温-20　Tween-20　06.0185
＊吐温-40　Tween-40　06.0188
＊吐温-60　Tween-60　06.0187
＊吐温-80　Tween-80　06.0186
吐温型乳化剂　emulsifier Tween　06.0275
团聚体　agglomerate　05.0233
退浆剂　desizing agent　08.0276
拖刷　brush-drag　05.0345
脱灰剂　deliming agent　08.1313
脱胶　degumming　04.0077
脱硫催化剂　desulfurization catalyst, desulfuration catalyst　08.0536
脱氯　dechlorination　08.0102
脱毛剂　unhairing agent　08.1311
脱模涂料　demolding coating　05.0081
脱墨与漂白　deinking and bleaching　08.0101
脱漆　film removal　05.0295
脱漆剂　paint remover　05.0336
脱气剂　degassing agent　05.0193
脱氰化氢催化剂　remove hydrogen cyanide catalyst　08.0527
脱砷催化剂　arsenic removal catalyst　08.0528
脱烃催化剂　remove hydrocarbon catalyst　08.0529
脱硝催化剂　denitration catalyst　08.0530
脱氧催化剂　deoxidizing catalyst　08.0531
脱叶剂　defoliant　03.0050
脱一氧化碳催化剂　catalyst for removing carbon monoxide　08.0532
脱脂　de-grease　05.0242
脱脂剂　degreasing agent　05.0325，08.1379
脱脂液游离碱度　free alkalinity of degreasing solution　05.0307
脱脂液总碱度　total alkalinity of degreasing solution　05.0308

W

外部残留　external residue　03.0250
外相　outer phase　06.0052
弯曲强度　bending strength　07.0145
完井液　well completion fluid　08.0155
完全氧化催化剂　complete oxidation catalyst　08.0406
烷醇酰胺　alkanol amide　06.0216
烷基苯磺酸钠　sodium alkylbenzene sulfonate　06.0190
烷[基]醇酰胺　alkylolamide　06.0007
烷基多苷　alkyl polyglycoside, APG　06.0218
烷基芳基磺酸钠　sodium alkylaryl sulfonate　06.0020
烷基酚甲醛树脂聚氧乙烯醚　alkylphenol formaldehyde resin polyoxyethylene ether　02.0257
烷基酚聚氧乙烯醚　alkylphenol ethoxylate　06.0297
烷基酚聚氧乙烯醚磷酸盐　alkylphenol polyoxyethylene ether phosphate　06.0219
烷基酚聚氧乙烯醚硫酸盐　alkylphenol polyoxyethylene ether sulfate, APES　06.0220
烷基酚聚氧乙烯醚羧酸盐　alkylphenol polyoxyethylene ether carboxylate, APEC　06.0221
烷基甘油醚磺酸盐　alkyl glycerol ether sulfonate, AGS　06.0222
烷基甘油醚硫酸盐　alkyl glycerol ether sulfate　06.0223
烷基化催化剂　alkylation catalyst　08.0546
烷基磺酸钠　sodium alkyl sulfonate　06.0022
烷基磺酸盐　alkane sulfonate, AS　06.0225
烷基聚氧乙烯醚乙酸盐　alkylpolyoxyethylene ether acetate　06.0025
烷基磷酸酯　alkyl phosphonate　06.0169
烷基磷酸酯二乙醇胺盐　alkyl phosphate diethanolamine salt　06.0224
烷基磷酸酯三乙醇胺盐　alkyl phosphate triethanolamine

salt　06.0226
烷基磷酸酯盐　alkyl phosphate salt　06.0016
烷基咪唑啉两性表面活性剂　alkyl imidazoline amphoteric surfactant　06.0006
烷基萘磺酸钠　sodium alkylnaphthalene sulfonate　06.0021
烷基萘磺酸盐　alkyl naphthalene sulphonate　06.0227
烷基酰胺基磺酸钠　sodium alkylamide sulfonate　06.0019
烷基酰胺甜菜碱　alkyl amido betaine　06.0229
网状催化剂　gauze type catalyst　08.0572
威尔金森催化剂　Wilkinson catalyst　08.0590
微胶囊染料　microcapsule dye　04.0076
微粒显影液　particle developer　08.1261
微量点滴法　topical application　03.0174
微量元素预混合饲料　trace mineral premix　08.0817
微囊悬浮剂　microcapsule suspension　03.0111
＊微泡法胶片　microbubble film　08.1238
微泡胶片　microbubble film　08.1238
微球裂化催化剂　microspherical cracking catalyst　08.0577
微乳　microemulsion　06.0100
微乳剂　microemulsion　03.0110
微乳酸　microemulsified acid　08.0169
微生物农药　microbial pesticide　03.0006
微生物杀虫剂　microbial insecticide　03.0036
微生物油脂　microbial oil　06.0101
微蚀剂　microetchant　08.1110
微蚀稳定剂　microetching stabilizer　08.1111
维吉尼亚霉素预混剂　virginiamycin premix　08.1005
维生素 B_1　vitamin B_1　08.0842
维生素 B_6　vitamin B_6　08.0843
维生素 B_{12}　vitamin B_{12}　08.0844
维生素 C　vitamin C　08.0845
维生素 K_3　vitamin K_3　08.0853
＊维生素 C 磷酸酯　vitamin C phosphate　08.0848
维生素 A 乙酸酯　vitamin A acetate　08.0840
维生素预混合饲料　vitamin premix　08.0818
维生素 A 棕榈酸酯　vitamin A palmitate　08.0841
＊维斯结合剂　Weiss binding agent　08.1304
＊维修用漆　maintenance paint　05.0055
＊尾香　bottom note　08.0757
味觉暂时缺损　hypogeusia　08.0766
＊味觉暂损　hypogeusia　08.0766
胃毒剂　stomach insecticide　03.0039
＊胃复安甲基物　metoclopramide methyl　02.0192
温度稳定剂　temperature stabilizer　08.0144
纹理剂　texture agent　05.0190
蚊香　mosquito coil　03.0143
＊稳定剂　stabilizer　08.1305
稳定液　stabilizer　08.1305
稳泡剂　foam stabilizer　08.0709
稳泡性　foam stability　06.0102
鎓盐型阳离子表面活性剂　iodonium salt type cationic surfactant　06.0095
＊瓮染料　vat dye　04.0012
＊乌洛托品　urotropin　08.0079
＊污点　taint　08.0720
＊污垢　dirt　08.0720
污垢再沉积　dirt redeposition　06.0103
＊污染物致突变性检测　detection of mutagenicity of pollutant　03.0213
污渍　stains　08.0720
钨催化剂　tungsten catalyst　08.0451
无电镀　electroless plating　05.0259
＊无定形 SiO_2-Al_2O_3 催化剂　amorphous SiO_2-Al_2O_3 catalyst　08.0465
无定形硅感光鼓　amorphous silicon toner cartridge　08.1223
无定形硅铝催化裂化催化剂　amorphous Si-Al catalyst for catalytic cracking　08.0560
无氟加氢裂化催化剂　hydrocracking catalyst without fluorine　08.0404
无公害农药　pollution-free pesticide　03.0016
无光涂料　flat coating　05.0122
无机沉淀剂　inorganic precipitant　08.0639
无机除草剂　inorganic herbicide　03.0080
无机防灰雾剂　inorganic antifoggant　08.1280
无机分析试剂　inorganic analytical reagent　08.0634
无机化学试剂　inorganic chemical reagent　08.0632
无机缓蚀剂　inorganic corrosion inhibitor　08.0051
无机坚膜剂　inorganic hardener　08.1289
无机胶黏剂　inorganic adhesive　07.0053
无机膜催化剂　inorganic membrane catalyst　08.0575
无机农药　inorganic pesticide　03.0003
无机鞣剂　inorganic tanning agent　08.1318
无机杀虫剂　inorganic insecticide　03.0022
无机杀鼠剂　inorganic rodenticide　03.0054
无机纤维催化剂　inorganic fibre catalyst　08.0576

无胶型挠性覆铜板　no plastic type flexible copper clad laminate　08.1051
无氯漂白　chlorine-free bleaching　08.0095
无气喷涂　airless spraying　05.0267
无铅焊膏　lead-free solder paste　08.1134
无铅助焊剂　lead-free flux　08.1131
无溶剂型涂料　solvent-free coating　05.0031
*[无水]乙撑二胺　[anhydrous] ethylene diamine　02.0096
无水乙醇　absolute ethanol　08.1196
戊糖片球菌　*Pediococcus pentosaceus*　08.0910
物理消光　physical extinction　05.0218
雾影　haze　05.0355

X

吸附　adsorption　06.0001
吸附剂　adsorbent　06.0002
吸附胶束　admicelle　06.0156
*吸附胶团　admicelle　06.0156
吸附量　adsorption quantity　06.0003
吸附型缓蚀剂　adsorptive corrosion inhibitor　08.0262
吸附造粒法　absorption granulation method　03.0157
吸入毒性　inhalation toxicity　03.0201
吸湿排汗整理剂　hygroscopic and sweat releasing agent　08.0287
吸音涂料　sound-absorbing coating　05.0095
吸油量　oil absorption value　05.0362
牺牲剂　sacrificial agent　08.0242
硒催化剂　selenium catalyst　08.0440
硒感光鼓　selenium drum　08.1225
*烯丙醇　propenyl alcohol　02.0062
烯丙基磺酸钠　sodium allyl sulfonate　06.0023
α-烯基磺酸钠　sodium alpha-olefin sulfonate　06.0230
烯烃叠合催化剂　olefin oligomerization catalyst　08.0540
*稀料　diluent　05.0200
稀释剂　diluent　05.0200
锡催化剂　tin catalyst　08.0449
*锡膏　solder paste　08.1133
席夫碱试剂　Schiff base reagent　08.0644
洗涤　washing　08.0705
洗涤程序　washing program　08.0724
洗涤剂　detergent　06.0264
洗涤剂105　detergent 105　06.0271
洗涤剂6501　detergent 6501　06.0266
洗涤力　washing power　08.0723
洗涤作用　detergency　06.0051
*洗发露　shampoo　08.0786
*洗发水　shampoo　08.0786
*洗甲水　nail polish remover　08.0787
洗甲液　enamel remover　08.0787
洗毛剂　wool washing agent　08.1377
洗液比　wash liquor ratio　08.0725
先进摄影系统胶卷　advance photo system film　08.1231
纤维二糖乳杆菌　*Lactobacillus cellobiosus*　08.0922
纤维分散剂　fiber dispersant　08.0116
*纤维素漆　cellulose paint　05.0012
纤维素涂料　cellulose coating　05.0012
酰胺基丙基二甲基氧化胺　amide propyl dimethylamine oxide　06.0231
酰胺聚氧乙烯醚　amide polyoxyethylene ether　06.0232
鲜映性　distinctness of image　05.0428
鲜重防效　ratio of fresh body weeding　03.0193
咸味香精　savory flavoring　08.0745
显定合一液　monobath　08.1269
*显色剂　color developing agent　04.0022
显色染料　ingrain dye　04.0030
显微镜分析试剂　microscopical analysis reagent　08.0653
显影促进剂　development accelerator　08.1276
显影液　developer　08.1097
线型苯酚甲醛环氧树脂　linear phenol formaldehyde epoxy resin　05.0165
相容性　compatibility　05.0346
相体积分数　phase volume fraction　06.0048
相行为　phase behavior　06.0049
*相纸　photographic paper　08.1239
香波　shampoo　08.0786
*香草醛　vanillin　02.0049
香粉　face powder　08.0680
香膏　balsam　08.0734
香基　flavoring base　08.0739
香精　fragrance compound, flavoring　08.0741
*香精基　flavoring base　08.0739
[香]精油　essential oil　08.0702

香兰素　vanillin　02.0049
香料　perfume, flavor　08.0662
香气　scent　08.0749
香气类别　fragrance classes　08.0761
＊香气强度　odor concentration　08.0753
香气阈值　odor threshold　08.0754
香势　odor concentration　08.0753
香树脂　balm　08.0732
香水　fragrance　08.0676
香味　flavor　08.0750
香型　odor type　08.0752
＊香油　sesame oil　06.0017
香韵　odor nuance　08.0751
＊香脂　cold cream　08.0796
＊橡胶漆　rubber paint　05.0021
橡胶涂料　rubber coating　05.0021
橡胶型胶黏剂　rubber adhesive　07.0008
橡胶压敏胶黏剂　rubber pressuresensitive adhesive　07.0038
消光固化剂　matting curing agent　05.0187
消光剂　matting agent　05.0188
消解动态　degradation dynamics　03.0161
消泡剂　defoaming agent　08.0113，＊defoamer　06.0098
消泡剂 TS-103　defoamer TS-103　06.0090
消泡作用　defoaming effect　06.0099
消色力　lightening power　05.0390
硝化棉光油　nitrocellulose lacquer　08.1368
＊硝化纤维素片基　cellulose nitrate film base　08.1243
＊硝化纤维素漆　nitrocellulose paint　05.0011
＊4-硝基苯胺　4-nitroaniline　02.0075
＊4-硝基苯酚　4-nitrophenol　02.0068
硝基苯加氢制苯胺催化剂　nitrobenzene hydrogenation catalyst for making aniline　08.0405
＊2-硝基苯甲醛　2-nitrobenzaldehyde　02.0267
＊3-硝基苯甲醛　3-nitrobenzaldehyde　02.0266
＊2-硝基苯甲酸　2-nitrobenzoic acid　02.0314
＊3-硝基苯甲酸　3-nitrobenzoic acid　02.0315
＊4-硝基苯甲酸　4-nitrobenzoic acid　02.0316
＊5-硝基-2-呋喃醛　5-nitro-2-furan aldehyde　02.0262
3-硝基-4-氟苯胺　3-nitro-4-fluoroaniline　02.0118
硝基及亚硝基[结构]染料　nitro and nitroso dye　04.0050
5-硝基糠醛　5-nitrofurfural　02.0262
6-硝基-1,2,4-酸氧体　6-nitro-1,2,4-diazo acid　02.0027
硝基涂料　nitrocoating　05.0011
＊硝镪水　eau forte　08.1194
硝酸　nitric acid　08.1194
＊硝酸片基　nitrate film base　08.1243
硝酸生产催化剂　catalyst for production of nitric acid　08.0483
硝酸尾气净化催化剂　catalyst for nitric acid exhaust gas purification　08.0595
硝酸纤维素酯片基　cellulose nitrate ester film base　08.1243
小球藻法　chlorella method　03.0196
协同催化　synergistic catalysis　08.0362
协同效应　synergistic effect　06.0050
斜接　scarf jointing　07.0090
谐香　accord　08.0762
辛基酚　octyl phenol　02.0073
辛酸甲酯　methyl caprylate　06.0149
辛香料　spice　08.0692
锌催化剂　zinc catalyst　08.0439
锌系磷化　zinc phosphating　05.0303
新甲基橙皮苷二氢查耳酮　neohesperidin dihydrochalcone　08.0945
＊新戊酰氯　neopentyl chloride　02.0323
新烟碱类杀虫剂　neonicotinoid insecticide　03.0028
L 型彩色感光材料　L-type color photosensitive materials　08.1216
S 型彩色感光材料　S-type color photosensitive materials　08.1215
＊FEVE 型氟碳树脂　FEVE fluorocarbon resin　05.0178
＊PVDF 型氟碳树脂　PVDF fluorocarbon resin　05.0177
＊F 型环氧树脂　F type epoxy resin　08.1037
T 型胶接　T-type jointing　07.0089
雄烯二醇　androstenediol　02.0067
＊雄甾烯二醇　androstenediol　02.0067
＊修补膏　repairing agent　08.1371
＊修补漆　repair paint　05.0055
修补涂料　repair coating　05.0055
修补涂装　touch up　05.0335
修井液　workover fluid　08.0156
修饰　modify　08.0759
修饰剂　modifier　08.0760
＊锈面底漆　rust converted primer　05.0046
锈蚀等级　rust grade　05.0367
嗅觉过敏　hyperosmia　08.0764

嗅觉疲劳　olfactory fatigue　08.0767
＊嗅觉适应性　olfactory adaptation　08.0767
嗅觉暂时缺损　hyposmia　08.0765
＊嗅觉暂损　hyposmia　08.0765
嗅盲　smell blindness　08.0763
＊4-溴-1-氨基蒽醌-2-磺酸　4-bromo-1-aminoanthraquinone-2-sulfonic acid　02.0207
溴氨酸　bromamine acid　02.0207
＊3-溴苯甲醚　3-bromoanisole　02.0260
β-溴苯乙烷　β-bromophenylethane　02.0037
溴丙基氯　bromopropyl chloride　02.0231
＊3′-溴代苯乙酮　3′-bromoacetophenone　02.0274
＊溴代二苯甲烷　bromodiphenylmethane　02.0051
溴代异戊烷　iso-amyl bromide　02.0050
＊溴代正丁烷　bromo-*n*-butane　02.0226
溴丁烷　*n*-butyl bromide　02.0226
4-溴-2-氟苯胺　4-bromo-2-fluoroaniline　02.0119
4-溴-2-氟联苯　4-bromo-2-fluorobiphenyl　02.0005
溴化钾　potassium bromide　08.1277
溴化钠　sodium bromide　08.1278
溴化银　silver bromide　08.1253
＊2-溴甲苯　2-bromotoluene　02.0011
＊1-溴-3-甲基丁烷　1-bromo-3-methylbutane　02.0050
＊4-溴邻氟苯胺　4-bromo-*o*-fluoroaniline　02.0119
＊1-溴-3-氯丙烷　1-bromo-3-chloropropane　02.0231
＊3-溴-1-氯-5,5-二甲基乙内酰脲　3-bromo-1-chloro-5,5-dimethylhydantoin　08.0062
溴氯海因　bromo-chloro-dimethyl hydantoin,BCDMH　08.0062
＊4-溴萘-1,8-二甲酸酐　4-bromonaphthalene-1,8-dicarboxylic anhydride　02.0222
4-溴-1,8-萘酐　4-bromo-1,8-naphthalic anhydride　02.0222
＊2-溴乙基苯　2-bromoethylbenzene　02.0037
虚拟筛选　virtual screening　03.0094
絮凝　flocculation　06.0283
絮凝剂　flocculating agent　06.0284, flocculant　08.0002
悬浮力　suspending power　08.0722
悬浮率　suspension rate　03.0153
＊悬浮体轧染细粉　suspension pad dyeing fine powder　04.0074
悬乳剂　suspoemulsion　03.0114
旋风分离　cyclone separating　05.0205
选择毒性　selective toxicity　03.0179
选择性除草剂　selective herbicide　03.0086
选择性堵水剂　selective water shutoff agent　08.0236
选择性杀虫剂　selective insecticide　03.0027
＊选择氧化催化剂　selective oxidation catalyst　08.0407
选择指数　selectivity index,SI　03.0197
雪花膏　vanishing cream　08.0797
血液蛋白胶黏剂　blood protein adhesive　07.0031
熏蒸性杀虫剂　fumigating insecticide　03.0021
熏蒸性杀菌剂　fumigant fungicide　03.0066
熏蒸性杀线虫剂　fumigant nematicide　03.0046
熏蒸作用　fumigation action　03.0177
循环水处理化学品　circulating water treatment chemicals　08.0001

Y

压裂液　fracturing fluid　08.0185
压裂液降滤失剂　filtrate reducer for fracturing fluid　08.0201
压裂液破胶剂　gel breaker for fracturing fluid　08.0202
压裂液添加剂　additive for fracturing fluid　08.0197
压敏胶黏剂　pressure sensitive adhesive　07.0036
压敏染料　pressure sensitive dye　04.0019
压延铜箔　wrought-rolled copper foil　08.1035
芽前除草剂　pre-emergence herbicide　03.0081
轧染　pad dyeing　04.0078
亚氨基二乙酸　iminodiacetic acid　02.0308
亚氨基芪　iminostilbene　02.0047
＊1,2-亚苯基二胺　1,2-phenylene diamine　02.0074
＊亚丙基溴氯　propidium iodide bromide chloride　02.0231
亚当斯催化剂　Adams catalyst　08.0586
亚铬酸铜催化剂　copper chromite catalyst　08.0477
亚甲基含量　methylene group content　07.0174
＊2,2′-亚硫基二苯胺　2,2′-thionite diphenylamine　02.0181
＊亚硫酸氢钠甲萘醌　menadione sodium bisulfite　08.0853
亚硫酸氢烟酰胺甲萘醌　menadione nicotinamide bisulfite,MNB　08.0855

亚麻酸　linolenic acid　06.0293
亚麻油　linseed oil　06.0150
＊亚麻籽油　linseed oil　06.0150
亚硒酸钠　sodium selenite　08.0894
亚乙基二胺四亚甲基膦酸　ethylene diamine tetramethylene phosphonic acid, EDTMP　08.0021
亚油酸　linoleic acid　06.0292
胭脂　rouge, blusher　08.0672
烟剂　smoke generator　03.0142
烟酸铬　chromium nicotinate　08.0896
盐霉素钠预混剂　salinomycin sodium premix　08.1009
盐酸　hydrochloric acid　08.1193
盐酸氨丙啉-乙氧酰胺苯甲酯-磺胺喹噁啉预混剂　amprolium hydrochloride, ethopabate and sulfaquinoxaline premix　08.0994
盐酸氨丙啉-乙氧酰胺苯甲酯预混剂　amprolium hydrochloride and ethopabate premix　08.0993
＊盐酸吡哆醇　pyridoxine hydrochloride　08.0843
＊盐酸硫胺素　thiamine hydrochloride　08.0842
盐酸氯苯胍预混剂　robenidine hydrochloride premix　08.0992
颜基比　pigment/binder ratio　05.0384
颜料　pigment　01.0007
颜料沉降　pigment sedimentation　05.0208
颜料分散　pigment dispersing　05.0207
颜料膏　pigment paste　08.1369
颜料润湿　pigment wetting　05.0206
颜料体积浓度　pigment volume concentration, PVC　05.0365
颜料絮凝　pigment flocculation　05.0209
颜料原级粒子　pigment primary particle　05.0232
颜色标号　colour notation　05.0427
＊衍生合成　derivative synthesis　03.0092
眼影　eye shadow　08.0673
燕麦试验　avena test　03.0199
＊羊油　mutton fat　06.0008
羊脂　mutton fat　06.0008
阳极氧化膜　anodic oxide film　05.0258
阳离子表面活性剂　cationic surfactant　06.0300
阳离子淀粉　cationic starch　08.0010
阳离子瓜尔胶　cationic guar gum　06.0234
＊阳离子染料　cationic dye　04.0004
阳离子型高分子破乳剂　cationic macromolecular demulsifier　08.0247
＊洋干漆　shellac varnish　05.0023
＊α-氧代苯丁酸乙酯　ethyl α-oxo-phenylbutyrate　02.0187
2-氧代-4-苯基丁酸乙酯　ethyl 2-oxo-4-phenylbutyrate, ethyl 2-oxo-4-phenylbutanoate　02.0187
＊4-(1-氧代-2-丙烯基)吗啡啉　4-(1-oxo-2-allyl) morpholine　02.0232
氧化催化剂　oxidation catalyst　08.0363
氧化淀粉胶黏剂　oxidized starch adhesive　07.0028
氧化还原催化剂　oxidation-reduction catalyst, redox catalyst　08.0364
氧化铝　aluminum oxide　08.0957
氧化染料　oxidation dye　04.0032
＊氧化双[三丁基]锡　bis(tributyltin)oxide　08.0069
氧化物催化剂　oxide catalyst　08.0365
氧化型缓蚀剂　oxidation-type corrosion inhibitor　08.0260
氧化性杀菌剂　oxidizing bactericide　08.0058
氧化-亚硫酸化加脂剂　oxidizedsulfited fatliquor　08.1354
氧化铟锡　indium tin oxide　08.1197
＊氧硫化碳水解催化剂　hydrolysis catalyst for carbon oxysulphide　08.0522
氧茚　coumarone　02.0148
咬底　lifting　05.0357
药典级　pharmacopoeia grade　08.0616
药害　phytotoxicity　03.0234
药物饲料添加剂　medicinal feed additive　08.0812
＊椰油　coconut oil　06.0151
椰油酰胺丙基甜菜碱　cocoamidopropyl betaine, CAB　06.0235
椰油酰胺磺基琥珀酸单酯二钠　disodium cocoamide sulfosuccinic acid monoester　06.0179
椰油酰基谷氨酸钠　coconutoilacyl glutamic acid sodium　06.0236
椰油酰基肌氨酸钠　sodium cocoyl sarcosinate　06.0237
＊椰油脂肪酸二乙醇酰胺　cocoanut fatty acid *N*, *N*-diethanol amide　06.0266
椰油脂肪酸甲酯　coconut oil fatty acid methyl ester　06.0238
椰子油　coconut oil　06.0151
业余型彩色感光材料　amateur-type color photosensitive materials　08.1214
叶黄素　xanthophyll　08.0953
＊叶展性　leaf ductility　05.0392
页岩抑制剂　shale-control agent　08.0142

* 夜光涂料　luminous coating　05.0093
液晶高纯试剂　liquid crystal-high purity reagent　08.0631
液晶聚合物薄膜　liquid crystal polymer film　08.1056
液晶聚合物基膜挠性覆铜板　liquid crystal polymer based film flexible copper clad laminate　08.1052
液晶涂料　liquid crystal coating　05.0084
液态感光凹印抗蚀油墨　liquid photosensitive resist ink for gravure printing　08.1092
液态感光金属磨砂油墨　liquid photosensitive metal matte ink　08.1095
液态感光抗蚀耐电镀油墨　liquid photosensitive corrosion resistant and electroplating resistant ink　08.1091
液态感光烫印油墨　liquid photosensitive hot stamping varnish　08.1094
液态感光油墨　liquid photosensitive ink　08.1090
液态感光阻焊油墨　liquid photosensitive solder resist ink　08.1096
液态耐酸碱感光抗蚀油墨　liquid acid and alkali resistant photosensitive resist ink　08.1093
* 液体发蜡　liquid wax　08.0809
液体光敏屏蔽层　liquid photosensitive shield　08.1067
液体涂料保护膜　liquid paint protection film　08.1066
液体制剂　liquid formulation　03.0109
液相色谱手性衍生试剂　liquid chromatography chiral derivatization reagent　08.0649
液状染料　liquid form of dye　04.0071
一般饲料添加剂　common feed additive　08.0811
一步法环氧树脂　one-step epoxy resin　05.0159
一次挤出消光　one-shot extinction　05.0221
一次气　primary air　05.0319
一次上粉率　one time transfer efficiency　05.0317
一次污染　primary pollution　08.0693
* 一氯甲烷　methane chloride　02.0055
一氯乙醛　chloroacetaldehyde　02.0271
一氧化碳低温变换催化剂　low temperature CO shift catalyst　08.0602
一氧化碳耐硫变换催化剂　sulphur resistant CO shift catalyst　08.0603
一氧化碳选择性氧化催化剂　catalyst for selection oxidation of carbon monoxide　08.0604
一氧化碳中温变换催化剂　mediumtemperature CO shift catalyst　08.0605
依达拉奉　edaravone　02.0159
* 依捷帮 T　oilacylmethyl taurine salt　06.0243
仪器分析试剂　instrumental analytical reagent　08.0642
* 2-乙氨基乙胺　2-ethylaminoethylamine　02.0112
乙苯合成催化剂　ethylbenzene synthesis catalyst　08.0506
* 乙苯脱氢催化剂　ethylbenzene dehydrogenation catalyst　08.0510
* 乙醇脱水制乙烯催化剂　catalyst for ethanol dehydrating to ethylene　08.0487
乙二胺　ethylene diamine　02.0096
* 乙二胺四甲叉膦酸　ethylene diamine tetramethylphosphonic acid　08.0021
乙二胺四乙酸　ethylene diamine tetraacetic acid, EDTA　08.0077
乙二胺四乙酸铁钠盐　ethylene diamine tetraacetic acid ferric sodium salt　08.1294
乙二醇醚类生产催化剂　catalyst for production of glycol ether compound　08.0486
* 乙二醛　oxalaldehyde　02.0263
乙二酸　ethanedioic acid　08.0075
N-乙基-4-氨基-*N*-*β*-甲磺酰胺乙基-3-甲基苯胺硫酸盐　*N*-ethyl-4-amino-*N*-*β*-methanesulfonamidoethyl-3-methylaniline sulfate monohydrate　08.1298
* *N*-乙基-2-氨甲基吡咯烷　*N*-ethyl-2-aminomethylpyrrolidine　02.0048
2-乙基-2-苯丙二酸二乙酯　diethyl 2-ethyl-2-phenylmalonate　02.0196
乙基苯基[甲]酮　propiophenone　02.0278
乙基丙二酸二乙酯　diethyl ethylmalonate　02.0198
* 2-乙基己酸　2-ethylhexanoic acid　02.0285
α-乙基己酸　*α*-ethylhexanoic acid　02.0285
* 5-乙基-2-甲基吡啶　5-ethyl-2-methylpyridine　02.0133
* 9-乙基-9*H*-咔唑　9-ethyl-9*H*-carbazole　02.0227
N-乙基咔唑　*N*-ethylcarbazole　02.0227
* 1-乙基哌嗪　1-ethylpiperazine　02.0174
N-乙基哌嗪　*N*-ethylpiperazine　02.0174
乙基纤维素　ethylcellulose, EC　06.0239
N-乙基乙二胺　*N*-ethylethylenediamine　02.0112
乙酸苯酯　phenylacetate　02.0203
乙酸钙　calcium acetate　08.0940
乙酸生产催化剂　catalyst for production of acetic acid　08.0495
乙酸型咪唑啉两性离子表面活性剂　acetic acid type imidazoline amphoteric surfactant　06.0096
乙酸乙烯合成催化剂　vinyl acetate synthesis catalyst　08.0496

乙酸乙烯酯类水基胶黏剂　vinyl acetate water-based adhesive　07.0020
＊乙烯胺均聚物　vinylamine homopolymer　08.0003
＊乙烯基漆　vinyl paint　05.0014
乙烯基涂料　vinyl coating　05.0014
乙烯生产催化剂　catalyst for production of ethylene　08.0487
乙烯水合催化剂　ethylene hydration catalyst　08.0544
乙烯脱一氧化碳催化剂　catalyst for removing carbon monoxide from ethylene　08.0533
＊乙烯氧化制环氧乙烷催化剂　catalyst for ethylene oxidation to epoxyethane　08.0491
＊乙烯氧氯化催化剂　ethylene oxychlorination catalyst　08.0490
乙烯-乙酸乙烯共聚物热熔胶　ethylene-vinyl acetate copolymer hot melt adhesive　07.0016
＊4-乙酰氨基苯磺酰氯　4-acetylaminobenzene sulfonyl chloride　02.0324
3-乙酰氨基吡咯烷　3-acetamidopyrrolidine　02.0040
4-乙酰氨基-2-甲氧基苯甲酸甲酯　methyl 4-acetamido-2-methoxybenzoate　02.0192
＊3-乙酰氨基四氢吡咯　3-acetamidotetrahydropyrrole　02.0040
＊乙酰苯　acetyl benzene　02.0273
＊*N*-乙酰苯胺　*N*-acetanilide　02.0082
乙酰苯胺　*N*-phenylacetamide, acetanilide　02.0082
＊乙酰苯酚　hydroxy-acetophenone　02.0203
＊乙酰丙酮丙烯酰胺　acetylacetone acrylamide　02.0105
＊乙酰醋酸甲酯　acetoacetic acid methyl ester　02.0188
＊4-(4-乙酰基-1-哌嗪基)苯酚　4-(4-acetyl-1-piperazinyl)phenol　02.0171
1-乙酰基-4-(4-羟基苯基)哌嗪　1-acetyl-4-(4-hydroxyphenyl)piperazine　02.0171
3-乙酰硫基-2-甲基丙酸　3-acetylthio-2-methylpropanoic acid　02.0298
乙酰氯　acetyl chloride　02.0331
乙酰氧肟酸　acetohydroxamic acid　08.0977
乙酰乙酸甲酯　methyl acetoacetate　02.0188
＊乙酰乙酰苯胺　acetoacetanilide　02.0078
N-乙酰乙酰苯胺　*N*-acetoacetanilide　02.0078
5-乙氧基-4-甲基噁唑　5-ethoxy-4-methyloxazole　02.0043
艺术涂料　art coating　05.0126
＊异丙烯基苯　isopropenylbenzene　02.0217
异丁苯　isobutylbenzene　02.0215
异丁烯生产催化剂　catalyst for production of isobutene　08.0502
异构化催化剂　isomerization catalyst　08.0367
＊异硫代氰酸苄酯　benzoyl isothiocyanate　02.0193
4-异噻唑啉-3-酮　4-isothiazoline-3-ketone　08.0067
异烟酸乙酯　ethyl isonicotinate　02.0184
异株克生作用　allelopathy action　03.0244
抑制中浓度　median inhibitory concentration　03.0192
溢胶　squeeze-out　07.0139
阴极剥离　cathodic disbonding　05.0374
阴离子表面活性剂　anionic surfactant　06.0299
银催化剂　silver catalyst　08.0447
银粉漆　silver paint　05.0059
银镍催化剂　silver nickel catalyst　08.0448
银盐　silver salt　08.1251
＊银盐感光胶片　silver salt photosensitive film　08.1226
淫羊藿提取物　*Epimedium extract*　08.0980
隐蔽剂　masking agent　08.0640
隐色体　leuco compound　04.0026
隐身涂料　camouflage coating　05.0082
印花　printing　04.0083
印花助剂　printing auxiliary　08.0278
印刷适性改进剂　printability improver　08.0125
印刷油墨清洗剂　cleaning agent for printing ink　06.0263
应变胶黏剂　strain adhesive　07.0049
婴儿双歧杆菌　*Bifidobacterium infantis*　08.0913
荧光分析试剂　fluorescence analysis reagent　08.0652
荧光染料　fluorescent dye　04.0016
荧光涂料　fluorescent coating　05.0100
荧光衍生试剂　fluorescence derived reagent　08.0647
荧光增白剂　fluorescent brightener, FB; fluorescent whitening agent, FWA　04.0033
硬化时间　setting time　07.0114
硬化温度　setting temperature　07.0116
硬挺剂　stiffening agent　08.0283
＊硬皂　hard soap　06.0075
＊硬脂胺　octadecylamine　06.0013
硬脂醇　stearyl alcohol　06.0152
硬脂酸　stearic acid　06.0153
硬脂酸单甘油酯　glycerol monostearate　06.0030
硬脂酸甲酯　methyl stearate　06.0154
硬脂酸聚氧乙烯醚　stearic acid polyoxyethylene ether　06.0024
＊硬脂酸酰胺　octadecanamide　02.0101

硬脂酰胺 octadecanamide 02.0101
永久坚膜剂 permanent hardener 08.1288
泳透力 throwing ability 05.0284
＊优氯净 dichloroisocyanuric acid 08.0060
油包水乳状液 water-in-oil emulsion 06.0277
油包水乳状液破乳剂 demulsifier for water-in-oil emulsion 08.0245
油包水型乳化剂 water-in-oil emulsifier 06.0124
油包水压裂液 water-in-oil fracturing fluid 08.0193
油醇 oleyl alcohol 06.0155
油基堵水剂 oil-base water shutoff agent 08.0234
油基泡沫压裂液 oil-base foamed fracturing fluid 08.0194
油基清蜡剂 oil-base paraffin remover 08.0225
油基压裂液 oil-base fracturing fluid 08.0191
油基钻井液 oil-base drilling fluid 08.0129
油剂 oil miscible liquid 03.0116
油井水泥 oil well cement 08.0159
＊油井水泥加重外掺料 heavy-weight admixture for oil well cement slurry 08.0154
油漆 paint 05.0001
油溶性成色剂彩色感光片 color photosensitive film of oil-soluble coupler 08.1209
油乳状液 oil emulsion 08.0714
油树脂 oleoresin 08.0731
油酸 oleic acid 06.0011
油酸正丁酯 *n*-butyl oleate 02.0200
油酸正丁酯硫酸酯钠盐 sodium butyl oleate sulfate 06.0240
油田化学品 oil field chemicals 01.0014
油酰胺丙基甜菜碱 oleamidopropyl betaine, OAB 06.0241
油酰基谷氨酸钠 oil acyl glutamic acid sodium, OGS 06.0242
油酰基甲基牛磺酸盐 oilacylmethyl taurine salt 06.0243
油酰氯 oleoyl chloride 02.0330
油性漆 oil paint 05.0005
油悬浮剂 oil miscible flowable concentrate 03.0112
油脂 grease 06.0163
＊油脂漆 oil-based paint 05.0005
游离酚含量 free phenol content 07.0171
游离甲醛含量 free formaldehyde content 07.0172
有光涂料 gloss coating 05.0118
有机胺类缓蚀剂 organic amine corrosion inhibitor 08.0049
有机氮杀虫剂 organic nitrogenous insecticide 03.0030
有机防灰雾剂 organic antifoggant 08.1281
有机废气净化催化剂 catalyst for purification organic waste gas 08.0598
有机沸石 organic zeolite 08.0571
有机分析标准品 organic analytical standard 08.0621
有机分析试剂 organic analytical reagent 08.0635
有机氟杀鼠剂 organofluorine rodenticide 03.0056
有机富锌涂料 organic zinc-rich coating 05.0025
有机感光鼓 organic toner cartridge 08.1222
有机硅密封胶黏剂 silicone sealing adhesive 07.0044
＊有机硅树脂漆 silicone resin paint 05.0019
有机硅树脂涂料 silicone resin coating 05.0019
有机硅压敏胶黏剂 silicone pressuresensitive adhesive 07.0037
有机化学试剂 organic chemical reagent 08.0633
有机环氧化物聚合催化剂 polymerization catalyst for organic epoxide 08.0514
有机缓蚀剂 organic corrosion inhibitor 08.0259
有机坚膜剂 organic hardener 08.1290
有机胶黏剂 organic adhesive 07.0052
有机金属鞣剂 organic-metallic tanning agent 08.1329
有机磷类除草剂 organophosphorus herbicide 03.0085
有机磷杀虫剂 organophosphorus insecticide 03.0032
有机磷杀菌剂 organophosphorus fungicide 03.0067
有机磷杀鼠剂 organophosphorus rodenticide 03.0057
有机膦鞣剂 organic phosphorus tanning agent 08.1328
有机膦酸类阻垢分散剂 organic phosphorus acid antiscalant and dispersant 08.0020
有机硫杀菌剂 organic sulfur fungicide 03.0068
有机氯杀虫剂 organochlorine insecticide 03.0031
有机氯杀菌剂 organochlorine fungicide 03.0069
有机农药 organic pesticide 03.0004
有机鞣剂 organic tanning agent 08.1325
有机杀鼠剂 organic rodenticide 03.0055
有机锡杀菌剂 organotin fungicide 03.0070
有机颜料 organic pigment 04.0034
有机杂环杀菌剂 organic heterocyclic fungicide 03.0074
有胶型挠性覆铜板 plastic type flexible copper clad laminate 08.1050
鱼肝油 cod liver oil 06.0244
鱼眼 fish eye 05.0350
＊玉米胚芽油 corn germ oil 06.0295

玉米油　corn oil　06.0295
育发化妆品　hair growth cosmetics　08.0686
预固化　pre-curing　05.0340
预还原催化剂　pre-reduction catalyst　08.0564
＊预糊化淀粉　pregelatinized starch　08.0956
预浸剂　prepreg　08.1107
预硫化催化剂　pre-sulfided catalyst　08.0565
预涂　pre-coating　05.0339
预转化催化剂　pre-reforming catalyst　08.0566
元素表面活性剂　elemental surfactant　06.0097
＊元素有机树脂漆　element organic resin paint　05.0020
元素有机树脂涂料　element organic resin coating　05.0020
＊原版　original　08.1232
原儿茶醛　protocatechualdehyde　02.0270
原漆变色　discoloration of paint or varnish　05.0411
原色　primary colour　05.0387
原位催化剂　*in-situ* catalyst　08.0368
原药　technical material　03.0098
原油乳化降黏剂　viscosity reducer by emulsification of crude oil　08.0255
原子经济性　atom economy　07.0169
原子利用率　atomic utilization　07.0170
月桂醇　lauryl alcohol　06.0157
＊月桂酸单甘油酯　glycerin monolaurate　06.0031
月桂酸甲酯　methyl laurate　06.0158
月桂酰基肌氨酸钠　sodium lauroyl sarcosinate　06.0246

Z

杂多酸催化剂　heteropolyacid catalyst　08.0369
杂环染料　heterocyclic dye　04.0051
再湿性胶黏剂　water-remoistenable adhesive　07.0063
再涂性　recoatability　05.0366
＊在线涂料　on-line coating　05.0054
载体预处理　pretreatment of carrier　08.0814
暂堵剂　temporary blocking agent　08.0183
暂时坚膜剂　temporary hardener　08.1287
＊皂草苷　saponin　06.0125
皂粉　soap powder　06.0018
皂苷　saponin　06.0125
皂化值　saponification value　08.0689
＊皂角苷　saponin　06.0125
皂片　soap flake　06.0282
＊皂素　saponin　06.0125
造纸白水　white water from paper industry　08.0089
造纸黑液　black liquor from paper industry　08.0090
造纸红液　red liquor from paper industry　08.0091
造纸化学品　paper chemicals　01.0013
造纸绿液　green liquor from paper industry　08.0092
造纸填料　paper filler　08.0124
增白剂　brightener　08.0121
增白洗涤剂　brightener added detergent　06.0286
增感剂　sensitizer　08.1155
增感染料　sensitizing dye　04.0065
增黏剂　viscosifier　08.0205
增强板　stiffener　08.1078
增强剂　strength improver　08.0153
增溶剂　solubilizer　06.0044
增溶力　solubilizing power　08.0718
增溶性　hydrotropy　08.0710
增溶作用　solubilization　06.0043
增效剂　synergist　03.0097
＊增效作用　synergism　06.0050
憎液溶胶　lyophobic sol　06.0053
扎染　tie dyeing　04.0085
渣油加氢脱氮催化剂　residual oil hydrodenitrogenation catalyst　08.0535
渣油加氢脱硫催化剂　residue hydrodesulfurization catalyst　08.0537
渣油裂化催化剂　residual oil cracking catalyst　08.0370
沾湿　adhesional wetting　06.0118
粘胶胶黏剂　viscose adhesive　07.0071
＊粘接　bonding　07.0081
粘连　blocking　07.0137
展膜油剂　spreading oil　03.0118
蟑香　cockroach coil　03.0144
沼泽红假单胞菌　*Rhodopseudomonas palustris*　08.0912
罩光漆　overcoat varnish　05.0049
＊罩光清漆　finishing varnish　05.0049
遮盖力　hiding power　05.0356
折光率液　refractive index liquid　08.0623
啫喱　jelly　08.0785
啫喱面膜　gel mask, jelly mask　08.0793

针眼 pin hole 05.0289
真空胶黏剂 vacuum adhesive 07.0051
真空吸涂 vacuum suction coating 05.0330
真石漆 stone-like coating 05.0110
诊断试剂 diagnostic reagent 08.0660
整经蜡 warping wax 08.0272
整孔剂 pore forming agent 08.1106
整体式催化剂 monolithic catalyst 08.0579
整体式载体 monolithic carrier 08.0580
3-正丙基-5-羧基-1-甲基吡唑 3-*n*-propyl-5-carboxy-1-methylpyrazole 02.0147
*正癸醇 decylalcohol, decanol 06.0136
正片显影液 positive film developer 08.1260
*正十八醇 1-octadecanol 06.0152
*正辛酸甲酯 methyl caprylate 06.0149
正性光敏性聚酰亚胺 positive photosensitive polyimide 08.1182
支撑剂 proppant 08.0203
支链十二烷基苯磺酸钠 sodium branched dodecyl benzene sulfonate 06.0259
芝麻油 sesame oil 06.0017
织造助剂 weaving auxiliary 08.0271
脂多糖 lipopolysaccharide, LPS 06.0160
脂肪胺 fatty amine 08.0078
脂肪胺聚氧乙烯醚 fatty amine polyoxyethylene ether 06.0248
脂肪醇聚氧乙烯醚 fatty alcohol polyoxyethylene ether 06.0280
脂肪醇聚氧乙烯醚(3)磺基琥珀酸单酯二钠 fatty alcohol polyoxyethylene ether (3) disodium sulfosuccinate monoesterdisodium 06.0175
脂肪醇聚氧乙烯醚磷酸盐 fatty alcohol polyoxyethylene ether phosphate 06.0251
脂肪醇聚氧乙烯醚硫酸铵 fatty alcohol polyoxyethylene ether ammonium sulfate 06.0281
脂肪醇聚氧乙烯醚硫酸三乙醇胺盐 triethanolamine polyoxyethylene ether fatty alcohol sulfate 06.0252
脂肪醇聚氧乙烯醚硫酸盐 fatty alcohol polyoxyethylene ether sulfate, AES 06.0253
脂肪醇聚氧乙烯醚羧酸盐 fatty alcohol polyoxyethylene ether carboxylate, AEC 06.0254
脂肪醇硫酸铵 fatty alcohol ammonium sulfate 06.0279
脂肪醇硫酸[酯]盐 fatty alcohol sulfate, FAS 06.0249
脂肪酸单甘酯 fatty acid monoglyceride 06.0162
脂肪酸甲酯磺酸钠 sodium fatty acid methyl ester sulfonate 06.0256
脂肪酸聚氧乙烯酯 polyoxyethylene ester fatty acid 06.0255
脂肪酸烷醇酰胺磷酸[酯]盐 fatty acid alkylol amide phosphate 06.0257
脂环族缩水甘油醚环氧树脂 alicyclic glycidyl ether epoxy resin 05.0167
脂质体 liposome 06.0294
直接染料 direct dye 04.0005
直接蒸汽蒸馏 direct steam distillation 08.0773
直链十二烷基苯磺酸钠 sodium linear dodecyl benzene sulfonate 06.0258
*PFA值 PFA factor 08.0699
*职业性中毒 occupational poisoning 03.0215
植物鞣剂 vegetable tanning extract 08.1326
植物乳杆菌 *Lactobacillus plantarum* 08.0908
植物生长调节剂 plant growth regulator 03.0048
植物纤维 plant fiber, vegetable fiber 08.0087
植物性农药 botanical pesticide 03.0007
植物性杀虫剂 botanical insecticide 03.0035
植物性天然香料 flora natural perfume 08.0669
植物油类加脂剂 vegetable oil fatliquor 08.1350
植物源杀菌剂 botanical fungicide 03.0065
植物源杀鼠剂 botanical rodenticide 03.0059
植物源杀线虫剂 botanical nematicide 03.0045
纸基 paperbase 08.1246
纸基覆铜板 paper-based copper clad laminate 08.1021
指触干 tacky dry 05.0296
指定级 designated level 08.0614
指甲油 nail enamel, nail polish 08.0675
指接 finger jointing 07.0091
酯化催化剂 esterification catalyst 08.0371
酯型光敏聚酰亚胺 ester type photosensitive polyimide 08.1179
*制氮催化剂 nitrogen manufacture catalyst 08.0408
制浆化学品 pulping chemicals 08.0103
制浆用蒸煮助剂 pulping cooking auxiliary 08.0108
治疗性杀菌剂 curative fungicide 03.0072
致癌试验 carcinogenicity test 03.0211
致癌性 carcinogenicity 03.0207
致畸试验 teratogenicity test 03.0212
致畸性 teratogenicity 03.0208
致死中时 median lethal time, LT_{50} 03.0181

致突变性　mutagenicity　03.0209
＊置换型合成鞣剂　displacement type synthetic tanning agent　08.1335
中毒农药　middle toxicity pesticide　03.0013
＊中段香韵　middle note　08.0756
中和合成鞣剂　neutralizing syntan, neutralising syntan　08.1338
中和值　neutralization value　06.0126
中间片　intermediate sheet　08.1227
中孔分子筛　mesoporous molecular sieve　08.0478
中涂[底]漆　primer surfacer　05.0047
中性染料　neutral dye　04.0002
中油度醇酸树脂　medium oil alkyd resin　05.0174
种子处理干粉剂　powder for dry seed treatment　03.0123
种子处理剂　seed treatment agent　03.0122
种子处理可分散粉剂　seed treatment dispersible powder　03.0124
种子处理乳剂　emulsion for seed treatment　03.0126
种子处理悬浮剂　flowable concentrate for seed treatment　03.0127
种子处理液剂　solution for seed treatment　03.0125
仲烷基硫酸钠　*sec*-alkyl sodium sulfate　06.0035
重铬酸盐-胶体聚合物系光刻胶　dichromate-colloid polymer photoresist　08.1145
周位酸　Schollkopf acid　02.0210
皱纹剂　wrinkle agent　05.0196
＊皱纹漆　wrinkle paint　05.0105
皱纹涂料　wrinkle coating　05.0105
珠光涂料　pearlescent coating　05.0115
珠光脂酸　margaric acid　06.0034
株间施药　crop space application　03.0168
株数防效　control effect of weed plant　03.0194
＊猪油　lard　06.0291
猪脂　lard　06.0291
主催化剂　primary catalyst　08.0289
主色　mass-tone, mass-colour　05.0389
煮沸试验　boiling test　07.0166
助表面活性剂　cosurfactant　08.0238
助催化剂　cocatalyst　08.0290
助焊剂　flux　08.1130
助留助滤剂　retention and drainage aid　08.0112
助排剂　clean up additive　08.0178
＊助显剂　developing agent　08.1276
注入水缓蚀剂　corrosion inhibitor for injection water　08.0258
注入水净化剂　clarificant for injection water　08.0256
注入水杀菌剂　bactericide for injection water　08.0257
专业型彩色感光材料　professional color photosensitive materials　08.1213
专用化学品　specialty chemicals　01.0002
转向剂　diverting agent　08.0200
＊SO_x 转移剂　SO_x transfer agent　08.0563
转印涂料　transfer printing coating　05.0113
装配时间　assembly time　07.0110
装饰型涂料　decorative coating　05.0104
撞击熔化　impact fusion　05.0432
浊点　cloud point　06.0265
＊着色剂　stain　08.0697
着色力　tinting strength　05.0371
紫苏籽提取物　extrat of *Perilla frutescens* seed　08.0983
紫外负性光刻胶　ultraviolet curing adhesive, UV negative photoresist　08.1136
紫外光固化胶黏剂　ultraviolet curing adhesive　07.0035
紫外线片　ultraviolet film　08.1234
紫外衍生试剂　ultraviolet derivatization reagent　08.0646
紫外正性光刻胶　ultraviolet positive photoresist　08.1138
自分层涂料　self-stratifying coating　05.0051
＊自干漆　air dry paint　05.0037
自抛光涂料　self-polishing coating　05.0103
自清洁涂料　self-cleaning coating　05.0080
自修复涂料　self-healing coating　05.0099
自氧化现象　autoxidation phenomenon　08.0696
＊自由基聚合反应引发剂　radical polymerization initiator　08.0374
自由基聚合反应用催化剂　catalyst for reaction of free radical polymerization　08.0374
自增感型光敏聚酰亚胺　selfsensitized photosensitive polyimide　08.1181
自组装　self-assembly　06.0045
自组装膜　self-assembled film, selfassembled membrane　06.0046
综合防治　integrated control　03.0238
棕化剂　browning agent　08.1109
棕榈醇　hexadecanol　06.0159
棕榈仁油脂肪酸甲酯　palm kernel oil fatty acid methyl ester　06.0247
总酸值　total acid value　05.0425
纵拼　edge jointing　07.0092

其　他

（SCPC-BZBEZC20-0045）
ISBN 978-7-03-081303-9
9 787030 813039 >
定价：198.00 元